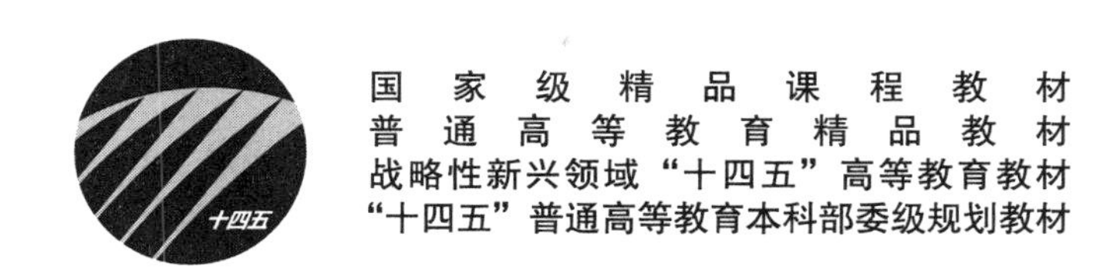

高分子材料加工原理

（第4版）

沈新元　朱美芳　王燕萍◎主编

中国纺织出版社有限公司

内 容 提 要

本书阐述了高分子材料的基本概念及其成型加工原理中的共性问题，包括聚合物流体的制备、混合和聚合物流体的流变性，并分别详细论述了化学纤维、塑料和橡胶三类重要高分子材料成型加工原理中的个性问题。各章后均附有复习指导及习题，并配套了丰富的数字化资源。

本书可作为高等院校高分子材料与工程专业的教材，也可供从事高分子材料科学研究、生产和管理工作的相关人员参考。

图书在版编目（CIP）数据

高分子材料加工原理 / 沈新元，朱美芳，王燕萍主编. --4 版. -- 北京：中国纺织出版社有限公司，2023.12

“十四五”普通高等教育本科部委级规划教材

ISBN 978-7-5229-1226-4

Ⅰ. ①高… Ⅱ. ①沈… ②朱… ③王… Ⅲ. ①高分子材料 — 加工 — 高等学校 — 教材 Ⅳ. ①TB324

中国国家版本馆 CIP 数据核字（2023）第 232785 号

责任编辑：范雨昕　　责任校对：高　涵　　责任印制：王艳丽

中国纺织出版社有限公司出版发行

地址：北京市朝阳区百子湾东里A407号楼　邮政编码：100124

销售电话：010—67004422　传真：010—87155801

http://www.c-textilep.com

中国纺织出版社天猫旗舰店

官方微博 http://weibo.com/2119887771

三河市宏盛印务有限公司印刷　各地新华书店经销

2023年12月第4版第1次印刷

开本：787×1092　1/16　印张：24

字数：538千字　定价：68.00元

第4版前言

我国拥有庞大的高分子材料产业，开设高分子材料与工程专业的高校已达200多所。相关产业众多的研究人员、技术人员、管理人员及相关专业师生的专业素养和教学能力的提升，都需要优质的教材和参考书来指导。

《高分子材料加工原理》自2000年出版以来，被30多所院校作为教材或参考书，成为一本使用面广、影响力强的高分子材料类专业教材。其间，我们根据在国家精品课程“高分子材料成型原理”建设中积累的经验，对本教材进行了两次修订，使其质量进一步提高。本教材第2版入选普通高等教育“十一五”国家级规划教材，2009年被教育部高等教育司评为普通高等教育精品教材，获上海市2011年优秀教材一等奖。

高分子科学与工程领域飞速发展，而教材的内容相对滞后，《高分子材料加工原理》（第3版）于2015年出版，至今已9年。鉴于此，编者以叶圣陶先生“铸一柄合用的斧头”的要求，结合近年来的教学经验，参考国内外最新文献，对第3版进行了精心修订；并且首次采用“平面化＋立体化”的形式，与信息技术融合，进行线上拓展，使之更符合当前教学的需求。

本教材按基本的工程原理，将不同高分子材料的加工过程分为原料准备、成型和后成型三个阶段。第一至第四章阐述高分子材料的基本概念及其成型加工原理中的共性问题，包括聚合物流体的制备、混合和聚合物流体的流变性；第五至第七章分别详细讨论化学纤维、塑料和橡胶三类重要高分子材料成型加工原理中的个性问题。各章后均附有复习指导及习题，全书配套数字化资源。

《高分子材料加工原理》（第4版）由沈新元、朱美芳和王燕萍确立编写大纲。全书编写人员分工如下：第一章，第五章第一至第四节、第七节由东华大学沈新元执笔；第二、第四章由大连工业大学郭静执笔；第三章由东华大学朱美芳、张慧慧执笔；第五章第五、第六节，第七章由东华大学朱美芳、王燕萍执笔；第六章由四川大学蔡绪福执笔。数字化资源由东华大学朱美芳、王燕萍、张慧慧、周哲、贾超和马禹提供。全书由沈新元、朱美芳、王燕萍整理定稿。

由于高分子材料成型加工涉及的学科领域较多，发展速度很快，加之作者的水平及能力有限，存在的疏误之处敬请读者提出宝贵意见与建议。

编者

2023年10月

第3版前言

20世纪90年代中期，纺织高等院校化纤专业教学委员会组织编写了《高分子材料加工原理》，满足了化学纤维专业拓宽为高分子材料与工程专业后教学的急需。《高分子材料加工原理》(第2版)根据高分子材料工业发展对专业人才的要求，对内容进行了大幅度整合和更新，形成了专业面宽、内容丰富，正确处理高分子材料加工原理中共性问题与个性规律之间的关系，强调理顺拓宽专业与保持特色的关系等显著特点，使教材质量进一步提高。该书入选普通高等教育“十一五”国家级规划教材，2009年被教育部高等教育司评为普通高等教育精品教材，获上海市2011年优秀教材一等奖。

我国拥有庞大的高分子材料产业，开设“高分子材料与工程”专业的高校已近150个。这些产业众多的研究人员、技术人员、管理人员及高分子材料与工程专业的师生，都需要一些好的教材和参考书。有鉴于此，我们根据叶圣陶先生“铸一柄合用的斧头”的要求，根据在国家精品课程“高分子材料成型原理”建设中积累的经验，编写了《高分子材料加工原理》(第3版)。

本书按基本的工程原理，将不同高分子材料的加工过程分为原料准备、成型和后成型三个阶段。第一至第四章阐述了高分子材料的基本概念及其成型加工原理中的共性问题，包括聚合物流体的制备、混合和聚合物流体的流变性；第五至第七章分别详细讨论了化学纤维、塑料和橡胶三类重要高分子材料成型加工原理中的个性问题。各章后均附有复习指导与思考题。

《高分子材料加工原理》(第3版)的编写人员分工如下：第一章，第五章第一至第四节、第七节由东华大学沈新元执笔；第二、第四章由大连工业大学郭静执笔；第三章由东华大学吉亚丽执笔；第五章第五、第六节由北京服装学院周静宜执笔；第六章由四川大学蔡绪福执笔；第七章由华南理工大学吴向东执笔。全书由沈新元确立编写大纲并统一整理定稿。

本书获得纤维材料改性国家重点实验室的资助，在此表示诚挚的感谢。由于高分子材料成型加工涉及的学科领域较多，发展速度很快，加之作者的水平及能力有限，因此书中疏误之处在所难免，敬请读者批评指正。

编者

2014年1月

第2版前言

自从20世纪20年代高分子学科产生以来，高分子科学与技术的发展极为迅速，并导致了材料领域的重大变革，形成了金属材料，无机非金属材料、高分子材料和复合材料多角共存的局面，并广泛应用于人类的衣食住行和各产业领域。人们已经认识到高分子材料越来越成为普遍应用而不可缺少的重要材料，它的广泛应用和不断创新是材料科学现代化的一个重要标志。

高分子材料的主要种类有纤维、塑料、橡胶、涂料和胶粘剂，它们各自形成了庞大的工业体系，并在此基础上形成了具有鲜明特色的专业。在各专业领域，已出版了许多专著和教材，受到广大读者和各校师生的欢迎。

20世纪90年代中期，随着科学技术的飞速发展，特别是我国工科高等院校专业的拓宽，纺织高等院校化学纤维专业教学委员会组织编写了《高分子材料加工原理》，内容覆盖化学纤维、塑料、橡胶、胶粘剂和涂料等高分子材料的基本概念、生产方法、品质指标和成型加工原理。该书满足了一些原开设化学纤维专业的院校专业拓宽为高分子材料与工程专业后的教学急需，并且被其他多所高校作为教材和教学参考书使用，教学效果良好。同时，该书也受到了专家的肯定，获上海市2003年优秀教材三等奖。由沈新元教授主持、采用该书作为教材的“高分子材料成型原理”被评为2008年国家精品课程。

我国已拥有庞大的高分子材料产业，近年来开设“高分子材料与工程”专业的高校增加到近150个。这些产业众多的研究人员、技术人员、管理人员及高分子材料与工程专业的师生，都需要一些好的教材和参考书。有鉴于此，我们借本书入选普通高等教育“十一五”国家级规划教材之机，对全书的内容进行了修改与补充。

本书按基本的工程原理，将不同高分子材料的加工过程分为原料准备、成型和后成型三个阶段。第一至第四章阐述高分子材料的基本概念及其成型加工原理中的共性问题，包括聚合物流体的制备、混合和聚合物流体的流变性；第五至第七章分别详细讨论化学纤维、塑料和橡胶三类重要高分子材料成型加工原理中的个性问题，第八章简单介绍涂料和黏合剂的制备和应用原理。各章附有复习指导及练习与思考题。

《高分子材料加工原理》(第2版)的编写人员分工如下：第一章由东华大学沈新元执笔；第二章由大连工业大学郭静执笔；第三章由东华大学吉亚丽、燕山大学李青山执笔；第四章由大连工业大学郭静执笔；第五章第一至第七节由东华大学沈新元执笔，第五节、第六节由北京服装学院周静宜、李燕立执笔；第六章由四川大学蔡绪福执笔；第七章由华南理工大学吴向东执笔；第八章由燕山大学李青山、东华大学吉亚丽执笔。全书由沈新元确立编写大纲并统一整理定稿。

本书的编写工作得到了东华大学硕士研究生戴蓓蓓的协助，在此表示诚挚感谢。

由于高分子材料品种和成型加工方法繁多，研究日新月异，加之作者学识有限，因此书中疏误之处在所难免，恳请专家和使用本书的师生批评指正。

编者

2008 年 10 月

第1版前言

本书为国家“九五”规划教材，由原纺织工业部化学纤维专业教育委员会组织编写，供纺织高等院校高分子材料专业高年级学生学习专业课时使用，并供其他院校的师生参阅。

本书在简要介绍化学纤维、塑料、橡胶、胶粘剂和涂料的基本概念、生产方法和品质指标后，详细讨论了这些高分子材料的生产工艺原理。课堂讲授约需50～70学时。

全书由沈新元统稿，顾利霞审定。参加编写的有中国纺织大学沈新元（第一章、第二章第一节、第三章第一节、第四章第一节、第八章），齐齐哈尔大学王雅珍（第二章第二至第四节，第三章第二至第四节，第四章第二至第四节），大连轻工业学院郭静（第五章、第七章），官玉梅（第六章），北京服装学院李燕立（第九章），华南理工大学吴向东（第十章、第十一章、第十二章）。

由于我们水平有限，对集体编写教材缺乏经验，书中难免有疏漏、缺点和错误，恳请读者予以指正。并对本书中列出的资料的作者以及尚未列入的资料的作者表示感谢。

编者

1999年3月

目录

第一章　绪论

码1-1　本章课件

本章将阐述高分子材料的相关概念及其在国民经济中的地位和作用。

码1-2　高分子材料的基本概念和主要品种

第一节　高分子材料的基本概念和主要品种

一、概述

高分子是高分子化合物（macromolecule compound）的简称，又称聚合物（polymer），通常指那些由众多原子或原子团主要以共价键结合而成的分子量在 1×10^4 以上的化合物，它由一种或几种小分子（单体）通过聚合或其他方式结合而成，具有多个重复单元。高分子材料是以高分子化合物为基体组分的材料。高分子材料又称聚合物材料。虽然一些高分子材料仅由高分子化合物组成，但大多数高分子材料，除基本组分高分子化合物以外，为获得具有各种实用性能或改善其成型加工性能，一般还有各种添加剂。严格来讲，高分子材料与高分子化合物的含义是有区别的。

高分子材料的分类比较复杂。按高分子的来源，可分为天然高分子材料（natural polymer materials）和合成高分子材料（synthetic polymer materials）。按高分子的化学组成，可分为有机高分子材料（organic polymer materials）和无机高分子材料（inorganic polymer materials）。按照材料的性能，可分为通用高分子材料（general purpose polymer materials）和新型高分子材料（advanced polymer materials）。通用高分子材料是指量大、产值高、涉及面广、性能一般的高分子材料。它们属于传统材料，并广泛应用于人类的衣食住行，是很多支柱产业的基础，所以又称为基础材料。新型高分子材料是指那些正在发展，且具有通用高分子材料所不具备的优异性能和应用前景的一类高分子材料。它们属于先进高分子材料，其用量少、具专一性、附加价值高，已经成为能源、生物、医药、信息和国防等高新技术发展与进步不可或缺的基石，正影响和改变着人类的生活质量和生活方式。

以下简单介绍通用高分子材料和新型高分子材料的主要种类和基本概念。

二、通用高分子材料的主要种类和概念

通用高分子材料包括纤维（fiber）、塑料（plastics）、橡胶（rubber）、胶黏剂（adhesive）和涂料（coating）等几大类。

（一）纤维

一般认为，纤维是一种细长形状的物体，其长度对其最大平均横向尺寸比至少为

10 ∶ 1，其截面积小于 0.05mm²，宽度小于 0.25mm。纺织用纤维的直径一般为几微米至几十微米，长度与直径之比一般大于 1000 ∶ 1[1]，还应具有一定的柔韧性、强度、模量、伸长和弹性等。

但随着纤维的制备技术进步和用途拓宽，其定义也在变化。一方面，一些一维尺度的材料也经常以纤维命名，例如纳米纤维。最细的碳纳米管直径小于 1nm，长度可达数微米，长径比达千倍以上，也属于纤维范围。另一方面，一些作为结构材料的纤维，对于长径比、柔曲性等的要求已没有纺织纤维那么严格。

纤维的种类有许多，其分类方法按不同的基准有多种。按原料来源不同，纤维可分为两大类，一类是天然纤维（natural fibers），另一类是化学纤维（chemical fibers）。化学纤维又可分为再生纤维（regenerated fibers）、合成纤维（synthetic fibers）和无机纤维（inorganic fibers）三大类（图 1-1）。

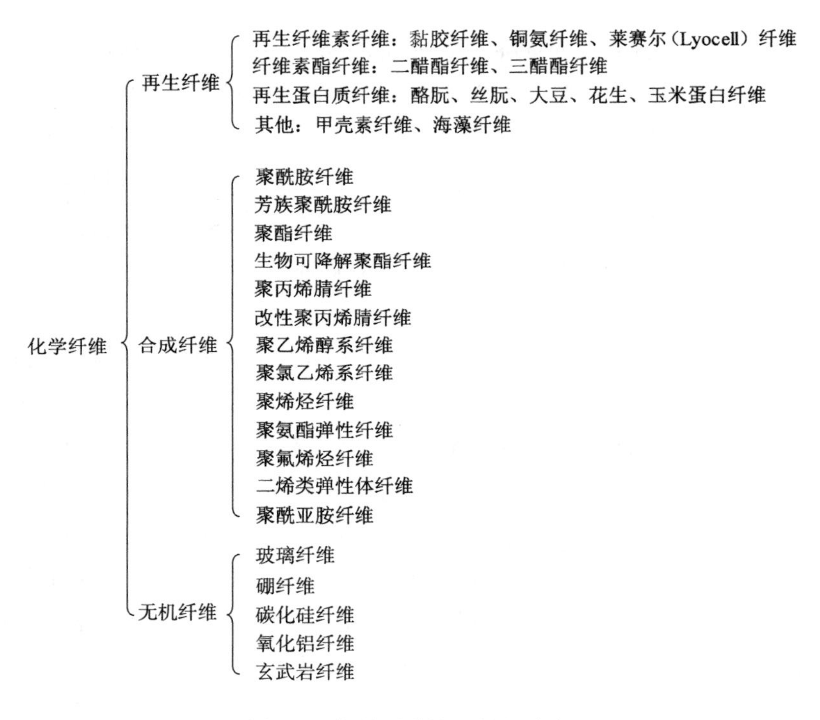

图1-1　化学纤维按原料的分类

（二）塑料

塑料是以高分子化合物为主要成分，在一定条件下可加工成一定形状并且在常温下保持其形状不变的材料。其成品状态为柔韧性或刚性固体，习惯上也包括塑料的半成品，如压塑粉等。

塑料的种类有很多。根据原料来源，塑料可分为合成塑料（synthetic plastics）和半

[1] 印度棉纤维的长度较短，其长度与直径之比（即长径比）为 850 ∶ 1。

合成塑料（semi-synthetic plastics）。根据塑料的热可塑性不同，塑料可分为热塑性塑料（thermoplastics，thermoplastic plastics）和热固性塑料（thermoset，thermoset plastics）。热塑性塑料主要有聚氯乙烯、聚乙烯、聚丙烯、聚苯乙烯（包括 ABS 树脂）、聚丁烯、氯化聚氯乙烯、聚偏氯乙烯、聚乙烯醇、聚甲基丙烯酸甲酯、纤维素等塑料。热固性塑料主要有酚醛塑料、氨基塑料、呋喃塑料、环氧树脂、不饱和聚酯塑料和有机硅塑料等。按使用性不同，塑料可分为通用塑料（general purpose plastics）和工程塑料（engineering plastics）。工程塑料又可分为通用工程塑料和特种工程塑料。目前，通用塑料和工程塑料之间的界限正在变得越来越模糊。工程塑料的分类如图 1-2 所示。

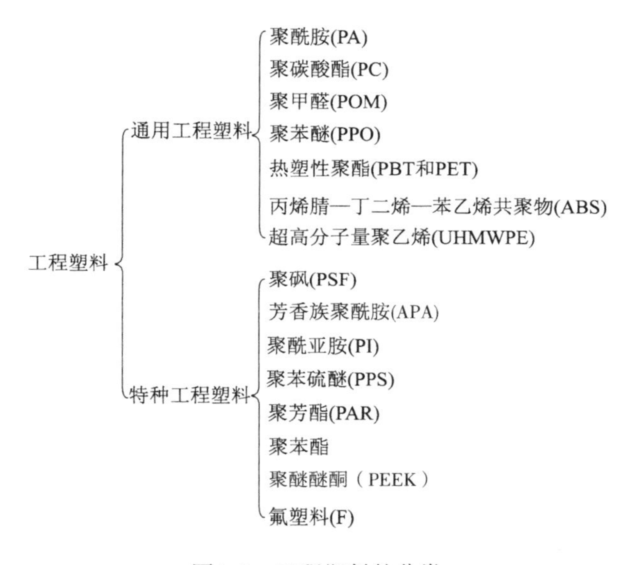

图1-2　工程塑料的分类

（三）橡胶

橡胶是具有高弹性的有机高分子化合物，在很宽的温度（-50 ～ 150℃）范围内具有优异的弹性，所以又称为弹性体。

橡胶的种类有很多。根据原料的来源，橡胶可分为天然橡胶（natural rubber）和合成橡胶（synthetic rubber）。根据用途，合成橡胶分为通用合成橡胶（general purpose synthetic rubber）和特种合成橡胶（special synthetic rubber）。特种合成橡胶属于特种高分子材料。

天然橡胶是从天然植物中采集到的一种乳白色液体，经加工制成高弹性材料，其主要成分是异戊二烯的聚合物。通用合成橡胶主要有丁苯橡胶、异戊橡胶、丁腈橡胶、氯丁橡胶、聚异丁烯橡胶、丁基橡胶、乙丙橡胶、氯化聚乙烯橡胶和氯磺化聚乙烯橡胶等。

（四）胶黏剂

能把各种材料紧密地结合在一起的物质称为胶黏剂，又称黏合剂。

胶黏剂通常由几种材料配制而成，这些材料按其作用不同，一般分为主体材料和辅助材料两大类。胶黏剂品种繁多。按照胶黏剂主体材料的来源，可分为天然胶黏剂（natural adhesive）和合成胶黏剂（synthetic adhesive）两类（图 1-3）。按照粘接度特性，可分为结构胶黏剂（structure adhesive）、非结构胶黏剂（non-structure adhesive）和次结构胶黏剂（secondary structure adhesive）三种类型。

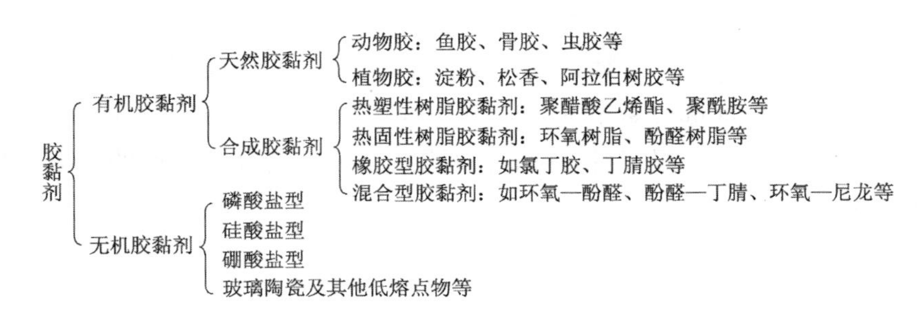

图1-3　胶黏剂的分类

（五）涂料

涂料是指涂布在物体表面能形成具有保护和装饰作用膜层的材料。过去，由于涂料都是用植物油和天然树脂熬炼而成，其作用又同我国的生漆差不多，因此一直被称为油漆（oil paint）。

涂料种类繁多，命名也很混乱。从涂料的发展而言，最早出现的是清油和厚漆。根据施工层次，涂料分为腻子、底漆、罩光漆等不同品种；根据所用的分散介质，可分为溶剂型和水溶型；根据漆膜光泽的强弱，可分为无光、半光（平光）、有光等品种；根据使用的场合，可分为内用和外用；根据用途，可分为防锈漆、绝缘漆、地板漆、机床漆、美术漆等。有些是以施工方法命名的，如喷漆、电镀漆、烘漆、自干漆；还有的是根据音译命名的，如万能漆、可丁漆、永明漆等。

涂料按主要成膜物来进行分类和命名是一种比较科学的方法，根据这种分类方法可分为油性涂料、天然树脂涂料、沥青涂料、醇酸树脂涂料、酚醛树脂涂料、氨基树脂涂料、硝基涂料、纤维素涂料、过氯乙烯涂料、乙烯树脂涂料、丙烯酸树脂涂料、聚酯树脂涂料、环氧树脂涂料、氨基甲酸酯涂料、元素有机涂料、橡胶涂料及其他涂料等十几类涂料。其中，以植物油和天然树脂为主要原料的统称为油性涂料；采用合成材料作原料的比例较大，有的甚至完全以合成树脂作为其主要成膜物质，统称为合成树脂类漆。

三、新型高分子材料的主要种类和概念

新型高分子材料包括高性能高分子材料（high-performance polymer materials）、功能高分子材料（functional polymer materials）、智能高分子材料（intelligent polymer materials）和绿色高分子材料（green polymer materials）等种类。

码1-3　拓展阅读：新型高分子材料的主要种类

第二节　高分子材料在国民经济中的地位与作用

码1-4　高分子材料产业地位

一、材料的重要性

材料是人类用于制造各种产品的物质，是人类赖以生存和发展的物质基础。关于材料的重要性，许多专著和文献已经做了很好的阐述，至少可以归纳为以下三个方面。

（一）材料是人类社会进步的里程碑

人类使用材料的历史共经历了八个时代（表1-1）。从图1-4中可以看到，材料的使用与一个历史时期内人类人口的增长、生产力和科学技术发展水平密切相关。每一种重要材料的发现和广泛使用，都会把人类支配和改造自然的能力提高到一个新水平，给社会生产力和人类生活水平带来巨大的变化，把人类的物质文明和精神文明向前推进一步。

因此，材料科学对社会发展与进步的作用历来受到高度重视。一个国家材料的品种和数量被公认是直接衡量一个国家的科学技术、经济发展水平和人民生活水平的重要标志之一。

表1-1　人类使用材料的历史

开始年代	材料时代	开始年代	材料时代
公元前10万年	石器时代	1800年	钢时代
公元前3000年	青铜器时代	1930年	高分子时代
公元前1000年	铁器时代	1950年	硅时代
公元元年	水泥时代	1990年	新材料时代

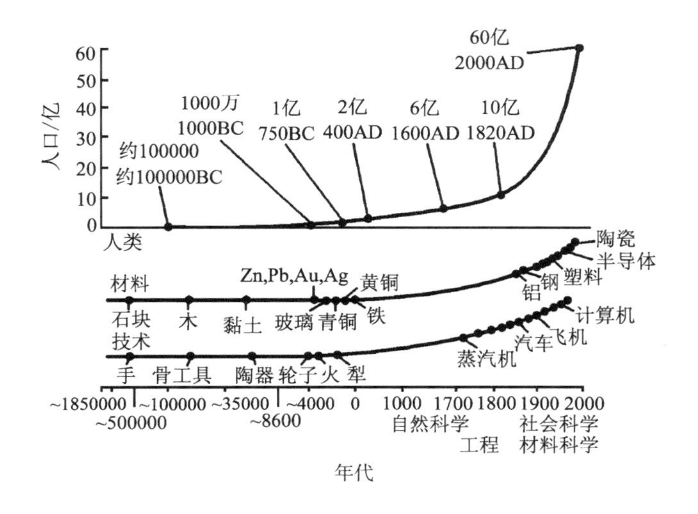

图1-4　人类、材料和技术的演变史

（二）传统材料是国民经济的基础

自古以来，人类就与材料密切相关，无论饮食、起居、衣着都离不开各种自然界存在的材料。19 世纪中叶现代炼钢技术出现以后，金属材料的重要性急剧增加；20 世纪中叶，合成高分子材料、无机非金属材料及先进复合材料迅速发展，并形成了金属材料、无机非金属材料、高分子材料和复合材料多角共存的局面。目前，这四大材料中许多品种已经成为传统材料。

著名材料科学家师昌绪院士指出，凡是传统材料，往往与国民经济支柱产业密不可分。例如，钢铁曾是衡量一个国家实力的重要标志。虽然人类已进入信息时代，但今天在一些工业发达国家，仍然将它视为支柱产业。因为钢具有不可代替的优良性能，其价格又比较低廉。合成纤维、树脂、塑料、橡胶在国民经济中占有非常重要的位置，而且用量逐年增加，这些都属于传统产业。此外，机械制造、造船、机车等莫不是以钢铁及其他传统材料为基础的，所以传统材料是国民经济的基础，不能稍有忽视。

（三）新材料是社会现代化的先导

现代社会的进步，在很大程度上都依赖于新材料的发现与发展。科学家的理论蓝图只有凭借合适的材料才能实现，因此新材料是先进技术的先导。自 20 世纪 90 年代以来，人们在这方面取得了空前的重要进展。所以将这一历史时期称为“新材料时代”。

新材料的研究、开发与应用反映一个国家科学技术与工业水平，将对人类社会的文明与经济的发展起着不可估量的作用。正如师昌绪院士所言，没有半导体和其他功能材料，就不会有今天的信息社会，没有高温和超高温材料及高比强度、高比刚度材料，就不会有今天的航天航空技术，从而全球经济的一体化、人类社会的繁荣往来就会发生很大困难。因此 20 世纪 70 年代，材料、信息和能源被誉为当代文明的三大支柱。80 年代以高技术群为代表的新技术革命，又把新材料、信息技术和生物技术并列为新技术革命的重要标志。

二、高分子材料在国民经济与科学技术中的地位与作用

自从 20 世纪 30 年代大分子概念正式确立后，高分子材料以其独特的优势实现工业化并得到迅速发展，已广泛应用于人类的衣食住行和各产业领域。人们认识到，高分子材料作为四大材料之一，除具有材料上述的重要性外，至少还具有以下三个方面的特点。

（一）高分子材料比传统材料发展迅速

虽然高分子材料工业直到 20 世纪 30 年代高分子学科建立后才步入真正的发展阶段，然而由于高分子材料原料丰富、制造方便、加工容易、品种繁多、形态多样、性能优异以及在生产和应用领域所需的投资低，经济效益显著，因此其发展速度和空间远远超过其他传统材料。特别是到 20 世纪 80 年代，工业发达国家钢铁生产已衰退，而高分子材料的产量仍然突飞猛进。全世界塑料的产量从 1904 年的 1 万吨猛增到 2020 年的 3.67 亿吨。全世界合成橡胶的产量 1960 年为 202.1 万吨，而 2020 年则增至 1442.2 万吨。全世界化学纤维的产量由 1960 年的 331 万吨快速飙升至 2020 年的 8253 万吨。目前，塑料、化学纤维和合成橡胶三大高分子材料已经成为通用材料。

当前，虽然有人将传统工业与“夕阳工业”联系在一起，但高分子材料作为一种传统材

料，与国民经济密切相关，且新型高分子材料不断涌现，其前景依然为大多数专家看好。著名化学纤维专家郁铭芳院士认为，由于天然纤维的发展受到客观条件的限制，因此化学纤维的发展同解决各国人民的穿衣问题和提高人民生活水平关系十分密切。另外，化学纤维具有其他材料不能替代的特征。因此在21世纪，化学纤维及其工业将更加兴旺发达。进入21世纪以来的事实已经完全证实了专家的预言。

我国高分子工业虽然起步较晚，但发展很快。我国化学纤维的产量，从1978年的25.8万吨猛增至2020年的6488万吨，占世界化学纤维总产量的2/3以上；合成树脂产量从1978年的67.9万吨猛增至2022年的11366.9万吨，居世界第一；合成橡胶产量从1978年的10.2万吨猛增至2022年的823.3万吨，居世界第一。随着高分子科学和庞大的高分子材料工业的发展，我国高分子材料的生产和消费保持着强劲的增长势头，高分子材料在材料领域中的地位日益突出，所占份额越来越大。

（二）合成高分子材料在很多应用领域能有效取代其他传统材料

目前，高分子材料的用途也已渗透到生活的每个角落，主要分布在下列领域：

（1）电气行业。用作坚韧、耐久的绝缘材料。

（2）建筑材料。用作管道、门窗、护墙板、天花板、隔板等。

（3）包装行业。与纸并列为两大包装材料。

（4）汽车行业。除轮胎材料非橡胶莫属外，仪表盘、方向盘、内衬、座椅等都已采用聚合物制造。

（5）家具行业。越来越多的座椅、抽屉、隔板都采用聚合物。

（6）农业。地膜和棚膜已成为不可或缺的基本材料。

此外，高分子材料还占据涂料和胶黏剂中的绝大部分份额。千变万化的品种与可设计和剪裁的性能，使高分子材料变得越来越重要。

合成高分子材料在上述许多领域中已经和正在取代传统材料，如金属、木材和皮革，以及一些天然高分子材料，如棉、丝、麻和天然橡胶。由于塑料的密度较低（约为铝的1/2、钢的1/5），同样重量的塑料可以生产出比金属体积高几倍的产品，符合轻量化的趋势，因此在机电、仪表、电子电器、汽车以及建筑行业中正大量用塑料代替金属。例如在建筑行业，目前全塑的住宅已经问世，塑料的产量已超过木材和水泥等结构材料的总产量。橡胶工业的发展虽然进展较缓，但合成橡胶的产量却远远超过天然橡胶。目前世界天然橡胶只占总用胶量的1/3。合成纤维在民用纤维用量中已占50%左右，在工业用纤维中几乎取代了天然纤维。合成高分子材料已成为现代社会生活中衣、食、住、行、用各个方面不可缺少的材料。广泛采用合成高分子材料不仅节省了许多传统材料，而且带来了明显的技术经济效果，推动了传统产业的现代化。随着世界经济的发展，合成高分子材料取代其他传统材料的趋势还在继续。

（三）新型高分子材料发展空间大

党的二十大报告中指出：必须坚持科技是第一生产力、人才是第一资源、创新是第一动力，深入实施科教兴国战略、人才强国战略、创新驱动发展战略，开辟发展新领域新赛道，不断塑造发展新动能新优势。

处于高技术时代的高分子材料工业，除了要为工农业生产、人们的衣食住行用等不断提供许多量大面广、不可或缺、日新月异的新产品和新材料外，还要为发展高新技术提供更多更有效的高性能结构材料、高功能材料以及满足各种特殊用途的专用材料。另外，传统高分子材料存在众所周知的“白色污染”问题，还有许多值得探索的科学问题。因此，高分子材料及其生产技术面临着新的机遇与挑战。

纵观材料的发展史，贯穿着一条主线，即从简单到复杂。而有机高分子材料品种丰富多彩，结构上的复杂性更是远远超过了金属材料和无机非金属材料。因此，新型有机高分子材料的发展空间比其他新型材料更大。

自 20 世纪 90 年代人类进入新材料时代起，面对新的机遇与挑战，高分子材料向高性能化、功能化、精细化、复合化和智能化等方向发展。特别是进入 21 世纪后，对新型高分子材料的需求将越来越大，高分子材料的发展呈现出以下特点：

（1）材质由均质向复合方向发展。材料的复合化满足了人类多方面的需求，高分子材料与金属材料、无机非金属材料的复合以及不同高分子材料之间的复合步伐进一步加快。

（2）性能由高性能、功能化向多功能和结构功能化方向发展。具有优异的光、电、磁、生物等性能的多功能高分子材料以及兼具高性能与功能的高分子材料，能够更好地满足信息、能源、国防以及生命技术领域的要求。

（3）尺寸向越来越小的方向发展。特别是具有特殊优良性能的纳米高分子材料，在高性能及功能高分子材料、组织工程材料及光电材料等领域具有广泛的应用，因此受到世界各国的高度重视。

（4）层次由被动向主动方向发展。过去的功能高分子材料只能机械地进行输入 / 输出的响应，因此是一种被动性材料。智能高分子材料可以主动地针对一定范围的各种输入信号进行判断，能自动适应环境的变化，并且自行解决问题，因此可以实现高分子材料结构功能化、功能多样化，从而导致高分子材料科学发展的又一次重大革命。

（5）合成和加工技术向仿生化发展。由生物进化得到启迪，通过仿生途径来发展新型高分子材料。例如运用先进的计算机模拟技术，首先建立蜘蛛丝蛋白质各种成分的分子模型，然后运用遗传学基因合成技术，把遗传基因植入酵母和细菌，可以仿制蜘蛛丝蛋白质。通过仿生纺丝技术，可能实现用丝蛋白纺制蜘蛛丝。

（6）原料和生产向绿色化发展。材料科学家正在为合成高分子材料寻找新的资源，以摆脱对不可再生资源石油的依赖。其中一个重要的方向就是利用可再生的生物质，其广泛使用不仅将扩大高分子材料的原料来源，逐步摆脱对石油的依赖；而且可使制得的产品可生物降解和循环再生，从而可从根本上解决合成高分子材料的“白色污染”问题。同时实现高分子材料的清洁生产，解决对环境造成的污染问题。

以上各方向的研究发展迅速，已经对国民经济和科学技术的发展产生了深远的作用。目前，一些新型高分子材料已在国防建设和国民经济各个领域得到广泛的应用。特别是当代许多高新技术，例如微电子和光电子信息技术、生物技术、空间技术、海洋工程等方面均在很大程度上依赖于先进高分子材料的应用。在航天航空等领域，新型高分子材料已成为非它莫属的重要材料。

总之，高分子材料在国民经济和科学技术中具有十分重要的地位，发挥着巨大的作用。高分子材料的广泛应用和不断创新是材料科学现代化的一个重要标志。今后，高分子材料还将不断创新和持续发展，在国民经济发展过程中将发挥越来越重要的作用，为人类作出更大的贡献。

第三节　高分子材料加工的学科分类

本书将高分子材料加工定义为“对高分子材料或体系进行操作以扩大其用途的工程”，它是把高分子原材料经过多道工序转变成某种制品的过程。应该指出，经过高分子材料加工得到的制品在物理上处于和原材料不同的状态，但化学成分基本相同；而高分子合成是指经过一定的途径，从气态、液态、固态的各种原料中得到化学上不同于原料的高分子材料。因此，高分子材料加工与高分子合成的含义是有区别的。

尽管各种高分子材料均有独特的成型方法，例如化学纤维的熔体纺丝、湿法纺丝和干法纺丝等（详见第五章），塑料的注塑、压制、压延、挤出、浇铸、浸渍、搪塑、热成型，中空吹塑等（详见第六章），橡胶的压延和挤出等（详见第七章），而且每种制品的原料准备和后成型操作也各不相同，但是如果把高分子材料加工作为一门工程学科，根据基本的工程和科学原理，则可以将各种高分子材料的加工学科按图 1–5 进行分类。

码1–5　高分子材料加工概述

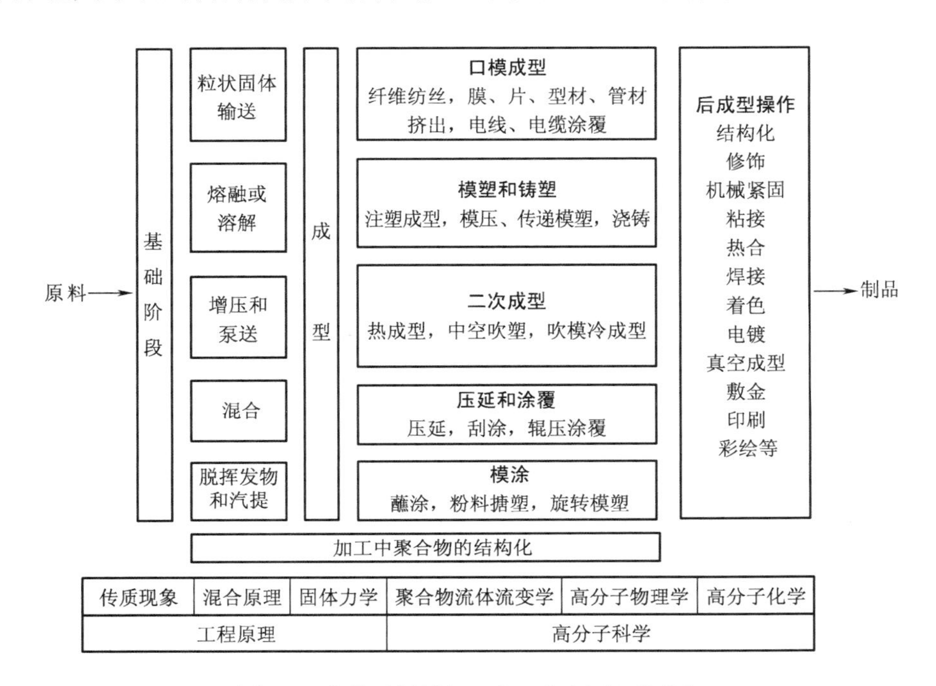

图1–5　高分子材料加工中工序和原理的分解

由图 1-5 可知，高分子材料加工过程包括基础阶段、成型和后成型三个阶段。高分子材料加工的基础阶段为成型准备了原料。基础阶段可以先于成型，或与成型同时进行。贯穿这些过程的始终以及在这些过程之后出现了“结构化”。最后，结构化之外的后成型操作可以跟在其后。而主要的工艺操作是建立在若干工程基础之上的，特别是建立在传质现象、聚合物流体流变学、混合以及高分子物理学和化学的基础上的。因此，高分子材料加工是一门交叉融合、科学与工程紧密结合的学科。

下面对图 1-5 中的基础阶段和成型进行简单的讨论。

一、高分子材料加工的基础阶段

由于聚合物原材料通常以颗粒或粉末的形式供给加工者，因此高分子材料的成型应在一系列的准备性操作之后才进行。这些操作的性质在很大程度上决定了加工机械的形状、尺寸、复杂程度和价格。这些准备性操作通常为一种或多种，称为高分子材料加工的“基础阶段”，它主要包括：固体粒子的处理，熔融或溶解，增压和泵送，混合，脱挥发物和汽提。

考虑到固体颗粒系统具有的独特性质，有必要把“固体颗粒的处理”定义为一个基础阶段。为了保证合理地设计加工设备，必须很好地了解以下内容：颗粒的装填、集聚、料斗中的应力分布、重力流动、架拱、压实和机械引起的流动。在处理固体的某种操作之后和成型之前，通常应该将聚合物溶解、熔融或加热软化。为了进行成型，例如流经口模或进入模具，必须泵送熔融或溶解的聚合物，这一过程通常产生压力。被称作“增压和泵送”的阶段完全是受聚合物流体的流变特性支配的，并对加工机械的结构设计产生深刻的影响。增压和熔融可以同时进行，它们通常相互影响，而且对聚合物流体也有混合作用。当加入的物料是由混合物组成而不是单纯的聚合物时，为了使流体的温度和组成均匀，必须对流体进行混合；对不相容聚合物分散体系在较宽范围内的混合操作，即将结块和填料打碎等操作也都属于“混合”这一阶段。脱挥发物和汽提虽然也是常用的方法（例如在排气挤出机中的脱挥发物），但在后反应器中进行的加工中尤为重要。

二、高分子材料的成型方法

虽然高分子材料的品种繁多，而且各有其传统的成型方法，但正如前面所述，根据基本的工程和科学原理，可以将高分子材料的成型方法归纳为以下五种。

（1）压延和涂覆。这是一种稳定的连续过程。它是在橡胶和塑料工业中广泛应用的最古老的方法之一。它包括传统的压延以及各种连续涂覆操作，例如刮涂和辊涂。

（2）口模成型。成型操作包含使聚合物流体通过口模的过程，其中有纤维的纺丝，薄膜和板（片）的成型，管和异型材成型，以及电线和电缆涂覆。

（3）模涂。蘸涂、粉料搪塑、粉料涂覆和旋转模塑等加工方法均属于模涂。所有这些方法都涉及在模具内表面或外表面敷上一层相对较厚的涂层。

（4）模塑和铸塑。它们包括用热塑性塑料或热固性聚合物为模具“供料”的所有方法。这些方法包括常见的注射成型、传递模塑和模压以及单体或低分子量聚合物的普通浇铸和

“原位”聚合。

（5）二次成型。顾名思义，这一成型方法是指已预成型的高分子材料的进一步成型。纤维的拉伸，塑料的热成型、吹塑和冷成型等可以归为二次成型操作。

需要指出的是，图 1-5 显示的是高分子材料的传统加工成型。但随着科学技术的发展，一些新的加工成型技术正在相继问世。例如，现在已经可以将高分子材料的合成和加工成型这两个截然分离的过程融为一体。传统加工设备只是用于高分子粒料加工成制品，但高分子材料反应加工赋予了加工设备合成反应器的功能，与传统反应需数小时或十几小时相比，其反应时间往往只有几分钟或十几分钟。另一种新的聚合物高压成型技术，在室温下可以进行塑料加工成型，有望成为节能的塑料加工方法，并可促进塑料回收技术的发展。传统的加工过程是一种聚合物动力学历史。近年来，已扩展到外场的影响，如表面取向、电、磁场、溶剂熏蒸、新的流动几何等。3D 打印等快速成型技术，可以采用材料精确堆积的方法最终生成非常复杂的实体。因此，本书在重点阐述传统加工成型方法的同时，也将简单介绍一些新的加工成型方法及其原理。

复习指导

1. 高分子材料的基本概念和主要品种

（1）了解高分子材料的基本概念。

（2）熟悉各类通用高分子材料的基本概念和主要品种。

（3）熟悉各类新型高分子材料的基本概念和主要品种。

2. 高分子材料在国民经济中的地位与作用

（1）了解材料的重要性。

（2）了解高分子材料在国民经济中的地位与作用。

3. 高分子材料加工的学科分类

（1）掌握高分子材料加工的基本概念和学科分类。

（2）掌握高分子材料加工基础阶段的主要内容及其作用。

（3）掌握高分子材料成型的基本方法和发展动向。

习题

1. 按图 1-1 填写题表 1-1。

题表1-1　化学纤维的主要品种

学名	英文名称缩写	单体	主要重复单元的化学结构式

2. 下列纤维是什么类型的化学纤维，是再生纤维还是合成纤维？

（1）甲壳素；（2）聚乳酸；（3）Lyocell；（4）聚丙烯。

3. 下列塑料是什么类型的塑料，是热塑性还是热固性？

（1）不饱和聚酯；（2）聚对苯二甲酸丁二醇酯；（3）聚丙烯；（4）酚醛。

4. 下列塑料是什么类型的塑料，通用塑料还是特种工程塑料？

（1）氟塑料；（2）聚氯乙烯；（3）聚砜；（4）聚乙烯。

5. 下列橡胶是什么类型的橡胶，是通用合成橡胶还是特种合成橡胶？

（1）氟橡胶；（2）丁腈橡胶；（3）氯醇橡胶；（4）聚异戊二烯橡胶。

6. 下列高分子材料是什么类型的高分子，是生物医学高分子材料、吸附分离功能高分子材料、超弹性功能高分子材料还是导电高分子材料？

（1）甲壳素手术缝线；（2）弹性球；（3）聚苯胺；（4）螯合树脂。

7. 判别题图 1-1 是哪种新型高分子材料的实验结果。

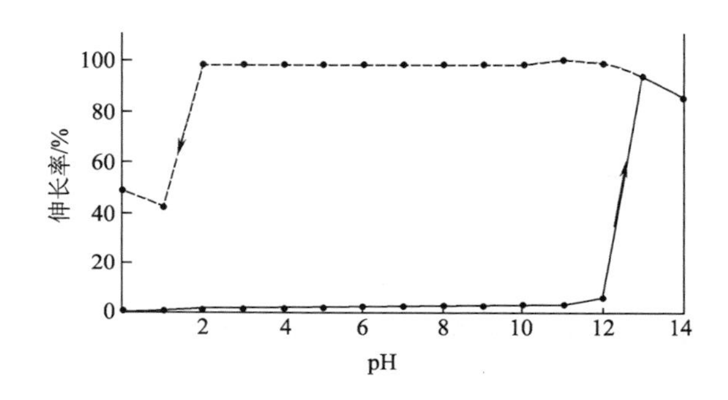

题图1-1　新型高分子材料的实验结果

8. 试述新材料的概念并举例说明新材料是社会现代化的先导。

9. 如何理解合成高分子材料对传统材料的取代？

10. 试分析新型高分子材料的发展方向并结合近期的文献举出实例。

11. 什么是高分子材料加工？怎样根据基本的工程原理对其进行分类？

参考文献

［1］王槐三，寇晓康. 高分子化学教程［M］. 北京：科学出版社，2002.

［2］张留成，瞿雄伟，丁会利. 高分子材料基础［M］. 北京：化学工业出版，2002.

［3］励航泉. 材料导论［M］. 北京：中国轻工业出版社，2000.

［4］冯端，师昌绪，刘治国. 材料科学导论［M］. 北京：化学工业出版社，2002.

［5］马光辉，苏志国. 新型高分子材料［M］. 北京：化学工业出版社，2003.

［6］董纪震，罗鸿烈，王庆瑞，等. 合成纤维生产工艺学（上册）［M］. 2 版. 北京：中国纺织出版社，1994.

［7］沈新元. 化学纤维手册［M］. 北京：中国纺织出版社，2008.

[8] 国家标准局. GB/T 4146—1984 纺织名词术语（化纤部分）[S]. 北京：中国标准出版社，1984.
[9] 王正远. 工程塑料实用手册 [M]. 北京：中国物资出版社，1994.
[10] 邓本诚，纪奎江. 橡胶工艺原理 [M]. 北京：化学工业出版社，1984.
[11] 陈耀庭. 橡胶加工工艺 [M]. 北京：化学工业出版社，1982.
[12] 王致禄，陈道义. 聚合物胶粘剂 [M]. 上海：上海科学技术出版社，1988.
[13] 国家自然科学基金委员会. 高分子材料科学 [M]. 北京：科学出版社，1994.
[14] 徐僖. 高分子材料科学研究动向及发展展望 [J]. 新材料产业，2003（3）：12-17.
[15] 马建标. 功能高分子材料 [M]. 北京：化学工业出版社，2000.
[16] 潘才元. 功能高分子 [M]. 北京：科学出版社，2006.
[17] VIGO T L. Intelligent Fibrous Materials [J]. J. Text. Inst.，1999，90（3）：1-13.
[18] 沈新元. 先进高分子材料 [M]. 北京：中国纺织出版社，2006.
[19] 马如璋，蒋民华，徐祖雄. 功能材料学概论 [M]. 北京：冶金工业出版社，1999.
[20] 塔德莫尔，戈戈斯. 聚合物加工原理 [M]. 耿孝正，阎琦，许澎华，译. 北京：化学工业出版社，1990.

第二章　聚合物流体的制备

码2-1　本章课件

聚合物需经过加工成型才能获得所需的形状、结构和性能，成为有实用价值的材料与制品。常用成型方法有挤出、注塑、吹塑、模压、压延等，这些过程实现的基本条件是聚合物具有一定的流动性与可塑性，因此必须对聚合物进行熔融或溶解使之成为聚合物流体。

随着技术的进步，聚合物必须转变为流体才能成型加工的理论受到了挑战。挑战之一就是聚合物的固态挤出成型，即聚合物在温度明显低于熔点，高于结晶转变温度范围内进行强制挤出并获得截面变化比（或称挤出比、拉伸比，定义为坯料截面积 / 产品截面积）大于 14、光滑透明或半透明产品的过程。固态挤出是在低温情况下的强迫挤出，因此其产物通常具有较高的取向和微纤化等特征，这使其产物较常规挤出产物具有更高的模量和强度。扎哈里亚季斯（Zacha riades）等发现，通过固态挤出，UHMWPE 的拉伸强度可大于 0.2GPa；陈长森等发现固态挤出 HDPE 制品，其拉伸强度较由熔融挤出提高 10 倍以上，且产品透明性较好。

目前该技术已经成功应用于超高分子量聚乙烯纤维及聚丙烯膜等多种聚合物的成型。由于固态挤出无须溶剂、加工助剂及配料，而且可以加工一些常规工艺难以加工的材料，是一种很有前途的挤出加工技术。

另一种挑战是压力诱导流动成型（press-induced flow,PIF）工艺，即将传统熔融加工成型的块状聚合物在一定的温度下，压力诱导后能够像熔体一样流动成型，经过压力诱导流动成型后，聚合物因为形成类似于贝壳砖泥结构截面的相互平行、规则排列的有序微观层状形貌（图 2-1），导致材料力学性能大幅度提高（图 2-2）。

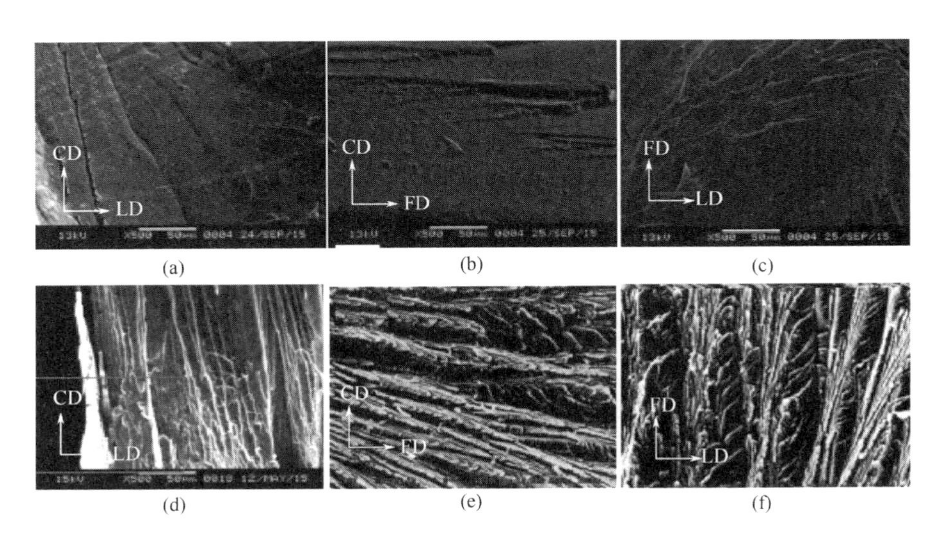

图2-1　聚丙硫醚（PPS）的断裂表面SEM图像［（a）（b）（c）］和不同方向（NON-PIF）截面图像［（d）（e）（f）］

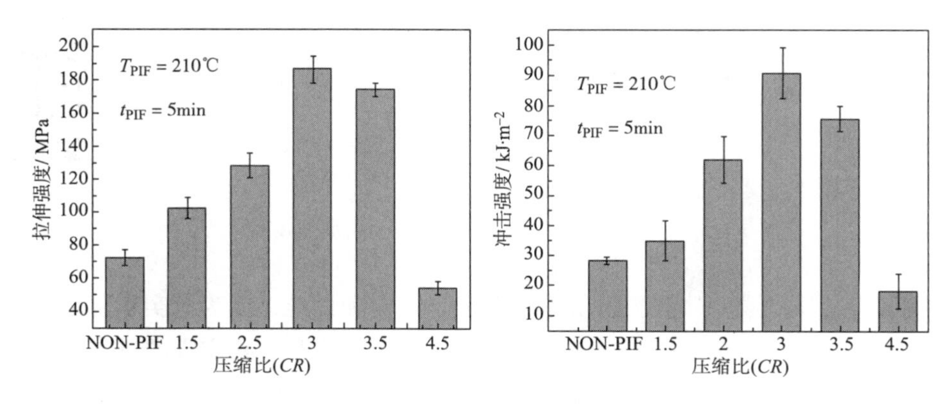

图2-2 不同压缩比下 PPS 的拉伸强度和冲击强度

尽管如此，大多数聚合物的成型还是从熔体或溶液开始，因此本章将介绍聚合物熔融和溶解的规律。

第一节 聚合物的熔融

聚合物的熔融就是完成聚合物由固体到熔体的转变过程。“熔”即熔化，“融”即融合，因此熔融的含义即熔化和混炼。聚合物的大多数成型操作通过熔融聚合物的流动完成，因此为成型操作而进行的聚合物的准备工作通常包括熔融过程，即完成聚合物由固体转变为熔体的过程。

一、聚合物的熔融方法

熔融方法有很多，归纳起来可分为以下几类：

（1）无熔体移走的传导熔融，如图 2-3（a）所示。熔融的全部热量由与物料接触的高温表面（如机筒内表面）经传导或由非接触表面的热辐射与热空气对流提供，因此熔融速率主要由材料热传导能力决定。由于聚合物在固态及黏流态下的热传导系数均较小，因此该熔融机理的熔融效率较低，通常适用于制品的二次成型或后处理等工艺过程，如滚塑过程，如图 2-4 所示。

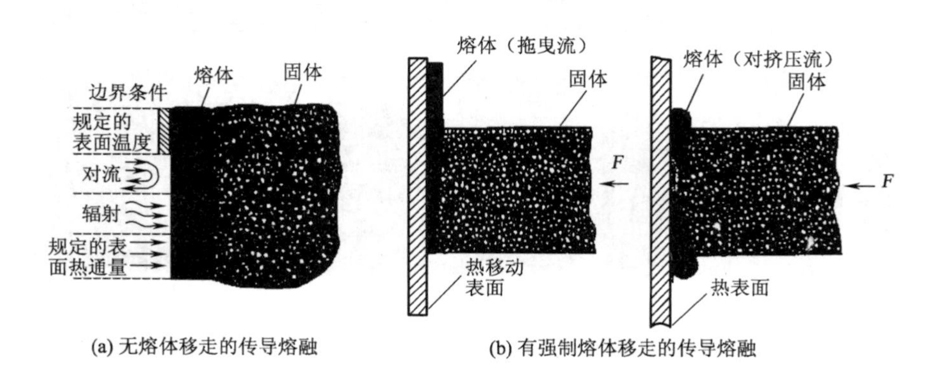

(a) 无熔体移走的传导熔融 (b) 有强制熔体移走的传导熔融

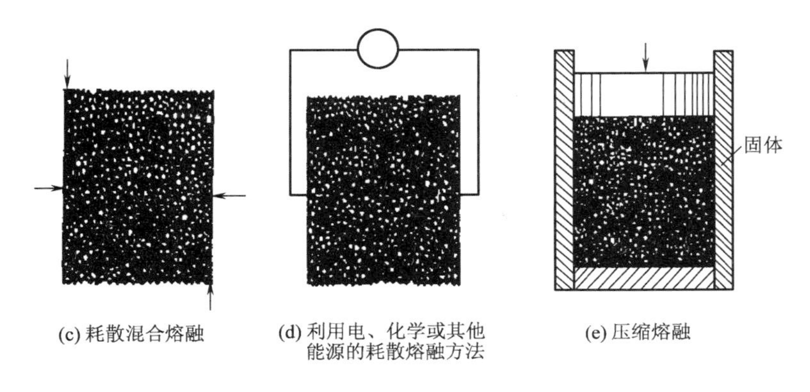

图2-3　基本熔融方法

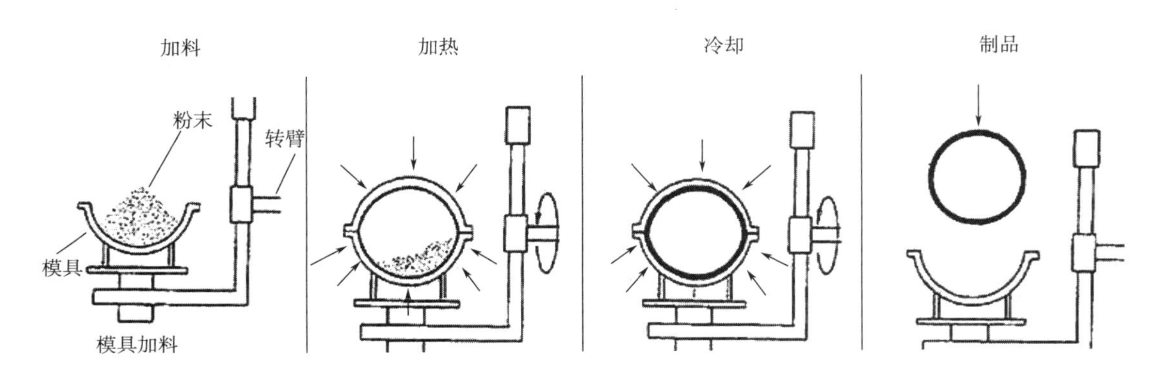

图2-4　滚塑过程示意图

（2）有强制熔体移走（由拖曳或压力引起）的传导熔融［图 2-3（b）]，即边熔融边移动的熔融。在聚合物固体床与高温接触壁面间形成聚合物熔体薄膜，由于新产生的熔体薄膜能够及时地被带走，使得熔膜厚度保持相对稳定，从而确保高温表面与固体床之间有较大的温度梯度。由于能将所产生的熔体层及时移走，因此熔融效率大幅提高，并且避免了聚合物熔体长期处于高温区或与高温表面接触而导致的热降解。熔融的能量一部分来源于接触表面的热传导，另一部分来源于熔膜中的黏性耗散生热。所谓耗散生热是在外力作用下，大分子各运动单元沿外力方向做择优排列运动，而产生的内部摩擦生热现象。熔融效率由热传导率、熔体移走及黏性耗散生热速率共同决定。产生熔体强制移走的机理通常有两种：一是拖曳流动机理，即通过高温接触表面与固体床表面间的相对平行移动；二是压力诱导流动，即通过高温接触表面与固体床表面间的垂直运动使得熔体在压缩作用下产生流动。螺杆挤出机的熔融过程就是典型的由拖曳引起的有强制熔体移走的热传导熔融。

（3）耗散混合熔融，如图 2-3（c）所示。熔融的主要能量来源于转子轴输入的机械能，即通过单个粒子的变形、粒子间、颗粒与设备高温表面间的摩擦与熔融区的黏性耗散生热将机械能转化为聚合物的内能。耗散混合熔融速率由整个外壁面上和混合物固体—熔体界面上辅以热传导决定，双辊开炼即属于此类。由于此种熔融实现了以固体颗粒的形变、黏性耗散取代低热传导率的传导熔融，因此，该机理的熔融效率更高，并有望实现快速低温熔融。有人将耗散—混合熔融机理分为两大类，即固态摩擦耗散熔融与黏性耗散—混合熔融。前者主要发生在熔融初始阶段，此时颗粒间的接触主要为固态，熔融主要能量来源是单个粒子塑性变形能与粒子间的固态摩擦。随着熔融的进展，聚合物颗粒间充满了熔体，即聚合物颗粒被熔体所隔离，此时黏性生热成为主导；未熔融的残留固相被强烈地混合分散到连续的熔体中，并逐渐被加热、软化直到最终全部被熔融；这一熔融机理定义为黏性耗散—混合熔融。

（4）利用热传导以外的能源，如电、化学或其他能源的耗散实现的熔融方法，如图 2-3（d）所示。

（5）压缩熔融，如图 2-3（e）所示。其中有强制熔体移走的传导熔融是聚合物熔融的主要方式，其主要代表是螺杆挤压机的熔融挤出过程，一方面装在机筒外壁的加热器使能量在机筒沿螺槽深度方向自上而下传导，另一方面随着螺杆的转动，筒壁上的熔膜被强制刮下来移走而使熔融层受到剪切作用，使部分机械能转变为热能。

此外还有振动诱导挤出熔融，它是将振动力场引入有熔体强制移走的熔融过程。即在原有稳定的螺杆转速上叠加周期性的径向及轴向振动，导致物料在固体输送、熔融、熔体输送的整个挤出过程中处于振动力场作用下，实际上物料是在一个封闭的压力容器中受到一个复杂的往复剪切力作用，如图 2-5（a）所示。由于螺槽里的聚合物熔体受到螺杆的轴向和径向的作用力，分子链会在两个作用力的方向进行排列，形成类似如图 2-5（b）所示的网格化结构。当聚合物熔体挤出时，部分分子链网格化排布的结构保留下来，使得挤出物的纵横向强度差异减小；另一方面，振动场的引入可以促进大分子链解缠，增加分子间以及分子各链段之间的摩擦，同时聚合物固体在振动场作用下不断地被破碎、挤压、研磨等，因此振动场能够促进聚合物的熔融塑化过程，甚至在无外加热的情况下，单纯使用振动力场也能使聚合物达到熔融塑化状态。

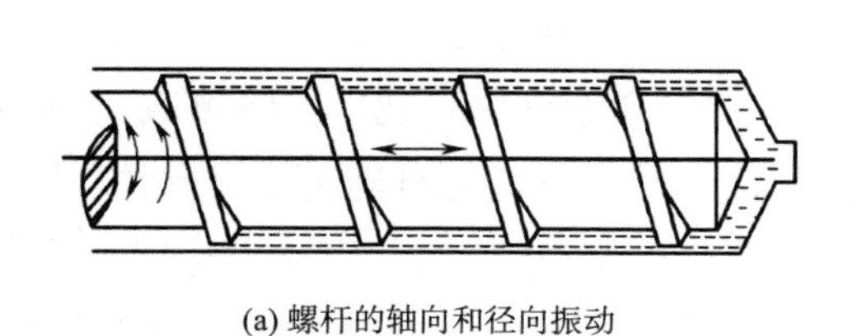

(a) 螺杆的轴向和径向振动

(b) 聚合物的网格化结构

图2-5　螺杆振动及聚合物的网格化结构

二、聚合物的熔融机理

单螺杆挤出过程的熔融机理是塔德莫尔（Z.Tadmor）提出的“固体床—薄膜熔融模型”，如图 2-6 所示。其基本特征表现在以下四个方面。

（1）假设在单螺杆挤出过程中固态聚合物在固体输送段被压实成固体塞。

（2）与机筒内表面接触的聚合物在机筒热传导的作用下首先熔融，并形成熔膜。

（3）当熔膜的厚度达到一定程度时，熔膜中的熔体在螺棱的刮擦作用下堆积到螺棱的推进面，形成带环流的熔池。

（4）在机筒热传导与黏性耗散生热的共同作用下，固体床的尺寸不断减少而熔池的尺寸逐渐增大，直至整个固体床消失，完成整个熔融过程。

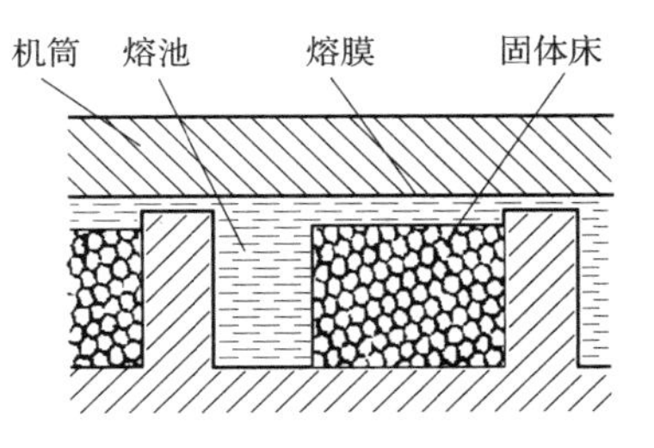

图2-6 单螺杆熔融模型

可见，单螺杆挤出机的熔融效率取决于机筒内表面与熔膜中熔体的温度差及熔膜中的黏性耗散热的大小，即熔融效率与聚合物的物性参数和加工工艺条件有关，如螺杆温度、螺杆转数、间隙大小等。

振动诱导单螺杆挤出机的熔融塑化过程与传统挤出机有所不同，其最大的区别在于：当螺杆转动的同时它还有一个沿轴向的振动，因此，在振动场的作用内表面与固体床之间存在一层薄的熔膜，当熔膜厚度超过螺杆与料筒间的间隙时，螺杆的螺棱顶部将熔膜从料筒内壁刮向螺槽底部而逐渐在螺棱的推进面汇集成旋涡状的流动区域（熔池），同时造成螺槽横向的压力梯度。这种由熔体动力产生的熔池压力，使得固体床远离螺棱推进面，又由于熔膜中的熔体被连续地拖曳迁移离开熔膜，必定由固体床来不断补充，这就使得固体床具有朝着料筒表面方向的速度分量，同时固体床还沿着螺槽向前滑动着，因此，固体床的宽度自熔融区开始连续地减少，直到熔融结束固体床消失为止。研究发现，振动诱导作用下，聚合物熔体的黏弹性以及速度分布具有非线性和时间依赖性，而且在靠近固体床处的时均剪切速率要远远大于料筒内壁处的剪切速率，这样就会使新生成的温度较低的熔体以最快的速度被拖曳进熔池，同时由于剪切速率的增加，黏性耗散热也随之增加，另外由于振动场作用下熔膜厚度会大幅度减小，因此料筒的热量就更容易传入固体床，从而加速聚合物的熔融。

啮合同向双螺杆挤出机是最常用的聚合物成型加工及混合设备之一。由于其优越的输送能力与混合效率、良好的排气效果与自洁作用、灵活多变的螺杆构型、高强的加工能力与广泛的加工适应性等优点，已越来越受到聚合物加工行业的青睐，目前已广泛用于聚合物的物理化学改性等工艺过程。朱林杰等以装有玻璃视窗的可视化双螺杆挤出机为手段，在不同操作条件下对高密度聚乙烯（HDPE）粒料在不同正向捏合块（即由正向捏合盘所组成的螺杆区段）中的熔融过程进行了研究，提出了双螺杆挤出过程中海—岛式熔融模型的概念。其根据熔融过程中固液两相混合物中残留固相的比例，将其分为两大模型：固体密集海—岛熔融模型（即以残留固相为多组分分散相的海—岛式熔融模型）与固体稀疏海—岛熔融模型（即以残留固相为少组分分散相的海—岛式熔融模型）。在熔融初始阶段，聚合物颗粒间主要为固态接触，熔融主要的能量来源是单个粒子塑性变形能与粒子间的固态摩擦；在熔融后期，聚合物颗粒间充满了熔体，即聚合物颗粒被熔体所隔离，此时黏性生热成为主导；未熔融的残留固相被强烈混合分散到连续的熔体中，并逐渐被加热、软化直到最终全部被熔融。研究表明，螺杆构型、螺杆转速、加料量是决定聚合物颗粒熔融的主要因素。

码2-2 聚合物的熔融热力学

三、聚合物的熔融热力学解释

原则上任何结晶或无定形聚合物，都应在其熔点或其黏流温度转变为熔融态或黏流态。聚合物的熔融过程服从热力学原理，与系统的自由能、熵值和热焓的变化有关，可用热力学的基本方程表示：

$$\Delta F=\Delta H-T\Delta S \tag{2-1}$$

式中：ΔF 为系统自由能；ΔH 为系统熔融热；ΔS 为熔融熵；T 为材料所处的环境绝对温度。

聚合物熔化属于一级相转变，因此系统自由能 $\Delta F=0$，T 对应于材料的熔融的平衡熔融温度（平衡熔点）即：

$$T_m=\Delta H/\Delta S \tag{2-2}$$

熔融热 ΔH 和熔融熵 ΔS 是高分子聚合物结晶热力学的两个重要参数，熔融热 ΔH 表示分子或分子链段排布由有序转换到无序所需要吸收的能量，与分子间作用力的大小密切相关。

熔融熵代表了熔融前后分子的混乱程度，取决于分子链的柔顺程度。由上述热力学关系式可见，当熔融热增大或熔融熵减小时，平衡熔融点 T_m 会升高。

四、聚合物熔融的影响因素

在上述熔融方法中有强制熔体移走的传导熔融是聚合物熔融最常见的方式之一。其主要机理是：聚合物吸收大量的能量，当其分子间的活动能力大于分子间的作用力时，聚合物分子链节及整个大分子将能产生自由运动。随着大分子链吸收能量的增多，聚合物从玻璃态转变为黏流态。当有外力作用时，将出现分子链的流动，这时聚合物转变为熔融状态，分子链的构象数目也增加。要使聚合物熔融流动，必须提供足够的能量使聚合物大分子能克服其分子间作用力。对于聚合物在螺杆挤压机中的熔融，即有强制熔体移走的传导熔融，其能量来源于两个方面：一是依靠机筒沿螺槽深度方向自上而下传导而来的能量，这是加热器装在机筒外壁上，上下温差大、左右温差小的必然结果；二是通过熔膜移走而使熔融层受到剪切作用，使部分机械能转变热能（黏性耗散）的必然结果。剪切发热量一般正比于剪切速率（剪切应变速率、切变速率）的平方，所以熔膜越薄，剪切速率越大，产生的热量越多。

在熔融过程中哪种热能占主导地位，取决于聚合物本身的物理性质、加工条件和设备的结构参数。

1. **聚合物的物理性质** 聚合物的物理性质包括熔点、比热容、导热系数及熔融潜热。

由熔融热力学得出的平衡熔点方程可以看出，提高熔融热，减小熔融熵，均可导致熔点升高。增大分子间的作用力可以有效地增加聚合物晶体由有序向无序转变所需要的热量，当聚合物主链上引入—CONH—、—CONCO—、—NHCOO—、—NH—CO—NH—，侧链上引入—OH、—NH_2、—CN、—CF_3 等极性基团时，会增大分子间的作用力，并可能形成氢键。而氢键的形成则会降低分子链段的柔性，导致熔融熵的减小，并最终导致聚合物熔点升高，此时必须采用较高的熔体温度才能使其具有很高的熔融速率。

当熔融热 ΔH 一定时，聚合物的 T_m 主要取决于 ΔS 的变化。当 ΔS 增大时，T_m 将下降，反之将上升。如一些无定形或结晶度低的柔性链聚合物，由于链的柔性大，构象数目多，结晶过程中熵变较大，熔化温度较低，相同温度条件下，其熔融速率较大。另一些结晶度高的刚性链聚合物，由于链的柔性小，构象数少，则其熔化温度较高，要使其具有很高的熔融速率必须采用较高的熔融温度。

聚合物的比热容越大，由玻璃态转变为黏流态所需热量越大，熔融速率越小；聚合物的导热系数越大，熔融速率越大。结晶聚合物的熔融潜热越大，熔融速率越小。此外在高分子聚合物材料的加工过程中，加入适当的增塑剂和添加剂等可以改善其熔融性质。

2. **加工条件**　加工条件主要指螺杆温度和转数。当机筒温度较低、螺杆转数较高时，由剪切产生的剪切热将占主要地位。反之，当螺杆转数较低，机筒温度较高时，主要的热量来源将是机筒的传导热。由于聚合物的热扩散系数远远小于金属、钢材、玻璃等材料，即聚合物热传导的速率很小，所以如果传热温差过高，可能会导致局部温度过高，并导致聚合物的降解；而聚合物熔体在冷却时，若冷却介质与熔体之间温差过大，则会因为冷却过快而使制品内部产生内应力导致变形。因此聚合物加热中的外热和内部剪切热的配合至关重要，否则可能会因局部过热而导致聚合物分解。螺杆转速增大，聚合物分子间和分子内摩擦增大，产生的剪切耗散热增多，混炼效果提高，而且这种生热方式要优于外源加热。但过高的转数会导致聚合物在螺杆内停留时间缩短，导致塑化不充分而影响熔体质量。

3. **设备的结构参数**　设备的结构参数包括螺杆长径比、螺杆螺旋角、螺杆结构、间隙及套筒结构。螺杆直径越大，塑化效果越好，产量越大。螺杆长径比大，聚合物在螺杆中的停留时间越长，同时压力流、漏流减少，提高了熔融塑化能力，熔体均匀性好，输出压力稳定，对温度分布要求较高的物料有利，但长径比过大会导致螺杆加工困难，功率消耗增大，严重时还会造成螺杆与套筒间隙不均甚至刮磨现象。螺杆长径比一般为 20 ～ 28，国外也有 28 ～ 40 的。

4. **其他参数**　其他参数如螺杆螺距 S、螺杆螺旋升角 φ 和螺槽深度等，对熔融塑化也有影响。套筒结构也影响熔融塑化效果。实验证明，开槽挤出机可以通过提高压力增强分散混合效果，在增加产量的同时减少高黏度物料的黏性耗散。

第二节　聚合物的溶解

对于一些熔点高于分解温度的聚合物，要实现其加工成型需借助溶剂将其制成聚合物溶液；一些特殊加工也需要借助溶剂调控黏度，满足生产要求，如纤维工业中的溶液纺丝、静电纺丝，塑料工业中的增塑和流延，油漆、涂料和胶黏剂的配制等。而对于高分子溶液热力学性质（如高分子—溶剂体系的混合热、混合熵、混合自由能）和动力学性质（如高分子溶液的沉降、扩散、黏度）的研究，以及聚合物的相对分子质量及其分布、高分子在溶液中的形态和尺寸、高分子的相互作用（包括高分子链段间和链段与溶剂分子间的相互作用）等的研究，也涉及聚合物的溶液和溶解。因此研究聚合物的溶解规律和特性具有重要的理论和实际应用价值。

一、聚合物溶解过程的特点

溶解是指溶质分子通过扩散与溶剂分子混合成以分子水平分散的均相体系的过程。聚合物的溶解过程一般比较缓慢，需经历溶胀和溶解两个阶段。这是由于聚合物分子与溶剂分子的尺寸相差悬殊，两者的分子运动速度存在数量级的差别，因此溶剂分子能很快渗入聚合物，使聚合物体积膨胀，产生溶胀；而高分子向溶剂的扩散却非常缓慢，必须经历一段时间才能均匀分散到溶剂中，完成溶解，形成溶液。

由于聚合物结构的复杂性：相对分子质量大并具有多分散性；聚合物分子形状有线型的、支化的和交联的；高分子的聚集态存在有非晶态或晶态结构，有极性聚合物与非极性聚合物等，所以聚合物溶解比小分子溶解更加复杂。

非晶态聚合物分子堆砌比较松散，分子间相互作用较弱，溶剂分子比较容易渗入聚合物内部，使溶胀和溶解相对容易。

交联聚合物，由于具有三维交联网络的束缚，其溶胀到一定程度后就被分子链的熵弹性所平衡，因此其只能达到溶胀平衡（有限溶胀），不能溶解。

支化聚合物的溶解与线型聚合物溶解也有较大差别。

晶态聚合物分子排列规整，堆砌紧密，分子间作用力很大，溶剂分子很难渗透进入聚合物的内部，因此其溶解过程包括：

（1）结晶聚合物的熔融，需要吸热。

（2）熔融聚合物与溶剂进行混合，直至聚合物完全溶解。

极性结晶聚合物在室温下能溶解在极性溶剂中，因为结晶聚合物中含有部分极性非晶相成分，它与强极性溶剂接触时，产生放热效应，放出的热使结晶部分晶格被破坏，并与溶剂作用而逐步溶解。例如，聚酰胺可溶于间甲苯酚、40% 硫酸、苯酚—冰醋酸的混合溶剂中；聚对苯二甲酸乙二酯可溶于邻氯苯酚和苯酚—四氯乙烷的混合溶剂（质量比为 1 ∶ 1）中；聚丙烯酸丁酯可以溶于三氯甲烷等。非极性晶态聚合物在室温下很难溶解，一般需升高温度，甚至加热到聚合物熔点附近，即晶态转变为非晶态后才能溶解。例如，高密度聚乙烯的熔点是 135℃，其在 135℃才能溶解在十氢萘中。

二、聚合物溶解过程的热力学解释

溶解是聚合物分子与溶剂分子相互作用的过程。在溶解过程中，聚合物分子之间以及溶剂之间的作用力不断减弱，而聚合物分子与溶剂之间的作用力则有所增强；与此同时，聚合物分子及溶剂分子均发生空间排列状态和运动自由程度的变化。从热力学角度来看，分子之间作用力的变化将使体系的热焓 ΔH 发生变化；而分子运动自由度的改变则与体系的熵变有关。因此，溶解过程能否自发进行，可以用体系在溶解过程中所发生的自由能改变 ΔF_m 来判别，如果 ΔF_m 为负值，则溶解过程可以自发进行。与小分子溶解过程一样，它应该服从式（2-3）的热力学关系式：

$$\Delta F_m = \Delta H_m - T\Delta S_m \quad (2-3)$$

式中：ΔF_m 为混合自由能；ΔS_m 为混合熵；ΔH_m 为混合热焓；T 为绝对温度。

聚合物和溶剂混合时，只有当 $\Delta F_m < 0$ 才能溶解。因为在溶解过程中，分子的排列趋于混乱，混合过程中熵的变化是增加的，即 $\Delta S_m > 0$，因此 ΔF_m 的正负取决于 ΔH_m 的正负和大小。

对于聚合物的溶解过程，式（2-3）还可进一步表示为：

$$\Delta F_m = x_1\Delta H_{11} + x_2\Delta H_{22} - \Delta H_{12} - x_1 T\Delta S_{11} - x_2 T\Delta S_{22} + T\Delta S_{12} \quad (2-4)$$

式中：x_1、x_2 分别为大分子及溶剂的摩尔分数；ΔH_{11}、ΔH_{22} 分别为溶解过程中大分子及溶剂的热焓变化；ΔH_{12} 为由于溶剂与大分子之间的溶剂化作用引起的热焓变化；ΔS_{11}、ΔS_{22}、ΔS_{12} 分别为大分子、溶剂以及由溶剂与大分子的溶剂化作用所引起的熵变。

式（2-4）进而说明，溶解过程热焓的变化与熵的变化，既与大分子的结构和性质有关，又与溶剂分子的结构和性质有关，而且与它们之间的相互作用也是密切相关的。

通常根据聚合物—溶剂体系在溶解过程中热力学函数的变化，大体可以划分为下述两种类型的溶解情况。

1. **由热焓变化决定的溶解过程** 在这类体系中，溶解过程所发生的熵变与过程的热焓变化相比非常小，可以忽略，则式（2-4）可写成：

$$\Delta F_m = x_1\Delta H_{11} + x_2\Delta H_{22} - \Delta H_{12} \quad (2-5)$$

聚合物溶解于溶剂的条件是：

$$|\Delta H_{12}| > |x_1\Delta H_{11} + x_2\Delta H_{22}| \quad (2-6)$$

极性聚合物（特别是刚性链的聚合物）在极性溶剂中所发生的溶解过程，由于大分子与溶剂分子强烈的相互作用，溶解时放热（$\Delta H_m < 0$），使混合体系的自由能降低（$\Delta F_m < 0$）而聚合物溶解。

2. **由熵变决定的溶解过程** 非极性聚合物在非极性溶剂中的溶解过程一般属于这种类型。溶解过程不放热或发生某种程度的吸热（$\Delta H_m > 0$），同时过程所发生的熵变很大（$\Delta S_m > 0$）。

上述只是两种不同类型体系溶解过程的一般特征。事实上，极性聚合物在极性溶剂中的溶解也可发生无热或吸热现象，情况是比较复杂的，尚需在实践的基础上不断加以认识。

三、影响溶解度的结构因素

从热力学讨论中可知，聚合物在溶解过程中所发生的热焓及熵的变化，是与聚合物的结构以及溶剂的性质密切相关的。

聚合物的溶胀和溶解与很多因素有关，如大分子的化学组成和结构，官能团的特性、数量以及其在大分子链上的分布，大分子链的柔性和长度，分子链的支化程度，以及结晶、取向等超分子结构等要素。此外，溶剂的化学结构也有很大影响。

1. **大分子链的结构的影响** 大分子链的化学结构决定了分子之间作用力的强弱，分子间的作用力强的聚合物，一般较难溶解。如能减弱大分子间的作用力，将使聚合物的溶解度有显著的增加。例如用丙烯酸甲酯、甲基丙烯酸甲酯等低极性官能团的单体与丙烯腈共聚，所得到的丙烯腈共聚物的溶解度要比丙烯腈均聚物大得多。在纤维素的羟基上引入少量乙基或乙氧基，也能明显提高纤维素在碱中甚至在水中的溶解度。

大分子主链上官能团分布的均匀性对聚合物的溶解度也有明显的影响。在聚乙烯醇的分子链上，如果含有 3% ～ 5%（摩尔分数）残余醋酸基，其溶解度高于完全皂化的聚乙烯醇；聚乙烯醇残余醋酸基的分布也影响其溶解性，一般不规则排布的聚乙烯醇具有更好的溶解度，因为不规则结构导致聚合物结晶能力下降。

柔性聚合物分子溶解相对容易。如聚己二酸己二胺在常温下即可溶于甲酸，而聚对苯二甲酰对苯二胺需要在较高温度下才能溶解在 100% 的浓硫酸。

在聚合物中如引入少量化学交联点，会使聚合物溶解度明显下降。聚合物相对分子质量增大，会增加溶解的难度、降低溶解度；低聚体的存在有利于减弱分子间的作用力，可使聚合物的溶解度有所提高。

2. **超分子结构的影响** 聚合物的超分子结构对其溶解有重要的影响。结晶聚合物溶解比无定形聚合物溶解更加困难，且结晶度越高，溶解度越低。这是因为结晶聚合物分子间作用力较强，要使它完全溶解，需要较多的能量。例如结晶聚烯烃 20℃时只发生有限溶胀，100℃以上时才能溶解，结晶聚乙烯醇要在 95℃左右才能溶解。高结晶度的聚四氟乙烯和聚苯硫醚，即使在加热的情况下，也难以溶解。

极性结晶聚合物有时可以在常温下溶解，这是因为聚合物中无定形部分与溶剂混合时，两者强烈的相互作用会释放出大量的热，致使结晶部分熔融。例如聚对苯二甲酸乙二酯可溶于邻氯苯酚或苯酚 / 四氯乙烷混合溶剂（质量比为 1 ∶ 1），聚己内酰胺可溶于甲酸等。

3. **溶剂性质的影响** 溶剂的溶解能力与其化学结构、溶剂与大分子链上的活性官能团相互作用强弱以及溶剂的缔合程度有关。

极性有助于结晶聚合物的溶解。极性聚合物溶解在极性溶剂中的过程是极性溶剂分子（含亲电基团或亲核基团）和高分子的极性基团（亲核或亲电）相互吸引产生溶剂化作用，使聚合物溶解。溶剂化作用是放热的，因而对于这类聚合物要选择相反基团的溶剂。如尼龙 6 是亲核的，要选择甲酸、间甲酚等带亲电基团的溶剂；聚氯乙烯是亲电的，要选择环己酮等带亲核基团的溶剂。

聚合物和溶剂中常见的亲核或亲电基团，从强到弱顺序如下：

亲电基团：$—SO_3H > —COOH > —C_6H_4OH > =CHCN > =CHNO_2 > —CHCl_2 > =CHCl$

亲核基团：$—CH_2NH_2 > —C_6H_4NH_2 > —CON(CH_3)_2 > —CONH— > \equiv PO_4 > —CH_2COCH_2— > —CH_2OCOCH_2— > —CH_2OCH_2—$

必须指出，极性溶剂不一定都溶解极性的聚合物，刚性较大的极性聚合物大分子间的作用力较强，其溶解性能较差。例如，纤维素和聚乙烯醇都含有极性较强的羟基，而且平均每两个碳原子含有一个羟基，但刚性较大的纤维素只能被水溶剂化却不能溶解于水；而柔性较大的聚乙烯醇能很好地溶解于水。

极性溶剂与极性聚合物之间的溶剂化程度，除与溶剂的极性官能团有关外，也与余下部分的结构有关。一般来说，在溶剂分子极性基团旁的官能团越大，越不易与聚合物发生溶剂化，溶解能力越差。

混合溶剂或者溶剂与非溶剂的混合物，在许多情况下往往具有比单一溶剂更好的溶解性。如纤维素二醋酯在丙酮 / 水（4% ～ 5%）中的溶解度远大于其在丙酮或水中的溶解度。

四、溶剂的选择

1. *聚合物和溶剂的极性相似原则*　极性大的聚合物溶于极性大的溶剂；极性小的聚合物溶于极性小的溶剂；聚合物与溶剂的极性越相近，越易互溶。例如，聚乙烯在一定温度下能溶于非极性的苯；聚苯乙烯溶于非极性乙苯，也溶于弱极性的丁酮等；聚乙烯醇是极性的，可溶于水和乙醇；聚丙烯腈可溶于二甲基亚砜等极性溶剂中。

2. *溶度参数理论*　溶度参数理论是一个以热力学为基础的溶剂选择的常用理论。根据式（2-3），溶解过程能否自发进行，取决于体系的熵变 ΔS_m 和焓变 ΔH_m 的大小。

聚合物在溶解过程中混合熵 ΔS_m 通常为正值，这可以从溶解过程中大分子所发生的状态变化来理解。在未溶解前，固体状态中的聚合物分子只能作链段的局部布朗运动，当它溶解后，大分子彼此相距较远，分子链获得较大的自由度，分子的构象数增加，故熵变为正值。当然，在个别情况下，由于溶剂与大分子之间生成较牢固的溶剂化层或因空间结构因素而降低了大分子的活动性，在这种特殊的条件下，体系的熵变极小，甚至可能为负值。这时混合热焓 ΔH_m 的大小对于判别聚合物—溶剂体系的溶解的倾向性就显得更重要。

非极性聚合物在与溶剂混合时，若无氢键形成，ΔH_m 通常为正值，因而 ΔH_m 值越小，其自发溶解的倾向就越大。根据希尔德布兰德（Hildebrand）理论，混合热焓 ΔH_m 为：

$$\Delta H_m = \Phi_S \Phi_P \left[\left(\frac{\Delta E_S}{V_S} \right)^{1/2} - \left(\frac{\Delta E_P}{V_P} \right)^{1/2} \right]^2 V_m \tag{2-7}$$

式中：V_m 为混合物的总体积；ΔE_S，ΔE_P 分别为溶剂和聚合物的摩尔蒸发能；V_S，V_P 分别为溶剂和聚合物的摩尔体积；Φ_S，Φ_P 分别为溶剂及聚合物在混合物中的体积分数。其中 $\frac{\Delta E}{V}$ 则表示单位体积的蒸发能，也称为内聚能密度（C.E.D.）。

如引入溶度参数 δ $\left[\delta = (\Delta E / V)^{1/2}\right]$，则式（2-7）可改写为：

$$\Delta H_m = \Phi_S \Phi_P \left[\delta_S - \delta_P \right]^2 V_m \tag{2-8}$$

式中：δ_S，δ_P 分别为溶剂与聚合物的溶度参数，常用溶剂和聚合物的溶度参数可以从聚合物手册中查到。

从式（2-7）或式（2-8）中可以看出，当溶剂的内聚能密度或溶度参数与聚合物的内聚能密度或溶度参数相等或相近时，溶解过程的混合热焓 ΔH_m 等于或趋近于零，这时溶解过程能够自发进行。一般说来，当 $|\delta_1 - \delta_2|$ 小于1.7～2.0之间的某一值时，聚合物就溶解于该溶

剂。因此从溶剂和聚合物的内聚能密度或溶度参数，可以判断溶剂的溶解能力。

聚合物的溶度参数除用实验方法直接测定外，还可以从聚合物的结构式按下式进行近似估算。

$$\delta_{P}=\frac{\rho\sum E}{M_0} \tag{2-9}$$

式中：E 为聚合物分子的结构单元不同基团或原子的摩尔吸引常数；ρ 为聚合物的相对密度；M_0 为结构单元的相对分子质量。

在选择聚合物的溶剂时，除使用单一溶剂外，还经常选用混合溶剂，混合溶剂对聚合物的溶解能力往往高于单一溶剂，甚至两种非溶剂的混合物也会对某种聚合物有很好的溶解能力。如聚丙烯腈不能溶于硝基甲烷或甲酸，却能溶于硝基甲烷 / 甲酸的混合溶剂中。

在混合前后无体积变化时，混合溶剂的溶度参数可用式（2-10）计算：

$$\delta_{mix}=\frac{X_1V_1\delta_1+X_2V_2\delta_2}{X_1V_1+X_2V_2} \tag{2-10}$$

当两种溶剂混合时，如混合前后无体积变化，式中：δ_{mix} 为混合溶剂的溶度参数；X_1 和 X_2 为溶剂 1 和 2 的摩尔分数；V_1 和 V_2 为溶剂 1 和 2 为摩尔体积；δ_1 和 δ_2 为溶剂 1 和 2 的溶度参数。

如果两种溶剂的摩尔体积近于相等，则式（2-10）可简化为式（2-11）：

$$\delta_{mix}=X_1\delta_1+X_2\delta_2 \tag{2-11}$$

必须指出，上述的溶度参数理论，只有在估计非极性溶剂和非极性聚合物的互溶性时才适用。对于极性较高的或易形成氢键的溶剂或聚合物，常会出现反常情况。

事实上，许多内聚能密度在 800 ～ 1050J/cm^3 范围内的极性溶剂，对聚丙烯腈都有良好的溶解能力。例如，碳酸乙二酯（C.E.D.=992J/cm^3）、二甲基砜（C.E.D.=888J/cm^3）、丁内酯（C.E.D.=1005J/cm^3）。但是，也常出现反常的情况，例如二甲基甲酰胺（C.E.D.=616J/cm^3）、二甲基乙酰胺（C.E.D.=515J/cm^3）与聚丙烯腈的内聚能密度相差较大，但却是它的良溶剂。

而另一些内聚能密度相接近的聚合物—溶剂体系，也不一定都能很好地互溶。例如聚氯乙烯（C.E.D.=381J/cm^3）和丙酮（C.E.D.=403J/cm^3）的内聚能密度相差不大，但因体系中溶质分子和溶剂分子间的作用力较弱，导致它们并不互溶。出现上述例外情况的原因是内聚能密度（或溶度参数）仅根据蒸发能求得，并未考虑到分子之间的各种作用力。事实上当溶剂和聚合物互溶时，常形成氢键，在极性基团之间也存在不可忽视的作用力。

汉森（Hansen）基于上述溶度参数理论的缺点，提出了进一步的改进。他将内聚能密度看成由三种不同性质的作用力——色散力、极性（包括诱导）和氢键的总贡献。从而溶度参数可表示为下式：

$$\delta=\sqrt{\delta_d^2+\delta_p^2+\delta_h^2} \tag{2-12}$$

式中：δ_d 为溶度参数中色散力的贡献；δ_p，δ_h 分别为极性和氢键对溶度参数的贡献。表 2-1 及表 2-2 是实验测得的各种聚合物及溶剂的 δ_d、δ_p、δ_h 值。

根据这一理论，可用 δ_d、δ_p、δ_h 所确定的三维坐标图（图 2-7），以预测某一聚合物可能适应的溶剂。只有当聚合物与溶剂的 δ_d、δ_p、δ_h 都分别相近时才能很好地混溶。

表2-1 溶剂的三维溶度参数 单位：$(J/cm^3)^{1/2}$

溶剂	δ	δ_d	δ_p	δ_h
甲醇	29.22	15.18	12.28	22.30
乙醇	26.44	15.82	8.80	19.44
环己醇	22.41	17.39	4.09	13.50
间甲酚	22.73	18.04	5.12	12.89
醋酸	21.48	14.53	7.98	13.50
甲酸	24.86	14.32	11.87	16.57
γ-丁内酯	26.15	18.95	16.57	7.37
二硫化碳	20.42	20.32	0	0
氯仿	18.85	17.70	3.07	5.73
三氯甲烷	20.32	18.23	6.34	6.14
甲乙酮	18.97	15.90	9.00	5.12
二甲基亚砜	26.46	18.42	16.37	10.23
二甲基甲酰胺	24.84	17.43	13.70	11.25
四氢呋喃	19.48	16.82	5.73	7.98
苯	17.72	18.31	1.02	2.05
丙酮	19.99	15.51	10.44	6.96
四氯呋喃	16.68	17.70	0	0
邻二氯苯	20.42	19.13	6.34	3.27

表2-2 聚合物的三维溶度参数 单位：$(J/cm^3)^{1/2}$

聚合物	δ	δ_d	δ_p	δ_h
聚异丁烯	17.60	16.00	2.00	7. 20
聚苯乙烯	20.10	17.60	6.10	4.10
聚氯乙烯	22.50	19.20	9.20	7.20
聚醋酸乙烯	20.66	19.00	10.20	8.20
聚甲基丙烯酸甲酯	23.10	18.80	10.20	8.60
聚甲基丙烯酸乙酯	22.10	18.80	10.80	4.30
聚丁二烯（PB）	18.80	18.80	5.10	2.50
聚异戊二烯	18.80	17.40	3.10	3.10
聚对苯二甲酸丁二醇酯	20.34	17.85	3.99	8.97
聚己二酸丁二醇酯（PBA）	19.64	16.95	3.99	8.97
聚己内酯（PCL）	19.44	16. 95	4.786	8.276
聚己二酸新戊二醇酯（PDPA）	19.04	15.86	4.587	9.572

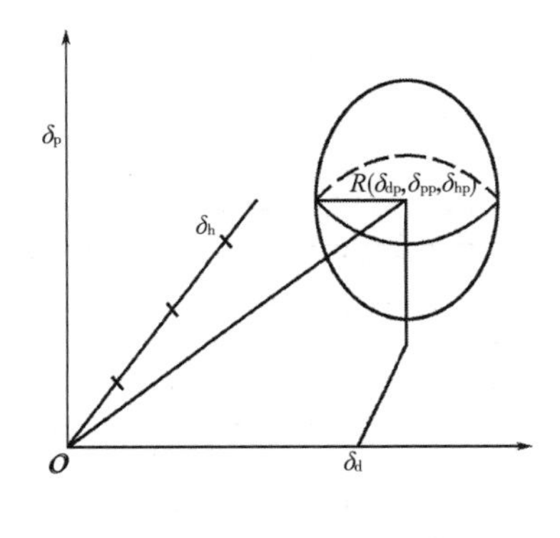

图2-7　三维溶度参数图

在图 2-7 中，以某聚合物的溶度参数（δ_{dp}、δ_{pp} 和 δ_{hp}）为球心，以 R 为半径，在三维坐标上作一球形。球的半径 R 必须通过溶解度试验而确定，如果某聚合物在某些溶剂中介于溶解和部分溶解之间，则可根据它们的溶度参数（δ_{dl}、δ_{pl} 和 δ_{hl}）与相应聚合物的溶解参数（δ_{dp}、δ_{pp} 和 δ_{hp}）之间的距离，作为球的半径 R。根据试验所作的球形图中，凡是溶剂的溶度参数（δ_{dl}、δ_{pl} 和 δ_{hl}）位于球内的，可以与该聚合物生成真溶液；凡接近于球体边界的，可与该聚合物部分互溶；在边界之外的，则为该聚合物的非溶剂。

根据这一作图法，可以对各种溶剂进行比较，离球心越近的溶剂，对该聚合物的溶解性能就越好。大量实验证明，这一原理不仅适用于非极性聚合物与溶剂，而且也适用于极性的、易形成氢键的聚合物及溶剂。因此这一改进使溶度参数理论更趋于完善，并获得更大的应用价值。

3. **高分子—溶剂相互作用参数 χ_1**　χ_1 为聚合物—溶剂相互作用参数，它反映聚合物分子与溶剂混合过程中相互作用能的变化。从聚合物溶液热力学理论进行推导可知，聚合物—溶剂作用参数 χ_1 的数值（可从有关专著或手册中查到）可以作为溶剂优劣的半定量判据。

如果 $\chi_1 > 0.5$，聚合物一般不能溶解；如 $\chi_1 < 0.5$，聚合物能够溶解，小得越多，溶剂的溶解能力越好。因此 χ_1 值可作为判定聚合物—溶剂体系是否互溶的依据。

对聚合物的溶剂选择，目前尚无统一的规律可循，所以遇到这类问题时，要具体分析聚合物是晶态的还是非晶态的；是极性的还是非极性的；是柔性链还是刚性链；相对分子质量大还是相对分子质量小等，然后试用上述经验规律选择溶剂并通过实验确定溶剂的种类。

4. **聚合物溶液加工对所用溶剂的工艺要求**　以上从热力学的角度讨论了聚合物溶剂寻找的根据。但这仅是选择溶剂的一个必要条件，而非充分条件。从工艺上考虑，溶剂还必须使聚合物溶液（一般为浓溶液）在加工时具有良好的流变性。例如，要求纺丝原液从喷丝孔挤出时，其结构黏度要小。等浓度溶液的黏度越低或等黏度溶液的浓度越高，则此溶剂的溶解性能就越好。为此，还应根据不同成纤聚合物的结构特征来选择不同的溶剂及添加剂，才能获得较好的效果。

采用湿法纺丝成型的聚合物大部分是极性的或刚性较大的聚合物，它们通常只溶于极性的溶剂中。

有研究发现，一般盐溶液的离子都是溶剂化的。当盐溶液的浓度很低时，溶剂化的阳离子和阴离子可以独立存在。随着盐溶液浓度的增高，离解度降低，两类离子的溶剂化层交错在一起，当溶液浓度达到相当高时，无机盐可以完全转变成溶剂化离子。当加入聚丙烯腈时，聚丙烯腈中的氰基参与溶剂化层的组成，分子处于溶剂系统的包围之中，使得固体的聚丙烯腈溶解转变为溶液。

另外，向溶剂中加入一些添加剂，也能使聚丙烯腈的溶解度增加。例如，向溶液中加入氯化锌、氯化钙等电解质，可使聚丙烯腈的溶解度增加并使溶液的黏度降低。在硫氰酸钠水溶液中添加一些乙醇，也能收到类似的效果。

从环保、低碳及成本角度考虑，溶剂选择要注意以下几点：

（1）沸点不应太低或过高，通常以溶剂沸点在 50 ～ 160℃范围内为佳；如果沸点太低，会由于挥发而造成浪费，并污染空气；如果沸点太高，则不便回收。

（2）溶剂需具备足够的热稳定性和化学稳定性，在回收过程中不易于分解。

（3）要求溶剂的毒性低，对设备的腐蚀性小。

（4）溶解过程中，溶剂不会引起聚合物的降解或发生化学变化。

（5）在适当的温度下，溶剂应具有良好的溶解能力，并在尽可能高的浓度时具有较低的黏度。

上面提到的溶剂多为有毒物质或会对环境造成污染。目前化学家正在研究一种新的溶剂——离子液体，可以从源头解决传统溶剂带来的污染问题。

离子液体（ionic liquid）又称室温熔融盐，是在室温下呈液态的离子化合物。在离子液体中，只有阳离子和阴离子，没有中性分子。离子液体没有可测量的蒸气压、不可燃、热容大、热稳定性好、离子导电率高、电化学窗口宽，具有比一般溶剂宽的液体温度范围（熔点到沸点或分解温度），通过选择适当的阴离子或微调阳离子的烷基链，可以改变离子液体的物理化学性质，且易回收、可反复多次循环使用。因此，离子液体又被称为“绿色设计者溶剂”，是传统挥发性溶剂的理想替代品，它有效地避免了传统有机溶剂的使用所造成严重的环境、健康、安全以及设备腐蚀等问题，是真正的环境友好溶剂，已经在聚合物溶液制备中获得应用。

五、聚合物—溶剂体系的相平衡

码2-3　聚合物—溶剂体系的相平衡

在制备聚合物溶液的过程中，经常涉及聚合物—溶剂体系的相平衡问题。一般应从两方面研究相平衡问题。

（1）在制取聚合物溶液时，要选择合适的聚合物—溶剂体系，以便在一般工艺条件下制得均匀的单相溶液。

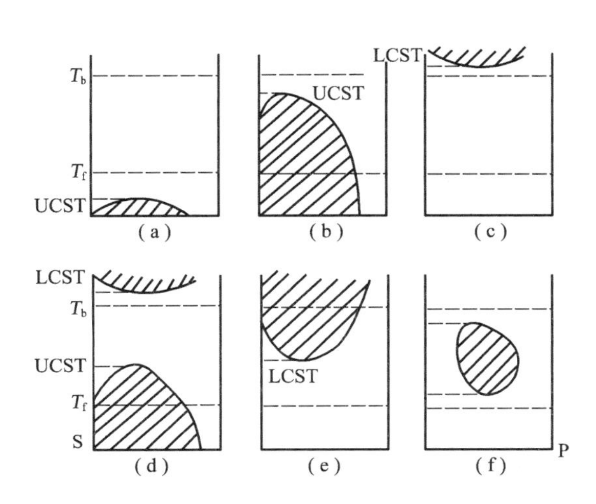

图2-8　聚合物（P）—溶剂（S）相平衡图的基本类型
T_b—溶剂的沸点　T_f— 溶剂的凝固点　UCST—上临界混溶温度　LCST—下临界混溶温度（画线部分为不互溶区域）

（2）在聚合物成型时，无论是干法纺丝中溶剂挥发，还是湿法纺丝时溶剂 / 凝固剂的双扩散，都应使体系内的聚合物和溶剂具有最小的互溶性。

不同的聚合物—溶剂体系具有不同的相平衡特征，图 2-8 列出了其中一些聚合物—溶剂体系的典型相图。

图 2-8 中，相分离曲线将相图分为两个区：均相区和相分离区（画线部分）。图 2-8（a）表示上临界混溶温度低于溶剂的凝固点 T_f，因而在 T_f 以上聚合物和溶剂可以很好地混溶。图 2-8（c）表示下临界

混溶温度在溶剂的沸点 T_b 以上，说明在 T_b 以上聚合物和溶剂才会产生相分离，在 T_b 以下，聚合物和溶剂可以任何比例互溶。图 2-8(b) 表示在溶剂的 T_b 和 T_f 之间存在上临界混溶温度，聚合物和溶剂是否互溶取决于温度和两者的复合比；图 2-8（e）表示在溶剂的 $T_b \sim T_f$ 温度范围内有下临界混溶温度。图 2-8（d）、（f）表示对同一聚合物—溶剂体系，在不同的溶解条件下，可以出现上临界混溶温度和下临界混溶温度。因而，通过各种类型相图的研究，可确定哪些聚合物可以通过溶液来加工成型，以及它的加工应在怎样的条件下合适。例如某些聚合物—溶剂体系，它只有在高于溶剂沸点的条件下，才能充分互溶，对于这样一种体系，当然不能通过溶液纺丝方法加工成型，但这些聚合物可以在溶剂中发生显著溶胀，这种处于增塑状态的聚合物有可能在加压下进行加工，如水增塑熔纺聚丙烯腈。

大部分无定形或无定形—结晶聚合物与溶剂形成的相图，是以具有上临界混溶温度为特征的，如图 2-8（b）所示。但也有一些聚合物—溶剂体系具有不同的相图（图 2-9）。各种成纤聚合物的临界混溶温度均列于表 2-3 中。

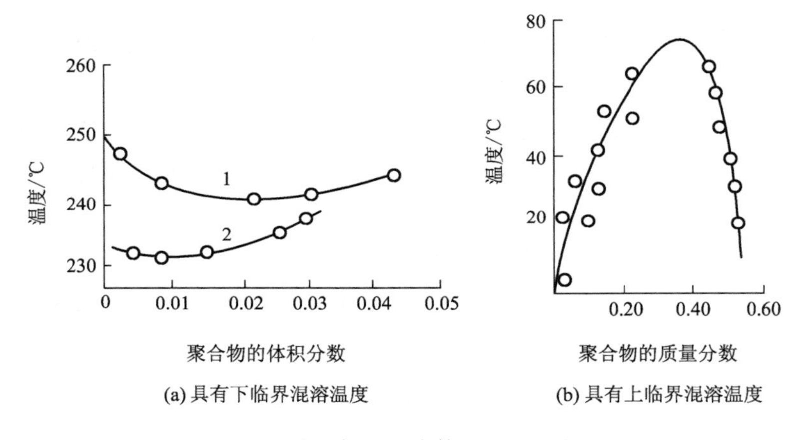

图2-9 聚乙烯醇—水体系的相平衡图

1—聚合物的［η］=0.54（相对分子质量46000），醋酸基含量为2.3%

2—聚合物的［η］=0.78（相对分子质量84000），醋酸基含量为2.3%

表2-3 聚合物的临界混溶温度

聚合物	溶剂	下临界混溶温度/℃	上临界混溶温度/℃
聚乙烯（$M=10^6$）	正戊烷	不溶解，可溶胀	—
	正己烷	127	—
	己烷	163	—
聚丙烯（M= 1600～2000）	正戊烷	152	202
聚丙烯（$M=1.2\times10^6 \sim 2\times10^6$）	正戊烷	105	204
等规聚丙烯（M=1000000）	正戊烷	135	201
聚乙烯醇（含有不同量的醋酸基团）	水	—	60～85
聚乙烯醇（醋酸基含量为2.3%，M=46000）	水	242	—

续表

聚合物	溶剂	下临界混溶温度/℃	上临界混溶温度/℃
聚乙烯醇（醋酸基含量为2.3%，M=84000）	水	231	—
聚乙烯醇（醋酸基含量为2.86%，M=40000）	水	—	75
纤维素二醋酸酯（乙酰基含量为54.7%，M=54000）	丙酮	162	—

在某些情况下，聚合物不能溶于单组分溶剂，必须使用二元或多元混合溶剂，如醋酸纤维素溶于醇—水—丙酮或水—丙酮的混合溶剂。

压力对聚合物—溶剂体系的相平衡也有较大影响，随着压力的增高，聚合物的溶胀和溶解都随之下降，如图 2-10 所示。

根据不同的相图特征，可以合理地选择溶解条件。例如，纤维素黄酸酯—氢氧化钠水溶液体系，它的平衡相图是以具有下临界混溶温度为特征的（图 2-11），并且随酯化度（r）的降低，此体系的下临界混溶温度也下降。因此，从相图可知，随着温度的下降，有利于纤维素黄酸酯溶解度的提高。工业实践正是基于这一原理，纤维素黄酸酯的溶解过程通常在低温（一般 5 ～ 15℃）下进行。

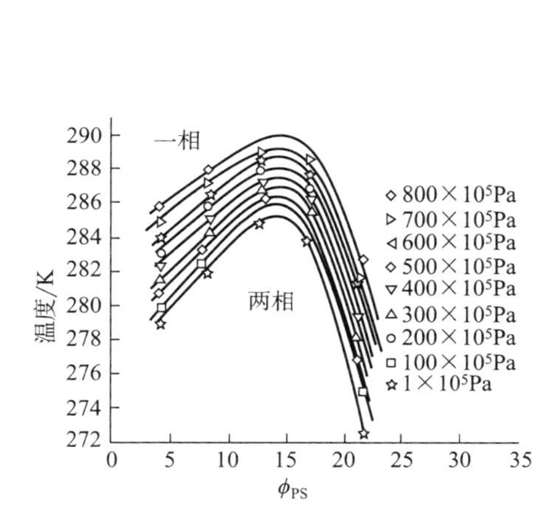

图2-10　聚苯乙烯—反式十氢化萘溶液的二元相图

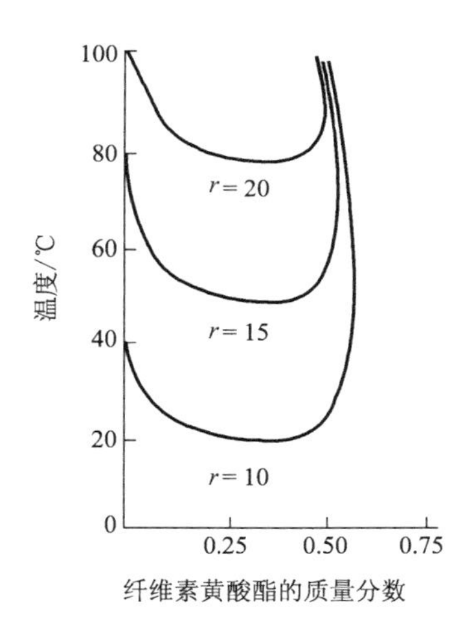

图2-11　不同酯化度的纤维素黄酸酯在氢氧化钠溶液中的相平衡曲线

对于具有上临界混溶温度的体系，将聚合物转变为溶液，可以用三种方法来实现（图2-12）。

第一种方法是在恒温下改变聚合物—溶剂体系的组成，如在 T_1 温度下增加溶剂，使 X_1T_1 移至 X_2T_1，此时由互不相溶的区域转入互溶的区域，从而形成均匀的溶液。但在这种条件下，溶解过程进行得非常慢，而且制得的溶液浓度很低。

第二种可能的方法是升高温度，使之超出相图中的不互溶区域。如图 2-12 所示，在组成 X_1 不变的条件下，温度由 T_1 升至 T_2，使聚合物—溶剂体系完全互溶。为了加速这种溶解过程，温度可以尽可能升至接近于溶剂的沸点 T_b。

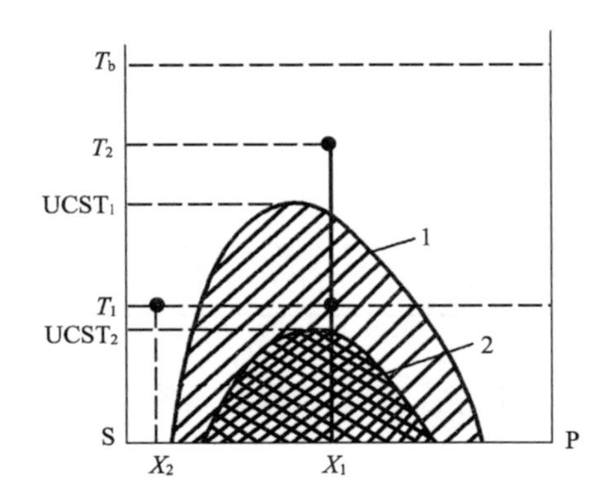

图2-12　聚合物制备溶液可以采用的三种方法
1—原来的相平衡曲线　2—溶剂改变后的相平衡曲线

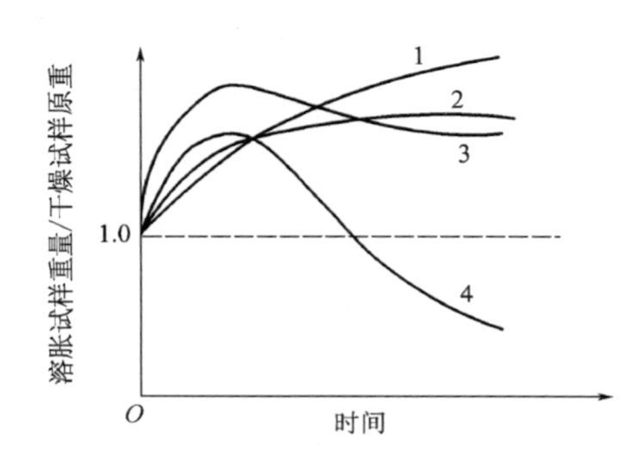

图2-13　在聚合物溶胀和溶解过程中试样的重量变化
1—慢速有限溶胀　2—快速有限溶胀
3—伴有可提取的低分子的溶胀过程
4—伴有部分聚合物溶解的溶胀过程

第三种方法是改变溶剂的组成，则使相平衡由曲线 1 变为曲线 2，使聚合物能溶解为某一浓度的浓溶液。

以上三种方法在生产实践中均有应用，但需根据不同的聚合物—溶剂体系的特性加以确定。

六、聚合物溶解过程的动力学

以上只提出了判别溶解过程能否进行的热力学条件以及影响热力学平衡的因素，未涉及溶解过程的速度问题。然而对生产来说，溶解的速度问题无疑也是非常重要的。

聚合物溶解过程的重要特征之一，是有一个溶胀的过程。因此溶胀过程的速度对整个聚合物的溶解速度有重要的影响。聚合物的溶胀程度随时间而增加，而且还依赖于溶剂的性质、组成、温度、压力等条件。图 2-13 中曲线 1、2 表示聚合物典型的有限溶胀特征。曲线 3 表示聚合物中含有少量低分子物质，在溶胀过程中，低分子物质被提取，而使聚合物的含量下降。曲线 4 表示的聚合物除发生溶胀外，试样还进一步发生溶解，最终使样品能够完全溶解。

聚合物有限溶胀的动力学关系类似于阿弗拉密（Avrami）方程：

$$\frac{(DS)_t}{(DS)_\infty}=1-\exp(-kt) \tag{2-13}$$

式中：$(DS)_t$为 t 时刻的溶胀度；$(DS)_\infty$为溶胀平衡时的溶胀度；k 为速度常数；t 为溶胀时间。

可见温度提高，速度常数增大，$(DS)_t$增大；t 增加，$(DS)_t$增大。

聚合物在溶胀基础上的溶解过程依赖于扩散速率。对许多聚合物溶解过程动力学的研究表明，Fick 定律可以很好地描述这一过程。

$$J_V=-\bar{D}V_S\cdot\frac{\Delta C}{\zeta} \tag{2-14}$$

式中：J_V 为扩散物质的体积通量；$\bar{D}$ 为平均扩散系数；V_S 为扩散物质的比容；ζ 为聚合

物溶胀层的厚度；ΔC 为扩散物质在聚合物内层与外层的浓度差。

式（2-14）中的平均扩散系数：

$$\bar{D} = \frac{1}{\Delta C}\int_{C_1}^{C_2} D(C)\mathrm{d}C \tag{2-15}$$

式中：$D=D_S\Phi_S+D_P\Phi_P$；D_S，D_P 分别为溶剂及聚合物的扩散系数；Φ_S，Φ_P 分别为溶剂及聚合物的体积分数。

由式（2-14）可见，聚合物的溶解速度与 $\bar{D}$、ΔC 成正比，与溶胀层厚度 ζ 成反比。由于溶剂的扩散速率要比聚合物大分子的扩散速率大许多倍，所以聚合物的溶解速度主要取决于溶剂的扩散速率。聚合物表面已溶解的部分向外扩散，一般是通过自然对流（由于溶液与溶剂的密度差）和强制对流（由于介质的流动）方式实现的。

提高温度，通常有利于加速溶剂扩散到聚合物中的速度以及聚合物的溶胀过程；同时增加了聚合物大分子链的柔性，也加速了聚合物大分子链的扩散速率；而且由于降低了扩散层的黏度，大分子也较容易脱离表面层。所以提高温度可以提高溶解速度。一般有以下指数关系：

$$J_V = J_0 \exp\left(\frac{-E_a}{RT}\right) \tag{2-16}$$

式中：E_a 为溶解过程的活化能；R 为气体常数；T 为绝对温度；J_0 为常数。

温度除对于聚合物的溶解速度有影响外，对其溶解度也有影响。对于具有上临界混溶温度的体系，提高温度不但能加速溶解，而且能促使溶解完全；反之，对于具有下临界混溶温度的体系，提高温度可加速溶解，却使聚合物的溶解度下降。

根据以上原理，正确地控制溶胀和溶解过程中的条件，对原液制备工艺的合理化，对提高原液的质量，乃至改进成品的性能都是十分重要的。例如，由水相聚合得到的颗粒状丙烯腈共聚体，51%NaSCN 水溶液直接溶解时，由于在共聚体颗粒表面产生了高黏度的溶液层，致使进一步的溶解过程减缓。这样，就在原液中形成一些小胶团和溶胀的胶粒，使原液过滤性能和可纺性能大幅下降。如果先用 35%NaSCN 水溶液进行均匀的预溶胀，而后再用 53%NaSCN 水溶液进一步溶解，则可防止颗粒表面浓溶液层及胶粒的形成。这样做不但加快了溶解速度，而且所制得的原液品质较好。

原液中含有胶粒，不但影响过滤性能及可纺性，还严重影响成品的力学性质。例如，当黏胶原液中胶粒数增多时，黏胶帘子线的强度和疲劳性能将大幅降低，有人甚至发现原液中胶粒浓度与强度间存在定量关系。因此，为了得到高质量的原液，必须结合具体的聚合物—溶剂体系，运用聚合物溶解的基本规律，选择合适的溶解工艺条件。在生产实际中，溶解过程通常在带有搅拌和加热装置的溶解釜和捏合机中完成。尽管混合和捏合技术在不断发展，但聚合物在溶解过程中还是常常聚集团块，而难以制成完全溶解的均匀纺丝原液且浪费时间。因此在很多情况下，需采用将聚合物加入常温的溶剂中预溶胀，以避免上述不良影响，然后进一步加热溶解。

码2-4　本章思维导图

码2-5　拓展阅读：聚合物流体的制备

复习指导

1. 聚合物的熔融

（1）掌握聚合物熔融的基本方式。

（2）了解有强制熔体移走的传导熔融的受控因素。

2. 聚合物的溶解

（1）掌握聚合物溶解过程的特点和热力学原理。

（2）了解影响聚合物溶解度的主要结构因素。

（3）掌握选择溶剂的方法，能够利用溶度参数理论选择溶剂。

（4）掌握聚合物—溶剂相平衡图的基本类型，并能够根据其选择溶解的条件和确定实现相分离的条件。

（5）能根据溶解的动力学合理选择溶解条件。

习题

1. 聚合物熔融的方式有哪几种，各方式主控因素是什么?

2. 如何利用溶度参数理论选择溶剂?

3. 二元平衡相图对生产有何指导意义?

4. 聚氯乙烯的 δ 值与氯仿和四氢呋喃都接近，但为什么四氢呋喃能很好地溶解聚氯乙烯，而氯仿却不能混溶? 由此可以得出什么结论?

5. 聚乙烯—醋酸乙烯共聚物的 δ 值为 21.28（J/cm^3）$^{1/2}$，乙醚和乙腈的 δ 值为 15.14（J/cm^3）$^{1/2}$ 和 24.35（J/cm^3）$^{1/2}$，两者单独使用是否能溶解共聚物? 如果乙醚及乙腈的摩尔分数接近，并且按 33/67 的比例混合，是否能溶解该共聚物，由此可以得出什么结论?

6. 有人建议黏胶纤维生产中把溶解过程划分为两个阶段，开始阶段把溶解温度定为 20 ～ 25℃，随后把溶解温度在短时间内降至 10 ～ 12℃。你认为是否合适? 为什么?

参考文献

[1] AHARONI S M，SIBILIA J P. On the conformational behavior and solid-state extrudability of crystalline polymers[J]. Polymer Engineering & Science，1979，19（6）：450-455.

[2] ZACHARIADES A E，MEAD W T，PORTER R S. Recent developments in ultraorientation of polyethylene by solid-state extrusion[J]. Chemical Reviews，1980，

80（4）：351–364.

[3] 陈长森，申开智，李安定，等. 固态挤出 HDPE 性能与结构研究[J]. 现代塑料加工应用，2005，17（3）：32–34.

[4] 徐英凯. 热塑性基体聚苯硫醚（PPS）及其航空复合材料的强韧化与结晶结构调控[D]. 上海：东华大学，2016.

[5] 塔德莫尔，戈戈斯. 聚合物加工原理[M]. 阎琦，许澍华，译. 北京：中国化学工业出版社，1990.

[6] 沈新元. 高分子材料加工原理[M]. 3 版. 北京：中国纺织出版社，2014.

[7] 朱林杰，耿孝正. 啮合同向双螺杆挤出过程聚合物粒料熔融机理研究（一）——熔融机理研究现状及基本概念[J]. 中国塑料，1999，13（6）：90–94.

[8] 石宝山，瞿金平，何和智，等. 振动力场作用下的单螺杆挤出机固体输送理论[J]. 化工学报，2006，57（11）：2568–2576.

[9] 董纪震，罗鸿烈，王庆瑞，等. 合成纤维生产工艺学（上册）[M]. 2 版. 北京：中国纺织出版社，1994.

[10] 朱林杰，耿孝正. 啮合同向双螺杆挤出过程聚合物粒料熔融机理研究（二）——熔融机理研究现状及基本概念[J]. 中国塑料，1999，13（7）：76–80.

[11] 马继玮，姜泽明，高鑫，等. 离子液体中再生纤维素纤维的制备及表征[J]. 高分子材料科学与工程，2019，35（10）：176–182，190.

[12] 杨明远，王伟俊，毛萍君，等. 聚丙烯腈水增塑熔融纺丝工艺研究[J]. 中国纺织大学学报，1997，23（3）：13–19.

[13] 蒙延峰，蒋世春，安立佳. 聚苯乙烯 / 反式十氢化萘溶液在绝对负压下的相转变[J]. 高分子学报，2003，5：727–732.

第三章　混合

码3-1　本章课件

在高分子材料制品的生产中，很少使用单一的聚合物，而多以一种聚合物为基体，向其中混入各种助剂（添加剂）或其他种类的聚合物，形成均匀的高分子混合物，以改善聚合物的加工性能，改进高分子制品的使用性能或降低成本。因此，混合就成为高分子材料加工的一个重要环节。

第一节　混合的基本概念和原理

码3-2　混合的基本概念和原理

混合是使用有效的手段将多组分原料加工成更均匀、更实用的物料的过程。混合是一种操作，是一个过程，是一种趋向于混合物均匀性的操作；是一种在整个系统的全部体积内，各组分在其基本单元没有本质变化的情况下的细化和分布的过程。

一、混合机理

在混合过程中，组分非均匀性的减少和组分的细化只能通过各组分的物理运动来完成。至于这种物理运动的形成、混合过程是如何进行的，即对混合机理的认识还未统一。以下介绍 Brodkey 混合理论。

按照 Brodkey 的混合理论，混合涉及扩散的三种基本运动形式，即分子扩散（molecular diffusion）、涡旋扩散（eddy diffusion）和体积扩散（bulk diffusion）。

1. ***分子扩散***　分子扩散是由浓度（化学势能）梯度驱使自发地发生的一种过程，各组分的微粒子由浓度较大的区域迁移到浓度较小的区域，从而达到各组分的均化。分子扩散在气体和低黏度液体中占支配地位。对于气体与气体之间的混合，分子扩散能较快地自发地进行。在低黏度液体与液体或低黏度液体与固体间的混合，分子扩散虽然比气相扩散慢得多，但其作用仍然较显著。但在固体与固体间，分子扩散作用是很小的。在聚合物加工中，由于熔体黏度很高，熔体与熔体间分子扩散极慢，无实际意义。也就是说，聚合物熔体与熔体的混合不是靠分子扩散来实现的。但若参与混合的组分之一是低分子物质（如抗氧剂、发泡剂、着色剂等），则分子扩散可能是一个重要因素，在脱挥发分和汽提中分子扩散也起重要作用。

2. ***涡旋扩散***　涡旋扩散即紊流扩散。在化工生产过程中，流体的混合一般是靠系统内产生紊流来实现的。但在聚合物加工中，由于物料的运动速度达不到紊流，而且黏度又高，故很少发生涡旋扩散。要实现紊流，熔体的速度要很高，势必会对聚合物施加很高的剪切速率，使熔体发生破裂，也会造成聚合物的降解，因而是不允许的。

3. **体积扩散** 体积扩散即对流混合（convection mixing）。它是指流体质点、液滴或固体粒子由系统的一个空间向另一个空间位置的运动，或两种以及多种组分在相互占有的空间内发生运动，以期达到各组分的均布。在聚合物加工中，这种混合占支配地位。

对流混合通过两种机理发生：一种是体积对流混合（bulk convection mixing）；另一种是层流混合（laminar mixing），或层流对流混合（laminar convection mixing）。体积对流混合通过塞流对物料进行体积重新排列，而不需要物料连续变形。这种重复的重新排列可以是无规则的，也可以是有序的。如在固体掺混机中的混合是无规的，而在静态混合器中的混合则是有序的。而后者，即层流混合，是通过层流而使物料变形，它是发生在熔体之间的混合。很明显，在固体粒子间的混合中不会发生层流混合。层流混合中，物料要受到剪切、伸长（拉伸）或挤压（捏合）。

当上述参与混合的液体是低黏度的单体、中间体或非聚合物添加剂的液—液混合时，混合机理主要靠流体内产生的紊流扩散机理；当参与混合的是高黏度聚合物熔体的液—液混合时，混合机理为体积扩散，即对流混合机理；固体间的混合机理为体积扩散，它涉及通过塞流对物料进行体积的重新排列，而不需要物料连续变形，这种混合通常是无规分布性混合。

总之，聚合物加工中的混合与一般的混合不同，由于聚合物熔体的黏度通常都高于 10^2 Pa·s，因此混合只能在层状领域产生层流对流混合，即通过层流而使物料变形、包裹、分散，最终达到混合均匀。由于缺少了提高混合速率的涡旋扩散和分子扩散，将不利于混合并会降低混合均匀程度。

二、混合过程发生的主要作用

在聚合物混合过程中，其混合机理包括“剪切”“分流、合并和置换”“挤压（压缩）”“拉伸”“聚集”等作用，而这些作用并非在每个混合过程中都等程度出现，它们的出现及占有的地位会因混合的最终目的、物料的状态、温度、压力、速度等不同而不同，下面分别予以讨论。

1. **剪切** 剪切的作用是把高黏度分散相粒子或凝聚体分散于其他分散介质中。它包括将介于两块平行板间的物料通过板的平行运动而使物料内部产生永久变形的“黏性剪切”、刀具切割物料的“分割剪切”，以及由以上两种剪切合成类似于石磨磨碎东西时的“磨碎剪切”等。图 3-1 说明了平行平板混合器的黏性剪切。两种等黏度的流体被封闭在两块平行板之间。初始，黑色的少组分作为离散的立方体存在，呈无规分布。在上板移动而引起剪切的作用下，这些粒子将被拉长、变形。最后，形成明暗相间的条纹状。在整个过程中粒子体积没有变化，只是截面变细，向倾斜方向伸长，从而使表面积增大，分布区域扩大，渗进别的物料中的可能性增加，因而达到混合均匀的目的。这里可以用一对亮暗层的平均联合厚度作为混合程度的量度，称作条纹厚度。随混合过程的进行，单位体积的界面面积在增加，而条纹厚度在减小。如果施加足够的剪切，使条纹厚度下降到分辨度之下，则呈现均匀的灰颜色。

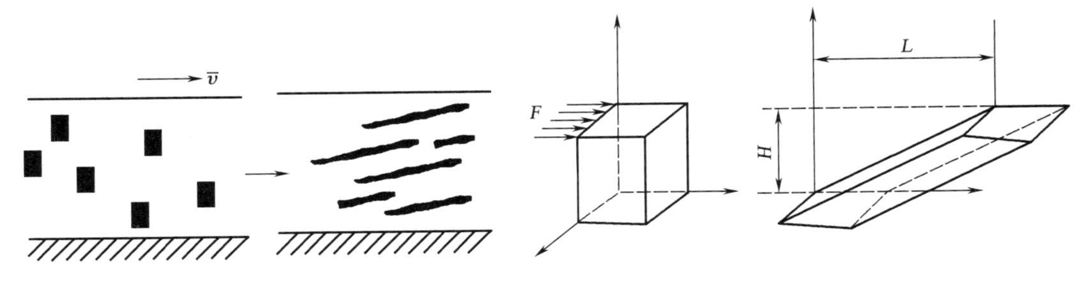

图3-1 剪切作用

图3-2 剪切力作用下立方体的变形

剪切的混合效果与剪切力的大小和力的作用距离有关，如图 3-2 所示，剪切力（F）越大和剪切时作用力的距离（H）越小，混合效果越好，受剪切作用的物料被拉长变形（L）越大，越有利于与其他物料的混合。利用剪切力的混合作用，特别适用于塑性物料，因为塑性物料的黏度大，流动性差，又不能粉碎以增加分散程度。应用剪切分散作用时，由于两个剪切力的距离一般总是很小的，因此物料在变形过程中，就能很均匀地被分散在整个物料中。

在混合过程中，水平方向的作用力仅使物料在自身的平面（层）流动；如果作用力 F 与平面具有一定角度，在垂直方向产生分力，则能造成层与层间的物料流动，从而大大增强混合效果。在实际混合操作中，最好能使物料连续承受互为 90° 的两个方向剪切力的交替作用，以提高混合效果。通常在物料混炼中，一般不是直接改变剪切力的方向，而是通过变换物料的受力位置来达到这一目的。例如，在双辊开炼机混炼时，就是通过机械力或人力翻动的办法来不断改变物料的受力位置，从而更快更好地完成混合。

2. **分流、合并和置换** 利用器壁对流动进行分流，即在流体的流道中设置突起板或隔板状的剪切片进行分流。分流后，有的在流动下游再合并为原状态，有的在各分流束内引起循环流动后再合并，有的在各分流束间进行相对位置交换（置换）后再合并，也有以上几种作用同时存在的情况。

在进行分流时，若分流用的剪切片数为 1，则分流数为 2，剪切片数为 n，分流数为（n+1）。如果用于分流的剪切片设置成串联，其串联阶数为 m，则分流数为 $N=(n+1)^m$。分流后经置换再合并时，希望在分流后相邻流束合并时尽可能离得远些，而分流后相距较远的流束合并时尽可能接近些，也就是说分流时任取两股流束的相对距离和合并时同样的两股流束的相对距离的差别应尽可能大。为说明这一点，引入图 3-3，设主流动方向为 z 向，而在 xy 平面上存在着不均匀因素。在 z 向截取两个截面，截面（a）表示混合前分流的配置情况，截面（b）表示混合后分流的配置情况。由（a）和（b）两截面可以清楚地看出混合前后

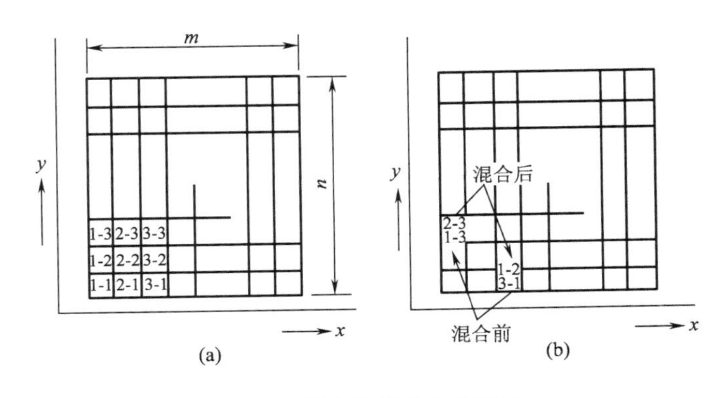

图3-3 混合前后的分流配置

各分流的置换情况。图 3-4 说明了当 m=3 和 n=3 时，混合前的分流配置和混合后的分流配置情况。

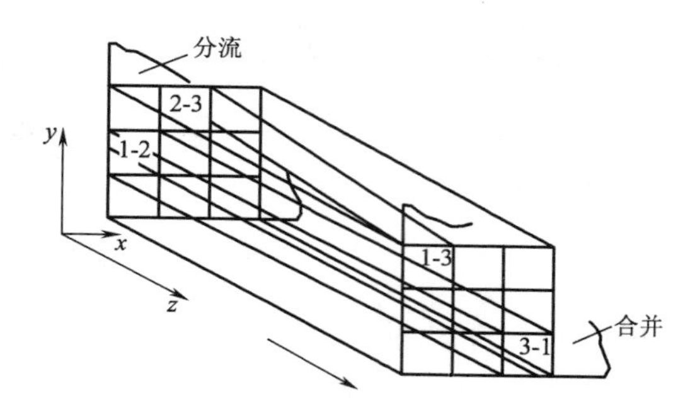

图3-4 当x方向分流数m=3，y方向分流数n=3时混合前后分流的配置情况

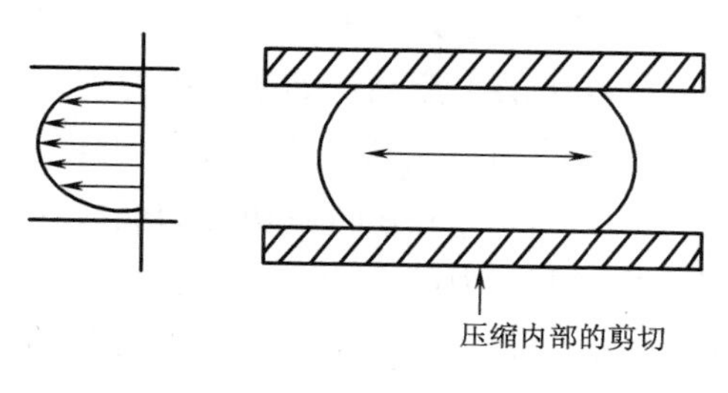

图3-5 挤压（压缩）

3. **挤压** 如果物料在承受剪切前先经受压缩，使物料的密度提高，这样剪切时，剪切应力作用大，可提高剪切效率。而且当物料被压缩时，物料内部会发生流动，产生由于压缩引起的流动剪切，如图 3-5 所示。这种压缩作用发生在密炼机的转子突棱侧壁和室壁之间，也发生在两辊开炼机的两个辊隙之间。在挤出机中，由于螺槽从加料段到计量段的深度是由深变浅的，因而对松散的固体物料进行了压缩，该压缩有利于固体输送，有利于传热熔融，也有利于物料受到剪切。

4. **拉伸** 拉伸可以使物料产生变形，减小料层厚度，增加界面，有利于混合。在常规的聚合物加工设备中，产生拉伸作用的方法多为改变混合螺杆的外形及尺寸。例如使用一种楔形螺棱，其螺棱上开有许多锥形的槽，熔体在越过螺棱以及通过开在螺棱中的锥形槽时，会受到双重拉伸。

5. **聚集** 在混合过程中，已破碎的分散相在热运动和微粒间相互吸引力的作用下，又重新聚集。达到平衡后，分散相得到该条件下的平衡粒径，如图 3-6 所示。对分散的粒度和均布来说，这是混合的逆过程。因此，在混合过程中应尽量减少这种聚集的发生。

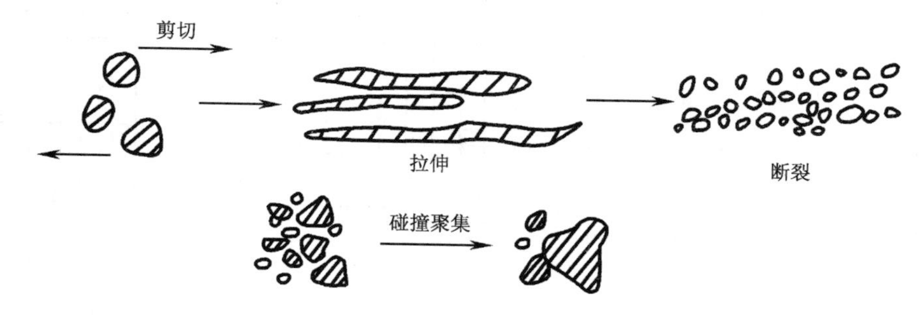

图3-6 共混分散过程示意图

三、混合的类型

1. **按物料状态分类** 按物料状态不同，混合可分为液—液、固—固和液—固混合这三种体系。每种体系都具有不同的混合动力学，采用不同的混合设备。

（1）液—液混合。这种混合有两种情况：一种是参与混合的液体是低黏度的单体、中间体或非聚合物添加剂，另一种情况是参与混合的是高黏度的聚合物熔体，这两种情况的混合机理和动力学是不同的。

（2）固—固混合。涉及两种聚合物或一种聚合物和一种添加剂的混合，在这种情况下，聚合物通常是粉状、粒状或片状，而添加剂通常也是粉状，在聚合物加工中，大多数情况下，这种混合都先于熔体混合，也先于成型。

（3）固—液混合。这种混合有两种形式：一种是液态添加剂与固态聚合物的掺混，而不把固态转变成液态；另一种是将固态添加剂混到熔融态聚合物中，而固态添加剂的熔点在混合温度之上，聚合物加工中的添加改性（加入固态添加剂）属于这种混合，它要借助于强烈的剪切和搅拌作用方可完成。

在聚合物加工中，液—液混合、液—固混合是最主要的混合形式，聚合物共混和添加改性是典型的例子。

2. **按混合形式分类** 按混合的形式，可将混合分为非分散混合（nondispersive mixing）和分散混合（dispersive mixing）。图 3-7 为这两种混合的示意图。

（1）非分散混合。非分散混合是通过少组分的重复排列，以增加少组分在混合物中空间分布的均匀性而不减小粒子初始尺寸的过程，在原理上可把非均匀性减小到分子水平。

（2）分散混合。分散混合也称广泛混合（extensive mixing）和充分混合（intensive mixing）。分散混合发生在固—液之间或液—液之间，它是减小分散相粒子尺寸，同时提高组分均匀性的过程，即粒子既有粒度的变化又有位置的变化。

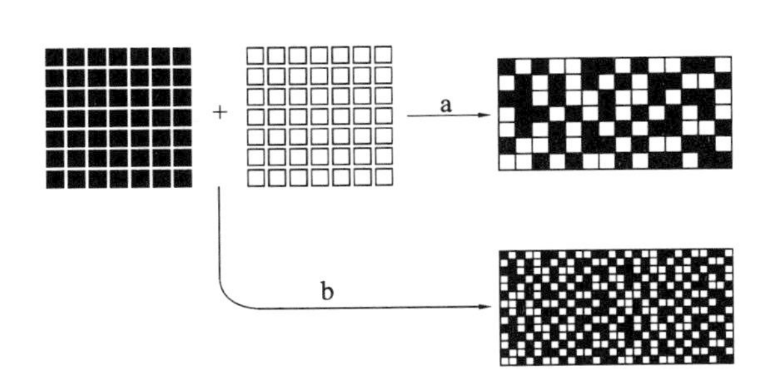

图3-7 非分散混合和分散混合
a—非分散混合 b—分散混合

四、非分散混合与分散混合

如上一节所述，按混合形式不同，混合可以分为非分散混合和分散混合，这是高分子材料混合加工涉及的两种基本过程，本节进一步讨论其原理和工艺特征。

1. **非分散混合** 如图 3-7 所示，非分散混合的运动基本形式是通过对流来实现的。可以通过包括塞形流动和不需要物料连续变形的简单体积排列和置换来达到。它又分为分布性混合和层流混合。

分布性混合主要发生在固体与固体、固体与液体、液体与液体之间，如图 3-8 所示，它可能是无规的，如发生在将固体与固体混合的混合机中，也可能是有序的，如发生在将熔体与熔体混合的静态混合器中。有序分布性混合一般用条纹厚度表征混合状态和混合过程。条纹厚度越小，混合越好。无规分布性混合对粉状固体和粒状固体是常见的，但它不易表征，通常用整体均匀度来表示。

层流混合发生在液体与液体之间。例如在混炼过程中，黏性流体的混合要素涉及剪切、分流和位置交换。按分散体系的流变性，高分子混炼操作分为搅拌、混合和混炼，而压缩、剪切和分配置换是混炼的三要素（图 3-9）。压缩是提高物料的密度、为提高剪切作用速度起辅助作用，剪切为进行置换起辅助作用，而分布由置换来完成，整个混炼分散操作是由这三个要素反复进行完成的。

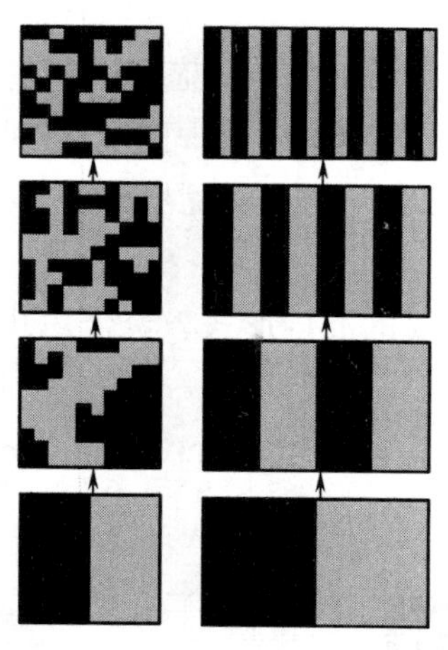
(a) 无规分布混合　(b) 有序分布混合

图3-8　无规和有序的分布性混合

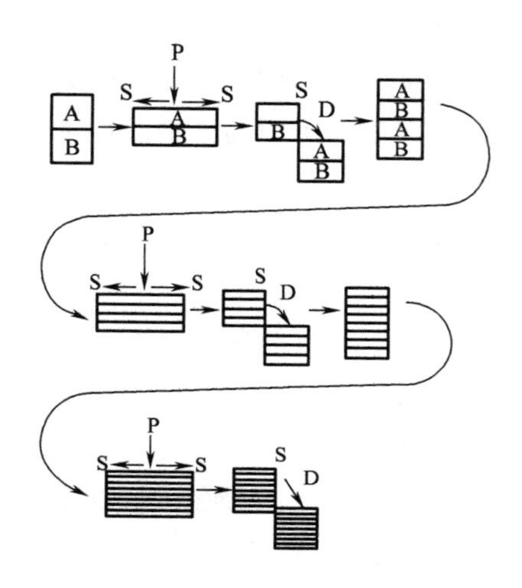

图3-9　混炼三要素

P—压缩　S—剪切　D—分配置换

层流混合又分为流变性均匀（黏度相等）的层流混合和流变性非均匀（黏度不相等）的层流混合。其中，层流混合中涉及最多的是流变性非均匀（黏度不相等）的层流混合，即包含明显不同流变特性的各种组分的混合，例如不同牌号的同一种聚合物的混合、同一种聚合物两种组成部分（其中一部分含有不同的添加剂）的混合、不同聚合物的混合、把一种较低分子质量的液体组分混到一种聚合物中去的混合、热致非均匀系统的混合（通过混合物温差减少）等，这些都属于流变性非均匀的混合。

为得到较高的混合质量，不能使两种组分的黏度相差太多，而应使其黏度相近或相等，这就是共混体系各组分选择时的黏度相近原则。把高黏度的少组分混合到低黏度的多组分中，比把低黏度的少组分混合到高黏度的多组分中更困难。这是因为，为实现层流混合，两种组分必须变形，然而使放在容易变形的低黏度多组分中的高黏度少组分变形，比使放在不易变形的高黏度多组分中的低黏度少组分变形更困难。

层流对流混合是液体—液体混合的机理，要使这种混合得以实现，必须施加永久变形或应变。在层流混合中，决定性变量是应变，而应变作用速率和应力作用速率不起作用。在这种混合中，不涉及呈现屈服点物料，因而与剪切应力不相干。

2. **分散混合**　分散混合是指在混合过程中发生粒子尺寸减小到极限值，同时增加相界面和提高混合物组分均匀性的混合过程。分散混合主要是靠剪切应力和拉伸应力作用实现的。

在聚合物加工中，有时要遇到将呈现出屈服点的物料混合在一起的情况，如将固体颗粒或结块的物料加到聚合物中，例如填充或染色，以及将黏弹性聚合物液滴混合到聚合物熔体中，这时要将它们分散开来，使结块和液滴破裂。

分散混合的目的是把少组分的固体颗粒和液相滴分散开来，成为最终粒子或允许的更小颗粒或液滴，并均匀地分布到多组分中，这就涉及少组分在变形黏性流体中的破裂问题，这是靠强迫混合物通过狭窄间隙而形成的高剪切区来完成的。

分散混合过程是一个复杂的过程，粒子既有粒度的变化又有位置的变化，这种变化，是通过发生如下各种物理—力学和化学作用（图 3-10）而实现的。

（1）在流场产生的黏性拖曳下，将大块的固体添加剂破碎为较小的粒子。

（2）聚合物在剪切热和传导热的作用下熔融塑化，黏度逐渐降低至黏流态时的黏度。

（3）较小粒子克服聚合物的内聚力，渗入聚合物内。

（4）较小粒子在流场剪切应力的作用下，进一步减小粒径，直到最终粒子大小，即形成固相结块以前的最小粒子。

（5）固相最终粒子在流场作用下，产生分布混合，混合均匀。

（6）聚合物和活性添加剂之间产生力学—化学作用。

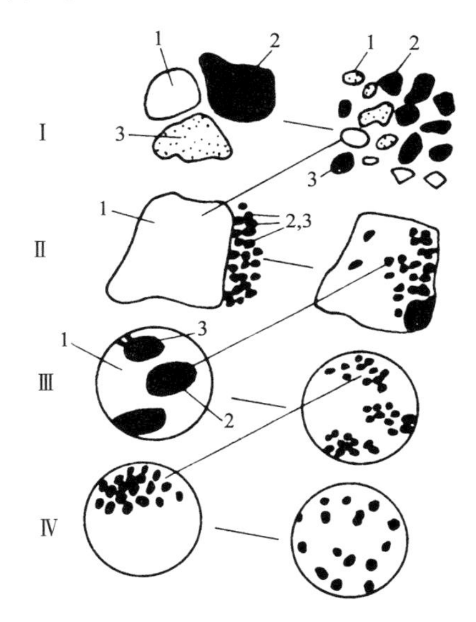

图3-10　分散混合过程所发生的主要机械现象和流变现象示意图

Ⅰ—使聚合物和添加剂粉碎

Ⅱ—使粒状和粉状固体添加剂渗入聚合物中

Ⅲ—分散　Ⅳ—分布均化

1—聚合物　2，3—任何粒状或粉状固体添加剂

在讨论分散混合时，主要讨论固相在液相熔体中的分散，把液相视作层流混合，把液相的黏性拖曳对固相施加的力视作剪切力。对固体结块（聚集体）来说，当剪切对其形成的黏性拖曳在结块内产生的应力超过某个临界值时，结块就破裂。而固体结块是由很多更小的微粒靠它们之间的互相作用力（黏附力、内聚力、静电吸引力等）而聚集在一起的。这种相互作用力有一定的作用半径，只有这些微粒被分散得使其相互间的距离超过作用半径，才不会重新集聚，否则被分散的微粒可能重新集聚在一起。

所以固体结块（聚集体）分散混合应具备两个条件：

（1）聚集体界面上的黏性剪切力大于聚集体内各微粒间的相互作用力。

（2）被破裂分开的聚集体微粒，其相互间的距离应超过作用半径，否则会重新聚集。

分散混合是通过剪切应力作用减小平均粒子尺寸的过程。剪切应力的大小与粒子或结块的尺寸有关，分散能力随粒子或结块的大小而变化。在混合初始期，由于粒子或结块较大，受到的剪切应力大，易于破裂。随着大粒子或结块黏度的降低，所受的剪切应力变小，分散变得困难，分散速度下降。当粒子或结块的黏度达到某个临界值时，分散就完全停止。

剪切应力大小与物料的黏度也有关，黏度大，局部剪切应力大，粒子或结块易破裂，而黏度又与温度有关，温度越高，黏度越低，因此分散混合希望在较低的温度下进行。

3. **非分散混合与分散混合的关系** 在实际的混合过程中，分散相粒子的变形、破碎以及空间分布的均匀化是同时发生的。也就是说，非分散混合和分散混合在实际的混合过程中是共生共存的。它们的驱动力都是外界（设备）施加的作用力，例如剪切应力及相应的应变等。

非分散混合和分散混合的作用效果也是相辅相成的。非分散混合使分散相的空间分布状况得到均化，为分散混合创造了有利的条件；而分散混合的结果，除了使分散相粒径变小之外，也使分散相的空间分布更为均匀。

尽管非分散混合和分散混合是共生共存的，但在共混过程的某一个具体的阶段，两者又是各有侧重的。在某一阶段，以非分散混合为主导；而另一阶段，则是分散混合为主体。

分散混合过程使分散相颗粒细化，直接影响分散相颗粒的平均粒径和粒径分布。而共混物两相体系中分散相颗粒的平均粒径和粒径分布，对于共混物的性能有重要影响。对于特定的共混体系，相对于所要求的性能，通常有一个最佳的分散相平均粒径范围。分散相平均粒径在这个范围之内，共混物的某些重要性能（如力学性能）可以获得提高。此外，分散相颗粒的粒径分布对于性能也有影响，一般要求粒径分布窄一些。

五、混合状态的判定

在混合过程中，物料各组分混合是否均匀、质量是否达到预期要求、生产中混合终点的控制等都涉及混合状态的判定。对混合状态的判定，有直接描述和间接描述两种方法。

1. **混合状态的直接描述法** 直接描述法就是直接对混合物取样，利用视觉观察法、聚团计数法、光学显微镜法和电子显微镜法以及光电法等，对混合状态进行检验，观察混合物的形态结构、各组分微粒的大小及分布情况。

图 3-11 为混合状态示意图，由该图可知，评判混合效果需从物料的均匀程度和组分的分散程度两方面来考虑。

(a) 粗粉碎的、混合不好

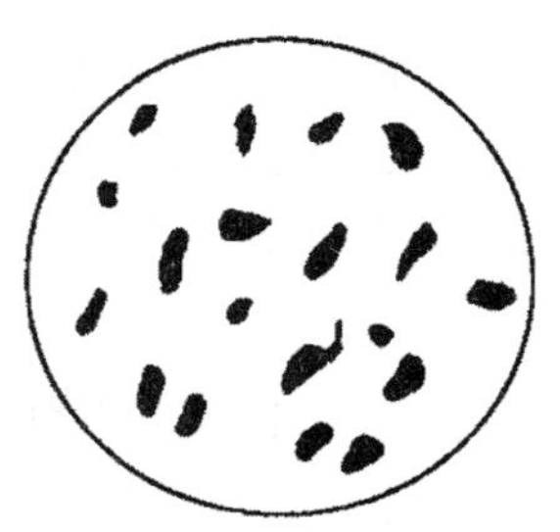
(b) 粗粉碎的、混合较好

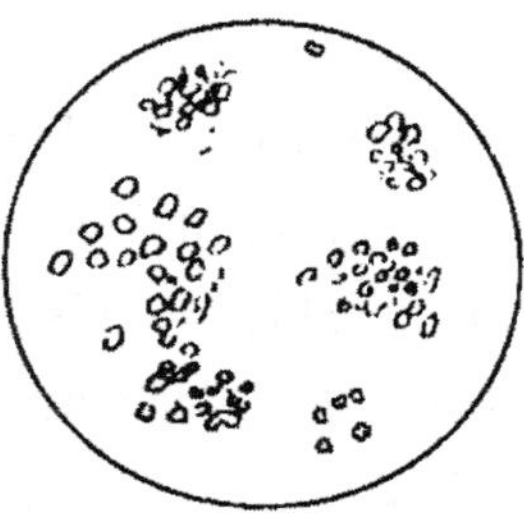
(c) 细粉碎的、混合不好

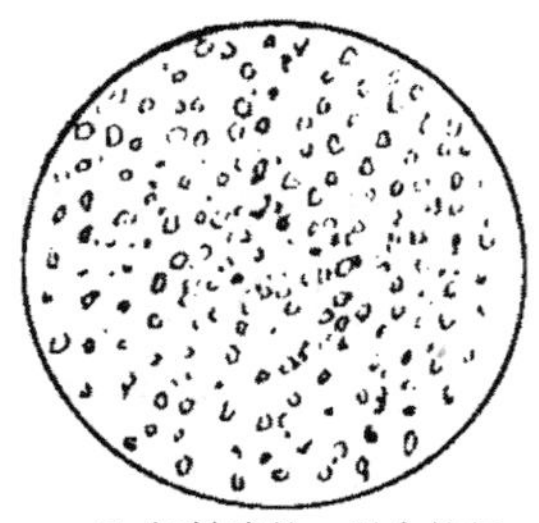
(d) 细粉碎的、混合较好

图3-11　混合状态示意图

（1）均匀程度。均匀程度是指混入物（分散相）所占物料的比率与理论或总体比率的差异，也就是分散相分布是否均匀。图3-12为不同均匀程度的共混物示意图。图3-12(a)的浓度变化大，在混合物不同部位取样，分散相的含量不一样，故均匀程度较差；而图3-12（b）的浓度变化小，在混合物不同部位取样，分散相的含量基本一致。因此，在判定物料的混合状态时，还必须考虑各组分的分散程度。

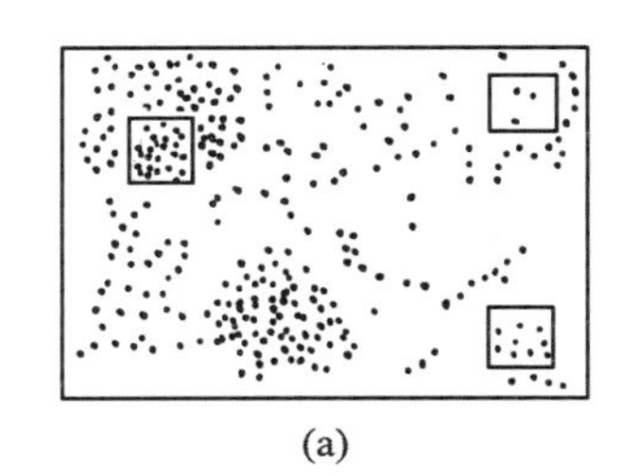

(a)

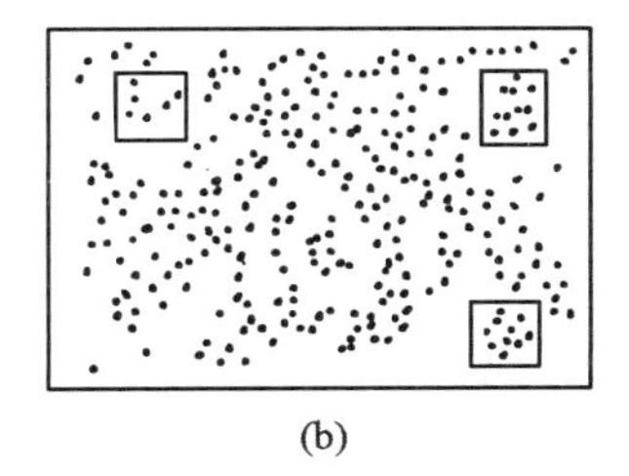

(b)

图3-12　不同均匀程度的共混物示意图

（2）分散程度。分散程度是指混合体系中各个混入组分的粒子在混合后的破碎程度。破碎程度大，粒径小，其分散程度就高；反之，粒径大，破碎程度小，则分散得不好。分散程度可以用同一组分的相邻粒子间平均距离来描述，距离越短，分散程度越好。而同一组分的相邻粒子间距离的大小与各组分粒子的大小有关。粒子的体积越小，或在混合过程中不断减小粒子的体积，则可达到的均匀程度就越高。从概率的概念出发，同样重量或体积的试样，粒子越小，则相当重量的同种粒子集中于一局部位置的可能性越小，即微观分布越均匀。

2. ***混合状态的间接判定法***　混合状态的间接判定法是指不直接检查混合物各组分的混合状态，而是通过检测与混合物混合状态密切相关的制品或试样的物理性能、力学性能和化学性能等，从而间接地判断多组分体系的混合状态。

聚合物共混物的玻璃化转变温度与两种聚合物组分分子级的混合均匀程度有直接关系。若两聚合物完全达到分子级的均匀混合，形成均相体系，则只有一个玻璃化转变温度，该玻璃化温度值决定于两组分的玻璃化温度和各组分在共混物中所占的体积分数。如果两组分聚合物共混体系完全没有分子级的混合，共混物就可测得两个玻璃化转变温度，其分别等于两种聚合物独立存在时的玻璃化温度。当两组分聚合物有一定程度的分子级混合时，共混物虽仍有两个玻璃化温度，但这两个玻璃化温度相互靠近了，其靠近程度取决于共混物的分子级混合程度，分子级混合程度越大，靠近程度越大。因此，只要测出共混物的玻璃化转变温度及其变化情况，即可推断其分子级的混合程度。

其他类似的方法还有通过测定单一聚合物对溶剂混合热与共混物对溶剂混合热的差异来判定共混状态；通过测定聚合物、共混物各部分的熔点来判断共混状态；测定聚合物、共混物各组分的结晶度以判定共混状态。

对于填充改性所得的混合物的力学性能，除了与参与填充改性的聚合物种类、数量和填充剂的种类、数量以及偶联剂的使用与否和偶联剂种类等一系列因素有关外，也与填充剂与聚合物的混合状态有关。一般来说，聚合物与填充剂混合得越均匀，混合物的力学性能越好，因此，可以通过测定混合物试样或制品的力学性能来间接判定其混合状态。

第二节 聚合物共混

码3-3 聚合物共混

聚合物共混是聚合物改性的一种重要手段，是发展聚合物新材料的一种卓有成效的途径。通过将几种已有的聚合物材料进行共混，可以实现不同聚合物之间的性能互补，获得性能优异的新材料或者产品。因此，聚合物共混技术已成为高分子材料科学技术的重要组成部分。

一、聚合物共混的基本概念及作用

聚合物共混就是将两种或两种以上的聚合物进行混合，使之形成表观均匀的混合物，这一混合过程称为聚合物共混，所得到的新的共混产物称为聚合物共混物。

聚合物共混体系有很多类型，常见的有塑料与塑料共混、塑料与橡胶共混、橡胶与橡胶共混、橡胶与塑料共混四种类型。其中，前两种是塑性材料，称为塑料共混物，常被称为高分子合金或塑料合金；后两者是弹性材料，称为橡胶共混物，在橡胶工业中多称为并用胶。

聚合物共混具有如下作用：

（1）综合均衡各聚合物组分的性能，取长补短，消除各单一聚合物组分性能上的缺点，保持各自的优点，得到综合性能优异的聚合物材料。如聚丙烯（PP）与聚乙烯（PE）共混得到的 PP/PE 共混物，既保持了 PP 拉伸强度和抗压强度高的优点，也保持了 PE 冲击强度高的优点，同时克服了 PP 冲击强度和耐应力开裂差的缺点。

（2）使用少量的某一聚合物作为另一聚合物的改性剂，获得显著的改性效果。橡胶增韧塑料是最典型的例子，可以使塑料的冲击强度大幅提高。

（3）通过共混可改善聚合物的加工性能。如性能优异但难熔难溶的聚酰亚胺与熔融流动性好的聚苯硫醚共混后，可以方便地进行注射成型。

（4）通过共混使聚合物获得一些特殊性能，制备出新型的聚合物材料。如与含卤素聚合物共混可得到耐燃性高分子材料；利用硅树脂的润滑性与聚合物共混可以生产具有良好自润滑作用的聚合物材料。

（5）对于某些性能卓越但价格昂贵的工程塑料，可通过共混，在不影响使用要求的条件下，降低原材料的成本。如聚碳酸酯、聚酰胺、聚苯醚等与聚烯烃的共混。

二、聚合物共混物的制备方法

聚合物共混包括物理共混、化学共混及物理 / 化学共混三大类型。

物理共混是以物理作用实现聚合物共混的方法，就是通常意义上的“混合”，即聚合物分子链的化学结构没有发生明显变化，主要是体系组成与微相结构发生变化。物理共混法根据物料的形态又分为机械共混法（包括干粉共混法和熔融共混法）、溶液共混法和乳液共混法。

物理 / 化学共混，是指在共混过程中发生某些化学反应，兼有物理混合和化学反应的过程，包括反应共混和共聚共混。反应共混（如反应挤出）是以物理共混为主，兼有化学反应；而共聚共混则以共聚为主，兼有物理混合。物理 / 化学共混中只要化学反应比例不大，一般也归为物理共混改性研究的范畴。

化学共混主要以化学反应为主，包括利用接枝、嵌段共聚—共混法制取聚合物共混物和 IPN 法形成互穿网络聚合物共混物等。

本节主要介绍物理共混法和化学共混法。

1. **物理共混法**　物理共混法是依靠聚合物分子链之间的物理作用实现聚合物共混的方法，该法应用最早，工艺操作方便，比较经济，对大多数聚合物都适用，至今仍占有重要地位。

根据物料形态分类，物理共混法包括干粉共混法、熔融共混法、溶液共混法及乳液共混法。

（1）干粉共混法。干粉共混法也称粉料共混法，是将两种或两种以上不同类型的粉末状聚合物在各种通用的塑料混合设备（如球磨机、高速混合机、捏合机等）中加以混合，形成各组分均匀分散的粉状聚合物的方法。

干粉共混法要求聚合物粉料的粒度尽量小，且不同聚合物粉料在粒径和比重上应比较接近，这样有利于混合分散效果。采用该法进行聚合物共混时，也可同时加入必要的各种塑料助剂（如增塑剂、稳定剂、润滑剂、着色剂、填充剂等），但需注意各聚合物组分对各种配合剂吸收能力有无明显差异。

经过干粉混合所得的聚合物共混物料仍为粉料，某些情况下可直接用于压制、压延、注射或者挤出成型。尽管干粉共混法具有设备简单、操作容易、大分子受机械破坏程度小的优点，但由于干粉共混法的混合分散效果相对较差，一般不宜单独使用，而是作为熔融共混的初混过程；但可应用于难溶、难熔及熔融温度下易分解的聚合物共混，例如氟树脂、聚酰亚胺、聚醚酯和聚苯硫醚等树脂的共混。

（2）熔融共混法。熔融共混法也称熔体共混法，该法是将共混所用的聚合物各组分在软化或熔融流动状态下（即黏流温度以上），用各种混炼设备加以混合，获得混合分散均匀的共混物熔体，然后再冷却、粉碎或造粒后再成型。

为增加共混效果，有时先进行干粉混合，作为熔融共混法中的初混合。熔融共混法由于共混物料处在熔融状态下，各种聚合物分子之间的扩散和对流较为强烈，共混效果明显高于其他方法。尤其在混炼设备的强剪切力的作用下，有时会导致一部分聚合物分子降解并生成接枝或嵌段共聚物，可促进聚合物分子之间的相容。所以熔融共混法是一种最常采用、应用最广泛的共混方法，其工艺过程如图 3-13 所示。

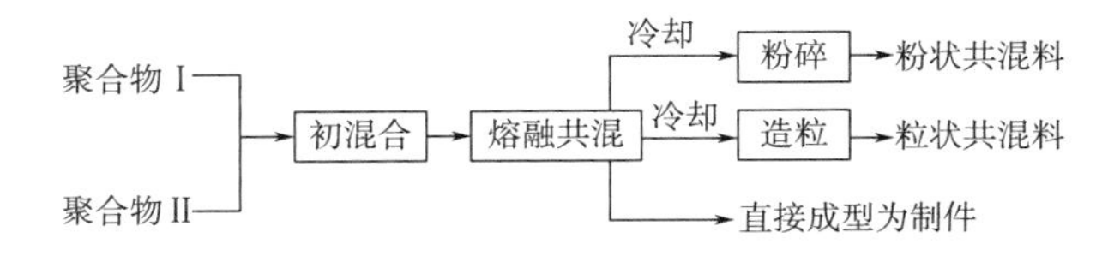

图3-13　熔融共混过程示意图

采用熔融共混法要求共混聚合物各组分均应为易熔聚合物，且熔融温度和热分解温度相近，而且聚合物各组分在混炼温度下，熔体黏度应接近，以获得均匀的共混体系。聚合物各组分在混炼温度下的弹性模量也不应相差过大，否则会导致聚合物各组分受力不均而影响混合效果。在其他工艺条件相同时，延长物料的混炼时间或增加混炼操作次数虽然可以提高共混物料的均匀性，但应避免聚合物有可能出现的过度降解以及由此引起聚合物共混物料性能的劣化。

（3）溶液共混法。溶液共混法又称共溶剂法，是先将共混聚合物各组分溶于共溶剂中，搅拌混合均匀，或将聚合物各组分分别溶解再混合均匀，然后加热蒸发溶剂或加入非溶剂共沉淀即可制得聚合物共混物。

溶液共混法要求溶解聚合物各组分的溶剂为同种，或虽不属同种，但能充分互溶。此法适用于易溶聚合物、某些液态聚合物以及聚合物共混物以溶液状态被应用的情况。因溶液共混法混合分散性较差，且需消耗大量溶剂，因而工业价值不大，主要适于实验室研究工作。

（4）乳液共混法。乳液共混法是将不同的聚合物乳液搅拌混合均匀后，加入凝聚剂使各种聚合物共沉析制得聚合物共混物。此法因受原料形态的限制，且共混效果也不理想，故主要适用于聚合物乳液。如在橡胶的共混改性中，可以采用两种胶乳进行共混。如果共混产品以乳液形式应用（如用作乳液型涂料或黏合剂），也可考虑采用乳液共混的方法。

2. ***化学共混法*** 化学共混法是指在共混过程中聚合物之间产生一定的化学键，并通过化学键将不同组分的聚合物连接成一体以实现共混的方法。化学共混法制备的聚合物共混物性能较为优越，近几年来发展较为迅速。

（1）共聚—共混法。共聚—共混法包括接枝共聚—共混法与嵌段共聚—共混法，其中，以接枝共聚—共混法更为重要。该法的操作过程是在一般的聚合设备中，将一种聚合物（聚合物组分 1）溶于另一聚合物（聚合物组分 2）的单体中，形成均匀溶液后再依靠引发剂或热能的引发使单体与聚合物组分 1 发生接枝共聚，同时单体还会发生均聚作用。所得反应产物为聚合物共混物，包含三种主要聚合物组分，即聚合物 1、聚合物 2 及以聚合物 1 为骨架接枝上聚合物 2 的接枝共聚物。

由于接枝共聚物的存在促进了两种均聚物的相容性，所得的共混物的相区尺寸较小，制品性能较优。近年来此法发展很快，应用范围逐渐推广，广泛用来生产橡胶增韧塑料，如高抗冲聚苯乙烯（HIPS）、ABS 塑料、MBS（甲基丙烯酸酯—丁二烯—苯乙烯共聚—共混物）塑料等。

（2）IPN 法。IPN（inter penetrating polymer network）是指两种或两种以上高分子链相互贯穿、相互缠结的混合体系，通常具有两个或者多个交联网络形成微相分离结构。IPN 法形成互穿网络聚合物共混物，是一种以化学法制备物理共混物的方法，其典型操作是先制取一种交联聚合物网络（聚合物 1），将其在含有活化剂和交联剂的第二种聚合物（聚合物 2）单体中溶胀，然后聚合，于是第二步反应所产生的交联聚合物网络就与第一种聚合物网络相互贯穿，实现了两种聚合物的共混。在这种共混体系中，两种不同聚合物之间不存在接枝或者化学交联，而是通过在两相界面区域不同链段的扩散和纠缠达到两相之间良好的结合，形成一种互穿网络聚合物共混体系，其形态为两相连续。该法虽然开发较晚，但近年来发展很快。

3. **聚合物共混新技术**　除了以上聚合物共混方法，近年来还发展了动态硫化技术、反应挤出技术、分子复合技术和插层复合技术等制备聚合物共混物的新方法。

动态硫化技术主要用于制备具有优良橡胶性能的热塑性弹性体。

反应挤出技术是目前在国外发展最活跃的共混改性技术之一，这种技术是把聚合物共混反应（聚合物与聚合物之间或聚合物与单体之间）的混炼和成型加工，在长径比较大且开设有排气孔的双螺杆挤出机中同步完成。

分子复合技术是指将少量的硬段高分子作为分散相加入柔性状高分子中，从而制得高强度、高弹性模量的共混物。

插层复合技术是将单体或聚合物插进层状硅酸盐（如蒙脱土）片层之间，进而破坏硅酸盐的片层结构，剥离成厚为 1nm，长、宽各为 100nm 的基本单元，并使其均匀分散在聚合物基体中，实现高分子与层状硅酸盐片层在纳米尺度上的混合。

三、聚合物共混物的形态结构

聚合物共混物由两种或两种以上的聚合物组成，对于热力学相容的共混体系，有可能形成均相的形态结构，反之则形成两个或两个以上相，这种多相结构最为普遍和复杂。

共混物的形态结构受聚合物组分之间热力学相容性、共混方法和工艺条件等多因素影响，共混物的形态结构也是决定其性能的最基本因素之一。

1. **聚合物共混物形态结构类型**　由两种或两种以上聚合物所组成的多相共混物体系，按相的连续性，其形态结构可分成以下几种基本类型：

（1）均相体系。均相体系即两种或两种以上聚合物混合后形成微观均相的体系。对于热力学相容的共混体系（共混时，混合自由焓 $\Delta G_m \leqslant 0$），有可能形成均相的形态结构。一般在聚合物与聚合物共混体系中，较少形成这样的形态结构，聚合物与低分子物质共混时经常会生成互溶的均相体系。

（2）单相连续结构。单相连续结构是指构成聚合物共混物中的两个相或多个相中只有一个是连续相，称为分散介质或基体，其他的相分散于连续相中，称为分散相。根据分散相的形状、大小及与连续相结合情况的不同，单相连续的形态结构可以表现为不同状态。

第一种是分散相形状不规则，由大小极为分散的颗粒所组成，机械共混法制得的共混物一般具有这样的形态结构。

第二种是分散相颗粒较规则，一般为球形，颗粒内部不包含或只包含极少量的连续成分。苯乙烯—丁二烯—苯乙烯三嵌段共聚物（SBS）中当丁二烯含量较少（一般为 20%）时，呈现这种结构。

第三种是分散相为胞状结构或香肠状结构，即分散相颗粒内尚包含连续相成分所构成的更小颗粒，在分散相内部又可把连续相成分所构成的更小的包容物当作分散相，而构成颗粒的分散相成分则成为连续相，这时分散颗粒的截面形似香肠，接枝共聚—共混法制得的共混物多数具有这种形态结构，如乳液接枝共聚法制得的 ABS 共混物。

第四种是分散相为片层状结构分散于连续相基体中，当分散相的熔体黏度大于连续相的熔体黏度，且共混时采用适当的剪切速率及适当的增容技术就有可能形成这样的形态结构。

（3）两相互锁或交错结构。也称两相共连续结构，包括层状结构和互锁结构。这种形态结构的特点是每一组分都没有形成贯穿整个体系的连续相。当两组分含量相近时常生成这种结构，以嵌段共聚物为主要成分的聚合物共混物就容易形成这种结构。通常，含量较少的组分构成分散相，含量较多的组分构成连续相，随着分散相含量逐渐增大，在一定的组成范围内会发生相的逆转，原来是分散相的组分变成连续相，而原来是连续相的组分变成分散相。在相逆转的组成范围内，常可形成两相互锁或交错的共连续形态结构。相逆转时的组成常与剪切应力有关，所以也受混合、加工方法及工艺条件的影响。

（4）两连续相结构。两种聚合物网络相互贯穿，使得整个共混物体系成为交织网络，两个相都是连续相，典型例子是互穿网络聚合物（IPNs）。两个相的连续程度可以不同，连续性较大的相对性能影响也较大。

以上所述都是指两种聚合物均是非晶态结构体系，对结晶 / 非晶聚合物共混体系和结晶 / 结晶聚合物共混体系，上述原则也同样适用。所不同的是，对结晶聚合物的情况，要考虑共混后结晶形态和结晶度的变化。

2. 聚合物共混物的相界面 两种聚合物的共混物中存在三种区域结构：两种聚合物各自独立的相和这两相之间的界面层。界面层也称为过渡层，在此区域发生两相的黏合和两种聚合物链段之间的相互扩散。界面层的结构，特别是两种聚合物之间的黏合强度，对共混物的性质，特别是力学强度有决定性的影响。

聚合物共混界面层的形成分为两个步骤：一是热力学不相容的两种聚合物在共混过程中两相之间首先相互接触；二是两种聚合物大分子链段之间相互扩散，在共混物的相界面上形成过渡层，即界面层。

在共混过程中，如采取有效措施，使两相之间高度分散，减小相的尺寸，就可增加两相之间的接触面积，有利于两种聚合物大分子链段之间的相互扩散，从而提高两相之间的黏合力。

当两种聚合物相互接触时，在相界面处两种聚合物大分子链段之间有明显的相互扩散。若两种聚合物大分子的活动性相近，则两种大分子链段就以相近的速度相互扩散；若两种聚合物大分子的活动性相差悬殊，则发生单向扩散。这种扩散作用的推动力就是混合熵，也就是链段的热运动。若混合过程吸热（即混合热为正值），则熵的增加最终为混合热所抵消。

在相界面处，两种聚合物大分子链段之间的扩散程度（即界面层的厚度）主要决定于两种聚合物的热力学相容性。不相容体系的两种聚合物的链段之间只有轻微的相互扩散，因此两相之间的界面非常明显而确定；两者相容性越好，链段相互扩散程度越高，相界面越模糊，界面层厚度越大，两相之间的黏合力也越大。完全相容的两种聚合物最终形成均相，相界面完全消失。

就两相之间黏合力性质而言，界面层有两种类型：第一类是两相之间存在化学键，如接枝共聚物、嵌段共聚物等；第二类是两相之间仅靠次价力作用黏合，如一般的机械共混物、互穿网络聚合物（IPNs）等。对于第二种类型，界面层粘接强度与两种聚合物的界面张力关系很大，共混时两相间界面张力越小，界面间的混溶性就越好，两种链段之间越容易相互扩散，两相之间的黏合强度也就越高。

3. **聚合物共混物形态结构的影响因素**　聚合物共混物理想的形态结构应为宏观均相、微观或亚微观分相的，界面结合好的稳定的多相体系。这种体系能使共混物中各组分以协调的方式对共混物提供新的宏观性质，并仍保持其各自独立性质，具有良好的综合性能。

影响聚合物共混物形态结构的因素很多，主要的影响因素有聚合物的相容性、组分比、共混组分黏度、内聚能密度、剪切力、制备方法、共混工艺等。

（1）聚合物的相容性。相容性是聚合物能否获得均匀混合的形态结构的主要因素。两种聚合物的相容性越好，就越容易相互扩散而达到均匀的混合，界面层厚度也就越宽，相界面越模糊，两相之间的结合力也越大。

（2）组分比。一般而言，含量多的组分易形成连续相，含量少的组分易呈分散相。但哪一组分为连续相，哪一组分为分散相，不仅取决于组分含量之比，还要受两组分黏度和内聚能密度的影响。

（3）黏度。通常是依据“软包硬”规律，即黏度小的、较软的组分易形成连续相，而黏度高的一相易形成分散相。两聚合物的黏度差越大，分散相越不易被分散，分散相粒径越大。两聚合物的熔体黏度相近，分散效果最好，易获得分散均匀的共混物，这就是共混过程的等黏度原则。

（4）内聚能密度。内聚能密度（CDE）是聚合物分子间作用力大小的度量。内聚能密度大的聚合物，其分子间作用力大，在共混物中不易分散，易形成分散相。

（5）剪切力。在最常用的熔融共混过程中，共混体系所受到的外力通常是剪切力，因此剪切力是影响共混物形态结构的关键因素。剪切力提高，会使聚合物熔体承受更大的应变和应力，有利于非分散混合和分散混合，可使聚合物相的尺寸减小，结果使聚合物两相之间的结合力提高，获得稳定的微观或亚微观多相结构。

（6）制备方法。同一种聚合物共混物采用不同的制备方法，其形态结构会有很大不同。一般来说，接枝共聚—共混法制得的产物，其分散相为较规则的球状颗粒；而熔融共混法制得的共混物其分散相的颗粒较不规则，且颗粒尺寸也较大。

（7）共混工艺。对于同一种制备方法，由于具体工艺条件不同，形态结构也会不同。例如，共混过程中的加工温度（熔融温度）可以通过影响熔体黏度，进而影响聚合物共混的形态。此外，对于同一共混体系，同样的共混设备，随着共混时间的延长，分散相粒径降低，粒径分布均化，但是共混时间也不可过长，易导致聚合物的降解。

第三节　聚合物—添加剂体系

高分子材料的加工过程中或多或少都要加入各种添加剂，因而，高分子材料实际上是以聚合物为主体的多相复合体系。加入添加剂的目的在于改善高分子材料的成型加工性能，提高制品的使用性能，赋予某些特殊的功能性（如阻燃、抗菌等）或者降低产品的成本。

高分子材料添加剂的种类非常繁多，可以根据其化学组成、来源、用途等分别进行分类。根据添加剂的主要功能或作用，通常可分为工艺性添加剂和功能性添加剂两大类（图3-14）。工艺性添加剂有利于高分子材料的成型加工，而功能性添加剂可赋予高分子材料制品一定的性能，也可使制品原有性能得到某种程度的改善。对于某种高分子材料，其添加剂的具体种类和用量，必须根据对高分子材料及其制品的性能要求和成型加工工艺加以确定。

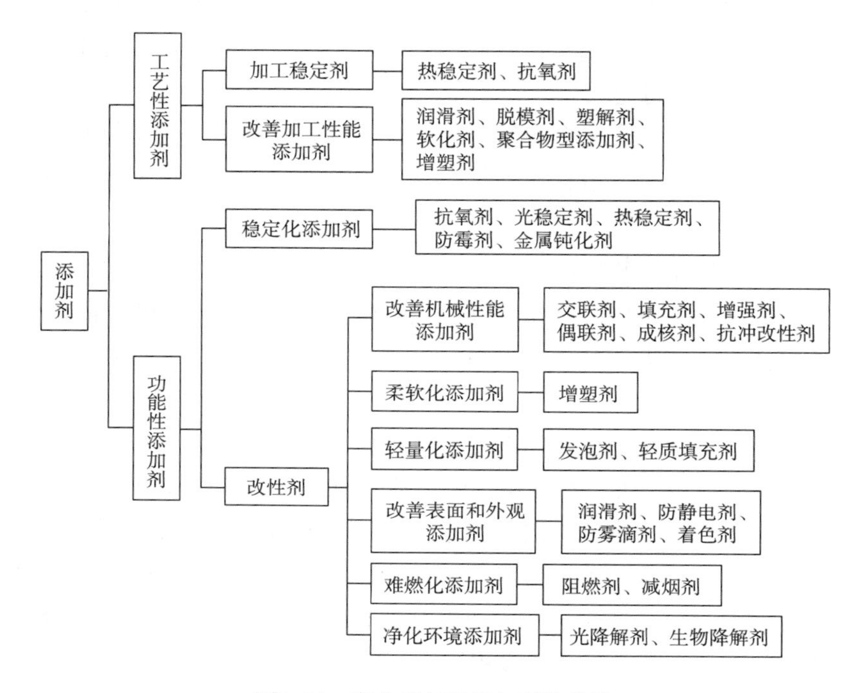

图3-14　高分子材料添加剂的分类

最常用的添加剂是高分散粉状添加剂和颗粒状固体添加剂等。有时也向聚合物中加入各种液体，以改善其力学性能、进行固化和塑炼。例如，在生产实际中，粒径为 2 ～ 5μm 且分散时呈球粒状的水珠形聚酯树脂，可作为石膏和木材的代用品；各种性质的环氧聚合物是作为自润滑轴承的有效材料。聚合物中还可添加各种气体，从而制得一类重要的工业用聚合物共混材料，如发泡橡胶、泡沫聚苯乙烯、泡沫聚氨酯。

在聚合物中加入添加剂的过程中，应注意添加剂的属性、添加剂之间的相互作用及其与聚合物的关系等问题。

一、添加剂的属性

1. **添加剂的形态**　添加剂的形态是指添加剂颗粒的形状。添加剂的不同形态，具有不同程度的改性效果。添加剂的形态主要包括球状、粒状、立方体、菱形状、块状、片状、针状、柱状、纤维状及中空微球等。一般来说，纤维状、薄片状添加剂对材料的机械强度有利，但对于成型加工性能不利；圆球状添加剂与此相反，可提高材料的成型加工性能，但降低材料的机械强度。

2. **添加剂的粒度**　添加剂的粒度是指其颗粒的具体尺寸，它既可以用实际尺寸（μm）来表示，也可以用通过多少目的筛子目数来表示。

添加剂的粒度大小不同，对添加剂体系的改性效果也大不相同。

（1）填料粒度对力学性能的影响。填料粒度对力学性能影响较大。一般的规律是，粒度越小，对材料的拉伸强度、冲击强度、断裂伸长率及硬度都有正面影响；尤其是对超细填料（粒度在 0.1 ～ 0.5μm）和纳米级填料（小于 0.1μm，即小于 100nm）等低粒度填料而言，其正面影响更明显。但低粒度填料对添加体系的正面影响不是无限小，即在比较低的添加量下存在一个黏度极限值。低于极限值，随添加量增加而改性性能上升；而高于极限值，随添加量增加，改性性能反而下降。不同填料的极限值对应的添加量大小不同，填料的粒度越小，其极限添加量越大。对于常规的普通填料而言，其极限值对应添加量几乎为零。

（2）着色剂粒度对着色性能的影响。着色剂粒度对着色性能的影响主要体现在对着色力、遮盖力、色泽的影响。

①对着色力的影响。着色剂的粒度越小，着色剂的着色力越高。但当着色剂的粒度小到小于极限时，着色力不再升高，反而下降。不同着色剂的粒度极限值不同：偶氮类颜料的极限粒径为 0.1μm；酞菁蓝颜料的极限粒径为 0.05μm。

②对遮盖力的影响。着色剂的粒度越小，遮盖力越大。但也有一个极限的粒径，超过此值（粒径更小）时，遮盖力不但不升高，反而下降。这是因为粒度超过极限值时，其粒度小于光波长，光线不再受着色剂粒子反射，从而使遮盖力下降。一般着色剂对遮盖力影响的粒度极限值为 0.05μm。

③色泽。着色剂粒度越小，分散度越高，色泽均匀性也越好。

（3）阻燃剂粒度对阻燃性的影响：阻燃剂的阻燃性（尤其是无机阻燃剂的阻燃性），受粒度的影响很大。一般随阻燃剂粒度变小，阻燃效果增大。

3. **添加剂的表面特性**　添加剂的表面形态也多种多样，有的光滑（如玻璃微珠），有的则粗糙，有的还有大量微孔。添加剂表面的化学结构也各不相同。例如，炭黑表面有羧基、内酯基等基团，对炭黑性能有一定作用。添加剂也常常通过表面处理以改善表面特性。

4. **添加剂的密度与硬度**　添加剂的密度不宜过大。密度过大的添加剂会导致填充聚合物密度增大，不利于材料的轻量化。硬度较高的添加剂可增大填充聚合物的硬度，而硬度过大的添加剂会加速设备的磨损。

5. **其他属性**　添加剂的含水量和色泽也会对填充聚合物体系产生影响。含水量应控制在一定限度之内。色泽较浅的添加剂可适用于浅色和多种颜色的制品。添加剂的属性还包括热膨胀系数、电绝缘性能等。

二、添加剂之间的相互作用

在同一个添加体系中，可能同时有几种相近或不同的添加剂。这些添加剂之间的相互作用不同，改性效果大不相同。

添加剂之间的作用方式可分为协同、对抗及加和三种方式。

1. *添加剂的协同作用* 协同作用是指配方中两种或两种以上的添加剂一起加入时的效果高于其单独加入效果的平均值。不同添加剂之间产生协同作用的原因主要是它们之间产生了物理或化学作用。例如，链终止型抗氧剂的抗氧机理是向过氧自由基施放氢原子，使其形成氢过氧化物。当两种抗氧效果不同的主辅抗氧剂并用时，主抗氧剂与过氧自由基反应，使其活性终止时，产生一个抗氧自由基。此时辅抗氧剂向此抗氧剂自由基提供氢原子，使主抗氧剂再生，并重新发挥主抗氧剂的抗氧作用。

（1）在抗老化的配方中，具体协同作用的例子如下。

①两种邻位取代基位阻程度不同的酚类抗氧剂并用。

②两种结构和活性不同的胺类抗氧剂并用。

③一种仲二芳胺与一种受阻酚类并用。

④受阻胺类主抗氧剂与辅助抗氧剂亚磷酸酯并用。

⑤酚类主抗氧剂与辅助抗氧剂亚磷酸酯并用。

⑥酚类主抗氧剂与辅助抗氧剂含硫协效剂并用。

（2）在阻燃的配方中，具体协同作用的例子如下。

①在卤素/锑系复合阻燃体系中，卤系阻燃剂可与 Sb_2O_3 发生反应生成 SbX_3，SbX_3 可以隔离氧气，从而达到增大阻燃效果的目的。

②在卤素/磷系复合阻燃体系中，两类阻燃剂也可以发生化学反应而生成 PX_3、PX_2、POX_3 等高密度气体，这些气体可以起到隔离氧气的作用。另外，两类阻燃剂还分别在气相、液相中相互促进，从而提高阻燃效果。

2. *添加剂的对抗作用* 对抗作用是指配方中两种或两种以上的添加剂一起加入时的效果低于其单独加入效果的平均值。

产生对抗作用的原理同协同作用一样，也是不同添加剂之间产生物理或化学作用的结果。不同的是，其作用的结果不但没有促进各自作用的发挥，反而削弱了其应有的效果。

（1）在抗老化塑料配方中，具体对抗作用的例子如下。

①受阻胺（HALS）类光稳定剂不与硫醚类辅抗氧剂并用，原因是硫醚类滋生的酸性成分抑制 HALS 的光稳定作用。

②芳胺类和受阻酚类抗氧剂一般不与炭黑类紫外光屏蔽剂并用，因为炭黑对胺类或酚类的直接氧化有催化作用，抑制抗氧效果的发挥。

③常用的抗氧剂与某些含硫化合物，特别是多硫化物之间，存在对抗作用，其原因也是多硫化物有助氧化作用。

（2）在阻燃配方中，对抗作用的例子如下。

①卤系阻燃剂与有机硅类阻燃剂并用，会降低阻燃效果。

②红磷阻燃剂与有机硅类阻燃剂并用，也存在对抗作用。

3. **添加剂的加和作用** 加和作用是指配方中两种或两种以上不同的添加剂一起加入的效果等于其单独加入效果的平均值，这种作用又称叠加作用和搭配作用。

加和作用是最常见的，在增塑剂、稳定剂、润滑剂、抗氧剂、光稳定剂、阻燃剂及抗静电剂中都有。

不同类型防老化剂并用，可以提供不同类型的防护作用，如抗氧剂可防止热氧化降解，光稳定剂可防止光降解，防霉剂可防止生物降解等；在热稳定剂中，也常将三盐基硫酸铅/二盐基硫酸铅并用，Ca/Zn、Cd/Zn、Ba/Zn、稀土/Zn、稀土/Pb及稀土/有机锡等并用；润滑剂也常用内润滑剂和外润滑剂并用，从而发挥内部和表层的双润滑效果；在阻燃配方中，气相型阻燃剂与固相型阻燃剂并用、阻燃剂与消烟剂并用等。此外，不同类型增塑剂、抗氧剂、光稳定剂、抗静电剂并用都产生加和作用。

三、添加剂与聚合物的关系

添加剂与聚合物之间的关系，除两者的相容性之外，还有其他许多种，这里介绍几种比较重要的关系。

1. **添加剂与聚合物的相容性** 大多数添加剂，尤其是无机添加剂，因与聚合物之间极性差别较大，因而两者的相容性不好。如何判断添加剂与聚合物之间的相容性好坏，主要有以下标准：

（1）溶度参数相近原则。对于添加剂而言，其溶度参数与聚合物的溶度参数越接近，两者的相容性越好，一般两者之差小于1.5即为相容性好，如四氯化碳的溶度参数为8.6，有机玻璃（PMMA）的溶度参数为9.7，两者相差为1.1，可以相容。

（2）极性相近原则。这一原则是指添加剂的极性与聚合物的极性越相近，则两者的相容性越好。

（3）表面张力相近原则。添加剂的表面张力与聚合物的表面张力越相近，两者相容性越好。

在选定好一个具体的配方后，提高添加剂与聚合物相容性的最有效方法是对添加剂表面进行处理。添加剂经表面处理后，可以大幅提高与聚合物的相容性。具体有以下几种方法：

①添加剂的偶联剂处理。偶联剂又称表面处理剂，它是一种在无机材料与有机材料或不同有机材料之间，通过化学作用和物理作用，使两者相容性得到改善的一种小分子有机化合物。偶联剂分子结构特点是含有两类性质不同的化学基团：一类是亲无机基团，另一类是亲有机基团。用偶联剂对添加剂进行处理时，其两类基团分别通过化学反应或物理作用，一端与添加剂表面结合，另一端与聚合物缠结或反应，使表面性质相差悬殊的添加剂与聚合物之间较好地相容。

②添加剂的表面活性剂处理。表面活性剂是指极少数能显著改变物质表面或界面性质的物质。其分子结构特点也包括两个组成部分，其一是一个较长的非极性烃基，称为疏水基；另一个是一个较短的极性基，称为亲水基。表面活性剂这种不对称的两性分子结构特点，使其具有两个基本特性，一是很容易定向排列在物质表面或两相界面上，从而使表面或界面性质发生显著变化；二是表面活性剂在溶液中的溶解度，即以分子分散状态的浓度较低，在通常使用浓度下大部分以胶束（缔合体）状态存在。

③添加剂的酸、碱性化合物溶液处理。这种方法是以酸、碱性溶液对添加剂进行处理，使添加剂表面的官能团发生变化，或调节其表面的酸、碱性，以达到与聚合物相容的目的。

④添加剂的单体处理。这种方法是在添加体系中加入与聚合物相应的合成单体为处理剂，如添加体系为 PMMA/Sb_2O_3，则用 MMA 单体处理 Sb_2O_3，使 MMA 在 Sb_2O_3 表面进行复合，从而改变添加剂表面的化学结构，使其具有与聚合物相近或相同的结构，从而大大提高添加体系的相容性。

⑤添加剂的等离子体处理。等离子体是一种电离气体，它是物质能量较高的聚集态，也称之为物体的第四态。等离子体中同时含有电子、解离的原子或分子自由基、处于激发状态的或未被激发的中性原子或分子以及解离过程生成的紫外光。等离子体处理添加剂的机理为：等离子体中各种上述活化粒子及紫外线可导致添加剂表面发生多种化学变化，生成多种含氧基团，从而大大改善其表面的亲疏水性，增大与聚合物的相容性。等离子处理具有处理温度低、时间短、效率高的特点。

2. *添加剂的耐热分解性* 聚合物在加工成具体制品时，要经过一个高温熔融过程，其加工温度高达 150 ～ 400℃。这就要求添加剂在此温度范围内不至于分解而失去其原有的性能。

例如，$Al(OH)_3$ 阻燃剂的热分解温度只有 210 ～ 320℃，因此不适于做加工温度超过此温度范围聚合物的阻燃剂，如 PPO 和 PSF 等。再如，作为着色剂而应用的汉沙黄，虽然具有十分鲜艳的颜色，但其耐热温度只有 160℃，因此在热塑性聚合物的加工中都会分解，只能用于热固性聚合物中。

3. *添加剂对聚合物加工性的影响* 有机添加剂对添加体系的加工流动性一般影响不大或有利于聚合物的加工性提高。而无机添加剂大都对添加体系的加工性有负面影响，即加工流动性有不同程度的下降。只有少数几种无机添加剂可不同程度地改善添加体系的加工性。具体品种有：石墨、滑石粉、硼泥、盐泥、高岭土及 MnO_2 等。

第四节 聚合物基复合材料

复合材料是由两个或两个以上独立的物理相组成的固体产物，其组成包括基体和增强材料两部分，其中增强材料可以是粒状、纤维状或片状的。本节主要介绍短纤维增强聚合物复合材料和无机纳米粒子增强复合材料，这些复合工艺与共混接近，可以借鉴共混过程的一些规律和方法。

一、纤维增强聚合物复合材料

纤维增强聚合物复合材料，是以聚合物为基体，以纤维为增强材料制成的复合材料。该复合材料综合了基体聚合物与纤维的性能，是具有优越性能和广泛用途的材料。复合材料的最大特点是复合后的材料特性优于各单一组分的特性。

纤维增强复合材料具有轻质高强的优点，可以显著提高基体聚合物的耐热性。此外，纤维增强复合材料还具有较好的耐腐蚀性。与金属材料相比，纤维增强复合材料的热膨胀系数小，在有温差时产生的热应力远比金属材料低。

按聚合物基体的不同，纤维增强复合材料可分为塑料基体和橡胶基体，其中，塑料基体又可分为热固性塑料与热塑性塑料。此外，还可按纤维的长度分类，分为长纤维增强复合材料和短纤维增强复合材料。其中，短纤维增强热塑性聚合物复合材料的制备方法与共混方法接近，因此本节只介绍热塑性塑料基体的短纤维增强复合材料。

短纤维增强热塑性塑料复合材料也可称为热塑性树脂基纤维增强复合材料（FRTP）。这种复合材料是采用高强纤维与热塑性塑料通过挤出机等设备进行复合而制成的复合材料。制备纤维增强塑料的过程中，要将长纤维切断为短纤维，因而属于短纤维增强复合材料。

该复合材料中所用的纤维，包括玻璃纤维、碳纤维、芳纶纤维等，其中，玻璃纤维增强热塑性塑料（GFRTP）具有强度高、耐热性好的优点，且玻纤的价格远比碳纤维、芳纶纤维低廉，因而，工业化的产品大部分是玻纤增强塑料。

纤维增强热塑性塑料的基体，可以是 PP、PA、PBT、PC、ABS、POM、PPS、PEEK 等诸多品种。

短纤维增强复合材料的基本原理，是利用纤维与聚合物良好的界面结合，将作用于复合材料的外力传导到纤维上，使纤维的强度得到充分发挥。因此，制备纤维增强复合材料是获得高强度聚合物材料的主要途径。

为达到这一目的，纤维的强度、纤维的长径比、纤维与聚合物基体的界面结合、纤维在聚合物基体中的分布状况，都是影响短纤维增强复合材料力学性能的重要影响因素。

首先，保持短纤维在复合材料中有一定的长度，是获得良好增强效果的必要条件。但是，随着纤维长径比的增大，对于加工流动性的不利影响也会增大。

对纤维进行表面处理以保证纤维与聚合物良好的界面结合，也是获得良好增强效果的必要条件。为改善塑料与纤维的界面结合，应先对纤维进行偶联剂处理。对于玻璃纤维，宜采用硅烷偶联剂。

对于 PP 等非极性高聚物，为与玻璃纤维有良好的界面结合，除了对玻璃纤维进行偶联剂处理外，还应对聚合物进行改性、增加极性基团、或添加过氧化物、或添加双马来酰亚胺等，使树脂与玻璃纤维产生一定的化学作用。

FRTP 的成型加工方法与通用型热塑性塑料类似，可以采用挤出、注射、模压等工艺成型。但在工业生产中，大都采用挤出机制成粒料，再注射成型制成 FRTP 制品。FRTP 制品的制造工艺流程图如图 3-15 所示。在 FRTP 制品中，纤维用量一般为 20%～40%。

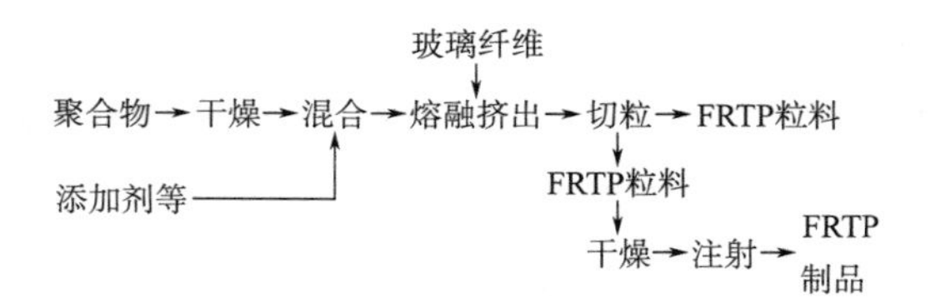

图3-15 FRTP制品制造工艺流程示意图

二、无机纳米粒子 / 聚合物复合材料

纳米复合材料是指复合材料的多相结构中，至少有一相的一维尺度达到纳米级。纳米粒子则是指平均粒径小于 100 nm 的粒子。由于纳米粒子尺寸大于原子簇而小于通常的微粉，处在原子簇和宏观物体的过渡区域，因而在表面特性、磁性、催化性、光的吸收、热阻和熔点等方面与常规材料相比较显示出特异的性能，得到极大的重视。20 世纪 90 年代以来，纳米材料研究的内涵不断扩大，领域逐渐拓宽，所取得的成就及对各个领域的影响和渗透一直引人注目。

无机纳米粒子 / 聚合物复合材料是纳米材料研究的一个重要领域。制备无机纳米粒子 / 聚合物复合材料的方法有多种，如插层复合法、原位聚合法、溶胶—凝胶法、共混法等。其中，共混法是最适合于大规模工业化生产的方法。

共混法是将各种无机纳米粒子与聚合物直接进行机械共混而制得的一类复合材料，该法包括有溶液共混、悬浮液或乳液共混、熔融共混等。采用共混法制备无机纳米粒子 / 聚合物复合材料，其优点是过程较为简单，易于实现工业化，但由于纳米粒子比表面积大，表面能高，易于发生团聚，因此要使纳米粒子呈纳米级的均匀分散较困难。

为此，首先要研究和解决无机纳米粒子在聚合物基体中的分散问题，实现纳米级分散，并改善无机纳米粒子与有机聚合物基体之间的界面结合性，才能使纳米粒子的作用得以发挥，使复合材料的性能得到大幅度的提高。目前主要采用的是进行表面改性或制备母料的方法。

无机纳米粒子表面改性通常是在纳米粒子表面包覆一层有机物，即表面改性剂。通过表面改性能够增加无机纳米粒子和高聚物之间的界面结合力，同时降低无机纳米粒子的表面能，使得纳米粒子团聚的倾向被削弱；也可在无机纳米粒子表面包覆无机物，改变表面特性。目前通过对纳米粒子的表面改性和选择合适的加工工艺，已经可以通过共混法使纳米粒子在聚合物基体中达到纳米级分散。

无机纳米粒子 / 聚合物复合材料中可采用的无机材料种类很多，包括纳米 $CaCO_3$、蒙脱土、纳米 SiO_2、纳米 Al_2O_3、纳米 TiO_2、纳米 ZnO、碳纳米管、石墨烯等。可采用的聚合物基体则几乎包括了各种塑料和弹性体。

无机纳米粒子 / 聚合物复合材料力学性能通常会随无机粒子的粒径的降低而升高。当无机粒子的粒径到纳米级时，对聚合物可以有显著的增韧、增强等作用。无机纳米粒子对于聚合物的这种增韧、增强等作用的发挥，不仅取决于纳米粒子的品种、粒径和用量，而且还取决于纳米粒子在聚合物中的分散状况、纳米粒子与聚合物基体的界面结合。针对无机纳米粒

子 / 聚合物复合材料的特定性能和特定的作用机理，纳米粒子的粒径有一个适宜的范围，并不一定是越小越好。此外，粒径越小的纳米粒子，分散也会更加困难。

无机纳米粒子 / 聚合物复合材料的研究与应用，为聚合物共混研究提供了新的课题和广阔的拓展空间；而历经数十年发展的聚合物共混理论和应用经验，又为无机纳米粒子 / 聚合物复合材料的研究开发和工业化，提供了可行而便捷的技术通道。

码3-4　本章思维导图

码3-5　拓展阅读：混合

复习指导

1. 混合的基本概念和原理

（1）掌握混合的机理，并能据此对各种聚合物加工过程进行分析。

（2）掌握混合过程发生的主要作用。

（3）了解混合的定义与分类，掌握非分散混合与分散混合的区别与联系。

（4）能分析归纳分散混合过程中发生的各种作用。

（5）了解评判混合状态的方法。

2. 聚合物共混

（1）了解聚合物共混的基本概念及作用。

（2）掌握聚合物共混体系的不同制备方法及其优缺点。

（3）了解聚合物共混物形态结构的类型及相界面，掌握聚合物共混物形态结构的影响因素。

3. 聚合物—添加剂体系

（1）了解高分子材料加工中常用的添加剂种类。

（2）了解加工过程对添加剂的属性要求。

（3）掌握添加剂之间的相互作用及其与聚合物的关系。

4. 聚合物基复合材料

（1）了解短纤维增强热塑性聚合物复合材料的加工原理及成型工艺。

（2）了解无机纳米粒子 / 聚合物复合材料的分散及制备方法。

习题

1. Brodkey 的混合理论涉及的混合的基本运动形式有哪些？聚合物成型时熔融物料的混合以哪一种运动形式为主？为什么？

2. 什么是非分散混合？什么是分散混合？ 两者各主要通过何种物料运动和混合操作来实现？

3. 分散混合过程中添加剂是如何变为小颗粒的?

4. 为什么在评定固体物料的混合状态时，不仅要比较取样中各组分的比例与总体比例的差异大小，还要考察混合料的分散程度?

5. 聚合物共混体系的制备方法有哪些? 各有何优缺点?

6. 聚合物共混物形态结构有哪几种类型?

7. 什么是聚合物共混物相界面? 界面层厚度和两聚合物的相容性关系如何?

8. 影响聚合物共混物形态结构的主要因素有哪些? 简述这些因素是如何影响共混物形态结构的?

9. 高分子材料加工中加入添加剂的目的是什么? 常用添加剂有哪些种类?

10. 在防老化高分子材料复合防老剂配方中，一种组分为酚类抗氧剂，另一种组分应该选择:（1）炭黑类紫外光屏蔽剂;（2）仲二芳胺;（3）受阻胺类光稳定剂。为什么?

11. 在阻燃高分子材料复合阻燃剂配方中，一种组分为硅系阻燃剂，另一种组分应该选择:（1）红磷阻燃剂;（2）磷系阻燃剂;（3）卤系阻燃剂。为什么?

12. 采用哪些方法能使纳米粒子在聚合物基体中达到纳米级分散? 举例说明。

参考文献

[1] 鲍格达诺夫. 聚合物混合工艺原理[M]. 吴祉龙，译. 北京：烃加工出版社，1989.

[2] 沈新元. 高分子材料加工原理[M].2版. 北京：中国纺织出版社，2009.

[3] 塔德莫尔，高戈斯. 聚合物加工原理[M].2版. 任冬云，译. 北京：化学工业出版社，2009.

[4] 杨鸣波. 聚合物成型加工基础[M]. 北京：化学工业出版社，2009.

[5] 赵素合. 聚合物加工工程[M]. 北京：中国轻工业出版社，2020.

[6] 唐颂超. 高分子材料成型加工[M].3版. 北京：中国轻工业出版社，2021.

[7] 卞军，蔺海兰. 聚合物共混改性基础[M]. 成都：西南交通大学出版社，2018.

[8] 王国全. 聚合物共混改性原理与应用[M]. 北京：中国轻工业出版社，2007.

[9] 王琛，严玉蓉. 聚合物改性方法与技术[M]. 北京：中国纺织出版社，2020.

[10] 吴培熙，张留城. 聚合物共混改性原理及工艺[M]. 北京：中国轻工业出版社，1988.

[11] 吴培熙，张留城. 聚合物共混改性[M]. 北京：中国轻工业出版社，1996.

[12] 封朴. 聚合物合金[M]. 上海：同济大学出版社，1997.

[13] 王文广. 聚合物改性原理[M]. 北京：中国轻工业出版社，2018.

[14] 王国全，王秀芬. 聚合物改性[M].3版. 北京：中国轻工业出版社，2016.

第四章　聚合物流体加工流变学

码4-1　本章课件

聚合物流变学（rheology of polymer）是研究聚合物形变与流动的科学。其主要研究对象是应力作用下，聚合物产生弹性、塑性、黏性形变的行为及这些行为与各因素之间的关系。由于聚合物加工过程如纺丝成型、塑料成型和橡胶加工等都是依靠外力作用下的流动与形变来实现从聚合物原料或坯件到制品的转换，因此深刻了解聚合物加工过程的流变行为及其规律，对分析和处理加工中的工艺问题、合理选择加工工艺、优化加工设备设计、获得性能良好的制品等具有相当重要的意义。

第一节　聚合物流体的非牛顿剪切黏性

一、聚合物流体的流动类型

根据聚合物流体的流动速度、外力作用形式、流道几何形状、流动中的热量传递情况、聚合物本身的结构与性质等不同，可将聚合物流体的流动分为五种不同的形式。

1. *层流*（laminar flow）*与湍流*（turbulent flow）　在成型条件下，聚合物流体一般呈现层流状态，其雷诺准数值很少大于 1。这是因为聚合物流体黏度高，流速较低，如低密度聚乙烯的黏度为 300 ～ 1000Pa·s，加工过程中剪切速率一般不大于 $1000s^{-1}$。但是在某些特殊场合，如当聚合物流体从小浇口注射进入大型腔时，由于剪切应力过大等原因，可能会出现弹性湍流，造成熔体破碎而破坏成型。

2. *稳定流动*（steady flow）*与不稳定流动*（non-steady flow）　聚合物流体在通道中流动时，若该流体在任何部位的流动状况都保持恒定，不随时间而变化，即所有影响流体流动的因素都不随时间而改变，则该流动称为稳定流动。在指定部位，稳定流动又有其特定值。例如，如正常运转的挤出机中，聚合物流体沿螺杆螺槽向前流动是稳定流动，因其流速、流量、压力和温度分布等参数虽有不同的值，但不随时间而改变；正常的纺丝过程中流体在喷丝孔各点的流速等参数相对稳定，不随时间发生变化。

与稳态流动相对应，当流体在输送通道中流动时，如果其流动状况随时间发生变化，即影响流动的各种因素可能随时间而变动的流动称为不稳定流动。例如在注射模塑的充模过程中塑料流体的流动属于不稳定流动。因为此时在模腔内的流动速率、温度和压力等各种影响流动的因素均随时间变化。通常把流体的充模流动看作典型的不稳定流动。

3. *等温流动*（isothermal flow）*与非等温流动*（non-isothermal flow）　等温流动是指流动中流体各处的温度保持不变。在等温流动中，流体与外界可以进行热量传递，但传入和输出的热量应保持相等。

在材料成型的实际条件下，聚合物流体的流动一般均是非等温状态。这是因为成型过程中，根据成型工艺要求不同，需要将流道、流线各区域控制在不同的温度；此外由于黏性流动过程中有耗散生热等热效应存在使流体在流道径向和轴向存在一定的温度差。如熔体纺丝成型时，熔体从喷丝板挤出后即进入冷空气并与空气进行热交换并实现丝条的固化成型；塑料注射模塑时，熔体在充满模具的型腔后就开始冷却降温等。但在工程上，可以将成型过程当作无限个等温流动过程处理，这样可以大大简化成型过程的理论分析。

4. **一维流动**（1-dimensional flow）、**二维流动**（2-dimensional flow）**和三维流动**（3-dimensional flow） 当流体在流道内流动时，由于外力作用方式和流道几何形状的不同，流体内质点的速度分布分别具有一维、二维和三维特征。

（1）一维流动。流动中，流体内质点的速度仅在一个方向上变化的流动称为一维流动。如聚合物流体在等截面圆管内作层状流动（如纺丝），其速度分布仅是圆管半径的函数，这是典型的一维流动。

（2）二维流动。流动中，流体内质点的速度在两个相互垂直的方向上变化的流动称为二维流动。如聚合物流体在矩形截面通道中流动时，其流速在通道的高度和宽度两个方向均发生变化，这是典型的二维流动。

（3）三维流动。流动中，流体内质点的速度在三维空间同时产生变化的流动称为三维流动。如流体在截面变化的锥形通道中流动，其质点速度不仅沿通道截面的垂直于流动方向的纵横两个方向变化，而且也沿主流动方向变化。其流速需用三个相互垂直的坐标表示，是典型的三维流动。

在数学处理上，一维流动比二维流动和三维流动相对简单，所以有时一些简单的二维流动如平行板狭路通道和间隙很小的圆环通道中的流动，通常按一维流动作近似处理。

5. **拉伸流动**（elongational flow）**和剪切流动**（shear flow） 流体流动时，即使其流动状态为层状稳态流动，流体内各处质点的速度并不完全相同。质点速度的变化方式称为速度分布。按照流体内质点速度分布与流动方向关系，可将聚合物加工时流体的流动分为剪切流动与拉伸流动。

剪切流动是指流体质点的运动速度仅沿着与流动方向垂直的方向发生变化的流动，如图 4-1（a）所示。按其流动的边界条件可将剪切流动分为拖曳流动和压力流动。拖曳流动是指由边界的运动而产生的流动，如运转滚筒表面对流体的剪切摩擦而产生流动。压力流动是指边界固定，由外压力作于流体而产生的流动，如聚合物流体注射成型时，在流道内的流动是压力梯度引起的剪切流动。

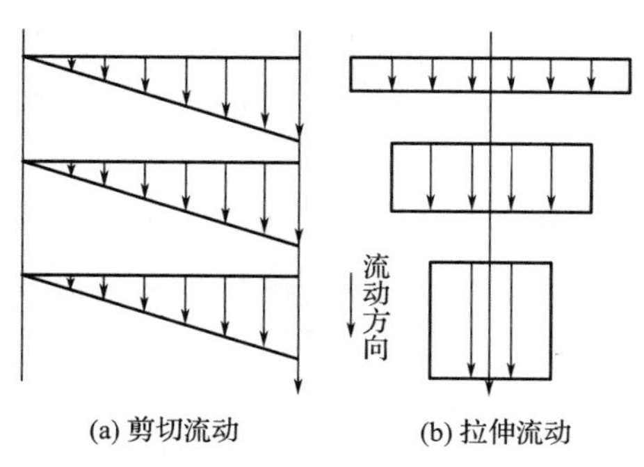

图4-1 剪切流动和拉伸流动的速度分布

拉伸流动是指流体质点的运动速度仅沿着与流动方向一致的方向发生变化的流动，如图 4-1（b）所示。

拉伸流动有单轴拉伸和双轴拉伸。单轴拉伸的特点是材料的一个方向被拉长，另外两个方向则相应收缩，如化学纤维的纺丝成型、圆形截面细丝和矩形棒在长度方向上的均匀拉伸属于此类。双轴拉伸的特点是材料的两个方向同时被拉长，另一个方向则缩小，如塑料的薄膜的双向拉伸、中空薄膜吹塑成型等。

二、非牛顿流体的剪切黏性表征

1. **聚合物流体的流动行为**　聚合物流体的剪切流动行为可用剪切黏度表征，剪切黏度（shear viscosity）不仅与温度有关，而且与剪切速率（shear rate）有关。在剪切速率不大的范围内，流体剪切应力（shear stress）与剪切速率之间呈线性关系，并服从牛顿定律：

$$\sigma_{12}=\eta\dot{\gamma} \tag{4-1}$$

式中：σ_{12} 为剪切应力（Pa）；$\dot{\gamma}$为剪切速率（s^{-1}）；η 为牛顿黏度（Pa·s）（=1N s/m^2）。

牛顿黏度是流体本身所固有的性质，其大小表征抵抗外力所引起的流体变形的能力。通常将符合牛顿黏性定律的流体称为牛顿流体（newton fluid）。

聚合物流体在加工过程中的流动大多不是牛顿流动。其剪切应力与剪切速率之间不呈线性关系，其黏度随剪切速率而变，不符合牛顿定律，这类流体一般称为非牛顿流体（non-newtonian fluid）。

非牛顿流体流动有多种描述的关系式，用得最多的是幂律定律：

$$\sigma_{12}=K\cdot\dot{\gamma}^{n} \tag{4-2}$$

式中：K 为稠度系数（Pa·s）；$n=\mathrm{dln}\sigma_{12}/\mathrm{dln}\dot{\gamma}$为流动指数或非牛顿指数，用来表征流体偏离牛顿型流动的程度。n 值偏离整数 1 越远，流体的非牛顿性越强。

将式（4-2）与式（4-1）对比，可以将式（4-2）简化为：

$$\sigma_{12}=K\cdot\dot{\gamma}^{n-1}\dot{\gamma} \tag{4-3}$$

令：

$$n_{a}=\sigma_{12}/\dot{\gamma}=K\cdot\dot{\gamma}^{n-1}$$

则式（4-2）可以写为：

$$\sigma_{12}=n_{a}\dot{\gamma} \tag{4-4}$$

式中：η_a 为表观黏度，Pa·s。

显然，在给定温度和压力条件下，表观黏度（apparent viscosity）不是常数，它与剪切速率有关。当 $n<1$ 时，表观黏度随剪切速率增大而减小，这种流体一般称为假塑性流体或切力变稀（shear-thinning）流体，大部分聚合物熔体或其浓溶液属于这种流体。对于这类流体，可以在一定剪切速率范围内，适当提高$\dot{\gamma}$（如提高机器转速，提高推进速度等），以降低流体黏度，增加流动性，降低能耗，提高生产效率。当 $n>1$ 时，表观黏度随剪切速率的增大而增大，这种流体称为胀流性（dilatant）流体或切力增稠（shear-thickening）流体，少数聚合物溶液（如聚甲基丙烯酸甲酯的戊醇溶液）、一些固含量高的聚合物分散体系（如聚氯乙烯糊）和碳酸钙填充的聚合物熔体属于这种流体。当 $n=1$ 时，式（4-2）与式（4-1）相同，此时的非牛顿流体具有牛顿流动行为，其黏度与剪切速率无关，此时的表观黏度就是牛顿黏度。

此外还有一种流体，必须克服某一临界剪切应力（σ_y）才能使其产生牛顿流动，流动产生之后，剪切应力随剪切速率线性增加，其流动方程为：

$$\sigma_{12}=\sigma_y+\eta_p\dot{\gamma} \qquad \sigma_{12}>\sigma_y \tag{4-5}$$

式中：η_p 为宾汉（Bingham）黏度（Pa·s）；σ_y 称为屈服应力（Pa）。

此类流体称为宾汉（Bingham）流体。在屈服应力以下，此类流体不流动。牙膏、油漆是典型的宾汉流体。油漆在涂刷过程中，一般要求涂刷时黏度要低，以省力；停止涂刷时要黏度要高以避免出现流挂，若其屈服应力大到足以克服重力对流动的影响，则可以有效避免流挂。某些高分子填充体系如炭黑混炼橡胶，碳酸钙填充聚乙烯、聚丙烯等也属于或近似属于宾汉流体。填充高分子体系出现屈服现象的原因是：当填料份数足够高时，填料在体系内形成某种三维结构（如 $CaCO_3$ 形成堆砌结构，炭黑则因与橡胶大分子链间有强烈物理交换作用形成类交联网络结构），这些结构具有一定强度，在低外力下是稳定的，外部作用力只有大到能够破坏这些结构时，物料才能流动。混炼胶的这种屈服性对下一步成型工艺及半成品的质量至关重要。如混炼丁基橡胶挤出成型轮胎内胎时，炭黑用量适量，结构性高，则混炼胶屈服强度高，内胎坯的挤出外观好，停放时“挺性”好，不易变形。

还有些宾汉塑性体，开始流动后，并不遵循牛顿黏度定律，其剪切黏度随剪切速率发生变化，这类材料统称为非线性宾汉流体，若流动规律遵从幂律定律式（4-6），则称这类材料为谢尔—布尔克利（Herschel-Bulkley）流体。

$$\sigma_{12}=\sigma_y+K\dot{\gamma}^n \tag{4-6}$$

当 $n<1$，这类流体称为屈服切力变稀流体；当 $n>1$，这类流体称为屈服切力增稠流体。图 4-2 是各种流体的流动曲线。

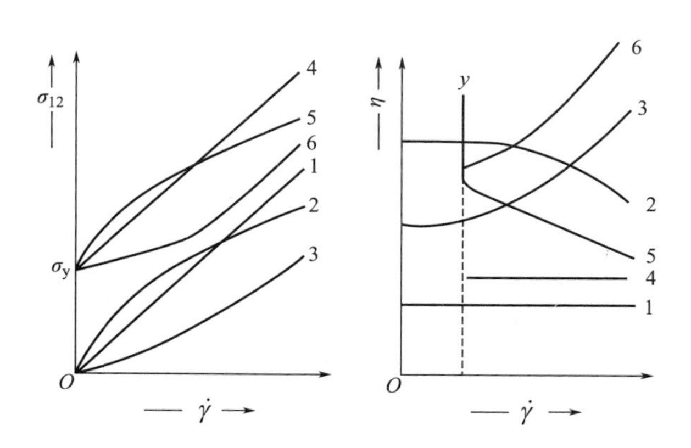

图4-2 各种流体的流动曲线

1—牛顿流体（$n=1$，$\sigma_y=0$） 2—切力变稀流体（$n<1$，$\sigma_y=0$） 3—切力增稠流体（$n>1$，$\sigma_y=0$）
4—宾汉流体（$n=1$，$\sigma_y\neq0$） 5—屈服切力变稀流体（$n<1$，$\sigma_y\neq0$） 6—屈服切力增稠流体（$n>1$，$\sigma_y\neq0$）

2. 非牛顿流体的流动曲线 表征聚合物流体的剪切应力（σ_{12}）与剪切速率（$\dot{\gamma}$）关系的曲线称为流动曲线。研究聚合物流体在宽广的剪切速率范围内的流动曲线（图 4-3）可以发现，在不同的剪切速率范围内，黏度对剪切速率的依赖关系是不同的。根据黏度对剪切速率的关系，可以将流动曲线分为三个区域：第一牛顿区、非牛顿区和第二牛顿区。

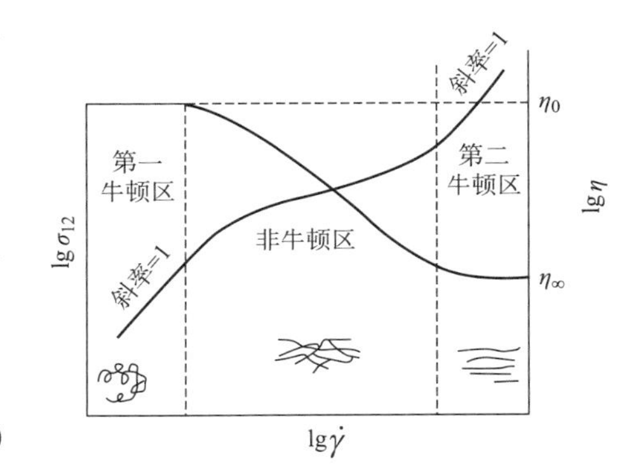

图4-3 聚合物流体的流动曲线

（1）第一牛顿区。即流体在低剪切速率（$\dot{\gamma}\to 0$）范围内流动时表现为牛顿流动行为的区域。一些聚合物的加工过程如涂料的涂刷、胶乳和塑料糊的刮涂和浸渍、流延成型等都是在此区域进行的。此时，流体的非牛顿指数 n=1，lgσ_{12}—lg $\dot{\gamma}$呈线性关系，表观黏度 η_a 与剪切速率$\dot{\gamma}$无关，流体流动性质与牛顿流体相仿，黏度趋于常数。关于这种现象的解释有两种：一种是在低剪切速率（或剪切应力）下，聚合物流体的结构状态并未因流动而产生明显的改变，流动过程中大分子的构象分布，或大分子线团尺寸的分布以及大分子束（网络结构）或晶粒尺寸均与物料在静态的状态相同，长链分子的缠结和分子间的范德瓦耳斯力使大分子间形成了相当稳定的结合，因此此时黏度表现为常数；另一种是在低剪切速率下，虽然大分子构象变化和双重运动有足够的时间使应变适应应力的作用，但流体中大分子的热运动十分强烈，因而削弱和破坏了大分子应变对应力的依赖性，以致黏度不发生变化。

通常将第一牛顿区的黏度称为零切黏度（η_0）或第一牛顿区黏度。零切黏度 η_0 是一个重要材料常数，与材料的平均相对分子质量、黏流活化能及加工条件相关，是材料最大松弛时间的反映。表 4-1 为常见聚合物在给定条件下的零切黏度。

表4-1 常见聚合物在给定条件下的零切黏度

聚合物	HDPE	LDPE	PP	PIB	PS	PVC
重均分子量	10^5	10^5	3×10^5	10^5	2.5×10^5	4×10^5
温度/K	463	443	493	373	493	463
零切黏度/Pa·s	2×10^4	3×10^2	3×10^3	10^4	5×10^3	4×10^4
聚合物	PMMA	PB	PIR	PET	PA6	PC
重均分子量	10^5	2×10^5	2×10^5	3×10^4	3×10^4	3×10^4
温度/K	473	373	373	543	543	573
零切黏度/Pa·s	5×10^4	4×10^4	10^4	3×10^2	10^2	10^3

（2）非牛顿区。当剪切速率$\dot{\gamma}$超过某一个临界剪切速率$\dot{\gamma}_c$后，流体的结构发生变化。这种变化包括大分子的构象变化，大分子线团尺寸以及大分子束或晶粒尺寸的变化等，并伴随着旧结构的破坏和新结构的形成，同时导致流体黏度具有剪切速率的依赖性，流体流动呈现非牛顿性，此时的黏度称为表观黏度 η_a，相应的$\dot{\gamma}$区间称为非顿区。

表观黏度的变化有两种情况：一是表观黏度 η_a 随 $\dot{\gamma}$ 的增加而下降，呈现所谓的“切力变稀”现象，具有这种流动行为的流体一般称为切力变稀流体或假塑性流体；二是表观黏度 η_a 随 $\dot{\gamma}$ 的增加而增大，呈现所谓的“切力增稠”现象，具有这种流动行为的流体一般称为切力增稠流体或胀流性流体。

（3）第二牛顿区。剪切速率提高到一定程度（即 $\dot{\gamma}\to\infty$ 时），流体又表现为牛顿流动，流动进入第二牛顿区。即在剪切速率很高时，流体黏度再次表现出与剪切速率无关的特征，关于这种现象有两种解释，一种解释认为剪切速率很高时，聚合物网络结构的破坏和高弹形变已经达到极限状况，再增大剪切速率或应力对聚合物的结构已经不再产生影响，流体黏度已经达到最低值；另一种解释认为剪切速率很高时，大分子构象和双重运动的应变来不及适应剪切速率或应力的改变，以致流体表现出牛顿流动特征，黏度保持不变。在高剪切速率范围内的这种黏度一般称为极限牛顿黏度，一般以 η_∞ 表示，其大小一般仅为零切黏度的 1/2 到 1/3。

聚合物流体在非牛顿区的流动行为对其加工有特别的意义。因为大多数聚合物的成型都是在这一剪切速率范围内进行的。流体的非牛顿指数 n（$\lg\sigma_{12}$—$\lg\dot{\gamma}$ 曲线的斜率，即 $d\lg\sigma_{12}/d\lg\dot{\gamma}$）越小，表观黏度 η_a 随着 $\dot{\gamma}$ 的增大下降越多。刚性大分子或分子对称性较大的聚合物流体的 n 值较小，“切力变稀”现象较显著。n 值还具有温度、相对分子质量、剪切速率依赖性，一般聚合物的 n 值随温度升高而增大，随相对分子质量的提高而减小，随剪切速率的增大而降低。

n 值还与聚合物种类有关，如图 4-4 所示，可以看出聚酰胺和聚酯熔体在很宽的 $\dot{\gamma}$ 范围内仍保持牛顿流体行为，n 值较大；聚乙烯和聚丙烯熔体的表观黏度则随剪切速率的增加而急剧下降，表现出更强的非牛顿特性（非线性），n 值较小。

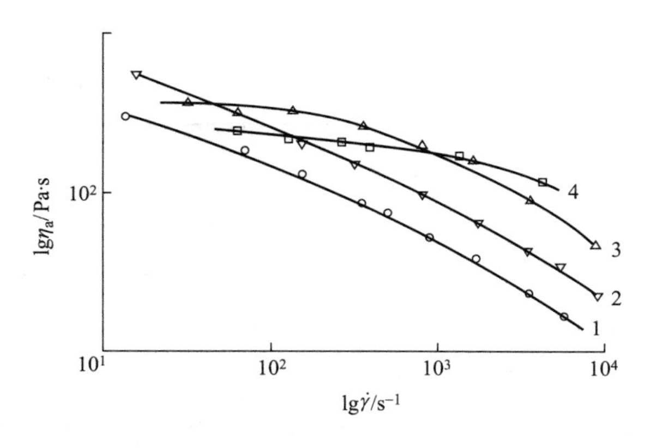

图4-4　聚合物熔体的流变行为

1—PP（MI=15g/10min，272℃）　2—PE（MI=1.5g/10min，258.5℃）

3—PA6（η_r=2.38，243℃）　4—PET（[η]=0.65dL/g，284℃）

3. 聚合物流体切力变稀与切力增稠的原因

（1）大分子链缠结浓度的变化。当线性大分子的相对分子质量超过某一临界值 M_c 以上时，大分子链间形成了缠结点。与橡胶中化学交联点不同，这种缠结点具有瞬变性质。缠结点不断地拆散和重建，并在某一特定条件下达到动态平衡。因此可以把聚合物流体看成瞬变网络体系。该体系达到动态平衡后的缠结浓度与给定的条件有关，随着剪切应力改变，动态平衡相应地发生移动。当剪切应力增大（相应地 $\dot{\gamma}$ 也增大）时，部分缠结点被拆除，缠结点浓度的下降，相应表观黏度降低。

（2）链段在流场中发生取向。流体在有限作用时间下产生的应变对应力的响应有一定的时间依赖性，当剪切速率 $\dot{\gamma}$ 增大时，缠结点间链段中的应力来不及松弛，链段在流场中发生取向，导致大分子链在流层间传递动量的能力减小，表观黏度下降。链段取向的另一个后果是瞬变网络结构因贮存内应力而产生弹性形变，因而非牛顿黏弹体往往在切力变稀的同时显现弹性现象，也就是说表观黏度 η_a 中往往包括有弹性贡献。

对于聚合物浓溶液或聚合物分散体来说，切力变稀还有另外一个原因，当剪切应力增大时，大分子链发生脱溶剂化，因为脱溶剂化使大分子链的有效尺寸变小，这也会引起黏度下降。

应该指出，在给定的剪切速率$\dot{\gamma}$下，形成一定缠结点浓度的瞬变网络的动态平衡不可能瞬间达到。当剪切速率$\dot{\gamma}$恒定时，表观黏度 η_a 随流动时间推移而发生变化，这样就反映出逐渐趋向动态平衡状态的动力学过程。这种表观黏度 η_a 随着时间而变化的现象被称为“触变现象”。

聚合物流体产生切力增稠的原因是剪切速率或剪切应力增加到某一数值时流体中有某种新的结构的形成。胀流性流体多为多分散体系，其中固体含量较高，且浸润性不好，如聚氯乙烯糊、淀粉糊、涂料等。

三、影响聚合物流体剪切黏性的因素

在给定剪切速率下，聚合物流体的表观黏度主要由流体内的自由体积和大分子链之间的缠结决定。自由体积是聚合物中未被分子占领的空隙，它是大分子链段进行扩散运动的场所。凡会引起自由体积增加的因素都能增强分子运动，并导致流体黏度的降低。另外，大分子之间的缠结使分子链运动阻力增加，凡能减少缠结作用的因素都能加速分子运动并导致聚合物流体黏度降低。各种环境因素如温度、应力、剪切速率、小分子物质以及聚合物自身的相对分子质量及其分布、支链结构对黏度的影响都可以用这两个因素解释。下面分别从分子结构特征和环境因素对聚合物流体黏度的影响进行讨论。

（一）聚合物分子结构特征对黏度的影响

聚合物分子结构包括链结构、相对分子质量及相对分子质量分布。

1. 链结构的影响　聚合物的链结构如主链组成、取代基的性质、分子极性大小、支化程度等均会影响聚合物的流变性能。极性聚合物分子间相互作用大于非极性聚合物，因此其流动性相对较差，如氯丁橡胶的流动性不如天然橡胶。主链含有柔性杂原子的聚合物，分子柔顺性较好，其流动性也好；如聚二甲基硅氧主链为氧和硅构成的硅氧键，其内旋转活化能低，分子柔顺性大，流动性优良；含有醚键的聚合物一般也有较好的流动性。主链中含有刚性结构，则聚合物的流动性则明显下降，甚至失去流动能力，如聚酰亚胺、芳香族聚酰胺等。

聚合物分子链柔性越大，缠结点越多，链的解缠和滑移越困难，流动时非牛顿性越强，例如化纤和塑料成型用的聚丙烯与聚乙烯，具有较大的相对分子质量，其分子链之间容易缠结，所以其零切黏度较大，但在高剪切速率下其黏度下降较快；而超高相对分子质量聚乙烯在常规聚乙烯的加工条件下失去流动性。聚合物分子链刚性增加，分子间作用力增大（如极性聚合物和结晶聚合物聚对苯二甲酸乙二酯、聚酰胺、聚碳酸酯等），黏度对剪切速率的敏感性较小，如图 4-5 所示，但黏度对温度的敏感性增加，提高这类聚合物的加工温度可有效

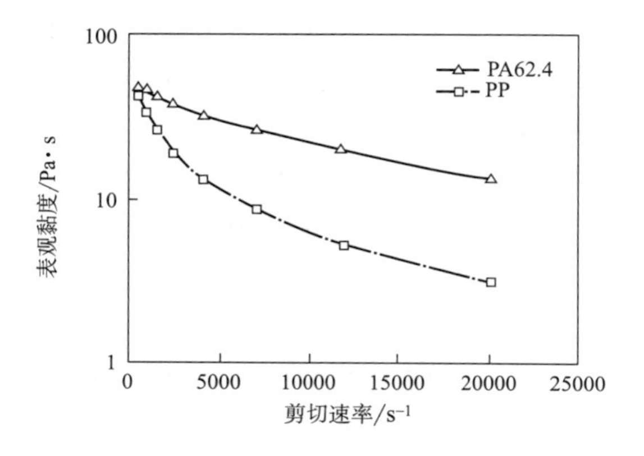

图4-5 聚丙烯和聚酰胺熔体在270℃时的流动行为

改善其流动性，但也应加强其加工过程中的温度控制。

支链结构对聚合物表观黏度也有影响。当聚合物具有较短的支链时，聚合物的表观黏度低于具有相同相对分子质量的直链聚合物的表观黏度；支链长度增加，表观黏度随之上升，当支链长度增加到一定值（大于临界缠结分子量相对应的长度）时，表观黏度将明显增高（图 4-6），在低剪切速率区时这种情况表现得更加明显。在相对分子质量相同的条件下，支链越多，越短，流动时的空间位阻越小，表观黏度越低，越容易流动，如超支化聚合物一般具有较低的表观黏度。由于短支链聚合物可以有效降低聚合物的表观黏度，所以在橡胶生产中常在胶料中加入少量支化或具有一定交联度的再生橡胶，以改善其加工性能，使其压出容易，尺寸稳定。长支链数量较多时会增加其与邻近分子的缠结概率，使流体流动阻力增加，黏度增大；长支链越多，表观黏度升高越多，流动性越差。长支链的存在也增大了聚合物黏度对剪切速率的敏感性，当零切黏度相同时，有长支链聚合物比无支链聚合物开始出现非牛顿流动的临界剪切速率 $\dot{\gamma}_c$ 要低，更易产生非牛顿流动。

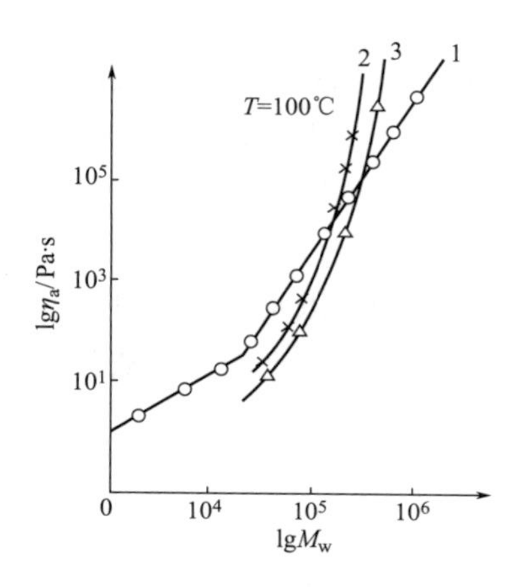

图4-6 顺丁橡胶零切黏度与分子支化的关系

1—直链 2—三支链 3—四支链

聚合物链结构中的侧基也对流动性有一定影响。当侧基的体积较大时，聚合物分子链的刚性比较大，导致流动性较差，如含有较大侧基的丁苯橡胶的流动性不如天然橡胶，而天然橡胶不如顺丁橡胶，顺丁橡胶甚至在常温条件下可以产生冷流。当然，较大侧基还会增大流体黏度对压力和温度的敏感性，所以聚甲基丙烯酸甲酯和聚苯乙烯等含较大侧基的聚合物可以通过提高温度或改变加工时的压力来改善流动性，这在实际生产中非常重要。

2. ***相对分子质量的影响*** 聚合物流体的黏性流动，其实质就是大分子之间发生相对位移。相对分子质量增大，不同链段偶然位移相互抵消的机会增多，因此分子链重心转移减慢，要完成流动过程就需要更长的时间和更多的能量，所以聚合物相对分子质量增大，其表观黏度必然增加。图 4-7 显示了 270℃下不同特性黏度（代表不同的相对分子质量）的聚对苯二甲酸丙二醇酯（PTT）熔体的 $\lg\eta_a$—$\lg\dot{\gamma}$ 曲线，由图可见，特性黏度越大（相对分子质量越大），同一剪切速率下的表观黏度越高。图 4-8 显示了 250℃的聚 -2，5- 呋喃二甲酸乙二醇酯（PEF）熔体的表观黏度与剪切速率的关系，也显示了同样的结果。

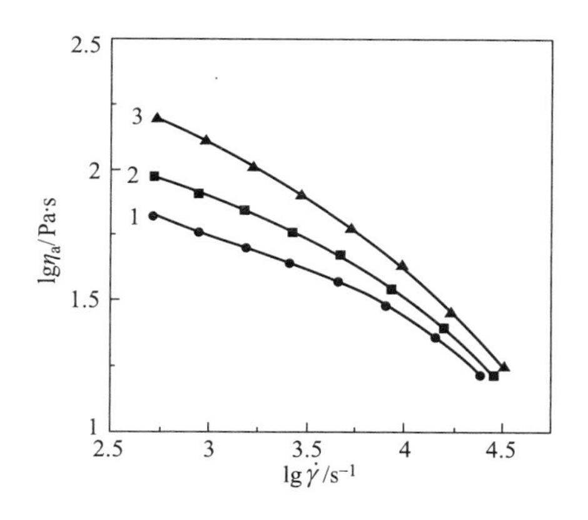

图4-7　270℃时PTT熔体的$\lg\eta_a$—$\lg\dot{\gamma}$曲线

1—[η] =0.96dL/g　2—[η] = 1.02dL/g

3—[η] =1.2dL/g

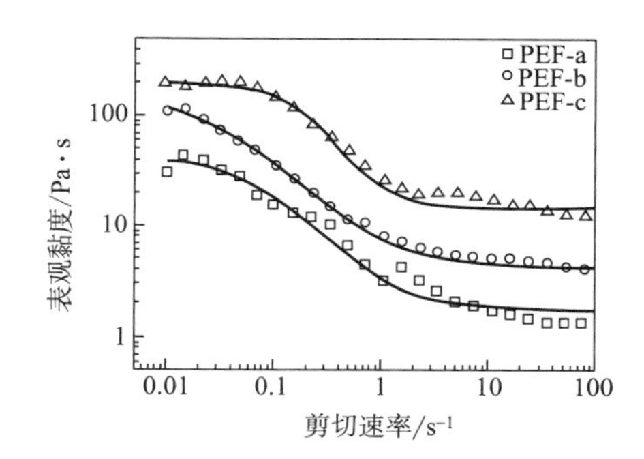

图4-8　250℃时PEF的表观黏度与剪切速率的关系曲线

PEF：聚-2，5-呋喃二甲酸乙二醇酯

PEF—a：[η] =0.49dL/g　PEF—b：[η] = 0.82dL/g　PEF—c：[η] = 1.08dL/g

Flory 等在研究聚合物相对分子质量和流体零切黏度的关系时发现：聚合物熔体及其浓溶液的零切黏度 η_0 在相对分子质量小于某一临界值时，零切黏度与重均相对分子质量（$\bar{M}_w$）成正比；当相对分子质量大于$\bar{M}_c$时，在一定温度下，熔体零切黏度正比于重均相对分子质量的高次幂，即：

$$\eta_0=\begin{cases}K\bar{M}_w & , \quad \bar{M}_w \leqslant \bar{M}_c \\ K\bar{M}_w^{3.4} & , \quad \bar{M}_w > \bar{M}_c\end{cases} \tag{4-7}$$

式中：K 为材料常数，与分子结构和温度相关；$\bar{M}_c$为称为临界相对分子质量。

显然，$\lg\eta_0$ 与 $\lg\bar{M}_w$呈直线关系，且在临界相对分子质量$\bar{M}_c$处有拐点，如图 4-9 所示。当$\bar{M}_w > \bar{M}_c$时，流体黏度随相对分子质量的 3.4 次方急剧地增大的原因是大分子链间发生缠结。

从图 4-9 还可见，对于聚合物溶液来说，$\bar{M}_c$的大小还与浓度有关。随着浓度的下降，$\bar{M}_c$相应的增大。文献报道，丙烯腈共聚物在 NaSCN 水溶液中也有类似的情况，当丙烯腈共聚物浓度为 45.4% 时，$\bar{M}_c$为 1.3×10^3；当浓度下降到 15% 时，$\bar{M}_c$增至 6.03×10^4。如果相对分子质量分布增宽，$\bar{M}_c$将有所降低。

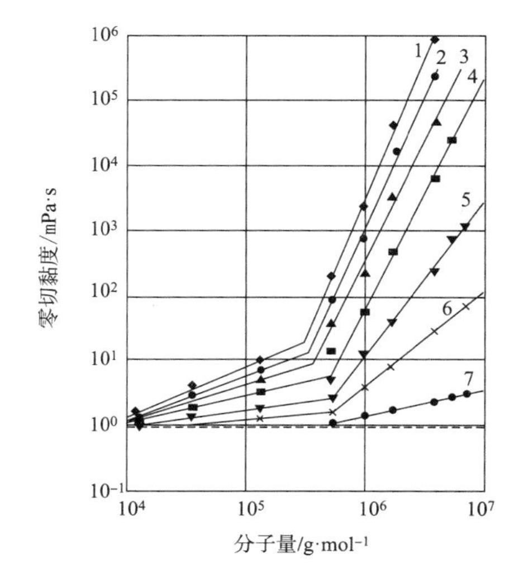

图4-9　25℃时，聚丙烯酰胺水溶液的零切黏度与相对分子质量的依赖关系溶液浓度

1—5%　2—4%　3—3%　4—2%　5—1%　6—0.5%　7—0.1%

当作用于流体的剪切应力或剪切速率增大时，体系的表观黏度随相对分子质量的变化比较复杂。主要有两种情况：一是体系的临界缠结分子质量$\bar{M}_c$与剪切应力无关，表现在 $\lg\eta_0$—$\lg\bar{M}_w$曲线[图 4-10（a）]上的特点是：高相对分子质量的聚合物流体，在不同剪切应力下

的 $\lg\eta_0$—$\lg\bar{M}_w$ 直线群延长后相交于一点，此点所对应的相对分子质量（即横坐标）即为 $\bar{M}_c$；在 $\bar{M}_c$ 以上 $\lg\eta_0$—$\lg\bar{M}_w$ 直线的斜率随 σ_{12} 的增大而减小，表现出 η_0 随 σ_{12} 的增大而减小的切力变稀现象。二是随剪切应力增大，直线的斜率不变等于 3.4，$\bar{M}_c$ 随剪切应力增大而增大，如图 4-10（b）所示。具体结果应通过实验求证。

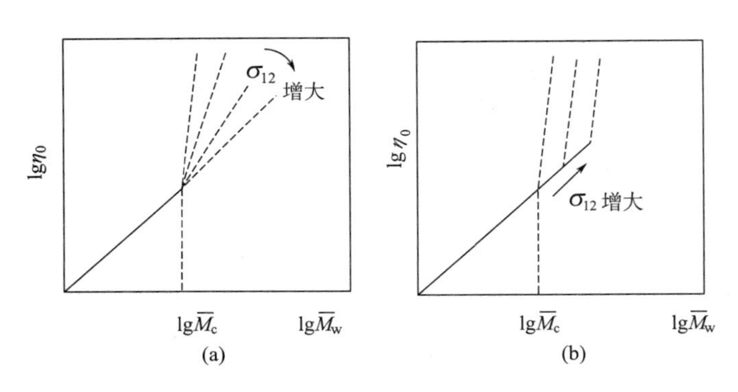

图4-10　零切黏度与相对分子质量关系图

有文献将聚合物流体的零切黏度对相对分子质量的依赖性用 $\eta_0=K\bar{M}^{\alpha}$，此 α 值与剪切速率也有一定的依赖性，如图 4-11 所示。

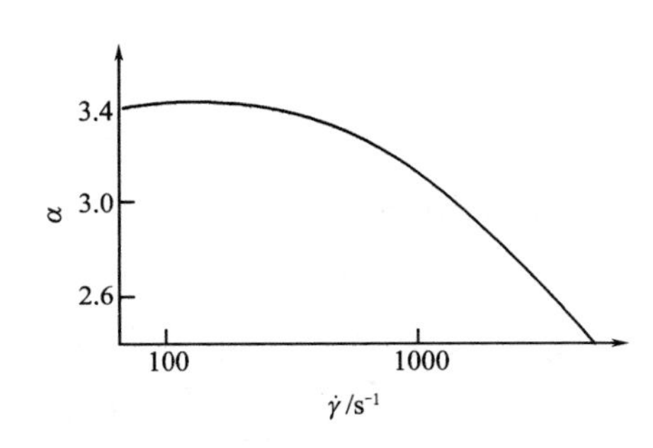

图4-11　聚己内酰胺熔体的α值与剪切速率的关系

应该指出，当 $\bar{M}_w > \bar{M}_c$ 时，聚合物表观黏度随着相对分子质量急剧增加的事实说明，采用过高相对分子质量的聚合物进行加工时，由于流动黏度过高，会使加工变得十分困难；为了降低黏度需要提高温度，但又受到聚合物热稳定性的限制，所以虽然提高聚合物相对分子质量能在一定程度上提高制品的物理机械性能，但不适宜的加工条件反而导致制品质量的降低，因此，实际生产过程中应根据制品的不同用途和加工方法选择适宜的聚合物相对分子质量。

工程上，常用加入低分子物质和降低聚合物相对分子质量的方法来减小聚合物流体的表观黏度，改善其加工性能。如超高分子量聚乙烯（UHMWPE）熔融状态的黏度高达 10^8Pa·s，流动性极差，其熔融指数几乎为 0，所以很难用一般的熔融加工方法进行加工。但在 UHMWPE 中加入有效的流动改善剂，能显著提高其流动性，使之能在普通注塑机上注塑成型甚至进行熔融纺丝。将嵌段型聚酯液晶（LCP）采用原位复合技术与 UHMWPE 共混，也可改善 UHMWPE 的流动性（表 4-2）。

表4-2　LCP/ UHMWPE共混物的熔融流动指数（MFI）

LCP/UHMWPE（质量比）	MFI/g·10min^{-1}
0/100	0
5/95	0.02

续表

LCP/UHMWPE（质量比）	MFI/$g \cdot 10min^{-1}$
10/90	0.02
20/80	8.07
30/70	24.74

相对分子质量除影响聚合物流体的零切黏度外，还显著影响开始出现非牛顿流动的临界剪切速率。对聚丙烯腈在不同溶剂中的浓溶液进行研究，可以得到$\dot{\gamma}_c$与$\bar{M}_w$之间的关系为：

$$\dot{\gamma}_c = 3.4 \times 10^{12}\ \bar{M}_w^{\ -1.75} \quad \text{（以 DMF 为溶剂）} \tag{4-8}$$

$$\dot{\gamma}_c = 5.93 \times 10^{9}\ \bar{M}_w^{\ -1.09} \quad \text{（以 NaSCN—}H_2O\text{ 为溶剂）} \tag{4-9}$$

由此可见，当相对分子质量增大时，$\dot{\gamma}_c$下降。由于$\dot{\gamma}_c$量纲为时间的倒数，因此有人建议用 $1/\dot{\gamma}_c$来度量流体的松弛过程。当相对分子质量增大时，该松弛过程变缓。

将黏度η对相对分子质量$\bar{M}_w$和温度T的依赖关系联系起来考虑可以用下列方程近似表示：

$$\lg\eta = 3.4\lg\bar{M}_w - \frac{17.44(T-T_g)}{51.6+T-T_g} - C \tag{4-10}$$

式中：C为与聚合物结构有关的常数；T_g为玻璃化转变温度。

3. **相对分子质量分布的影响** 相对分子质量相同，分子质量分布不同，流变特性不同，如图 4-12 所示。

聚合物相对分子质量分布加宽，流体的表观黏度迅速下降，流体的流动性及可加工性得以改善，因为低相对分子质量级分起到内增塑作用。分子质量分布宽的试样更容易产生非牛顿流动，其发生剪切变稀的临界剪切速率偏低，黏度对剪切速率的敏感性较大，即使在较低剪切速率或剪切应力下流动时，也比相对分子质量分布窄的聚合物更具有假塑性。

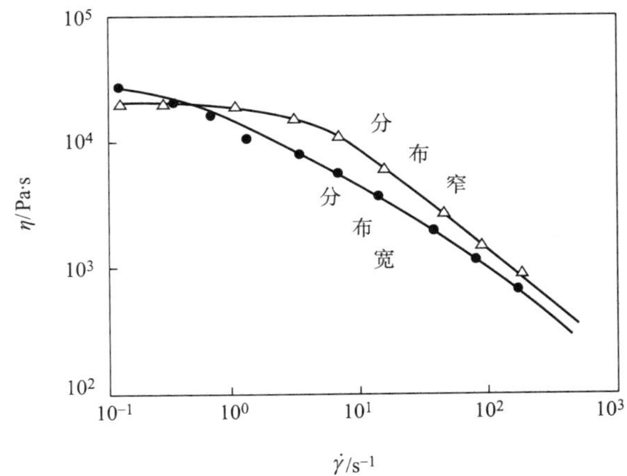

图4-12 相对分子质量分布对流动曲线的影响（相对分子质量相近时）

相对分子质量分布窄的聚合物在较宽的剪切速率范围内流动时，表现出更多的牛顿特性，其黏度对温度变化的敏感性一般要比相对分子质量分布宽的聚合物大。

聚合物的相对分子质量分布也影响其加工稳定性。如平均相对分子质量相近，多分散系数分别为 1.90 和 2.02 的两种聚酯，前者的熔体细流可以承受较大的喷丝头拉伸，可以在 6000m/min 以上的速度进行纺丝；而后者因为原料中含有较多的低分子质量物质，熔体细流强度较低，抗拉强度小，只能在 4000m/min 以下纺丝。

（二）聚合物溶液浓度的影响

聚合物溶液浓度增大，单位体积中大分子数量增多，分子缠结概率增大，流体黏度增大，图 4-13 显示了不同浓度的聚丙烯酰胺（PAM）溶液的黏度与剪切速率的关系，显示出浓度的提高大大增加了溶液的黏度。

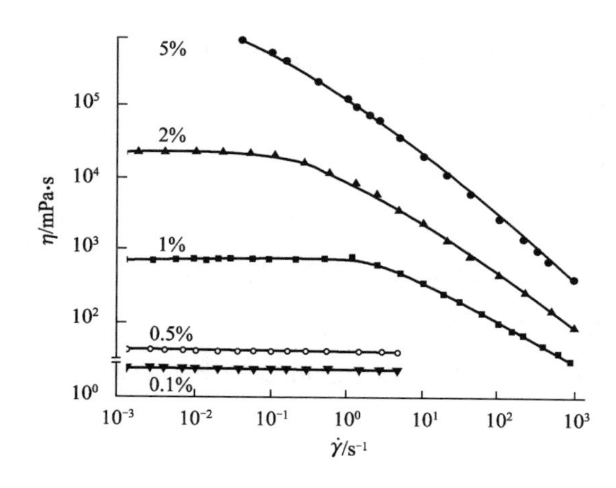

图4-13 不同浓度PAM的黏度与剪切速率的关系

（$M=5.3\times10^8$g/mol，$T=25$℃，$\bar{M}_w/\bar{M}_n=2.5$）

如果将聚合物溶液设想为一链段分布均匀的体系，则该体系单位体积内分子间相互接触点的分子总数应正比于浓度的平方（C^2）。由于单位体积大分子链的数目正比于 $C/\bar{M}$，因此对于每一个大分子而言，分子间相互接触点的总数应正比于 $C\bar{M}$。$C\bar{M}$ 称为链段接触参数。可以理解，凡是与大分子接触数目有关的某些性质，原则上都可以用 $C\bar{M}$ 作为参数来描述。曾有人用聚合物浓溶液的 $\lg\eta_0$ 对 $\lg C\bar{M}$ 作图，所得到的关系与熔体的 $\lg\eta_0$— $\lg\bar{M}_w$ 的关系十分相似。浓溶液的 $\lg\eta_0$— $\lg C\bar{M}$ 曲线一般也是由两段直线组成。如果令（$C\bar{M}$）$_c$ 为 $C\bar{M}$ 的临界值，则：

当 $C\bar{M}<(C\bar{M})_c$ 时，$\lg\eta_0$— $\lg C\bar{M}$ 直线斜率 =1；当 $C\bar{M}>(C\bar{M})_c$ 时，$\lg\eta_0$— $\lg C\bar{M}$ 直线斜率 =3.4。

而熔体 $\lg\eta_0$ 对 $\lg\bar{M}_w$ 的依赖关系可以看成浓溶液 $\lg\eta_0$ 对 $\lg C\bar{M}$ 依赖关系的一个特例，即将熔体的浓度 C 视为 100%。

前已述及，在 $\bar{M}_c$ 以上，聚合物流体的 η_0 一般与 $\bar{M}_w^{3.4}$ 成正比。如将 $C\bar{M}$ 视为一个参数，则浓溶液的 η_0 也应与 $C^{3.4}$ 成正比。但许多实验表明，η_0 的浓度依赖性较之 3.4 次方更高。例如聚乙烯醇水溶液的 η_0 可用下式表示：

$$\lg\eta_0=\lg\eta_s+5\lg C+3.4\lg\bar{M}_w-9.43 \tag{4-11}$$

式中：η_s 为纯溶剂的黏度；C 为每 100cm^3 溶液中聚合物的克数。

从上述可以看出，浓溶液的 η_0 与 C^5 成正比，因此有人建议 η_0 应以下式表示：

$$\eta_0=KC^{\beta}\bar{M}^{\alpha}=K(C\bar{M}^{\alpha/\beta})^{\beta} \tag{4-12}$$

式中：α 和 β 均为经验常数。α/β 值因不同的聚合物–溶剂体系而异，一般为 0.5 ～ 1。在某些情况下（例如聚乙烯醇水溶液）α/β 值取 0.68，β 值取 5。从式（4-12）得出：

$$\eta=K(C\bar{M}^{0.68})^5=KC^5\bar{M}^{3.4} \tag{4-13}$$

与 $\lg\eta_0$—$\lg\bar{M}_w$ 图相似，$\lg\eta_0$—$\lg C$ 图上也出现拐点（图 4-14）。拐点对应的浓度称为临界浓度 C_C。

聚合物浓度除影响零切黏度外，还影响流动曲线。从图 4-15 中可以看出，随溶液浓度的提高，流体非牛顿越强，临界剪切速率越小。

聚对苯二甲酰对苯二胺（PPTA）的硫酸溶液在一定浓度下可以形成溶致性液晶，其黏度与浓度的关系比较复杂。在一定温度下，PPTA 的黏度先随浓度的提高而急剧增大，当浓度等于极限浓度 C_1^* 时，聚合物黏度达到极大值；浓度大于 C_1^* 时，黏度随浓度的增加而急剧下降，黏度下降至一定程度后，黏度又重新随浓度的增加而上升，如图 4-16 所示。其他可以形成溶致性液晶的聚合物溶液都呈现相似的黏度变化趋势。

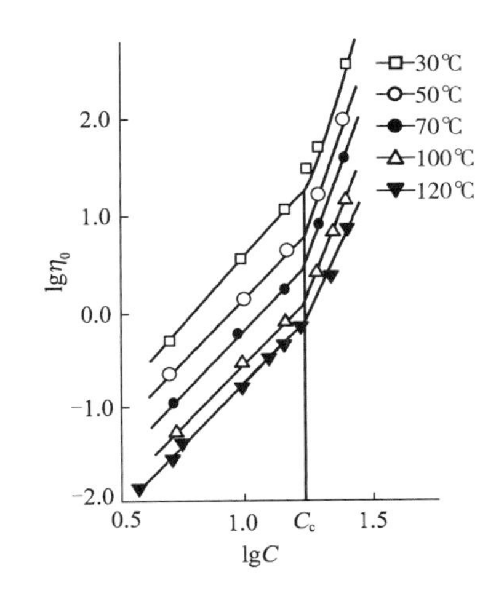

图4-14　不同温度下丙烯腈共聚物的 η_0 对浓度的依赖关系

刚性链溶液表观黏度随浓度改变的复杂行为可以解释如下：在浓度较低的范围内，刚性大分子链在溶液内的排列是随机的，溶液表现出各向同性，此时黏度对浓度的依赖性与一般的各向同性聚合物浓溶液相同，即黏度随浓度的增大而增大；当体系中形成交缠的网络结构时，黏度有极大值，相应的浓度为临界浓度 C_1^*；由于 PPTA 链刚性很大，大分子内链段间的相互作机会很少，而大分子间互作用机会则较多，所以当溶液浓度 $C > C_1^*$ 时，大分子由于分子间力而相互平行排列，显示出各向异性现象，并在流动中沿剪力方向取向，因此各向异性溶液的黏度较各向同性黏度低；随着溶液浓度的提高，各向异性相在整个非均相体系中的体积分数逐渐增加，故黏度随浓度的增高而继续下降；浓度进一步提高至 C_2^* 以上时，大分子链发生高度聚集，因而黏度在低谷值后，又逐渐增加。

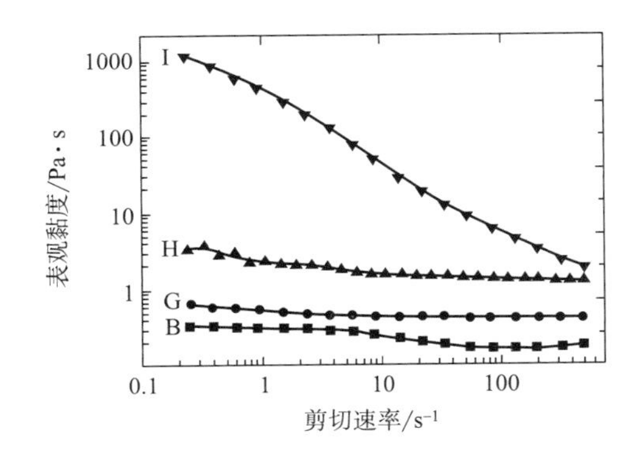

图4-15　聚丙烯腈/纤维素溶解在［EMIM］Ac 溶液在80℃的流动曲线

B—5%　G—10%　H—12%　I—15%

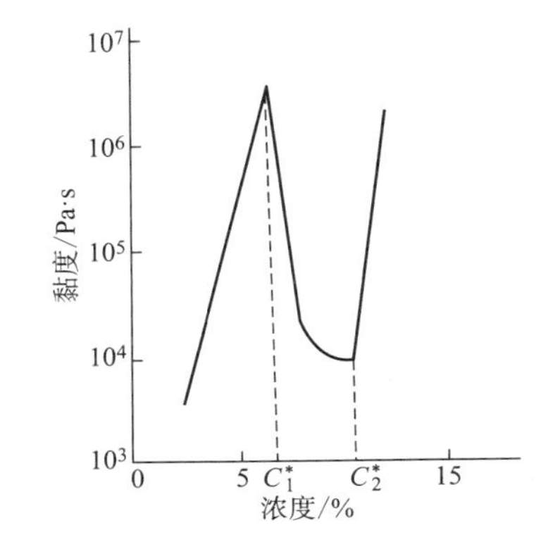

图4-16　聚对苯二甲酰对苯二胺—硫酸溶液的黏度与浓度的关系

利用溶致性液晶溶液的这一特性进行液晶纺丝，可以得到高强高模的液晶纤维。

（三）温度的影响

温度是分子无规热运动激烈程度的反映。温度上升，分子热运动加剧，分子间距增大，较多的能量使材料内部形成更多的“空穴”（自由体积），使链段更易于活动，分子间的相互作用减小，黏度下降。图 4-17 显示了常见聚合物流体的表观黏度对绝对温度的倒数的关系图，由图可知，温度上升，黏度下降。

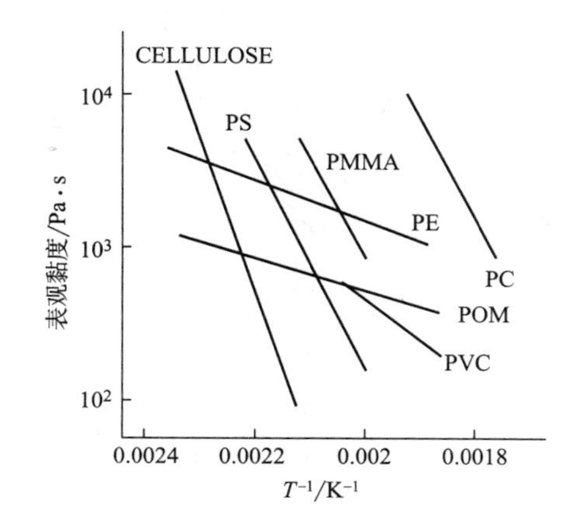

图4-17　常见聚合物流体的表观黏度与温度的关系

温度远高于玻璃化温度 T_g 时（$T > T_g$+100℃），聚合物熔体黏度与温度的依赖关系可用安德雷德（Andrade）方程［即阿伦尼乌斯（Arrhenius）方程］描述：

$$\eta_0(T) = A\exp\left(E_\eta/RT\right) \tag{4-14}$$

式中：$\eta_0(T)$ 为温度 T 时的零切黏度；A 为物性常数；E_η 为黏流活化能；R= 8.314 J/（mol·K）为普适气体常数；T 为绝对温度。

黏流活化能是流动过程中，流动单元（对聚合物流体而言即链段）用于克服位垒，由原位置跃迁到附近“空穴”所需的最小能量（单位：J/mol）。E_η 既反映聚合物流体流动的难易程度，更重要的是反映了材料黏度随温度变化的敏感性。由于聚合物流体的流动是分段进行，因此黏流活化能的大小与分子链结构有关，而与大分子相对分子质量关系不大。一般分子链刚性大，极性强，或含有较大侧基的聚合物，黏流活化能较高，如 PVC、PC、醋酸纤维素等；相反，柔性较好的线型分子链聚合物黏流活化能较低。

在不同温度下测量零切黏度 $\eta_0(T)$ 值，以 $\ln\eta_0$（T）$-1/T$ 作图（图 4-18）。从所得直线的斜率便可求出黏流活化能 E_η 的大小。

应该指出的是：

（1）零切黏度 $\eta_0(T)$ 一般不易从实验获得，工程上常用表观黏度 $\eta_a(T)$ 替代 $\eta_0(T)$。但必须注意的是所取的不同温度下 $\eta_a(T)$ 值必须是等剪切速率或等剪切应力下的表观黏度值，否则计算不成立。

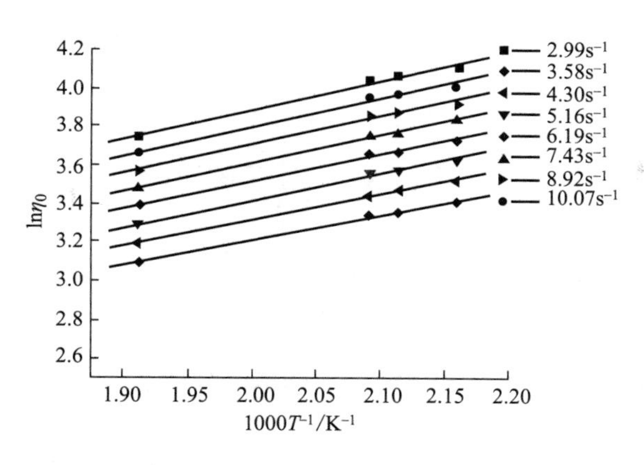

图4-18　不同剪切速率下LDPE表观黏度—温度曲线

（2）E_η 值的大小显著地受剪切应力或剪切速率的影响，如聚丙烯腈在 NaSCN—H_2O 中的浓溶液在零切条件下，E_η 为 32.2kJ/mol；在 $\dot{\gamma}$ =10^3s^{-1} 以上时，E_η 下降为 14.7kJ/mol。同样，聚乙烯熔体 $\dot{\gamma}$ 由零切增至 10^3s^{-1} 时，E_η 由 53.6kJ/mol 下降至 25.5kJ/mol。因此，测定黏流活化能 E_η 时，必须说明具体的实验条件，并定义恒定剪切速率下测定的黏流活化能为 $E_\eta^{(\dot{\gamma})}$，恒定剪切应力下测定的黏流活化能为 $E_\eta^{(\sigma_{12})}$。研究表明，$E_\eta^{(\dot{\gamma})}$ 对剪切速率 $\dot{\gamma}$ 的

相关性较大，一般$\dot{\gamma}$增大，$E_\eta^{(\dot{\gamma})}$减少（见表4-3）。而$E_\eta^{(\sigma_{12})}$与剪切应力σ_{12}的相关性较小，特别在低剪应力条件下，$E_\eta^{(\sigma_{12})}$几乎与σ_{12}无关。因此，采用恒定剪切速率下的黏流活化能$E_\eta^{(\dot{\gamma})}$可比性较好。

表4-3　LDPE的$E_\eta^{(\dot{\gamma})}$随$\dot{\gamma}$的变化（温度：108～230℃）

$\dot{\gamma}/s^{-1}$	E_η/kJ·mol^{-1}	$\dot{\gamma}/s^{-1}$	E_η/kJ·mol^{-1}	$\dot{\gamma}/s^{-1}$	E_η/kJ·mol^{-1}
0	53.6	10^0	43.1	10^2	30.1
10^{-1}	47.7	10^1	35.6	10^3	25.5

E_η本身也受温度的影响，升温使E_η值下降。在引用文献的E_η数据时，要注意测定时的温度范围。

对于浓溶液来说，同一聚合物由于所用的溶剂不同或聚合物浓度不同，黏流活化能亦将不同。当溶剂不同时，大分子链溶剂化程度、链的柔性以及运动链段的大小会发生变化，这将使E_η随之改变。例如聚丙烯腈在DMF溶液中，含水量的增加会使E_η增大；此外，如增大聚合物浓度，E_η也有所增大。当聚丙烯腈在NaSCN—H_2O中浓度从5%增大到25%时，E_η相应地从29.3kJ/mol增至36.8kJ/mol。

E_η表示使一个分子克服其周围分子对它的作用力而改换位置的能量，是黏度对温度敏感程度的一种度量。E_η越大则温度对黏度的影响越大。因此，当聚合物流体具有较大的E_η值时，要注意保持流体温度的恒定，以免黏度发生较大波动，从而不利成形稳定。从E_η的大小还可以了解用温度改变聚合物流体黏度的可能性。在一定的条件下，当E_η较大时，用升温来降低黏度是可行的；但是如果E_η很小，采用升温的办法则无效。例如，POM和PE、PP等非极性聚合物的E_η很小，仅凭提高温度来增加其流动性在实际生产中行不通，因为即使大幅度增加温度，其表观黏度的降低也有限；但大幅度升温很可能使聚合物降解而降低产品质量，同时加大能量与设备的损耗，恶化工况条件。对于这类流体，此时应根据具体情况采用其他影响黏度的因素来改变黏度。应该注意，聚合物流体在高剪切速率区域内E_η比零切区域的E_η小，在进行成型工艺的调整时，应取相应于加工条件下的E_η数据。

刚性聚合物溶液的黏度与温度的关系也比较复杂。在一定浓度下，刚性链聚合物的黏度先随温度的提高而降低，当温度等于极限温度T_1^*时，聚合物黏度达到最小值，当温度超过T_1^*时，黏度随温度的增加而急剧上升，温度达到T_2^*时，黏度达到最大值，之后随温度提高黏度开始下降。图4-19显示了聚对苯二甲酰对苯二胺/硫酸溶液的黏度和温度的关系就体现了此趋势。

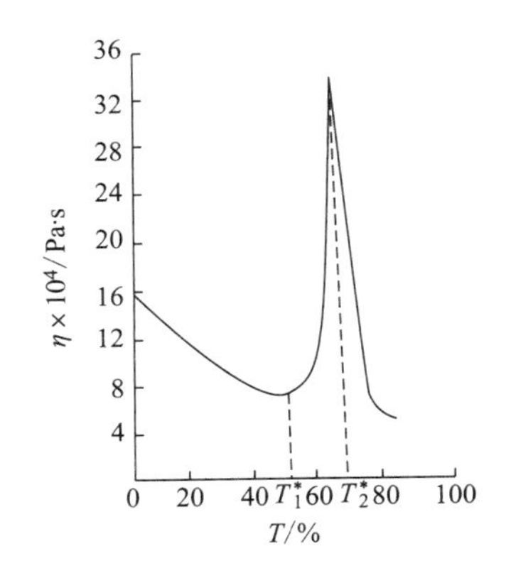

图4-19　聚对苯二甲酰聚对苯二胺/硫酸溶液的黏度与温度的关系

（四）溶剂的影响

溶剂性质对于聚合物浓溶液的黏性有很大影响。从表 4-4 可以看出，所用的溶剂本身黏度越大，同样浓度聚合物溶液的黏度也越大。与此同时，相对黏度 η_0/η_s 和溶液黏流活化能 E_η 也相应地增加，而黏度为 31.5Pa·s 时的聚合物浓度 $C_{31.5}$ 则相应地减少。

表4-4　聚丙烯腈在不同溶剂中浓溶液的黏流特性（溶液温度为40℃）

溶剂	溶剂黏度 η_s/Pa·s	10%PAN溶液的零切黏度η_0/Pa·s	相对黏度 η_0/η_s	10%PAN溶液的黏流活化能E_η/kJ·mol^{-1}	黏度为31.5Pa·s的浓度$C_{31.5}$/%
DMF	0.173	1.8	10	19.3	18.2
DMSO	0.176	6.5	37	26	14.9
碳酸乙烯酯	0.199	12.7	63	32	11.6
NaSCN—H_2O（51.5%）	0.370	24.5	66	36	10.6

显然，聚合物浓溶液的黏度不仅取决于溶剂本身的黏度，还与溶剂的溶解能力有关。由于所用溶剂不同，浓溶液将具有不同程度的结构化。有人建议用 η_0/η_s 来作为这种结构化程度的度量。

以上所说的是不同种类溶剂对原液结构化和黏流特性的影响。利用聚合物溶液加工化学纤维时，溶剂的种类一般是固定的，但是如果在聚合物溶液中混入了可溶性杂质或有意识的加入添加剂，这相当于改变了溶剂的性质，也会使聚合物溶液的黏度发生变化。

添加剂可以通过改变大分子的活性基团溶剂化程度和大分子间作用力，从而使溶液的黏度改变。例如在聚丙烯腈的 DMF 溶液中，加入某些无机盐，可以使分子间缔合程度有所下降（图 4-20）。

同样，如果聚合物溶液中混入某些可溶性杂质，黏度也会发生显著变化。如少量水混入聚丙烯腈浓溶液，会导致溶液黏度波动，如图 4-21 所示。

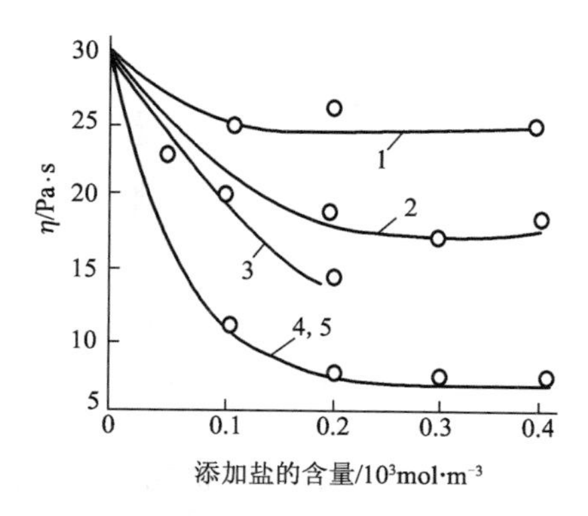

图4-20　以DMF为溶剂的聚丙烯腈溶液的黏度和添加盐浓度的关系

1—氯化锌　2—硫氰酸钠　3—氯化钾　4—氯化镁　5—氯化锂

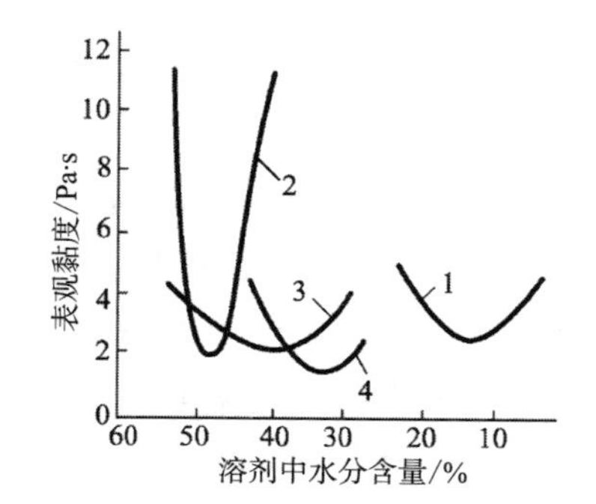

图4-21　聚丙烯腈浓溶液的黏度和溶剂中水分含量的关系

1—碳酸乙烯酯　2—硫氰酸钠　3—氯化锌　4—硝酸

溶剂溶解能力的下降对溶液黏度有着两个相反的影响：一是使大分子卷缩，导致黏度下降；二是使大分子间相互作用力增强，导致黏度增大，甚至生成弹性凝胶或发生相分离。这两个相反作用导致在图 4-21 上的表观黏度出现极小值。应该指出，无论是大分子链卷缩还是大分子链间作用力增大都会增加聚合物流体的不稳定性。

（五）混合的影响

为提高聚合物的性能、改善聚合物的加工性和降低成本，在聚合物加工成型中经常涉及聚合物与其他材料的混合。涉及的混合包括三类：聚合物与聚合物的混合、聚合物与固体粒子、聚合物与小分子增塑剂混合，混合之后会对聚合物的流动性产生一定影响。

1. **聚合物/聚合物共混物组成的影响**　由于两相聚合物在毛细孔中流动时，分散相的形变程度不同于连续相的形变程度，因此，在毛细孔中相界面上的剪切速率是随处变化的。然而，只要没有滑脱，相界面上的剪切应力是连续的，与分散相形变的程度无关。考虑到一点，描述共混物黏度和弹性与共混物组成的关系通常以剪切应力为参数。实验表明共混物流体为切力变稀流体，其黏度随剪切应力增加而减少，共混物黏度与温度的关系符合 Arrhenius 方程，共混物黏度与共混比的关系有几种情况（图 4-22）。尽管人们对产生这种现象的原因及其流动机理尚不完全清楚，但还是对其黏度与组成的关系进行了分析并作了一些定量描述，李（Lee）和怀特（White）提出的所谓“对数混合律”就是其中之一：

$$\lg\eta = f_1\lg\eta_1 + f_2\lg\eta_2 \tag{4-15}$$

式中：f_1，f_2 分别为组分 1 和组分 2 的体积分数或质量分数；η，η_1，η_2 分别为共混物、组分 1 和组分 2 的黏度。

事实上，能用简单方程描述的共混体系并不多见，因此聚合物共混物的黏度与组成的关系主要通过实际测定加以了解。总结共混物的黏度与组成的关系主要有三种形式：

（1）各种重量配比下共混物体系黏度均比按式（4-15）计算的黏度高，如图 4-22（1）所示。

（2）各种重量配比下共混物体系黏度均比按式（4-15）计算的黏度低，如图 4-22（2）所示。

（3）在某些配比下，共混物黏度低于按式（4-15）计算的黏度，在另一些配比下，共混物黏度高于按式（4-15）计算的黏度，如图 4-22（3）所示。

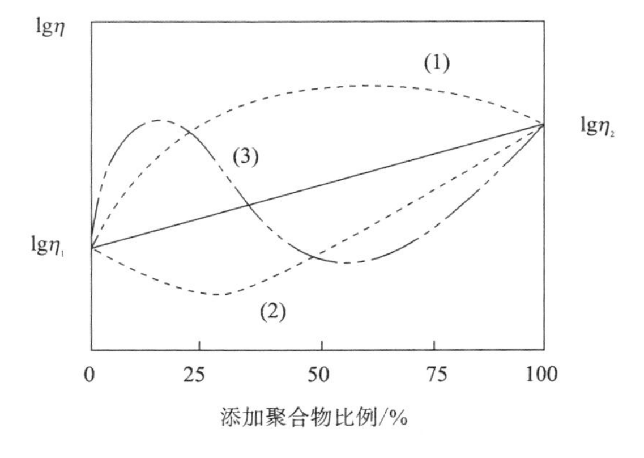

图4-22　共混物黏度随组成变化示意图

2. **粒子填充剂的影响**　少量固体物质的加入，一般会使聚合物的剪切黏度有所增大，增大的程度与流体中粒子填充剂体积分数及剪切速率有关。在低剪切速率下，黏度随填充剂增加而升高的程度要比高剪切速率大些，如图 4-23 和图 4-24 所示。

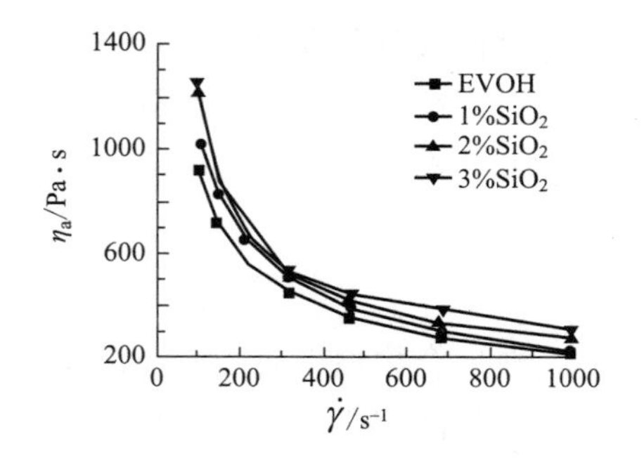

图4-23 不同SiO_2含量的乙烯—乙烯醇共聚物（EVOH）纳米复合材料的流动曲线

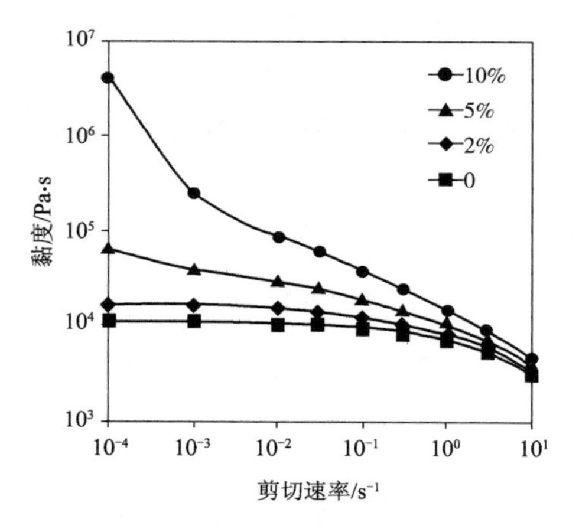

图4-24 不同碳纳米管含量的聚苯乙烯熔体流动曲线（200℃）

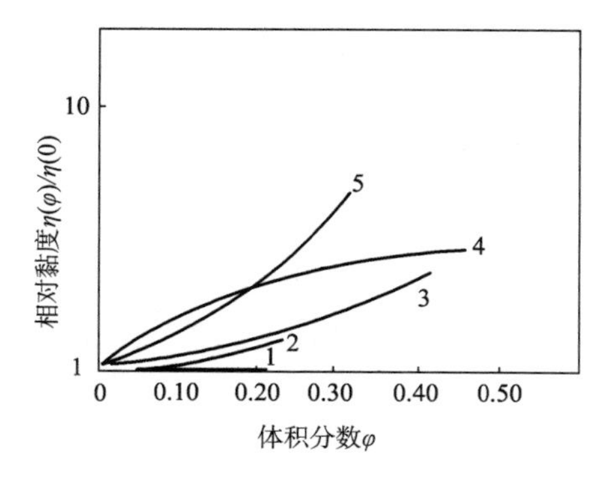

图4-25 各种加有填充剂的聚合物熔体体系的φ—$\frac{\eta(\varphi)}{\eta(0)}$的关系曲线

1—滑石粉/聚丙烯 2—TiO_2/高密度聚乙烯 3—TiO_2/聚丙烯 4—$CaCO_3$/聚丙烯 5—TiO_2/低密度聚乙烯

固体填充剂对聚合物流体黏度影响可用多种经验关系表示。

在填充粒子很少时，某一剪切速率下的相对黏度［填充体系黏度$\eta(\phi,\dot{\gamma})$与未填充体系黏度$\eta(0,\dot{\gamma})$之比］可以表示为粒子填充剂体积分数φ的幂级数。

$$\frac{\eta(\varphi,\dot{\gamma})}{\eta(0,\dot{\gamma})}=1+A(\dot{\gamma})\varphi+B(\dot{\gamma})\varphi^2+C(\dot{\gamma})\varphi^3+\cdots \quad (4\text{-}16)$$

式中：A、B和C都是$\dot{\gamma}$决定的常数，它们与悬浮体系流动特点有关。比如，A表示粒子对流动力学的扰动的影响，C表示粒子与近邻粒子间的相互作用等。

对于粒子浓度较大的填充体系，则宜采用Arrhenius型经验公式：

$$\lg\frac{\eta(\varphi)}{\eta(0)}=a\varphi \quad (4\text{-}17)$$

$$\lg\frac{\eta(\varphi)}{\eta(0)}=\frac{2.5\varphi}{1-c\varphi} \quad (4\text{-}18)$$

式中：a和c均为常数，对牛顿流体，a和c分别为4.58和1.0～1.5。图4-25是各种充填体系的φ—$\lg\frac{\eta(\varphi)}{\eta(0)}$的关系曲线。

3. **小分子增塑剂的影响** 增塑剂主要用于黏度大、熔点高、难加工的高黏度聚合物体系，以期降低熔体黏度，降低熔点，改善流动性。

一般认为，小分子增塑剂加入后，可增大分子链之间的间距，起到稀释作用和屏蔽大分子中极性基团，减少分子链间相互作用力。另外，低相对分子质量的软化—增塑剂掺在大分子链间，使发生缠结的临界相对分子质量提高，缠结点密度下降，体系的非牛顿性减弱。

关于增塑剂对体系黏度的影响，Kraus提出式（4-19）：

$$\eta=\eta_{[0]}C_p^{3.4} \quad (4\text{-}19)$$

式中：$\eta_{[0]}$为未加软化增塑剂的体系黏度；η为加入后体系的黏度；C_p为体系中高分子材料所占的体积

百分数。

也有人建议用下式描述软化增塑体系的黏度：

$$\eta = \eta_{[0]} \cdot e^{-KW} \tag{4-20}$$

式中：K 为软化—增塑效果系数；W 为软化—增塑剂的体积百分数。

由以上两式可见，在一定范围内，软化增塑剂用量越大，效能越强，体系黏度越小。

（六）流体静压的影响

由于聚合物流体的剪切黏度依赖分子间作用力，而作用力又与分子间距离有关，聚合物与小分子不同，其所占空间除自身占有的体积外，其分子之间、分子链之间还存在微小的空间（自由体积），当聚合物流体受压力作用时，自由体积被压缩，其分子间距离减小，分子间作用力增大，黏度增大。聚合物成型时特别是注塑成型时，聚合物通常受到 35 ～ 300MPa（注射成型）的外部压力，在此压力作用下，聚合物有明显的体积压缩，导致大分子之间的距离减小，链段活动范围减小，分子间的作用力增加，致使链间的移动则更为困难，表现为整体黏度增大。但是不同聚合物在同样的压力下，黏度的增大程度并不相同。由表 4-5 可见，聚苯乙烯（PS）对于压力的敏感程度最高，即增加压力时，黏度增加得很快。高密度聚乙烯与低密度聚乙烯相比，压力对黏度的影响较小，聚丙烯受压力的影响相当于中等程度的聚乙烯。

表4-5　聚合物在不同压力下的黏度比

聚合物	密度/$g \cdot cm^{-3}$	熔融指数/$g \cdot 10min^{-1}$	在压力172.3MPa和13.7MPa下黏度比
聚乙烯	0.96	5.0	4.1
聚乙烯	0.92	2.1	5.6
聚乙烯	0.92	0.3	9.7
聚乙烯	0.945	0.2	6.8
聚丙烯	0.907	—	7.3
聚苯乙烯	—	—	100

聚合物流体黏度与流体静压力的定量关系可以表示成式（4-21）。

$$\frac{\eta(P)}{\eta(P_0)} = e^{bP} \tag{4-21}$$

式中：$\eta(P)$为作为流体静压 P 下的熔体剪切黏度；$\eta(P_0)$为常压下的熔体的剪切黏度；b 为由聚合物决定的常数，对温度和剪切速率有依赖性。

聚乙烯的 b 值约为 3×10^5，对聚对苯二甲酸乙二酯的 b 值约为 5.1×10^5。

测定恒定压力下黏度随温度的变化和恒定温度下黏度随压力的变化，发现压力增加 ΔP

与温度下降 ΔT 对黏度的影响具有等效性。因此，压力和温度等效可以用（$\Delta T/\Delta P$）$_\eta$ 换算因子处理。用这个换算因子可以计算产生黏度变化的压力增量相当的温度下降。常见聚合物的（$\Delta T/\Delta P$）换算因子见表4-6。

表4-6 几种聚合物的（$\Delta T/\Delta P$）$_\eta$ 换算因子

单位：℃/MPa

聚合物	（$\Delta T/\Delta P$）$_\eta$	聚合物	（$\Delta T/\Delta P$）$_\eta$
聚酰胺66	0.32	聚丙烯	0.86
聚苯乙烯	0.4	高密度聚乙烯	0.42
聚氯乙烯	0.31	低密度聚乙烯	0.53
共聚甲醛	0.51	聚甲基丙烯酸甲酯	0.33

低密度聚乙烯在167℃黏度要在100MPa压力下维持不变，需升高多少温度。由换算因子0.53可算出。换言之，此熔体在220℃和100MPa时流动行为相同。

四、研究剪切黏性对聚合物加工的意义

研究聚合物流体的剪切黏性，对聚合物的成型加工具有十分重要的指导意义。

1. **判断聚合物流体质量是否正常** 流动曲线在较宽广的剪切速率范围内描述了聚合物的剪切黏性。这种剪切黏性是其内在结构的反映，当流体内聚合物的链结构、相对分子质量、相对分子质量分布以及链间的结构化程度发生变化时，流动曲线相应地发生变化，因此流动曲线可以作为衡量聚合物流体质量是否正常的依据，也可以作为判断聚合物质量波动程度的依据，它所提供的信息比零切黏度要丰富得多。如当聚合物相对分子质量分布相似时，流动曲线随平均相对分子质量的增大而上移（图4-26和图4-27）。此时 η_0 增大，相同 $\dot{\gamma}$ 下的 η_a 也增大，而开始呈现切力变稀临界剪切速率 $\dot{\gamma}_c$ 则向低值移动。

2. **提供特定流动条件下的表观黏度** 聚合物流体在不同加工方法中有不同的剪切速率，同一加工方法中流体在不同设备中的流动速度也有很大差异，见表4-7。在处理工艺及工程问题时，需要了解聚合物流体在特定的流动条件下的表观黏度，而流动曲线可以提供这方面的数据。

表4-7 各种加工方法中剪切速率

加工方法	剪切速率/s^{-1}	设备或部件名称	剪切速率/s^{-1}
模压	1～10	注射	10^3～10^5
开炼	50～500	涂覆	10^2～10^3
密炼	500～5000	PA6-VK管	10^{-3}～10^{-2}
挤出	10^1～10^3	PA6-分配管	10^{-2}～10^{-1}
压延	50～500	PA6-喷丝板孔道	10^2～10^4
纺丝	10^2～10^5	PA6-纺丝泵	10^4～10^5

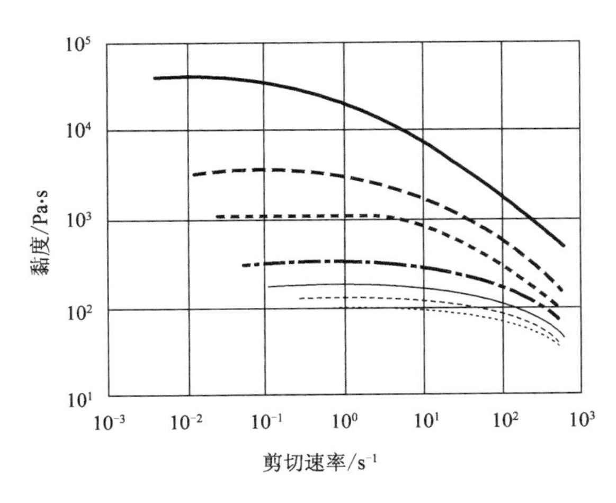

图4-26　相对分子质量对聚丙烯（230℃）流动曲线的影响

——M_0（M_w=766×10³）　— —M_1（M_w=453×10³）
- - -M_2（M_w=318×10³）　—-M_3（M_w=231×10³）
——M_4（M_w=181×10³）　- - -M_5（M_w=157×10³）
·······M_6（M_w=135×10³）

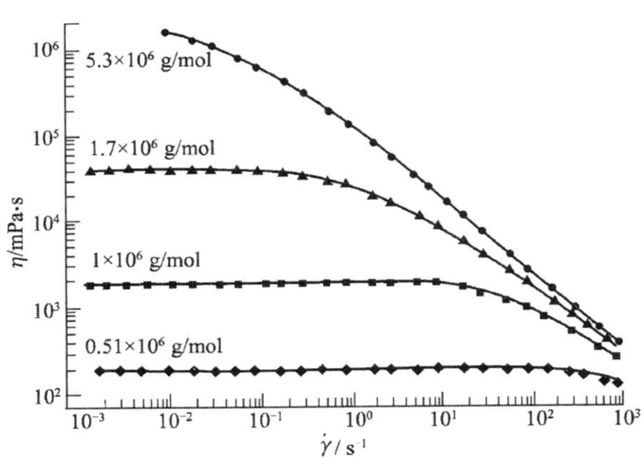

图4-27　相对分子质量对PAM—H_2O溶液流动曲线的影响

（M_w/M_n=2.5，T=25℃，浓度为5%）

3. ***可以根据流动曲线调整工艺参数***　升高温度使流动曲线下移，并使$\dot{\gamma}_c$增大。加工时可根据流动曲线选择最佳的加工成形条件。如某丙纶地毯厂使用了熔融指数相同的A、B两种聚丙烯原料（MI=15）。当纺丝温度为250℃时，A类纺丝正常，B类则有飘丝甚至“落雨”等现象，熔体黏度较低而不能正常生产。因为熔融指数通常是低剪切速率下（$\dot{\gamma}\approx 3\times 10\mathrm{s}^{-1}$）测定的，而熔体流经喷丝孔的剪切速率较高（$\dot{\gamma}\approx 3\times 10^3\ \mathrm{s}^{-1}$）。因此应先测定A、B两种聚合物的流动曲线，然后找出该$\dot{\gamma}$值对应的熔体黏度，见表4-8。

表4-8　两种PP熔体黏度与温度和剪切速率的关系

$\dot{\gamma}$/s⁻¹		3×10				3×10³			
温度/℃		230	240	250	260	230	240	250	260
黏度/Pa·s	A	478.6	426.5	380.1	346.7	42.7	38.9	37.1	33.9
	B	501.1	436.5	389.0	358.9	38.9	37.1	33.9	31.5

由表4-8可见，在低$\dot{\gamma}$时，B比A的黏度略高些，但在高$\dot{\gamma}$时，B却比A的黏度低。这是因为B的非牛顿性更强，其n值较小。$\dot{\gamma}$在3000 s⁻¹时，A在纺丝温度240℃和250℃时的黏度分别为38.7和37.1Pa·s，这恰恰等于B在230℃和240℃时的黏度，即B的最佳纺丝温度比A低10℃左右，这一结论与生产实际完全相符。由此可见，当已知某切片的最佳成形温度和剪切速率$\dot{\gamma}$时，即可用流动曲线查出熔体黏度，然后将已知$\dot{\gamma}$和查出的η_a用于另

一种聚合物的流动曲线上，即可找出另一种聚合物的最佳成形温度，这在生产上是非常有用的。

4. **可预示某些聚合物流体的可纺性** 对聚合物溶液体系，有人还建议用结构黏度指数 $\Delta\eta$ 表征黏度，并判断聚合物溶液的可纺性。它是将 $\lg\eta_a$ 对 $\dot{\gamma}^{1/2}$ 作图（图 4-28），并定义结构黏度指数如下：

$$\Delta\eta \equiv -\left(\frac{\mathrm{d}\lg\eta_a}{\mathrm{d}\dot{\gamma}^{1/2}}\right)\times 10^2 \tag{4-22}$$

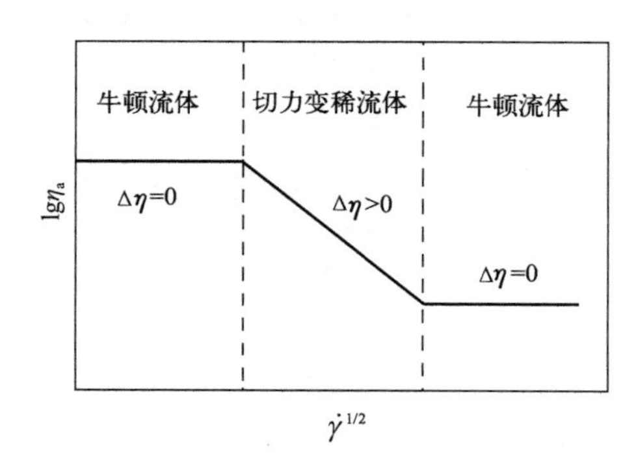

图4-28 切力变稀流体的 $\lg\eta_a$—$\dot{\gamma}^{1/2}$ 曲线

$\Delta\eta$ 可用以表征聚合物浓溶液结构化的程度。在牛顿区，结构黏度指数 $\Delta\eta=0$；非牛顿区，切力变稀流体的 $\Delta\eta>0$；切力增稠流体的 $\Delta\eta<0$。

$\Delta\eta$ 值越大，表明聚合物流体的结构化程度越大。有人研究发现黏胶原液的可纺性与 $\Delta\eta$ 值大小有关。如以原液细流的最大拉丝长度 L_{max} 作为可纺性的指标（详见第五章第一节），则 L_{max} 随 $\Delta\eta$ 的增加而下降，而且从不同聚合度的纤维素黄酸酯所得到的数据，基本落在同一条曲线上（图 4-29）。如以黏胶成品纤维的强伸度乘积 $\sigma_{11}^* \cdot \dot{\varepsilon}^*$ 表征其纤维品质，则 $\sigma_{11}^* \cdot \dot{\varepsilon}^* \propto \dfrac{1}{\Delta\eta}$。这说明黏胶原液结构化程度越小，其可纺性越好，成品纤维的质量也越好。

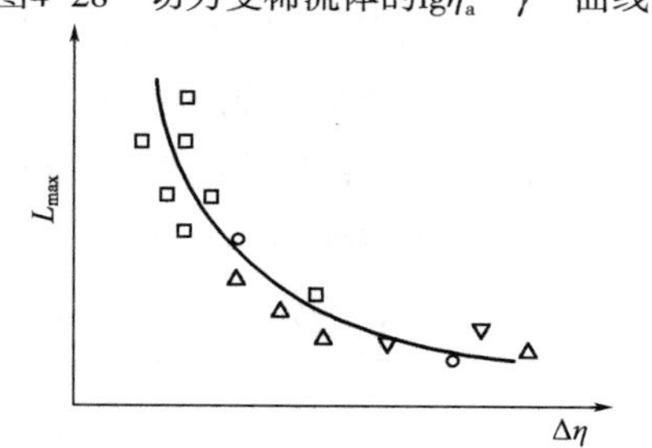

图4-29 黏胶纺丝流体的 L_{max} 与 $\Delta\eta$ 的关系
□—DP=240 ○—DP=320
△—DP=400 ▽—DP=520

5. **可以根据流变曲线确定加工工艺条件** 有人发现超高相对分子质量聚丙烯腈溶液的结构黏度指数与温度有关，如图 4-30 所示。可见在 100℃左右 $\Delta\eta$ 趋于最小值，且 $\Delta\eta$ 基本保持恒定，可以预计在此温度下纺丝，流体可纺性很好。

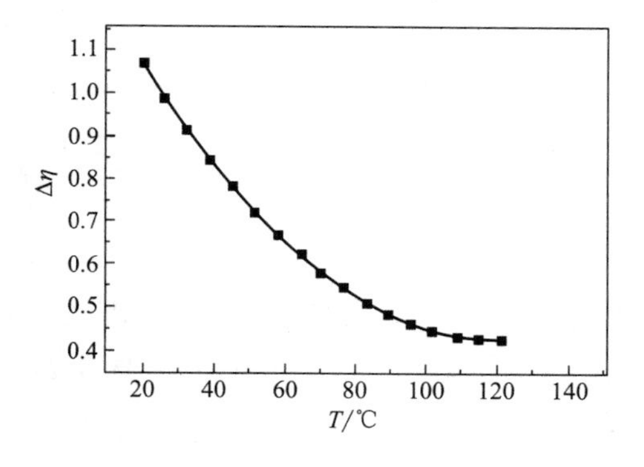

图4-30 超高相对分子质量聚丙烯腈溶液的结构黏度指数 $\Delta\eta$ 与温度的关系

码4-2 案例分析：如何用流变数据指导纺丝加工

第二节　聚合物流体的拉伸黏性

一、拉伸黏性的表征

聚合物流体的拉伸流动（elongational flow）是聚合物加工中的另一种流体流动方式，如在纤维成形加工中熔体或溶液细流的拉伸、熔膜从平直口模挤出后的单轴拉伸、管状膜变成“泡”膜的双轴拉伸、在吹塑成型加工中型坯形成封闭中空制品的多轴拉伸及收缩流道中的流动等。常见的拉伸流动包括：

（1）简单拉伸流动：这种拉伸流动是由在长度方向上均匀拉伸矩形棒引起的，圆形截面细丝的拉伸可用这样的流动处理。

（2）平面拉伸流动：这种流动是由在一个方向上均匀拉伸薄膜造成的，使薄膜厚度减小，但薄膜其他尺寸不变。

（3）双轴拉伸流动：这种流动是由等比例拉伸薄膜引起的，使厚度减小。

拉伸黏度（extensional viscosity，stretch viscosity）用来表示流体对拉伸流动的阻力。在稳态简单拉伸流动中拉伸黏度 η_e 可表示为：

$$\eta_e = \frac{\sigma_{11}}{\dot{\varepsilon}} \tag{4-23}$$

式中：σ_{11} 为聚合物横截面上的拉伸应力或法向应力（Pa）；$\dot{\varepsilon}$ 为拉伸应变速率（s^{-1}）。$\dot{\varepsilon}$ 可用下式表示：

$$\dot{\varepsilon} = \frac{d\varepsilon}{dt} = \frac{dl}{L dt} \tag{4-24}$$

式中：l 为聚合物轴向长度（m）。

在低拉伸应变速率下，聚合物流体为牛顿流体，其拉伸黏度不随 $\dot{\varepsilon}$ 而变化，此时的黏度又称特鲁顿 Trouton 黏度 η_T。特鲁顿 Trouton 黏度与零切黏度 η_0 的关系与拉伸方式有关：

$$\begin{cases} \eta_T = 3\eta_0 & \text{（对单轴拉伸）} \\ \eta_T = 6\eta_0 & \text{（对双轴拉伸）} \end{cases} \tag{4-25}$$

对幂律流体，拉伸黏性可通过 Cogswell 提出的理论利用剪切黏性求得。Cogswell 基于对入口效应的认识，认为像熔体流入毛细管那样在入口处存在流线收敛现象的流动，一般在流线收敛处有拉伸流动，并假设入口压力降由剪切和拉伸两部分组成，流线的形状应满足压力降最小的原则，从而提出了利用入口区压力差 ΔP_0 计算熔体拉伸黏度的方法。由此，可以利用毛细管流变仪中入口效应产生的拉伸流动间接测定熔体稳态单轴拉伸黏度，即表观拉伸黏度。其相关计算公式分别为：

$$\sigma_{11} = \frac{3}{8} \times (n+1) \Delta P_0 \tag{4-26}$$

$$\dot{\varepsilon}=4\eta_{\mathrm{a}}\times\frac{\dot{\gamma}^{2}}{3(n+1)\Delta P_{0}} \tag{4-27}$$

$$\eta_{\mathrm{e}}=9\times(n+1)^{2}\times\frac{\Delta P_{0}^{2}}{32\eta_{\mathrm{a}}\cdot\dot{\gamma}^{2}} \tag{4-28}$$

式中：η_a 为表观黏度（Pa·s）；$\dot{\varepsilon}$ 为拉伸应变速率（s^{-1}）；$\dot{\gamma}$ 为剪切速率（s^{-1}）；η_e 为拉伸黏度（Pa·s）；n 为非牛顿指数；ΔP_0 为压力差（Pa）；σ_{11} 拉伸应力（Pa）。

二、影响聚合物流体拉伸黏度的因素

（一）拉伸应变速率的影响

对于黏弹性的非牛顿体，拉伸黏度与零切黏度的关系比 Trouton 黏度复杂得多。聚合物熔体的拉伸黏度往往是其剪切黏度的 $10^2\sim10^3$ 倍，而且拉伸黏度不等于常数值，拉伸黏度随拉伸应力的变化，比其剪切黏度随剪切应力的变化显示出复杂得多的性质。聚合物流体的拉伸黏度随拉伸应力（应变速率）的变化规律有多种类型（图 4-31）。

（1）有些聚合物流体的拉伸黏度几乎与拉伸应力（应变速率）的变化无关，近似为常数值。如低聚合度的聚甲基丙烯酸甲酯、线型低密度聚乙烯（LLDPE）、尼龙 66、ABS、聚甲醛等。

（2）有些聚合物流体的拉伸黏度，随着应力（应变速率）增大而增大。如低密度聚乙烯、聚异丁烯、聚苯乙烯等支化高聚物等，此类高聚物中有局部弱点存在，在拉伸过程中，会逐渐趋于均匀化而消失，又存在应变硬化。

（3）聚合物流体的拉伸黏度随着拉伸应力（应变速率）增大而减小。如具有较高聚合度的线型聚丙烯（PP）、高密度聚乙烯等（HDPE）等，其会因局部弱点在拉伸时会导致熔体的破裂。

（4）聚合物流体的拉伸黏度随着拉伸应力（应变速率）先增大再减小（图 4-32）。目前尚无一种恰当的理论，能够预言拉伸黏度如此复杂的变化规律。

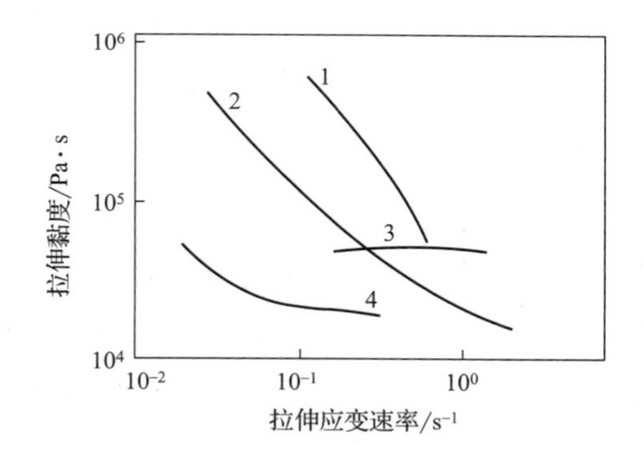

图4-31　不同聚合物的拉伸黏度与拉伸应变速率的关系

1—HDPE（220℃）　2—PP（180℃）

3—LLDPE（200℃）　4—PS（220℃）

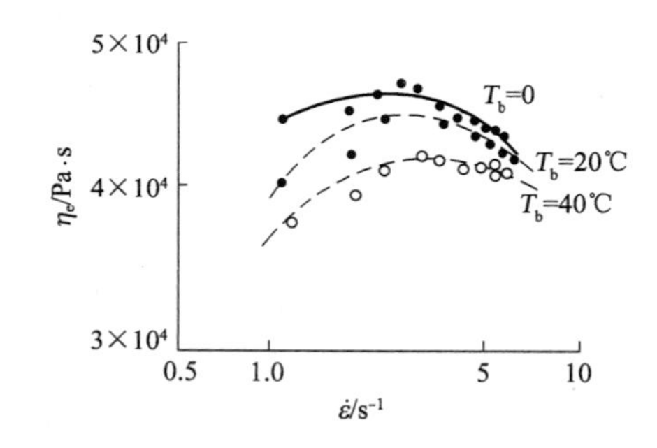

图4-32　聚丙烯腈—硫氰酸钠溶液的 η_e 与 $\dot{\varepsilon}$ 的关系

（凝固浴浓度 C_b=10%；喷丝板直径 D_0=0.13mm）

通常认为拉伸黏度随拉伸应变速率的增加而增加的原因是大分子链的取向。伸直、平行排列的分子较无序排列的分子具有更强的抗拉伸性；拉伸黏度随拉伸应变速率的增大而减小的原因是其分子链缠结浓度的降低。

在高速纺的情况下，聚合物流体并非只是纯黏性的牛顿体，而是兼有弹性的黏弹性体，有人采用麦克斯韦（Maxwell）黏弹模型推导拉伸黏度的表达式如下：

$$\eta_e \frac{dV}{dx} = \sigma + \eta_e \frac{Vd\sigma}{Edx} \tag{4-29}$$

式中：E 为弹性模量（Pa）。

（二）温度的影响

聚合物流体的拉伸黏度随温度的提高而降低，如图 4-33 所示。拉伸黏度与温度的定量关系可用阿伦尼乌斯（Arrhenius）方程表示：

$$\eta_e(T) = A\exp\left(E_{\eta_e}/RT\right) \tag{4-30}$$

式中：$\eta_e(T)$ 为温度 T 时的拉伸黏度（Pa·s）；R= 8.314 J/（mol·K）为普适气体常数；T 为绝对温度；A 为物性常数，PET 的 A=0.073，PA6 的 A=0.034，PP 的 A=0.004；E_{η_e} 为拉伸活化能，对于 PET：5300×R，PA6：3250×R，PP：3500×R。

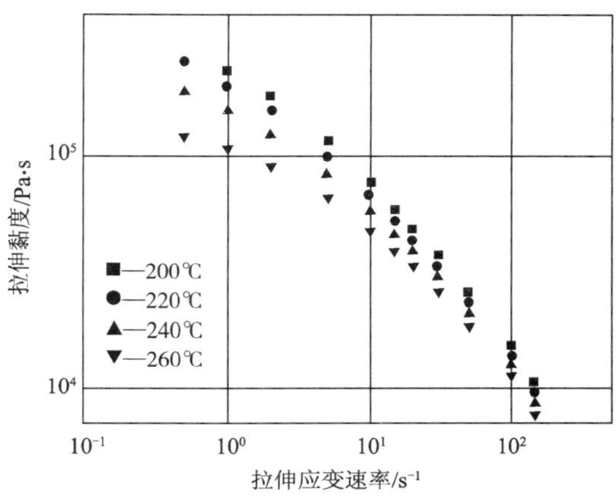

图4-33 不同温度下聚丙烯熔体的拉伸黏度与拉伸应变速率的关系（MI=35）

研究还发现，拉伸黏流活化能E_{η_e}与纺丝细流的喷丝头拉伸比有关，喷丝头拉伸比越大，E_{η_e}越小。如以硫氰酸钠法纺制腈纶时，当喷丝头拉伸比从 0.201 增大至 0.657 时，E_{η_e}相应地从 118kJ/mol 下降至 31.7kJ/mol。

考虑到聚合物成型时温度变化范围较宽，黏流活化能不再为常数，所以有人建议用 WLF 方程来估计拉伸黏度随温度的变化。此时该方程的形式为：

$$\lg \frac{(\eta_e)_T}{(\eta_e)_{T_0}} = \frac{9\times10^2(T_0 - T)}{(51.6 + T_0 - T_g)(51.6 + T - T_g)} \tag{4-31}$$

式中：$(\eta_e)_{T_0}$ 和 $(\eta_e)_T$ 分别是挤出温度 T_0 和 T 时的拉伸黏度；T_g 为聚合物的玻璃化温度。

（三）相对分子质量及其分布的影响

图 4-34 和图 4-35 分别为不同相对分子质量尼龙 66 和 Lyocell 溶液的拉伸黏度与拉伸应变速率的关系。由此可见，聚合物的相对分子质量越大，拉伸黏度越大。拉伸黏度不仅与聚合物的相对分子质量有关，还与其相对分子质量分布有关。研究表明，茂金属催化聚乙烯具有较低的相对分子质量分布指数和较高的拉伸黏度，齐格勒–纳塔（Ziegler–Natta）催化聚乙烯具有较高的相对分子质量分布指数和较低的拉伸黏度，这可能是齐格勒–纳塔（Ziegler–Natta）催化的聚乙烯中低相对分子质量组分对分子运动有润滑作用。

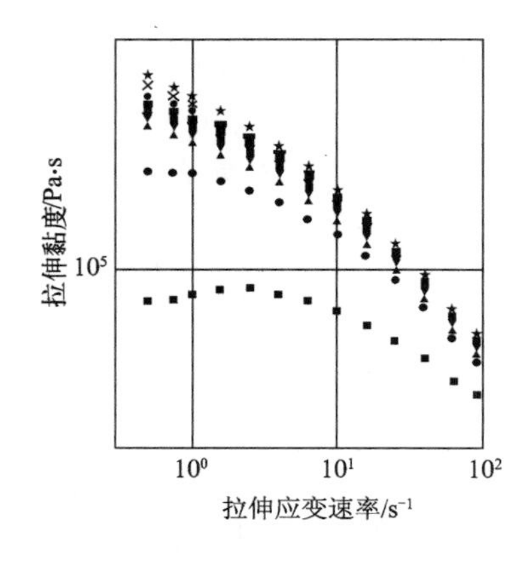

图4-34　不同相对分子质量尼龙66熔体的拉伸黏度与拉伸应变速率的关系

相对黏度：■—42.4　●—72.1　▲—85.4　▼—100.4　◆—116.4　◀—133.6　▶—142.3　○—169.0　★—177.7

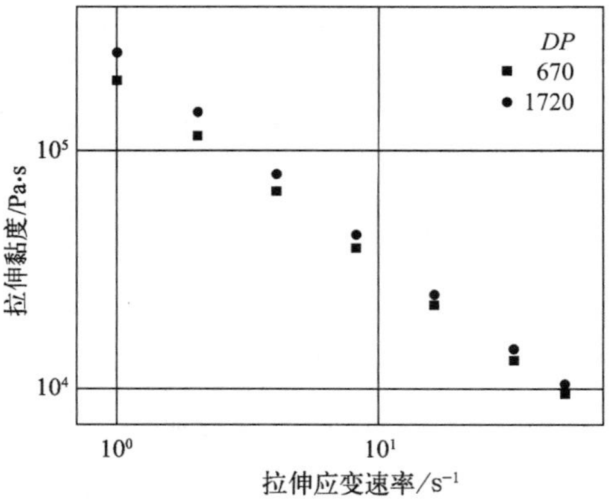

图4-35　90℃时不同相对分子质量Lyocell溶液的拉伸黏度与拉伸应变速率的关系（*DP*为聚合度）

（四）混合的影响

聚合物共混物的拉伸黏度与拉伸应变速率的关系比较复杂，不同共混体系的拉伸黏度可能介于参与混合的两种聚合物的纯组分之间，也可能低于两种纯组分，具体情况取决于两组分在不同比例下的分散状态。

有固体粒子填充聚合物时，流体的拉伸黏度也随之变化。由于固体粒子在拉伸条件下不形变，所以体系中固体粒子含量越大，其对流体的流动阻力越大，流体的拉伸黏度越大，如图 4-36 所示。

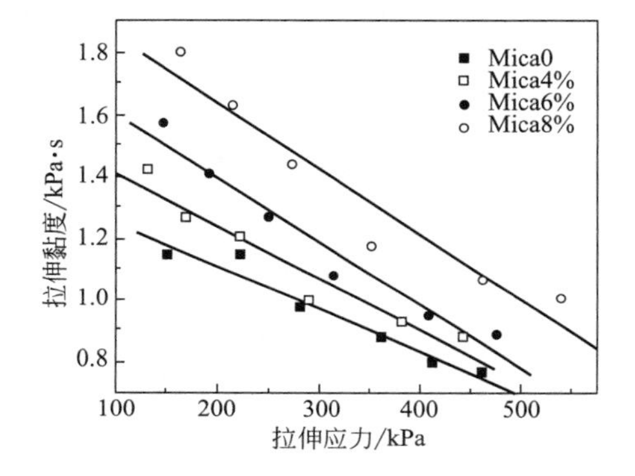

图4-36　云母填充PP的拉伸黏度与拉伸应力的关系

三、研究拉伸黏性对聚合物加工的意义

研究聚合物流体的拉伸黏性，对聚合物加工具有重要的指导意义。

1. **拉伸黏度可用来判断聚合物流体是否具有良好的可加工性**　研究表明，拉伸黏度越小，则纺丝时允许的最大喷丝头拉伸比越大，聚合物流体的可纺性越好。有了这种量度，将有助于寻找新的成纤聚合物，探索对已有成纤聚合物的改性途径，对纺丝流体相对分子质量及其分布提出要求以及选择正确的成型工艺等。例如，可以推测，纺细旦丝时选择相对分子质量较低、相对分子质量分布较窄的聚合物为原料，加工中采用缓和的冷却吹风条件，有助于保证纺丝成型的稳定性。

2. **掌握拉伸黏度与拉伸应变速率的变化规律可控制成型的稳定性**　有研究发现，聚合物的拉伸黏度与拉伸应变速率的关系与纺丝成型的稳定性有关。当拉伸黏度随拉伸应变速率的增大而增大时，纺丝细流内如有局部缺陷存在，在成型的拉伸过程中，形变将趋于均匀化，有助于提高纺丝成型的稳定性（拉伸硬化）；当拉伸黏度随拉伸应变速率而减小时，局部缺

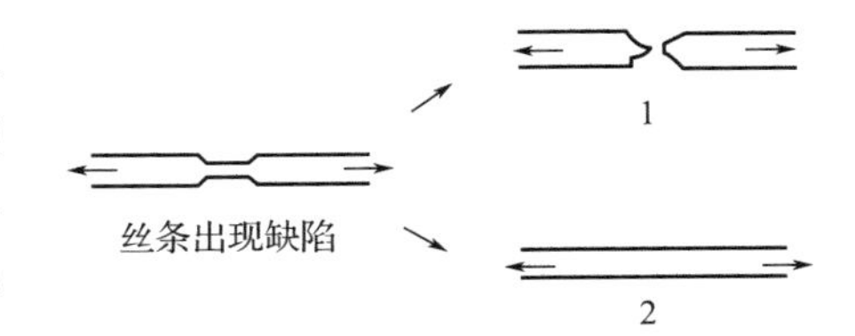

图4-37　拉伸应变速率的关系与纺丝成型的稳定性的关系
1—拉伸软化　2—拉伸硬化

陷的存在将导致细流的断裂，不利于纺丝成型稳定（拉伸软化）（图 4-37）。因此，掌握拉伸黏度与拉伸应变速率的变化规律，对于选择正确的成型工艺有重要的指导意义。例如，在 PTT 熔体的单轴拉伸流动中，随着熔体拉伸比的增大，拉伸黏度降低，熔体的“变稀”对熔体中存在的细小疵点和薄弱环节以及外界干扰十分敏感，纺丝细流中局部部位易产生直径细化，造成上部熔体的滞留。积聚的熔体向上产生作用力，产生新的干扰因素，致使纺丝线上出现周期性的直径和应力波动，从而影响纺丝的稳定性，甚至造成熔体完全破裂（拉伸共振现象）。通过对拉伸黏度与拉伸应力关系的分析，可以了解 PTT 熔体是一种不稳定的纺丝流体，对于这类流体，纺丝挤出成型时应该严格控制熔体拉伸比。为了提高卷绕速率，可以适当提高纺丝挤出速率，以此降低熔体拉伸比和防止拉伸共振现象。

第三节　聚合物流体的弹性

前面已经讨论了聚合物流体的非牛顿剪切黏性和拉伸黏性。然而在实践中人们认识到，聚合物流体在流动中除表现出黏性之外还表现出弹性效应，因此人们将其定义为黏弹性流体，也称为黏弹体。聚合物流体弹性对其加工和最终制品的外观和性能都有重要的影响。

一、聚合物流体的弹性表现

聚合物流体在加工流动中所经历的是较大的黏弹形变，在此形变下，其应力状态比小形变更复杂，除了剪切应力分量外，还需附加非各向同性的法向应力分量，使黏弹流体在剪切流动中表现出法向应力差。它导致了一系列从经典流体力学观点来看属于反常的流动现象，即下面所述的种种弹性表现。

1. **液流的弹性回缩**　把聚合物流体从容器中倾出，使之成为液流，突然切断后，液流会发生弹性回缩，如图 4-38 所示。

2. **聚合物流体的蠕变松弛**　在同轴旋转圆筒黏度计中，对流体施以形变，维持一段时间后再令其松弛，曲线上的可回复部分即为弹性形变（图 4-39），也称可回复形变量 S_R，用来表征聚合物流体存储弹性能的大小。

3. **孔口胀大效应与剩余压力效应**　孔口胀大效应［也称挤出胀大效应或巴拉斯（Barus）效应］是指聚合物流体被强迫挤出口模时，挤出物尺寸大于口模尺寸，截面形状也发生变化的现象。

对圆形口模，挤出胀大比 B 定义为：

$$B=\frac{D_i}{D} \tag{4-32}$$

式中：D 为口模直径；D_i 为完全松弛的挤出物直径。

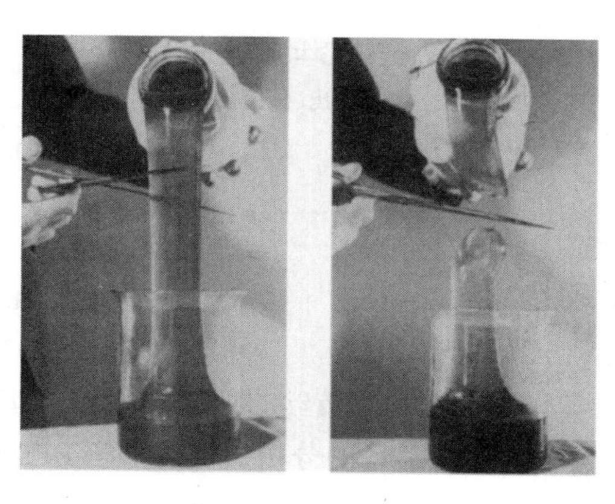

图4-38　聚合物流体的弹性回缩现象

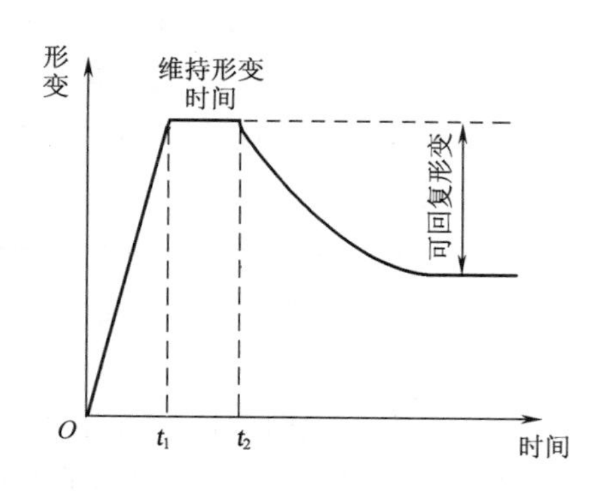

图4-39　同轴旋转圆筒黏度计中的可回复形变与流动示意图

出现这种效应的主要原因是弹性流入效应，即聚合物流体在流道中流动时，由于受到剪切应力作用，聚合物分子链沿流动方向伸展、取向，除产生不可逆的永久形变外，还不可避免地要产生高弹变形；由于流道不长，伸展的聚合物分子链来不及完全回复，而在挤出口模后，继续弹性回复，导致流体的出口膨胀，如图 4-40 所示。

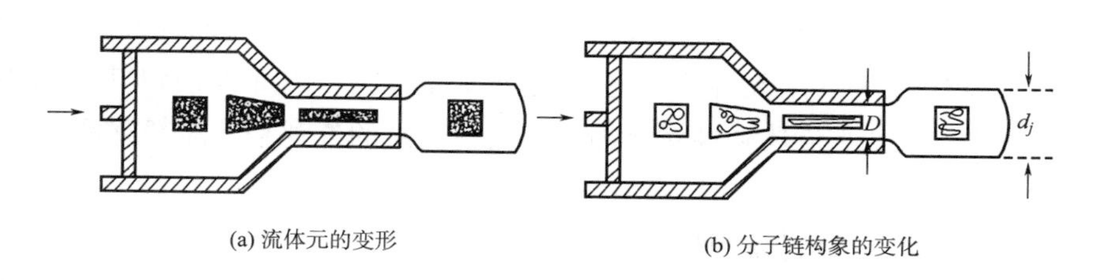

(a) 流体元的变形　　(b) 分子链构象的变化

图4-40　挤出胀大效应与说明

聚合物流体沿孔道流动时，测定沿流向各点的压力，用外推法可求出出口处的压力不为零，即聚合物流体流至口模出口时还具有内压，即剩余压降 ΔP_{exit}，这是聚合物弹性的表现，正是压力不等于零，导致聚合物流体产生挤出胀大。

4. **“爬杆”效应［威森伯格（Weissenberg）效应］** 与牛顿流体不同，盛在容器中的聚合物流体，当插入其中的圆棒旋转时，没有因惯性作用而甩向容器壁附近，在搅拌轴周围为凹面，反而环绕在旋转棒附近，出现沿棒向上爬的“爬杆”现象（图 4-41）。这种现象称威森伯格（Weissenberg）效应，又称“包轴”现象。

5. **无管虹吸效应** 对牛顿流体，当虹吸管提高到离开液面时，虹吸现象立即终止。对聚合物流体，当虹吸管升离液面后，杯中液体仍能源源不断地从虹吸管流出，如图 4-42（a）和（b）所示，这种现象称无管虹吸效应，也称开口虹吸现象。还有侧管虹吸现象，即将聚合物流体侧向倾倒流出，若使烧杯的位置部分恢复，以致杯中流体液位低于烧杯边缘，但流体仍然沿杯爬行，并流出烧杯，如图 4-42（c）所示。这些现象均与聚合物流体的弹性行为有关。聚合物流体的这种弹性使之容易产生拉伸流动，拉伸液流的自由表面相当稳定，因而具有良好的纺丝和成膜能力。

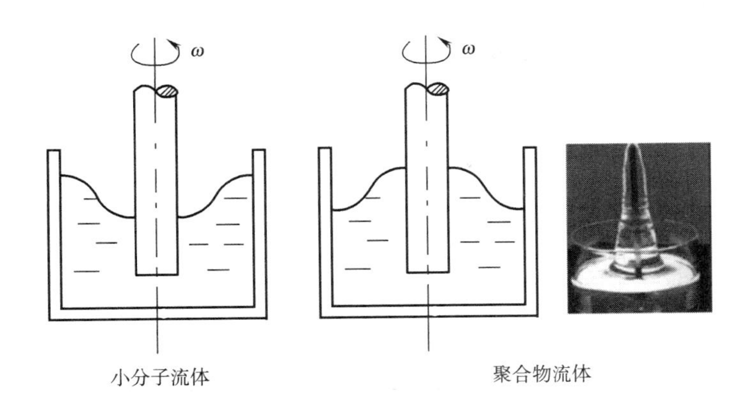

图4-41　威森伯格（Weissenberg）效应

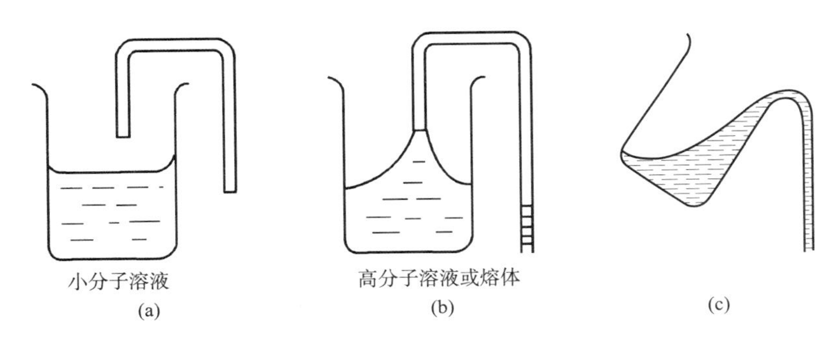

图4-42　无管虹吸效应

6. **次级流动**　聚合物流体在均匀压力梯度下通过非圆形管道流动时，会在局部出现区域性环流，称为次级流动或二次流动，如图 4-43（a）所示；聚合物流体在通过截面有变化的流道时，也有类似情况，如图 4-43（b）所示。实验表明，第二法向应力差的存在是产生二次流动的必要条件，而第二法向应力差与聚合物分子被拉伸程度有关。

7. **孔压误差和弯流压差**　测定流体内压力，若压力传感器端面安装得低于流道壁面，形成凹槽，测得的聚合物流体的内压力将低于压力传感器端面安装在于流道壁面平行时测得的压力，如图 4-44 所示。产生这种现象的原因是在凹槽附近流线发生弯曲，但法向应力差效应有使流线伸直作用，于是产生背向凹槽的力。聚合物流体流经一个弯型流道时，液体对流道内侧壁和外侧壁的压力，也因法向应力差效应而产生差异。一般内侧壁所受的压力较大。

8. **湍流减阻效应**　在高速的管道湍流中，若加入少许聚合物，如聚氧化乙烯，聚丙烯酰胺，则管道阻力将大大减小，这种效应称为湍流减阻效应或 Toms 效应。这在石油开采、运输、抽水灌溉、循环水等工农业生产有特殊意义。

9. **触变性和震凝性触变性**　在等温条件下，一些聚合物流体的流动黏度随外力作用时间的延长而减小的现象称为触变性（thixotropic）；流动黏度随外力作用时间的延长而增大的现

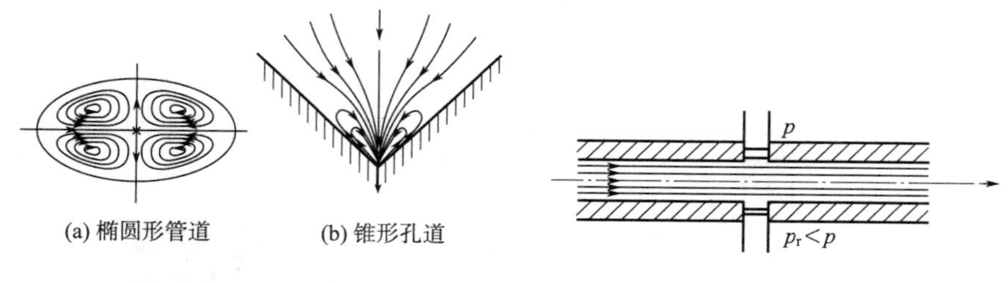

图4-43　各种次级流动

图4-44　孔压误差和弯流压差

象称为震凝性（rheopectic），这类流体的流动曲线如图 4-45 所示。一些聚合物冻胶、高浓度溶液、高填充聚合物共混物等为触变性流体，涂料加工中常加入触变剂以降低涂料在喷涂中的黏度。调和淀粉糊、工业用混凝土浆和一些相容性较差的聚合物填充体系为震凝性流体。

10. **熔体破裂**　在采用挤出或注射法加工聚合物时，常会看到这种现象：在低剪切速率或低剪切应力范围内，挤出的流体表面光滑均匀，但当剪切速率或剪切应力增加到一定的数值时，挤出物表面变得粗糙，失去光泽，粗细不均和出现扭曲等，严重时会得到波浪形、竹节形或周期性螺旋形的挤出物，在极端严重的情况下，甚至会得到断裂的、形状不规则的碎片或圆柱（图 4-46），这种在高剪切速率或剪切应力下，挤出物产生表面出现不规则现象，甚至使内在质量遭到破坏的现象称为"熔体破裂（melt fracture）"。

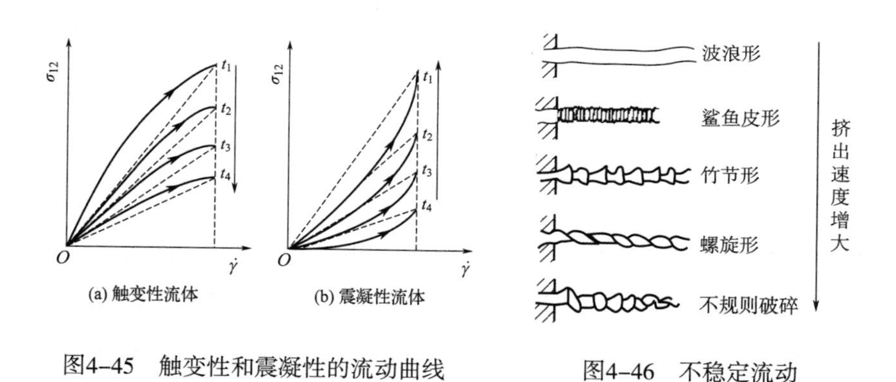

图4-45　触变性和震凝性的流动曲线

图4-46　不稳定流动

熔体破裂是液体流动摆脱稳定流动的一种现象。产生熔体破裂的主要原因是流体在流动时出现滑移和流体中的弹性回复所引起，是聚合物流体产生弹性应变与弹性回复的总结果，是一种整体现象。

二、聚合物弹性的本质及表征

从热力学的角度来看，聚合物的弹性大形变与虎克弹性的小形变之间的差别主要在于产生两种弹性的分子机理不同。虎克弹性基于组成材料的分子或原子之间平衡位置的偏离，这部分形变与内能变化相联系。聚合物的弹性大形变主要是熵的贡献。大分子在应力作用下构象熵减小，外力解除后，大分子会自动恢复至熵的最大平衡构象上来，因而表现出弹性回复。因此聚合物流体的弹性，其本质是一种熵弹性。

可以采用第一法向应力差函数 $\psi(\dot{\gamma})$、第一法向应力差、挤出胀大比等表征聚合物流体的弹性；也可以模仿弹性固体，即采用弹性模量（剪切弹性模量 G 或拉伸弹性模量 E）来表征流体弹性；为了更明显地对比它的弹性和黏性，亦即为了表征综合了弹性和黏性的黏弹性质，也常采用松弛时间 τ（$\tau=\eta/G$）。

聚合物流体在交变应力作用下，黏弹性表现得尤为明显。从动态实验不仅能表征黏弹流体的频率依赖性黏度（动态力学黏度），而且能表征其弹性。测定值是复数模量 G^* 或复数黏度（η^*）。前者的实部称为储能模量或动态模量（G'），是弹性的表征，相当于稳定测量中的法向应力差；虚部是损耗模量（G''）。后者的实部是动态黏度（η'），是非牛顿黏性的表征；虚部（虚数黏度 η''）是弹性的表征。

在聚合物加工中，聚合物流体在喷丝孔中的流动是一维剪切的稳态流动，聚合物流体在狭缝中的流动也主要是一维剪切的稳态剪动流动。因而研究聚合物流体在稳态流动时黏弹性质对聚合物加工工艺的影响，具有重要的实际意义。

三、影响聚合物流体弹性的因素

码4-3 影响聚合物流体弹性的因素

实验结果和工业生产实践表明，几乎所有的聚合物流体都表现出法向应力效应，因此有人推测，聚合物的弹性对加工的稳定性有重大影响。弹性过大不利于加工的稳定，如在纺制异形纤维时，往往因挤出胀大而使预期断面形状难以获得。剪切速率过高时的熔体破裂更是严重影响聚合物成型的稳定性和制品的质量。

影响聚合物流体弹性的因素基本上可以分为两类：一是聚合物的分子参数，二是加工条件。聚合物的分子参数包括相对分子质量及其分布、长链分支程度、链的刚柔性等。加工条件包括热力学参数（主要是温度和原液组成）、运动学参数及流动的几何条件等。

（一）分子参数的影响

从分子流变学的研究，可以了解聚合物分子特征与弹性的关系。例如，从分子缠结理论预示出第一法向应力差（$\sigma_{11}-\sigma_{22}$）为：

$$\sigma_{11}-\sigma_{22}=\Psi_1\left(M,T,\eta_0,\dot{\gamma}\right)\dot{\gamma}^2 \tag{4-33}$$

式中：$\sigma_{11}-\sigma_{22}$ 为第一法向应力差（Pa·s）；Ψ_1为第一法向应力系数；$\dot{\gamma}$为剪切速率（s^{-1}）。

上式表明，除剪切速率外，第一法向应力差还与相对分子质量、绝对温度和零切黏度有关。

由图 4-47 ～图 4-49 可见，随着相对分子质量的增大，聚合物溶液和熔体的法向应力（入口压力降和挤出胀大比）增大，弹性效应显著。由图 4-49 还可看到，在较低特性黏度（［η］=0.64 ～ 0.74dL/g）下，胀大比随特性黏度的变化平缓，说明此时特性黏度对胀大比影响不甚显著；在较高特性黏度（［η］=0.74 ～ 0.86dL/g）下，胀大比随特性黏度的变化急剧，弹性效应显著，因此对高相对分子质量聚合物进行成型加工时，应特别注意加工条件及加工设备的选择，以避免因胀大比过大而导致熔体破裂。

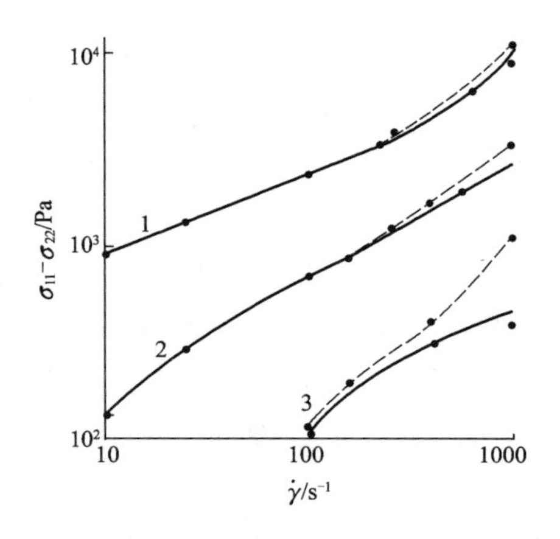

图4-47　5%PAM的（$\sigma_{11}-\sigma_{22}$）与$\dot{\gamma}$的关系

1—2.88×10^6　2—1.56×10^6　3—0.81×10^6

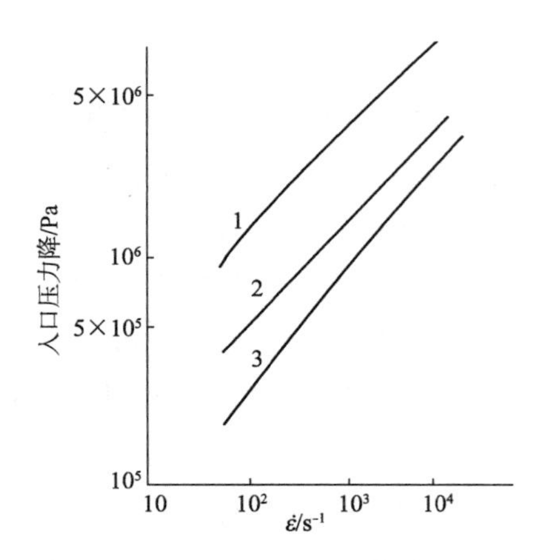

图4-48　280℃时不同特性黏度聚酯的入口压力降

1—1.04dL/g　2—0.66dL/g　3—0.56dL/g

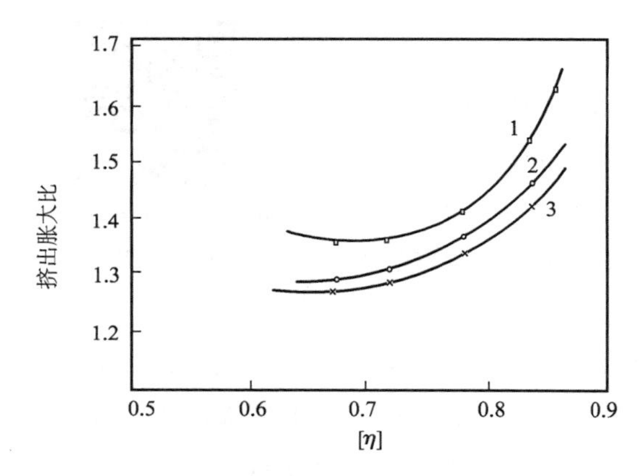

图4-49　聚酯的特性黏度与挤出胀大比的关系

（熔体温度290℃；喷丝板直径1.2mm）

1—L/D=1　2—L/D=5　3—L/D=7

聚合物相对分子质量分布与挤出胀大的关系比较复杂。有人研究发现聚合物的相对分子质量分布与稳态弹性柔量 J_e 有如下关系：

$$J_e=\frac{2}{5}\frac{\bar{M}_{Z+1}\bar{M}_Z}{\bar{M}_w\rho RT}\tag{4-34}$$

式中：ρ 为流体密度；R 为气体常数；T 为绝对温度；$\bar{M}_w$为重均分子量；$\bar{M}_{Z+1}$和$\bar{M}_Z$为（Z+1）均和 Z 均相对分子质量。

由式（4-34）可见，弹性随平均相对分子质量的增加而增大；相对分子质量分布加宽，稳态弹性柔量将增大，弹性将更加突出，这与实验结果一致。如塑料级聚丙烯的相对分子质量较大，而且分布宽，因而其熔体弹性和挤出胀大效应比较严重，熔体可纺性非常差，一般不能用来生产聚丙烯纤维。通常通过加入化学降解剂（降温母粒），使其相对分子质量降低和相对分子质量分布变窄，以改进其可纺性。

由图 4-50 可见，随着相对分子质量分布加宽（A，B 两个试样重均相对分子质量大致相等），流体柔量增大，弹性效应显著；此外，具有长链分枝的 LDPE 熔体的弹性效应更显著，如图 4-50 中曲线 C。

（二）加工条件的影响

加工条件对加工过程的控制特别重要。虽然聚合物流体具有弹性是其本质所决定的，但与弹性相联系的不稳定流动现象与流动条件有关。这些条件包括流体内弹性能贮存的多少，也包括流动过程中影响内应力松弛的各种因素。下面介绍一些加工条件对弹性影响的实验结果与一般规律。

1. **温度的影响**　升高温度有利于松弛过程进行，故可减少聚合物流体在出喷丝孔时的弹性能储存量，从而减小弹性表现程度。图 4-51 是不同温度下聚甲基丙烯酸甲酯（PMMA）/ 苯乙烯—马来酸酐共聚物（SMA）的储能模量，显示出随着温度的提高，储能模量发生下降。图 4-52 是不同温度下聚酯熔体的胀大比，由此可知，提高温度可明显降低熔体的挤出胀大效应。

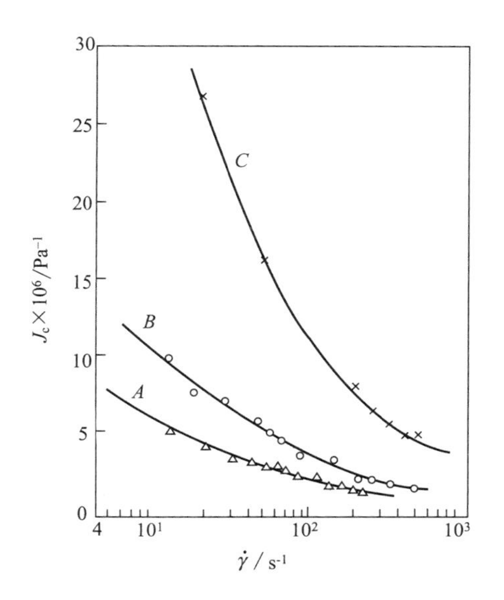

图4-50　三种聚乙烯样品的稳态柔量与剪切速率的关系

A—高密度聚乙烯（$\bar{M}_w/\bar{M}_n$=16）　B—高密度聚乙烯（$\bar{M}_w/\bar{M}_n$=84）　C—低密度聚乙烯（$\bar{M}_w/\bar{M}_n$=20）

2. **浓度的影响**　随浓度的升高，聚合物溶液出现显著的非牛顿性和法向应力效应，浓度越高，溶液弹性越突出。图 4-53 显示了聚丙烯酰胺（PAM）水溶液的第一法向应力差随浓度而提高。

3. **剪切速率的影响**　不同聚合物流体的胀大比随剪切速率的变化如图 4-54 所示。所示由图 4-54 可见，剪切速率越大，胀大比越大，说明流体内的弹性能贮存越高，弹性效应越显著。

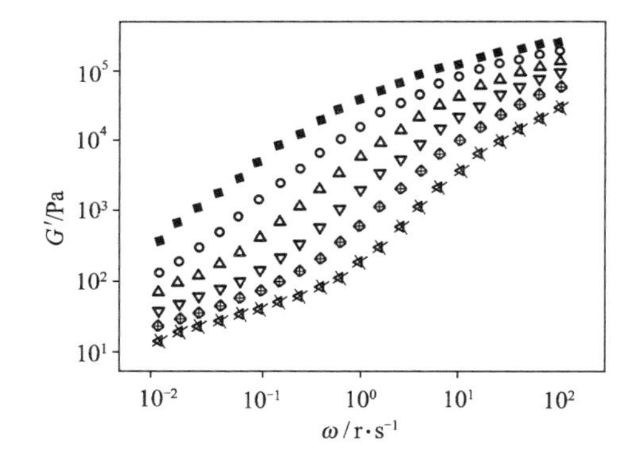

图4-51　PMMA/SMA（50/50）在不同温度下的储能模量

■—180℃　○—190℃　△—200℃

▽—210℃　⊕—220℃　✕—230℃

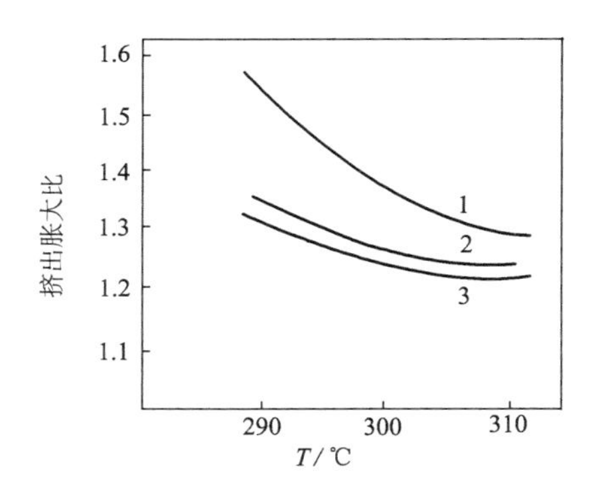

图4-52　聚酯熔体的挤出胀大比与熔体温度的关系

（$\dot{\gamma}_w$=2.36 × 10^3s^{-1}，长径比L/D=3，D=0.12cm）

1—［η］=0.86dL/g　2—［η］=0.74dL/g　3—［η］=0.64 dL/g

应该指出的是，聚合物的胀大比与剪切应力的关系受到剪切应力范围的影响，在出现熔体破裂的临界剪切应力以下，聚合物的胀大比随剪切应力而增大；在出现熔体破裂的临界剪切应力以上，聚合物的胀大比有所减小；而当剪切应力很低时，胀大比与温度无关，如图 4-55 所示。因此在聚合物加工中应注意对剪切速率和剪切应力的控制，以避免出现熔体破裂现象。

4. **流动几何条件的影响**　流动的几何条件主要指口模入口区形状和口模尺寸及其长

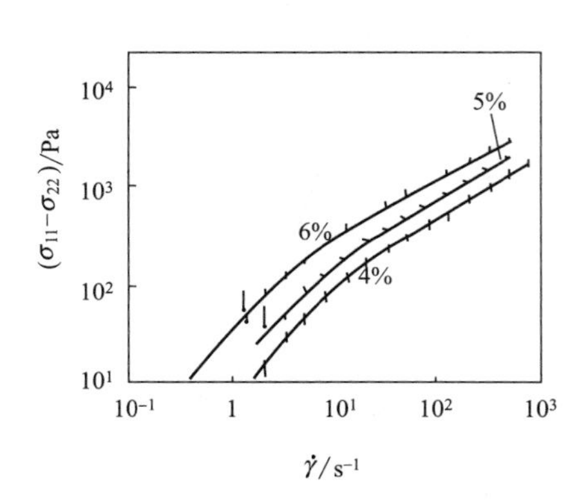

图4-53　不同浓度下PAM水溶液的法向应力与剪切速率的关系（23℃）

（PAM相对分子质量为2.53×10^4）

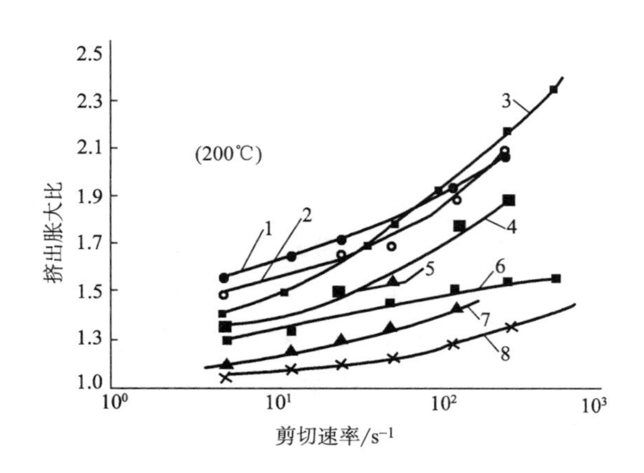

图4-54　不同聚合物的胀大比与剪切速率的关系

1—HDPE　2—PP共聚物　3—PP均聚物　4—结晶PS　5—LDPE　6—抗冲击PVC　7—抗冲击PS　8—抗冲击PMM

度，对圆形口模主要指其直径与长径比，因为这些因素决定流体的切变历史。入口区形状决定了大部分弹性能储存，如从积液区到毛细孔的直径收缩比较小，则流体在入口区获得的弹性能也较少。不少聚合物流体流经积液区时会形成涡流死角，随着剪切速率的进一步增加，入口区便会出现非对称性的振荡流动，死角涡流中的流体会周期性地涌入毛细孔，甚至会使入口区流线混乱，影响聚合物的成型，因此常在入口区域设锥形导孔，以避免死角对成形产生不利影响。恒定温度、剪切速率和喷丝孔长度的前提下，喷丝孔直径与挤出胀大比的关系如图 4-56 所示。图 4-56 表明喷丝孔直径增大，挤出胀大比明显减小，弹性效应明显减弱。

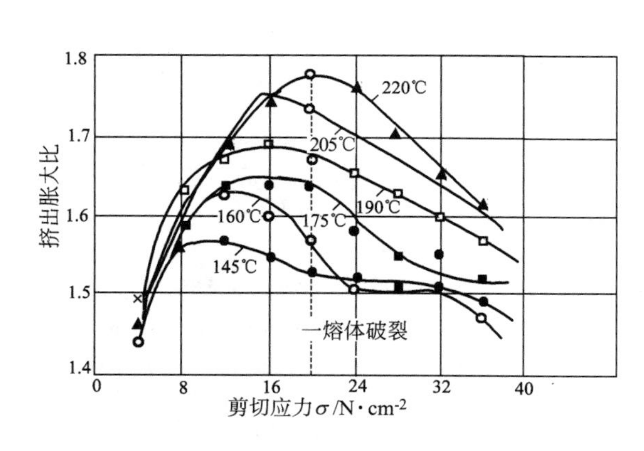

图4-55　LDPE在不同温度下的挤出胀大比与剪切应力的关系

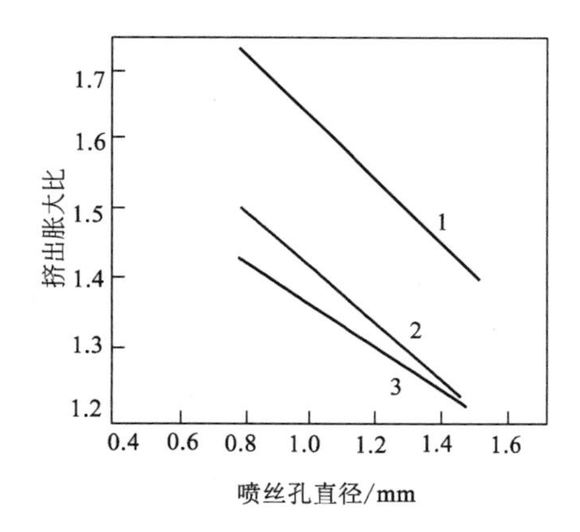

图4-56　喷丝孔直径与挤出胀大比的关系

（$\dot{\gamma}_w=2.36\times10^3s^{-1}$　$L/D=3$　$T=290℃$）

1—[η]=0.86dL/g　2—[η]=0.74dL/g　3—[η]=0.64dL/g

毛细孔长径比越大，流体在喷丝孔中的停留时间越长，越有利于松弛过程的完成，因此其弹性表现较小，当毛细孔长径比达到一定数值时，胀大比趋于一个恒定值，如图 4-57 所示。

（三）混合的影响

有些聚合物必须借助添加剂方可稳定成型，如天然橡胶只有在加入炭黑或其他补强剂后方可压出较光滑的半成品，因为炭黑等填充补强剂可降低橡胶的弹性。大量实验结果表明填充补强剂可改善聚合物的挤出性能，特别是能够降低聚合物的挤出胀大比和挤出物的畸变。无机盐如氢氧化镁、蒙脱土、碳酸钙等可以增加聚合物刚性，使大分子链在外加剪切应力作用下的活动性有所减小，弹性储能减小，弹性表现得到缓解，如图 4-58 和图 4-59 所示。

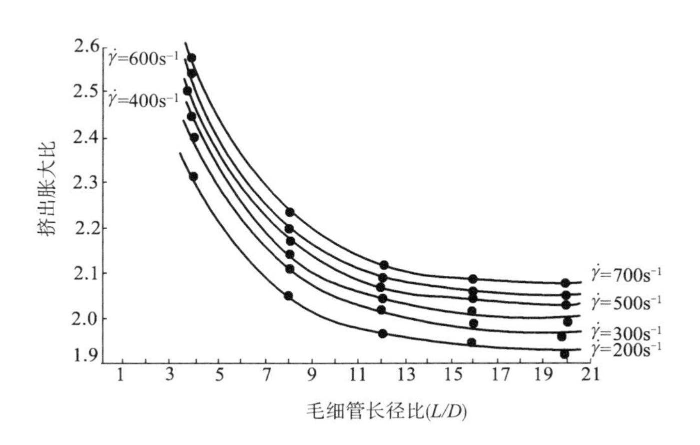

图4-57　180℃时长径比对LDPE挤出胀大比的影响

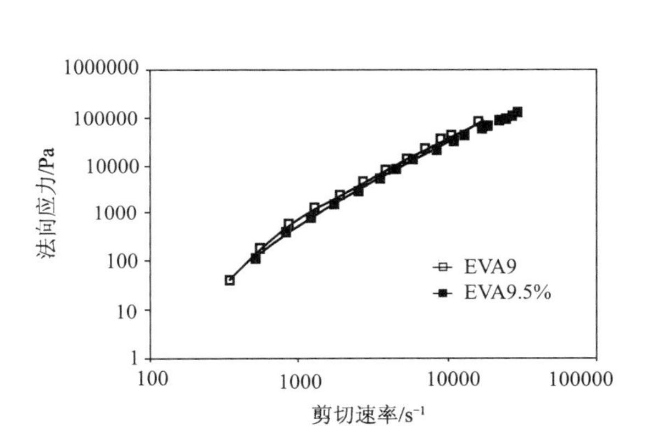

图4-58　130℃时EVA9 与EVA9-5% 复合物的法向应力与剪切速率的关系

EVA9—含9%乙烯的乙烯—醋酸乙烯共聚物

EVA9.5%—含5%改性膨润土的EVA

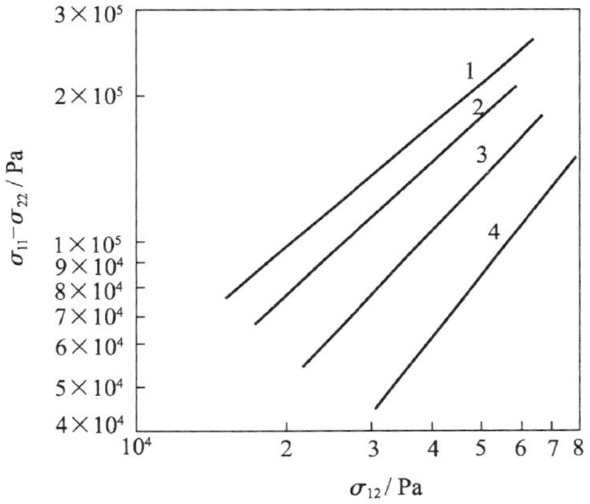

图4-59　碳酸钙/聚丙烯共混物在200℃时的法向应力差随剪切应力的变化

1—碳酸钙/聚丙烯=0/100　2—碳酸钙/聚丙烯=10/90

3—碳酸钙/聚丙烯=20/80　4—碳酸钙/聚丙烯=90/10

上面讨论的种种影响因素只是定性的描述或实验结果。关于聚合物流体弹性表征的影响因素，还缺乏严格的定量描述。

如果把聚合物流体视作麦克斯伟（Maxwell）流体，当它进入喷丝孔时，流速将增加，并在入口处发生流线收敛，入口区纵向速度梯度导致具有缠结点的黏弹性流体产生拉伸弹性形变。设入口处流体内的初始法向应力为 N_0，流体通过孔道的时间为 t^*，则这种由于入口效应而产生的法向应力经松弛后在出口处剩余法向应力 N' 为：

$$N'=N_0\exp(-t^*/\tau) \tag{4-35}$$

式中：τ 为松弛时间。

入口效应不是孔口法向应力差的唯一根源。在孔道内的剪切流动中，剪切应力还会在缠结的大分子链构象中储存弹性能，并产生法向应力差 N''，且：

$$N''=\psi_1(\dot{\gamma})\dot{\gamma}^2$$

因此，考虑上述两因素，孔口处的总法向应力差 N_1 应为：

$$N_1=N_0\exp\left(-t^*/\tau\right)+\psi_1(\dot{\gamma})\dot{\gamma}^2 \tag{4-36}$$

因：$t^*=\dfrac{\pi R_0^2 L}{Q},\dot{\gamma}=\dfrac{\dfrac{1}{n}+3}{\pi R_0^3}Q$

式中：R，L 分别为喷丝孔的半径及长度；Q 为每个喷丝孔的体积流速；n 为非牛顿指数。

于是：

$$N_1=N_0\exp\left[\frac{-\left(\dfrac{1}{n}+3\right)\cdot\dfrac{L}{R}\cdot\dfrac{1}{\dot{\gamma}}}{\tau}\right]+\psi_1(\dot{\gamma})\dot{\gamma}^2 \tag{4-37}$$

由此可以看出，N_1 的大小与纺丝流体的流变性质，流动状态以及喷丝孔的几何形状等三方面的因素有关。

PP 比 PET 纺丝流体的非牛顿性强，弹性显著，τ 值和$\psi_1(\dot{\gamma})$值越大，总法向应力差 N_1 和胀大比越大。因此流体的黏性本质是决定胀大比的内因。从式（4-37）可见，适当提高纺丝温度，控制适宜的相对分子质量，适当加大孔口直径（0.4mm），以及增大喷丝孔长径比（L/D 值大于 2）和降低剪切速率$\dot{\gamma}$，都可以减小细流的胀大比，改善 PP 的可纺性。

四、聚合物流体的动态黏弹性

聚合物流体的动态黏弹性是指流体在交变的应力（或应变）作用下所表现出来的力学响应。研究聚合物流体的动态黏弹性有三个方面的意义：一是，可以同时获得有关聚合物黏性行为和弹性行为的信息；二是，容易实现在很宽频率范围内的测试，了解在很宽频率范围内聚合物的性质；三是，聚合物的动态黏弹性与稳态黏弹性之间有一定的对应关系，通过测试可以沟通两者间的关系。

如果正弦交变应力的角频率为 ω，则复数黏度 η^*、动态黏度 η'、虚数黏度 η'' 与储能模量 G'、损耗模量 G'' 之间的关系为：

$$\eta^*\equiv\eta'(\omega)-i\eta''(\omega) \tag{4-38}$$

$$\eta'(\omega)=\frac{G''(\omega)}{\omega}\qquad \eta''(\omega)=\frac{G'(\omega)}{\omega} \tag{4-39}$$

式中：$i^2=-1$。

动态实验中的 ω 与稳态流动中的$\dot{\gamma}$具有相同的因次（t^{-1}）和相似的意义。所不同的是在动态实验中是小形变，而在稳态流动中是大形变。

大量的实验数据表明，同一聚合物流体的动态流动曲线$\eta'(\omega)$—ω 与稳态流动曲线$\eta_a(\dot{\gamma})$—$\dot{\gamma}$形状相似，都表现出切力变稀的特征（图 4-60 和图 4-61）。

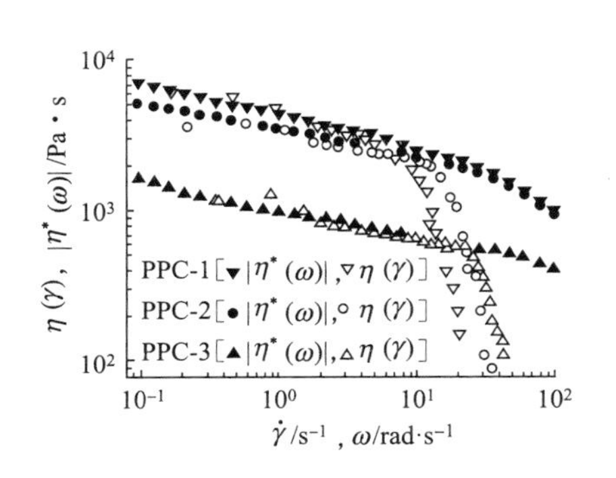

图4-60　150℃时聚亚丙基碳酸酯（PPC）的稳态与动态黏度与剪切速率或角频率的关系

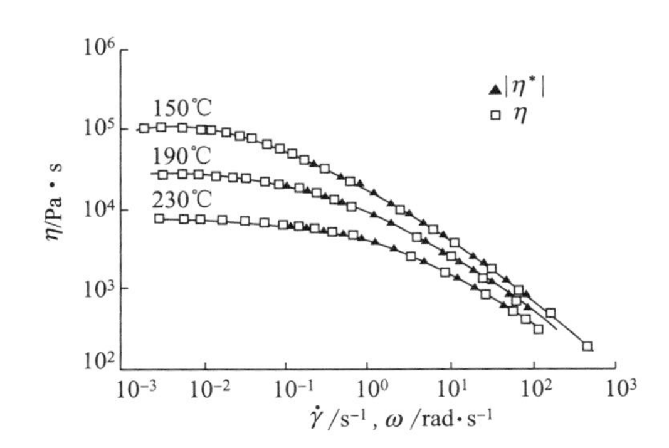

图4-61　聚丙烯酰胺—水溶液在不同温度下的稳态和动态流动曲线

在角频率 ω 很小时，动态黏度趋于一个常数值；且有：

$$\lim_{\omega\to0}\eta'(\omega)=\lim_{\dot{\gamma}\to0}\eta_a(\dot{\gamma})|\dot{\gamma}=\omega \tag{4-40}$$

由此可推测，非牛顿黏弹性流体的表观黏度 η_a 中，实际上已包括有弹性的贡献。当 ω 趋近于零时，流体的动态黏度 η' 相当于它的零切黏度 η_0，即：

$$\eta_0=\lim_{\omega\to0}\eta'=\lim_{\omega\to0}\frac{G''}{\omega} \tag{4-41}$$

实验还表明，在表征聚合物流体的弹性方面二者也有一致性，即贮能模量曲线与第一法向应力差曲线的相似性，如图 4-62 所示，并存在下列关系：

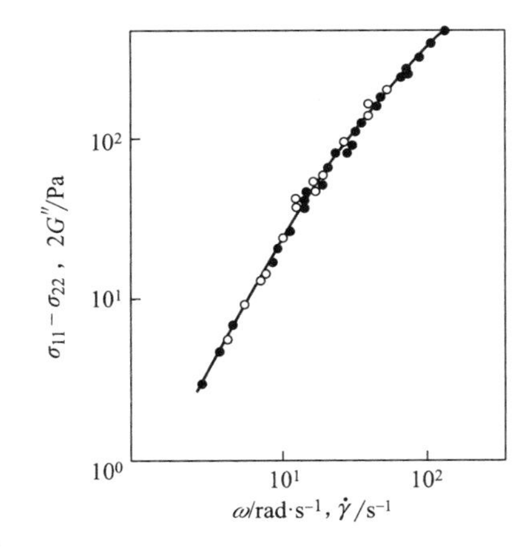

图4-62　法向应力差与动态贮能模量比较

码4-4　本章思维导图

码4-5　拓展阅读：聚合物流体的流变和加工

$$\lim_{\omega \to 0}\frac{G'(\omega)}{\omega^2}=\lim_{\dot{\gamma} \to 0}\frac{N_1}{2\dot{\gamma}^2}\Big|\dot{\gamma}=\omega \tag{4-42}$$

复习指导

1. 聚合物流体的非牛顿剪切黏性

（1）了解聚合物流体的流动类型。

（2）掌握非牛顿流体的表征方法及流动曲线的特点。

（3）掌握聚合物流体切力变稀的原因。

（4）掌握影响聚合物流体剪切黏性的因素。

2. 聚合物流体的拉伸黏性

（1）了解拉伸流动类型。

（2）掌握拉伸黏度定义，明确拉伸黏度与剪切黏度的关系。

（3）掌握影响拉伸黏度的因素。

3. 聚合物流体的弹性

（1）了解聚合物流体弹性的表现。

（2）掌握聚合物流体弹性的表征。

（3）掌握影响聚合物流体弹性的因素。

习题

1. 理解下述概念：零切黏度、极限黏度、表观黏度、拉伸黏度、结构黏度指数、挤出胀大比、熔体破裂、临界挤出速率、非牛顿指数。

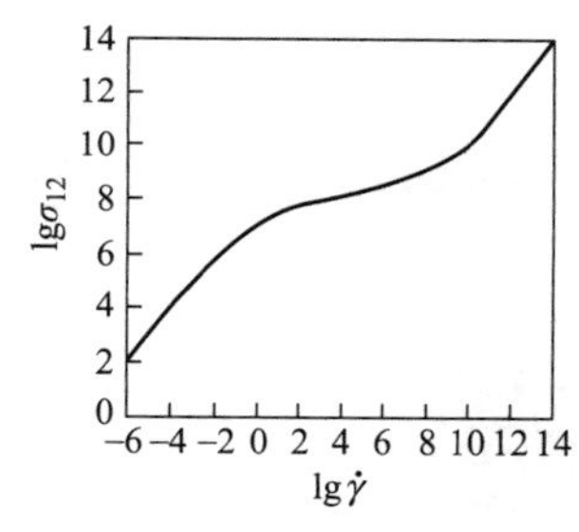

题图4-1　聚合物熔体的流动曲线

2. 已经测得某聚合物熔体的流动曲线如题图4-1所示，求：（1）η_0 和 η_∞；（2）$\dot{\gamma}=10^{-1}, 1, 10^4, 10^8, 10^{12}$ 时的 η_a 和非牛顿指数 n。

3. 某流体在30℃时的零切黏度（η_0）为35Pa·s，黏流活化能为36kJ/mol，问其温度提高到60℃时的零切黏度为多少？

4. 用毛细管流变仪测定聚丙烯熔体的剪切速率与剪切应力的关系见题表4-1。已知熔体符合幂律定律 $\sigma_{12}=K\dot{\gamma}^n$，求非牛顿指数 n 和表观黏度 η_a。当 $\dot{\gamma}=5.0$ 时，对应的 σ_{12} 和表观黏度 η_a 各为多少？

题表4-1　聚丙烯熔体的剪切速率与剪切应力的关系

$\dot{\gamma}/s^{-1}$	0.17	0.27	0.43	0.68	1.05	1.70	2.70	4.30
σ_{12}/Pa	1050	1540	2230	3110	4280	5660	7310	8330

5. PET纺丝温度为286℃，计量泵规格为0.6cm^3/r，计量泵转速为15r/min，喷丝板孔径0.25mm，孔数32孔，喷丝孔长为0.5mm，试求流经每个孔的 $\dot{\gamma}_w$ 和压力降 ΔP。已知 η_0=210Pa·s。若为非牛顿流体，非牛顿指数 n=0.78，η=140Pa·s时，其 $\dot{\gamma}_w$ 和压力降 ΔP 又为多少？

6. 有哪些因素影响聚合物流体的流动性能？如何影响？

7. 聚合物流体有几种流动类型？切力变稀流体随$\dot{\gamma}$的增加黏度发生下降的原因是什么？

8. 橡胶、纤维、塑料三大合成材料对相对分子质量的要求有什么不同？就塑料而言，对注塑级、挤出级和吹塑级（中空制品）的应用，其原料的相对分子质量有什么不同要求？

9. 在塑料挤出成型中，如发现制品出现竹节形、鲨鱼皮一类缺陷，在工艺上应采取什么措施消除这类缺陷？

10. 有哪些因素影响拉伸黏度？如何影响？

11. 聚合物流体有哪些弹性表现？聚合物弹性的本质是什么？如何表征？

12. 分析影响聚合物弹性的因素，并说明提高挤出量可能遇到的问题，如何克服。

参考文献

[1] 唐颂超. 高分子材料成型加工［M］. 北京：中国轻工出版社，2013.

[2] 沈新元. 高分子材料加工原理［M］. 3版. 北京：中国纺织出版社，2014.

[3] 吴其晔，巫静安. 高分子材料流变学［M］. 北京：高等教育出版社，2002.

[4] 王贵恒. 高分子材料成型加工原理［M］. 北京：化学工业出版社，2010.

[5] 董纪震，罗鸿烈，王庆瑞，等. 合成纤维生产工艺学（上册）［M］. 北京：纺织工业出版社，1991.

[6] 李岩，毕俊，张甲敏，等. 1，6－己二醇二丙烯酸酯和苯乙烯多单体熔融接枝制备长支链聚丙烯研究［J］. 高分子学报，2011（5）：480－486.

[7] GUO J，XIANG H X，WANG Q Q. Rheological，Mechanical and thermal properties of polytrimethylene terephthalate［J］. Polymer-Plastic Technology and Engineering，2011，51：199－207.

[8] 姜敏，刘茜，李洋，等. 聚2，5－呋喃二甲酸乙二醇酯的合成与表征［J］. 高分子学报，2013（1）：23－29.

[9] KULICKE W M，KNIEWSKE R，KLEIN J. Preparation，characterization，solution properties and rheological behaviour of polyacrylamide［J］. Progress in Polymer Science，1982，8（4）：373－468.

[10] 徐定宇，李跃进，刘长维. 超高相对分子质量聚乙烯（UHMWPE）的流动改性［J］. 高分子材料科学与工程，1992，8（1）：68－72.

[11] 张瑞民，李晓俊，程春祖，等. 基于离子液体的聚丙烯腈／纤维素共混体系，溶解与流变性能研究［J］. 河南工程学院学报（自然科学版），2012，24（1）：36－49.

[12] 冯松，焦晓宁. 低密度聚乙烯的毛细管流变性能［J］. 纺织学报，2013，34（6）：13－15.

[13] 刘跃军，刘亦武，魏珊珊. EVOH／纳米SiO_2复合材料的加工流变性能及应用［J］. 高分子材料科学与工程，2011，27（5）：124－127.

[14] WANG Y R，XU J H，BECHTEL S E，et al. Melt shear rheology of carbon nanofiber/

polystyrene composites［J］.Rheologica Acta，2006，45（6）：919–941.
［15］GAHLEITNER M.Melt rheology of polylefins［J］. Progress in Polymer Science，2001，26：895–944.
［16］COLLIER J，PETROVANS S，PATIL P，Collier B. Elongational rheology of fiber forming polymers［J］. Journal of Materials Science，2005，240：5133–5137.
［17］陈克权，张飚，张伟.聚对苯二甲酸丙二酯熔体拉伸流变性能研究［J］.合成纤维，2004（2）：4–6.
［18］LI R M，YU W，ZHOU C X.Phase behavior and its viscoelastic responses of poly（methyl methacrylate）and poly（styrene–co–maleic anhydride）blend systems［J］.Polymer Bulletin，2006，56：455–466.
［19］PASANOVIC–ZUJO V，GUPTA R K，BHATTACHARYA S N. Effect of vinyl acetate content and silicate loading on EVA nanocomposites under shear and extensional flow［J］.Rheologica Acta，2004，43：99–108.
［20］曹聪，袁来深，冯连芳，等. 聚丙撑碳酸酯的熔融流变特性［J］.高分子材料科学与工程，2012，28（7）：18–21.

第五章　化学纤维成型加工原理

码5-1　本章课件

第一节　概述

一、化学纤维成型加工的基本过程

化学纤维的品种繁多，其制造方法和工艺有很大的差异。但根据基本的工程原理，则可以将各种化学纤维的成型加工概括为以下三个阶段。

（一）基础阶段

化学纤维成型加工的基础阶段包括原料制备和纺前准备。原料制备是指成纤高分子化合物的合成（聚合）或天然高分子化合物的化学处理和机械加工；纺前准备是指纺丝熔体或纺丝溶液的制备。黏胶纤维、Lyocell纤维与再生纤维的原料制备过程，是将天然高分子化合物经一系列的化学处理和机械加工，除去杂质，并使其具有能满足纤维生产的物理和化学性能。合成纤维的原料制备过程，是将有关单体通过一系列化学反应，聚合而成具有一定官能团、一定相对分子质量和相对分子质量分布的线型聚合物。由于聚合方法和聚合物的性质不同，合成的聚合物可能是熔体状态或溶液状态。将聚合物熔体或溶液直接送去纺丝，这种方法称为一步法；也可先将聚合得到的聚合物熔体或溶液制成“切片”或粉末，再通过熔融或溶解制成纺丝流体，然后进行纺丝，这种方法称为二步法。

（二）成型阶段

化学纤维的成型普遍采用聚合物的熔体或浓溶液进行纺丝，前者称为熔体纺丝，后者称为溶液纺丝。溶液纺丝根据纺丝溶液固化的机理不同，又分为干法纺丝和湿法纺丝等。

1. *熔体纺丝*　图5-1为熔体纺丝示意图。切片在螺杆挤出机中熔融后或由连续聚合制成的熔体，送至纺丝箱体中的各纺丝部位，再经纺丝泵定量输送到纺丝组件，过滤后从喷丝板的毛细孔中压出而成为细流，并在纺丝甬道中冷却成型。初生纤维被卷绕成一定形状的卷装（对于长丝）或均匀落入盛丝桶中（对于短纤维）。

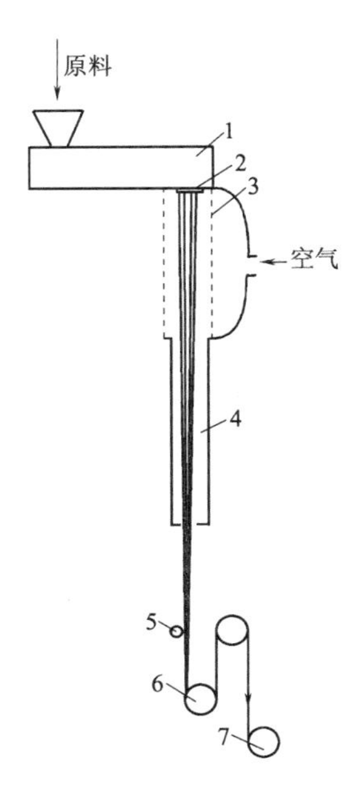

图5-1　熔体纺丝示意图
1—螺杆挤出机　2—喷丝板
3—吹风窗　4—纺丝甬道
5—给油盘　6—导丝盘
7—卷绕装置

2. *湿法纺丝*　图5-2为湿法纺丝示意图。纺丝溶液经混合、过滤和脱泡等纺前准备后送至纺丝机，通过纺丝泵计量，经烛形滤器、鹅颈管进入喷丝头（帽），从喷丝头毛细孔中挤出的溶液细流进入凝

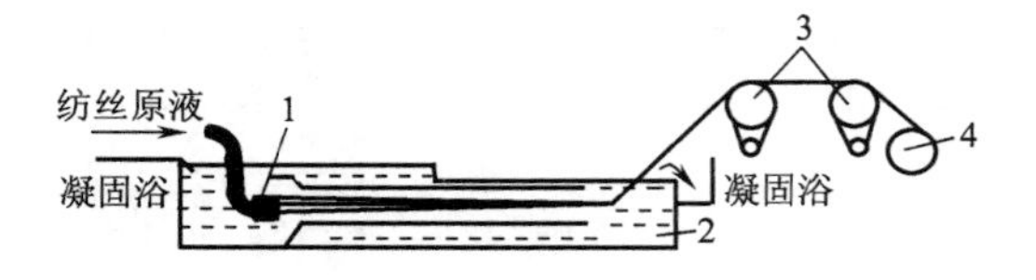

图5-2 湿法纺丝示意图
1—喷丝头 2—凝固浴 3—导丝盘 4—卷绕装置

固浴，溶液细流中的溶剂向凝固浴扩散，浴中的凝固剂向细流内部扩散。于是聚合物在凝固浴中析出而形成初生纤维。

3. **干法纺丝** 图5-3为干法纺丝的示意图。从喷丝头毛细孔中挤出的纺丝溶液直接进入纺丝甬道，通过甬道中热空气的作用，使溶液细流中的溶剂快速挥发，并被热空气流带走。溶液细流在逐渐脱去溶剂的同时发生浓缩和固化，并在卷绕张力的作用下伸长变细而成为初生纤维。

聚烯烃、聚酰胺和聚酯等的熔点低于热分解温度，可以进行熔体纺丝。聚丙烯腈、聚氯乙烯和聚乙烯醇的熔点与热分解温度接近，甚至高于热分解温度，而纤维素则观察不到熔点，像这类成纤聚合物只能采用溶液纺丝方法成型。目前聚乙烯醇系纤维、黏胶纤维以及某些由刚性大分子构成的成纤聚合物主要采用湿法纺丝。醋酯纤维等主要采用干法纺丝。聚丙烯腈纤维、聚氯乙烯纤维、聚酰亚胺纤维等既可以采用湿法纺丝又可以采用干法纺丝。聚氨酯纤维则可以采用上述三种方法成型。

（三）后成型阶段

纺丝成型后得到的初生纤维其结构还不完善，力学性能较差，如强度低、伸长大、尺寸稳定性差，还不能直接用于纺织加工，必须经过一系列的后加工。后加工随化纤品种、纺丝方法和产品要求而异，其中最主要的工序是拉伸和热定型。

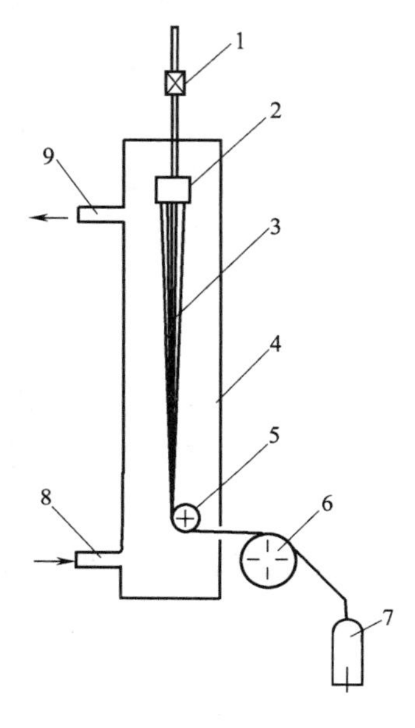

图5-3 干法纺丝示意图
1—计量泵 2—喷丝头 3—纺丝线
4—干燥甬道 5，6，7—卷绕元件
8—干燥气体入口 9—干燥气体出口

在化学纤维生产中，无论是纺丝还是后加工都需进行上油。除上述工序外，在用溶液纺丝法生产纤维的后处理过程中，一般要有水洗等工序，以除去附着在纤维上的凝固剂和溶剂，或混在纤维中的单体和低聚物。在黏胶纤维的后处理工序中，还需设脱硫、漂白和酸洗等工序。在生产短纤维时，需要进行卷曲和切断；在生产长丝时，需要进行加捻和络筒。生产弹力丝时，需进行变形加工。生产网络丝时，在长丝后加工设备上加装网络喷嘴，经喷射气流的作用，单丝互相缠结而呈周期性网络点。为了赋予纤维某些特殊性能，还可在后加工过程中进行某些特殊处理，如提高纤维的抗皱性、耐热水性、阻燃性等。

随着合成纤维生产技术的发展，纺丝和后加工技术已从间歇式的多道工序发展为连续、高速一步法的联合工艺，如聚酯全拉伸丝（fully drawn yarn，FDY）可在纺牵联合机上生产，而利用超高速纺丝（纺速5500m/min以上）生产的全取向丝（fully oriented yarn，FOY），则不需进行后加工，便可直接用作纺织原料。

二、化学纤维的品质指标

材料的性能是确定材料用途的重要依据。纤维的性能是指其在各种不同的条件下所具有的适应能力，它与纤维的内部结构有关。反映纤维性能的指标，可以分为化学性能指标、物理性能指标和力学性能指标等。关于各类高分子材料共同的性能和品质指标，一些教材和专著已有详细的讨论。但纤维作为一种细长形状的高分子材料，有一些其他高分子材料不使用的专用品质指标，而且后面的讨论中经常要涉及，因此下面先作简略的介绍。

（一）线密度

线密度（Tt）是纤维的形态尺寸之一，表示纤维的粗细程度。纤维的粗细可用直径、截面积和宽度来表示，但测量不便。在化学纤维工业中，通常以单位长度的重量，即线密度（旧称纤度或细度）来表示，其法定单位为特克斯，简称特，符号为tex；其1/10称分特克斯，简称分特，符号为dtex。1000m长纤维重量的克数即为纤维的特数。

旦尼尔（denier，简称旦）和公制支数（简称公支）为非法定计量单位，今后不单独使用。它们之间的换算关系如下。

$$Tt=\frac{1000}{\text{公制支数}} \tag{5-1}$$

$$Tt \approx 0.11\times \text{旦尼尔数} \tag{5-2}$$

单纤维越细，手感越柔软，光泽柔和且易变形加工。

线密度对纤维制品的品质影响很大。特数越小，单纤维越细，则纤维成型过程进行得越均匀，纤维及制品对变形的稳定性就越高，也越柔软。

（二）断裂强度

断裂强力是纤维对拉伸力的抵抗能力的量度。以试样拉伸至断裂时所能承受的最大负荷来表示。断裂强力随纤维的线密度而变化，为了相互比较，常采用断裂强度，其表示方法有以下三种。

（1）相对强度：试样单位线密度的纤维或纱线的断裂强力，可由绝对强力与线密度之比求得，单位为牛顿/特（N/tex）或厘牛顿/分特（cN/dtex）。

（2）自重断裂长度：以自身重量拉断试样所具有的长度，单位为千米（km）。

（3）强度极限：试样单位截面积上能承受的最大强力，单位为牛顿/平方毫米（N/mm^2）。这也是塑料等高分子材料所常用的品质指标。

上述相对强度、断裂长度与纤维的密度无关，而强度极限与纤维的密度有关。故密度不同的纤维，可用强度极限相比较。

断裂强度是纤维最重要的品质指标之一，是纤维具有加工性能和服用性能的必要条件。断裂强度高，纤维在加工过程中不易断头、绕辊，最终制成的纱线和织物的牢度也高；但断裂强度太高，纤维的刚性增加，手感变硬。断裂强度对织物耐用性有很大的作用。高性能织物，由于纤维的断裂强度大，可用于外衣、制服、领带、降落伞和其他断裂强度其重要作用的场合。

表示纺织纤维拉伸断裂的常用指标还有打结强度（结节强度）和勾结强度（对拉强度）。

前者是将一根纤维在中央打结后测得的断裂强度，后者是指两根纤维互套成环状后测得的断裂强度，一般以相对强度来表示。

打结强度反映纤维耐受弯曲、扭转的能力，用于特种用品，如渔网线等的强度测试中。勾结强度与纤维抗弯性能有关，勾结强度高的纤维，加工成的织物耐折、耐磨性较好。

（三）初始模量

材料的模量是指其应力与应变的比值。在材料的弹性限度内部，应力变化与应变变化的比值称为杨氏模量。纤维的拉伸模量不是一个常量，因此应该在严格定义的情况下使用。纤维的初始模量表示试样在小负荷下变形的难易程度，反映了纤维的刚性。以小形变时应力和应变的比值或拉伸曲线初始一段直线部分的斜率表示。普通纤维的初始模量一般通过测其伸长1%时的负荷求出，单位为N/tex或cN/dtex。

湿模量即在湿态下伸长1%时所需的负荷。单位与初始模量相同。

初始模量与纤维制品的性能关系密切。其他条件相同时，纤维的初始模量愈大，刚性愈大，即纤维制品在使用过程中形状的改变越小。例如在主要的化学纤维品种中，以聚酯纤维的初始模量最大，聚酰胺6纤维则较小，因而聚酯织物挺括，不易起皱，而聚酰胺6织物则易起皱，保形性差。

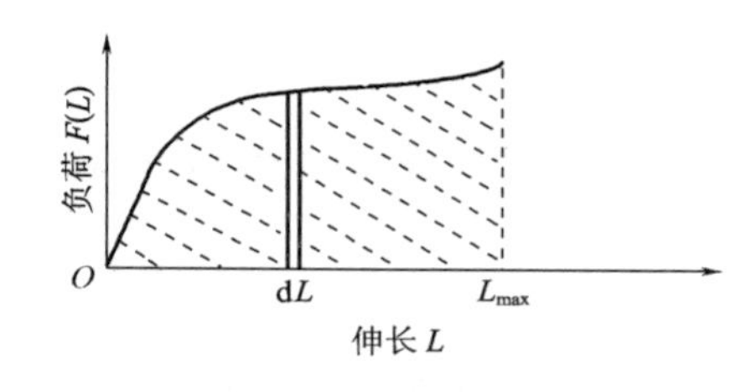

图5-4　断裂功的求法

（四）断裂功和断裂比功

断裂功为纤维拉伸至断裂时外力所做之功。如图5-4所示，其数值可以用负荷伸长曲线下的面积求出。

$$W=\int_0^{L_{max}} F(L)\mathrm{d}L \tag{5-3}$$

式中：W为断裂功（N·cm）；$F(L)$为拉伸负荷（N）；L为拉伸长度（mm）；L_{max}为负荷最大时所对应的伸长（mm）。

断裂功随纤维的线密度和原始长度而变化。为了能相互比较，常采用断裂比功，其定义为单位线密度和单位长度的试样拉伸至断裂时外力所做的功，即应力—应变曲线下的面积。

$$W_d=W/(\mathrm{Tt}\cdot L) \tag{5-4}$$

式中：W_d为断裂比功（N/tex）；W为断裂功（mJ）（1J=1N·m）；L为试样长度（mm）；Tt为试样线密度（tex）。

断裂比功的单位为N/tex，与相对强度的单位相同。

断裂功和断裂比功反映纤维的韧性，可用来表征纤维及其制品耐冲击和耐磨的能力。其他条件不变时，断裂功或断裂比功越大，纤维的韧性及其制品的耐磨和耐冲击的能力越好。

码5-2　拓展阅读：纤维的其他品质指标

三、纺丝过程的基本原理

（一）纺丝过程的基本步骤和主要变化

纺丝是将纺丝流体以一定的流量从喷丝孔挤出，固化而成为纤维的过程。它是化学纤维生产过程中最重要的环节之一。

从工艺原理角度，熔体纺丝法、干法纺丝法和湿法纺丝法这三种方法均由四个基本步骤构成：

（1）纺丝流体（溶液或熔体）在喷丝孔中流动；

（2）挤出液流中的内应力松弛和流动体系的流场转化，即从喷丝孔中的剪切流动向纺丝线上的拉伸流动的转化；

（3）流体丝条的单轴拉伸流动；

（4）纤维的固化。

在这些过程中，成纤聚合物要发生几何形态、物理状态和化学结构的变化。几何形态的变化是指成纤聚合物流体经喷丝孔挤出和在纺丝线上转变为具有一定断面形状的、长径比无限大的连续丝条（即成型）。纺丝中化学结构的变化，对于纺制黏胶纤维是非常重要的，而在熔体纺丝中只有很少的裂解和氧化等副反应发生，通常可不予考虑。纺丝中物理状态的变化，虽然在宏观上可用温度、组成、应力和速度等物理量就能加以描述，但整个纺丝过程涉及聚合物的熔融或溶解，纺丝流体的流动和形变，拉伸流动中的大分子取向，丝条固化过程中的冻胶化作用、结晶、二次转变，以及整个成型过程中的扩散、传热和传质等。物理状态的变化还与几何形态和化学结构变化相互交叉，彼此影响，构成了纺丝过程固有的复杂性，这些都是纺丝成型理论的核心问题。

纺丝理论是在高分子物理学和连续介质力学等学科的背景下发展起来的，涉及的问题相当广泛，包括纺丝过程中的动量、热量传递；流动和形变下的大分子行为；连续单轴拉伸、结晶和冷却条件下的大分子取向；聚合物结晶动力学；受纺丝条件影响的纤维形态学等。

当前，纺丝理论还处于开拓和发展之中，作为一个具有完善科学系统的纺丝成型理论尚远，还有待进一步探索。

（二）纺丝过程的基本规律

为了对纺丝过程进行理论分析，首先应对纺丝过程所显示的一些基本规律有所认识。这些规律是：

（1）在纺丝线的任何一点上，聚合物的流动是稳态的和连续的。纺丝线是对熔体挤出细流和固化初生纤维的总称。“稳态”是指纺丝线上任何一点都具有各自恒定的状态参数，不随时间而变化。即其运动速度 v、温度 T、组成 C_i 和应力 P 等参数在整个纺丝线上各点虽不相同，依位置而连续变化；但在每一个选定位置上，这些参数不随时间而改变，它们在纺丝线上形成一种稳定的分布，称作“稳态分布”。用数学语言表示“稳态”，即某一物理量对时间的偏导数等于零，记作：

$$\frac{\partial}{\partial t}\left(v, T, C_i, P, \cdots\right)=0 \tag{5-5}$$

在稳态纺丝条件下，纺程上各点每一瞬时所流经的聚合物质量相等，即服从流动连续性方程所描写的规律。

$$\rho_0 A_0 v_0=\rho A v=\rho_{\mathrm{L}} A_{\mathrm{L}} v_{\mathrm{L}}=\text{常数} \tag{5-6}$$

式中：ρ_0，ρ 和 ρ_L 分别代表丝条在喷丝孔口处、纺丝线上某点和卷绕丝的聚合物密度；A_0，A 和 A_L 分别代表上述各点的丝条横截面积；v_0，v 和 v_L 分别代表上述各点丝条的运动速度。在喷丝孔出口处，由于考虑到液体丝条内部在横截面上的速度分布，式中 v_0 应为平均速度。

因纺丝液本身不均匀，挤出速度或卷绕速度变化，或者外部成型条件波动，所以式（5-5）和式（5-6）所表示的纺丝状态便会遭到破坏，使纤维产品外表形状不规则或内部结构不均匀。应该指出，在实际生产过程中，纺丝条件不可能控制得完全准确和稳定，稳态纺丝只是一种理想的状况。在正常的工业生产中，上面的假设应做到尽可能地接近。可是在工业上纺丝条件和材料特性方面，总是有些变化的，这些变化会引起偏离理想稳态过程。这种不再满足稳态条件的纺丝过程皆称为非稳态纺丝。导致非稳态纺丝的原因十分复杂，所表现的现象也多种多样。为使问题简化，本章仅在稳态条件下讨论熔体纺丝、湿法纺丝和干法纺丝的核心问题。

（2）纺丝线上的主要成型区域内，占支配地位的形变是单轴拉伸。纺丝线上聚合物流体的流动和形变是单轴拉伸流动，与在刚性壁约束下（如管道内）的剪切流动不同。两者的速度场也不同，剪切流动的速度场具有垂直于流动方向的径向速度梯度，而拉伸流场的速度梯度则与流动方向平行，称为轴向速度梯度。

（3）纺丝过程是一个状态参数（温度、应力和组成等）连续变化的非平衡态动力学过程。即使纺丝过程的初始（挤出）条件和最终（卷绕）条件保持不变，纤维的结构和性质仍强烈地依赖于状态变化的途径，即依赖于状态变化的“历史”。因此，研究纺丝条件与纤维结构和性质的关系，必须对从纺丝流体转变为固态纤维的动力学问题加以考虑。

（4）纺丝动力学包括几个同时进行并相互联系的单元过程，如流体力学过程，传热、传质，结构包括聚集态结构的变化过程等。要对纺丝过程做理论上的阐述，必须对这些单元过程及其相互联系有所了解。

（三）纺丝过程的基本方程

纺丝过程解析所用的基本方程是由下面三个方程式组成：

第 i 组分的连续性方程式：

$$\frac{\mathrm{D}\rho_i}{\mathrm{D}t}+\rho_i\mathrm{div}\boldsymbol{V}_i=0 \tag{5-7}$$

运动方程式：

$$\rho\left(\frac{\mathrm{D}\boldsymbol{V}}{\mathrm{D}t}\right)=\nabla\cdot\boldsymbol{P}+\rho f \tag{5-8}$$

能量方程式：

$$\rho C_{\mathrm{V}}\left(\frac{\mathrm{D}T}{\mathrm{D}t}\right)=-\mathrm{div}J+\boldsymbol{P}:\nabla\boldsymbol{V}-\frac{\mathrm{D}U}{\mathrm{D}t} \tag{5-9}$$

式（5-7）～式（5-9）中，$\frac{\mathrm{D}}{\mathrm{D}t}$ 为对于时间的实质微分符号；div 也是一个算符，它所代表的运算是矢量微分算符与另一矢量的标积；$\boldsymbol{V}$ 为速度矢量；$\boldsymbol{P}$ 为应力张量；f 为体力；ρ 为密度；T 为温度；C_V 为恒定条件下的比热容；J 为热通量；U 为内能；$\boldsymbol{P}: \nabla \boldsymbol{V}$ 表示流动过程中的能量损失。

除了这三个基本方程式外，还有结构方程式（流变方程式）、结晶动力学方程式、与分子取向（双折射 Δn）有关的公式及热力学状态方程式等。

对于熔体纺丝，虽然理论上可通过这些方程组及边界条件（如丝条表面传热公式和空气阻力公式）进行求解，但由于其结果对设计和评价工艺过程的问题仍太复杂，因此需作许多简化和近似。近年来这方面的研究进展较快，通过熔体纺丝的数学模拟计算，已得到相应的应力场、速度场和温度场的分析数据，对实际生产具有指导意义。本章第二节将对此做简单介绍。

对于干法纺丝，一般考虑成聚合物和溶剂双组分体系结构形成问题。因此与单组分体系的熔体纺丝相比，其工程解析格外困难。所需要建立的新方程式有丝条内双组分体系中的扩散方程式及丝条表面两相交界处溶剂蒸发速度方程式。其他用于熔体纺丝的方程式有必要加以修正。

对于湿法纺丝，传质必须从溶剂和沉淀剂两个方面加以考虑，比干法纺丝更增大了工程解析上的复杂性，至于伴随有化学反应的场合，定量的解析则更加困难。

（四）纺丝流体的可纺性

码5-3 纺丝流体的可纺性

“可纺性”这个术语在化学纤维工艺学中并无严格的定义，所谓“可纺”，一般意味着能形成纤维，即适合于制造纤维之意。某种流体在单轴拉伸应力状态下能大幅度地出现不可逆伸长形变，即为可纺。故可纺性是指流体承受稳定的拉伸操作所具有的形变能力，即流体在拉伸作用下形成细长丝条的能力。因此，可纺性问题实质上是一个单轴拉伸流动的流变学问题。

显然，作为纺丝流体，仅具有可纺性是不够的，它必须在纺丝条件下具有足够的热稳定性和化学稳定性，在形成丝条后容易转化成固态，且固化的丝条经过适当的处理后，具有必要的物理力学性质。所以，可纺性是作为聚合物成纤的必要条件，但不是充分条件。

从成型的角度来看，聚合物流体从喷丝孔中挤出后，便受到轴向拉伸而形成丝条，有良好的可纺性是保证纺丝过程持续不断的先决条件，故可纺性的评定问题，是从纺丝熔体或溶液纺制纤维所面临的基本问题。

20 世纪 60 年代初，波兰学者齐亚比基（Ziabicki）等对“可纺性”形成了一个比较确切的概念。在探讨流体丝条断裂机理的基础上，系统地提出了定量的可纺性理论，认为决定最大丝条长度 x^* 的断裂机理至少有两种，一种是内聚破坏（即脆性断裂），一种是毛细破坏。

内聚破坏机理基于强度的能量理论。对于黏弹性流体的拉伸流动，当储存的弹性能密度超过某临界值时，流动就会发生破坏，这个临界值相当于液体的内聚能密度 K。在稳态流动中应力达到拉伸强度 σ_{11}^*，便出现了断裂的条件，这个机理又称为内聚断裂。图 5-5 为其示意图。

丝条的毛细破坏与表面张力引起的扰动及这种不稳定性的滋长和传播有关，这种扰动在液体自由表面上形成一种所谓的“毛细波动”。当毛细波发展到振幅等于自由表面无扰动丝条的半径时，液流便解体成液滴而发生断裂。图 5-6 为毛细破坏的示意图。可见，毛细破坏现象与经典流体力学中的稳定性问题有关。

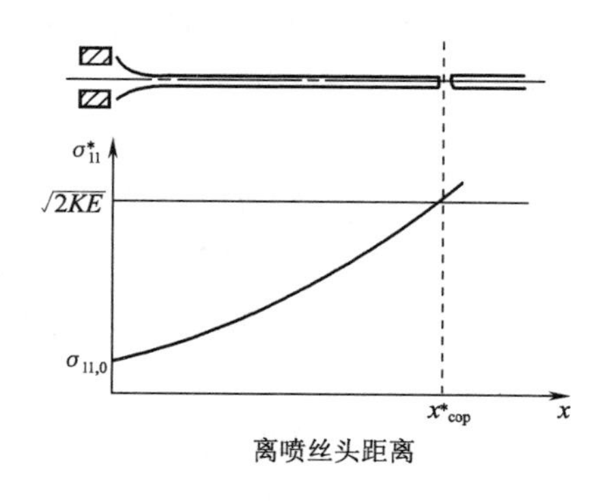

图5-5　运动丝条的内聚断裂

E—杨氏模量　x^*_{cop}—内聚破坏的最大丝条长度

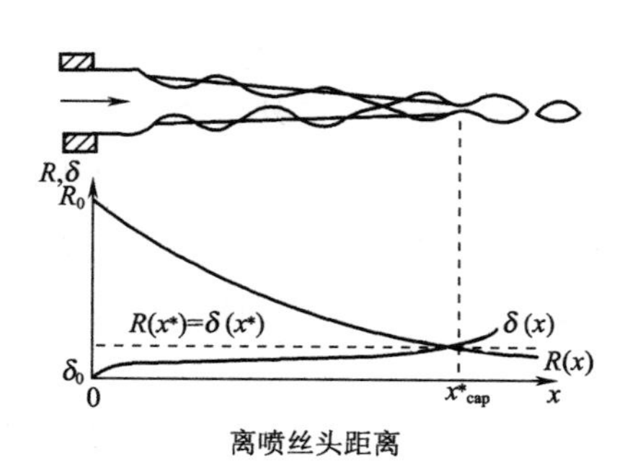

图5-6　运动丝条的毛细破坏

x^*_{cap}—毛细破坏的最大丝条长度

上面所讨论到的可纺性理论，只能定性地用于对实际纤维成型的分析，因为这种理论所作的流体模型假设过于简单。对于非线性的黏弹性纺丝流体，无论内聚破坏或毛细波生长的临界条件都将更为复杂。

此外，研究者还从实验中得出了一些判别聚合物流体的可纺性的经验关系。例如，用玻璃棒从待测流体中拉出发生断裂时丝条的最大长度 x^*、结构黏度指数 $\Delta\eta$ 和松弛时间 τ、稳态简单拉伸流动中的拉伸黏度 η_e 和最大喷丝头拉伸比（v_L/v_0）$_{max}$。有些实验发现，聚合物流体的 $\Delta\eta$、τ 和 η_e 的值越大，其可纺性越差；（v_L/v_0）$_{max}$ 的值越大，其可纺性越好。例如，超高分子量聚乙烯（UHMWPE）溶液的 τ 比较大（表 5-1），可纺性比较差，因此 UHMWPE 冻胶纺丝的技术要点之一是仔细控制高弹性纺丝溶液的流动。

表5-1　一些纺丝流体的松弛时间 τ

纺丝流体	5%UHMWPE溶液（$\bar{M}_w$=200×10^4，150℃）	PE熔体（$\bar{M}_w$=18×10^4，180℃）	PET熔体（$\bar{M}_w$=8×10^4，280℃）
τ/s	17×10^{-3}	10×10^{-3}	2×10^{-3}

在实际生产中，影响纺丝流体可纺性的主要因素是成纤聚合物的相对分子质量、纺丝流体的浓度和温度。图 5-7 和图 5-8 表明，超高相对分子质量聚丙烯腈（UHMWPAN）溶液的结构黏度指数 $\Delta\eta$ 随着相对分子质量 M_v、溶液浓度 C 的提高而增大，这表明溶液其可纺性变差。

（五）挤出细流的类型

化学纤维成型首先要求把纺丝流体从喷丝孔道中挤出，使之形成细流。因此正常细流的形成是熔体纺丝及溶液纺丝必不可少的先决条件。随着纺丝流体黏弹性和挤出条件的不同，挤出细流的类型大致可以分为如图 5-9 所示的四种。

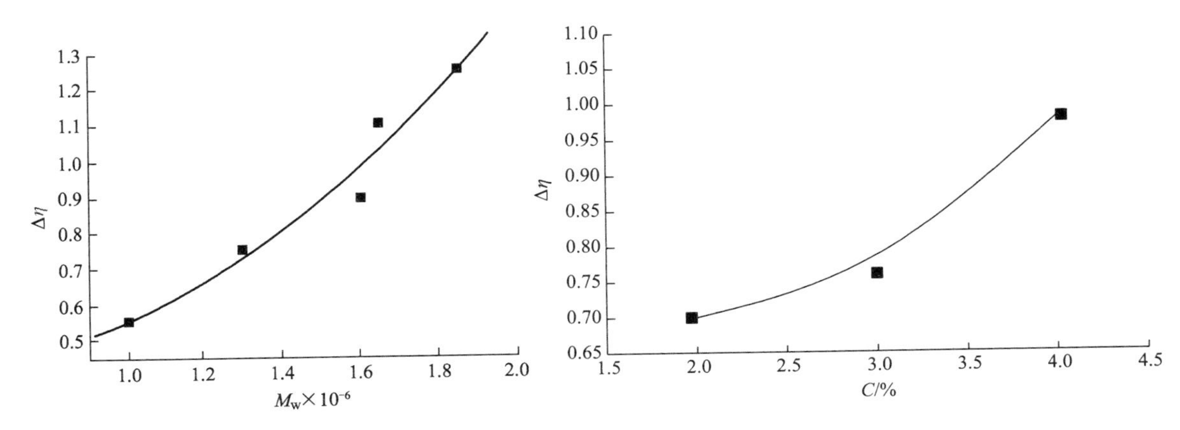

图5-7 UHMWPAN/DMSO溶液的结构黏度指数与相对分子质量的关系

（T=50℃，C=3%）

图5-8 UHMWPAN/DMSO溶液的结构黏度指数与溶液浓度的关系

（M_v=1.29×10^6）

1. **液滴型** 液滴型不能成为连续细流，显然无法形成纤维。这正是前面所述的毛细破坏现象。

液滴型出现的条件首先与纺丝流体的性质有关。流体表面张力 α 越大，则细流缩小其表面积成为液滴的倾向也越大。此外，黏度 η 的下降也促使液滴的生成。有人建议用比值 α/η 来度量液滴型细流出现可能性的大小（表 5-2）。

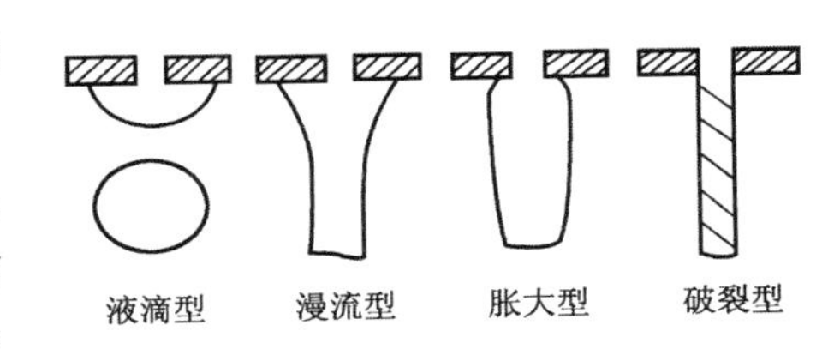

图5-9 挤出细流的类型

表5-2 几种成纤物质用不同方法成型时，α/η比值与生成液滴型细流可能性之间的关系

成纤物质	纺丝流体	成型方法	α/N·m^{-1}	η/Pa·s	α/η/cm·s^{-1}	液滴型形成可能性*
金属	熔体	熔纺	0.2～1	0.01～0.1	10^2～10^3	+++
有机聚合物	浓溶液	干纺	0.03～0.08	20～100	10^{-2}～10^{-1}	++
杂链聚合物	熔体	熔纺	0.03～0.08	100	10^{-2}	+
聚烯烃类	熔体	熔纺	0.03～0.05	（2～15）×10^2	10^{-3}～10^{-2}	－
有机聚合物	浓溶液	湿纺	0.001～0.01	5～50	10^{-3}～10^{-2}	－

注 *（+）可能形成液滴型；（+）越多，形成液滴的可能性越大；（－）不可能形成液滴型。

由表 5-2 可以看出，α/η 在 10^{-2}cm/s 以上时，形成液滴型细流的可能性随 α/η 增大而增大。金属熔体之所以易于成为液滴型是由于其 α 很大，η 很小。杂链聚合物熔体当喷丝板过热时，或由于降解使熔体黏度 η 下降过大时，在纺丝过程中也会产生液滴现象。湿纺中纺丝流体的黏度为 5 ～ 50Pa·s，与熔纺相比其 η 虽然不大，但由于在凝固浴内成型，α 实际上是纺丝液体与凝固浴间的界面张力，这个值一般是很小的，在 10^{-3} ～ 10^{-2}N/m 范围内，因此 α/η 比值还是很小，一般不会发生液滴现象。液滴型形成与否还要由具体的挤出条件来决定。喷丝孔径 R_0 和挤出速度 v_0 减小时，形成液滴的可能性增大。

在实际纺丝过程中，通常通过降低温度使 η 增大，或增加泵供量使 v_0 增大而避免液滴型细流出现。

2. **漫流型** 随着 η、R_0 和 v_0 的增加和 α 的减小，挤出细流由液滴型向漫流型过渡。漫流型虽然因表面积比液滴型小 20% 而能形成连续细流，但由于纺丝液体在挤出喷丝孔后即沿喷丝板表面漫流，从而细流间易相互粘连，会引起丝条的周期性断裂或毛丝，因此仍是不正常细流。

漫流型产生的根源，是纺丝流体的挤出动能超过了纺丝流体与喷丝板面的相互作用力和能量损失之和。

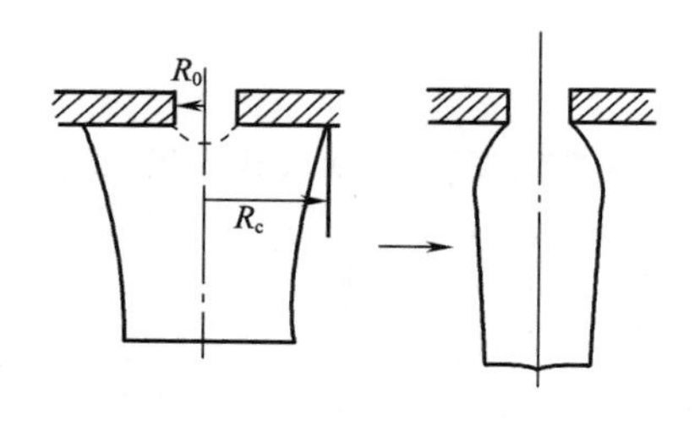

图5-10　从漫流型向胀大型的转化

从漫流型转变为胀大型所需的最低临界挤出速度 v_{cr} 和漫流半径 R_c 有关（图 5-10），也与孔径 R_0 和黏度 η 有关。

挤出速度 v_0 大于临界挤出速度 v_{cr} 时漫流型向胀大型转化。如果 R_0 和 η 越小，或 R_c 越大，则临界挤出速度 v_{cr} 越大。这就是说，这时需要采取更高的挤出速度 v_0（$v_0 \geqslant v_{cr}$），才能使纺丝流体从喷丝头（板）表面剥离变成胀大型。在实际纺丝过程中，通常在喷丝头（板）表面喷以雾化硅油或适当改变喷丝头的材料性质，以降低纺丝流体与喷丝板间的界面张力；或适当降低流体的温度，以提高其黏度；或增大泵供量，使 v_0 增大，从而减轻或避免漫流型细流的出现。

3. **胀大型** 胀大型与漫流型不同，纺丝流体在孔口发生胀大，但不流附于喷丝头（板）表面。只要胀大比 B_0（指细流最大直径与喷丝孔直径之比）控制在适当的范围内，细流是连续而稳定的，因此是纺丝中正常的细流类型。

纺丝流体出现孔口胀大现象的根源是纺丝流体的弹性。正如第四章第三节所述，纺丝流体从大空间压入喷丝孔时会由于入口效应而产生法向应力差 N'；在孔道内作剪切流动时会由于法向应力效应而产生法向应力差 N''。这些法向应力差的大小，决定了 B_0 的大小。

一般纺丝流体的 B_0 在 1 ～ 2.5 的范围内，个别纺丝流体的 B_0 达到 7。B_0 过大对于提高纺速和丝条成型的稳定性不利，因此实际纺丝过程中希望 B_0 接近于 1。

4. **破裂型** 在胀大型的基础上，如继续提高切变速率（特别是纺丝流体黏度很高的情况下，提高 v_0），挤出细流会因均匀性的破坏而转化为破裂型。当细流呈破裂型时，纺丝流体中出现不稳定流动，熔体初生纤维外表呈现波浪形、鲨鱼皮形、竹节形或螺旋形畸变，甚至发生破裂。这种细流类型最初是在聚合物熔体挤出的过程中发现的，所以称为熔体破裂。后来一些聚合物流体，如聚乙烯醇、聚苯乙烯、聚丙烯腈的浓溶液以及黏胶原液在高剪切应力（$\sigma_{12} > 10^5$Pa）挤出时，也都曾观察到不稳定流动。对此一般亦称为熔体破裂，实际上是前文所述的内聚破坏。对纺丝来说，破裂型细流属于不正常类型，它限制着纺丝速度的提高，使纺丝过程中不时地中断，或使初生纤维表面形成宏观的缺陷，并降低纤维的断裂强度和耐疲劳性能。

可以从多方面来考察聚合物流体不稳定流动的条件，对绝大多数聚合物来说，熔体破裂的临界切应力值 σ_c 约在 10^5Pa（表 5-3）。

表5-3 几种聚合物熔体的临界切应力σ_c值

聚合物熔体	T/℃	σ_c/Pa
聚酰胺6	240	9.6×10^5
聚酰胺66	280	8.6×10^5
聚酰胺610	240	9.0×10^5
聚酰胺11	210	7.0×10^5
聚对苯二甲酸乙二酯（$[\eta]$=0.67）	270	1×10^5～6×10^5
高密度聚乙烯（MI=2.1）	150～240	1.5×10^5～2×10^5
低密度聚乙烯	130～230	0.8×10^5～1.3×10^5
聚丙烯（$[\eta]$=0.33）	200～300	0.8×10^5～1.4×10^5

临界应力 σ_c 与聚合物的相对分子质量及温度有关。相对分子质量增高或挤出温度下降，导致临界切应力下降。由于各种聚合物流体的黏度可能相差极大，如果用临界切变速率 $\dot{\gamma}_c$ 来评定发生熔体破裂的条件，则各种聚合物的 $\dot{\gamma}_c$ 值相差可达几个数量级。一般说来，缩聚型成纤聚合物如聚酰胺 66，在挤出温度 T_0=275℃时，剪切速率要高达 $10^5\ s^{-1}$ 左右才会出现熔体破裂，而在喷丝孔流动中，一般切变速率只有 $10^4\ s^{-1}$。加聚型成纤聚合物如聚乙烯和聚丙烯的情况则有所不同，聚乙烯在 250℃挤出时，剪切速率为 10^2 ～ $10^3\ s^{-1}$ 便出现熔体破裂现象。

相对分子质量对 $\dot{\gamma}_c$ 有一定影响，相对分子质量增大时 $\dot{\gamma}_c$ 值减小。

也有人建议用临界黏度作为出现熔体破裂的标志。随着剪切速率 $\dot{\gamma}$ 的增加，当聚合物流体的 η_a 值由零切黏度 η_0 下降至临界值 η_c 时，熔体发生破裂。η_c 与 η_0 之间有下列经验关系：

$$\eta_c=0.025\eta_0 \tag{5-10}$$

黏性湍流是一种不稳定性流动，对于小分子流体来说，雷诺数 Re 是表征流型的准数。在圆管内流动时：

$$Re=\frac{2R\bar{v}\rho}{\eta} \tag{5-11}$$

式中：$\bar{v}$ 为流体在管内流动的平均线速度；ρ，η 分别为流体的密度和黏度；$2R$ 为圆管直径。

在纺丝流体从喷丝孔内被挤出的条件下，由于 η 很大 ($\eta >$ 10Pa·s)，喷丝孔径 $2R$ 很小，即使在发生熔体破裂的平均线速度 $\bar{v}$ 下，Re 一般仍小于 1。因此，纺丝流体挤出过程中的熔体破裂不是黏性湍流的结果，而是由其弹性所引起的。当流体内的弹性形变能量达到与克服黏滞阻力所需的流动能量相当时，则发生熔体破裂。这种不稳定流动被称为弹性湍流。还有人发现，对于不同的聚合物黏弹体来说，只要它们在流动中的弹性可复切变到达某一临界值时，均开始呈现熔体破裂现象，而且该可复切变的临界值与聚合物流体的种类无关。

纺丝流体的弹性可复切应变 γ 可表示为：

$$\gamma = \frac{\sigma_{12}}{G} = \frac{\eta\dot{\gamma}}{G} = \tau\dot{\gamma} = Re_{el} \tag{5-12}$$

式中：Re_{el} 为弹性雷诺准数。

Re_{el} 可作为熔体破裂出现的判据。有人认为 $Re_{el} > 5 \sim 8$ 时即发生熔体破裂。

式（5-12）表明：熔体破裂发生与否取决于纺丝流体的黏弹性质 (τ) 及其在喷丝孔道中的流动状态 $(\dot{\gamma})$。在实践中主要通过调节影响 τ 和 $\dot{\gamma}$ 的各项因素来避免熔体破裂。例如，提高纺丝流体温度以减小 τ，减少泵供量以降低 $\dot{\gamma}$。

第二节　熔体纺丝原理

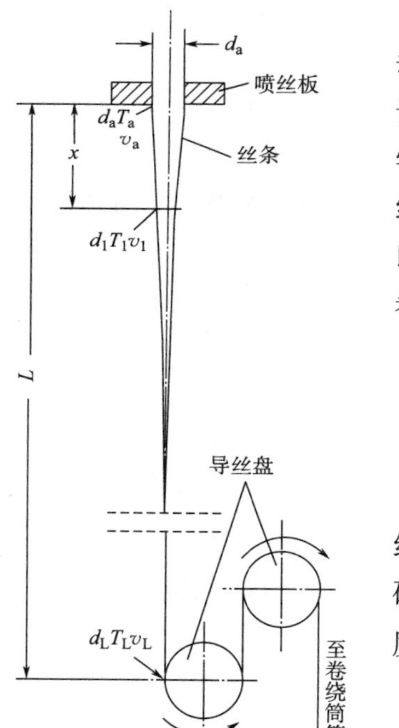

图5-11　熔体纺丝过程示意图

常规的熔体纺丝是一元体系，只涉及聚合物熔体丝条与冷却介质间的传热，纺丝体系没有组成的变化。从这种意义上来说，熔体纺丝是最简单的纺丝过程，在理论研究中，容易用数学模型进行分析，生产工艺相对比较简单。图 5-11 显示了熔体纺丝过程的示意图，温度为 T_0 的纺丝熔体从直径为 d_0 的喷丝孔以速度 v_0 挤出，纺程总长度为 L，卷绕速度为 v_L，在喷丝板和卷绕装置之间，丝条被拉伸至足够细度并被冷却固化。

下面仅就熔体纺丝的基本原理和主要规律进行讨论。

一、熔体纺丝的运动学和动力学

纺丝线的速度分布（速度场）和应力分布（应力场）对熔纺纤维结构的形成起着重要的作用，历来是化学纤维成型理论研究的核心问题之一。现在熔体纺丝理论已能够对纺丝线的速度场和应力场进行定量的描述。

（一）熔体纺丝线上的速度分布

对于熔体的等温稳态纺丝，如果不考虑速度在丝条截面上的分布，可以作单轴拉伸处理。连续性方程式（5-6）可以简化为：

$$\rho_x v_x A_x = \text{常数} \tag{5-13}$$

式中：ρ_x，v_x，A_x 分别为纺程上 x 处的丝条密度、纵向速度和截面积。ρ_x 取决于温度和相态的变化。对于纺丝线上基本不发生结晶的熔体纺丝，ρ_x 可以通过温度分布 $T(x)$ 确定。由于熔纺纤维的直径 dx 可以通过多种方法来测定，例如取样测定，或采用激光衍射法测定，现在更常用的方法是采用高速摄像机进行测定，因此其速度场 v_x 不难确定。

图 5-12 是 PA6 纺丝时，在不同纺丝速度下测得的纺丝线直径的变化，以及由此推算出的纺丝线速度分布（图 5-13）。

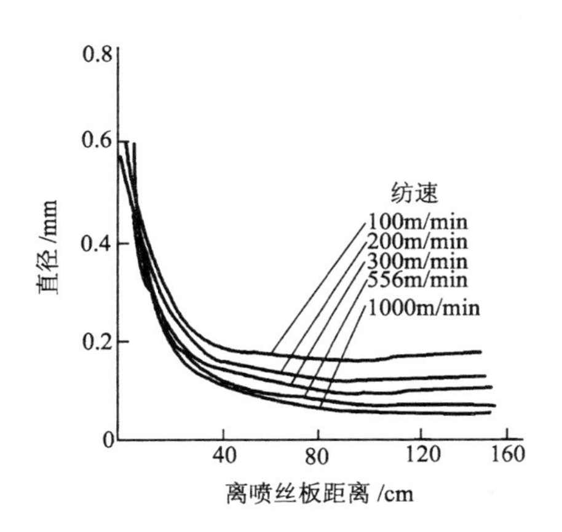

图5-12　PA6熔体纺丝线上的直径变化

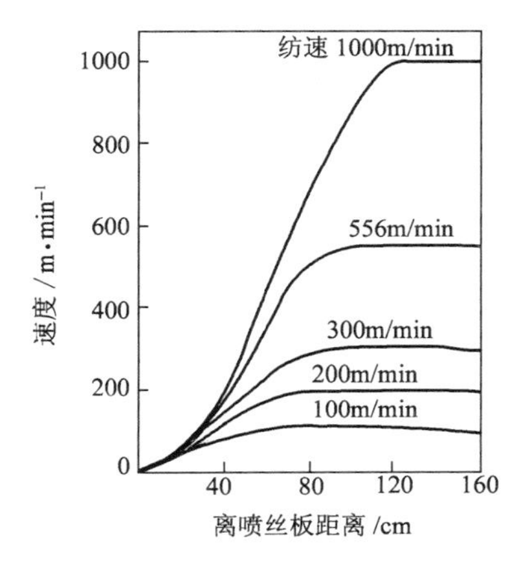

图5-13　PA6熔体纺丝线上的速度变化

从速度分布 v_x，可以进一步求出拉伸应变速率（即轴向速度梯度）$\dot{\varepsilon}(x)$：

$$\dot{\varepsilon}(x)=\frac{\mathrm{d}v_x}{\mathrm{d}x} \qquad (5-14)$$

分析 v_x—x 曲线可知，丝条的加速运动并不是均匀的。再加上对挤出胀大区的考虑，在出口直径最大的截面之前，运动是减速的，经过最大直径以后又逐步加速，到固化后速度基本上维持恒定。拉伸应变速率作为纺丝线位置的函数，如图 5-14 所示，由图可见$\dot{\varepsilon}(x)$是一个有极大值的函数。

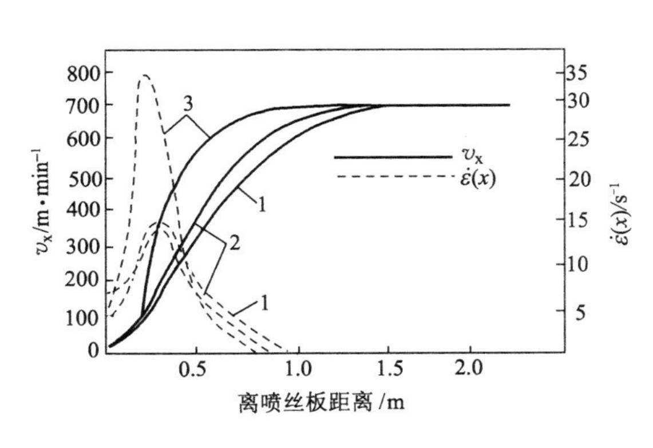

图5-14　聚合物在等温纺丝条件下的平均轴向速度分布和拉伸应变速率变化

（流量2.9g/min；v_L=656 m/min）

1—PA6　2—PET　3—聚苯乙烯

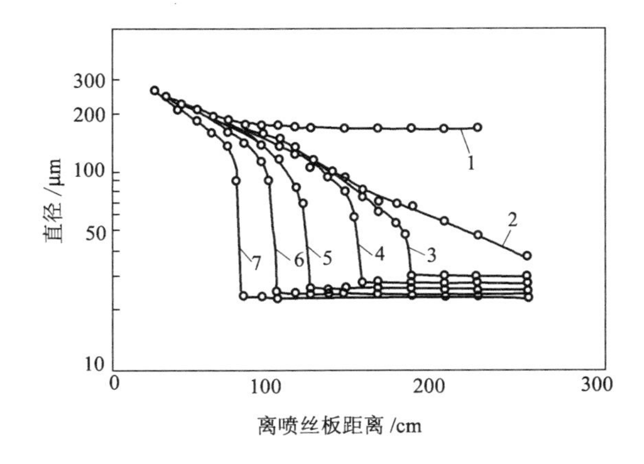

图5-15　PET熔体纺丝线上的直径变化

（流量6.2g/min；特性黏度0.64dL/g）

1—自由挤出　2—纺速4000m/min　3—纺速6000m/min

4—纺速7000m/min　5—纺速8000m/min

6—纺速9000m/min　7—纺速10000m/min

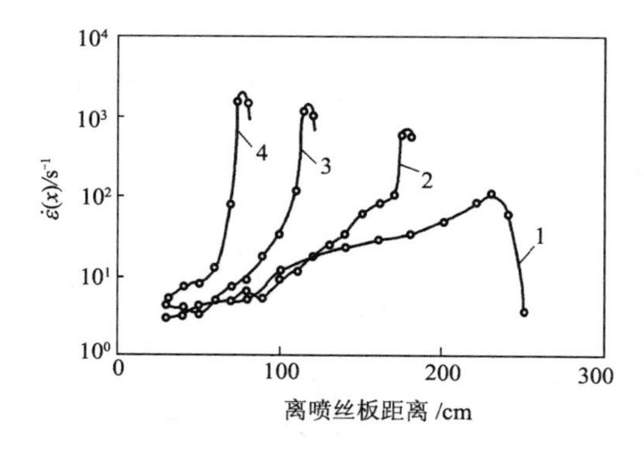

图5-16　PET熔体纺丝线上的拉伸应变速率变化
［流量为6.2g/（min·孔）］
1—纺速4000m/min　2—纺速6000m/min
3—纺速8000m/min　4—纺速10000m/min

对于纺丝线上发生的结晶情况，例如PET高速纺丝，ρ_x的确定还要考虑相态的变化。图5-15和图5-16为PET高速纺丝线上直径的变化及由此推算出的拉伸应变速率的变化。值得注意的是，纺丝速度为4000m/min时，丝条直径及拉伸形变速率的趋势与常规纺丝基本相同，即丝条直径随距喷丝板的距离单一地减少至达到卷绕直径；但纺丝速度在6000m/min以上时，存在着一处丝条直径急剧减小的位置。这种急剧细化过程称为细颈现象。

根据拉伸应变速率$\dot{\varepsilon}(x)$的不同，可将整个纺丝线分成三个区域（图5-17）。

Ⅰ区（挤出胀大区）和Ⅱ区（形变细化区）交界处对应于直径膨化最大的地方，通常离喷丝板不超过10mm。在Ⅰ区中，熔体在进入孔口时所储存的弹性能，以及在孔流区储存的并来不及在孔道中松弛的那部分弹性能将在熔体流出孔口处发生回弹，从而在细流上显现出截面膨化的现象。由于截面膨化，故v_x沿纺程减小，轴向速度梯度为负值，即$\frac{dv_x}{dx}<0$；在细流最大直径处，轴向速度梯度为零，即$\frac{dv_x}{dx}=0$。在改变喷丝头拉伸比的情况下，胀大比B随喷头拉伸比$\frac{v_L}{v_0}$的增大而下降，当拉伸比增至一定值时，挤出胀大区可完全消失。熔体高速纺丝的$\frac{v_L}{v_0}$通常较大，故Ⅰ区通常不存在。

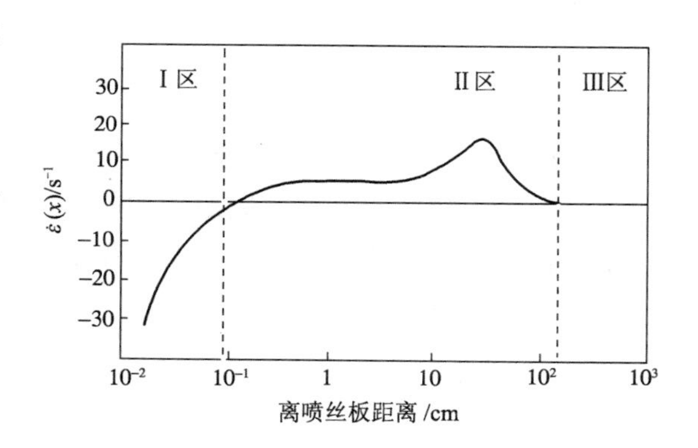

图5-17　纺丝过程中拉伸应变速率分布的示意图

在形变细化区中，在张力的作用下，细流逐渐被拉长变细，故v_x沿纺程x的变化常呈S形曲线，拐点把Ⅱ区划分为$Ⅱ_a$区和$Ⅱ_b$区：在区$Ⅱ_a$中，$\frac{dv_x}{dx}>0, \frac{dv_x}{dr}=0, \frac{d^2v_x}{dx^2}>0$；在区$Ⅱ_b$中，$\frac{dv_x}{dx}>0, \frac{dv_x}{dr}=0, \frac{d^2v_x}{dx^2}<0$。

Ⅱ区的长度通常在50～150cm，具体随纺丝条件而定。如图5-15中细颈结束点随纺丝速度增大而向前移动。此区的长度本身就是一个非常重要的特性，它既能决定纺丝装置的结构，又是纺丝线对外来干扰最敏感的区域。这一区中$\dot{\varepsilon}(x)$出现极大值，一般为10～50s^{-1}，随纺丝速度、冷却条件和材料流变特性而异。如PET高速纺丝中，$\dot{\varepsilon}(x)$的极大值可达1500s^{-1}以上。Ⅱ区是熔体细流向初生纤维转化的重要过渡阶段，是发生拉伸流动和形成纤维最初结构的区域，因此是纺丝成型过程最重要的区域。在此区中熔体细流被迅速拉长而变细，速度v_x迅速上升，速度梯度也增大。由于冷却作用，丝条温度降低，熔体黏度增加，致使大分子取

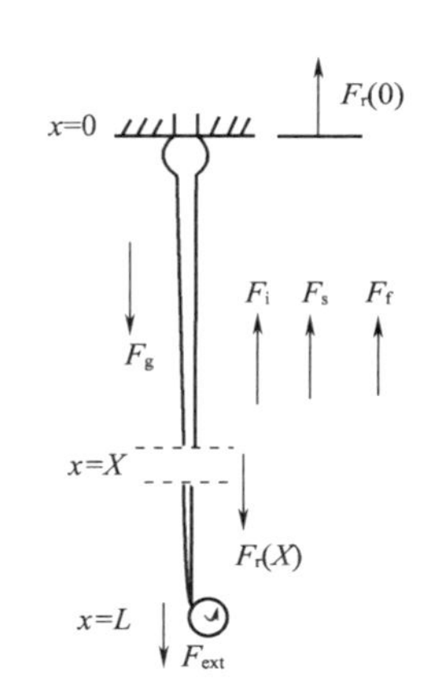

图5-18　纺丝线轴向受力示意图

向度增加，双折射上升；如卷绕速度很高，还可能发生大分子的结晶。该区的终点即为固化点。

在Ⅲ区中，熔体细流已固化为初生纤维，不再有明显的流动发生。纤维不再细化，v_x 保持不变，$\frac{dv_x}{dx}=0$。纤维的初生结构在此继续形成。此区的结晶发生在取向状态，这种取向状态影响结晶的动力学和形态学。在高速纺丝时，Ⅲ区的长度也会由于运行的固体丝条的空气阻力而影响丝条的张力。

（二）熔体纺丝线上的力平衡及应力分布

在熔纺过程中，聚合物熔体从喷丝孔挤出后，立即受到导丝盘卷绕力的轴向拉伸作用，而丝条在运行过程中，将克服各种阻力而被拉长细化。要使成型过程稳定，所有作用在丝条上的力（图5-18）应处于平衡状态。

码5-4　熔体纺丝线上的力平衡

将运动学方程式根据单轴拉伸的假设简化后进行积分，可以得到离开喷丝头距离 x 处的力平衡方程式：

$$F_r(X)=F_r(0)+F_s+F_i+F_f-F_g \tag{5-15}$$

式中：$F_r(X)$ 为在 $x=X$ 处丝条所受到的流变阻力；$F_r(0)$ 为熔体细流在喷丝孔出口处作轴向拉伸流动是所克服的流变阻力。F_s 为纺丝线在纺程中需克服的表面张力；F_i 为使纺丝线作轴向加速运动所需克服的惯性力；F_f 为空气对运动着的纺丝线表面所产生的摩擦阻力；F_g 为重力场对纺丝线的作用力；在卷绕筒管 $(x=L)$ 处，上式可写成：

$$F_{ext}=F_r(L)=F_r(0)+F_s+F_i+F_f-F_g \tag{5-16}$$

现对作用于纺丝线上力平衡的诸力逐项进行分析。

1. **重力 F_g**　这项力实际上是质量力。它是流体质点处于一个力场中受到的作用力，作用于整个物体的质量上，包括重力和浮力。丝条单位体积的质量力 f 在一般情况下为：

$$f=g(\rho-\rho^0)\cos\theta \tag{5-17}$$

式中：g 为重力加速度；ρ 为丝条密度；ρ^0 为丝条成型所在环境介质的密度；θ 为丝条运动的轴向与垂直方向的夹角。

显然式（5-17）综合考虑了重力和浮力的作用。

对于熔体纺丝，绝大多数情况下是垂直向下纺丝，$\theta=0$；而且在空气介质中冷却（$\rho^0 \ll \rho$），因此 F_g 的计算式可以简化为：

$$F_g=\int_0^X \rho g \frac{\pi d_x^2}{4} dx \tag{5-18}$$

式中：d_x 为纺程 x 处的丝条直径，是 x 的函数。

式（5-18）表明，丝条所受的重力相当于从喷丝板出口 $(x=0)$ 至纺程 X 处 $(x=X)$ 的整个丝条的质量。

F_g 对纤维张力的贡献的重要性随纺丝条件而定。对常规熔体纺丝，在喷丝板附近 F_g 对纤维张力有明显影响。在很低速度下纺制高线密度纤维时，F_g 的作用是很重要的因素。当熔体表观黏度过低时，如热塑性酚醛树脂纺丝时，F_g 引起的熔体自重拉伸可能大于喷头拉伸，则会无法卷绕。在高速纺丝中，F_g 的作用减弱，甚至可将它完全忽略。

2. **表面张力 F_s** 纺丝熔体的拉伸流动是一个使流体比表面积增大的过程，但表面张力要使液体表面积趋于最小，因此 F_s 是一种抗拒拉伸的作用力。F_s 是由于细流表面的曲率和相应的细流表面能变化引起的，因此其值正比于熔体细流和空气介质之间界面张力：

$$F_s = 2\pi\left(R_0 - R_x\right)\cdot\lambda \tag{5-19}$$

式中：R_0 为喷丝孔半径；R_x 为纺程 x 处的纺丝线半径；聚合物熔体的界面张力 λ 为 0.03～0.08 N/m。

在熔体纺丝中，表面张力 F_s 一般都很小，且仅在处于液态的小段区域内起作用，除了纺低分子量的物料（如热塑性酚醛树脂等）时，一般可以忽略不计。但在纺制异形纤维时，F_s 会引起表面曲率的平均化，导致截面异形度的降低，因此应予以重视。

3. **惯性力 F_i** 聚合物熔体从喷丝孔挤出后，在纺丝线上从初速 v_0 逐渐加速至 v_x，根据牛顿第二定律，使物体加速需要克服物体的惯性。纺丝线上的惯性力为：

$$F_i = W\left(v_x - v_0\right) = Q\rho\left(v_x - v_0\right) = A_0V_0\rho_0\left(v_x - v_0\right) = A_L\rho_L v_x^{\ 2} \tag{5-20}$$

式中：W，Q 分别为通过喷丝孔熔体的质量流量和体积流量。

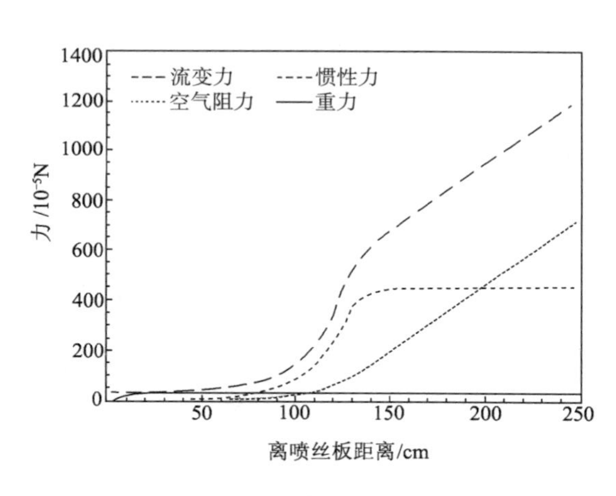

图5-19 PA66在纺速6600m/min时计算的受力分布

F_i 对纤维张力贡献的重要性随纺丝条件而异。对于常规熔体纺丝，F_i 在有加速运动的范围内与 v_x 的平方成正比。图 5-19 表明：高的卷绕速度下，惯性力在纺程前部分增加，当丝条凝固、直径不再变化时趋于平衡；因此高速纺丝中，F_i 的重要性将大幅增加。在 8000m/min 以上的超高速纺丝中，F_i 离喷丝板不远处就开始显示出很大的影响，其对结构形成的影响很大。有人认为，超高速纺丝中纺丝线上出现细颈现象，正是 F_i 引起丝条的质量微元突然加速的结果。因此，惯性力对丝条结构的形成起着决定性的作用，它是纺丝线上结构形成区域的主导力。

4. **摩擦阻力 F_f** 纺丝线在空气介质中运动时，其表面积与介质之间因相互运动而产生摩擦阻力。设介质作用在纺丝线表面的剪切应力用 $\sigma_{rx,s}$ 表示，则从喷丝头到 X 处这段纺丝线上所受到的总摩擦阻力 F_f 为：

$$F_f = \int_0^X \sigma_{rx,s}\left(x\right)\cdot 2\pi R_x \mathrm{d}x \tag{5-21}$$

可见 F_f 沿纺丝线而变化。熔体纺丝线上的边界层气流的流谱是变化的，总体来说，除了临近喷丝板附近的区域外，都是湍流态。接近喷丝板处，熔体丝条速度特别小，F_f 也极小，因此图 5-19 中的 F_f 发展较迟。但随纤维纺速的增加，F_f 增大，且在纺速（和直径）恒定后不断提高，这是由纺线长度的增加对阻力的贡献所导致的。实际上空气摩擦阻力绝大部分为丝条达到固化点以后的纺丝线所贡献的。

$\sigma_{rx,s}$ 与丝条和空气之间相对速度 v_x 的平方成正比：

$$\sigma_{rx,s} = C_f \frac{1}{2}\rho^0 v_x^2 \tag{5-22}$$

式中：ρ^0 为空气介质的密度（$1.2kg/m^3$）；C_f 为表面摩擦系数（即空气阻力系数）。

C_f 与丝条运动速度、丝条表面几何形状及介质的运动黏度等因素有关，因而要用湍流理论推导摩擦系数的表达式：

$$C_f = K\,Re^{-n} \tag{5-23}$$

式中：n 为经验常数，多采用 0.6 ～ 0.8；K 值采用从 0.23 到大于 1，取决于研究人员及采用的测定方法。

将 K=0.37 代入式（5-23）和式（5-21）可得到空气摩擦阻力计算式：

$$F_f = \int_0^x 0.37\left(\frac{Vd_x}{0.16\times10^{-4}}\right)^{-0.61}\frac{1.2}{2}V_x^2\pi d_x \mathrm{d}x = 8.28\times10^{-4} v_x^{1.39} d_x^{0.39} x \tag{5-24}$$

可见 F_f 和纺速的 1.39 次方成正比。因此，在常规纺丝条件下，空气摩擦阻力与惯性力一样是流变力的主要贡献者。

C_f 也可通过测定张力来确定。对于一定纺丝速度下的纺丝线，在拉伸形变完成之后，用张力仪沿纺丝线上固化区域进行测定，可以看到张力沿纺丝线成线性增大，其原因基本上是空气摩擦阻力增加的结果，因为 F_g 的作用可以忽略，而 F_i、F_s 的变化均为零。如果在纺丝线的 x_1 处测得张力为 $(F_{ext})_1$，在 x_2 处测得张力为 $(F_{ext})_2$，则张力的增加为：

$$\Delta F_{ext} = (F_{ext})_2 - (F_{ext})_1 = \Delta F_f = \int_{x_1}^{x_2}\sigma_{rx,s}\cdot 2\pi R_x \mathrm{d}x = \sigma_{rx,s}\cdot 2\pi R_L \cdot \Delta x \tag{5-25}$$

将式（5-22）代入式（5-25），可得：

$$C_f = \frac{\Delta F_{ext}}{\rho^0 v_x^2\cdot \pi R_L \cdot \Delta x} \tag{5-26}$$

利用这个关系，我们可以通过测定张力来确定阻力系数 C_f。

图 5-20 是各种不同纺丝速度的 PET 熔纺中测得的张力沿纺丝线的变化情况。由图可知，在高速纺丝中，F_f 随纺丝速度提高而急剧增大。因此 F_f 在高速纺丝中作用十分重要，对结构的形成也有很大影响。纺丝速度超过 6000m/min 时，F_i 和 F_f 使纤维在纺丝线上发生全拉伸。

5. **流变阻力 F_r** 根据拉伸应力的定义，F_r 取决于聚合物熔体离开喷丝孔后的流变行为和形变区的速度梯度，即：

$$F_r(x) = \eta_e \dot{\varepsilon}(x)\pi R_x^2 \tag{5-27}$$

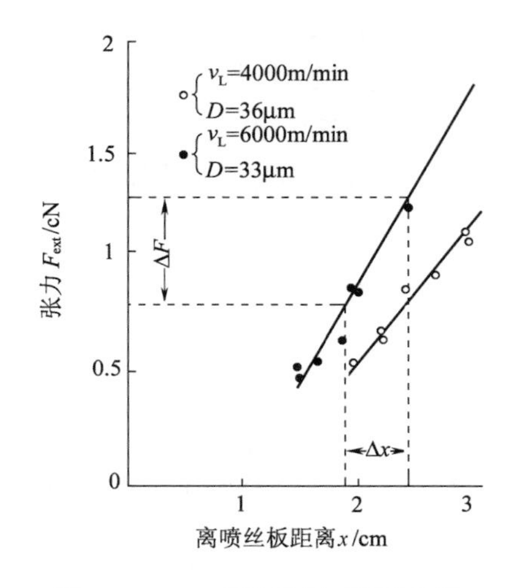

图5-20 PET高速纺丝时固化区张力沿纺程的变化

由于拉伸黏度 η_e 是纺丝线上的位置函数，受纺丝线上速度分布和温度分布的影响，其在线测定很困难，因此不能由式（5-27）直接确定 F_r，而可以由力平衡关系式计算：

$$F_r(x) = F_{ext} + F_g - F_s - F_i - F_f \tag{5-28}$$

式中：各项阻力 (F_g、F_s、F_i、F_f) 是从离喷丝头 x 处到卷绕筒管 ($x=L$) 处的一段纺丝线上的作用力。

在喷丝孔出口处 (x=0)，流变力 $F_r(0)$ 可按下式计算：

$$F_r(0) = \pi R_0^{\ 2}\sigma_{xx}(0) \tag{5-29}$$

式中：$\sigma_{xx}(0)$ 为聚合物细流在喷丝孔出口处的拉伸应力，它的表达式为：

$$\sigma_{xx}(0) = \eta_e \dot{\varepsilon}(0) \tag{5-30}$$

式中：η_e 为在喷丝孔出口处的拉伸黏度；$\dot{\varepsilon}(0)$ 为在喷丝孔出口处的轴向速度梯度 (dv/dx)。$F_r(0)$ 对纤维张力有重要贡献，一般不可忽略。

在卷绕点处 ($x=L$)，$F_r(L)$ 即卷绕张力式（5-28）中的 F_{ext}。F_{ext} 不合适是造成成型不良的主要因素。F_{ext} 过大会出现凸肩，F_{ext} 过小会出现凸肚，即“面包丝”。在实际生产中应根据产品品种和线密度等的不同选择合适的卷绕张力，使丝饼成型良好。在确保成型良好的前提下卷绕张力可稍大些，有利于丝饼在后道织造工序中进行退绕。

应该指出，上述理论分析和实验研究均就单丝而言。至于复丝，其所经历的机械和热的条件与纺单纤维时极不相同。甚至复丝中多根纤维之间所经历的条件也有所变化，从而引起纤维受力情况的改变。例如，纺低线密度纤维时，纺丝应力明显增大。实验表明，总线密度一定时，根数增加 1 倍，纺丝张力也几乎增大 1 倍。

另外，上述理论分析和实验研究都基于空气作为熔体纺丝的冷却介质。研究表明，对于在熔体高速纺丝引入在线干扰的体系，例如引入液体等温浴（LIB）作为冷却介质的熔体高速纺丝过程，丝条张力可以比传统高速纺丝过程提高一个数量级；熔体纺丝动力学已由惯性力和空气摩擦阻力控制的传统模式变为施加在线干扰纺丝过程控制的方法。不同的 LIB 位置，不仅对熔体纺丝动力学有不同的响应，而且相应的初生纤维有不同的性能。

纺丝线上固化发生位置的纺丝应力是一个重要的量值，对于给定的物料，基本上将决定初生纤维的结构和性能。根据纺丝线上的力平衡方程式，可求得任意点 x 处的纺丝应力，从而确定纺丝线上的应力分布（图 5-21）。

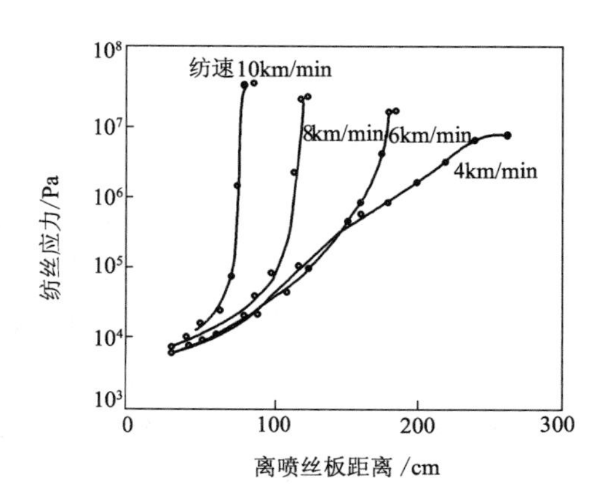

图5-21 PET纺丝线上的应力分布

图 5-21 表明，在 4000 m/min 的纺速下，纺丝应

力沿纺程几乎单调增加。当纺速更高纺丝线上出现细颈现象时，细颈点附近纺丝应力急剧增大。

码5-5 MATLAB计算纤维纺丝线的轴向、径向温度场

码5-6 拓展阅读：MATLAB计算纤维温度场模型温度

二、熔体纺丝中的传热

熔体细流的固化过程，首先受细流和周围介质的传热过程控制，同时伴随结晶和分子取向的过程。

熔体纺丝中的传热，是熔体纺丝过程的一个决定因素，它影响纺丝线上的速度分布和应力分布，以及纺丝线上的结晶、分子取向和其他结构形成过程，因此也是化学纤维成型理论研究的核心问题之一。

纤维的温度随纺程位置的变化由纺丝线上的能量平衡决定。丝条上的传热方式有对流、辐射及传导，热量沿纤维向较冷的部位传递，并传到与纤维接触的物体上，如卷绕辊。运动丝条和环境介质间的传热，可用图5-22表示。在丝条内部 ($0 < r < R$)，热流因传导所引起，从丝条表面到环境介质则主要为对流传热，还有很小一部分为热辐射。丝条在纺丝线上逐渐冷却，有一个轴向的温度场 (T–x)；同时，由于热量是由中心经边界层传到周围介质中去的，因而必定有一个径向的温度场 (T–r)。研究熔体纺丝中传热问题的主要任务，就是找出纺丝线上的温度分布情况，即轴向温度场和径向温度场。

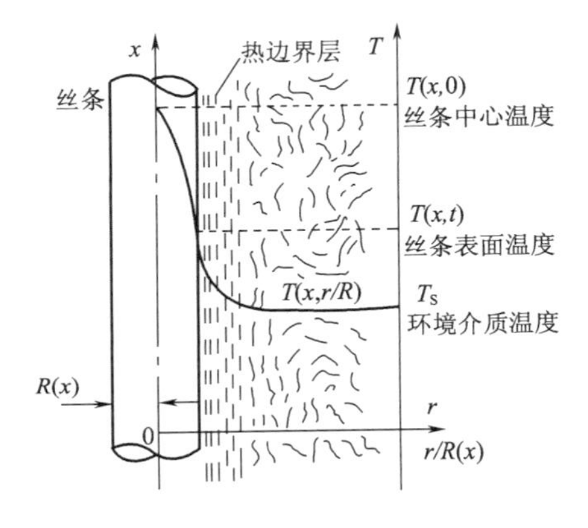

图5-22 纺丝线传热过程示意图

（一）熔体纺丝线上的轴向温度分布

确定熔体纺丝线上轴向温度分布，可采用能量方程式。为了使问题简化，做如下假设：

（1）内能 U 的变化及流动过程中能量失散均忽略不计。

（2）忽略热辐射。实际上辐射能十分依赖于丝条的温度，对于无机玻璃或金属的纺丝则非常重要，此时的纺丝温度会非常高。由于有机高分子的纺丝温度很少超过300℃，故辐射可被忽略或者通过选定热转换系数值将其包含到对流贡献量中。

（3）在纺丝线上的任何一点上，聚合物流动是稳态的。

（4）丝条在冷却过程中无相变热释放。忽略该项的原因之一是早期的计算处理主要分析PET的性能，在当时计算使用的纺丝条件下，纺丝线上并不发生结晶。然而，对于聚烯烃或PET高速纺、其他聚酯及聚酰胺的纺丝过程，必须在分析中考虑结晶因素。结晶热对丝条温度的贡献将在后续进行讨论。

（5）以拉伸应变速率 $\dot{\varepsilon}$ 和拉伸应力 σ_{xx} 作黏性拉伸流动过程中产生的热量可以忽略。

（6）沿丝条轴向的传热可忽略。

（7）丝条径向无温差。实际上丝条径向有一定温差，但与其他机械能相比，传导显然可以被忽略。实际处理过程中，采用丝条径向的平均温度作为度量。

将丝条作圆柱形处理，其直径为 d、密度为 ρ、速度为 v。这样就可以得到熔体在纺丝线上 dx 部分的方程式：

$$\frac{\mathrm{d}T}{\mathrm{d}x}=\frac{-4\alpha^*\left(T-T_\mathrm{s}\right)}{v\,d\,\rho C_\mathrm{p}}=\frac{-\pi d\alpha^*\left(T-T_\mathrm{s}\right)}{WC_\mathrm{p}} \tag{5-31}$$

式中：α^* 为传热系数 [W/(m^2·K·s)]；C_p 为等压热容 [J/(kg·K)]；T_s 为环境介质温度；W 为每个喷丝孔熔体挤出量 (kg/s)。

对式（5-31）进行积分，即可得纺丝线上稳态轴向温度分布的方程式：

$$T_\mathrm{x}=T_\mathrm{s}+(T_0-T_\mathrm{s})\exp\left(-\int_0^x\frac{\pi d\alpha^*}{WC_\mathrm{p}}\mathrm{d}x\right) \tag{5-32}$$

式中：T_x 为纺程 x 处的丝条温度；T_0 为熔体的挤出温度。

根据式（5-32）计算，最重要的问题是传热系数 α^* 的确定，这个问题将在后面讨论。由于 C_p 和 W 通常可视为常数，在 α^* 确定后，即可求得纺程上 x 处的温度 $T(x)$。

PA6 常规纺丝线上实际测定的温度分布曲线（图 5-23）表明，式（5-32）所预示的温度分布与实测值十分吻合。但在 PET 高速纺丝中（图 5-24）纺速为 8000m/min 时，纺丝线上的温度曲线上出现一个平台，与计算值不符。其原因是方程式（5-32）未考虑丝条冷却过程中的相变热，而实际上正如后面将要讨论的，PET 高速纺丝中会发生取向结晶，因此实测值高于计算值。为此，对于纺丝线上发生结晶的情况，式（5-32）应作相应的校正。

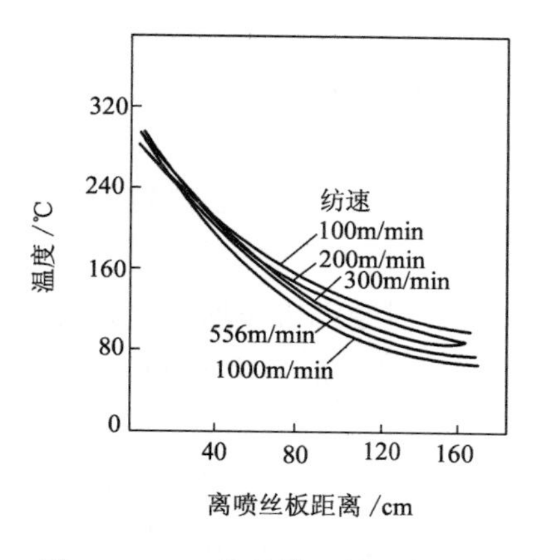

图5-23　PA6纺丝线上的温度分布

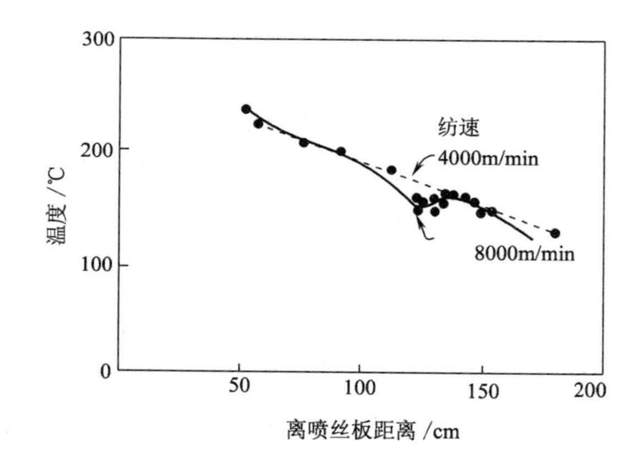

图5-24　PET纺丝线上的温度分布

若丝条内辐射引起的温度变化不计、结晶热计算在内，则微分能量平衡式可改写为：

$$\frac{\mathrm{d}T}{\mathrm{d}x}=\frac{-4\alpha^*\left(T-T_\mathrm{s}\right)}{v\,d\,\rho C_\mathrm{p}}+\frac{\Delta H_\mathrm{f}}{C_\mathrm{p}}\frac{\mathrm{d}X}{\mathrm{d}x} \tag{5-33}$$

式中：H_f 为结晶熔融热；X 为结晶分数。

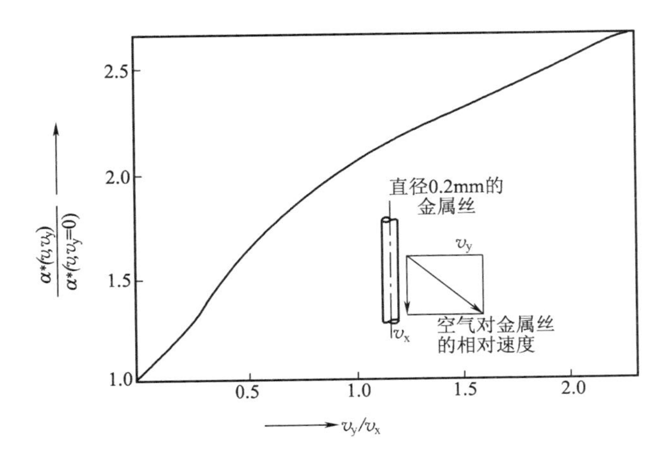

图5-25　空气速度分量v保持恒定时，传热系数随v_y分量的变化

式（5-32）中，计算熔体纺丝线上的温度分布所需的关键参数是传热系数 α^*。许多作者根据理论和经验，通过无量纲数组如努赛尔数（*Nu*）、雷诺数（*Re*）、普兰特数（*Pr*）及格兰索夫数（*Gr*）的使用，建立了描述 α^* 随纺丝条件变化的关系式。其中常用的 α^* 是以气流冷却圆柱形金属丝的模拟实验，依据稳态假定推导出来的（图 5-25）。空气以不同的角度吹过金属丝，其纵向分量 v_x 和横向分量 v_y 随之发生变化。v_x 相当于纺丝过程中丝条的运动速度。设丝条的截面为圆形，其面积为 *A*，可得出传热系数的表达式：

$$\alpha^* = 0.4253A^{-0.333}[v_x{}^2 + (8v_y)^2]^{0.167} \tag{5-34}$$

从式（5-34）可以得出两个重要的结论：

（1）在横吹风时（相当于模拟实验中 v_x=0，v_y=*a*）的传热系数为纵向吹风 (v_x=*a*，v_y=0) 时的两倍。

（2）在纺丝线上丝条冷却的控制因素是变化的。由式（5-34）可知：

若 $v_y/v_x < 0.125$，$[v_x{}^2 + (8v_y)^2]^{0.167} \cong v_x{}^{0.334}$

若 $v_y/v_x > 0.125$，$[v_x{}^2 + (8v_y)^2]^{0.167} \cong 2v_y{}^{0.334}$

这种关系所预示的含义是：在横向吹风速度 v_y 不变时，因丝条运动速度在纺丝线上是变化的，则在整个纺丝线上必定要经历一个 v_y/v_x 值从大于 0.125 到等于 0.125，又到小于 0.125 的变化。在接近喷丝板的范围内，$v_y/v_x > 0.125$，在喷丝板之下不远，丝条运动速度远小于 v_y，α^* 算式中的 v_x^2 项可忽略不计。随着纺丝线上速度的逐渐提高，v_y/v_x 减小，至 $v_y/v_x \ll 0.125$ 时，v_y^2 项又变得可忽略不计了。这个变化关系就是说，在纺丝窗的上段，冷却过程主要受冷却吹风速度 v_y 控制；在纺丝窗下部，冷却过程几乎完全取决于丝条本身的运动速度 v_x。

由于高速纺丝条的速度比常规纺大 3 ～ 4 倍，所以在纺程上出现 $v_y/v_x < 0.125$ 的位置要更早。而且 $v_y/v_x \gg 0.125$，因此 v_y 的变化对冷却过程和初生丝结构性质的影响不如常规纺明显。

早期，在纺丝研究中大多采用式（5-34）计算传热。有人发现将该式用于高速纺时，传热系数偏低 25%，这是因为式（5-34）的推导是根据加热金属丝在风筒中冷却的实验，不完全符合实际纺丝中丝条的冷却状况。因此提出如下从纺程上测到的传热系数的表达式：

$$\alpha^* = 1.74\left(\frac{v}{A}\right)^{0.259}\left[1+\left(\frac{8v_y}{v_x}\right)^2\right]^{0.167} \tag{5-35}$$

此外，还应注意如下问题：

（1）向下运动的高速纺丝条，在其周围会夹带一薄层的边界层气流，并且丝条受横吹风气流而处于振动态。这些因素均对传热系数有影响。因此选择一个合适的传热系数表达式非常重要。

（2）上述传热表达式对熔体纺丝线上复丝中的每根纤维均适用，但对应于丝束中的每根纤维，空气流速、空气温度以及边界条件可能都有所变化，从而会产生复丝效应。巴罗夫斯基（Barovskii）等对 140 根聚酰胺 6 复丝的温度和速度分布的研究表明，当横吹冷风通过丝条时，靠近喷丝板处，风速降至 60%，而风温升至 200℃；离喷丝板距离增大，风速的减小量及风温的增加量则随之降低。这样的传热差异必将导致丝束上不同位置的纤维具有的结构和性质会产生相当大的差异。一些作者已经讨论或试图模拟复丝的影响。当复丝的影响增大成为重要的工业问题时（例如纺制超低线密度纤维时），则需要考虑如何减小这些影响，否则，丝束内的纤维结构和性能将不均匀。

（3）对于异形纤维，要考虑纺程上传热系数的不对称性质的影响，使模型更切合实际。例如，对于三角异形纤维，由于冷却风等因素的不同，温度呈三维偏中心不均匀分布，中心偏离度与冷却过程有关。用三元坐标分析其传热过程，不仅可方便地模拟出纺丝过程中整个截面的温度分布情况，而且便于进一步细化，得到同一截面上不同区域的温度分布。

（二）熔体纺丝线上的冷却长度 L_k

通常将从喷丝板 (x=0) 到卷绕点 (x=L) 之间距离称为纺程，其喷丝板到丝条固化点 (x=x_e) 之间的距离称为冷却长度 (L_k)。在 L_k 的范围内，是熔体细流向初生纤维转化的过渡阶段，也是初生纤维结构形成的主要区域。因此测定或计算出 L_k 并加以控制，是纺丝工程中的重要研究内容。

对 L_k 的研究可以从纺丝线上的直径分布、速度分布和温度分布着手。采用由温度分布求 L_k 的方法，设 W、α^* 和 C_p 为常数，固化点前的直径和速度均用平均值 ($\bar{d},\bar{v}$) 表示，L_k 可由式（5-32）求得：

$$L_k = \frac{WC_p}{\pi\bar{d}\,\bar{\alpha}^*}\ln\frac{T_0-T_s}{T_e-T_s} = \frac{\rho\bar{d}\ \bar{v}\,C_p}{4\alpha^*}\cdot\ln\frac{T_0-T_s}{T_e-T_s} \tag{5-36}$$

式中：ρ 为丝条的密度。

由式（5-36）可知，L_k 受冷却吹风时丝条的传热系数 α^*、环境介质温度 T_s、熔体的等压热容 C_p、丝条的直径 $\bar{d}$、丝条的速度 $\bar{v}$ 和熔体的挤出温度 T_0 等因素影响，其中 α^* 的影响最大，一般 α^* 增大一倍，L_k 减小一半。

PET熔体的 C_p 平均值 [1.7kJ/(kg·K)] 低于 PA6[2.4kJ/(kg·K)] 和 PA66[2.5kJ/(kg·K)]，因此其 L_k 通常比 PA6 和 PA66 短些。对于常规纤维的纺丝，L_k 较长，缩短喷丝板到侧吹风的距离 H，可以获得比较好的条干 CV 值，但 H 太短，喷丝板冷却加快，丝条冷却速率提高，丝条易断头。因此，常规 PET 熔融纺丝的 H 一般控制在 20 ～ 30mm。对于纺制超细纤维，由于丝条的直径 $\bar{d}$ 远低于常规纤维，L_k 太短，因此应适当增大 H，以降低侧吹风对喷丝板面的影响，减小喷丝板的温度降，使丝自然冷却，防止丝条变脆，强度降低。因此，超细 PET 纺丝的 H 一般控制在 40 ～ 1200mm。

值得注意的是，不管是从理论计算还是实测，纺制常规纤维时 L_k 一般都意外的短，只有 0.5m 左右，而其纺程为 4 ～ 6m，高速纺时达 7m，因此对固化点至卷绕点之间过长的距离加以适当的修正是可能的。紧凑短程纺的发展，已完全证实了这种设想。

（三）熔体纺丝线上的径向温度分布

在讨论丝条的运动学和动力学时，常忽略了丝条径向温度的不同。但由于聚合物为导热差的物体，从丝条中心到表皮实际上存在温差。在高速纺丝纤维成型过程中，由于聚合物对温度的敏感性，即使小的径向温度差也会对纤维截面的应力分布产生影响，而分子取向的分布很大程度上取决于应力分布，因此这种径向温差会对丝条的径向结构发展产生重要的影响。

根据傅里叶经验规律，可得到径向温度分布的微元方程：

$$\left(\frac{\partial T}{\partial r}\right)_{\mathrm{R}} = -\frac{(T_{\mathrm{R}} - T_{\mathrm{S}})\alpha^{*}}{\lambda} \tag{5-37}$$

式中：T_R 为丝条表面温度；λ 为丝条的导热系数 [W/(m·K)]。可见，丝条的径向温度梯度随传热系数而变大，即随纺速和横吹风风速的增加以及线密度变细而变大。

由式（5-37）可得丝条平均径向温度梯度的表示式：

$$\frac{T_0 - T_{\mathrm{R}}}{R} = \frac{(T_{\mathrm{R}} - T_{\mathrm{s}})\lambda_{\mathrm{a}} N_{\mathrm{nu}}}{2\lambda R} \tag{5-38}$$

式中：T_0 为丝条中心温度 (r=0)。

从图 5-26 可知，丝条中心与表面之间存在温度差，即使温度差只有几度，但如果丝条的半径为 0.002cm，这就相当于径向温度梯度的数量级为 10^3℃ /cm。由于聚合物性质对温度的敏感性，这样的径向温差会对纤维的径向结构发展产生重要影响。图 5-26 表明，由于径向的温度分布导致径向黏度分布，高黏性的皮层出现应力集中现象，这样高应力的皮层区要比接近于纤维轴的低应力区存在更好的大分子取向和结晶的条件。这正是高速纺纤维形成皮芯结构的原因。

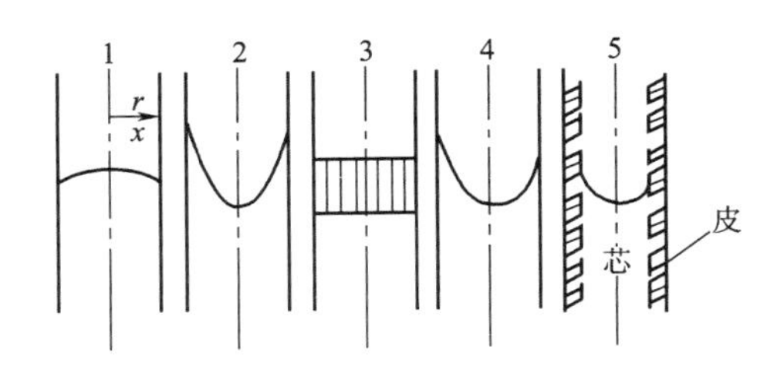

图5-26　熔纺纤维的径向温度梯度物理性质和动力学特征

1—温度　2—聚合物黏度　3—轴向速度　4—张应力　5—结晶速率

式（5-38）适用于圆形纤维。对于异形纤维，还应该以异形截面的几何形状作为微分单元，通过分析各微分单元之间的传热情况，建立异形纤维的传热模型，通过热平衡方程定量分析各单元间的传热情况，进而可推导出各单元内部的温度分布。

三、熔体纺丝中纤维结构的形成

纺丝得到的纤维，即所谓的卷绕丝（as-spun fiber），其结构对纤维的最终结构具有非常重要的影响，控制着进一步加工的工艺及后加工过程中的结构变化，且间接影响到成品纤维的使用性能。

卷绕丝的结构是在整个纺丝线上发展起来的，它是纺丝过程中流变学因素（熔体细流的拉伸）、纺丝线上的传热和聚合物结晶动力学之间相互作用的结果。纤维结构的形成和发展主要是指纺丝线上聚合物的取向和结晶。

（一）熔体纺丝过程中的取向

熔体纺丝过程中得到的取向度，即所谓的预取向度（preorientation），对拉伸工序的正常操作和成品纤维的取向度有很大的影响。因此，研究纺丝过程中的取向发展，不仅有理论价值，还具有很大的实际意义。

1. **纺丝过程中的取向机理** 根据聚合物在纺丝线上的形态特点，纺丝过程中取向作用有两种取向机理，一种是处于熔体状态下的流动取向机理，另一种是纤维固化之后的形变取向机理。前者包括喷丝孔中切变流场中的流动取向和出喷丝孔后熔体细流在拉伸流场中的流动取向。图 5-27 为三种取向机理的示意图。

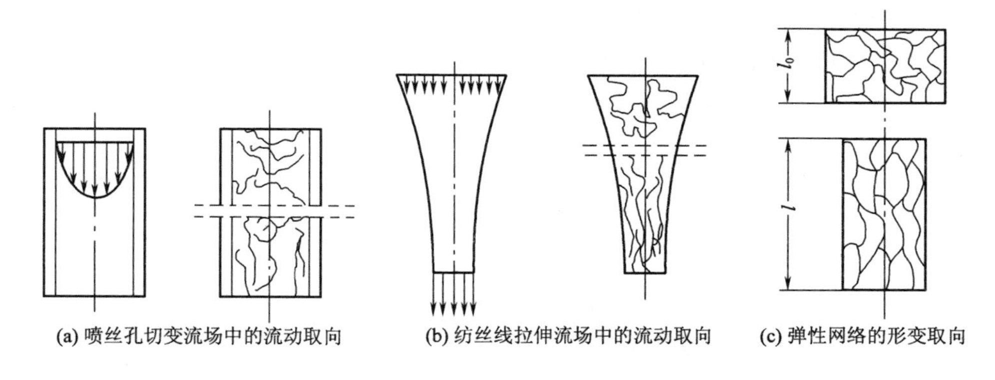

图5-27　取向机理示意图

喷丝孔中的剪切流动取向，是在径向速度梯度场中的取向。在稳态条件下，取向度正比于切变速率 $\dot{\gamma}$ 与松弛时间 τ 的乘积，$\dot{\gamma}\tau$ 是一个无量纲组合，即所谓威森堡数。

在喷丝孔中流动时，熔体温度较高，因而松弛时间 τ 较小，造成的取向就小。再则，即使有剪切流动取向，在挤出胀大区域中也会发生松弛。所以实验证明，喷丝孔中的剪切流动取向对卷绕丝预取向的贡献很小，对于大多数的熔体纺丝，这种贡献可以忽略不计。

对于熔体纺丝线上的拉伸流动取向，控制取向的速度场是拉伸流动中的轴向速度梯度 $\dot{\varepsilon}$。

实验表明，这是熔体纺丝中所应考虑的最重要的取向机理，卷绕丝的取向度主要是纺丝线上拉伸流动的贡献。

拉伸流动中，流动单元的取向也是两种对立因素竞争的结果，一种是以轴向速度梯度$\dot{\varepsilon}$为特征的拉伸流动速度场的取向作用；另一种是布朗运动的解取向作用（与松弛时间τ的倒数成正比）。也就是说，取向因数f取决于$\dot{\varepsilon}$和τ；对于非稳态流动取向，还取决于取向时间t。考虑各种结构模型，可导出：

$$f(t)=f_{\mathrm{st}}(\tau\dot{\varepsilon})+\sum_{i=1}^{\infty}f_i\exp(-\lambda_i t/\tau) \tag{5-39}$$

式中：$\tau\dot{\varepsilon}$为威森堡数；f_{st}为取向因数f的稳定值；f_i为特征值；λ_i为特征函数。

当τ和$\dot{\varepsilon}$的值恒定时，根据式（5-39），取向因数与时间的关系可用图5-28表示。由图可知，f逐渐增加而趋于稳定值，在停止流动以后$(\dot{\varepsilon}=0)$，又逐渐松弛至零。

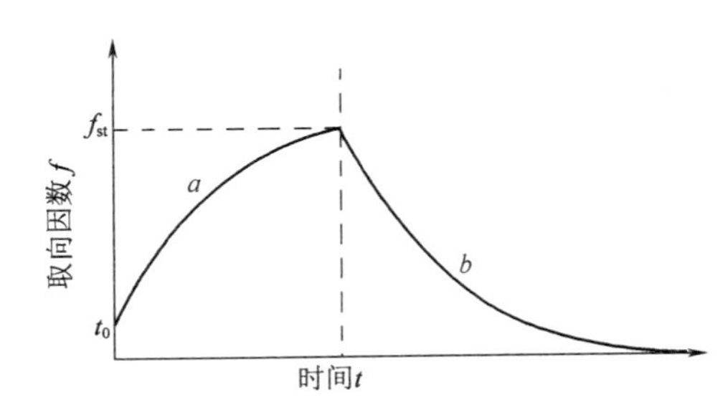

图5-28　取向因数的时间依赖性

当松弛时间很短（$\tau\rightarrow0$）时，式（5-39）成为：

$$f(t)=\begin{cases}f_{\mathrm{st}}(\tau\dot{\varepsilon}) & \dot{\varepsilon}\neq0\\ 0 & \dot{\varepsilon}=0\end{cases} \tag{5-40}$$

这表明f在流动过程中不随时间变化。这个过程称为稳态流动。此时决定取向度的参数是乘积$(\tau\dot{\varepsilon})$，即威森堡数。

但在实际纺丝过程中，发生固化过程（τ增加），而且$\dot{\varepsilon}$沿纺程有变化。对于这种非稳态流动取向，式（5-39）尚无明确而一般性的解。通常认为，f除取决于威森堡数外，还与取向时间和拉伸条件下稳态建立的时间有关。

拉伸形变取向发生在纺丝线上的固化区，是一种橡胶状网络取向拉伸，对卷绕丝的取向度也有一定贡献。这种取向可视为松弛时间无限大$(\tau\rightarrow\infty)$时的拉伸流动取向。

在$(\tau\dot{\varepsilon})$值高时，$f_{\mathrm{st}}(\tau\dot{\varepsilon})$可表示为幂级数形式：

$$f_{\mathrm{st}}=1-a_1(\tau\dot{\varepsilon})^{-1}-a_2(\tau\dot{\varepsilon})^{-2}-\cdots \tag{5-41}$$

显然$\tau\rightarrow\infty$时，式（5-41）中的f_{st}=1。这表明，拉伸形变取向的大小仅取决于形变比，而与拉伸形变速率和时间无关。

2. **熔体纺丝线上分子取向的发展**　熔体纺丝线上取向度的变化规律，因成纤聚合物的特性而异。

对于PET等在纺程上基本不发生结晶的聚合体，其取向度（用双折射Δn表示）沿纺程的分布如图5-29所示。

根据Δn的不同，可将图5-29分成三个区域。

Ⅰ区中，Δn略有增加。这是因为，拉伸黏度η_e发生变化。一方面$\dot{\varepsilon}(x)$导致拉伸流动速度场的取向作用；另一方面熔体细流温度远高于固化温度，η_e较小，因此布朗运动的解取向作

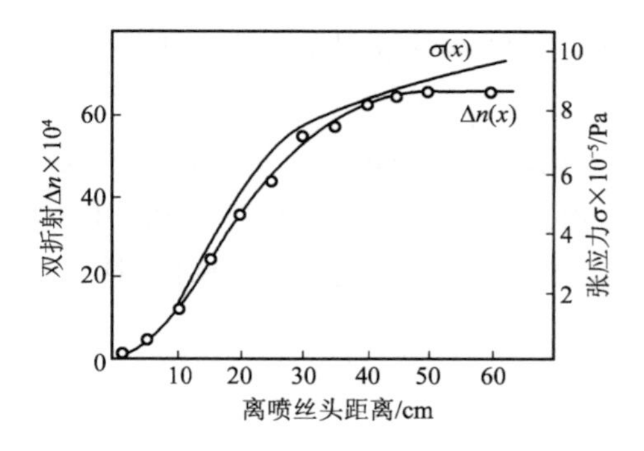

图5-29 PET纺丝线上的双折射分布

用也较大。由于两者竞争的结果，因此总的取向度增加有限。

Ⅱ区中，Δn 增加迅速。这是因为拉伸流动速度场的取向因 $\dot{\varepsilon}(x)$ 仍较大而继续发挥较大的作用；同时解取向作用因 η_e 逐渐增大而削弱，因此有效的取向度大幅度单调上升。

Ⅲ区丝条已几乎固化，大分子的活动性较小，变形变得困难，纺程上的拉伸应力已不足于使大分子取向，因此 Δn 达到了饱和值。

由式（5-30）可知，纺丝应力 σ_{xx} 综合反映了 $\dot{\varepsilon}(x)$ 和 η_e 的作用。因此纺丝应力在纺程上的分布与 Δn 的变化十分一致（图 5-29）。一般认为，纤维的双折射与纺丝应力有关：

$$\Delta n=C_{dp}\sigma_{xx} \tag{5-42}$$

式中：C_{dp} 为应力因子。

哈尔姆纳（Halmna）认为，Δn 与 σ_{xx} 的关系为：

$$\Delta n=7.8\times10^{-5}\sigma_{xx} \tag{5-43}$$

此关系式仅对 σ_{xx} 值较小时适用。当 σ_{xx} 趋向无穷大时，Δn 应达到特征双折率 0.2。

根据橡胶弹性理论，Δn 通常与 σ_{xx}/（T+273）有关，因此有如下表达式：

$$\Delta n=0.2\{1-\exp[-0.165\sigma_{xx}/(T+273)]\} \tag{5-44}$$

如前所述，纺丝应力随纺丝速度提高而增大。因此 PET 卷绕丝的取向度随纺速提高而增大（图 5-30）。显然，对于这类在纺程上基本不结晶的聚合物，可以在很宽的纺速范围内充分发展卷绕丝的取向。这正是实际生产中 PET 可以通过高速纺丝制取预取向丝（POY）和全取向丝（FOY）的原因。

但图 5-30 同时表明，PP 卷绕丝的取向作用仅在纺速较低的范围内发生，双折射很快达到饱和值；继续提高纺速，双折射变化缓慢。这是因为 PP 是在纺程上易结晶的聚合物，其结晶度在纺程上发展很快，从而使卷绕丝除发生分子取向外，还发生微晶取向，因此双折射很快达到饱和值。由于纺程上的应力水平不足，于使结晶聚合物进一步取向，因此继续提高纺速，双折射变化缓慢。显然，PP 高速纺丝效果不如 PET 显著。

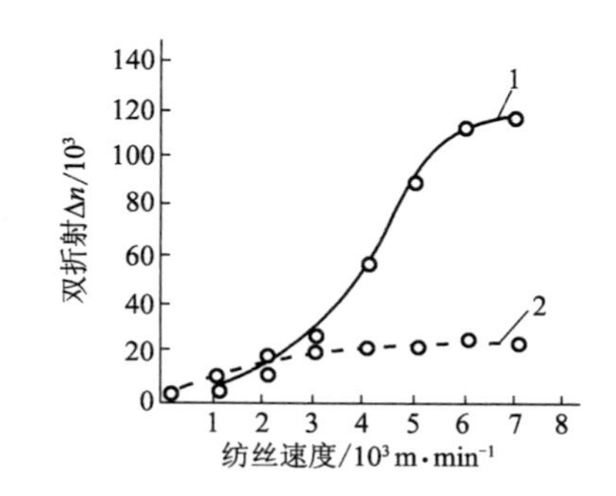

图5-30 卷绕丝双折射与纺丝速度的关系
1—PET纤维 2—PP纤维

另外，有实验表明，在相同纺丝温度下，用茂金属催化剂催化制备的等规聚丙烯（miPP）初生纤维的双折射率，普遍比普通 PP 初生纤维要高。这是由于 miPP 具有较窄的相对分子质量分布，因此在纺丝过程中结晶开始较晚，这就允许其在无定形区的取向增大，所以初生纤维具有较高的双折射。

因此，当聚合物在纺程上结晶时，其取向度沿纺程的分布除取决于应力历史外，还取决于热历史。图 5-31 为纺速为 6000m/min 的 PET 卷绕丝的双折射、纺丝应力、丝条直径和温度沿纺程的分布。聚合物熔体从喷丝孔以温度 T_0 挤出后温度逐渐下降。据此可以将 Δn 沿纺程的分布划分为三个区：

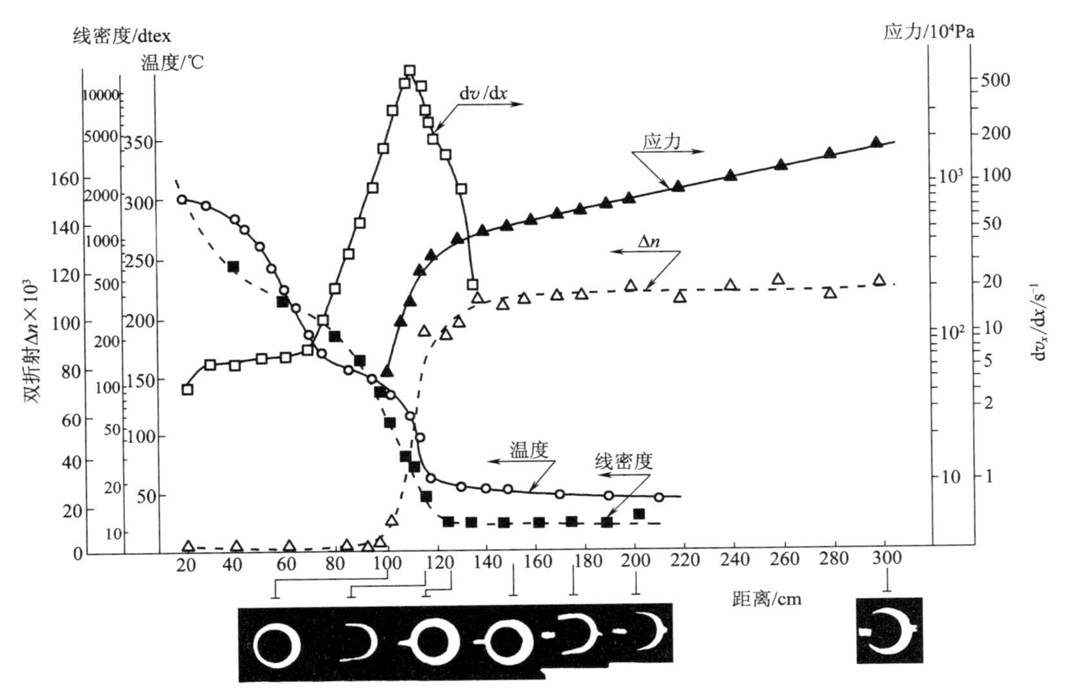

图5-31　PET高速纺丝的典型特性

（卷绕速度6000 m/min，挤出温度295℃，孔径ϕ2.4 mm，质量流量8.4 g/min）

（1）流动形变区。在喷丝板以下 0 ～ 70cm 的范围内，此处大部分的细化形变已基本完成，但是双折射仍然很小。这是因为该区的形变速率较低，聚合物处于高温，大分子迅速地发生解取向作用。因此此区中双折射仅和纺丝应力有关。

对于 PP 有人得出式（5-45）：

$$\Delta n=3.903\times10^{-9}\sigma_{xx}^{0.741} \tag{5-45}$$

（2）结晶取向区。在喷丝板下 70 ～ 130cm。显然，与常规纺 PET 不同，其 Δn 在该狭小的区域内急剧上升，其饱和值大大提高。此区对应的直径曲线上出现细颈，温度曲线上出现平台，形变速率 dυ/dx 出现极大的峰值。这是由于 PET 卷绕丝在纺程上发生了结晶。当双折射增至 0.02 ～ 0.03 时，某些分子排列形成密集相，这对晶核的形成起着重要的作用。一旦晶核形成，结晶细颈处纺丝应力急剧增大。

熔体纺丝的一个主要问题是结晶对纺丝线黏度的影响。最初认为结晶开始时，黏度迅速增加。为计算这一影响，清水（Shimizu）等引入经验表达式：

$$\eta_e(T,\dot{\varepsilon},\theta)=\eta_e(T,\dot{\varepsilon})\exp(c\theta^d) \tag{5-46}$$

式中：c 和 d 为特定常数；θ 为相对结晶度。

齐亚比基（Ziabicki）随后提出，由于结晶，聚合物熔体中的长链逐渐相互连接，小的晶体起到“交联”作用。他认为，当这种物理交联的数目达到某一临界值时，体系失去流动性而转变为弹性固体。随着结晶度（即交联度）的进一步增加，固体变为刚性。因此建议采用下式描述黏度与温度和结晶度的关系：

$$\eta_e(T,\theta)=\frac{f(T)}{\left[1-\dfrac{\theta}{\theta_{cr}}\right]^{\alpha}} \tag{5-47}$$

式中：$f(T)$ 为一温度函数；θ_{cr} 为熔体达到充分交联使 $\eta\to\infty$ 时所需的临界结晶度。近年来公布的实验数据显示，θ_{cr} 相应的结晶程度十分低，为 2% ～ 3%。

显然，即便是少量的结晶，都将大幅改变熔体纺丝的动力学。纺丝应力急剧的增大必然会引起大分子取向迅速加速。因此图 5-31 中，伴随着细颈出现，PET 卷绕丝的双折射数值跃升至 0.1 左右。同时，急剧增大的分子取向又促进了结晶。这种过程称为取向诱导结晶或取向结晶。在图 5-31 上可看到，Δn 急剧上升后的 X 线衍射图谱上出现了结晶的特征。研究表明，聚对苯二甲酸萘二醇酯（PEN）、聚乳酸（PLA）卷绕丝的特性与 PET 相似，主要差别在于出现取向诱导结晶的纺速低于 PET。

（3）塑性形变区。始于接近固化的末端，距离喷丝板约 130cm。尽管表面看来纤维几乎固化，但是由于空气阻力的存在，张应力随之不断增加，使大分子在这样高的张应力下屈服。因此在纺丝期间出现初生纤维的“冷拉”，而且可以看到纤维在结构和力学性质方面的某些变化。

3. **影响熔体纺丝线取向的因素** 对于在纺程上基本不发生结晶的熔体，影响$\dot{\varepsilon}(x)$ 和 η_e 的各种因素均影响其取向。图 5-32 表明，PET 卷绕丝的双折射随卷绕应力直线上升。

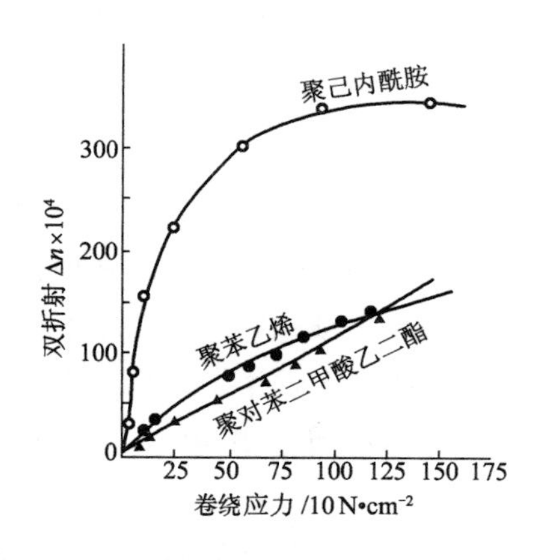

图5-32 卷绕丝的双折射与卷绕应力的关系

图 5-33 表明，在恒定挤出速度或单纤维线密度不变的情况下，卷绕丝的双折射随卷绕速度增加而明显升高，因为拉伸应力与卷绕速度增大成正比。

图 5-34 表明，在形变比 S 和卷绕速度恒定的情况下，单纤维线密度对卷绕丝的双折射有强烈的影响。

此外，熔体温度、冷却条件和成纤聚合物的平均分子量等对熔体纺丝线的取向均有一定的影响。图 5-35 概括地表示了各种影响因素对于熔体纺丝线取向度的影响。

对于在纺程上结晶的聚合物，下面将讨论的影

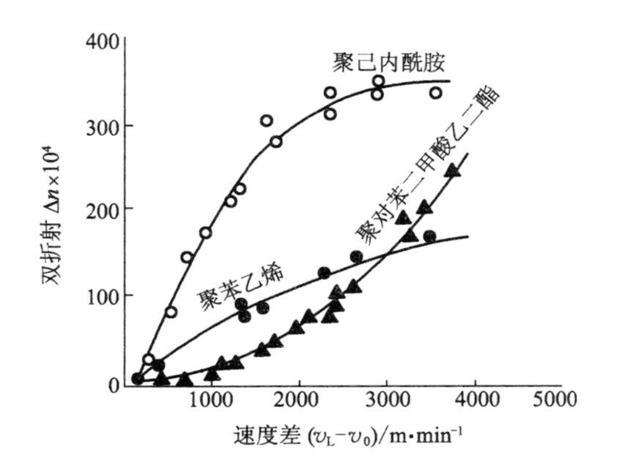

图5-33 质量流量W恒定时卷绕丝双折射与速度差（v_L-v_0）的关系

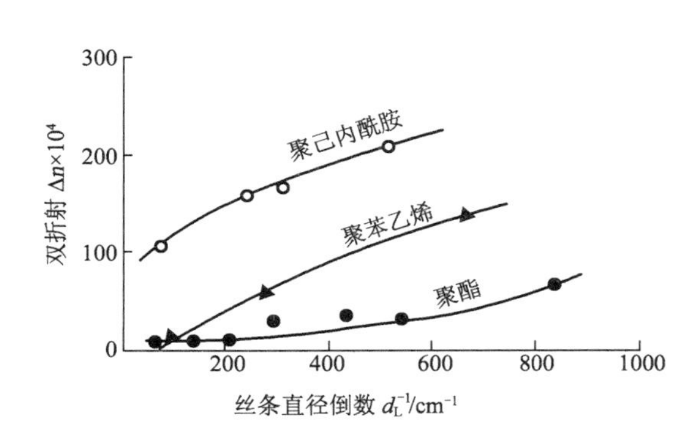

图5-34 单纤维直径对卷绕丝双折射的影响（卷绕速度v_L和形变比S恒定）

响纺丝线晶的因素同时也影响其取向度。

（二）熔体纺丝过程中的结晶

大多数成纤聚合物都是半结晶性的，这些材料的固化就是指结晶（当然，对于完全非结晶态聚合物或者在熔体纺丝中可以结晶但结晶能力太低的聚合物，固化则是指玻璃化）。结晶是熔体纺丝过程中最主要的相转变，它直接决定卷绕丝的后加工性能及成品丝的性质。另外，如上所述，它还对卷绕丝在纺程上的温度分布、速度分布和取向作用有重要影响。因此，了解和控制结晶在熔体纺丝过程中发生的方式一直是最重要的，在该研究领域发表的论文可谓汗牛充栋。下面仅介绍其中几个主要的问题。

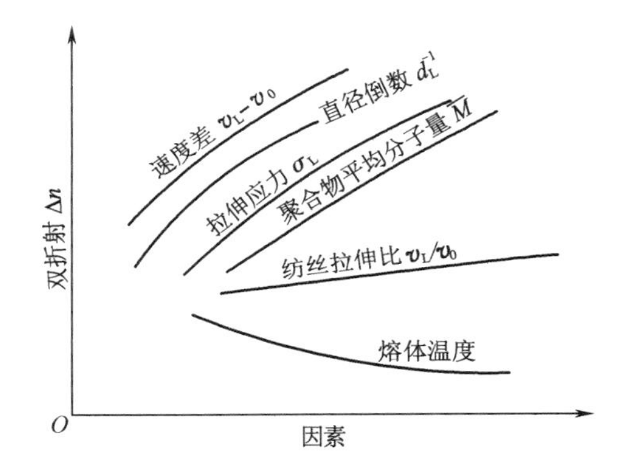

图5-35 各种因素对卷绕丝双折射影响的示意图

1. **纺丝线的等温结晶动力学** 对单一组分聚合物的等温结晶动力学研究较多，应用最多的是阿弗拉密（Avrami）方程。

在等温条件下，聚合物的结晶可用阿弗拉密（Avrami）方程近似地处理：

$$1-\theta_t=\exp(-Kt^n) \tag{5-48}$$

式中：θ_t 为结晶时间 t 时的相对结晶度 [$t=(T_0-T)/\beta$；T_0 为结晶起始温度；T 为结晶温度；β 为降温速率]；n 为阿弗拉密（Avrami）指数，在 1 ～ 6 之间，它取决于成核过程的类型（无热成核还是热成核）和结晶生长的几何特征（结晶生长的空间维数）；K 为结晶速率常数。

以 $\lg[-\ln(1-\theta_t)]$ 对 $\lg t$ 作图，有较好的线性关系。从直线的斜率和截距可以得到阿弗拉密（Avrami）方程的 n 和 K 值。

根据式（5-48），可作出结晶特性曲线（图 5-36）。它由三个不同的区域组成：

（1）结晶诱导期。此区的结晶度低且上升缓慢，其长短取决于结晶温度的高低和聚合物相对分子质量的大小。一般诱导期随结晶温度提高或聚合物相对分子质量下降而延长。

（2）结晶进行期。此区的结晶度急剧增加。

（3）结晶结束期。此区的结晶度趋于稳定。

2. ***纺丝线的非等温结晶动力学*** 非等温结晶更接近真实的工业生产条件，所以更具现实意义。齐亚比基（Ziabicki）、小泽（Ozawa）、耶济奥尼（Jeziorny）和莫志深等在处理等温结晶过程的阿弗拉密（Avrami）方程基础上，考虑到非等温结晶特点，对等降温速率下的结晶动力学各自提出了他们的处理方法。但由于非等温结晶过程的复杂性，到目前为止还没有一个能够适用于所有结晶聚合物体系的非等温结晶动力学方程。

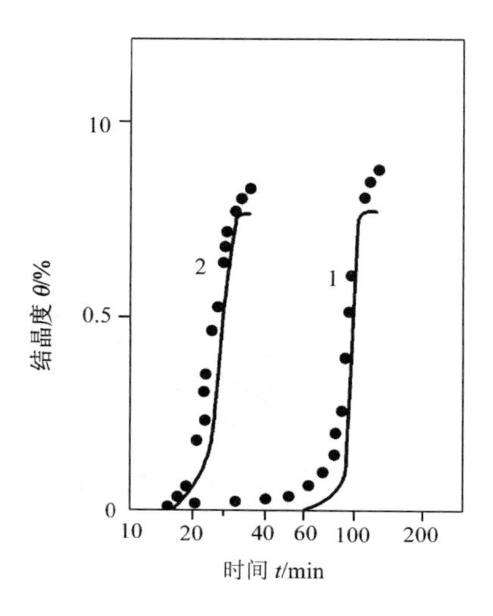

图5-36 高密度聚乙烯的结晶特性曲线
1—等温结晶的计算结果 2—非等温结晶实验数据

图 5-36 表明，在聚合物的等温结晶过程中，结晶度随结晶时间有一定的分布。为了方便地表示结晶速率，Ziabicki 将结晶度达到最大可能结晶度的 1/2 所需时间的倒数 $(t_{1/2})^{-1}$ 作为各种聚合物结晶速度比较的标准，称为结晶速率常数 K。显然，结晶速率越快，$t_{1/2}$ 越小，而 K 越大。对同一种聚合物，结晶速率常数也是温度的函数。$K(T)$ 曲线为一倒钟形曲线（图 5-37），在结晶温度范围的中间部分会出现总结晶速率的最大值。这是由于结晶包括成核过程及晶核生长过程，在轻微过冷（接近熔点）条件下，成核的动力很小，聚合物结晶很慢；另外，当温度接近玻璃化转变温度（T_g）时，由于分子缺乏流动性，晶体生长速率也较低。但是，即使在产生最大结晶速率的温度下，仍需要一定的时间才能完成结晶。熔体纺丝过程中，丝条连续冷却经历一个温度范围，其中结晶能够发生，但在任何温度停留的时间有限。冷却速率提高，任一温度提供结晶的时间就相应缩短。所以，提高冷却速率将会抑制结晶的发生。最终，如果冷却速率快到一定程度时，将没有时间供给结晶，那么物料被冷却至其玻璃化温度以下时，会成为无结晶的玻璃态。因此，在高冷却速率条件下，结晶动力学既是冷却速率的函数，又是温度的函数，纺丝线上的结晶性能取决于影响聚合物结晶动力学与控制冷却速率大小的各种因素之间的权衡。其原因在齐亚比基（Ziabicki）建立的外界条件可变的结晶动力学新模型中有所解释。这种外界条件可变的结晶动力学的新处理法，显然比较适用于模拟熔体纺丝工艺。然而到目前为止，它也只能用于某些简单的情况，例如不存在应力和取向的非等温结晶过程。

由 $K(T)$ 曲线可定义出半结晶宽度 $D=(T_1-T_2)$ 和动力学结晶能力 G。G 的定义是 $K(T)$ 曲线下的面积。由图 5-37 可知，G 近似地等于半结晶宽度 D 与最大结晶速率常数 K^* 之乘积：

$$G=\int_{T_g}^{T_m} K(T)\mathrm{d}T \approx K^* D \quad (5-49)$$

动力学结晶能力 G 是从准等温的角度来考虑非等温结晶过程的基本物理参数，其意义是：某一聚合物从熔点 T_m 以单位冷却速度降低至玻璃化温度 T_g 时，所得到的相对结晶度。

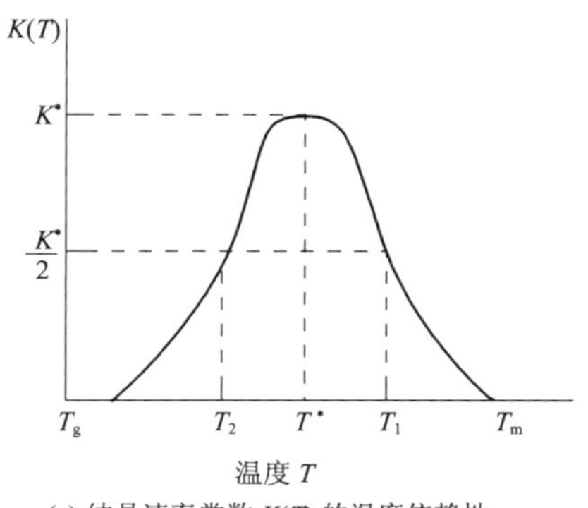

(a) 结晶速率常数 $K(T)$ 的温度依赖性

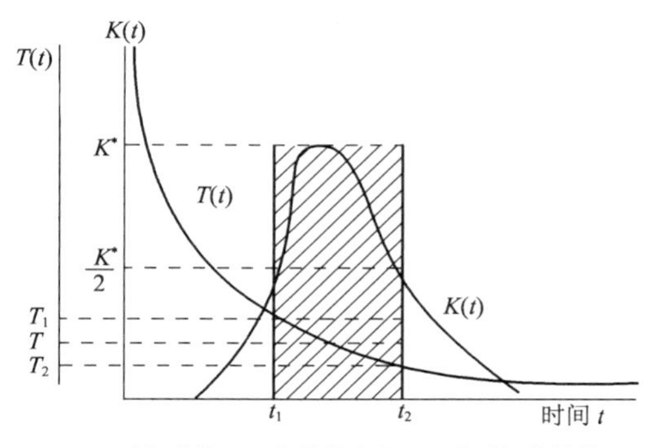

(b) 冷却曲线 $T(t)$ 和结晶速率 $K(t)$ 的时间依赖性

图5-37　结晶速率特性曲线示意图

之所以是相对的，是因为 K 并不等于结晶速率，而是假定以它代替结晶速率。表 5-4 是几种聚合物的动力学结晶能力 G 及有关的其他参数。

表5-4　几种聚合物的结晶动力学特征

聚合物	$t^*_{1/2}$①/s	T_m/℃	T^*/℃	T_1/℃	T_2/℃	D/℃	K^*/s^{-1}	G/℃·s^{-1}	T_g/℃
天然橡胶	5×10^3	30	−24	−12.2	−34.6	22.4	1.4×10^{-4}	3.14×10^{-3}	−75
等规聚丙烯	1.25	180	65	95		60	0.55	35	−20
PET	42.0	267	190	222	158	64	0.016	1.1	67
PA6	5.0	228	145.6	169.4		47.6	0.14	6.66	45
PA66	0.42	264	150	190		80	1.66	133	5
等规聚苯乙烯	185	240	170	190	150	40	3.7×10^{-3}	0.148	100

①在 T^* 温度下，结晶完成一半所需的时间。

这样通过等温结晶动力学方法，得出了非等温条件下的相对结晶度，这就为预示熔体纺丝在非等温条件下卷绕丝所能达到的结晶度提供了依据。例如，基于表 5-4 中的数据，在同样冷却速率下结晶，PA66 得到的相对结晶度将比 PET 高 130 ～ 250 倍（G 分别为 133 和 1.0），比 PA6 高 20 倍（G 为 6.66）。有人计算得到降温速率为 20℃ /min 时聚对苯二甲酸丙二醇酯（PTT）的 G 为 66.45，大于同样方法计算得出的 PET 的 G 值。因此可以预计，PTT 在纺程上的相对结晶度将比 PET 高。实验表明，PTT 的最小 $t_{1/2}$ 值为 0.699min，而 PET 的最小 $t_{1/2}$ 为 1.910min，证明 PTT 的结晶速率确实大于 PET。

根据这一理论得出，到达卷绕装置时，丝条的相对结晶度近似为：

$$\theta_L \approx \int_0^{t_L} K[T(t)]\mathrm{d}t \approx K^*(t_2 - t_1) \tag{5-50}$$

式中：t_L 相当于丝条单元达到卷绕装置的时间；$T(t)$ 为丝条单元由喷丝孔至卷绕装置的温度历史，在稳态条件下，相当于纺丝线上的温度分布 $T(x)$；t_1 和 t_2 分别对应于温度达到 T_1 和 T_2 的时间。

丝条经过半结晶宽度 D 的时间 (t_2-t_1) 为：

$$t_2 - t_1 = \int_{t_1}^{t_2} \frac{\mathrm{d}x}{v} \tag{5-51}$$

采用前述的温度分布［式（5-32）］，式中 d 和 α^* 都应用在温度 T^* 时的值，将式（5-51）代入式（5-32）则可得到卷绕丝的结晶度为：

$$\theta(t_L) \approx K^* \frac{\rho C_P \cdot \mathrm{d}(T^*)}{4\alpha^*(T^*)} \ln \frac{T^* + \frac{D}{2} - T_s}{T^* - \frac{D}{2} - T_s} \tag{5-52}$$

从上式可以看出，影响卷绕丝的结晶度 $\theta(t_L)$ 的因素主要有以下几个方面：

（1）材料的特性。$\theta(t_L)$ 随 K^*、ρ、D 增加而增加。

（2）温度。$\theta(t_L)$ 随 T^* 增加而减小。

（3）冷却速率。$\theta(t_L)$ 随 α^* 增大而减小，随 C_p 和 T_s 增大而增加。

（4）纺丝运动学参数。v_0、v_L 和 W 与丝条在 T^* 时的直径 $\mathrm{d}(T^*)$ 相联系，并与这一点上的传热系数 $\alpha^*(T^*)$ 相关，从而也对卷绕丝的结晶度有影响。一般 $\theta(t_L)$ 随小 v_0 减小、v_L 增加 α^* 增大而减小。

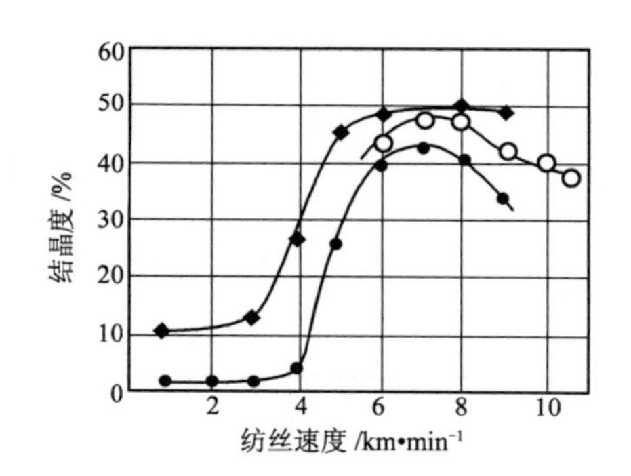

图5-38　PET高速纺丝结晶度与纺速的关系

O—亡青水等　●—村濑等　◆—石崎上出

但必须指出，上述结论仅考虑了热历史，而未考虑纺丝应力的影响，因此个别结论与纺丝实验结果并不相符。例如，根据式（5-52），纺速 v_L 增大，$\mathrm{d}(T^*)$ 减小而 $\alpha^*(T^*)$ 增大，从而导致 $\theta(t_L)$ 下降。但如图 5-38 所示，在 PET 高速纺丝中，$\theta(t_L)$ 在 4000 ～ 7000m/min 的纺速范围内，反而随 v_L 提高而增大。其原因是纺程上发生了取向结晶。

实际生产中，影响结晶（和熔融）温度、结晶度或结晶动力学的因素包括成纤聚合物的组成、立构规整性（即立构规整度、共聚单体组分、支化等）和相对分子质量以及添加剂，如成核剂、抗氧剂、着色剂等。

小泽（Ozawa）方程是 20 世纪 70 年代提出的处理聚合物非等温结晶动力学的方法。小泽（Ozawa）考虑到冷却速率对动力学速率常数的影响，假定非等温结晶过程是由无限小的等温结晶步骤构成，将阿弗拉密（Avrami）方程推广到非等温结晶过程，推导出等式：

$$(1-\theta_t)=\exp[-K(T)/\beta^m] \tag{5-53}$$

式中：$K(T)$ 为降温函数，与成核方式、成核速率、晶核生长速率等因素相关；m 为小泽（Ozawa）指数，反映结晶维数。

但应用小泽（Ozawa）方程处理实验结果时也存在着一定的局限性。如果小泽（Ozawa）方程能够描述聚合物的非等温结晶行为，以 $\ln[-\ln(1-\theta_t)]$ 对 $\ln\beta$ 作图，则得到一条直线，直线的斜率和截距分别为式（5-53）中的 m 和 $K(T)$ 值。由于同一样品在不同冷却速率下的结晶温度区间各不相同，当 β 范围较大时，对于某些聚合物，$\ln[-\ln(1-\theta_t)]\sim\ln\beta$ 可能没有明确的线性关系，这表明用小泽（Ozawa）法处理该聚合物的非等温结晶过程并不适合。

耶济奥尼（Jeziorny）直接将阿弗拉密（Avrami）方程用于聚合物的非等温结晶过程研究，但是考虑到结晶过程的非等温特性，将结晶速率常数 K 做了修正：

$$\ln[-\ln(1-\theta_t)]=\ln K+n\ln t$$

$$\ln K_c=\ln K/\beta \tag{5-54}$$

式中：K_c 为非等温结晶速率常数，是考虑到冷却速率 β 而对阿弗拉密（Avrami）等温结晶动力速率常数进行的修正；n 称为非等温结晶过程的阿弗拉密（Avrami）指数。

$\ln[-\ln(1-\theta_t)]\sim\ln t$ 一般具有线性关系，从直线的斜率和截距可以计算求得 K 和 n 值，然后用冷却速率 β 修正得出 K_c。

3. **纺丝线上的取向结晶**　所谓取向结晶，通常是指在聚合物熔体、溶液或非固体中，大分子链由或多或少的取向状态到开始结晶的过程。熔体纺丝线上的结晶，正是其典型的例子。

研究表明，分子取向能够大大提高聚合物的结晶速率。因此尽管 PET 高速纺丝时，如果线密度保持不变，丝条在纺程上发生结晶的有效时间将缩短，但由于分子取向导致结晶速率增大的影响远超出有效时间缩短的影响，因此 PET 可获得近 50%的结晶度。

对冷却条件与结晶动力学之间的重要关系，可采用“连续冷却转变图”（图 5-39）的概念进行合理的定量描述。图中，曲线 1 ～曲线 5 为物料温度 T 对应于时间对数（$\lg t$）的曲线，右面的“C- 曲线”表示静态条件下结晶开始点的曲线。图 5-39 表明，冷却越快，结晶开始前熔体的过冷越大。对应于时间轴及温度轴的曲线位置和形状由结晶动力学确定。结晶较快的物料，其“C- 曲线”的位置在时间较短处，而结晶慢的物料，“C- 曲线”移至时间较长的位置，在曲线“凸点”消失的速率下冷却，物料骤冷后将形成无定形的玻璃态。同样，如果纺丝线上的应力使结晶速率增加，将出现另一条曲线，如图中左端的“C- 曲线”，它表示一定应力下结晶的起始点。由于结晶速率被当作熔体中分子取向度的函数，而取向又为纺丝线上应力的函数，原则上，每一个应力值都将有不同的“C- 曲线”。按照这一分析，可以预料在一定冷却速率下，应力的增加会导致结晶发生的温度提高，正如图中冷却曲线 2 所示。

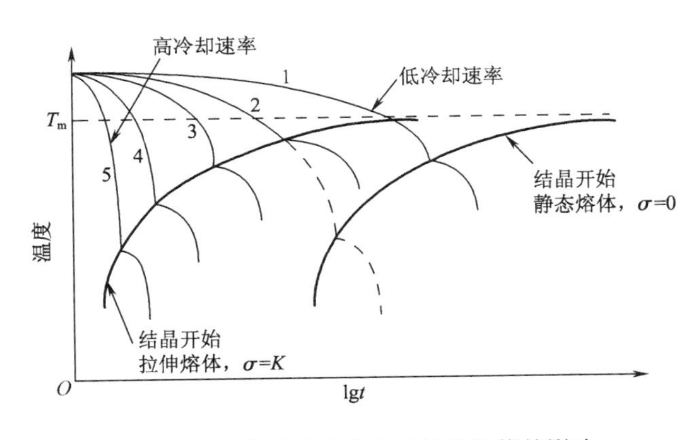

图5-39　冷却速率和应力对结晶性能的影响

由于非等温条件及分子取向即应力诱导结晶的影响，纺丝线上的结晶定量分析非常困难。许多研究人员从经典的等温结晶分析入手，通过某些方面的改进试图对这些因素加以论述。片山（Katayama）和尹（Yoon）以及帕特尔（Patel）和斯鲁普伊尔（Spruiell）设定总结晶速率常数具有相同的形式，则：

$$K(T,f)=K_0\exp\left[-\frac{U^*}{R(T-T_\infty)}\right]\exp\left[-\frac{C_3}{T\Delta T+CT^2f^2}\right] \tag{5-55}$$

式中：K_0 和 C_3 可由静态结晶动力学数据获得；C 值只能通过对熔体纺丝所得数据进行逆向计算来确定，因此，可以将它作为调节参数，以调整分子取向存在时的结晶速率常数与试验值相符。

四、熔体纺丝的工程解析

熔体纺丝过程详尽的工程解析包括熔体纺丝动力学的计算、所纺熔体特定流变本构方程的选定、物料平衡和能量平衡的运用，以及分子取向发展和分子取向中结晶的计算。因为人们对问题的某些方面的理解还不够深入，因此目前熔体纺丝的工程解析仍然包括一些假设和近似，尽管如此，这样的解析可能极具价值，将有助于人们了解熔体纺丝过程中许多参数的影响及参数间的相互作用。

对于稳态纺丝过程，基本上忽略熔纺纤维径向变化，并且假设：

（1）纤维很细，几乎为纯拉伸流动场。

（2）纤维径向热梯度很小。根据式（5-7）～式（5-9），可推导出一组偏微分联立方程式。表 5-5 列举了熔体纺丝过程中的工程公式。由表 5-5 可知，至少在理论上可通过这些方程组及边界条件进行求解。

表5-5　熔体纺丝工艺简单数学模型的工程公式

1. 连续性 $W=(\pi d^2/4)\rho V$ $v(0)=v_0, d=d_0$
2. 动量平衡 $dF_r=dF_i+\delta F_f-\delta F_g$ $F_r(0)$=？(猜想) $dF_i=Wdv$ $\delta F_f=\pi\rho_a C_d V^2 d dx$ $\delta F_g=(Wg/V)dx$
3. 能量平衡 $\frac{dT}{dx}=\frac{-4\alpha^*(T-T_s)}{vd\rho C_p}+\frac{\Delta H_f}{C_p}\frac{dX}{dx}$ $T(0)=T_0$(挤出温度)
4. 流变方程 $\frac{dV}{dx}=\frac{\sigma}{\eta}$

续表

$\sigma = F_r(\pi d^2/4)$ 当 $T > T_m$ $\eta_e = A(M_w)^{3.35}\exp\left[\dfrac{B}{T+273}\right]$ 当 $T < T_m$ $\eta_e = A(M_w)^{3.35}\exp\left[\dfrac{B}{T+273}\right]\left\{a\left(\dfrac{\theta}{\theta_\infty}\right)^b\right\}$
5. 双折射和取向 $\Delta n = C_{dp}\sigma_{xx}$ $\Delta n = (1-\theta)\Delta n_{am} + \theta f_c \Delta_c^0$ $f_a = \Delta n_a / \Delta_a^0$
6. 结晶动力学 $\dfrac{d\theta}{dx} = \dfrac{n\theta_\infty K}{V}\left[\int (K/V)dx\right]^{n-1}\exp\left[-(\int (K/V)dx)^n\right]$ $\theta(0) = 0$ $K(T,f) = K_0\exp - \left[\dfrac{U^*}{R(T-T_\infty)}\right]\exp\left[-\dfrac{C_3}{T\Delta T + CT^2 f^2}\right]$

T_0、v_0、d_0 由工艺条件决定，$F_r(0)$ 无法得到，但当 $T=T_g$ 时，应符合 $v=v_L$，或者与实测 $F_r(L)$ 值近似。这样就可采用假定一个 $F_r(0)$，预设一个误差值，用猜试的方法求解。

根据表 5-5 所列的工程公式模拟计算而得的结果的典型例子如图 5-40 所示。由于聚酰胺 6 结晶动力学速率低，模拟预示，纺速小于 5000m/min 左右时，纺丝线上不发生结晶。这一结果与试验数据非常相符。对 PET 的模拟也获得相似的结果（图 5-41），表明其静态结晶动力学能力较小。

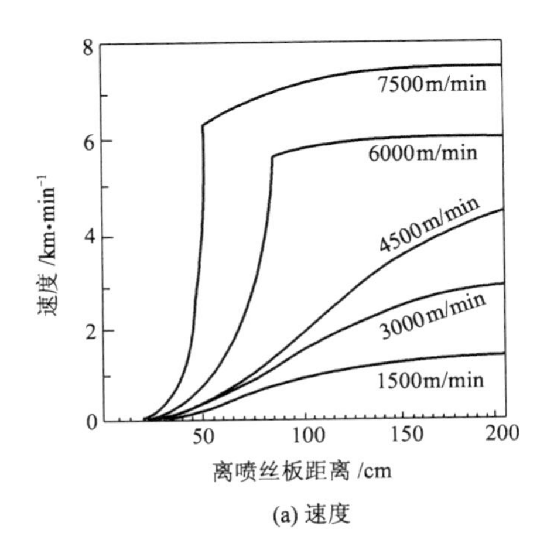

(a) 速度

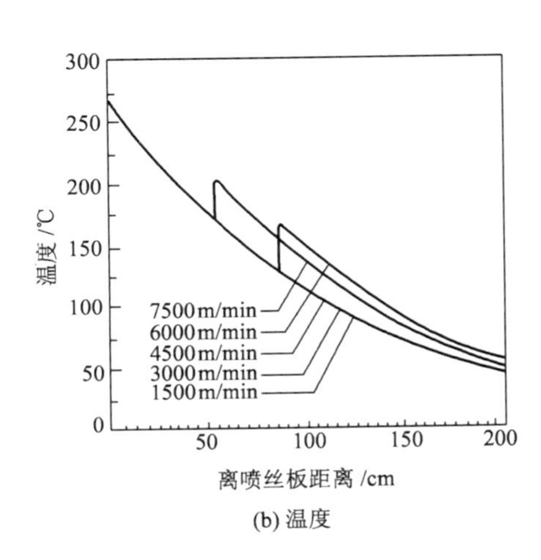

(b) 温度

图5-40

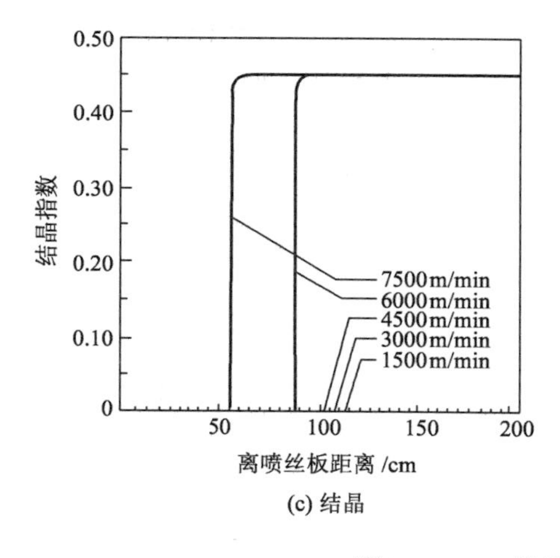

(c) 结晶

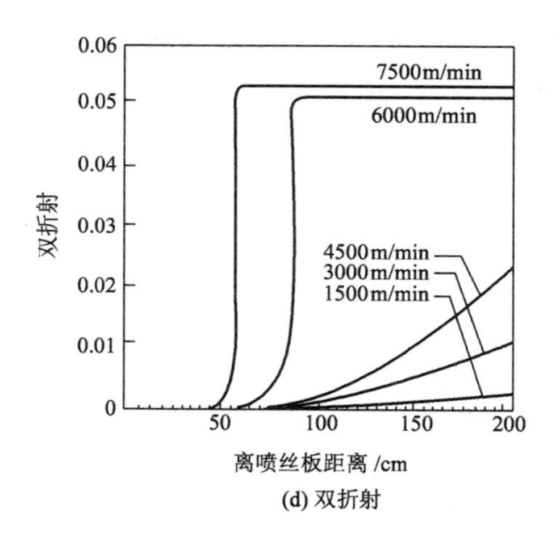

(d) 双折射

图5-40 PA6熔体纺丝线上的模拟分布

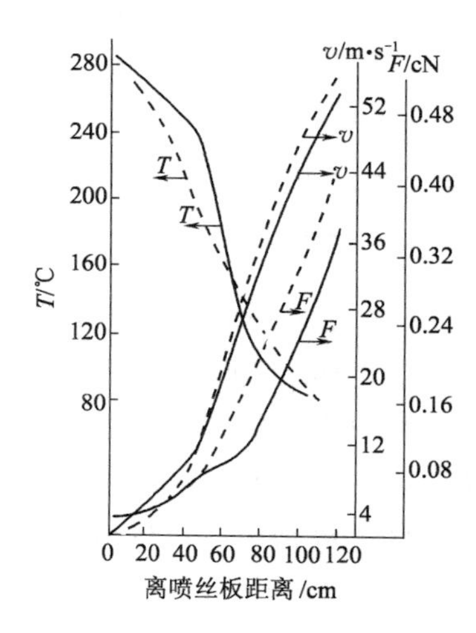

图5-41 PET熔体纺丝线上的温度、速度、张力分布

第三节 湿法纺丝原理

湿法纺丝适用于不能熔融仅能溶解于非挥发性的或对热不稳定的溶剂中的聚合物。与熔纺不同，湿法成型过程中除有热量传递外，质量传递十分突出，有时还伴有化学反应，因此情况十分复杂。下面仅定性地讨论一些与纺丝溶液转变为初生纤维（冻胶体）有关的主要问题。

一、湿法纺丝的运动学和动力学

（一）湿法成型过程中纺丝线上的速度分布

在湿法纺丝中，影响纺丝成型速度 v_x 的因素比熔纺复杂。对于熔纺，如前所述，v_x 可通过测定纺丝线的直径 d_x 确定。在湿纺中，稳态纺丝条件下的单轴拉伸应满足下式：

$$v_x A_x C_x = 常数 \tag{5-56}$$

式中：C_x 为纺丝线处于 x 点时，其单位体积所含聚合物的质量；其余物理量的含义与式（5-13）相同。若此体系的密度 ρ_x 沿纺程不变，则纺丝线的速度分布依赖于 d_x 和 C_x 的分布。显然，v_x 与 d_x 无单值关系。因此在湿纺中，必须独立地测量这两个不可缺的特征量。

由于纺程上 v_x 的测定较为困难，因此关于湿法纺丝速度分布的资料较少。图 5-42 是 PVA 湿法纺丝线上的速度和速度分布。由图 5-42 可见，由于喷丝头拉伸比的不同，湿纺纺丝线上的 v_x 和 $\frac{dv_x}{dx}$ 有两种情况。

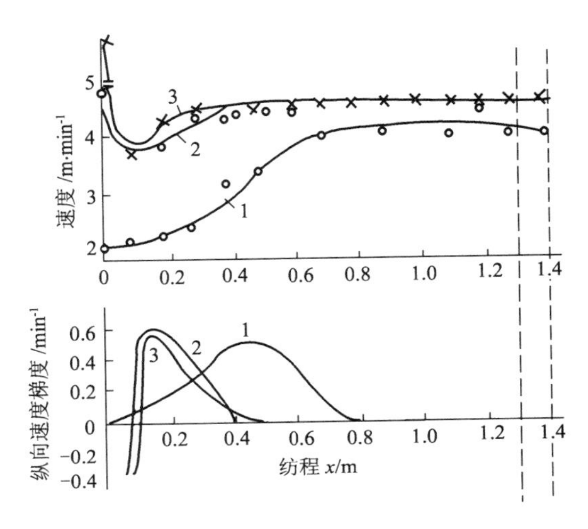

图5-42　PVA湿法纺丝线上的 v_x 和 $\frac{dv_x}{dx}$ 分布

1—喷丝头正拉伸　2—喷丝头零拉伸

3—喷丝头负拉伸

与熔纺不同，湿纺中，当纺丝原液从喷丝孔挤出时，原液尚未固化，纺丝线的抗张强度很低，不能承受过大的喷丝头拉伸，故湿法成型通常采用喷丝头负拉伸、零拉伸或不大的正拉伸。对于正拉伸，在整个或大部分纺丝线上，纺丝线的速度略大于喷丝速度，胀大区消失或部分消失，其 v_x 和 $\frac{dv_x}{dx}$ 沿纺丝线分布与熔纺基本相同。零拉伸与负拉伸的情况大致相仿。由于胀大区的存在，在刚进入凝固浴时，纺丝线的速度低于 v_0，然后纺丝线被缓慢地加速到 v_L，在这种情况下成型时，纺丝线上可能出现收缩区域，故存在胀大区，其 v_x 和 $\frac{dv_x}{dx}$ 沿纺丝线分布与熔纺不同。

（二）湿法成型区内的喷丝头拉伸

由上面的分析可知，喷丝头拉伸比与湿法纺丝线上的速度和速度梯度分布的关系很密切，后文的讨论将表明，它对湿纺初生纤维取向和形态结构的影响也比较大。因此，湿法成型运动学通常要研究湿法成型区内的喷丝头拉伸。纺丝线在成型区内的拉伸状态由两个参数表征：喷丝头拉伸率 ϕ_a（或喷丝头拉伸比 i_a）和平均轴向速度梯度 $\left(\bar{\dot{\varepsilon}}_x\right)_a$。分别由以下各式所定义：

$$\phi_a = \frac{v_L - v_0}{v_0} \times 100\% \tag{5-57}$$

$$i_a = \frac{v_L}{v_0} = \frac{\phi_a}{100} + 1 \tag{5-58}$$

$$\left(\bar{\dot{\varepsilon}}_x\right)_a = \frac{v_L - v_0}{X_e} \tag{5-59}$$

式中：v_0 为纺丝原液的挤出速度；v_L 为初生纤维在第一导辊上的卷取速度；X_e 为凝固长度，即凝固点与喷丝头表面之间的距离。

从式（5-57）至式（5-59）可以看出，ϕ_a、i_a、和 $\left(\bar{\dot{\varepsilon}}_x\right)_a$ 均以 v_0 作为基准。在正常纺丝条件下，挤出细流属于胀大型。如果细流是自由流出的，细流胀大至最大直径 d_f 后，即继续保持该直径沿细流轴向做等速流出，这时自由流出速度为 v_f；如果细流是在拉伸力作用下被拉出的，细流沿纺程不再保持等径，此时细流上出现最大直径，记作 d_m。因此，如果考虑到细流的挤出胀大，喷丝头拉伸状态的表征就不应该以 v_0 为计算基准，而应以 v_f 为计算基准。这时真实喷丝头拉伸率 ϕ_f、真实喷丝头拉伸比 i_f 以及真实平均轴向速度梯度 $\left(\bar{\dot{\varepsilon}}_x\right)_f$ 应以下式表示：

$$\phi_f = \frac{v_L - v_f}{v_f} \times 100\% \tag{5-60}$$

$$i_f = \frac{v_L}{v_f} = \frac{\phi_f}{100} + 1 \tag{5-61}$$

$$\left(\bar{\dot{\varepsilon}}_x\right)_f = \frac{v_L - v_f}{X_e} \tag{5-62}$$

v_f 可以直接从单位时间内自由流出细流的长度测得，也可以从纺丝线上拉伸应力为零时的 v_L 外推值 $\lim\limits_{\sigma_{xx}\to 0} v_L$ 求出。此外，还有人建议从自由流出细流的直径 d_f 来间接计算 v_f，但这样做，必须考虑到质量传递过程的影响。根据连续方程，在无质量传递时，单位时间内通过纺程各点的纺丝线质量应相等。

v_f 是湿法成型运动学中的一个十分重要的参数，它不但影响 ϕ_f 和接下来要讨论的最大纺速 v_{max}，还影响初生纤维的取向度。

当纺丝线的密度沿纺程变化不大时：

$$R_0^2 v_0 = R_f^2 v_f \tag{5-63}$$

此时，自由流出细流的胀大比 B_0 与 v_f 之间有下列关系：

$$B_0 \equiv \frac{R_f}{R_0} = \left(\frac{\rho_0 v_0}{\rho_f v_f}\right)^{\frac{1}{2}} \doteq \left(\frac{v_0}{v_f}\right)^{\frac{1}{2}} \tag{5-64}$$

这就是说，在传质和密度变化可以忽略的情况下，v_f 可从自由流出细流的直径求得。即：

$$v_f = \frac{v_0}{B_0^2} = v_0\left(\frac{R_0}{R_f}\right)^2 \tag{5-65}$$

湿法成型中有传质过程，因此式（5-65）不再成立。但由于在成型初期，通过照相法测定 R_f 后通过此式计算得到的 v_f 值与直接测量相差甚微，因此在许多湿纺文献中，式（5-65）仍被采用。

通过计算可以发现，当表观喷丝头拉伸率 ϕ_a 一定时，只有 B_0=1 时，ϕ_f 才与 ϕ_a 相等。根据以上所述，在传质不明显的湿纺成型中，式（5-60）可改写为：

$$\varphi_f = \left[\frac{v_L}{v_0\left(\frac{R_0}{R_f}\right)^2} - 1\right]\times 100\% = \left[\left(\frac{\phi_a}{100}+1\right)\left(\frac{R_f}{R_0}\right)^2 - 1\right]\times 100\% \tag{5-66}$$

由式（5-66）可见，当表观喷丝头拉伸率 ϕ_a 一定时，如果 $\frac{R_f}{R_0}$ 比值不同，则真实喷丝头拉伸率 ϕ_f 也不同。ϕ_f 和 ϕ_a 的值不仅大小上经常不同，而且符号也常各异。

通常 ϕ_f 增大对应于膨化比 B_0 增大。而如前所述，B_0 太大会影响成型的稳定，因此湿纺中常采用喷丝头负拉伸，以降低 ϕ_f，从而使成型得以稳定。应该指出，在表观上，湿法成型区内的喷丝头拉伸率是负的，但由于胀大区的存在，细流实际上所经受的拉伸率却是正的。此时如果 ϕ_a 负值的取值不合理，不但会使正常纺丝状态遭到破坏，而且成品纤维的质量也将下降。

纺丝线的断裂机理有毛细破坏和内聚破坏之分。在湿法纺丝中，虽然黏度 η 并不大，但表面张力 a 很小，所以内聚断裂是湿纺中的主要矛盾。根据内聚断裂机理，有人得出湿法成型中第一导盘最大速度 v_{Lmax} 与自由流出速度 v_f 间的关系如下：

$$\ln\left(\frac{v_{Lmax}}{v_f}\right) = 0.567 - 0.362\ln\left(\frac{v_f\tau E}{X_e\sigma^*_{xx}}\right) + 0.074\left[\ln\left(\frac{v_f\tau E}{X_e\sigma^*_{xx}}\right)\right]^2 \tag{5-67}$$

式中：τ，E，σ^*_{xx} 分别为纺丝线的松弛时间、杨氏模量和断裂强度。

从式（5-67）可以看出，当 v_f 增大时，v_{Lmax} 也增大，但较之按正比例增大的要稍低些。由此可见，胀大比 B_0 对最大纺丝速度 v_{Lmax} 有较大影响。B_0 增大后 v_f 下降，这将使 v_{Lmax} 下降。v_{Lmax} 可作为可纺性的一种量度。因此，最小的挤出胀大比相对应于最大的可纺性。实际纺速 v_L 和最大纺速 v_{Lmax} 之间的区域 $\Delta v_L(\Delta v_L=\Delta v_{Lmax}-v_L)$ 是正常纺丝的缓冲范围。这个范围越大，成型越稳定。

（三）湿法纺丝线上的轴向力平衡

虽然湿法纺丝线上的轴向力平衡方程式与熔纺相似［式（5-15）］，但其中有几项力与熔纺有较大差别。

在溶液纺丝时，由于纺丝线和周围介质之间的质量交换 F_i 还包含有附加项。这附加项正比于垂直于细流表面的速度分量 v_n。当净质量通量指向纺丝线外面，v_n 为正，则惯性力项 F_i 增加。这就是干纺时的情况，也是当细流内溶剂向外扩散的速度超过沉淀剂向细流内扩散的速度的湿纺时的情况。当沉淀剂向细流内扩散较快，v_n 变为负，则惯性力项 F_i 变小。此外，如前所述，F_i 在熔体纺丝线上起一定影响，特别在熔体高速纺丝中起到很重要的作用。但在湿纺中，由于采用喷丝头负拉伸、零拉伸或不大的正拉伸，因此 F_i 项一般可忽略。但在采用高速纺丝成型时，F_i 项应作适当考虑。

决定摩擦阻力 F_f 的表皮摩擦系数，在溶液纺时通常与熔纺有所不同。由于细流和它周围之间的传质影响边界层的厚度，因而也影响表皮摩擦系数、传热系数和传质系数。此外，表皮摩擦系数的边界理论仅对于在无限大的稳定黏性介质中作轴向运动的简单圆柱体（纤维）才是正确的。在熔纺和干纺中，纤维为空气所包围，因而这样的体系可认为是或多或少地实现了。然而，在湿纺时（特别在复丝的湿纺中），液体介质（凝固浴）并不是稳定的。由许多单丝组成的丝束中，围绕一根根单丝的边界层交相覆盖，并且溶液中的速度场又是非常复杂的。所有这些因素都使得从边界层理论所导出的一些表皮摩擦方程，对于解释在液体浴中复丝的纺丝不适用。F_f 应该由式（5-68）直接计算：

$$F_{\mathrm{f}}=\int_0^X \sigma_{\mathrm{rx,s}}(x)\cdot 2\pi R_{\mathrm{x}}\mathrm{d}x \tag{5-68}$$

式中：$\sigma_{rx,s}$ 为 细流表面上的剪切应力；R_x 为 $x=X$ 处的纺丝线半径。

其中细流表面上的剪切应力 $\sigma_{rx,s}$ 可由式（5-69）确定。

$$\sigma_{\mathrm{rx,s}}=\eta^0\left(\frac{\mathrm{d}v_{\mathrm{b}}}{\mathrm{d}r}\right)_{r=R} \tag{5-69}$$

式中：η^0 为凝固浴的黏度；v_b 为凝固浴沿纺程的流速。

对于重力 F_g，熔纺中在喷丝头附近对纤维张力有明显影响。但在湿纺中，由于纺丝线的密度与凝固浴的密度相差甚小，而且往往采用水平方式成型，因此 F_g 项在纺程上任意处均可忽略。但有人认为，当丝条从凝固浴中引出后垂直向下纺丝时，F_g 项应作适当考虑。例如，在黏胶纤维成型中，此时单纤维的 F_g 可达 5×10^{-5}N，相应的拉伸应力为 1N/cm^2，因此可能导致丝条产生疵点。

虽然熔纺和湿纺中的表面张力 F_s 项均可忽略，但应指出，与熔纺不同，湿纺中纺丝线与周围介质的界面张力沿纺程有变化。此外，在实验室中用聚合物稀溶液纺制高线密度纤维时，F_s 恰恰成为一种主要因素。

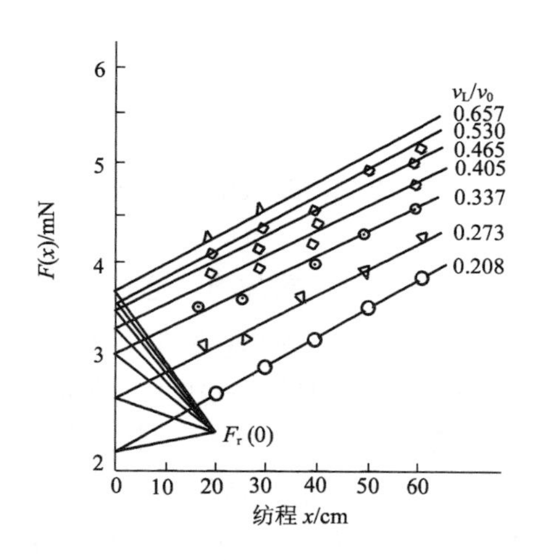

图5-43 硫氰酸钠法腈纶纺丝中张力与纺丝线的关系

（浴浓：10%NaSCN，浴温：20℃，v_L=16.62cm/s）

在湿法成型中有些项可以忽略。当无导丝装置时，作为近似，式（5-15）可写成：

$$F_r(x)=F_f+F_r(0) \tag{5-70}$$

由于 F_f 与 x 几乎成正比，有人沿纺丝线 x 测定张力 $F_r(x)$，把 $F_r(x)$ 外推至 $x=0$，从而求出 $F_r(0)$（图5-43）。

纺丝线上受力的测定和分析，对于了解和控制成型过程有一定的意义：

（1）利用等温纺丝中 $F_r(0)$ 的测定，可以求出表观拉伸黏度。

（2）纺丝张力 $F_r(L)$ 的测定，有助于选择纺丝工艺参数。

有人认为，当 v_L/v_0 一定时，在较高的张力下纺丝可以增加纺丝稳定性，使断头率下降，并有助于提高成品丝的质量。以硫氰酸钠法腈纶纺丝为例（图 5-44），当喷丝头拉伸比一定时，随着凝固浴浓度的改变，张力 $F_r(L)$ 显示出极大值。非常有意思的是 v_L 虽然改变，但 $F_r(L)$ 极大值所对应的凝固浴浓度 C_b 几乎不变，此时 NaSCN 浓度约为10%，而这正是生产上实际采用的凝固浴浓度。

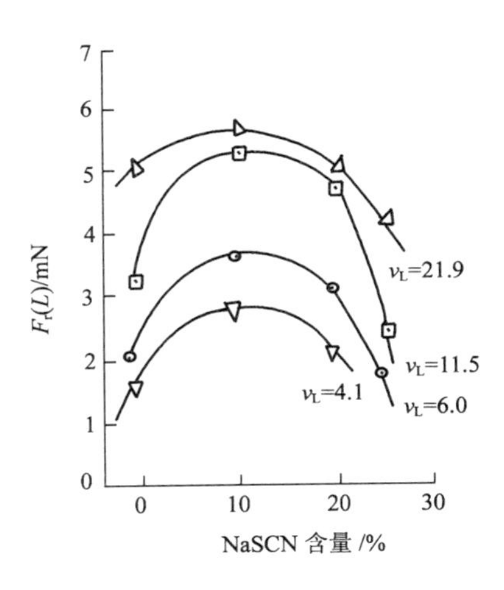

图5-44　硫氰酸钠法腈纶纺丝中C_b对F_r（L）的影响

（3）从以上的分析可知，纺丝张力与一系列参数有关，诸如纺丝流体的流变性、凝固浴液的流动场、浴温、浴浓以及喷丝头拉伸比等。因此以上参数如发生变化，必将导致纺丝线上张力的变化，所以了解纺丝张力，将有助于检查纺丝过程是否稳定。

（四）湿法纺丝线上的径向应力分析

式（5-27）计算流变力 $F_r(x)$ 时，没有考虑拉伸应力的径向分布。实际上，由于受径向温度梯度的影响，纺丝线在同一截面上各层次间的物理性质是不同的。如果将单一的纺丝线近似看作是一个圆柱体，则纺丝线的拉伸黏度沿径向有连续变化，在 r 处的黏度为 $\eta_e(r)$，其拉伸速度 v_x 在径向可认为是相等的，因此拉伸应力沿径向也是连续变化的，在 r 处的应力为 $\sigma_{xx}(r)$ [图 5-45（a）]。此时流变力的计算式为：

$$F_r(x)=\int_0^{R_x}2\pi r\sigma_{xx(r,x)}\mathrm{d}r=\int_0^{R_x}2\pi r\dot{\varepsilon}(x)\eta_e(r,x)\mathrm{d}r \tag{5-71}$$

式中：R_x 为 x 处纺丝线的半径。

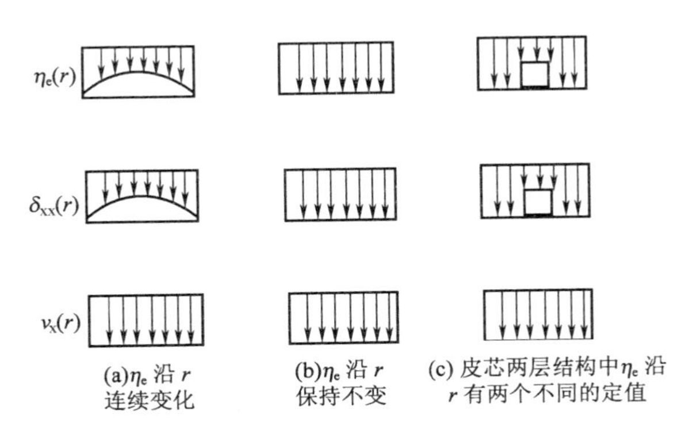

图5-45　在某横截面上v_x为常数时$\eta_e(r)$和$\sigma_{xx}(r)$的示意图

如果沿径向 η_e 无差异 [图 5-45（b）]，则式（5-71）还原为式（5-27）。

湿法成型的纺丝线上的横截面，往往形成皮、芯两层结构。可想而知，纺丝线上皮层的拉伸黏度远大于芯层。如果假设皮层和芯层的拉伸黏度为 $(\eta_e)_s$ 和 $(\eta_e)_c$，并分别为某一常数 [图 5-45（c）]，则：

$$\eta_e(r,x)=\begin{cases}(\eta_e)_s & 当\ \xi_x^*<r\leqslant R_x 时\\ (\eta_e)_c & 当\ 0\leqslant r\leqslant \xi_x^* 时\end{cases} \tag{5-72}$$

式中：R_x 和 ξ^*_x 分别为 x 处纺丝线的半径和芯层的半径。这时 $\sigma_{xx}(r,x)$ 显然应为：

$$\sigma_{xx}(r,x)=\begin{cases}\dot{\varepsilon}_x\cdot(\eta_e)_s & \text{当}\xi_x^*<r\leqslant R_x\text{时}\\ \dot{\varepsilon}_x\cdot(\eta_e)_c & \text{当}0\leqslant r\leqslant\xi_x^*\text{时}\end{cases} \tag{5-73}$$

因此，湿纺成型中的流变力 $F_r(x)$ 可表示如下：

$$F_r(x)\approx\pi\dot{\varepsilon}(x)[(\eta_e)_s(R_x^2-\xi_x^{*2})]+(\eta_e)_c\xi_x^{*2} \tag{5-74}$$

此外，由于 $(\eta_e)_s$ 要比 $(\eta_e)_c$ 大好几个数量级，因此式（5-74）中的第二项可以忽略，即：

$$F_r(x)\approx\pi\dot{\varepsilon}(x)[(\eta_e)_s(R_x^2-\xi_x^{*2})] \tag{5-75}$$

虽然上述模型与湿纺中复杂的实际情况相比，是经过简化了的，但较之均匀分布模型来说，皮芯模型在本质上更接近于湿纺成型所固有的特点。从这个模型出发，可做如下推论：

（1）从式（5-75）可以看出，所有施加于纺丝线上的张力，实际上完全由皮层所承受和传递，而尚处于流动状态的芯层，则几乎是松弛的。换句话说，大部分拉伸张力导致皮层产生单轴拉伸形变，只有极小部分张力致使芯层发生单轴拉伸流动。总之，虽然湿纺成型中的张力并不大，但由于集中于不厚的皮层上，该张力已足以使皮层中的大分子和链段沿纤维轴取向，事实上，皮层的取向度也的确比芯层高得多。

（2）如近似地把 $F_r(x)$ 看作沿纺程不变的常数，并设为 F_r，则在 x 处皮层内的拉伸应力 $\sigma_{xx,s}(x)$ 可表示为：

$$\sigma_{xx,s}(x)=\frac{F_r}{\pi(R_x^2-\xi_x^{*2})\left[1+\dfrac{\xi_x^{*2}(\eta_e)_c}{(R_x^2-\xi_x^{*2})(\eta_e)_s}\right]} \tag{5-76}$$

当细流在凝固的最开始阶段，（$R-\xi^*$）$\ll R$，可以证明在 $\xi^*=R$ 处，$\sigma_{xx,s}$ 有最大值。这就是说，在靠近喷丝头的区域内，由于皮层非常薄，沿纺丝线所传递的张力，均由这很薄的皮层承受，故皮层内的应力 $\sigma_{xx,s}$ 非常大。因此在采用过大的纺丝张力时，往往引起原液细流的断裂。实践证明，这种断裂往往发生在离喷丝头表面数毫米之内。

（3）由于双扩散过程所引起的细流凝固作用，$R-\xi^*$ 沿纺程逐渐增大，而 $\sigma_{xx,s}(x)$ 则单调减小。

（4）从式（5-75）可以看出，$F_r(L)$ 越大，则 $\xi^*(L)$ 必定越小，相对于初生纤维的皮层越厚。如前所述，在硫氰酸钠法的腈纶纺丝工艺中，当凝固浴浓度 (C_b) 为 10% 左右时，$F_r(L)$ 出现极大值，这时的纺丝稳定，所得的纤维机械性能较好，皮层厚度也最厚。

由上可见，对皮、芯层结构模型和径向应力的分析，将为选择适当的凝固条件提供理论依据，从而提高成型的稳定性，并使产品纤维具有厚实而均匀的皮层结构和优良的力学性能。

二、湿法纺丝中的传质和相转变

湿法纺丝中，纺丝原液细流固化形成纤维的过程主要是多组分的扩散，随着相和结构的转变，有时还涉及化学反应。当纺丝细流刚进入凝固浴时，所有要控制的热量传递、质量传递和溶液动力学物理参数都起了重要作用，从而导致丝条的形成。

（一）湿法纺丝中的扩散过程

扩散是支配湿法成型的基本过程之一。当纺丝溶液从喷丝孔中挤出后，就受到原液细流中的溶剂向凝固浴扩散和凝固浴中的沉淀剂（凝固剂、非溶剂）向原液细流扩散的控制。因为凝固发生在喷丝孔出口处，所以这些扩散过程就是描述纤维表层和内层之间的浓度差情况。溶剂和沉淀剂扩散的相对速率决定了相分离的驱动力和速率，它对于细流的凝固动力学和初生纤维的结构与性能有决定性的影响。研究表明，扩散缓慢有利于提高纤维结构的均匀性，在这种情况下其机械性能一般都比较好。

稳态纺丝时，沿纤维轴的分子扩散可以用菲克（Fick）扩散第一定律描述。

$$J_i = -D_i \frac{dC}{dx} \tag{5-77}$$

式中：J_i 为某成分 (i) 的传质通量（$g \cdot cm^{-2} \cdot s^{-1}$），即该成分在一维质量传递中（沿 x 轴方向），每秒通过垂直于 x 轴方向（其面积为 $1cm^2$）的物质的克数；D_i 为某成分 (i) 的扩散系数（cm^2/s）；$\frac{dC}{dx}$ 为浓度梯度（g/cm^4）。

如用以描述湿法成型过程中溶剂及凝固剂的双扩散问题，则：

$$J_S = -D_S \frac{dC_S}{dx}, \quad J_N = -D_N \frac{dC_N}{dx} \tag{5-78}$$

式中：D_S，D_N 分别表示溶剂和凝固剂的扩散系数；J_S，J_N 分别表示溶剂和凝固剂的通量；C_S，C_N 分别表示溶剂和凝固剂的浓度。

应该指出，式（5-78）仅适用于真正的二元体系，即必须满足下列条件：

$$C_S+C_N=1; \quad J_S+J_N=0 \tag{5-79}$$

对于湿纺体系，通常是三元或多元的，它不满足等摩尔条件见式（5-79）。而且即使一个组分（聚合物）是不移动的，但移动组分（溶剂、沉淀剂）的传质通量和既不为零，也不为常数。因此将式（5-78）应用于湿纺并不完全正确。

由于式（5-78）中的扩散系数 D_i（D_S 和 D_N）的精确测定在实验上较为困难，因此一般文献中给出的数值通常为从二元等摩尔分子扩散模型计算得出的表观值。研究表明，D_i 的值与湿法成型中的许多变量有关。

温度是控制溶剂和沉淀剂扩散的一个关键变量。溶剂和沉淀剂的扩散系数均随温度升高而增大，但温度对各组分的扩散速率的影响不同。对于聚丙烯腈 / 二甲基甲酰胺 / 水体系，格罗贝（Gröbe）等观察到，$\frac{D_S}{D_N}$ 随温度升高而下降；而保罗（Paul）发现，对于聚丙烯腈 / 二甲基乙酰胺 / 水体系，溶剂扩散系数的提高快于沉淀剂。

凝固浴浓度反映了凝固浴中溶剂与沉淀剂的比例。可以通过不同的溶剂与沉淀剂的比例来改变扩散速率。随着凝固浴浓度的增加，溶剂和沉淀剂的扩散系数均下降，但卡彭（Capone）认为，溶剂对沉淀剂的相对扩散速率增加。而格罗贝（Gröbe）等证实，D_S 和 D_N

随凝固浴中溶剂含量的变化有极小值（图 5-46）。这可能是已固化部分冻胶的结构对扩散过程的继续进行起着控制作用之故。当凝固浴中溶剂达到某一质量分数时，冻胶密度出现极大值，此时结构最紧密，故 D_i 最小；当凝固浴浓度进一步增大时，由于溶剂的溶胀作用，结构反而变松，因此溶剂和沉淀剂的扩散系数又均上升。

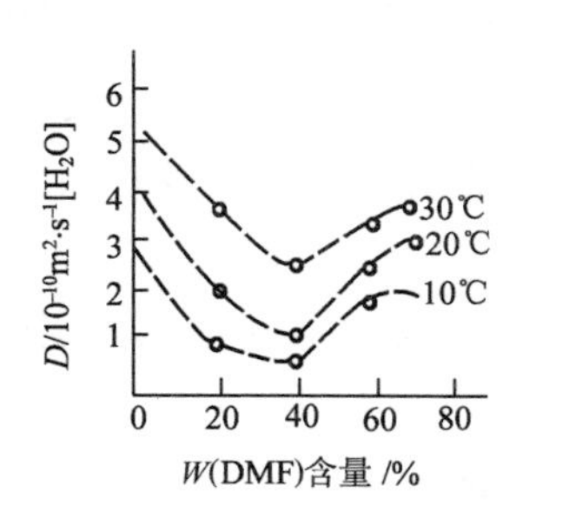

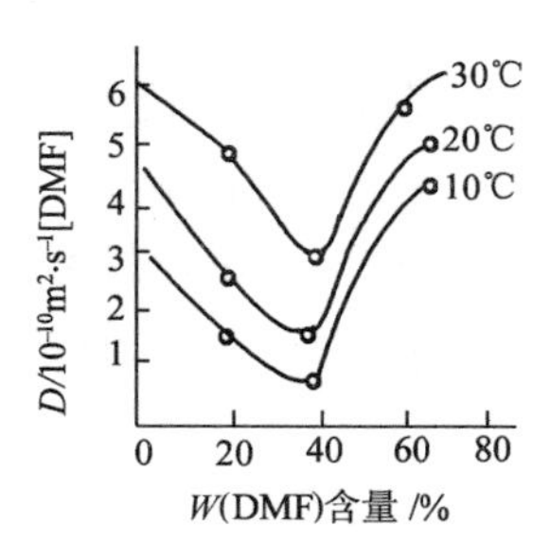

图5-46 聚丙烯腈纤维成型时扩散系数与凝固浴中DMF浓度及温度的关系

溶剂和凝固剂种类的对扩散速率也有影响。以聚丙烯腈溶液纺丝为例，溶剂的扩散速率大小顺序为：DMSO ＞ DMF ＞ DMAc ＞ NaSCN 水溶液。而凝固剂的相对分子质量增大，其扩散速率减小。

随着纺丝溶液中聚合物的含量提高，体系的黏度也随之提高，增加了纺丝线的边界层阻力，从而限制了溶剂和沉淀剂的扩散。

纺丝速度影响喷丝孔壁处的剪切速率和孔口膨化程度，从而也改变扩散速率。以黏胶纤维生产为例，扩散速率随着纺丝速度增大而增加。

喷丝头拉伸比的作用就像一个泵，使抽出的沉淀剂向聚合物溶液内扩散渗透，把溶剂从聚合物溶液中挤出。因此，增大喷头拉伸比就等于提高扩散速率。

此外，纺丝线的尺寸、添加剂等对扩散系数也有一定的影响。图 5-47 表明，随纺丝线半径的增大，扩散速率提高。在黏胶纤维生产中使用添加剂聚氧乙烯衍生物后，扩散速率减小。

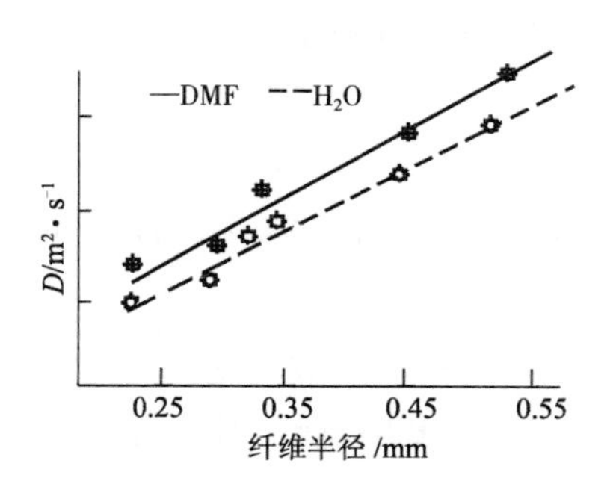

图5-47 聚丙烯腈纤维成型时，扩散系数与纤维半径的关系

综上所述，用于解释湿纺扩散系数的数学模型［式（5-78）］还有许多不一致的地方且过于简化。因此，许多研究者一直在寻求更完整、更准确的扩散模型。他们根据已知的纺丝溶液和凝固浴主要变量的实验数据，提出了移动边界模型和恒流量比模型等一系列扩散模型，根据这些扩散模型，能计算纺丝线的凝固时间、溶剂和凝固剂的扩散速率及各种纺丝体系大概的扩散系数。

保罗（Paul）等观察到，随着挤出细流的凝固，其表面形成坚硬的皮层，已凝固和未凝固部分之间，往往形成明显的界面，此界面随扩散的进行而不断移动（图 5-48），称为移动边界。

由图 5-48 可知，随着凝固浴中溶剂浓度的提高，边界移动速率下降。此速率可用固化速

率参数 S_r 表征。

$$S_r \equiv \frac{\xi^2}{4t} \tag{5-80}$$

式中：ξ 为移动边界的位移或固化层的厚度（cm）；t 为扩散时间（s）。

事实上，固化速率参数 S_r 既取决于扩散，也与相分离有关。这个参数比较直观，且具有重演性，能较真实地反映湿纺过程中的固化速率，并反映原液的组成、凝固浴组成和温度对固化速率的影响。它与前述的传质通量 J 和扩散系数 D，是表征扩散过程的基本物理量。

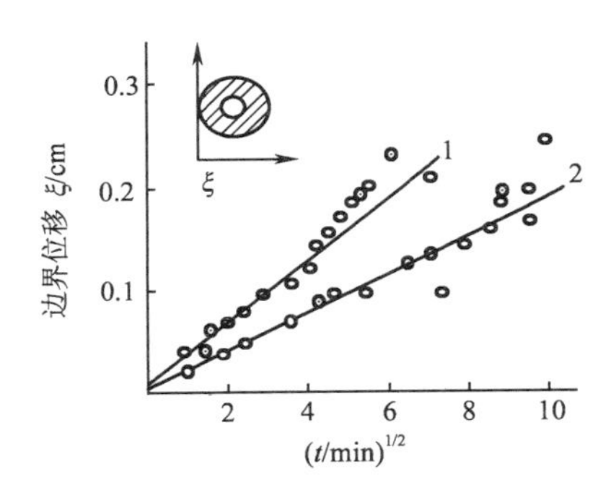

图5-48 丙烯腈共聚物—DMAc冻胶（26%）在凝固浴中皮层的增长情况

（试样原始半径为0.467cm）

1—15%DMAc—水 2—65%DMAc—水

保罗（Paul）提出扩散有三个物理模型，即等流量模型、恒流量比模型和变流量比模型。恒流量比模型假设溶剂与沉淀剂的流量比例在凝固边界和细流内部是常数。该模型直观地描述了湿纺中的扩散过程，与实验数据较为吻合。但 G.L. 卡彭（G.L.Capone）认为所有的模型均很复杂，需要做近似和曲线拟合处理。由于相的变化，所以实际上实验很难进行。

钱宝钧等对湿法成型中的扩散模型进行的研究，得出了对以前一些研究者提出的非稳态扩散的第二菲克定律［式（5-81）］的解［式（5-82）］。

$$\frac{\partial C_i}{\partial t} = \frac{1}{r}\left[\frac{\partial}{\partial r}\left(r\frac{\partial C}{\partial r}\right)\right] \tag{5-81}$$

式中：r 为纺丝线的径向位置；t 为凝固时间。

$$\frac{M_t}{M_0} = 4\sum_{n=1}^{\infty}\frac{1}{(\lambda_n)^2}e^{-(\lambda_n)^2 D_S t/R^2} \tag{5-82}$$

式中：M 为纺丝线中作为时间函数的溶剂质量，下标 0、t 表示凝固时间；λ_n 为满足零级贝塞尔（Bessel）函数的平方根；R 为纺丝线半径；D_S 为溶剂扩散系数。

钱宝钧等以二甲基甲酰胺 / 水体系的腈纶成型为例进行了研究，发现扩散系数与保罗（Paul）以二甲基乙酰胺—水体系得到的数据相同：$4 \times 10^{-6} \sim 10 \times 10^{-6}$cm²/s。建（Jian）等研究了其他溶剂体系，得到扩散系数与钱宝钧等发表的范围相同。进一步的研究表明，尽管扩散系数相同，由不同溶剂体系制得的湿纺初生纤维的结构和性能有较大的差异，其原因是它们的相分离机理不同。

还有一些研究领域把下面讨论的相分离现象和扩散模型结合起来研究。这些研究能更好地预测纤维的性能，并为深入研究提供更大的空间。

码5-7 湿法纺丝中的相分离

（二）湿法纺丝中的相分离

在聚合物、一种或多种溶剂和沉淀剂的三元或多元体系中，可能发生多种相转变，其中最主要的是相分离过程。

在聚合物—溶剂—凝固剂的三元体系中，将聚合物—溶剂二元体系与凝固剂相混合，如果在摇匀后体系出现混浊，即表示发生了相分离。把开始出现混浊的各点相连，即可获得相分离曲线图。齐亚比基（Ziabicki）利用图 5-49 所示的三元相图和相分离模型，定性描述了湿法纺丝系统。他的结论是，相分离的热力学和动力学控制着湿法纺丝过程。

在三元体系相图中，相分离曲线以上的部分是均匀的溶液；曲线以下的部分由于发生了相分离，所以是多相体系。当纺丝原液进入凝固浴时，由于双扩散的进行，在聚合物（P）—溶剂（S）—凝固剂（N）的三元体系中，组成随双扩散的进行而逐步发生变化。组成的变化决定于溶剂的通量（J_S）和沉淀剂的通量（J_N）的比值（J_S/J_N），此值称为传质通量比。当代表纺丝线组成变化路径的直线与相分离曲线相交时，体系发生相分离。如改变纺丝用的凝固剂，其组成变化所经历的路径是不同的，每一路径的通量比也是互不相同的。因此，可用不同通量比来代表纺丝线组成变化的路径。图 5-49 中的圆弧线为相分离线，相分离线下的阴影部分为两相体系，空白区域为均相体系。组成变化线与 S—P 线间的夹角为 θ。

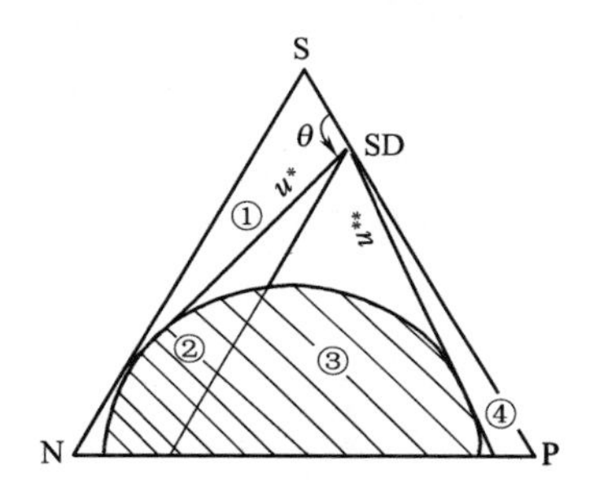

图5-49　P—S—N三元体系相平衡图

由图 5-49 可见，当夹角 $\theta=0$ 时，SD 沿 S—P 线向 S 靠近，相应的通量比 $J_S/J_N=-\infty$，即纺丝原液不断地被纯溶剂所稀释；当 $\theta=\pi$ 时，SD 向 P 靠近，通量比 $J_S/J_N=\infty$，相当于干法纺丝，即纺丝原液中的溶剂不断蒸发，使原液中聚合物浓度不断上升，直至完全凝固。

图 5-49 中大致可分为如下四个区域：

在①区中，$-\infty \leqslant J_S/J_N \leqslant u^*$，此区域的下限为 $-\infty$，上限为第一临界切线 u^*。在此区中，纺丝线的聚合物不断被稀释，即溶剂扩散速率小于凝固剂的扩散速率而且无相变，因此原液始终处于均相状态而不固化。

在②区中，$u^* < J_S/J_N \leqslant 1$，此区切割相分离线，其上限为 1，即溶剂与凝固剂的扩散速率相等。在此区中，纺丝线的聚合物含量沿路径下降，但当凝固剂浓度增加到一定值（超过凝固值）时，均相体系变为两相体系。相变的结果使体系固化，但形成疏松的不均匀结构。

在③区中，$1 < J_S/J_N \leqslant u^{**}$，此区为第二临界切线 u^{**} 所限制。在此区中，纺丝线的聚合物浓度不断沿路径增加，并且所有路径都进入两相区。固化是由于相变和聚合物含量增加的结果，因此所获得的结构要比②区均匀些。

在④区中，$u^{**} < J_S/J_N \leqslant \infty$，此区在两相区的外缘，其上限为干法纺丝。在此区中，纺丝溶液可能发生冻胶化，对于溶致性聚合物液晶则发生取向结晶，从而发生固化，并形成最致密而均匀的结构。

综上所述，在①区是不能纺制成纤维的，在②、③和④区的原液细流能够固化。从纤维结构的均匀性和机械性能看，以④区成型的纤维最为优良。通常的湿法纺丝以③区为多。

根据以上的分析，湿法成型中，初生纤维的结构不仅取决于平均组成，而且取决于达到这个组成的路径。通常冻胶法和液晶法形成的结构比相分离法形成的结构较为均匀。相分离法中，浓缩凝固形成的结构比稀释凝固形成的结构均匀。

必须指出，纺丝线组成变化路径的直线与相分离曲线的相交并不一定保证相分离的实现，因为上述的分析仅表示其热力学可能性而已。相分离动力学、亚稳态体系存在的可能性等对相分离都有极其重要的影响。

科恩（Cohen）等在湿法成型的三元相图中引入了双节线和旋节线相边界理论。双节线和旋节线分别为共混体系的混合自由能在组成曲线上的极小值和拐点构成的曲线。对于无定形聚合物，相图被双节线和旋节线划分为三个区（图 5-50）。双节线以上的区域为均相区，在该区体系处于热力学稳定状态，纺丝溶液是均匀、透明的；旋节线以下的区域为非稳态区，相分离过程迅速自发进行，属于旋节分离机理；双节线与旋节线之间的区域为亚稳态区，温度或组成的有限波动会使溶液进入非稳态区，相分离必须首先克服势垒形成的分相的“核”，然后“核”逐渐扩大，最终形成分相，属于成核及生长分离机理。对于结晶或半结晶聚合物，相图上除了双节线和旋节线外，还存在结晶凝胶线。在该线之外，纺丝溶液是均相的。在纺丝溶液中添加一定量的非溶剂后，溶液组成越过结晶凝胶线，纺丝溶液将出现凝胶现象。

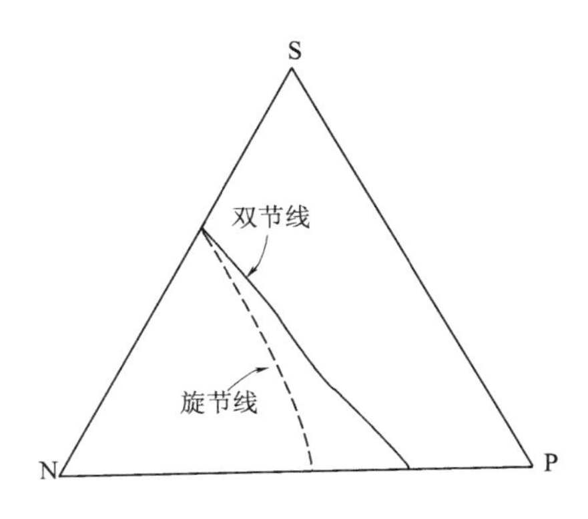

图5-50　引入双节线和旋节线相边界理论的P—S—N三元体系相平衡图

三、湿法纺丝中纤维结构的形成

在湿法纺丝凝固浴中形成的纤维结构是溶剂和沉淀剂双扩散和聚合物溶液相分离的结果。由于湿纺初生纤维含有大量的凝固浴液而溶胀，大分子具有很大的活动性，因此其超分子结构接近于热力学平衡状态。另外，其形态结构却对纺丝工艺极为敏感。

湿纺初生纤维的形态结构，包括宏观形态结构（如横截面形状、大空洞和毛细孔以及皮芯结构等）和微观形态结构（微纤和微孔等），下面将对此着重讨论，同时对湿纺初生纤维的超分子结构（结晶和取向）做一些定性的描述。

（一）形态结构

1. **横截面形状**　横截面形状是溶液纺纤维的重要结构特征之一，它影响纤维及制得织物的手感、弹性、光泽、色泽、覆盖性、保暖性、耐脏性以及起球性等多种性能。因此，控制及改变纤维的横截面形状已成为纤维及织物物理改性的一个重要方面。研究表明，影响溶液纺初生纤维横截面形状的因素，主要是传质通量比（J_S/J_N）、固化表面层硬度和喷丝孔形状。

图 5-51 简明地解释了传质通量比和固化表面层硬度对溶液纺初生纤维横截面形状的影响。当溶剂向外的通量小于凝固剂向里的通量（$J_S/J_N < 1$）时，如图 5-51（a）所示，丝条就溶胀，可以预期纤维的横截面是圆形的。当溶剂离开丝条的速率比沉淀剂进入丝条的速率高（$J_S/J_N > 1$）时，则横截面的形状取决于固化层的力学行为。柔软而可变形的表层［图 5-51（b）］收缩的结果导致形成圆形的横截面，如图 5-51（b）所示；当具有坚硬的皮层时，横截面的崩溃将导致形成非圆的狗骨形状，如图 5-51（c）所示。因此在采用圆形喷丝孔纺丝时，薄的较硬的

皮层和内部芯层变形性的差异是导致溶液纺初生纤维形成非圆形截面的根本原因。

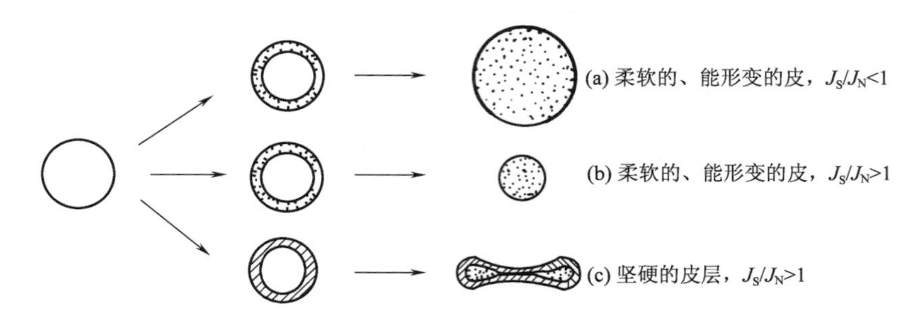

图5-51　在固化过程中形成的横截面结构的图解

传质通量比和固化表面层硬度取决于纺丝工艺条件。例如，对于聚丙烯腈纤维，无机溶剂的固化速率参数 S_r 一般小于有机溶剂。当采用无机溶剂纺丝时，传质通量比通常小于 1，因此纤维的横截面形状为圆形。相反，当采用有机溶剂纺丝时，传质通量比通常大于 1，而且皮层的凝固程度高于芯层，芯层收缩时皮层相应收缩较小，因此纤维的横截面形状呈肾形。

凝固浴温度同时影响 J_S 和 J_N，当结果使 $J_S/J_N < 1$ 时，随着凝固浴温度增加，纤维的截面变圆（图 5-52）；当其结果使 $J_S/J_N > 1$ 时，则纤维截面形状将取决于固化表面硬度。随凝固浴浓度和纺丝溶液中聚合物含量增大，J_S 和 J_N 均减小，固化表面层的硬度降低，因此湿纺纤维的截面会变得更圆（图 5-53 和图 5-54）。

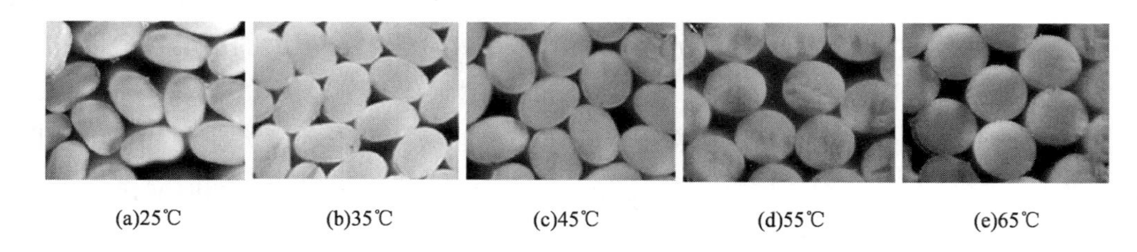

(a)25℃　(b)35℃　(c)45℃　(d)55℃　(e)65℃

图5-52　凝固浴温度不同时聚丙烯腈初生纤维的截面形状

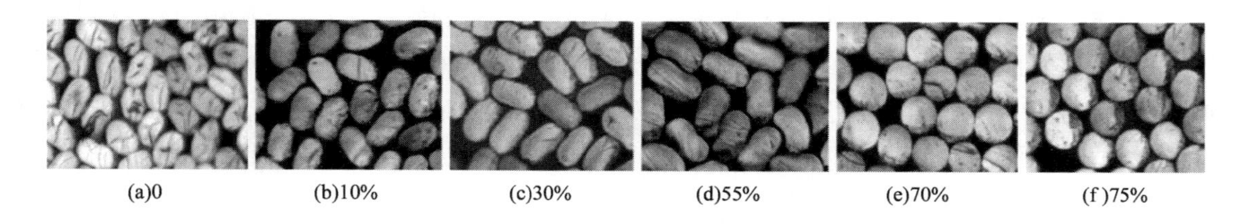

(a)0　(b)10%　(c)30%　(d)55%　(e)70%　(f)75%

图5-53　凝固浴浓度不同时聚丙烯腈初生纤维的截面形状

黏胶纤维的成型过程较为复杂。控制不同的凝固条件和黏胶的熟成度，可分别获得全皮层（高锌、低酸、加变性剂），全芯层（低酸、低盐、低温、低纺速）和一般皮芯型纤维。全皮层和全芯层纤维横截面为圆形，皮芯层纤维截面具有锯齿形周边。这是由于皮层和芯层收缩率不同所致。

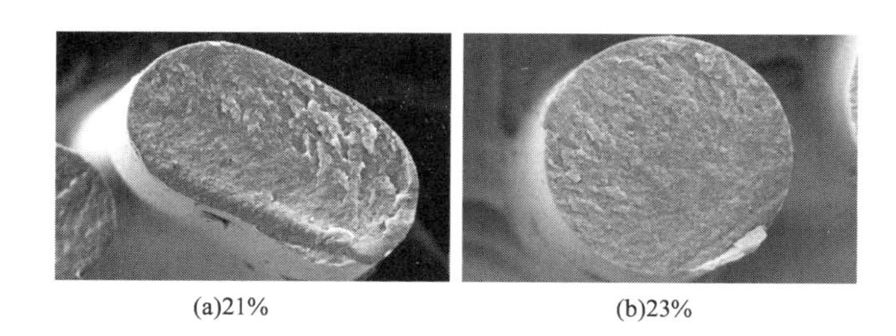

图5-54 纺丝溶液中聚合物含量不同时聚丙烯腈初生纤维的截面形状

哑铃形、椭圆形、带形等异形纤维，要用异形喷丝板生产，凝固条件要根据要求的横截面进行选择。

总之，湿纺工艺具有较大的柔性，能制备许多不同横截面形状的纤维，以满足不同的用途。图 5-55 列举了部分聚丙烯腈纤维的横截面形状。

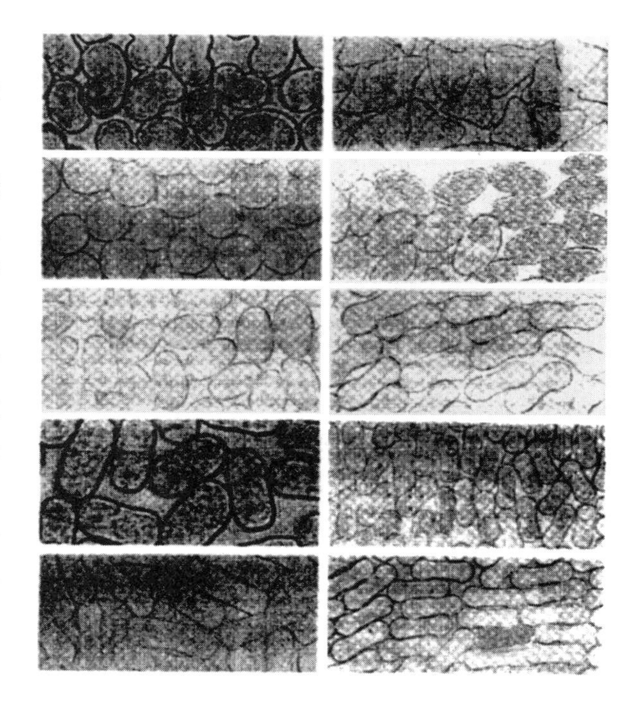

图5-55 聚丙烯腈纤维的横截面形状

2. ***皮芯结构*** 湿纺初生纤维形态结构的另一特点是沿径向有结构上的差异，这个差异继续保留到成品纤维中。图 5-56 表明黏胶纤维外表有一层极薄的、密实的、较难渗透的、难染的皮膜。皮膜内部是纤维的皮层，再向里是芯层。皮层可占整个横截面积的 0 ～ 100%。其他湿纺纤维也有明显的皮芯结构。

皮芯层的结构和性能有较大的差别。从超分子结构方面看，皮层的结构比较均一，晶粒较小，取向度较高。芯层结构较为松散，微晶较粗大。与芯层比较，皮层具有如下主要特性：在水中的膨润度较低；对某些物质的可及性较低，对染料的吸收值较低；皮层因有较高的取向和均匀的微晶结构，因此其断裂强度和断裂延伸度较高，抗疲劳强度和耐磨性能都较优越。

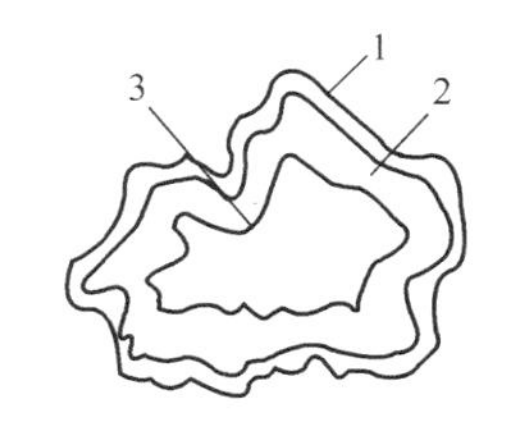

图5-56 黏胶纤维的横截面
1—膜层 2—皮层 3—芯层

湿纺纤维形成皮芯结构的机理有多种，一般认为在纺丝原液细流中，处于细流周边和内部的聚合物的凝固机理不同，以及凝固剂在纤维内部分布不均匀，导致皮层和芯层的结构不同。

对湿纺纤维皮芯结构研究得较为深入的是黏胶纤维。黏胶纤维横截面中的皮层含量随凝固浴组分而改变，随浴中硫酸锌含量的增加而增加；随浴中硫酸钠含量的增加而增加；随黏胶盐值的增加而增加；随浴中硫酸含量的增加而下降；有机变性剂一般促进皮层的形成。维纶的皮层也随凝固浴中 Na_2SO_4 含量的增加而加厚。因此通过改变工艺条件，可以制得全皮型、皮芯型和全芯型纤维。

湿纺初生纤维的皮芯层对于纤维的后加工和最终用途有重要影响。例如，聚丙烯腈基碳纤维原丝的致密皮层与预氧化扩散阻力的矛盾制约着碳纤维质量的提高，因此国家 973 计划项目“高性能聚丙烯腈 PAN 碳纤维基础科学问题”研究在原丝中形成一种没有径向大孔、没有明显皮芯结构差异、能使预氧化过程中氧气能顺利扩散进行的弥散状细微结构。

3. **空隙** 由于成型过程中发生溶剂和凝固剂双扩散和纺丝溶液发生相分离，湿纺初生纤维的结构为由空隙分隔、相互连接的聚合物冻胶网络。该网络是通过把聚合物溶液分成聚合物浓相和溶剂浓相而形成的。聚合物浓相由相互连接的聚合物链网络组成。尺寸达几十微米的空隙，成为大空洞或毛细孔（图 5-57），尺寸在 10 nm 左右的称为微孔。初生纤维经拉伸后，成为初级溶胀纤维，此时微孔被拉长呈梭子形，聚合物冻胶网络取向而成为微纤结构（图 5-58）。

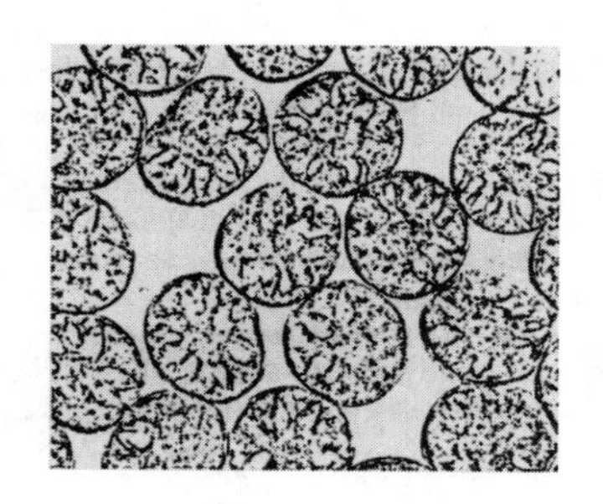

图5-57　初生纤维中的大空洞

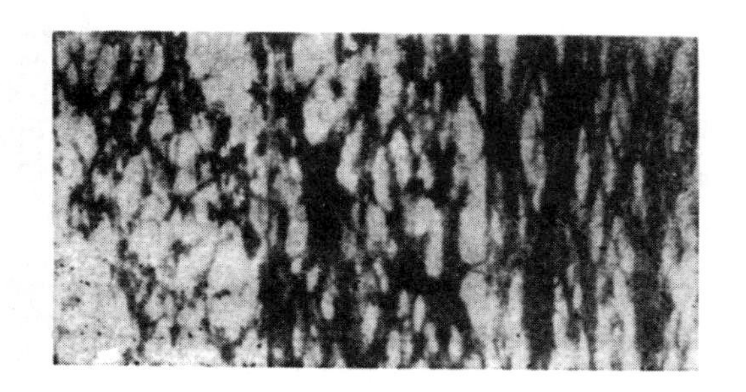

图5-58　聚丙烯腈初级溶胀纤维的微纤和微孔

湿纺初生纤维的空隙尺寸由扩散和相分离速率确定，并随其速率提高而增加。罗弗斯（Reuvers）根据相分离速率快慢，定义了两种双扩散类型。当聚合物溶液浸入凝固浴后，溶剂与沉淀剂的双扩散迅速引发沉淀路径越过双节线并形成两相，称为瞬时分相；而当聚合物溶液与凝固浴接触后，一段时间内沉淀路径不越过双节线，称为豫迟分相。

当凝固浴中溶剂含量较高时，降低了浓度梯度，使得原液细流的凝固变得缓和。在豫迟时间内，原液释放的溶剂较它从凝固浴中汲取的凝固剂多，在界面处有一个非常陡的聚合物浓度梯度，随着豫迟时间的延长，界面不断增厚，直到聚合物稀相核出现为止。如果整个凝固过程受豫迟分相控制，初生纤维便会形成一个没有核孔而且非常致密的结构。

在绝大多数情况下，凝固初期表层的厚度还比较薄，双扩散速度往往比较快，相分离界面处的原液组成立刻产生聚合物稀相核。若部分聚合物稀相核进一步生长，便形成大孔；否则在已有的前沿继续形成新的核，这样形成的初生纤维则具有均匀的海绵状结构。但是这种纺丝成型条件很难维持，往往得不到完全为这种结构的初生纤维。

湿纺初生纤维空隙的形成还与相分离机理有关。当纺丝溶液中聚合物浓度低于临界浓度时，首先在细流表面出现皮层，然后通过双扩散，纺丝液体积发生变化，内部进行凝固。由于皮层较硬，聚合物粒子的合并使内部体系收缩时，皮层不能按比例发生形变，内部形成空隙。当纺丝液中聚合物浓度高于临界点浓度时，聚合物粒子的聚集均匀地形成纤维结构，不产生皮层，双扩散移动很流畅，使纤维结构均匀，从而不形成空洞。

影响空隙的因素涉及湿法成型的所有工艺参数，包括纺丝溶液的组成和浓度，凝固浴的组成、浓度、温度和流量以及喷丝头拉伸率等。

早期曾采用过丙烯腈均聚物纺丝，由于水是沉淀剂，而均聚物中缺乏亲水性基团，所以凝固过程十分激烈。这种聚丙烯腈初生纤维中有大量的大空洞产生，干燥后大空洞体积缩小或闭合，但并未根除。腈纶第二、第三单体的采用赋予纤维以弹性、染色性的同时，第三单体一般还具有亲水性。因此，聚丙烯腈共聚物在含水凝固浴中的凝固要比均聚物的凝固温和，这就从根本上解决了纤维的原纤化问题。东丽公司为解决聚丙烯腈原丝存在明显的皮芯结构，不利于预氧化过程氧气扩散的问题，采用了引入大侧基共聚单体减少扩散阻力的技术。

在纺丝溶液中加入一定的沉淀剂，是湿纺纤维改性的方法之一。例如，在聚丙烯腈纺丝溶液中添加具有强沉淀性能的非溶剂（如水），会使纺丝溶液产生冻胶化，这样能可观地减少湿纺纤维的不均一性。冻胶作用消除了空洞和毛细管的根源，它显著地阻止分离相的弥散。这种纤维比较适合做碳纤维的原丝。

努登（Knuden）曾研究过 DMAc—H_2O 体系湿法纺丝中纺丝溶液聚合物含量和凝固浴温度对聚丙烯腈初生纤维空隙的影响。结果表明，在纺丝溶液中增加聚合物的含量或降低凝固浴温度，均可减小空隙尺寸（图 5-59 和图 5-60），这是由于扩散和相分离速率随之降低的缘故。

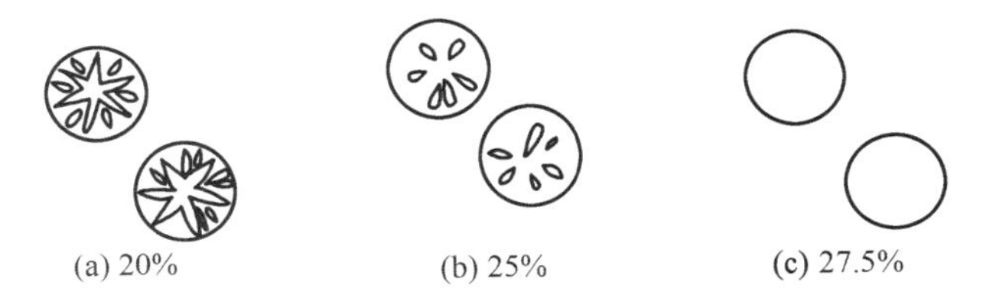

图5-59 纺丝溶液中聚合物含量对聚丙烯腈初生纤维形态结构的影响

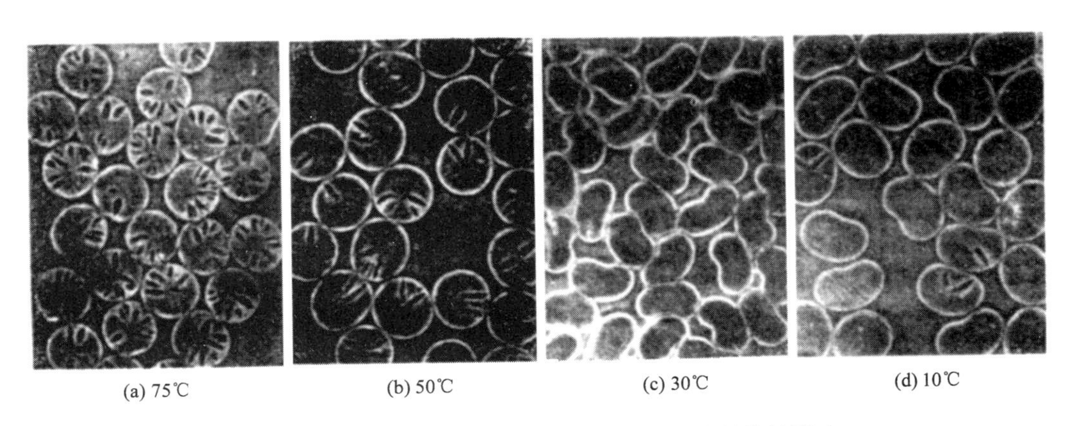

图5-60 凝固浴温度对聚丙烯腈初生纤维形态结构的影响

努登（Knuden）还研究了凝固浴浓度对聚丙烯腈初生纤维空隙的影响。结果表明，当凝固浴浓度较低时，因凝固能力过强，易产生空隙。高桥（Takahashi）研究了腈纶 DMF/H_2O 体系的湿法纺丝，发现在凝固浴浓度为 20% ～ 70% 时，易形成大空洞，只有在凝固浴浓度大于 75% 或当扩散速率减小时，大空洞才消失。

喷丝头拉伸率对形态结构也有较大的影响。研究表明，湿纺初生纤维的空隙随喷丝头拉伸率降低而减小。值得注意的是，最大喷丝头拉伸是溶剂浓度的函数。以 DMF 或 DMAc 为溶剂、水为非溶剂的湿法纺丝体系，当凝固浴浓度增加时，最大喷丝头拉伸均达到最小值。这种现象不能光靠扩散解释，而是要通过溶剂 / 非溶剂的相互作用而更充分地理解。对于 DMF 和 DMAc，最大喷丝头拉伸的最小值在水与这些溶剂的摩尔比为 2 ∶ 1 处。当摩尔比大于 2 ∶ 1 时，体系中有多余的水，因此凝固迅速发生，并形成一种多孔结构。这种多孔结构具有可拉伸性，并能承受高的拉伸张力。当摩尔比接近 2 ∶ 1 时，凝固变慢，从凝固表层到丝条液流中心的结构差异不能承受较高的应力。在该浓度范围内，溶剂 / 非溶剂的黏度增加相当快，这种增加的黏度成为造成丝条阻力更大的原因之一。当溶剂量进一步增加，即溶剂量大于水时，相分离的驱动力减小，纤维的径向结构差异由于皮层较薄而减小，从而最大喷丝头拉伸比提高。

必须指出的是，合适的湿纺工艺可以避免纤维中大空洞或毛细孔的产生，但湿纺初生纤维中微纤微孔结构的产生是不可避免的。纺丝线沉析过程中的相分离伴随着聚合物相强烈的体积收缩，直接导致了冻胶网络的形成，从而形成微纤微孔结构。冻胶网络以及微纤微孔结构的粗细可通过湿纺工艺的改变加以调节。

（二）超分子结构

虽然从聚合物溶液所得的初生纤维经常出现某种程度的轴向取向，但这种特性较之熔纺中所起的作用似乎要小得多。在湿纺体系中，许多作者观察过大分子或结晶沿纤维轴的某种取向。然而对于取向机理及其对纺丝条件的依赖关系以及对纤维性质的影响都还不清楚。

在喷丝孔道中所形成的取向，应该在松弛之前就给予凝固而固定。在湿法成型过程中，除纺丝线上外表的一薄层外，其余都来不及凝固而松弛，加上孔口膨化的影响，使原来已有取向的大分子链产生解取向。所以，在孔道中的剪切流动取向对纤维总取向的影响是很有限的。

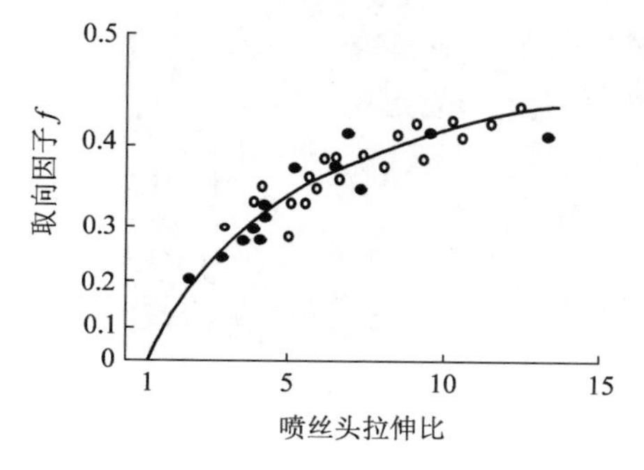

图5-61　未拉伸湿纺的聚丙烯腈纤维的取向因子与喷丝头拉伸比的关系

对于纺丝线上的拉伸流动取向，应该注意到在湿纺中轴向速度梯度$\dot{\varepsilon}(x)$和平均拉伸应力要比熔纺中低得多。因此，熔纺中的流动取向机理在湿纺条件下其效果是较小的。然而也有一些实验数据表明有拉伸流动取向发生。

保罗（Paul）就纺丝条件对聚丙烯腈纤维取向度的影响进行了系统研究，发现取向因子 f 与真实喷丝头拉伸比有一定关系，而不是仅与速度或者速度梯度有关（图 5-61）。这表明，取向机理所涉及的是该体系固体冻胶部分的形变，而不是聚合物溶液流体的流动。这种解释与前面讨论的固化的非均一模型是非常相符的。即使在纺丝线中的平均拉伸应力是低的，但由于它集中于固化皮层，这对于产生大分子和微晶的永久取向来说已是足够大了。双折射的分布在皮层中较高、在芯层中较低，也为这种机理提供了间接证据。

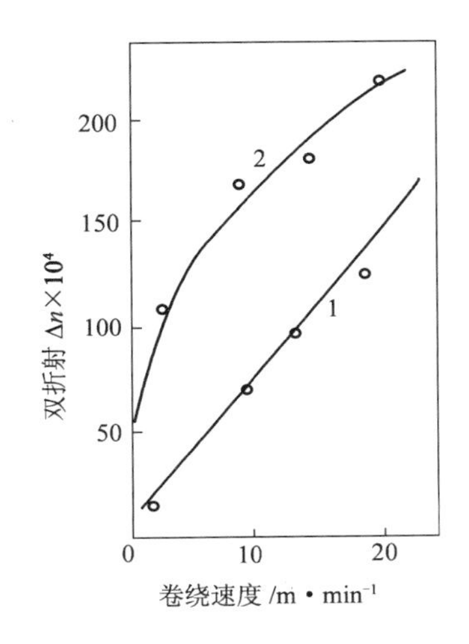

图5-62　未拉伸维纶的取向度与卷绕速度的关系
1—真实喷丝头拉伸比不变
2—真实喷丝头拉伸比随卷绕速度增大而增加

另外，有些资料显示了纺速和速度梯度对形成纤维双折射所起的作用。湿纺中涉及的速度梯度的大小比熔纺中的速度梯度小 1 ～ 3 个数量级，但是半固化纺丝线中较长的松弛时间能补偿低的形变速率。对维纶湿纺的研究表明，Δn 随卷绕速度 v_L 而单调升高（图 5-62），这表明维纶初生纤维的取向机理似乎是拉伸流动取向。但该机理对所有的湿纺纤维或对所有的纺丝条件不是普适的。据胡学超等报道，在纺丝速度较低时，Lyocell 纤维的 Δn 随卷绕速度 v_L 升高而增加，当 v_L 达到 50m/min 后，Δn 维持不变（图 5-63）。并且发现 Lyocell 纤维的晶区取向随卷绕速度 v_L 提高而单调增大，而无定形区的取向开始时随 v_L 提高而增加，当纺丝速度达到 50m/min 后反而下降。

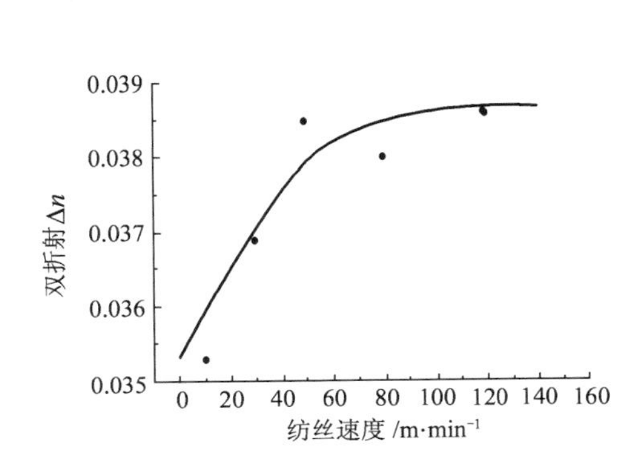

图5-63　Lyocell纤维的双折射 Δn 与纺丝速度 v_L 的关系

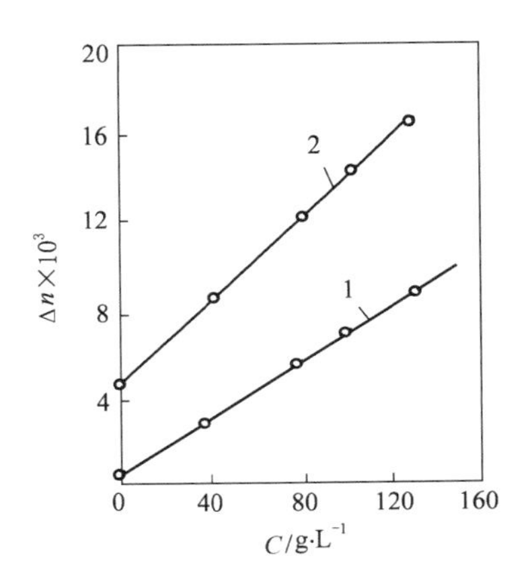

图5-64　黏胶纤维的双折射与凝固浴中硫酸浓度之间的关系
1—自由挤出　2—强制挤出

普尔兹（Purz）曾观察到黏胶初生纤维在没有任何拉伸条件下也具有正的双折射（图 5-64）。有人用定向固化解释了这一现象。

关于湿纺初生纤维的结晶以及纺丝条件对其影响的研究较少。黏胶纤维、腈纶和铜氨纤维的 X 射线衍射测定表明，在未拉伸纤维中有某种结晶或准晶序态。纺丝速度对 Lyocell 纤维结晶度的影响见表 5-6。

表5-6　纺丝速度对Lyocell纤维结晶度的影响

纺丝速度/m·min^{-1}	10	30	50	80
结晶度/%	50.2	56.1	53.3	55.8

通常认为，湿法成型时纤维结构的形成可分为两个主要过程，即初级结构的形成；结构的重建和规整度的提高。对于分子链刚性不同的聚合物，其结晶的形成按以下几种方式进行：

（1）具有各向异性的纺丝溶液成型时，能很快地形成规整结构，随后形成结晶（次级）结构。

（2）刚性和中等刚性链大分子的各向同性溶液成型时，过程中可能产生溶液的各向异性状态，随后形成规整的结构，并进一步缓慢地改建。

（3）柔性链聚合物的各向同性溶液成型时，可能析出无定形相或具有一定规整的结构，但它在较短时间内可形成晶体结构。

第四节　干法纺丝原理

干法纺丝是历史上最早的化学纤维成型方法。某些成纤聚合物的熔点在其分解温度之上，熔融时要分解，不能形成一定黏度的热稳定的熔体，但在挥发性的溶剂中能溶解而成浓溶液，这类聚合物就适于采用干法纺丝工艺生产纤维。

干法纺丝过程中，通常要受到溶剂从丝条中挥发速度的限制，聚合物固化速度较慢，这就决定了干纺工艺的特点：

（1）纺丝溶液的浓度比湿法高，一般达 18%～45%，相应的黏度也高，能承受比湿纺更大的喷丝头拉伸（2～7 倍），易制得比湿纺更细的纤维。

（2）纺丝线上丝条受到的力学阻力远比湿纺小，故纺速比湿纺高，一般达 300～600m/min，高者可达 1000m/min 或更高些，但由于受到溶剂挥发速度的限制，干纺速度总比熔纺低。

（3）喷丝头孔数远比湿纺少，这是因为干法固化慢，固化前丝条易粘连，一般干纺短纤维的喷丝头孔数不超过 1200 孔（最高 4000 孔），而湿纺短纤维的喷丝头孔数高达数万至十余万孔。因此干法单个纺丝位的生产能力远低于湿纺，干纺一般适合生产长丝。

干法纺丝涉及聚合物—溶剂二元体系，因此比三元体系的湿纺简单。但由于溶剂的存在，必须考虑溶液中物质的迁移、固化后溶剂通过纤维表面的扩散和与黏度相关的溶液浓度，因此干丝工艺以数学式说明比单组分体系熔纺困难。早期的研究主要是干纺初始阶段的一维模型研究，在纺程最初的几厘米处建立模型。后来布拉津斯基（Brazinsky）等建立了一个简单的二维模型对传质和传热过程进行研究，其中假定丝条密度为常量。这样可以将干纺过程像熔纺过程那样进行理论分析，因此熔纺模型中的一些基础假设和方法论也可用于干纺的工程解析。但实际上干纺与熔纺相比有较大的差别。例如，干纺中丝条外层和空气介质之间的传质引起的空气阻力效应会改变边界层厚度；纺丝线密度和黏度随着溶剂的蒸发而变化；由于溶剂的存在使得在与固化点相应的临界溶液浓度之后丝条成为缠结网络，这限制了分子链的随机移动。近年来，Zeming Gou 等将黏滞效应和黏弹性效应的本构方程合并，同时考虑纺丝线密度作为变量带来的影响，建立了干纺过程的二维分析模型。但从总体上来看，对干纺过程的理论研究还较为落后，积累的资料较少。

一、干法纺丝的运动学和动力学

码5-8　干法纺丝的运动学及动力学

与熔纺不同，与湿纺相似，干法纺丝线稳态纺丝条件下的单轴拉伸应满足式（5-56），速度 v_x 与直径 d_x 之间无单值关系，因此必须独立地测量这两个必不可少的特征值。

佐野雄二（Yuji Sano）曾观察到醋酸纤维素—丙酮系溶液的挤出胀大比约为 1.6。但缑泽明（Zeming Gou）等根据二维分析模型得到的干法纺丝线上 d_x 的变化（图 5-65）表明，干法纺丝线的速度分布与熔纺相似，在靠近喷丝板的区域内，d_x 急剧下降，挤出胀大区基本消失。这主要是由于溶剂的高度蒸发和细流拉伸流动的结果；直至达到玻璃化转化点，d_x 趋于平稳。

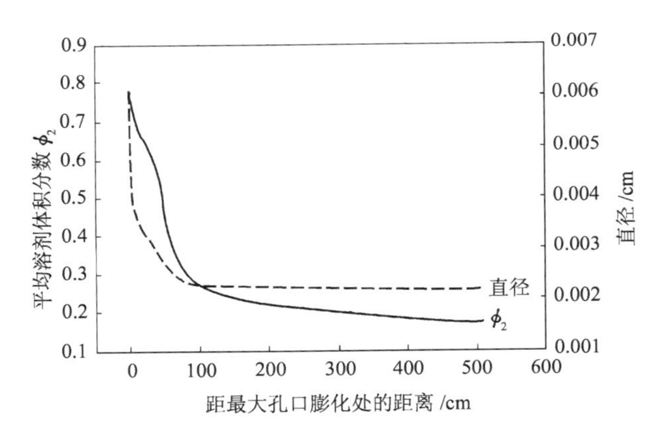

图5-65　干法纺丝线上直径分布

Zeming Gou 等根据二维分析模型得到的结果是：细流出喷丝头后轴向速度 v_x 迅速增大；然后达到一个稳定值，相应的轴向速度梯度$\dot{\varepsilon}(x)$ 为零（图 5-66）。$\dot{\varepsilon}(x)$ 为零处靠近喷丝头，并在玻璃化转变点之前，这与布拉津斯基（A.G. Brazinsky）的实验结果一致。佐野雄二（Yuji Sano）的研究也表明，在醋酸纤维素—丙酮系溶液的干法纺丝中，在喷丝板下面几厘米的范围内，丝条速度的变化受到限制。这是由于温度和表面溶剂浓度的迅速下降，导致细流黏度迅速增加的结果。这是$\dot{\varepsilon}(x)$ 为零处在玻璃化转变点之前的直接原因。但$\dot{\varepsilon}(x)$ 为零处并不是真正的固化点，聚合物转变为玻璃态的点才是真正的固化点。

图5-66　干法纺丝线上速度分布
——转向速度　- - -拉伸形变速率

干纺过程中纺丝线受力的数学表达式要比熔纺难于描述，因为一些参数的变化在很大程度上依赖于不能精确量化的蒸发条件。但其轴向力平衡方程与熔纺相同［式（5-15）］。由于纺丝线和周围介质之间存在质量交换，干纺中的惯性力 F_i 与湿纺相同，也包含附加项，而且由于净质量通量总是指向纺丝线外面，因此 F_i 项增大。

干纺中各单项力的相对重要性与熔纺有些相似。一般表面张力 F_s 可以忽略。重力 F_g 总是正的（向下纺），而且重力的贡献通常较小。惯性力 F_i、介质摩擦阻力 F_f 和流变力 $F_r(0)$ 的贡献被所施加的张力 F_{ext} 平衡。

干法纺丝线上的介质摩擦阻力 F_f 在传质速率较低时，也可由 Sakiadis 公式近似地描述：

$$F_f = 常数 \times v^{1.082} R^{0.264} X^{0.918} \tag{5-83}$$

式中：v 为纺丝线速度；R 为纺丝线半径；X 为纺程长度。

在喷丝孔出口处（x=0），流变力 $F_r(0)$ 可按式（5-27）和式（5-28）计算，可以假设 $\eta_e=3\eta_0$。

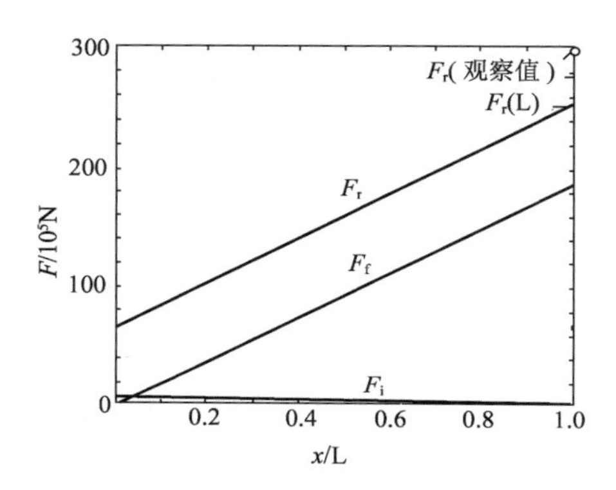

图5-67　醋酸纤维素干纺过程中张力沿纺程的变化

佐野雄二（Yuji Sano）的计算表明，F_r 主要由介质摩擦阻力 F_f 决定，惯性力的贡献很小（图5-67）。对应于 F_r 的甬道出口处丝条张力的观测值为 3.04×10^{-3}N/丝条，该值与图5-67中的计算值比较接近。

图5-68和图5-69分别为聚丙烯腈和聚氨酯干法纺丝中张力沿纺程的分布。显然张力在靠近喷丝板的区域内很小，主要是 $F_r(0)$ 的作用。随着 F_f 沿纺程增大，张应力迅速增加。玻璃化转变点之后张应力的连续增大反映了 F_f 的影响。

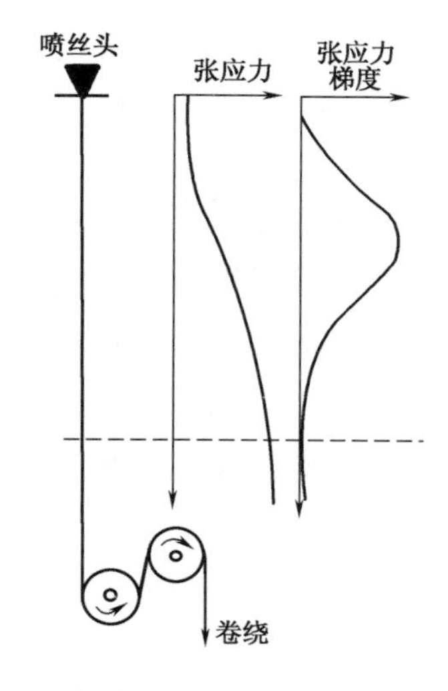

图5-68　聚丙烯腈干法纺丝线上张力沿纺程的变化

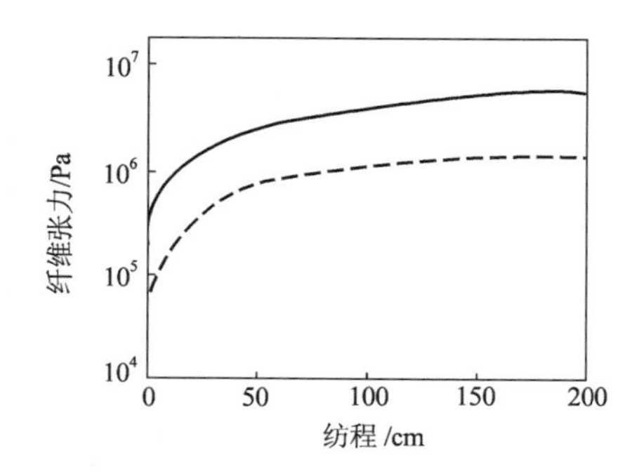

图5-69　聚氨酯干法纺丝线上张力沿纺程的变化
—— 溶剂蒸发由扩散控制　----- 溶剂蒸发由边界层控制

二、干法纺丝中的传热和传质

干纺时，固化是由于溶剂从丝条细流中挥发的结果。溶剂挥发导致聚合物脱溶剂化，纺丝线的黏度迅速增大，并急剧降低了体系的流动性，从而使丝条固化。由于溶剂的挥发耗费了大量的热能，所以成型过程同时取决于热量和质量交换的动力学，这实际上与纤维状聚合物材料的干燥过程相类似，干纺过程溶剂的挥发干燥与丝条的细化同时发生。溶剂从纺丝线上除去有三种机理：闪蒸，纺丝线内部的扩散和从纺丝线表面向周围介质的对流传质。

溶剂的闪蒸发生在喷丝孔的出口处，这是热的聚合物溶液解除压缩的结果。在热力学平衡时，聚合物溶液上的溶剂压力 P_S 可按弗洛里 - 哈金斯（Flory-Huggins）理论计算如下：

$$\ln(P_S / P_S^0) = \ln C_S + (1-C_S)(1-\zeta) + \chi_{12}(1-C_S)^2 \tag{5-84}$$

式中：C_S 为溶剂的体积分数；$P_S{}^0$ 为纯溶剂上的分压；χ_{12} 为哈金斯（Huggins）聚合物溶剂相互作用参数。分压 P_S 和 $P_S{}^0$ 对温度非常敏感。许多溶剂的 $P_S{}^0(T)$ 都能用下述经验方程式表示：

$$P_S^0 = A\exp[-B/(T+T_a)] \tag{5-85}$$

式中：T 为温度；A 为大气压（Pa）；A、B、T_a 均为溶剂的常数，称为安托尼常数（Antoine constant），可以从有关手册中查到。

根据传质机理和纤维内溶剂含量 C 和温度 T 的变化，可以把整个干法纺丝成型过程分成三个区域，如图 5-70 和图 5-71 所示。

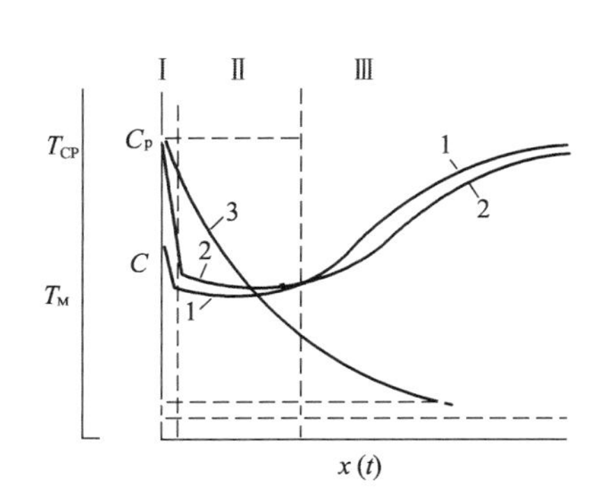

图5-70　干纺时沿纺程温度和溶剂的浓度分布图
1—丝条表面温度　2—丝条中心温度　3—丝条内溶剂的平均浓度
Ⅰ—起始蒸发区　Ⅱ—恒速蒸发区　Ⅲ—降速蒸发区
C—溶剂浓度　C_P—纺丝原液　$x(t)$—纺程（时间）　T_{CP}—丝条周围的介质温度　T_M—湿球温度

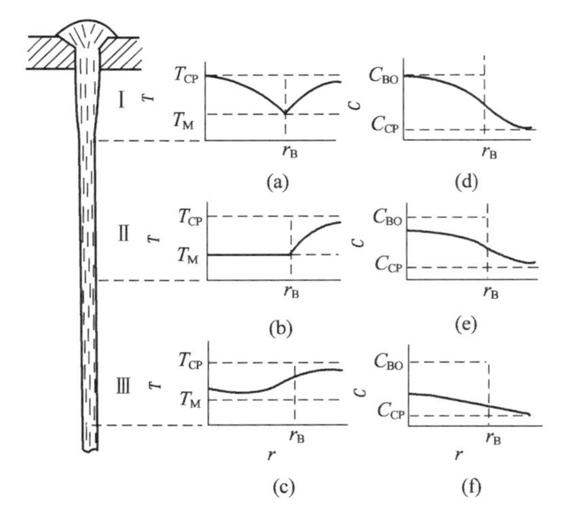

图5-71　各区内溶剂浓度[(d)，(e)，(f)]和温度[(a)，(b)，(c)]沿丝条截面的分布图
Ⅰ—起始蒸发区　Ⅱ—恒速蒸发区　Ⅲ—降速蒸发区
r_B—丝条的半径　r—瞬时传热半径　T_{CP}—丝条周围的介质温度　T—温度　C_{BO}—纺丝溶液中溶剂起始浓度
C_{CP}—丝条周围介质中溶剂浓度

Ⅰ区：在喷丝孔出口处，由于热的纺丝液解除压缩的结果，发生溶剂闪蒸，使溶剂迅速

大量挥发，挤出细流的组成和温度发生急剧变化。细流表面温度急剧下降到湿球温度（T_M）直至达到平衡为止。佐野雄二（Yuji Sano）的计算表明，醋酸纤维素溶液出喷丝口后温度从最初的细流温度 75℃迅速下降至最低温度 3.2℃，然后上升至空气温度。在此区内，细流内部温度比细流表面高，所以溶剂从内部向表面的扩散速度很大。细流表层溶剂浓度较高，主要以对流方式进行热交换。因此，这一阶段蒸发完全取决于纺丝溶液的闪蒸和自身的潜热，以及来自热风的传热，其中以闪蒸为主。

Ⅱ区：由于热风的传热与丝条溶剂蒸发达到平衡，这一阶段丝条的温度实际上保持不变，且等于湿球温度。沿纤维截面的温度近乎是均匀一致的［$T(r, \tau) \cong$常数］，由湿球温度可以计算热与溶剂的传递系数比，所以湿球温度是干法纺丝的重要特征值。

在该区内丝条内部温度保持较低，溶剂缓慢扩散，但随着干燥的进行，扩散减缓，质量交换速度变化很小，可以近似地认为不变。由于此时聚合物丝条内自由溶剂的浓度大，所以蒸发过程不是内部扩散控制，它主要取决于外部的（对流的）热、质交换速度和与此相对应的表面温度。这个阶段的热、质交换大致相同，纤维表面温度不变。

当溶剂从丝条芯层向表层扩散的速度低于表面溶剂蒸发速度时，丝条表面温度上升，开始影响总的动力学，进入成型的第三阶段。丝条内溶剂分子扩散速度降低，是由于与聚合物微弱结合的溶剂大部已被排除，继而排除的是与聚合物分子溶剂化的溶剂。

Ⅲ区：在该区内丝条内部溶剂扩散速度变得更慢，浓度分布变得更大，随着蒸发强度的急剧降低，丝条表面温度上升并接近热风温度。

在Ⅲ区内，溶剂的蒸发速度变小，以致聚合体与溶剂间的相互作用加强，而且受内部扩散控制。Ⅲ区发生的过程为控制阶段，从纺丝甬道出来的丝条上残留溶剂的含量，取决于该阶段的温度与时间。Ⅲ区丝条的固化过程基本上完成，此时溶剂含量为 30%～50%。从甬道出来的纤维溶剂含量为 5%～25%。

有关干纺的实验数据表明，开始阶段传质机理由闪蒸、对流和扩散综合控制，而后逐渐地趋于以纯扩散作为速度的控制因素。为使丝条残余溶剂浓度符合规定，纺丝甬道的最短长度取决于纺丝液中的二元扩散系数 D^*，丝条的线密度、纺速和空气流强度并不能使甬道有效缩短。

沿纺程进行传热和传质的上述分析与文献中引用的测试数据相符合，图 5-72 表明了 PAN 的 DMF 溶液干法成型过程的基本特征，沿纺程长度可以清楚地看到上述三个区域和对应的三个阶段。

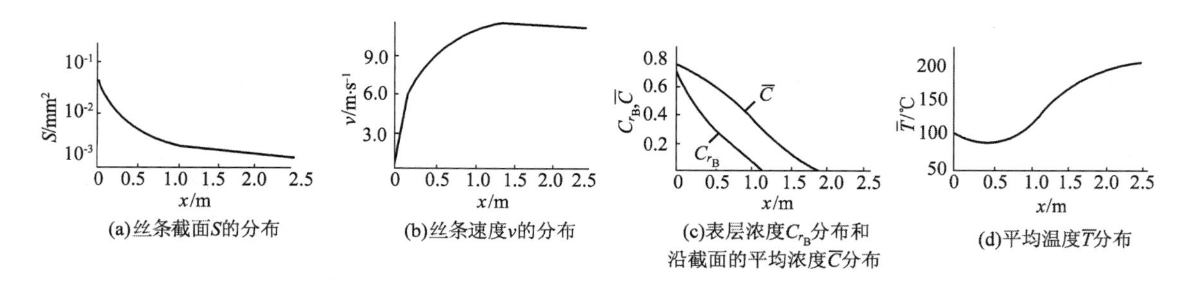

(a)丝条截面S的分布　(b)丝条速度v的分布　(c)表层浓度C_{r_B}分布和沿截面的平均浓度$\overline{C}$分布　(d)平均温度$\overline{T}$分布

图5-72　在聚丙烯腈DMF溶液干法纺丝中沿纺程的主要特征

三、干法纺丝中纤维结构的形成

由于成型机理不同，干纺初生纤维的结构特征与熔纺初生纤维有较大区别。如前所述，熔纺初生纤维的最重要结构特征与超分子结构有关。干纺初生纤维却不是如此。由于干法纺丝过程中形成的凝胶体在适合高弹形变的黏度区域的停留时间很短，因此来不及充分进行取向；又由于离开干燥甬道的丝条会有相当数量的残留溶剂存在，使分子的活动性较大，因此干纺初生纤维中分子和微晶的取向度很低，它在纺程上通常是各向同性的，或稍有一点取向。但一般来说，纺丝期间纤维产生的取向度随溶液的黏度、纺丝速度和喷丝头拉伸倍数提高而上升，随纤维的固化速度提高而上升（固化速度同纤维的表面积有关，纤维越细，其表面积越大，故固化速度加快）。纺丝甬道温度的高低存在有利和不利两个方面，其温度高会增加分子的活动性，但阻碍了分子的取向。在纺丝过程中较高的取向，会降低纤维的可拉伸性；或者如果拉伸比不变，则提高纤维的强度。然而，纺丝甬道的温度远远没有纤维上残留溶剂量的影响大。

研究还表明，干纺丝条表面的取向因子比丝条中心的取向因子高，这说明在固化皮层区域内有更大的应力（图 5-73）。在固化点之前，丝条表面和中心处的取向因子均迅速增大，反映了在该区域内强烈的拉伸流动的影响。

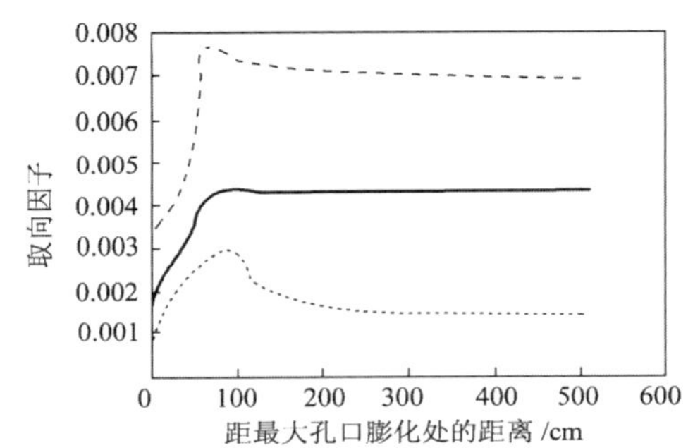

图5-73　干法纺丝线上取向因子分布
——平均值　………芯层　------皮层

由于样品的不均匀性，用于测定熔纺初生纤维结晶度的密度法不适用于干纺初生纤维，因此关于干纺初生纤维结晶度的资料较少。对于干法腈纶初生纤维等的 X 射线衍射测定表明，干纺初生纤维中存在某种结晶或准晶。但其超分子结构参数对纺丝条件远不如熔纺初生纤维敏感。

纺丝参数对纤维的结构和性质的影响也与熔纺不同，在熔纺中力学因素和传热因素（如纺丝线中的应力和速度场以及冷却强度）起着重要作用。在干纺中，这些因素的作用是次要的，纤维的微观结构、形态结构以及机械性质强烈地依赖于纺丝线和周围介质之间的传质强度以及各种浓度所控制的转变。例如，在干法纺丝工艺中，使丝条固化的扩散和蒸发两个过程一般会诱发纤维径向的不均匀性。因为如图 5-74 所示，随着溶剂连续蒸发，径向上溶剂的分布开始不平稳，在丝条中心处溶剂浓度较高，丝条表面处溶剂浓度较低，在大约 70cm 的纺程处，丝条表面溶剂浓度为零。这样表层的固化快于内层，故导致皮芯层结构。零切模量的径向梯度 dG/dr 进一步说明了皮芯结构形态的形成。如图 5-75 所示，

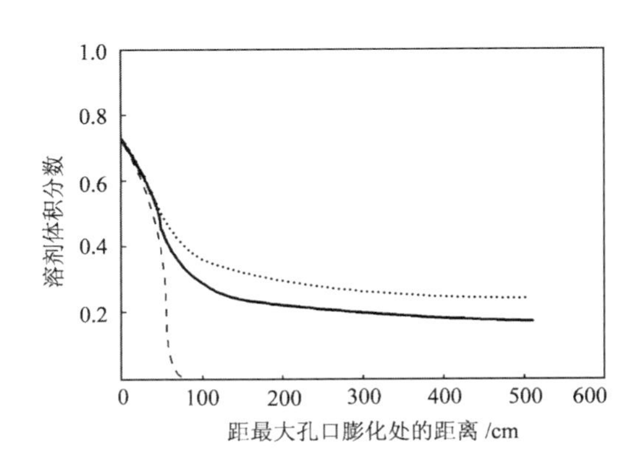

图5-74　干法纺丝线上溶剂的分布
——平均值　………芯层　------皮层

丝条表面处的 d*G*/d*r* 要比 d*G*/d*r* 的平均值高很多。

图 5-76 ～图 5-78 表示纤维横截面形成的示意图。由于溶剂存在于整个丝条中，溶剂从丝条表面蒸发的速度（*E*）和溶剂从丝条中心扩散到表面的速度（*v*）的相对大小，即 *E*/*v* 值决定了初生纤维截面形态结构的特征。如果 $E/v \leqslant 1$，成纤干燥固化过程十分缓和均匀，纤维截面结构近乎同时形成，截面趋近于圆形，几乎没有皮层。如果 *E*/*v* 稍大于 1，则纤维的截面如图 5-76 所示。随着 *E*/*v* 的增加，近于中等值时，纤维截面如图 5-77 所示。*E*/*v* 值较高，特别是纺丝液浓度较低时，所得的纤维截面呈扁平状，近于大豆形或哑铃形，如图 5-78 所示。

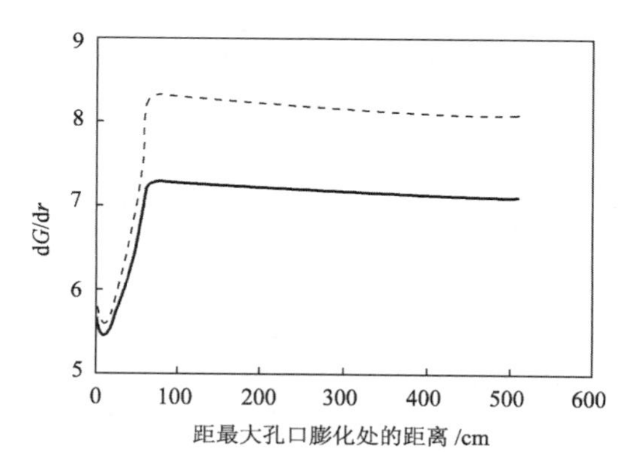

图5-75　干法纺丝线上零切模量的径向梯度分布
——平均值　------皮层

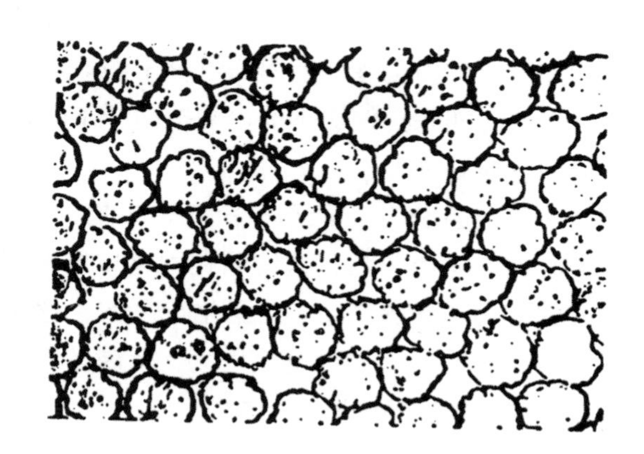

图5-76　纤维截面形状（*E*/*v*稍大于1）

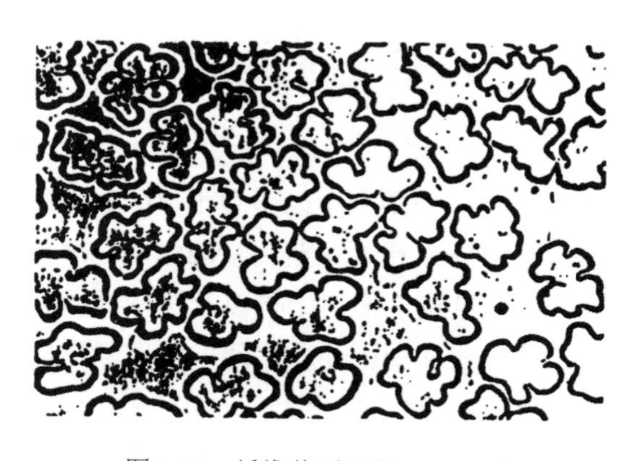

图5-77　纤维截面形状（*E*/*v*>1）

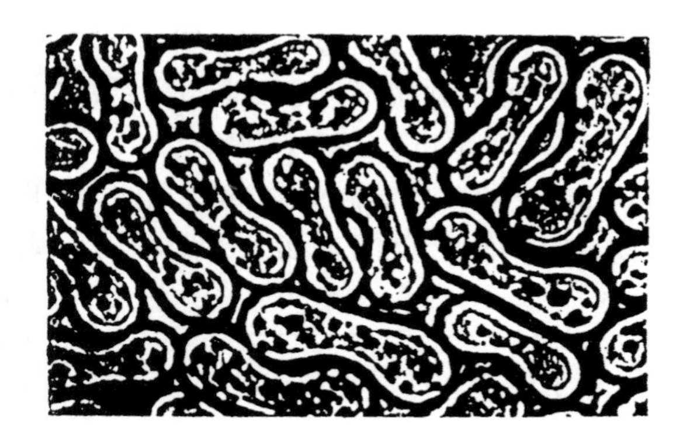

图5-78　纤维截面形状（*E*/*v*≫1）

干纺纤维的截面形状除与成型过程中丝条表面和内部溶剂的蒸发、扩散速度有关外，在很大程度上还取决于纺丝原液的初始浓度和固化时的浓度以及纤维在甬道中的停留时间等。纺丝液的浓度越低，纤维截面形状与圆形差别越大。图 5-79 表示二甲基甲酰胺蒸发速率作为纤维在纺丝甬道中的停留时间的函数，获得的这一曲线能划分哑铃形和其他横截面形状的区域。

另外，干纺初生纤维中的结构特征与湿纺初生纤维也有较大的差异。研究表明，采用相同的成纤聚合物制取的湿纺和干纺纤维，后者宏观结构较均匀，没有明显的皮芯结构和微纤，纤维的超分子结构尺寸大。这与纺丝方法及成型条件密切相关。因为湿法纺丝液的浓度较低，丝条的固化采用非溶剂，体系的相分离速率比较快，并且存在双扩散，因此初生纤维会形成多孔凝胶网络。而干纺纺丝原液的浓度较高，固化的机理为单相凝胶化，不存在双扩散，因此成型条件比湿法缓和，纤维的结构均匀、致密，纤维表面光滑，截面收缩不大，在显微镜下没有明显可见的孔洞。而且染色后色泽艳丽，光泽优雅。同时纤维更富于弹性，织物尺寸稳定性也较好。

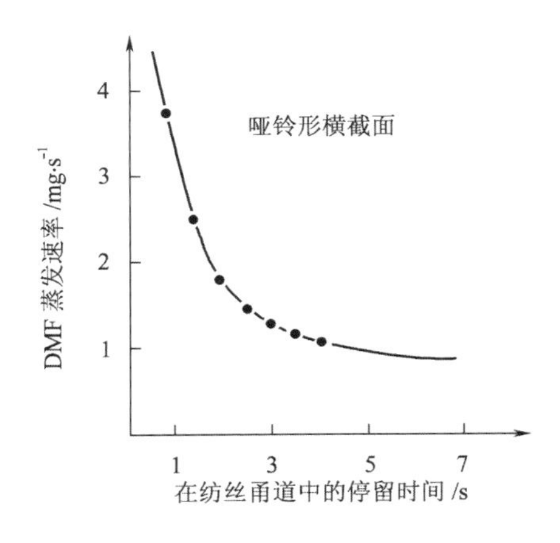

图5-79 纺丝参数对干纺纤维横截面形状的影响

第五节 化学纤维拉伸原理

一、概述

（一）拉伸过程的作用及特征

经纺丝成型后的纤维，无论是熔纺成型的卷绕丝还是湿纺成型的凝固丝，统称为初生纤维。由于其结构尚不稳定，超分子结构序态较低，所以其力学性能还不能满足纺织加工的要求，必须通过一系列后加工工序。其中最重要的是拉伸和热定型。纤维在给定的后加工条件下，获得相应的稳定结构之后，才能具有所期望的性能，使之符合纺织加工的要求，并具有良好的使用稳定性。

在拉伸过程中，纤维的大分子链或聚集态结构单元发生舒展，并沿纤维轴向排列取向。在取向的同时，通常伴随相态的变化，以及其他结构特征的变化。

各种初生纤维在拉伸过程中所发生的结构和性能的变化并不相同，但有一个共同点，即纤维的低序区（对结晶聚合物来说即为非晶区）的大分子沿纤维轴向的取向度大幅提高，同时伴有密度、结晶度等其他结构方面的变化。由于纤维内大分子沿纤维轴取向，形成并增加了氢键、偶极键以及其他类型的分子间力，纤维承受外加张力的分子链数目增加了，从而使纤维的断裂强度显著提高，延伸度（断裂伸长率）下降，耐磨性和对各种不同类型形变的疲劳强度亦明显提高。

不同结构的聚合物具有不同的性质，对聚合物加工的根本目的就是通过调整工艺条件，使聚合物产品产生期望的结构，从而实现要求的性能。拉伸和热定型是整个加工过程的重要一环。

（二）聚合物无定形态的特征

不论是对无定形聚合物还是半结晶聚合物，其拉伸过程都是在其无定形状态下开始的。所以，在开始讨论化学纤维的拉伸之前，有必要回顾一下对聚合物无定形状态的认识。

从热力学的角度讲，在按照晶相、液相、气相对物质分类时，无定形聚合物属于液相。因为无定形聚合物中，原子的排列是无规的，其X射线衍射图中没有结晶峰，没有一级熔融相变。而在通常的物理学固体、液体、气体的分类中，无定形聚合物被认为是固体。因为在较短的观察时间里，它的蠕变量很小，有固定的形状。所以，有专家建议，玻璃态的无定形聚合物最好称为无定形固体。

1. **无定形聚合物的分子结构** 人们用各种手段测定无定形聚合物分子长程和短程的有序程度，包括径向和轴向两个方向。结果表明，无定形聚合物中只能看到几纳米的有序区，与在低分子溶液或θ溶液中看到的程度相仿。大量实验表明，无定形聚合物中的大分子和在溶液中的大分子一样，呈无规线团状。

无定形聚合物最重要的两个性质是密度和差额自由能（因为没有达到平衡态）。

无定形聚合物的密度一般只有相应结晶聚合物的85%～95%。

然而，无定形聚合物中大分子构象的问题仍在研究，比如局部有序的问题。但是，本书还是从无规线团结构出发，解释拉伸过程中的一些现象。

2. **大分子的运动** 小分子的运动主要是平移。一个简单的例子是气体分子在空间的运动，它直线运动直到碰到其他分子或容器壁。液体小分子的运动也基本靠平移，虽然其运动路程的长度只是在分子尺寸的数量级。

聚合物的运动可以有两种形式：分子链改变构象和整个大分子的相对位移。两种情况都可以认为是自行扩散。所有这些扩散全是一种由无规热过程引起的布朗运动。分子质量中心的扩散距离与时间的平方根有关。如果温度足够高，呈阿伦尼乌斯（Arrhenius）温度依赖性。由于分子链很长，而且相互缠结，所以扩散时移动的方向不是任意的。因此，聚合物链的扩散需要另外的理论来处理。

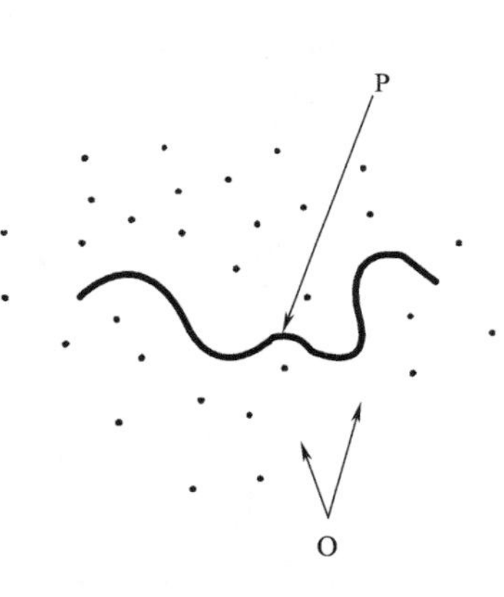

图5-80 蠕动模型：分子链P在若干固定的障碍物O间爬行，但不能跨越任一障碍

描述聚合物链扩散较早的理论是罗斯－布切（Rouse-Bueche）提出的球簧理论，而后，被德热纳（de Gennes）发展成为蠕动理论。该理论认为，单个的大分子链（P），存在于三维网络（G）中。大分子的运动受到网络中其他分子链形成的障碍O_1，O_2，…，O_n，如图5-80所示。分子链P不可以跨越任何一个障碍，它只能像蛇一样在若干障碍间爬行。这种蛇一样的运动称为蠕动。

对于本体聚合物来讲，这种扩散的扩散系数与相对分子质量有关，在10^{-12}～$10^{-6}cm^2/s$。在熔融状态下，聚合物链的三维扩散系数（D）为：

$$X=(6Dt)^{1/2} \tag{5-86}$$

式中：X为质量中心的三维移动距离；t为时间。在特定方向上的一维扩散，式（5-86）中的6则需改为2。

3. **玻璃态—橡胶态转变和玻璃化转变温度**　如果温度足够低，所有的无定形聚合物都是僵硬的。此时聚合物处于玻璃态。逐渐加热，聚合物开始变软，某一个特定的温度区间称为玻璃态—橡胶态转变区。这时聚合物表现为似皮革一样的韧性。在玻璃化温度以下，只有 1 ～ 4 个链原子的运动，而在玻璃化转变区，10 ～ 50 个链原子获得了足够的热能，以复合的方式运动。

在绝对温度尺度上，玻璃化转变温度 T_g 是黏流温度 T_f 的 1/2 ～ 2/3。玻璃化转变温度的确定有很多种方法。例如，在由熔融状态冷却时，当熔融黏度到了 1×10^{12} Pa·s 时，被认为是玻璃化转变温度。在动态热机械分析（DMA）的测定中，当 E'' 或 $\tan\delta$ 达到最高值时，被认为是玻璃化转变温度。此外，还有差示扫描量热法（DSC）等测定玻璃化温度的方法。

聚合物的玻璃化转变是二级转变。它是决定非结晶聚合物使用条件的最重要参数。从分子角度讲，玻璃化转变是分子长程运动，或者说是蠕动的开始。从力学角度讲，在玻璃态可用模量来描述无定形聚合物的形变，而在橡胶态在描述其形变时，除了模量还要用到拉伸黏度。

针对化学纤维拉伸的讨论基本局限在聚合物的玻璃态、玻璃态转变、橡胶态这个范围。在以下章节的讨论中，经常遇到的物理参数是模量和拉伸黏度，参照的理论是热力学、统计热力学，可借助的模型是蠕动、自由空间等。

由于拉伸过程不仅是纤维几何形状改变的过程，而且是纤维结构重新组建和形成的过程，因此，为了取得最佳拉伸工艺条件，必须对初生纤维在拉伸线上的形变行为、纤维拉伸的运动学、动力学和拉伸机理，以及纤维在拉伸过程中结构与性能的变化等进行系统了解。

二、拉伸流变学

（一）经典拉伸流变学理论

经典拉伸流变学的基础是固体的黏弹理论和聚合物黏弹体的松弛理论。从理论上讲，初生纤维的拉伸形变很大，属于非线性黏弹行为。作为近似处理，可借用描述小形变线性黏弹行为的蠕变方程来描述：

$$\varepsilon(t) = \varepsilon_1 + \varepsilon_2 + \varepsilon_3 = \frac{\sigma_e}{E_1} + \frac{\sigma_e}{E_2}(1 - e^{-t/\tau_2}) + \frac{t}{\eta_3} \cdot \sigma_e \quad (5-87)$$

从式（5-87）可看出，拉伸过程的形变 ε 是时间的函数，并由普弹形变 ε_1、高弹形变 ε_2 以及塑性形变 ε_3 组成。

1. **普弹形变 ε_1**

$$\varepsilon_1 = \frac{\sigma_e}{E_1} \quad (5-88)$$

普弹形变是瞬间发生的（“瞬间”一般指 10^{-2} s 之内），是大分子主链的键角和键长受力后发生形变的反映，形变 (ε_1) 与应力 (σ_e) 同相位，应力去除，形变马上回复，即 ε_1 与时间无关。普弹形变的弹性模量 (E_1) 很大，形变值很小，一般只有总形变值的 1% 左右。

2. **高弹形变 ε_2**

$$\varepsilon_2(t)=\frac{\sigma_e}{E_2}(1-e^{-t/\tau_2}) \tag{5-89}$$

聚合物的高弹形变是大分子链在应力的作用下，由蜷曲构象转化为伸展构象的宏观表现。高弹形变的特点是模量 E_2 较小（一般 E_2 比 E_1 小 2 ～ 3 个数量级），形变量 ε_2 大，可伸长至原长的 10 倍以上，且形变滞后于应力，即形变有明显的时间依赖性。在外力除去后，高弹形变基本上能回复，但回复需要时间。

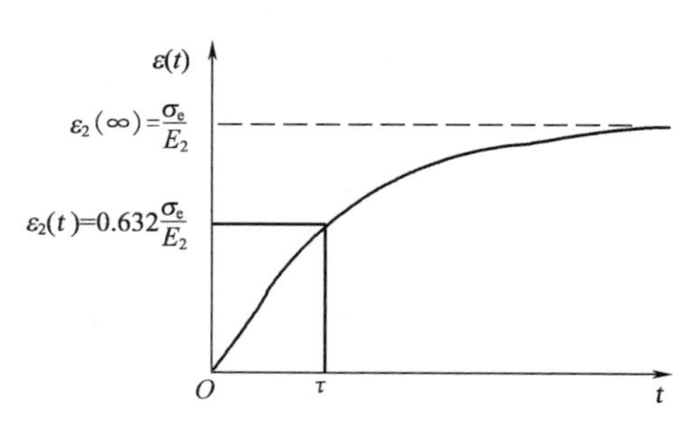

图5-81　高弹形变随时间的发展

凡是有时间依赖性的力学过程，一般称为松弛过程，高弹形变就是一种松弛过程。τ_2 为松弛时间，其物理意义为高弹形变发展到达其平衡值的 63.2% 时所需的时间。显然，τ_2 越大，高弹形变的发展越慢。

如果把式（5-89）画成曲线，则如图 5-81 所示。可以看出，ε_2 的发展速度随时间逐渐减慢。

实验证明，聚合物的高弹形变受到温度、增塑作用和所受张应力的影响。为在方程中表达这些因素的影响，考虑松弛时间 τ_2 是形变速率常数 k 的倒数，假定 k 能满足阿伦尼乌斯（Arrhenius）方程：

$$k=Ae^{-U/RT}$$

$$\tau_2=\tau_0 e^{U/RT} \tag{5-90}$$

式中：U 为摩尔高弹形变活化能；τ_0 为常数；R 为气体常数；T 为绝对温度。

如果同时考虑增塑及应力对松弛时间的影响，则：

$$\tau_2=\tau_0 e^{\frac{U-U_p-a\sigma_e}{RT}} \tag{5-91}$$

式中：U_p 表示由于增塑作用而引起的高弹形变活化能的下降；$a\sigma_e$ 表示由于张应力作用而引起的高弹形变活化能的下降（a 为常数）。

将式（5-91）代入式（5-89）则得：

$$\varepsilon_2(t)=\frac{\sigma_e}{E_2}\left[1-\exp\left(-\frac{t}{\tau_0 e^{(U-U_p-a\sigma_e)/RT}}\right)\right] \tag{5-92}$$

从式（5-92）看出，高弹形变的发展与外力作用的时间、增塑所引起的活化能下降 U_p、纤维试样中的拉伸应力 σ_e 以及形变时纤维的温度 T 有关。

在上述四个因素中，U_p、σ_e 和 T 都是通过对 τ_2 的影响而使 ε_2(t) 发生变化的。

在实际生产中，应在拉伸应力 σ_e 较小的前提下（以避免毛丝的生成），采用适当措施使

T（通过改变拉伸温度）、U_p（通过调节纤维的增塑程度）以及 t（通过改变拉伸速度、拉伸辊间纤维的长度，或通过采用多级拉伸）等因素互相配合，以保证拉伸时高弹形变得以顺利发展。

3. **塑性形变 ε_3**

$$\varepsilon_3 = \frac{\sigma_e}{\eta_3} \cdot t \tag{5-93}$$

塑性形变是聚合物在外力作用下，大分子链质量重心产生相对移动的宏观反映。塑性形变实际上是一种流动变形，它在外力作用下随着时间的延长而连续增大，理论上讲，只要时间允许，它会无限地发展下去。外力去除后，它将作为永久形变而保存下来，即这种形变是完全不可回复的。它是一种固体的形变，其分子运动机理虽与黏性流动相类似，但塑性形变必须在某一特定应力 σ^* 之上，使聚合物固体屈服后才能发生，σ^* 即为屈服应力。正因为有这一点差别，ε_3 应表示为：

$$\varepsilon_3 = \frac{\sigma_e - \sigma^*}{\eta_3} \cdot t \tag{5-94}$$

式（5-94）表明，外力必须克服应力 σ^* 后才能使聚合物发生塑性变形，所以差值（σ_e-σ^*）才是产生 ε_3 的有效应力。式（5-94）也反映出塑性形变随作用时间 t 的延长而增大，而且形变是不可回复的，因此 ε_3 是拉伸总形变中的有效部分，拉伸过程实际上就是设法发展塑性形变。

塑性形变实质上属于黏性流动，当然与塑性黏度 η_3 有关，η_3 越大，塑性形变就越困难；而黏度与温度有关，温度上升，则塑性黏度 η_3 下降，塑性形变 ε_3 则增大。按式（5-94）所述，只要时间 t 足够长，则塑性形变 ε_3 可以足够大，而事实上，由于大分子间的相互缠结，任何一种化学纤维的总拉伸倍数都是有限的。因此这种描述尚有不足之处。

连续拉伸过程中，在增塑作用、温度、张力以及纤维结构改变的影响下，纤维的形变性质会发生一定的改变。

（二）WLF 方程

在玻璃化转变的研究中，主要有自由体积理论、动力学理论和热力学理论三组理论。其中自由体积理论认为，物质本体中分子的运动依靠于物质中存在的空洞。当一个分子运动进入某一空洞，显然它原来的位置变成空洞，也就是说，空洞和分子交换了位置。对于聚合物的链段来讲，它从原来的位置运动到相邻的位置之前，必须存在一个体积足够的空洞能让链段跳进去。这些空洞通称为自由体积。推导 WLF 方程的一条路径就是从考虑允许链段旋转所需要的自由体积和相邻分子对这种旋转所造成的阻碍开始的。

同样，在材料发生塑性形变时，最重要的参数是黏度 η，它与温度密切相关。在考虑黏度与温度的关系时，可借鉴气体黏度与温度的关系。非晶态聚合物可以看作是过冷液体。气体分子间的距离非常大，远远大于气体分子本身的直径，所以气体流动时分子间是互不干涉的，而液体间分子距离较小，相互间有制约，因此应当经过修正。在推导过程中发现时间的对数与绝对温度的降低相关。M. L. 威廉姆斯（M. L. Williams）、R. F. 兰德尔（R. F. Landel）和 J. D. 弗瑞（J. D. Ferry）从大量有机和无机聚合物得出的经验公式，即 WLF 方程［式（5-95）］。

$$\lg\frac{\eta(T)}{\eta(T_g)}=\frac{-17.44(T-T_g)}{51.6+(T-T_g)} \tag{5-95}$$

在 $T_g < T < (T_g + 100℃)$ 的范围内，式（5-95）几乎适用于所有非晶聚合物。一般的聚合物 T_g 下的黏度 $\eta(T_g)$ 约为 10^{12} Pa·s。

WLF 方程反映了自由体积或聚合物链段运动所应用的体积与温度的关系，所以除黏度以外，凡与自由体积有关的或由聚合物链段运动所控制的物理量与温度的关系，都可以使用 WLF 方程来研究，且 WLF 方程与非晶聚合物的种类无关。

形变时间对玻璃化转变温度的影响很大，当形变时间降低到 10^{-3} s 以下时，玻璃化转变温度 T_g 可以在远高于标准 T_g 的温度下观察到。实验时间 t 对 $T_g(t)$ 的影响，也可用 WLF 方程来解析，设标准玻璃化转变温度的实验时间为 $t_0[10^2\text{s}]$，则：

$$T_g(t)=\frac{2.96}{\dfrac{1}{17.44}+\dfrac{1}{\lg\dfrac{t_0}{t}}}+T_g(t_0) \tag{5-96}$$

（三）时间—温度参数变换原理

作用时间与温度有相同的效果。整体时间范围的推迟谱或松弛谱的形状完全由线性黏弹体的性质决定，而从宏观黏弹模型来探索测定这一松弛谱或推迟谱时，工作量非常大，并且用一个黏弹模型装置测定 3 ～ 4 个数量级时间范围的黏弹性绝非易事。解决这一问题的有效手段是在比较狭窄的时间范围内测定多个温度下的曲线，将所得的曲线群设法连接成为在宽广时间范围内的合成曲线，又称为主曲线，采用参数变换原理进行解析，对研究高分子黏弹性行为（包括纤维拉伸行为）是非常有效的，但对研究分子间作用力很大的结晶性高分子则有很大的限制，适用性较差。适用于参数换算法的物质，其温度和时间能恰当地变换，这种物质又称为单纯的热变学物质。

Ferry 的时间—温度变换理论研究的是无定形聚合物或具有一定浓度的高分子物溶液，它们是符合 Maxwell 松弛模型的高分子物质。当温度由 T_0 变为 T 时，所有流变模型元件的松弛时间全都增加 a_T 倍，a_T 为物质仅由温度 T_0、T 决定的那些函数的移动因子。大多数高分子移动因子 a_T 都可用 WLF 方程解出，见式（5-97）。

$$\lg a_T=-\frac{C_1(T-T_s)}{C_2+T-T_s} \tag{5-97}$$

式中：T_s 为标准温度；C_1，C_2 为常数，对一般无定形高分子固体，C_1=8.86，C_2=101.6。

此时，T_s 值见表 5-7。以 T_g 代替公式（5-97）的 T_s 后得：

$$\lg a_{\mathrm{T}} = -\frac{C_1'(T - T_g)}{C_2' + T - T_g} \quad (5-98)$$

码5-9 拓展阅读：橡胶弹性理论在拉伸中的应用

式中：$C_1'=17.44$，$C_2'=51.6$。

用式（5-98）研究无定形高分子的流变行为，与实际情况十分吻合。但构成纤维的材料大部分为结晶性高分子，其结构比无定形高分子要复杂得多，因此，其黏弹行为也不像无定形高分子那么单纯。

表5-7 无定形高分子固体的T_s和T_g

高分子物质	T_s/K	T_g/K	T_s-T_g/K
聚异丁烯	243	202	41
聚丙烯酸甲酯	324	276	48
聚醋酸乙烯	349	301	48
聚苯乙烯	408	354	54
聚甲基丙烯酸甲酯	433	378	55
聚对苯二甲酸乙二醇酯	385	343	42

三、连续拉伸的运动学和动力学

从工程上讲，拉伸是一个连续过程。在工业生产条件下要使整个过程稳定均匀。未拉伸丝或丝束以恒定的喂入速度 v_1 引入拉伸机构，并经一组具有恒定速度 v_2 的拉伸盘（辊）而获得拉伸，$v_2=Rv_1$，此处 R 为名义拉伸比。实际拉伸比（不可逆形变）较 R 为小，因为张力除去时纤维会发生一定程度的收缩。

在拉伸行程中，可通过一恒温的气体或液体介质，或通过某些加热区（热浴、接触式热板等）。也常采用摩擦元件（摩擦辊、制动辊等）来固定变形区并稳定拉伸过程。这些工艺条件和固态聚合物的形变行为，使纤维拉伸过程的动力学和运动学很复杂。因此，不能用简单近似的方法来描述纤维的拉伸动力学。然而，从实验室的实验结果对连续拉伸行为做理论预测，对生产工艺是非常重要的。

（一）拉伸过程的连续性方程

对于初生纤维在拉伸机上的冷拉行为，可以进行如下分析。

若令拉伸前后纤维的横截面面积分别为 A_1 和 A_2，丝条在拉伸前后两个辊上的运动速度分别为 v_1 和 v_2，而丝条上拉伸点（即出现细颈处）的移动速度为 v_x（图 5-82），假定没有二次拉伸发生，对流入此点和流出此点的质量进行物料平衡，则可得出丝条运动的连续性方程。

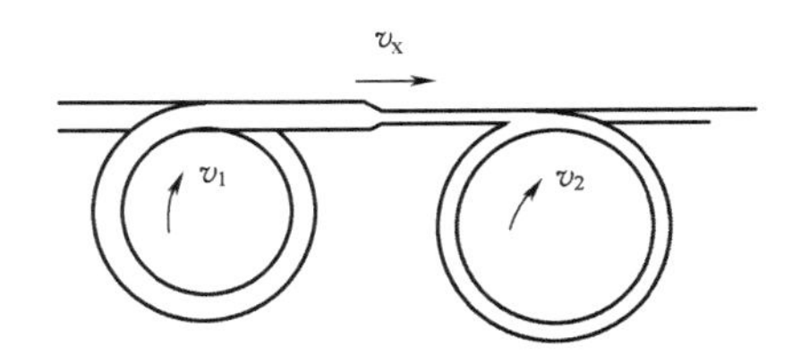

图5-82 拉伸机上丝条运动示意图

$$v_1\rho_1 A_1 = v_2\rho_2 A_2 + v_x(\rho_1 A_1 - \rho_2 A_2) \quad (5-99)$$

式中：ρ_1 和 ρ_2 分别为拉伸点前后纤维的密度。由此式可得：

$$v_x=(v_1\rho_1A_1-v_2\rho_2A_2)/(\rho_1A_1-\rho_2A_2) \tag{5-100}$$

由于自然拉伸比 $N=A_1/A_2$，名义拉伸比 $R=v_2/v_1$，故 v_x 表达式可写成：

$$v_x=\frac{v_2\left(\frac{v_1}{v_2}\rho_1\cdot\frac{A_1}{A_2}-\rho_2\right)A_2}{\left(\rho_1\cdot\frac{A_1}{A_2}-\rho_2\right)A_2}=\frac{v_2\left(\frac{\rho_1}{\rho_2}N-R\right)}{R\left(\frac{\rho_1}{\rho_2}N-1\right)} \tag{5-101}$$

由于 $\rho_1\approx\rho_2$，故式（5-101）可简写为：

$$v_x=\frac{v_2(N-R)}{R(N-1)} \tag{5-102}$$

由此可知，当 $N-R=0$ 时，$v_x=0$，此时拉伸点固定不动。

（二）拉伸线上的速度和速度梯度分布

初生纤维连续拉伸时，其横截面积发生改变，导致沿拉伸线上速度和速度梯度有所改变。对连续拉伸时速度分布的研究表明，纤维在拉伸箱或拉伸浴中拉伸时，沿拉伸线所发生的形变或拉伸本身是不均匀的。速度分布曲线呈S形（图5-83）。

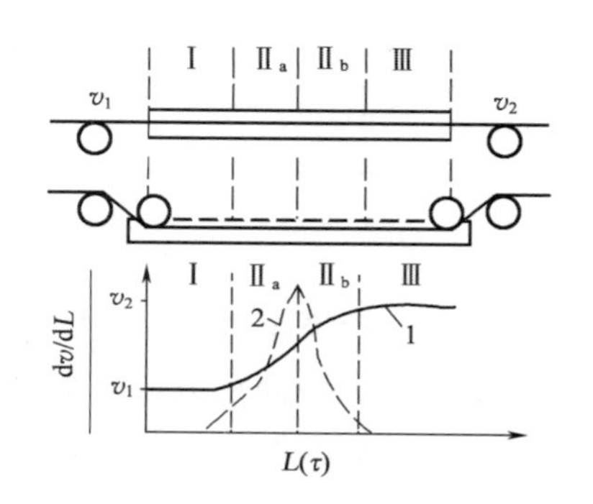

图5-83　连续热拉伸和塑化拉伸时的速度（1）和速度梯度（2）的典型分布
Ⅰ—准备拉伸区（塑化区）　Ⅱ—形变区（拉伸区）　Ⅲ—松弛区

连续拉伸取向过程可分成三个区，每个区中丝条或丝束的运动速度和张力均不同。

Ⅰ区：准备拉伸区。在此区内，由于塑化拉伸或热拉伸时的膨胀和加热，纤维发生塑化。在准备区中，速度恒定并等于丝条的喂入速度，速度梯度则等于零。当纤维温度超过玻璃化温度而开始明显形变的瞬间，准备区结束。丝条在准备区内停留的时间及与此相应塑化区的行程长度，取决于塑化时传质或传热的速度。将丝条加热至拉伸温度所需的时间与热交换条件有很大关系，可能是1s或几秒。热拉伸时，加热时间也取决于丝条直径，例如对于直径为180～220μm的单丝，加热时间为0.15s。但复丝的加热较慢，这是由于组成复丝的单纤维之间热接触不良的缘故。

湿法成型的初生纤维、预先经塑化的或加热了的纤维在拉伸时，准备区可能很短，或根本没有准备区。

在某些文献中，建议将纤维在专门的机构上（例如热盘）预先长时间地加热。但是这样做可能对拉伸过程有不利的影响，因为这会使纤维预先发生结晶，从而减小拉伸倍数。

Ⅱ区：形变区或真正拉伸区。在此区由于机械力的作用，纤维中大分子发生取向，伴随着结构变化。

在此区内，当丝条开始发生形变时，运动速度增大，$dv/dL>0$。在曲线的拐点之前，可称为Ⅱa区，此区内速度梯度有所增加，在达到Ⅱb区后，速度梯度又开始下降。

随着纤维的结构变得规整和大分子动力学柔性的减小，纤维的形变性能迅速下降，拉伸作用就停止。

纤维拉伸时，由于纤维品种和成型方法不同，其运动速度可从每分钟几米至几百米，拉伸时间从0.1s至20s，拉伸箱或拉伸浴长度从几十厘米至1～3m，相应形变区（拉伸区）长度可以是几厘米至几十厘米或更长些。

Ⅲ区：纤维拉伸松弛区。在此区内纤维不再发生形变，但内应力逐步发生松弛。松弛区内，丝条的运动速度大致恒定，与此相应，速度梯度 $dv/dL=0$。

根据拉伸工艺不同，所用设备也会不同，在松弛区之后，或是做进一步热松弛处理，或开始将纤维冷却。

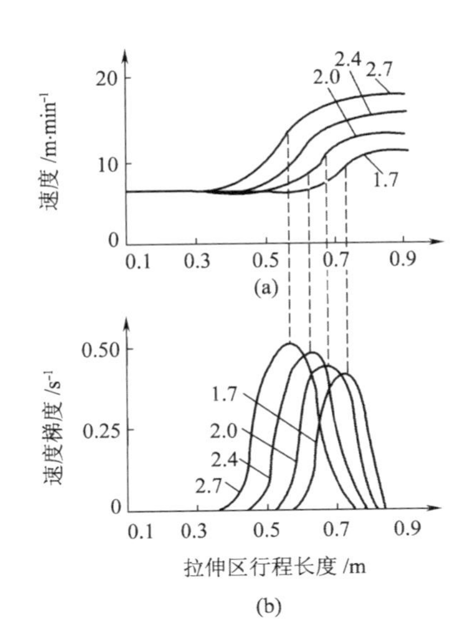

图5-84　聚乙烯醇纤维在空气中热拉伸时丝条运动速度

（曲线旁数字表示不同的拉伸倍数R）

(a) 速度梯度　(b) 分布曲线

研究表明，聚丙烯腈、聚乙烯醇等湿纺纤维拉伸线上的速度分布曲线都与熔纺的运动学特性曲线相似。典型的速度分布曲线呈S形，有一拐点，在拉伸行程的末端有水平的渐近线（速度为常数）。图5-84为聚乙烯醇纤维拉伸的典型数据（拉伸温度240℃，丝条喂入速度为6.5m/min）。由图可知，随着拉伸比R或Ⅲ区速度v_2的增加，拐点移向拉伸线起点一方。这与熔纺的运动学行为有所不同，熔纺线上拐点基本不动。这是因为在拉伸过程中，由于自身发热以及与加热介质的热交换，使丝条温度上升。有人研究了温度分布对拉伸运动学的影响，发现随着拉伸浴温度的上升，速度曲线拐点移向喂入辊的一方。

实际生产中应注意选择适合的拉伸条件，以使形变区大致位于拉伸设备中丝条行程的中部。

（三）拉伸线上的张力分布

拉伸张力关系到拉伸过程的稳定性和所得纤维的结构。一般来说，拉伸张力是拉伸条件以及未拉伸试料的组成和结构的一个函数。

丝条或丝束通过一圆柱形拉伸辊后，张力的增大主要取决于丝条与辊面之间的摩擦因数μ和丝条在辊上的包角θ（图5-85）。根据阿蒙东（Amonton）定律，张力增大可写成：

$$T_2 / T_1 = \exp(\mu\theta) \quad (5\text{-}103)$$

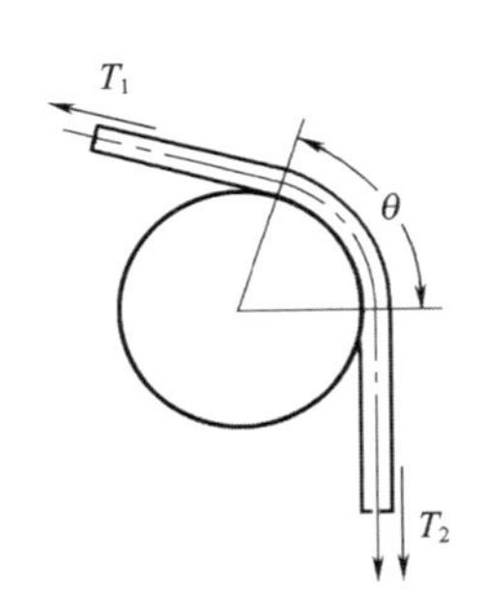

图5-85　丝条通过拉伸辊面张力的变化

若丝条通过一系列的辊，则自最后一辊导出后的张力T_R为：

$$T_R = T_1 \exp(\mu\theta) \quad (5\text{-}104)$$

式中：T_1为进入第一辊前的预张力；θ为每个辊上包角之和，$\theta=\theta_1+\theta_2+\cdots+\theta_n$。

在辊上多绕一圈，相当于包角θ增大2π，同样也可由以上公式计算。但是阿蒙东（Amonton）公式只是很粗略的近似，此式对于拉伸辊半径r这类重要参数没有加以考虑。根据实验数据，最好采用 Howell 公式：

$$T_2^{(1-n)} = T_1^{(1-n)} + (1-n)a\theta r^{(1-n)} \tag{5-105}$$

式中：n 为常数，其值为 0.65 ～ 1.00；a 为常数。

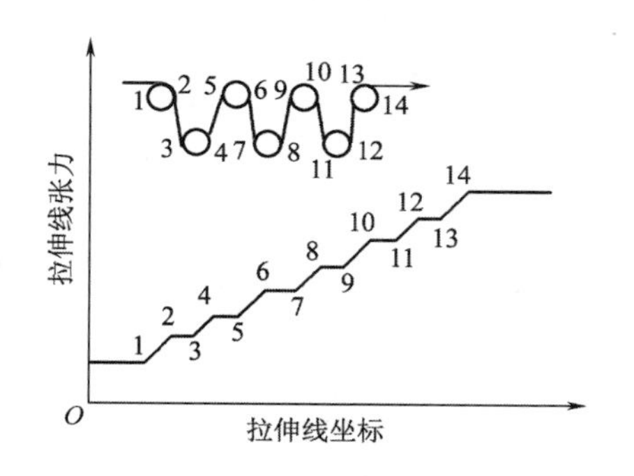

图5-86　七辊拉伸机给丝辊上的张力变化

根据上述分析，可将七辊拉伸机上的张力分布示于图 5-86。由进入第一辊至最后一辊导出处，张力将逐渐增大。

对于长丝在拉伸—加捻机上的拉伸，丝条在拉伸过程中也承受类似张力梯度的作用。用张力除以丝束截面积，可得到拉伸应力，其分布如图 5-87 所示。

由图 5-87 可知，在两台七辊牵伸机之间，张力虽然基本恒定，但由于纤维截面变小，其应力总是上升的，且在细颈点发生突变。当张力达到屈服应力所对应的负荷时，发生屈服而产生细颈（或称拉伸点）。由图 5-86 和图 5-87 可知，细颈一般发生在紧靠第一台牵伸机不远的油（水）浴槽中。如果拉伸点发生在第一台拉伸机的最后一辊或倒数第二辊上，则拉伸极不稳定，必须调整拉伸工艺使拉伸点后移。

使拉伸点后移的简便方法，是降低最后一辊或数辊的辊面温度，其目的在于降低丝条的温度，使相应的屈服应力增大。要使已经移出机台的拉伸点稳定，可将两台拉伸机之间的被拉伸丝加热，对短纤维通常用热水浴、过热蒸汽或其他介质；对长丝一般用热板、热盘等方式加热。丝条进入加热区后，其温度逐渐上升，屈服应力逐渐减小，当减至与拉伸机施加的张力相等时，即产生细颈。由于细颈的热效应使局部温度又有升高，因而在温度曲线上出现峰值（图 5-87）。

码5-10　拉伸点的控制

图 5-88 表明，在拉伸速度不变时，锦纶 6 和涤纶的拉伸张力随拉伸比的增大（或拉伸温度的下降）而单调增大。拉伸速度对拉伸张力的影响较

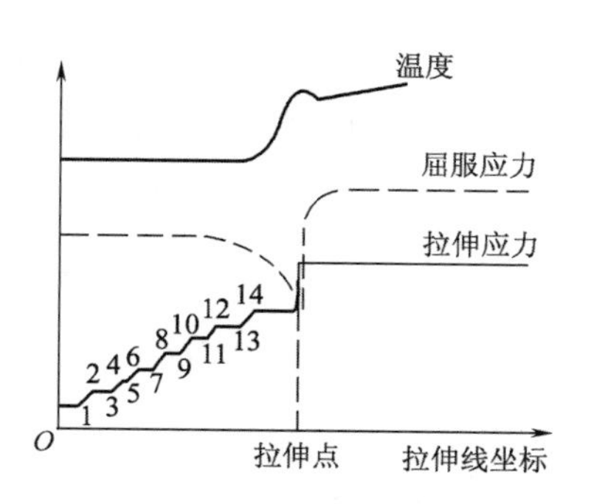

图5-87　拉伸线上应力、屈服应力和温度变化示意图

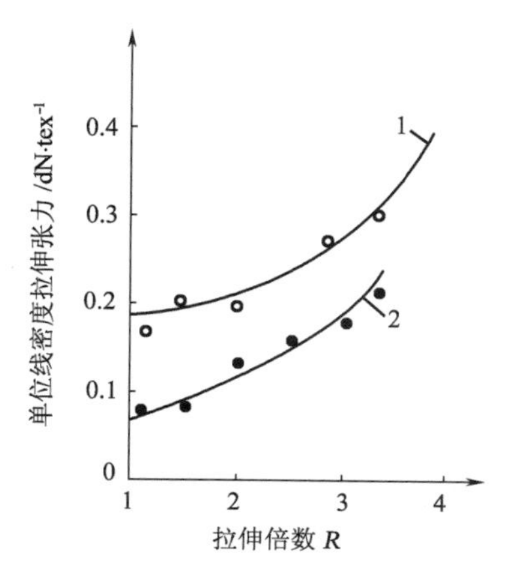

图5-88　锦纶6和涤纶的单位线密度拉伸张力对拉伸比R的关系（拉伸速度不变）

1—锦纶　2—涤纶

为复杂。根据黏弹机理，拉伸速度的提高，应引起拉伸张力和拉伸应力增大，某些实验结果确实说明了这一点（图 5-89 曲线 1 和曲线 2）。但是，较高的形变速率伴随着发热较大，并使有效松弛时间和黏度降低。在某些绝热条件下，这会抵消黏弹性的影响，甚至使拉伸张力减小。图 5-89 中涤纶在 80℃下的拉伸行为就是一例。对于锦纶综丝，传热量比发热量小，也观察到拉伸张力随拉伸速度的增大而减小的现象。

对于含有若干剩余溶剂（DMF）的干纺聚丙烯腈纤维，拉伸张力随聚合物的平均分子量的升高而增大，并随溶剂浓度的增加而减小。

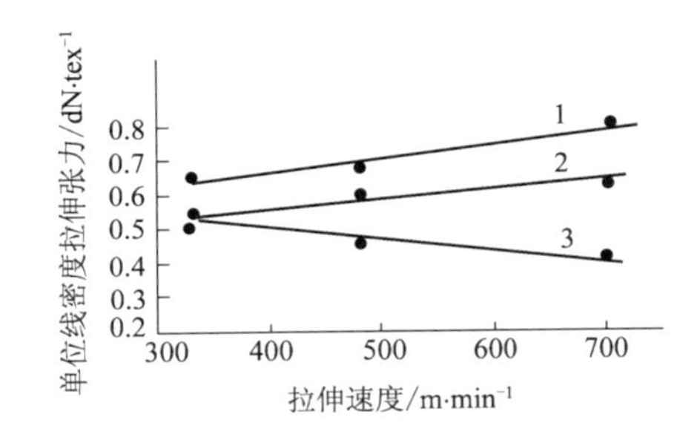

图5-89 锦纶6和涤纶的单位线密度拉伸张力对拉伸速度v_R的关系
（拉伸倍数R=3.6）
1—锦纶，拉伸辊温度80℃ 2—锦纶，拉伸辊温度20℃ 3—涤纶，拉伸辊温度80℃

四、拉伸过程中应力—应变性质的变化

（一）概述

理想弹性体（或称内能弹性体）的形变与应力的作用时间无关。用虎克（Hooke）定律来描述其形变如式（5-88）所示，用应力—应变测定所得线性比例常数 E 称为弹性模量或杨氏模量。而对聚合物这样的黏弹体，因为它除了有内能弹性外，尚有熵弹性或黏弹性，所以在进行应力应变测定时所得的模量就有了更多内涵，而不单纯是虎克定律的线性比例常数了。

测定应力—应变关系时，一般是沿纤维轴向拉伸，测定纤维负荷和伸长的关系，而后换算成应力—应变关系。纤维加工中的拉伸多为恒速拉伸，所用实验机也是恒速的，记录应力和应变倍数 $\lambda=L/L_0$（或时间），这里的应变只考虑样品长度的变化。有时用伸长率 $\varepsilon=(L-L_0)/L_0$ 来表示应变。通常所说样品被拉伸了 2.5 倍，即伸长率为 150%。在拉伸过程中，应力和应变不断变化。反映初生纤维拉伸时应力—应变变化的曲线又称为拉伸曲线。拉伸曲线的形状依赖材料的化学结构（组成、分子构型、平均相对分子质量、相对分子质量分布、交联程度等）、超分子结构（结晶、取向）、加工条件（拉伸程度、定型、温度等）以及材料中添加剂的种类和数量。

在材料的拉伸试验中，试样所受的拉伸应力为 σ，对于小的伸长，通常将应变（或伸长率）定义为 $\varepsilon^{C}=\Delta L/L$；$\Delta L=L-L_0$，即拉伸后的长度 L 与原长 L_0 之差。ε^{C} 称为工程应变或 Cachy 应变。但对于大的伸长，则采用由瞬时伸长定义的应变，称为真应变或 Henky 应变，记为 ε^{H}：

$$\varepsilon^{H}=\int_{L_0}^{L}\frac{dL}{L}=\ln\frac{L}{L_0}=\ln R \tag{5-106}$$

式中：R 为拉伸比（或拉伸倍数）。

初生纤维的拉伸比可用连续拉伸时的拉伸速度 v_2 与喂丝速度 v_1 之比来表示，即 $R=L/L_0=v_2/v_1$。

ε^{C} 和 ε^{H} 都可量度拉伸形变的程度，但用 ε^{C} 描述两个连续形变相加时，就发生了困难。设原长为 l_0 的物体，进行两次连续的伸长，第一次从 l_0 伸长到 l_1，伸长了 $\Delta l_1=l_0-l_1$，第二次从 l_1 伸长到 l_2，伸长了 $\Delta l_2=l_2-l_1$。计算总形变时可按两种方式：

（1）连续式形变：

$$\varepsilon_{1+2}^{C}=\frac{\Delta l_1+\Delta l_2}{l_0}=\frac{(\Delta l_1+\Delta l_2)(l_0+\Delta l_1)}{l_0(l_0+\Delta l_1)} \tag{5-107}$$

（2）跳跃式形变：

$$\varepsilon_1^{C}+\varepsilon_2^{C}=\frac{\Delta l_1}{l_0}+\frac{\Delta l_2}{l_0+\Delta l_1}=\frac{(\Delta l_1)l_0+(\Delta l_2)l_0+(\Delta l_1)^2}{l_0(l_0+\Delta l_1)} \tag{5-108}$$

比较两种计算方法的结果，可知：$\varepsilon_{1+2}^{C}\neq\varepsilon_1^{C}+\varepsilon_2^{C}$，只有当 Δl_1 和 Δl_2 与 l_0 相比都很小时，两者才相等。如果 Δl 不是很小，应该用 ε^{H} 才合理。

$$\varepsilon_{1+2}^{H}=\ln\frac{l_0+\Delta l_1+\Delta l_2}{l_0}$$

$$\varepsilon_1^{H}+\varepsilon_2^{H}=\ln\frac{l_0+\Delta l_1}{l_0}+\ln\frac{l_0+\Delta l_1+\Delta l_2}{l_0+\Delta l_1}=\ln\frac{l_0+\Delta l_1+\Delta l_2}{l_0} \tag{5-109}$$

显然，$\varepsilon_{1+2}^{H}=\varepsilon_1^{H}+\varepsilon_2^{H}$。所以 Henky 应变具有连续应变可加和的特性，它广泛应用于大的伸长形变中。

拉伸时，试样截面积的变化将影响试样所受的实际应力，因此应力有真实应力与许用应力之分。

拉伸时的真实应力 σ 为：

$$\sigma=F/A \tag{5-110}$$

许用应力 σ_a 为：

$$\sigma_a=F/A_0 \tag{5-111}$$

式中：F 为所施加的张力；A 为拉伸过程中试样的实际截面积；A_0 为试样的原始截面积。如试样体积不变，在 σ 和 σ_a 之间有下列换算关系：

根据 Cachy 定义得出：

$$\sigma_a=\sigma/R=\sigma/(1+\varepsilon^{C}) \tag{5-112}$$

根据 Hencky 定义得出：

$$\sigma=\sigma_a\exp(\varepsilon^{H}) \tag{5-113}$$

如在恒定拉力 F 下拉伸，由于试样截面积逐渐减小，故真实应力 σ 随伸长的增大而增大，而许用应力 σ_a 则与 R 或 ε 无关。

（二）应力—应变曲线

纤维的应力—应变曲线是在外力作用下对纤维力学行为的具体描述，是纤维拉伸过程研究的依据；它受纤维本性及周围环境的影响，当周围环境变化时，应力—应变曲线会发生变化，在加工处理过程中纤维力学性能的变化也反映在其应力—应变曲线的改变上。纤维拉伸应力的在线精密测量是困难的，这是因为在拉伸过程中纤维的截面积不断发生变化，所以一般是采用初始截面积或按泊松（Poisson）比为 1/2 来近似地加以计算。纤维是黏弹性体而非理想弹性体，因此其应力—应变的关系中有时间这一重要影响因素。

各种初生纤维的应力—应变曲线（简称S—S曲线）可归纳为如图5-90所示的三种基本类型。

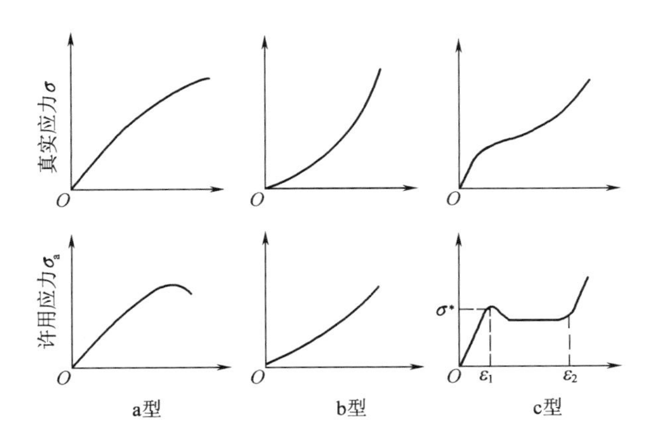

图5-90　应力—应变曲线的基本类型

1. a **型，凸形**（convex）　模量 E=dσ/dε 随着 ε 的发展而减小，其数学表达式为：

$$\frac{dE}{d\sigma}=\frac{d}{d\varepsilon}\left(\frac{d\sigma}{d\varepsilon}\right)=\frac{d^2\sigma}{d\varepsilon^2}<0 \tag{5-114}$$

由图 5-90 中 a 型的 σ_a—ε 曲线可见，随着 ε 的增大，许用应力 σ_a 到达临界点，即到达最大值 σ^*（称为屈服应力），随后急剧下降，出现应力集中和细化点。因为模量 E 下降，纤维经不起拉伸，很快就被拉断，也就是当纤维克服了屈服应力 σ^* 而开始塑性变形时，就立即断裂。也有人说这种拉伸曲线是屈服应力大于断裂强度。塑料和金属材料的拉伸属于这种类型。应力—应变行为说明这种类型的初生纤维是不可拉伸的（拉伸时出现脆性断裂），应避免初生纤维出现这种应力—应变行为。

2. b **型，凹形**（concave）　模量与应变的关系可表示为：

$$\frac{dE}{d\sigma}=\frac{d}{d\varepsilon}\left(\frac{d\sigma}{d\varepsilon}\right)=\frac{d^2\sigma}{d\varepsilon^2}>0 \tag{5-115}$$

表明初生纤维在拉伸时，模量不断增加，即模量随着应变的增大而增大，纤维在拉伸过程中发生自增强作用。正因为纤维自增强，所以不出现细化点，能承受更大的拉伸应力，拉伸可顺利进行。这种拉伸不会出现应力集中，属于均匀拉伸。硫化橡胶的 S—S 曲线就是典型的 b 型曲线，如图 5-90 的 b 型所示。由于橡胶交联键之间的大分子链在拉伸时取向并导致结晶，因而模量增加。拉伸曲线呈这种类型的初生纤维，其拉伸性是好的，应创造条件使初生纤维具备这种应力—应变曲线。湿法纺丝成型的凝固丝，是一种高度溶胀的冻胶体，由聚集态大分子间的物理交联形成的网络结构内充满着液体（溶剂或凝固剂），这样的网络结构与硫化橡胶有某些相似之处，所以，湿纺凝固丝的 S—S 曲线基本上属于 b 型曲线，拉伸时不会出现细颈现象。

3. c **型（先凸后凹形）**　从图 5-90 的 c 型曲线看出，在 σ_a—ε 曲线上有屈服点，还有 σ_a

几乎不变的平台区。在小形变区内，即 $\varepsilon<\varepsilon_1$ 时，形变是均匀且可逆的，相当于弹性形变。在 $\varepsilon_1<\varepsilon<\varepsilon_2$ 区内，形变先集中在一个或多个细颈处，继而细颈逐渐发展，在此区域内拉伸属于不均匀拉伸；当 $\varepsilon>\varepsilon_2$ 时，形变又是均匀的，拉伸应力逐渐增大，而形变也随之增大，直至断裂。具有 c 型应力—应变曲线的拉伸过程又称为冷拉过程。

本体聚合物的初生纤维，如涤纶、锦纶和丙纶的熔纺卷绕丝，在 T_g 附近拉伸时，其许用应力—应变曲线基本属于 c 型曲线，如图 5-91 所示。分析图 5-91 所示的拉伸曲线，可以了解熔纺卷绕丝拉伸时的力学行为。

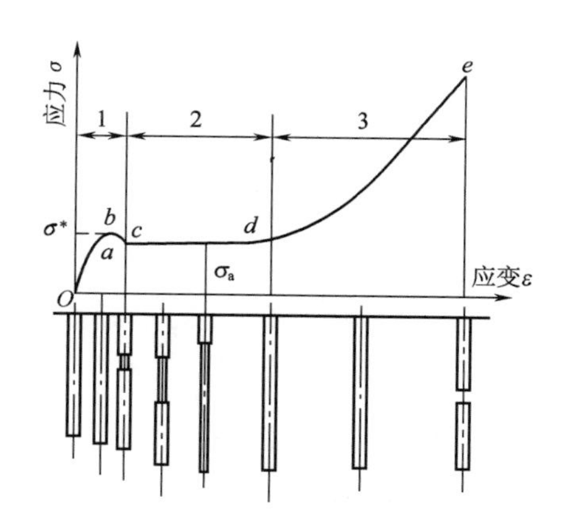

图5-91　熔纺卷绕丝的拉伸曲线

（拉伸温度在 T_g 附近）

（1）*Oa* 段，形变的初始阶段，为一很陡的直线段。此时发生单位形变的应力很大，即杨氏模量很大，而总的形变量很小，这时纤维的形变符合弹性定律，属于普弹形变，*a* 点称为线性极限。

（2）*ab* 段，开始偏离直线，但基本上仍是可回复的。曲线的斜率随拉伸倍数的提高而下降，即此时使纤维发生单位形变的应力虽仍在增加，但增加的速率有所减小；到 *b* 点时，应力达到极大值。*b* 点称为屈服点，与之相对应的应力即为屈服应力。

（3）*bc* 段，应力稍有下降，与此同时在纤维的一处或几处出现细颈。在这一段中，应力下降的原因可能是由于纤维在拉伸时放热，使纤维发生软化所致。应该指出，在 σ—ε 曲线上，真应力 σ 不一定下降，只是应力增加的速率有所减小，称为应变软化现象。*bc* 段是细颈发生阶段，在生产上通常所说的“拉伸点”或“拉伸区”，就是指细颈产生的具体位置。控制好拉伸点或拉伸区的位置，使其固定，是拉伸工艺中重要条件之一。

（4）*cd* 段，细颈的发展阶段。此时，未拉伸的部分逐渐被拉细而消失，在到达 *d* 点时，细颈发展到整根纤维。此段中形变很大，应力却基本不变，这时的应力记为 σ_n。在此阶段，尚未转变为细颈的未拉伸部分的纤维继续变为细颈，所以，这时所需的应力和最初生成细颈时的应力大致相等，因此，在 *cd* 段，应力不随拉伸倍数而变化，而成为平台区。与 *d* 点相对应的拉伸倍数称为自然拉伸比，记为 N。自然拉伸比可定义为原纤维的截面积 A_0 和细颈截面积 A_1 之比。根据质量守恒定律，显然有：

$$N=A_0/A_1=\rho_1 L_1/\rho_0 L_0 \tag{5-116}$$

式中：ρ_0，ρ_1 分别为拉伸前、后纤维的密度；L_0，L_1 分别为纤维的原始长度和完全变为细颈时的长度。

由于拉伸后纤维的密度变化不大，所以有：$N\cong L_1/L_0$。自然拉伸比是材料可拉伸性的一个重要指标。

（5）*de* 段，过了 *d* 点，要使已全部变为细颈的样品再继续被拉细，需要施以更大的应力，纤维的直径均匀地同时变细，直至 *e* 点，拉伸应力增加到了纤维的强度极限，于是纤维发生断裂。与 *e* 点相对应的拉伸倍数称为最大拉伸倍数。*e* 点的应力称为断裂应力（也称断裂强度），相应的应变称为断裂伸长。由于在 *de* 段需要加大应力才能使纤维继续发生形变，所以这一段又称为应变硬化区。这里说应变硬化或应变软化都是名义上的，其真实应力还是增加的（如图 5-90 所示的 c 型应力—应变的曲线）。

观察拉伸过程纤维粗细（线密度）的变化，发现 *Oa* 段和 *ab* 段纤维是均匀的，越过 *b* 点以后，在 *bc* 段，因细颈的产生和发展，纤维粗细极不均匀，在拉伸的纤维中，已成为细颈的部分和未成为细颈的部分交替出现。在 *cd* 段，越向右端，也就是拉伸倍数越高，纤维的粗细越趋于均匀。超过 *d* 点后，又成为粗细均匀的纤维。所以在生产工艺上，一定要控制纤维的实际拉伸倍数，使之大于自然拉伸比而小于最大拉伸比。

原则上，对于给定的试样，应选择不同的拉伸条件以使应力—应变曲线呈 b 型或 c 型。很明显，如拉伸过程在出现 a 型形变特征的条件下进行，则不可能得到均匀的拉伸纤维。因此，应适当选择并控制纺丝条件，以使所得的初生纤维有良好的拉伸性能，从而获得质量良好的成品纤维。

（三）初生纤维结构对拉伸性能的影响

初生纤维的结构包括分子链结构和超分子结构。对一种给定的纤维来说，大分子的化学结构基本上是固定的，分子链结构主要指的是聚合物的平均相对分子质量及相对分子质量分布，而超分子结构主要是指结晶和取向，也就是指大分子在空间的位置和排列的规整性。

1. 熔纺成型的本体聚合物卷绕丝

（1）结晶度和结晶变体的影响。初生纤维的结晶结构对其应力上应变性质影响很大。随着初生纤维结晶度的增加，应力—应变曲线沿着 b → c → a 型的方向转化，在 c 型曲线范围内，屈服应力 σ^{*} 提高，自然拉伸比增大。现已知道，聚乙烯纤维的屈服应力与结晶度呈线性关系。聚偏二氯乙烯初生纤维一旦发生结晶，就根本不能拉伸，即拉伸时呈 a 型脆性破裂。

图 5-92、图 5-93 所示分别为涤纶卷绕丝的结晶度对屈服应力和屈服应变的影响。可见，在 0 ～ 50% 结晶度范围内，屈服应力和屈服应变随结晶度的提高而增大，其中结晶度对屈服应变的影响更为明显。

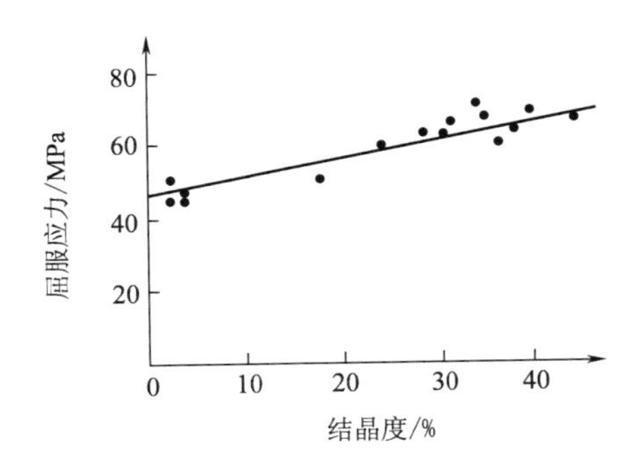

图5-92　结晶度对涤纶未拉伸丝屈服应力的影响

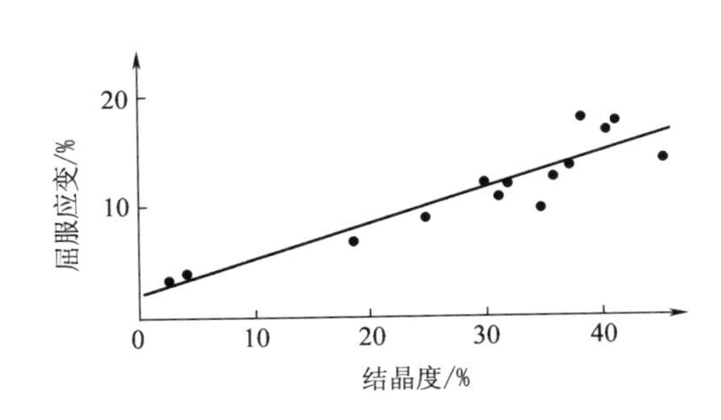

图5-93　结晶度对涤纶未拉伸丝屈服应变的影响

对于有不同结晶变体的聚合物，其拉伸行为与各种结晶变体的相对含量有关。如丙纶卷绕丝的结晶由六方晶系的 β 变体向单斜晶系 α 变体转变时，拉伸曲线向着增大应力的方向转化；结晶变体的相对含量不同，其最大拉伸比也有很大不同。

锦纶 6 的各种结晶变体的拉伸行为也是不同的。图 5-94 表明不同结晶变体的锦纶 6 的拉伸应力与拉伸温度的关系。

（2）预取向的影响。一般熔纺初生纤维的预取向度都较低，但它对后拉伸的影响不应忽视。随着初生纤维预取向度的增大，形变特性沿着 c → b 型的方向转化，自然拉伸比有所减小，并转变为均匀拉伸，屈服应力和初始模量都有所增大。

图 5-95 为锦纶 66 的屈服应力与预取向双折射的关系曲线。由图可见，锦纶 66 初生纤维的预取向度增大时，其屈服应力大为提高，这种情况下，易出现毛丝断头，给后拉伸带来困难。

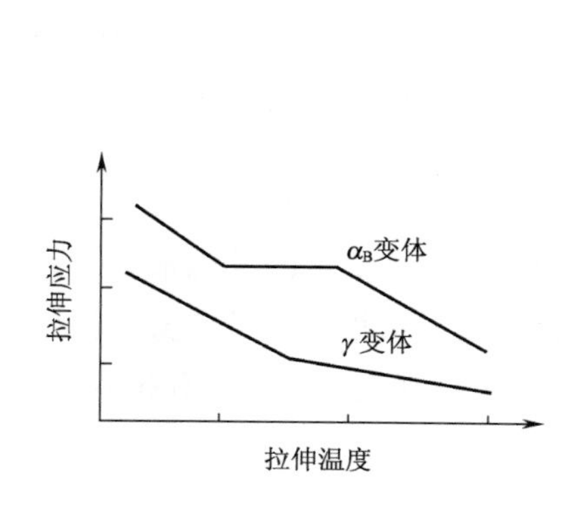

图5-94　不同结晶变体的锦纶6的拉伸应力与拉伸温度的关系

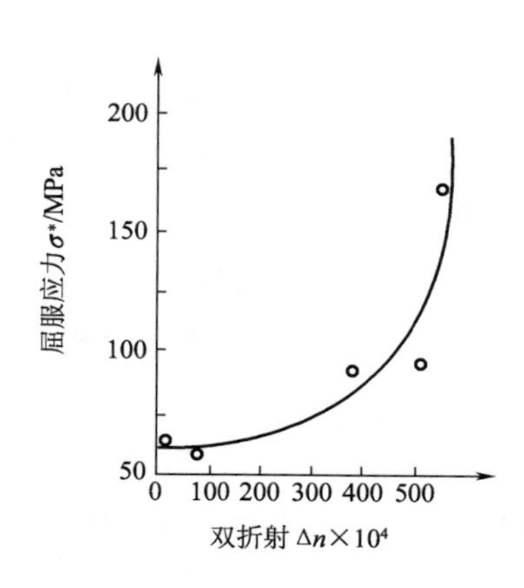

图5-95　锦纶66的屈服应力与预取向双折射的关系

图 5-96 为不同预取向的锦纶 6 初生纤维的拉伸曲线。由图 5-96 可见，在纺丝过程中产生的预取向对锦纶 6 的拉伸行为有显著的影响。低预取向试样拉伸时，有细颈现象，并有表征塑性流动的准平台区（曲线 2）；高预取向纤维拉伸时，则显示均匀拉伸形变，初始模量明显加大，而最大拉伸倍数则较小。

初生纤维的预取向度对自然拉伸比的影响很大。图 5-97 表明涤纶初生纤维的自然拉伸比对预取向度非常敏感。

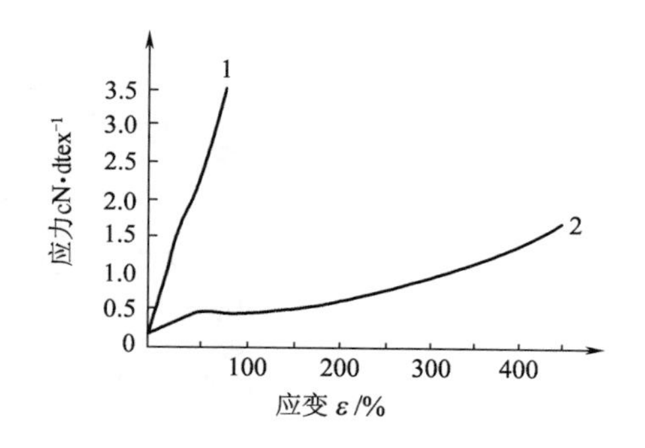

图5-96　锦纶6初生纤维的拉伸特性
1—高预取向试样　2—低预取向试样

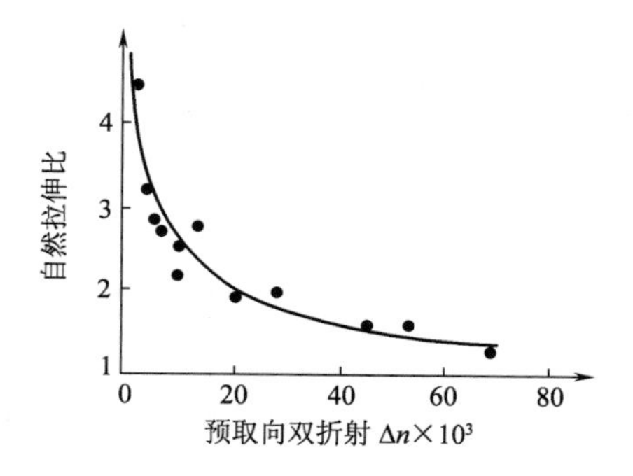

图5-97　涤纶初生纤维的预取向度对自然拉伸比的影响

在低纺速下制得的初生纤维，经不同倍数的拉伸之后，其取向度不同，这种样品的拉伸曲线也有明显差别，如图5-98所示。

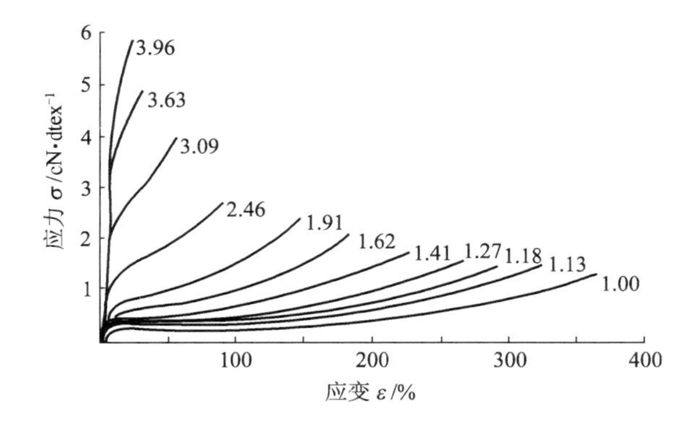

图5-98 PA6经不同程度拉伸后样品的应力—应变曲线
（图中数字为样品的拉伸倍数）

如果研究初生纤维的拉伸与收缩，将会发现一个有意义的结果：设初生纤维的长度为L_0，初生纤维经收缩处理后的长度为L_{-1}，则纤维的收缩率为S：

$$S=(L_0-L_{-1})/L_0 \quad (5-117)$$

当初生纤维拉伸至自然拉伸比所对应的长度L_1时，则自然拉伸比$N=L_1/L_0$，两式合并后得：

$$L_1/L_{-1}=N/(1-S) \quad (5-118)$$

表5-8 具有不同取向度的涤纶卷绕丝的拉伸性能

预取向双折射值$\Delta n\times10^3$	自然拉伸比N	收缩率S	$1-S$	$N/(1-S)$
0.65	4.25	0.042	0.958	4.44
1.6	3.70	0.094	0.906	4.08
3.85	3.32	0.160	0.840	3.96
4.2	3.05	0.202	0.798	3.83
7.2	2.72	0.320	0.680	4.01
9.2	2.58	0.378	0.622	4.14

表5-8列出了一系列具有不同取向度的涤纶未拉伸丝的$N/(1-S)$值。由表可见，随着卷绕丝预取向度的增大，收缩率S也增大，而自然拉伸比N则下降。值得注意的是，自然拉伸比N从4.25减小至2.58，收缩率S从0.042增大至0.378，而比值$N/(1-S)$基本上为一常数。

总之，为了提高初生纤维的可拉伸性，使拉伸倍率增大，拉伸顺利，并使成品纤维强度较大，断裂伸长较小，应适当控制纺丝条件，不要使初生纤维取向度太高。当然，这是针对一般纺丝工艺而言。如前已指出，采用高速纺丝新工艺（纺丝速度达6000m/min以上）时，则初生纤维已接近完全取向纤维（FOY）的水平，不需要进行后拉伸。

（3）初生纤维平均分子量的影响。关于平均分子量及其分布对纤维拉伸性能的影响所知不多。可能平均分子量和分子量分布因与微布朗（Brown）运动和松弛特性有关，故应对拉伸应力和应力—应变曲线的形状有影响，特别是对于b型形变。一般来说，随着初生纤维相对分子质量的增大，拉伸时的屈服应力有所提高。初生纤维要避免a型的不可拉伸情况，就必须具备一定的初始模量和较高的断裂强度，才能经得起一定应力下的拉伸作用而不致一拉就断。

图5-99显示了两种组成相近但相对分子质量不同的乙烯—乙烯醇共聚物（EVOH）的应力—应变曲线。图中试样A的$\overline{M}_n=3.04\times10^4$，试样B的$\overline{M}_n=1.94\times10^4$，即试样B的数均分子量只有试样A的2/3。这在应力—应变曲线上就表现出很大的差别：试样A强而韧，可拉伸性较好；而试样B硬而脆，一拉就断。这说明相对分子质量达不到一定值，是承受不起拉伸应力的。换句话说，要使初生纤维有可拉伸性，相对分子质量必须达到某一数值。

但也不是说，初生纤维的相对分子质量越大越好。事实上，随着相对分子质量的增加，分子间的作用力增强，使分子间的相对滑移困难，即难以实现塑性形变。所以，相对分子质量如超过一定限度，反而会使纤维的可拉伸性降低。

初生纤维的结构对其拉伸应力—应变行为的影响可用图5-100加以概括。随着结晶度或取向度的增大，初始模量增大，屈服应力增大而断裂伸长则减小，断裂点的轨迹沿箭头所示的方向变化。相对分子质量增大时，断裂功增大（韧性增加），拉伸应力—应变曲线向更高断裂强度和断裂伸长的方向移动。

应该指出的是，初生纤维的结晶、取向和相对分子质量对其拉伸性能有很大影响外，当初生纤维内包含与纤维直径大小相当的气泡和固体粒子（包括凝聚粒子、消光剂TiO_2等）时，这种初生纤维就经不起拉伸，在较小的拉伸作用下就会发生断裂。由于纺丝成型时工艺控制不当，在初生纤维内出现的裂缝或线密度波动，产生过分细的横截面等也是拉伸的薄弱环节，也会使纤维的拉伸性能变差。

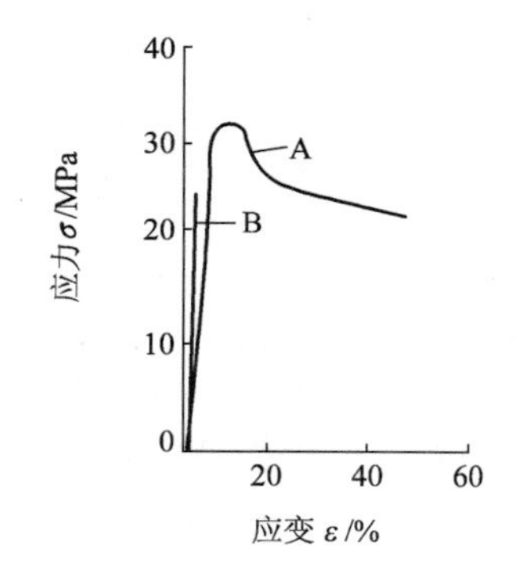

图5-99　乙烯—乙烯醇共聚物的应力—应变曲线

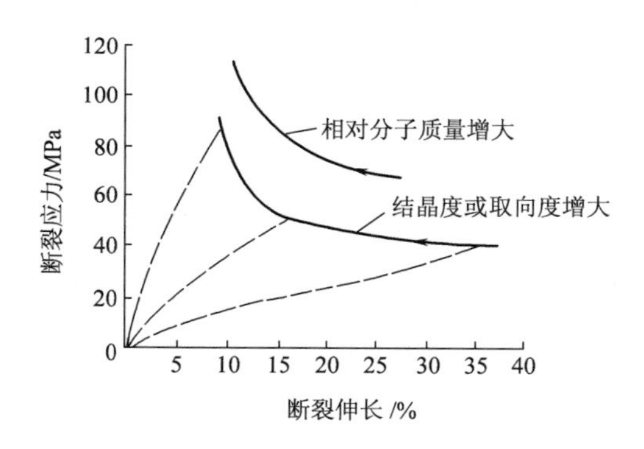

图5-100　聚合物结构对拉伸应力—应变行为的影响

按目前的测试方法，纤维的断裂强度是试样中最薄弱环节的强度，纤维越细，其中出现上述疵点的概率就小，因此其强度也就可能更高。

2. **湿法成型冻胶体凝固丝**　湿纺时，纺丝原液在凝固浴中脱溶剂化而凝固形成的初生纤维，是一种高度溶胀的立体网络状的冻胶体（图 5-101）。立体网络的骨架由大分子或大分子链束构成，大分子间的缠结（由分子脱溶剂化后相互作用而形成）是这个骨架的物理交联点。在没有交联的地方，链段仍保持一定的溶剂化层，在网络骨架的空隙中充满着溶剂与凝固剂的混合物。

图5-101　冻胶体结构示意图
1—交联点　2—溶剂化层
3—溶剂与沉淀剂

前已指出，湿纺初生纤维的拉伸应力—应变特性属于均匀拉伸，一般没有明显的屈服应力，也不产生细颈现象。而凝固丝的成型条件对冻胶体的可拉伸性影响很大。图 5-102 表明纺丝条件（凝固浴中溶剂含量、浸浴长和浴温）对腈纶初生纤维可拉伸性的影响。其中以浴中溶剂含量对可拉伸性能的影响最显著，这点可从图 5-103 中看到。纤维中溶剂含量的增大起了增塑作用，使冻胶更具有弹性和塑性。但是冻胶中溶剂含量也不是越多越好，因为溶剂太多，立体网络的交联点数目就较少，网络较弱，强度必然较低，就经不起高倍拉伸。所以在拉伸前，必须调节凝固丝的溶胀度，使结构单元的交联点具有适宜的强度。

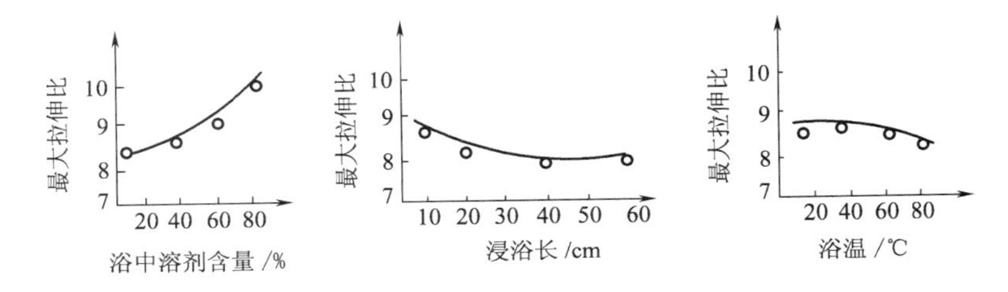

图5-102　纺丝条件对腈纶最大拉伸比的影响

湿纺的腈纶凝固丝拉伸时，在一定条件下也可能产生细颈而成为不均匀拉伸。

超高分子量的聚乙烯（分子量为$\overline{M}_w$=1.5×10^6～4×10^6）采用冻胶纺丝热拉伸工艺制取高强高模聚乙烯纤维时，冻胶纤维的拉伸倍数均在 20 倍以上，远远超过熔纺或湿纺纤维的拉伸倍数，其主要因素之一是超高分子量使聚乙烯纤维内大分子链的缠结点的数目大大增加。表 5-9 是超高分子量聚乙烯纺丝时溶液浓度对最大拉伸倍数的影响。可以看出，熔体或浓溶液纺丝成型纤维的最大拉伸倍数没有差别，而稀溶液挤出成型纤维的最大拉伸倍数则要高出 5 倍多。

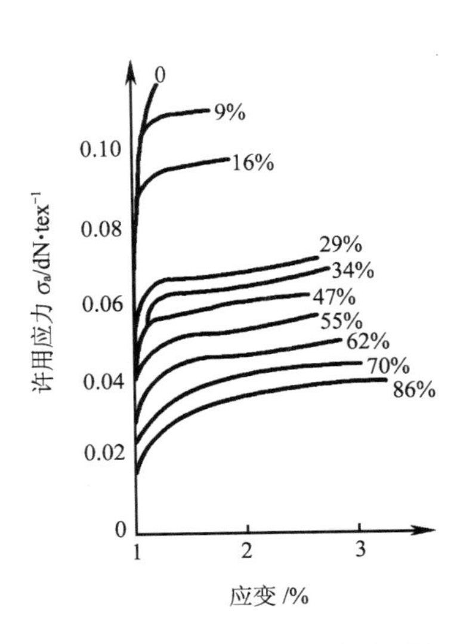

图5-103　凝固浴中溶剂含量对腈纶初生纤维应力—应变特性的影响（溶剂：DMSO，图中数字代表凝固浴中溶剂的浓度）

表5-9　纺丝溶液浓度对最大拉伸倍数的影响

纺丝方法	纺丝溶液浓度/%	拉伸		最大拉伸倍数
		初生纤维中溶剂含量/%	温度/℃	
熔纺	100	0	120	5
湿纺	50～90	10～15	120	5
冻胶纺	2	98	120	32
	2	0	120	22

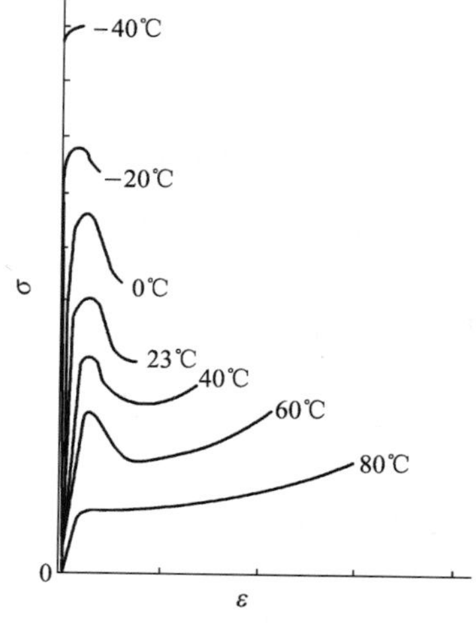

图5-104　聚氯乙烯在-40～80℃的拉伸曲线

（四）拉伸条件的影响

影响初生纤维应力—应变行为重要的条件是拉伸温度、湿度和拉伸速率。

1. **拉伸温度**　初生纤维应力—应变曲线对温度非常敏感，特别是在 T_g 附近。图 5-104 是在不同温度下聚氯乙烯纤维的拉伸曲线。在 -40℃样品表现为脆性，-20 ～ 23℃表现出一定的韧性，40 ～ 60℃为冷拉伸（c 型拉伸曲线），而在 80℃表现为橡胶状（b 型拉伸曲线）。

在成纤聚合物中，在适当的温度和拉伸速率下，几乎都能出现细颈拉伸。一般认为，在 T_g 以上拉伸就不出现细颈。应该指出，T_g 具有速度依赖性。例如，涤纶卷绕丝的 T_g 为 67 ～ 69℃，但在拉力机上以较高速度拉伸时，T_g 上升到 80℃左右，而在高速拉伸的工艺条件下，T_g 可达 100℃以上。这就是涤纶卷绕丝在 80℃以上高速拉伸仍出现细颈的原因。

湿纺凝固丝的拉伸，一般属于 b 型的均匀拉伸，但也不是绝对的，往往会受拉伸条件的影响而改变。以二甲基甲酰胺（DMF）为溶剂的湿纺腈纶在不同温度下的拉伸曲线表明，此种纤维在 80℃以下不能很好拉伸，易发生脆性断裂；在 80 ～ 120℃拉伸时，有细颈产生，属于不均匀拉伸，在 120℃以上才成为均匀拉伸。

也有个别例外，如纤维素醋酸酯纤维，它的大分子链中纤维素的羟基大部分与醋酸基生成酯，从而使分子间作用力降低，使它与其他聚合物产生了差别。

在生成细颈的地方，其温度可能比环境温度高出 50℃。所以最初人们认为温度升高导致黏度下降，流动性增加而产生细颈。但进一步的恒温实验中，仍有细颈出现，所以另一种说法认为细颈是大分子网络链开始滑动的结果。表 5-10 列出了几种主要合成纤维的拉伸温度。

表5-10　几种主要合成纤维的拉伸温度

纤维	拉伸温度/℃	玻璃化温度T_g/℃	熔点T_m/℃或流动温度T_f/℃
锦纶6	室温	35～49	223
锦纶66	20～150	47；65	265

续表

纤维	拉伸温度/℃	玻璃化温度T_g/℃	熔点T_m/℃或流动温度T_f/℃
涤纶	80以上	非晶态：69；水中：49～54部分结晶：79～81；高度取向结晶：120～127	260～264
腈纶	80～120 165（甘油中）	90 105；140	320
氯纶	80～98（水中）	92	170～220
偏氯纶	23	18	—
乙纶	115；90（水中）	-24～-21	137

综上所述，初生纤维拉伸时，适当提高拉伸温度到 T_g 以上是有必要的；而且多级拉伸时，温度需要逐级提高。显然，拉伸温度应低于非晶聚合物的黏流温度或结晶聚合物的熔点，否则，不可能进行有效的拉伸取向。

2. **拉伸速度**　实践证明，拉伸速度增大时，对应力—应变曲线的影响与降低温度的影响相类似，不难理解，这是符合时温等效原理的。在 c 型拉伸曲线形变范围内，随着拉伸速度的提高，屈服应力 σ^* 和自然拉伸比 N 有所增大。有人导出屈服应力与形变速率$\dot{\varepsilon}$之间的经验关系式：

$$\sigma^*=a+b\lg\dot{\varepsilon} \qquad (5-119)$$

此式表示屈服应力 σ^* 与 $\lg\dot{\varepsilon}$成直线关系（a、b 为常数），适用于许多聚合物体系的 c 型形变区域。如果原来属于 b 型形变，则随着拉伸速度的增大逐渐拉伸曲线由 b 型向 c 型转化。

涤纶卷绕丝的屈服应力和拉伸应力随拉伸速度的变化关系如图 5-105 所示，屈服应力和拉伸应力随拉伸速度增加而增加，这是黏弹过程松弛特征的反映。然而拉伸速度达到 1 cm/min 以上时，拉伸应力出现明显下降，这正是绝热过程特点的反映，证明此时拉伸放热所引起的温度上升已超过与拉伸速度增大所相当的温度下降。由于形变产生热而使温度升高，拉伸速度越快，则过程更加接近于绝热条件，此时温度上升也越高。当热量由细颈部分传递到未拉伸部分时，后者温度升高，使发展细颈所需的拉伸应力下降。可以设想，若没有绝热放热的影响，则拉伸应力随拉伸应变速率的增大而增大，如图 5-105 中的虚线所示。

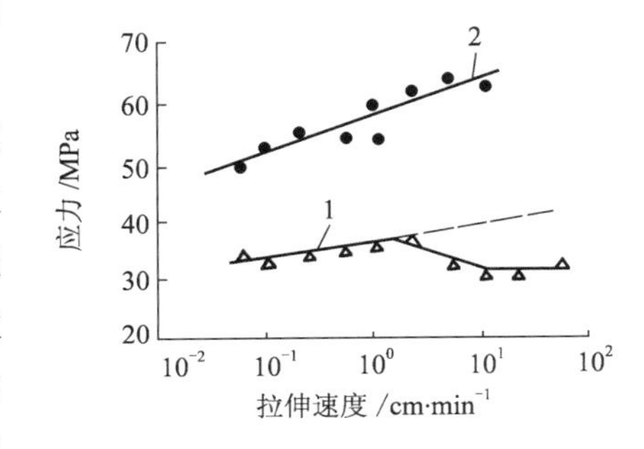

图5-105　拉伸速度对涤纶卷绕丝屈服应力和拉伸应力的影响
1—拉伸应力　2—屈服应力

对于部分结晶的初生纤维（包括非晶区和不稳定的或不完善的晶体），拉伸速度不宜太快或太慢。拉伸速度太快则产生很大应力，并使细颈区局部过热，产生不均匀流动，可能使纤维形成空洞甚至产生毛丝断头；拉伸速度太慢，产生缓慢流动，纤维的拉伸应力不足以破坏不稳定的结构以及随后使它改建，结果尽管拉伸倍数可能很高，但取向效果并不大；拉伸速度适中，则塑性流动时，应力足以使不稳定的结晶结构破坏，并随后得到重建，在细颈区

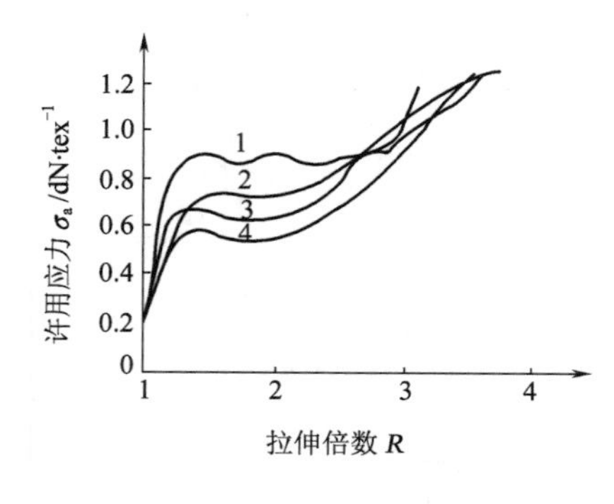

图5-106　含不同量水分和低聚物的锦纶6未拉伸纤维的形变特性

1—干纤维，低聚物含量0.5%　2—风干纤维，低聚物含量0.5%　3—干纤维，低聚物含量7.8%　4—风干纤维，低聚物含量7.8%

建立最佳热平衡，且没有显著的张力过度，所以得到的纤维缺陷较少。

3. **低分子物**　除了拉伸温度与拉伸速度以外，初生纤维中存在水、溶剂、单体、低聚物等低分子物质也可影响初生纤维的拉伸。因为这些物质的存在，可使大分子间距离增大，减少大分子间的相互作用力，降低松弛活化能，使链段和大分子链的运动变得容易，从而使聚合物的 T_g 降低，这种现象称为增塑作用。增塑作用对纤维拉伸行为的影响与提高温度相似。图 5-106 是含不同量水分和低聚物的锦纶 6 初生纤维的拉伸曲线。由图 5-106 可见，由于水或低聚物的增塑作用而使屈服应力下降，并使应力—应变曲线水平段缩短，即促使由 c 型形变向 b 型形变转化。

湿纺所得的初生纤维拉伸时，其所含水或溶剂也有类似的影响。图 5-107 是以 DMF 为溶剂的湿纺腈纶的负荷—伸长曲线与溶胀度 *DS* 的关系。当 *DS* 为 1.42 ～ 1.72 时，拉伸出现细颈；溶胀度在 1.72 以上就呈均匀拉伸。对再生纤维素纤维拉伸的研究表明，在相对湿度 $RH \leqslant 65\%$ 的空气中平衡吸湿状态下，拉伸时有明显的屈服现象，产生细颈，随着纤维中水分含量增加，屈服应力下降，在 $RH > 90\%$ 时，就不发生细颈而呈均匀拉伸。

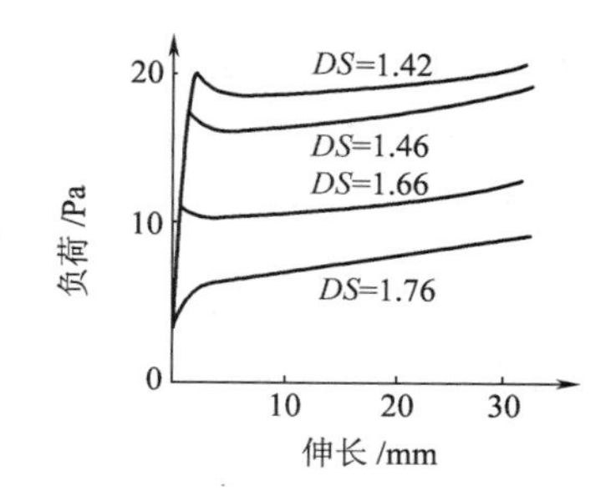

图5-107　腈纶凝固液的负荷—伸长曲线与溶胀度的关系

以上讨论了初生纤维的结构和拉伸条件对拉伸曲线的影响。概括来说，在满足下列条件的情况下，初生纤维的应力—应变曲线的形状会发生如下变化：b 型→ c 型→ a 型。而在 c 型形变范围内，则变化方向为屈服应力 σ^* 和自然拉伸比 *N* 增大。这些条件是：

（1）降低温度；

（2）增大拉伸速度（形变速率）；

（3）初生纤维中大分子活动性减小（溶剂含量减小或除去起增塑作用的小分子物质）；

（4）初生纤维的结晶度增大；

（5）初生纤维的预取向度降低。

码5-11　拓展阅读：网络理论对拉伸曲线的理解

这些一般规则在拉伸工艺中起着重要的作用。利用这些规则，某一因素的不利影响，在某种程度上能被一些其他因素所补偿，同时可根据未拉伸纤维的结构来调整拉伸条件以抵消不利因素的影响。

五、拉伸过程中纤维结构与性能的变化

（一）拉伸过程中纤维结构的变化

在拉伸过程中，纤维的超分子结构发生深刻的改变，包括取向的提高，以及晶态结构的变化。

1. **分子取向和结晶取向**　非晶态聚合物纤维的拉伸取向较简单，视取向单元的不同，可以分为两类：大尺寸取向和小尺寸取向。大尺寸取向是指整个分子链已经取向了，但链段可能未取向，如熔体纺丝中从喷丝孔出来的熔体细流即有大尺寸取向现象。小尺寸取向是指链段的取向排列，而分子链的排列是杂乱的。一般在温度较低时，整个分子不能运动，在这种情况下取向，就得到小尺寸取向。结晶性线型聚合物纤维在拉伸开始时的结构大体上可以分为两类：一是，未拉伸丝已结晶，拉伸时几乎不结晶；二是，未拉伸丝是无定形的，拉伸时在大分子链取向的同时进行结晶。

分类更细时还存在处于以上两类中间的几种状态，这里首先对以上两种状态加以讨论。

第一种状态的代表纤维有纤维素纤维。锦纶 6、锦纶 66 虽然在拉伸时也略微进行一些结晶化，但大体上仍可归属此类；第二种状态的代表纤维是聚酯纤维，其拉伸、取向和结晶化的实验是在两个不同线速度的拉伸盘（辊）间配置一块热板的拉伸机上进行的。结果表明：在低张力下拉伸时不发生结晶化；在高张力下拉伸变形的同时，明显地伴随着结晶化。其拉伸取向结晶化的过程，首先是在应力下形成晶核，而后急速地进行结晶化。对于具有球晶结构的聚合物，拉伸取向过程实质上是球晶的形变过程。在低倍拉伸时，球晶处于弹性形变阶段，球晶体被拉成椭圆状，继续拉伸到不可逆形变阶段，球晶变成带状结构。球晶形变过程中，组成球晶的片晶之间发生倾斜、晶面滑移和转动，甚至破裂，部分折叠链被拉伸，成为伸直链，使原有的结构部分或全部破坏，而形成新的结晶结构，它由取向的折叠链片晶与在取向方向上贯穿于片晶之间的伸直的分子链段组成，这种结构成为微纤结构，如图 5-108（a）所示；在拉伸取向过程中，原有的折叠链片晶也有可能部分地转变成为分子链沿拉伸方向有规则排列的完全伸直链晶体［图 5-108（b）］。

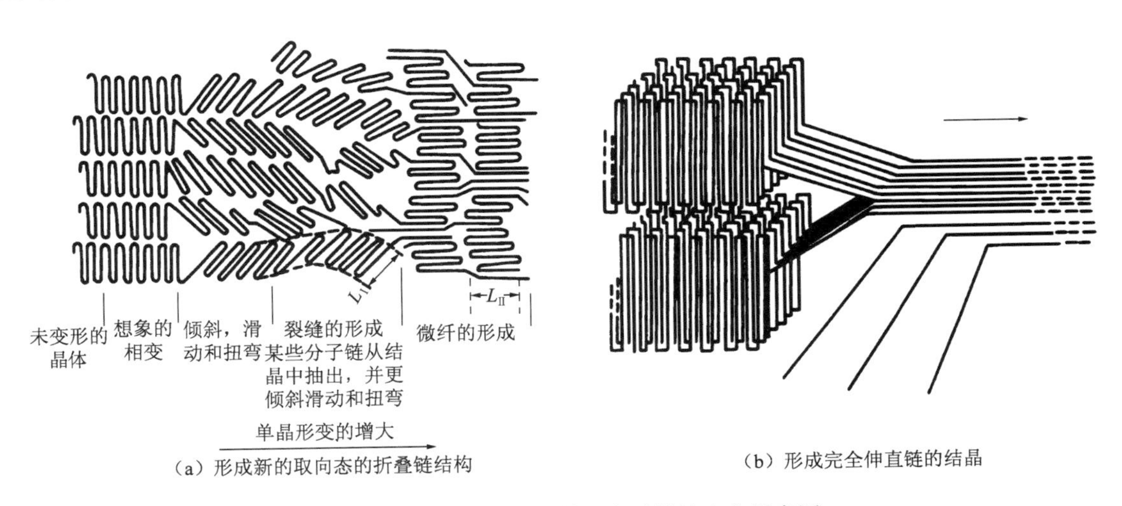

（a）形成新的取向态的折叠链结构

（b）形成完全伸直链的结晶

图5-108　晶态聚合物拉伸取向时结构变化示意图

当然，不同类型的结晶聚合物，在不同的拉伸条件（温度、拉伸速率）下，可能有不同的取向机理。

实验资料表明，结晶聚合物的初生纤维在拉伸过程中以形成在拉伸方向上的微纤结构为主，但也有形成部分伸直链晶体的报道。

聚合物拉伸取向的结果，使伸直链段的数目增多，而折叠链段的数目减少，由于这些片晶之间的连接链增加，从而提高了取向聚合物纤维的力学强度和韧性。因此，控制加工过程中所生成的高分子聚集态结构，可使它生成伸直链结构，是提高取向聚合物强度的一条途径。

部分结晶聚合物，由于不同结构单元共存，它们对外力有不同的响应。因此，它们的取向分布是不同的。为了表征纤维中不同结构单元或不同结构区域的取向程度，应采用不同的测试方法。

X 射线衍射法是以晶区或准晶区某种晶面衍射为基础的，因此，它所测得的取向度f_x表征纤维中晶区或准晶区的取向度。双折射法是根据大分子链中的化学键在光波电场作用下发生极化为基础的，因此双折射法测得的取向度f_B是晶区与非晶区分子取向的总和。可见光二色性（染色二色性）是利用染料被吸附，模拟大分子链的取向，它反映的是纤维的非晶区，或晶区与非晶区界面上的取向程度（f_D）。红外二色性法则可迅速并定量地测定一些官能团或基团的取向（f_d）。声速法测得的取向度f_S表征晶区与非晶区的平均取向度，并反映整个大分子链的取向程度。

人们经常使用的是双折射Δn，它可表示为：

$$\Delta n = \Delta n_c + \Delta n_a + \Delta n_f \tag{5-120}$$

式中：c，a 分别表示晶区和无定形区；Δn_f为形状双折射。

作为一级近似，观察到的双折射可认为是晶区双折射与非晶区双折射之和，并可用下式表示：

$$\Delta n = \Delta n_c + \Delta n_a = \Delta c^0 X_c f_c + (1 - X_c) \Delta a^0 f_a \tag{5-121}$$

式中：f_c，f_a分别为晶区和非晶区的取向度；X_c为结晶度；Δc^0，Δa^0分别为晶区与非晶区的特征双折射，它们取决于材料的本性。

显然，只有在不发生相转变（结晶度X_c保持不变）时，双折射才能正确反映材料的取向程度。因为晶区的特征双折射往往比非晶区的高，所以，测得的双折射可能是由于结晶而使Δn有很大的增大，而取向度f_c或f_a却并无改变甚至有所降低，在分析实验数据时应予以注意。

随拉伸率的增大，纤维双折射值也增加，而且晶区的双折射值高于非晶区。但拉伸倍数并不是决定取向度的唯一因素。拉伸温度、拉伸速度、拉伸介质等都会影响双折射的变化。比如超拉伸现象，此时拉伸温度过高，聚合物主要表现为黏弹性，分子链流动性好，但拉伸应力极低，并未使大分子取向，而只是发生形变。在塑化浴拉伸时，由于塑化浴能促进分子运动并缩短相应的弛豫（松弛）时间，也会导致有效取向度的降低。因此在工程上要完成纤维的拉伸需要考虑各种因素的影响。

2. **结晶的变化** 前文已指出，结晶聚合物拉伸取向的过程，实质上是球晶的形变过程。对于不同化学结构的结晶聚合物，在不同的拉伸工艺条件下，结晶变化情况也不一样，一般可分为以下三种情况：

（1）拉伸过程中相态结构不发生变化，非晶态的未拉伸试样拉伸后仍保持非晶态，结晶试样则不改变其结晶度。

（2）拉伸过程中试样原有结构发生部分破坏，结晶度有所降低。

（3）拉伸过程中发生进一步结晶，结晶度有所增大。

第一种情况（晶态结构不改变）是非结晶性聚合物如无规聚苯乙烯、聚甲基丙烯酸甲酯等拉伸时的一般规律。此时拉伸只涉及非晶区取向而不引起结晶。对于部分结晶的聚合物，在非晶区的分子活动度大的情况下，避免了在所加张力作用下晶粒发生熔化或破坏，就可能出现这种情况。有人观察到：高度溶胀（500%～600%）的纤维素纤维拉伸时，结晶度不发生改变，而是晶粒（或微晶）发生转动并沿纤维轴取向。这种类型的形变是所有结晶性的湿纺纤维在塑化浴中拉伸的典型情况。对于准晶结构的腈纶，经沸水拉伸后，通过甲苯密度的测定，发现密度不变，证实其结晶度没有变化，而晶区尺寸则有所增加。

另外，未拉伸纤维处于非晶态却能够结晶的纤维（例如涤纶），如果拉伸条件排除结晶速度高的可能性，则拉伸过程中仍能保持其非晶态结构。涤纶在低温下慢速拉伸时就是此种情况。排除拉伸过程中试样本身的发热和温度诱导结晶的可能性，将会得到高度取向但是非晶态的纤维。对于聚丙烯纤维也有在拉伸过程中结晶度不改变的报道。

第二种情况是高度结晶的试样在拉伸过程中，在分子活动性低的条件下，原有的晶态结构就发生破坏，这种情况下，试样产生形变，使原有结构破坏并成为一种新的、缺陷较多的结构，并沿着所加张力的方向取向。如果形变在低温下发生，则原有的晶态结构破坏之后并不发生重建，结果形成非晶区和高度破坏的晶体共存的结构。在聚乙烯、聚酰胺和聚丙烯纤维冷拉时，都曾观察到结晶度降低的现象。例如锦纶 6 拉伸过程中，结晶度的变化表明，在 $R=2$ 以内，结晶度有所降低，然后又有所增大，在 $R=3.75$ 倍处，达到最大值，比拉伸前约增加 27%。

在结晶度降低的同时，往往还伴随微晶体大小和完整程度的改变。例如有人发现，聚乙烯纤维的晶体尺寸从 14 nm（$R=1.0$ ～ 1.2）减小至 5.9 nm（$R=6$）。原来是结晶的 PET 纤维冷拉后晶体结构的完整性有所降低。

拉伸温度越低，分子活动性越小，未拉伸丝的晶态结构越完整，则原有晶态结构的破坏就越严重。

拉伸过程中结晶度的降低和晶粒尺寸的减小以及原有晶体结构的转变，并不一定意味着必然会出现一种无定形结构作为中间状态。根据对聚乙烯和聚丙烯所做的大量研究可知，所涉及的分子机理是原有晶体结构的塑性形变，而不是熔融和非晶区的再结晶。

第三种情况是在拉伸过程中进一步结晶。这种情况是由两种不同的因素所诱发。一种因素（纯粹动力学因素）是增加分子的活动性。与周围介质的热交换（热拉伸时）和形变能量的转换，会导致纤维温度提高，并使纤维结晶速度增大。在聚乙烯、聚丙烯、聚酯、聚酰胺、聚氯乙烯及聚乙烯醇纤维热拉伸或冷拉伸时，都发现结晶度有所提高。在这些聚合物拉伸时，结晶度随拉伸比和拉伸温度而单调增大。而拉伸速度（V_R）的影响就比较复杂，对锦纶 66 和涤纶，结晶度随 V_R 的增大而增大。而某些纤维则在较高的 V_R 下结晶度的增大有所减慢，或拉伸速度的影响可以忽略。

X 射线衍射图像表明：原来非晶态的 PET 纤维经热拉伸后，得到的结晶结构比原来结晶的试样冷拉伸所得的完整。

诱发拉伸过程中进一步结晶的另一种因素是分子取向和应力作用，它会影响共聚物的结晶动力学和平衡结晶度，橡胶是取向诱导结晶的典型的一类材料。在各向同性状态下，它是非晶态的，拉伸时很快结晶。其他一些非晶态聚合物在拉伸时也会伴随着发生取向诱导结晶。

在某些情况下，拉伸过程中原有结构的转化还包括晶格的转变。在锦纶 6 和丙纶的拉伸中都有这样的情况。一般以不同的比例共存这两种结晶变体，其含量会影响拉伸过程和所得纤维的结构。

综上所述，拉伸过程中引起原有纤维相态结构变化的程度，取决于纤维本身的性质和拉伸条件。一般来说，未拉伸纤维的序态越高，则其破坏就越大，拉伸纤维结构的缺陷也就越大。因此，一般在纺丝成型过程中，希望得到取向度和结晶度尽可能低（或具有较不稳定结晶变体）的卷绕丝，以利于通过后拉伸而得到结构较完善、性能较优良的纤维。自然，这并不包括采用高速纺丝或超高速纺丝工艺，得到的部分取向丝（POY）或接近完全取向丝（FOY）在内。

（二）拉伸对纤维力学性能的影响

要讨论给定的加工条件所引起的纤维性能的变化，就必须解释有关的结构变化所产生的影响。

拉伸所引起的重要的结构变化是大分子、晶粒和其他结构单元沿纤维轴取向。这种取向导致各种物理性质的各向异性。除机械性质外，拉伸导致光学性质（双折射、吸收光谱的二向色性）的各向异性，以及热传导、溶胀和其他一些性质的各向异性。

拉伸对纤维结构的另一重要影响为伴随着发生相变、结晶、晶体破坏和晶型转化。与结晶度有关的物理性质主要有密度、熔化热、介电性和透气（汽）性等。对于骤冷的试样（结晶度低），密度和熔化热两者都单调地随拉伸比而增大，这是二次结晶的结果。与此不同，经热处理的纤维拉伸时，密度和熔化热都有一个极小值，这可能是由于原有的晶体发生了破坏（在小的形变时），接着在较大的拉伸比时，又发生再结晶。由于热诱导结晶的结果，密度和熔化热随拉伸温度而单调增大。

拉伸后纤维的机械性质取决于拉伸过程中所形成的超分子结构，即为拉伸纤维的取向态、结晶态及形态结构所确定。纤维的拉伸取向主要是为了提高纤维的强度和降低其变形性。事实上，未取向纤维与取向纤维的强度相差达 5 ～ 15 倍之多。

拉伸条件，特别是拉伸比（拉伸倍数）是影响拉伸纤维力学性质的主要因素。图 5-109 显示了在室温下拉伸倍数对各种化学纤维强度的影响。由图可见，强度随拉伸倍数而增大的速度各不相同。

除了强度以外，拉伸纤维的其他力学性质也都与拉伸比密切相关。例如，拉伸模量 E 和屈服应力 σ^* 随拉伸比 R 而单调增大；断裂伸长 ε 和总变形功 W 随 R 增加而单调减小。另外，形变弹性功 $W_{弹}$对拉伸比 R 的关系曲线则有一个极大值。这个极大值的位置与丝条线密度和单纤维根数有关。有人指出，弹性变形功是纺织纤维的主要机械性质之一，它比拉伸强度、断裂伸长或模量更为重要。因此，对于不同品种的纤维应选择一个最佳的拉伸比，以使 $W_{弹}$为最大。目前，化纤厂有用 10% 伸长时的强度作为成品纤维的质量指标之一，这与弹性变形功基本上是一致的。

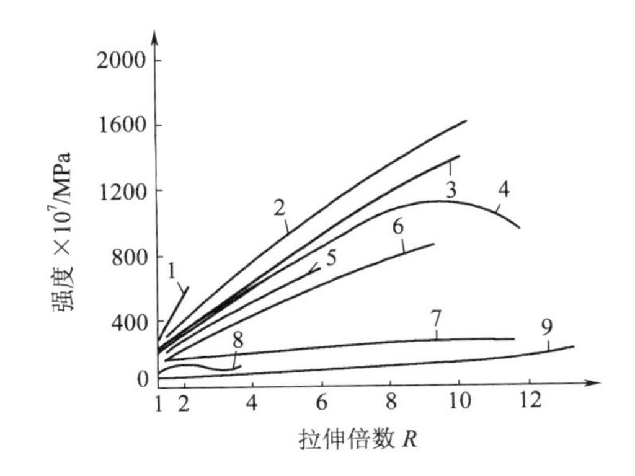

图5-109　各种纤维的强度对拉伸倍数R的依赖关系

1—黏胶纤维　2—聚乙烯醇纤维　3—聚甲醛纤维

4—PVA与乙烯基己内酰胺　5—聚酰胺和聚酯纤维

6—聚丙烯腈纤维　7—乙烯醇与N-乙烯基吡咯烷酮

8—三醋酯纤维　9—聚四氟乙烯纤维

锦纶 6 在不同温度下拉伸时，强度单纯地取决于拉伸比而与拉伸温度无关。拉伸速度增大时，有的纤维的强度稍有下降，聚丙烯纤维便是如此，但也有报道指出，在一定的拉伸倍数下，纤维的强度与拉伸速度关系不大。

拉伸纤维的力学性质与其取向态结构的关系可分为两种情况：有一些力学性质直接与试样的平均取向度 f_{av} 有关，另一些力学性质直接与非晶区取向度 f_{am} 相关。例如，模量、断裂伸长、屈服行为以及回弹性，都直接与聚合物的平均取向度有关；而真应变 ε_T（即 Henky 应变）和强力则与非晶区取向成正比。图 5-110 表明涤纶的强度对非晶区取向度 f_{am} 的依赖关系。在图示条件下测得的纤维强度取决于测定时纤维非晶区的取向状态，而与达到此结构状态的工艺历史无关。涤纶的取向态结构与强度的关系与聚丙烯纤维的规律性一致。将图 5-110 中曲线外推至 f_{am}=1.0，可得涤纶的最大强度为 8.8dN/tex。

拉伸纤维的机械性能不仅取决于拉伸条件（拉伸比、拉伸速度、拉伸温度），还取决于未拉伸纤维原来的结构。当用结晶的、准晶的或无定形的纤维拉伸时，或者未拉伸纤维的取向度或形态结构不同时，即使拉伸条件相同，所得的结果也不相同。

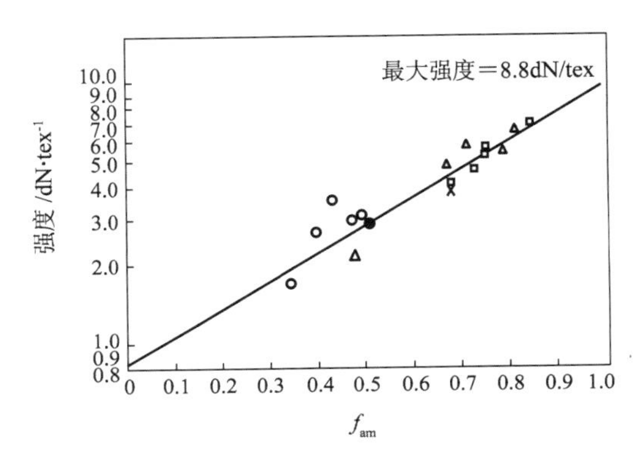

图5-110　经热定型的聚酯纤维的强度对f_{am}的关系

结构均匀性是已拉伸纤维的重要指标，它可用纤维在空气中（惰性介质）或在液体中（活性介质）加热时的收缩率或内应力（热收缩率或热化学收缩率，热收缩应力或化学收缩应力）来表征。纤维热拉伸的时间越长，温度越高，松弛过程进行得就越完全，纤维的结构均匀性就越高。

第六节 化学纤维热定型原理

一、概述

合成纤维成型及拉伸之后，其超分子结构已基本形成。但由于纤维在这些工艺过程中所经历的时间很短，有些分子链处于松弛状态，而另一些链段处于紧张状态，使纤维内部存在不均匀的应力。这种纤维若长时间放置，它们的内部结构会逐渐变化而趋于某种平衡，如纤维尺寸、结晶度（急冷形成的无定形区的二次结晶化）、微孔性（微孔洞的陷缩）、内应力状态和大分子取向等。

这些结构变化的速度，从根本上讲是受纤维材料黏弹特性的控制；从分子论的角度来说，是受到分子运动强度的制约。一般在室温下系统的变化速度很慢，在高温下大分子运动强度增加很快，可以在数分钟内就使体系接近平衡，从而在以后的使用过程中基本上能抵抗外界条件的变化，有效地处于稳定状态。

在纤维成型加工过程中，有两个阶段要完成这种平衡。第一个阶段是未拉伸丝在纺丝加工后需平衡若干小时再去拉伸。这一平衡过程对于熔纺亲水性聚合物（例如聚酰胺纤维，聚氨酯纤维）特别重要，该过程使湿度和水分导致的初生纤维结构变化达到某一水平。聚酰胺纤维在没有达到这一平衡状态下拉伸时，就会得到很不规整、很不均匀的纤维。另外，纤维的结晶度又不能过高，否则很难进行均匀拉伸。所以未拉伸丝的调湿平衡过程是在较低温度下进行的。

第二个阶段是拉伸后的湿热平衡过程。拉伸加工会使纤维产生新的应力不均匀和新的结构缺陷，这种纤维在一般实际应用温度下（如洗涤、熨烫）表现极强的形状不稳定。因此拉伸纤维需经热处理过程达到一个新的稳定平衡。这种热处理工序通常称为热定型。在这一过程中如果能得到适当的结晶和取向度，则对纤维的力学性能会有明显的改善。为使热定型过程能迅速、顺利地完成，除了加热之外，一般还伴随有湿处理，如蒸汽、水或塑化浴等。

（一）热定型引起纤维结构的改变

热定型过程将引起纤维超分子结构和形态结构的改变，使稳定度较低的结构单元转变为稳定度较高的结构单元。但热定型要达到的是修补或改善纤维成型以及拉伸过程中所形成的不完善结构，而不是彻底破坏和重建。这些结构上的变化，归纳起来有以下三个方面：

（1）提高纤维的形状稳定性（尺寸稳定性），这是定型的原始意义，形状稳定性可用纤维在沸水中的剩余收缩率（沸水收缩率）来衡量。剩余收缩率越小，表示纤维在加工和服用过程中遇到湿热处理（如染色或洗涤）时，尺寸越不易变动。

（2）进一步改善纤维的力学性能，如打结强度、耐磨性等以及固定卷曲度（对短纤维）或固定捻度（对长丝）。

（3）改善纤维的染色性能。

在某些情况下，通过热定型可使纤维发生热交联（例如聚乙烯醇纤维），或借以制取高收缩性和高蓬松性的纤维，赋予纤维及其纺织制品以波纹、皱襞或高回弹性等效果。

（二）热定型的分类

1. **按收缩状态分类**　热定型可在张力作用下进行，也可在无张力作用下进行。根据张力的有无或大小，纤维热定型时可以完全不发生收缩或部分发生收缩。若根据热定型时纤维的收缩状态来区分，则有以下四种热定型方式：

（1）控制张力热定型。热定型时纤维不收缩，而略有伸长（如 1% 左右）。

（2）定长热定型。热定型时纤维既不收缩，也不伸长。

以上两种方式统称为无收缩热定型，或紧张热定型。

（3）部分收缩热定型，或称控制收缩热定型。

（4）自由收缩热定型，或称松弛热定型。

2. **按热定型介质或加热方式分类**　按热定型介质或加热方式来区分，则有干热空气定型、接触加热定型、水蒸气湿热定型、浴液（水、甘油等）定型等四种方式。

就定型效果的永久性而论，定型可以是暂时的或永久的，通常把它们称为暂定或永定。在通常使用中，稍经热、湿和机械作用，定型效果就会消失的称为暂定。在工业生产中对纺丝材料所施加的定型处理，大多是永久性的定型，这里所引起的纤维和织物结构的变化是不可逆的。但已经永久定型的纺织材料，可用更强的定型处理，产生更进一步的不可逆的结构变化，从而达到新的定型水平。有些定型效果介乎上述两者之间，称为半永定。暂定、半永定和永定可能同时发生，例如纤维织物的熨烫就是如此。

热定型的工艺条件随纤维品种不同而会有差别，即使是同一品种的纤维，也会因拉伸条件不同或对最终产品性能的要求不同而会有明显差别。

二、纤维在热定型中的力学松弛

（一）纤维在热定型中的形变

大部分纤维的超分子结构都具有结晶结构并且大分子沿纤维轴高度取向，纤维强度、模量等力学性能都显示了极强的各向异性。并且大部分纤维明显地偏离线性黏弹性模型，这可以从不同应力时其蠕变曲线的形状以及不同应变时其松弛曲线的形状明显看出。目前大多数关于蠕变和松弛的测定报告都是在无定形高分子的线性黏弹性范围内完成的，未包括结晶在内的系统化测定。另外，化学纤维生产中的冷却、凝固、拉伸等条件的不同，使性能变化很大；再加上构成纤维的聚合物结构和性能的测定受到测定温度、湿度等环境条件的影响，难以简单阐述。本节将按图 5-111 所示初生纤维在后加工过程中形变的示意图，来分析热定型的力学松弛过程。

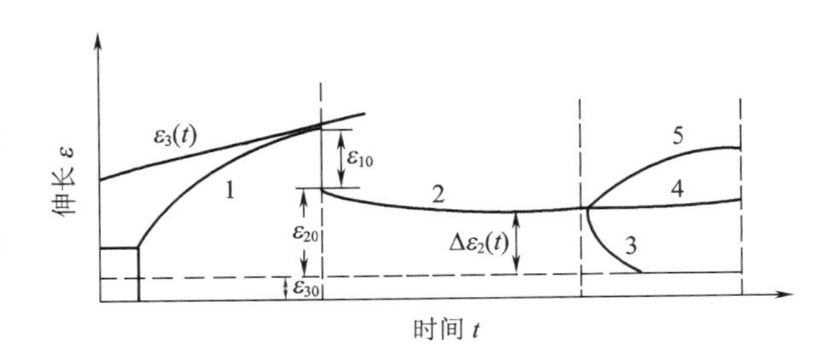

图5-111　纤维后加工过程中形变的形变示意图
1—拉伸　2—低温回复　3—松弛热定型　4—定长热定型　5—控制张力热定型

图 5-111 中 ε_{10}，ε_{20} 和 ε_{30} 分别表示拉伸过程所发生的普弹、高弹和塑性形变；$\Delta\varepsilon$

表示剩余收缩。图 5-111 中曲线 1 表示初生纤维在拉伸过程中的形变对时间的依赖关系。若令初生纤维的拉伸过程在恒定应力 σ_0 作用下进行，拉伸时间为 t_0，显然形变方程为：

$$\varepsilon(t_0)=\sigma_0\left[E_1^{-1}+E_2^{-1}(1-\mathrm{e}^{\frac{-t_0}{\tau_2}})+\frac{t_0}{\eta_3^*}\right] \tag{5-122}$$

纤维拉伸 t_0 时间后解除负荷（使 $\sigma_0=0$），此时拉伸形变开始发生松弛回复。若令在拉伸时普弹形变、高弹形变和塑性形变的贡献分别为 ε_{10}、ε_{20} 和 ε_{30}，则它们的表达式为：

$$\varepsilon_{10}=\frac{\sigma_0}{E_1}$$

$$\varepsilon_{20}=\frac{\sigma_0}{E_2}(1-\mathrm{e}^{-t_0/\tau_2})$$

$$\varepsilon_{30}=\frac{\sigma_0\cdot t_0}{\eta_3^*} \tag{5-123}$$

负荷解除后，形变发生松弛回复也具有时间依赖性，此时的形变可用下式表示：

$$\varepsilon(t)=\begin{cases}\varepsilon_{10}+\varepsilon_{20}+\varepsilon_{30} & \text{当}\, t=0\,\text{时}\\ \varepsilon_{20}\exp(-t/\tau_2)+\varepsilon_{30} & \text{当}\, t>0\,\text{时}\end{cases} \tag{5-124}$$

可见，当拉伸后的纤维送去热定型时，其中形变主要是由高弹形变 ε_{20} 和塑性形变 ε_{30} 组成。因为普弹形变在拉伸负荷解除时已立即回复。经热定型 t 时间后，形变的组成按条件不同而发生不同的改变。

1. **松弛状态下热定型** 如图 5-111 所示，曲线 2 和曲线 3 相应于式（5-124）中所描述的高弹回复部分。

将式（5-123）中 ε_{20} 与 ε_{30} 代入式（5-124）得：

$$\varepsilon(t)=\sigma_0\left[\frac{1}{E_2}\exp\left(\frac{-t}{\tau_2}\right)\left(1-\mathrm{e}^{\frac{-t_0}{\tau_2}}\right)+\frac{t_0}{\eta_3^*}\right] \tag{5-125}$$

由式（5-125）可见，当 $t\to\infty$ 时，方括号内的第一项（经松弛后的高弹形变）逐渐趋近于零，而另一项则保持不变，这便是不可逆塑性形变 ε_{30}。但在低温下，聚合物的松弛时间非常长，高弹形变是“冻结”的；热处理或增塑作用使松弛时间（τ_2）缩短。因为在拉伸过程中，发生塑性形变的同时，不可避免地要发生一部分高弹形变，为了使这部分高弹形变松弛掉，就要创造条件，如放置平衡使 t 增大或进行加热使 τ_2 缩短［式（5-125）］，以加速高弹形变的松弛回复。在较高温度下或经长时间的热处理以后，剩余形变 $\varepsilon_r(t)$ 接近于恒定的塑性形变：

$$\varepsilon_r(t)=\varepsilon_2(t)+\varepsilon_{30}$$
$$\lim_{t\to\infty}\varepsilon_r=\varepsilon_{30}=\text{常数} \tag{5-126}$$

松弛热定型使纤维收缩，其结果使纤维变粗，且由于高弹形变的松弛回复和内应力的消除，使纤维尺寸稳定，打结强度提高。

2. **定长热定型**　图 5-111 中曲线 4 表示纤维在固定长度下的热定型。此时形变 ε 保持不变，而应力是时间的函数，相应的松弛过程可用下式来描述：

$$\sigma(t) = c_1 \exp(-\lambda_1 t) + c_2 \exp(-\lambda_2 t) \tag{5-127}$$

式中：c_1，c_2 为取决于起始条件的常数；λ_1，λ_2 为物质特性 E_1，E_2，η_2^* 和 η_3^* 的函数。

定长热定型的实质是在纤维长度及线密度不变的情况下，把内应力松弛掉，而让高弹形变转变为塑性形变。定型效果即消除内应力的程度，与定型时间 t 及应力松弛时间有关。

3. **在恒张力下的紧张热定型**　图 5-111 曲线 5 表示在恒定张力 σ 下的热定型。在热定型开始的瞬间 (t=0)，纤维的形变包括不可回复的塑性形变 ε_{30} 和一部分冻结的高弹形变 ε_{20}，两者都是在拉伸过程中产生的：

$$\varepsilon(t=0) = \varepsilon_{20} + \varepsilon_{30} \tag{5-128}$$

当 $t > 0$ 时，形变 $\varepsilon(t)$ 可写成下式：

$$\varepsilon(t) = \varepsilon_{30} + \sigma t / \eta_3^* + (\sigma / E_2)[1 - \exp(-t / \tau_2)] + \varepsilon_{20} \exp(-t / \tau_2) \tag{5-129}$$

式中：ε_{30} 为热定型前纤维原有的塑性形变；$\sigma t / \eta_3^*$ 为在热定型张力 σ 作用下，热定型过程中产生的新的塑性形变；$(\sigma / E_2)[1 - \exp(-t / \tau_2)]$ 为在 σ 作用下热定型过程中新发展的高弹形变；$\varepsilon_{20} \exp(-t / \tau_2)$ 为经松弛回复后的剩余高弹形变。

对比式（5-125）和式（5-129）可知，当 σ=0（松弛热定型）时，式（5-129）转化为式（5-125），因此，式（5-129）可作为热定型过程中纤维形变随时间发展的一般关系式。

（二）纤维在热定型过程中的收缩

热定型过程中纤维的收缩 $\Delta\varepsilon(t)$，定义为在瞬间 t 的形变 $\varepsilon(t)$ 与初始时的形变 $\varepsilon(0)$ 之差的负值，即：

$$\Delta\varepsilon(t) = -[\varepsilon(t) - \varepsilon(0)] \tag{5-130}$$

将式（5-128）和式（5-129）代入式（5-130），可得：

$$\Delta\varepsilon(t) = -\sigma t / \eta_3^* + (\varepsilon_{20} - \sigma / E_2)[1 - \exp(-t / \tau_2)] \tag{5-131}$$

分析式（5-131）可揭示热定型过程的某些一般特征。式中 $\Delta\varepsilon$ 包括两项，第一项为负值，表示伸长，它来源于所加的张应力。第二项可正可负，视热定型方式而异，如采用松弛热定型（σ=0），则 $\Delta\varepsilon=\varepsilon_{20}[1-\exp(-t/\tau_2)]$，它总是正值，即原有高弹形变发生回缩，并随时间 t 和松弛时间的倒数 $1/\tau_2$ 而有限增大。在张力下紧张热定型时，情况较复杂。按式（5-131），当外加张力 σ 比乘积 $\varepsilon_{20}E_2$（它等于定型前纤维中的内应力）小时，$\Delta\varepsilon > 0$，即纤维发生收缩。反之，当对内应力小的试样施加大的外加应力时，即 $\sigma > \varepsilon_{30}E_{20}$ 或 $\sigma/E_2 > \varepsilon_{20}$ 时，则 $\Delta\varepsilon$ 为负值，即试样发生伸长。一般，$\Delta\varepsilon$ 随内应力 $\varepsilon_{20}E_2$ 而单调增大，随外加张力 σ 而单调减小。

恒张力热定型的特点是名为热定型，实际是在新条件下的拉伸，不可避免地会出现新的高弹形变，所以此种紧张热定型的结果不能达到完全消除高弹形变的目的，因为旧的高弹形变未消除，新的高弹形变又发展了，所以在紧张热定型之后，应接着进行一次松弛热定型，以消除内应力，否则纤维尺寸就不稳定。

应该指出，式（5-129）和式（5-131）都是在恒定的温度条件下才适用的。事实上，松

弛时间 τ（或黏度 η^*）对温度很敏感。τ（或 η^*）与温度 T 的关系，在狭窄温度范围内，可用阿伦尼乌斯（Arrhenius）公式表示：

$$\tau = \tau_0 \exp(E_a / kT) \tag{5-132}$$

式中：τ_0 为常数；E_a 为控制松弛过程分子运动所需的活化能；k 为玻尔兹曼（Boltzmann）常数。

假定对于固体聚合物，E_a 值为 1.6×10^2kJ/mol，若从 20℃加热至 120℃，则松弛时间可缩短 $10^6 \sim 10^7$ 数量级，因而将纤维加热会导致迅速收缩（松弛热定型时）或应力松弛（定长热定型时）。在紧张热定型时，由于张力的作用，使分子链运动受到限制，使松弛过程所需克服的能垒有所增加。所以，在紧张热定型时 τ 与 T 的关系可写成下式：

$$\tau = \tau_0 \exp[(E_a + \Delta E_a) / kT] \tag{5-133}$$

式中：ΔE_a 为紧张热定型在松弛过程中所需增加的活化能。

图 5-112 表明松弛热定型温度对涤纶热收缩率及剩余收缩率的影响。可见热收缩随热定型的温度而单调增加乃至达到平衡。剩余收缩 $\Delta\varepsilon_r$ 表示预先在不同温度下热定型后的纤维，再在 100℃下进行收缩的收缩率，随定型温度升高而单调下降。

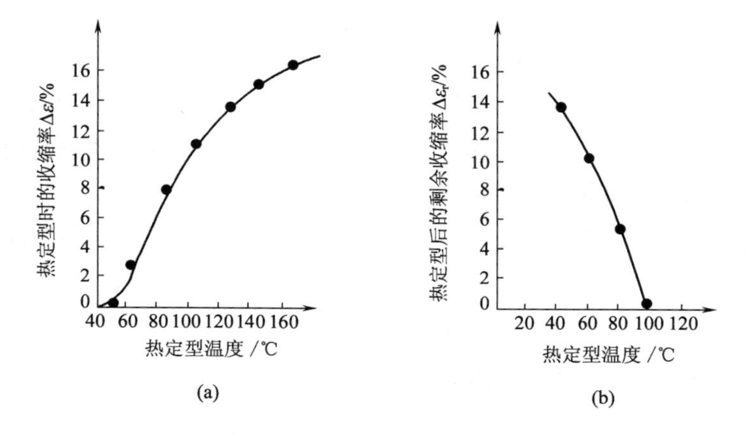

图5-112　热定型温度对涤纶的热收缩率及剩余收缩率的影响

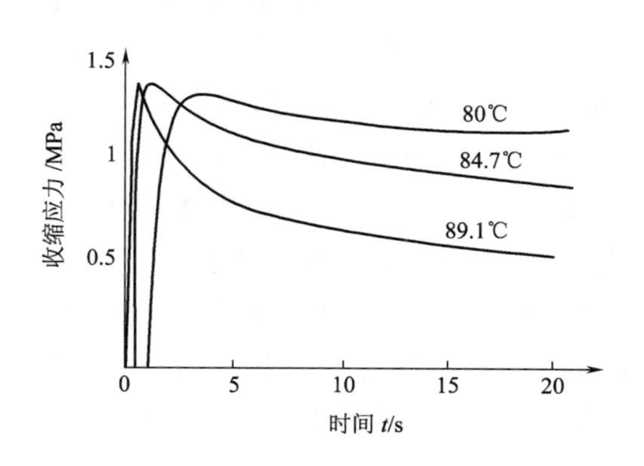

图5-113　收缩应力—时间曲线（λ=1.31）

另外，收缩开始的温度一般都低于拉伸的温度，在 115℃拉伸的纤维在 80℃即开始有收缩，而且与纤维相对分子质量无关。高拉伸倍数的样品收缩率小于通常低拉伸倍数的样品，可能是晶相产生了某种程度的连续性，即产生了所谓“晶桥”。

收缩力的测定结果表明，只要比室温稍高，就可以观察到收缩力。而且所有情况下都出现一个峰值。如果固定温度，考察收缩应力与时间的关系得图 5-113。在温度低时，收缩应力建立较慢，高温则快得多。同时，高温时收缩应力衰减也快。

（三）热定型温度的选择

由上述讨论可知，纤维在热定型中收缩率的大小和收缩应力峰值出现的时间都与温度密切相关。因此热定型温度的选择是重要的。但目前尚无统一的理论能解释不同纤维热定型的机理，所以在生产中还是使用经验的“转变温度”作为制定工艺条件的参考。经验“转变温度”（T_t）定义为黏弹回复速率等于10%/min时的温度，即此温度相当于松弛时间为10min，它通常比 T_g 高20～100℃。对于疏水性纤维，如聚乙烯、聚丙烯等，干态和湿态下经验转变温度相同。因此，湿度对于松弛回复过程没有明显影响。反之，对于纤维素、聚酰胺、醋酸纤维素以及聚乙烯醇，在湿态下经验转变温度 T_t 明显降低。对于这些纤维，湿度在热定型过程中起重要作用。而聚丙烯腈和聚酯则处于上述两者之间，湿度对于 T_t 也有一定的影响。

前已指出，在实际定型工艺中所采用的温度是在玻璃化转变温度与熔点之间适当选择的，故对于每一种纤维都有一个最合适的热定型温度范围。一般热定型温度应高于纤维或其织物的最高使用温度，以保证在使用条件下的稳定性。此外，热定型应在一定温度条件下完成，以便在合理的短时间内（例如10～100min）达到动力学平衡。这个要求与表5-11中所示的经验转变温度有关。再则，一种纺织纤维热定型时所能达到的最高温度还受此物质的热稳定性限制。例如，聚酯纤维在水的存在下，加热至高温时会发生解聚；聚乙烯和聚丙烯则对氧化作用较为敏感。

表5-11　成纤聚合物的转变温度

聚合物	玻璃化温度T_g/℃	熔点T_m/℃	经验转变温度T_t/℃	
			干态	湿态
低密度聚乙烯	−68	105～115	−25	−25
等规聚丙烯	−20	180	−10	−10
聚酰胺6	40～50	215～230	—	—
聚酰胺66	40～50	255～265	60	10
聚丙烯腈	约100	320	90	70～75
聚对苯二甲酸乙二醇酯	67～81	264～267	100	85
纤维素醋酸酯	69	230	180	105
聚乙烯醇	80～85	225～230	—	—
纤维素	—	—	200	0

图5-114为涤纶合适的热定型温度与时间的对应关系。可见温度越高，定型所需时间越短，同时最佳热定型时间的范围越窄。

表5-12列出了几种合成纤维的热定型条件对纤维剩余收缩的影响。与表5-11相比较，可见定型温度比经验转变温度高得多。热定型条件越强烈，所得纤维的剩余收缩 $\Delta\varepsilon_r$ 就越小。

应该指出的是，以上所讨论的线性松弛理论可作为讨论纤维后加工时尺寸变化的理论基础，但不能保证定量而正确地描述真正的过程。纺丝纤维（特别是结晶性纤维）的形变回复和热收缩与结构转变（再结晶，或晶体的破坏）有关，对时间和应力来说通常是非线性的。

表5-12 几种合成纤维的热定型对剩余收缩$\Delta\varepsilon_r$的影响

纤维	未定型 $\Delta\varepsilon_r$/%	在水中热定型		水蒸气热定型		干态热定型	
		T/℃	$\Delta\varepsilon_r$/%	T/℃	$\Delta\varepsilon_r$/%	T/℃	$\Delta\varepsilon_r$/%
锦纶6	12～14	98	6～8	131	0	190	0～1
锦纶66	12～14	98	7～9	131	0～1	225	0～1
涤纶	15～17	100	2～4	120 126	1～2 0～1	234	0
腈纶	7～8	100	4～5	134	0～1	200	0～1

三、热定型过程中纤维结构和性能的变化

（一）热定型过程中纤维结构的变化

与拉伸过程一样，热定型过程中纤维结构的变化，主要是超分子结构的变化。然而，热定型时超分子结构的变化比拉伸时更为明显。热定型时纤维结构的变化，很大程度上取决于分子链的柔性，而热定型的条件，如温度、介质和所加张力对结构变化的影响也十分明显。前已指出，热处理（有时同时有增塑剂的作用）促进分子链段运动，使内应力得到松弛，同时使纤维结构更趋于完善和稳定。

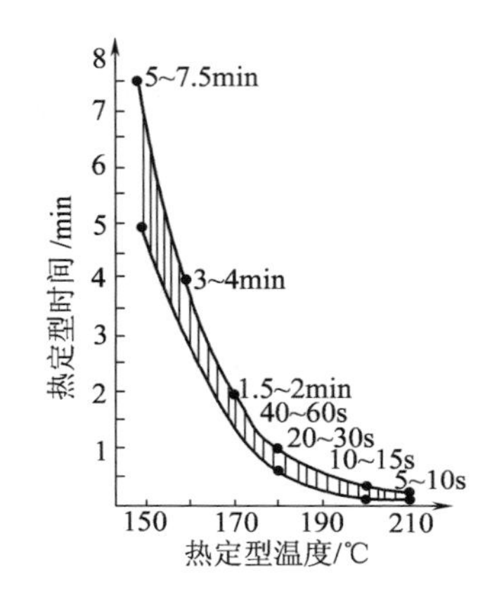

图5-114 涤纶合适的热定型温度与时间的对应关系

1. **结晶度的变化** 对于结晶性的聚合物，如将纤维在无张力状态下热处理，则结晶度有所增大，定型温度较高时，结晶度的增大往往更快。对聚酰胺、聚酯、聚丙烯、聚乙烯醇和聚乙烯纤维，热处理时都发现结晶度有所增大。由于热处理的结果，能使结晶度提高20%～30%。如进行定长热定型或在张力下热定型，则所得纤维的结晶度保持不变或比松弛热定型时增加得较慢。

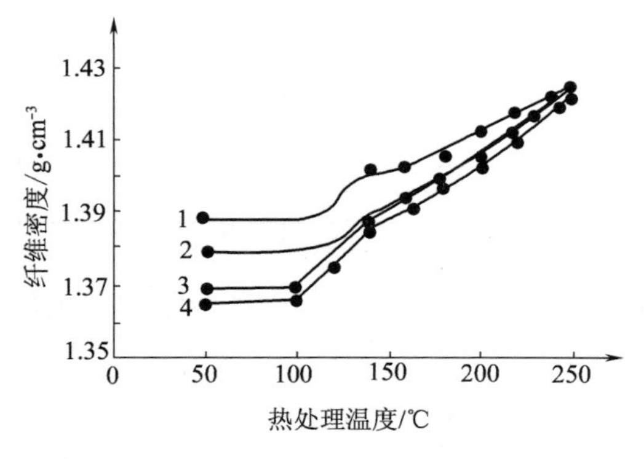

图5-115 涤纶在不同温度下热处理后（热处理时间30min）的密度
（原有结晶度的顺序1＞2＞3＞4）

锦纶66松弛热定型时，随热定型温度的提高，纤维的结晶度直线上升。

纤维在热定型过程中的结晶速率与拉伸纤维原来的结构有关。图5-115为经拉伸和热处理后，涤纶的密度与热处理温度的关系。由图可知：原来密度较低的试样，密度增大更为迅速（曲线陡峭）；在100℃以上，即分子链段活动性足够大的温度下，才开始显示密度的增大。

2. **微晶尺寸和晶格结构的变化** 在松弛状态下进行热定型，一般会增大微晶的尺寸，特别是垂直于纤维取向方向上的尺寸，这是由于热处理

有利于分子链运动而发生链折叠，在张力下热定型时，平行于纤维取向轴的微晶尺寸会大为增大，而垂直于纤维取向轴的尺寸只是略微增大，张力大时尺寸甚至可能减小。

显然，微晶尺寸的增大，会使晶区缺陷减少，晶区完整度得到改善。

热定型也可能影响晶格结构。例如，拉伸聚丙烯纤维的结晶一般为六方晶体，在加热时转变为更稳定的单斜晶变体。取向的锦纶 6 在绝对干燥状态下加热，只能增加原来六方晶体结构的完整性，而在水或其他能形成氢键的试剂存在下热处理，就会促使它转变为单斜晶变体。

3. **取向度的变化**　热定型时纤维取向度的变化受定型方式的影响很大。图 5-116 显示了聚丙烯纤维的热处理条件与其双折射 Δn 变化之间的关系。

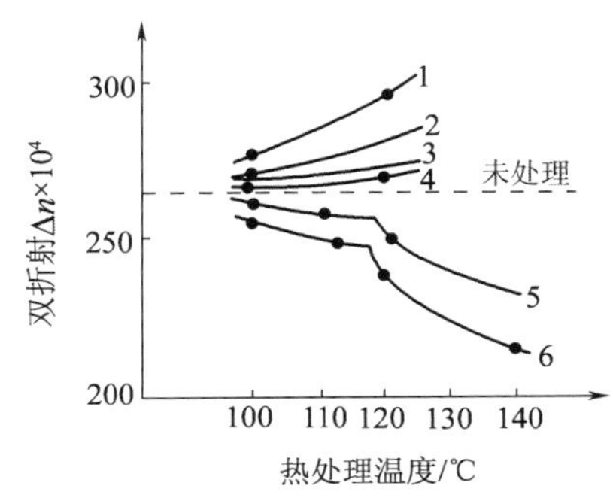

图5-116　聚丙烯拉伸纤维在不同条件下热处理时的双折射变化

1—纤维伸长10%，在乙二醇中处理　2—纤维伸长10%，干处理　3—在乙二醇中定长处理　4—未处理　5—在干态下松弛处理　6—在乙二醇中松弛处理

在定长或张力下热定型时，双折射保持不变或有所增大，而松弛热定型时，双折射随温度的增加而明显下降。涤纶松弛热定型时，Δn 随定型温度的升高而明显降低；紧张热定型的情况却相反，随定型温度的升高而略有增大。

4. **纤维的长周期和链折叠**　小角 X 射线散射（SAXS）的研究表明，纤维的长周期（所谓长周期是指拉伸纤维形成的微纤结构中晶区与非晶区平均尺寸之和）随着热定型温度的升高而增大。长周期增大表明晶片厚度增加，反映晶区与非晶区电子密度加大，间接反映折叠链的数目增加。

图 5-117 表明利用红外光谱技术研究热定型温度对涤纶超分子结构的影响。红外光谱中 986cm^{-1} 波数的吸收峰是 PET 中有规折叠链的特征峰。由图可见，随热定型温度的提高，涤纶中有规折叠链的数目有所增加，而松弛热定型增加最多，定长热定型次之，张力定型增加的最少。这与小角 X 射线散射研究的结果基本一致。

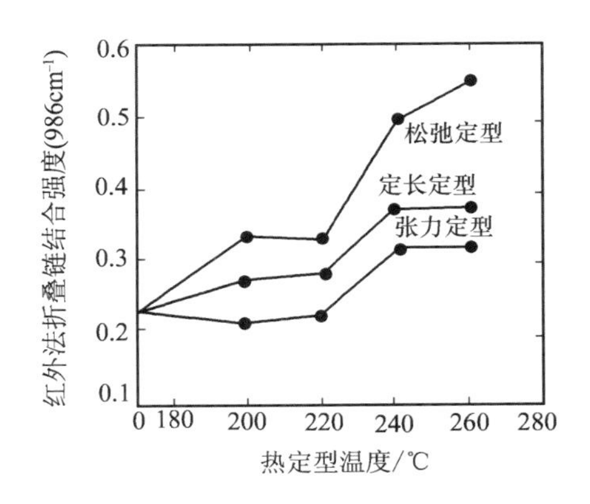

图5-117　涤纶热处理所引起的有规折叠链的增加

综上所述，拉伸纤维热定型时，纤维的超分子结构发生明显变化——密度和结晶度增大；双折射和分子取向减小（松弛热定型时）或有所增大（紧张热定型时），晶粒尺寸加大、完整性增加；长周期增大以及折叠链数目增加等。由于水或其他溶胀剂可以促进分子运动，因此，当采用湿热定型时，这种结构变化进行得更快、更强烈。而拉伸纤维热定型时的结构变化，在很大程度上取决于热定型条件，主要是温度、张力和介质等。改变这些工艺参数，可在一个宽广的范围内改变所得纤维的结构，从而改变其力学性能。

（二）热定型对纤维力学性能的影响

热定型时纤维发生松弛和结构变化，引起纤维力学性能发生改变，这种改变取决于始用纤维的性质和热定型条件。图 5-118 表明了热定型时纤维结构和性质的变化与热定型时间的关系。由图可知，取决于取向度的断裂强度在松弛热定型时通常有所减小，紧张热定型时则保持不变，甚至有所增大。断裂伸长通常与断裂强度的变化方向相反。

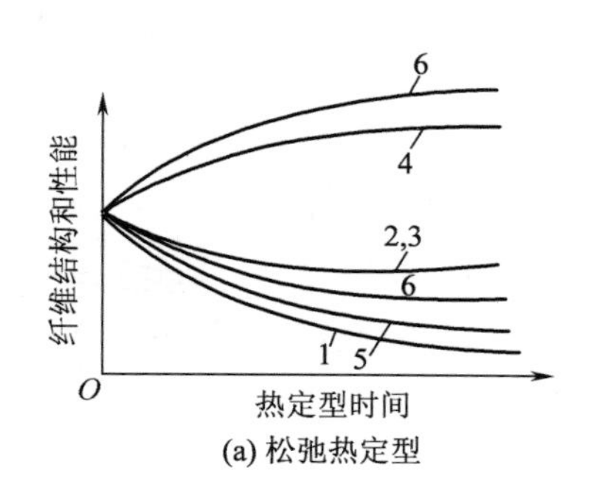

(a) 松弛热定型

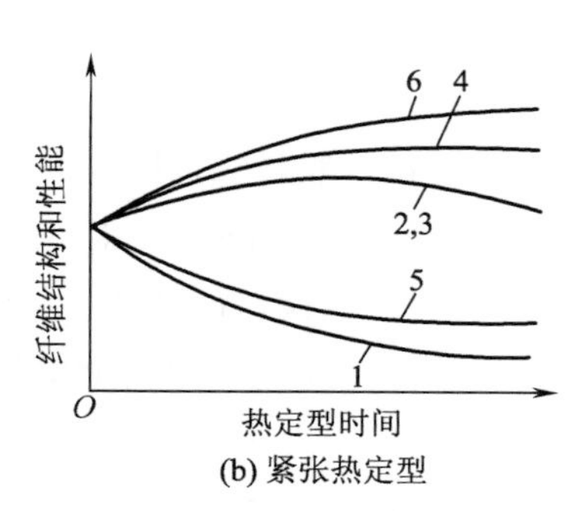

(b) 紧张热定型

图5-118　松弛热定型和紧张热定型时纤维结构和性质的改变

1—热处理后纤维的收缩　2—取向度　3—断裂强度　4—断裂伸长　5—吸湿率　6—对应介质作用的稳性

1. *热定型的温度、张力对纤维应力—应变行为的影响*　图 5-119 表示在不同温度、张力条件下热处理 1min 后，涤纶的应力—应变曲线。由图可知，松弛热定型（FA）时，纤维的应力—应变曲线都在未处理的参比曲线之下，热处理温度越高，曲线的位置越低；而紧张热定型（TA）时，应力—应变曲线则在参比曲线之上。松弛热定型时，随着定型温度的提高，纤维的断裂伸长有所增大，断裂强度、屈服应力和初始模量有所减小，断裂功有所增大。紧张热定型时，随着温度的提高，断裂强度和初始模量有所增大，而断裂伸长和断裂功则有所下降。

图 5-120 ～图 5-122 分别表示松弛热定型与紧张热定型时温度对涤纶（不同拉伸倍数）的强度和初始模量的影响。由图可见，松弛热定型温度超过 100℃时，纤维的强度和初始模量随定型温度的升高而明显下降。紧张热定型温度在 140 ～ 200℃范围内，涤纶的强度随温

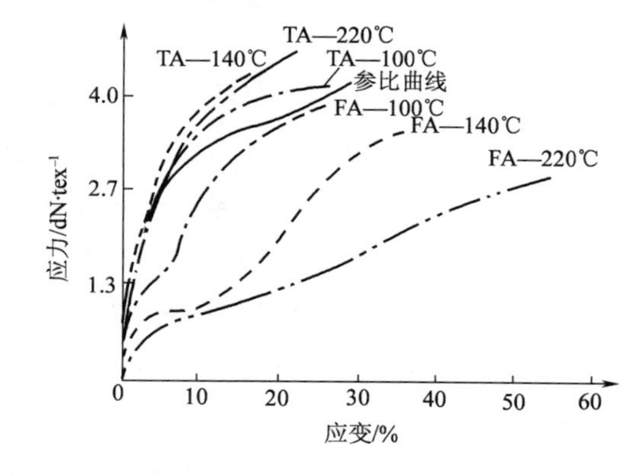

图5-119　涤纶热定型后的应力—应变曲线

（定型1min）

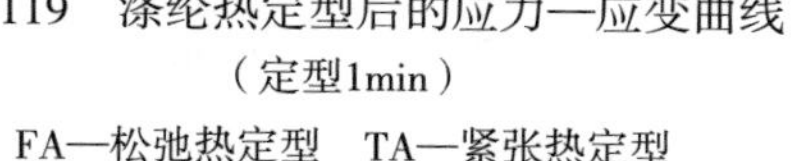
FA—松弛热定型　TA—紧张热定型

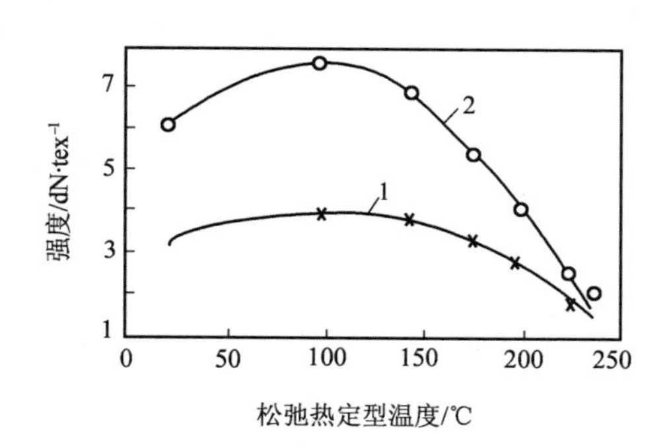

图5-120　松弛热定型温度对涤纶强度的影响

（在油浴中热定型1min）

1—拉伸3倍　2—拉伸5倍

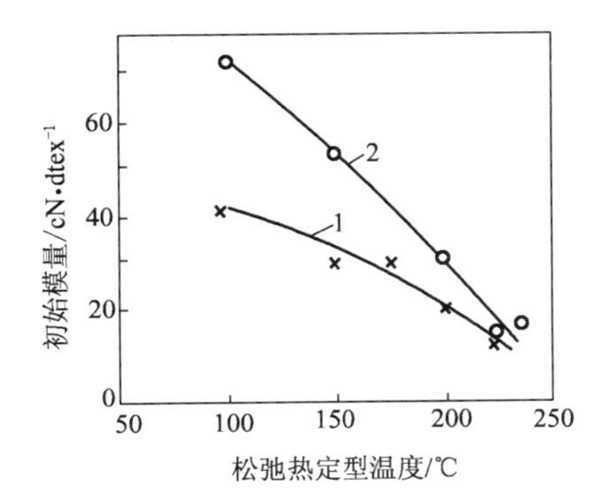

图5-121　松弛热定型温度对涤纶初始模量的影响

1—拉伸3倍　2—拉伸5倍

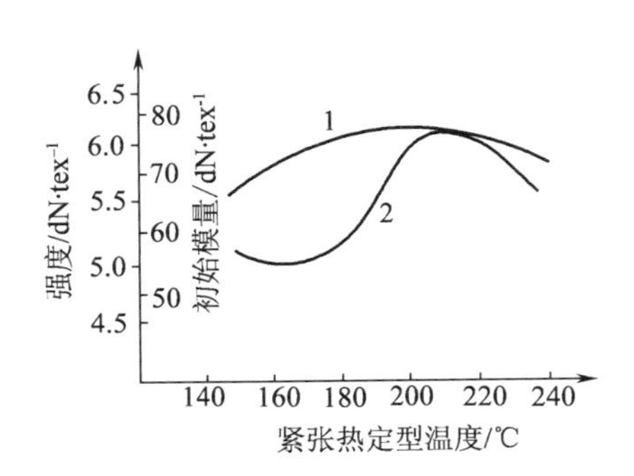

图5-122　紧张热定型温度对涤纶强度和初始模量的影响

1—断裂强度　2—初始模量

度升高而有所增大，在200℃以上，随温度的升高强度反而下降。由此可见，紧张热定型时，强度开始下降的转折点温度远较松弛热定型时（100℃）为高；初始模量随定型温度的变化曲线与松弛热定型时大不相同，它先是稍有下降，而后有明显增大，当定型温度超过200℃时，模量又明显下降，这可能与非晶区取向、结晶度以及晶粒尺寸的变化有关。

2. **热定型对纤维热收缩的影响**　如前文所述，随温度升高，纤维收缩率增加。图5-123为锦纶66的热收缩随热定型温度的变化。在220℃以后，收缩率迅速上升。而同时，在220℃以上纤维的力学性能迅速恶化，如图5-124、图5-125所示。

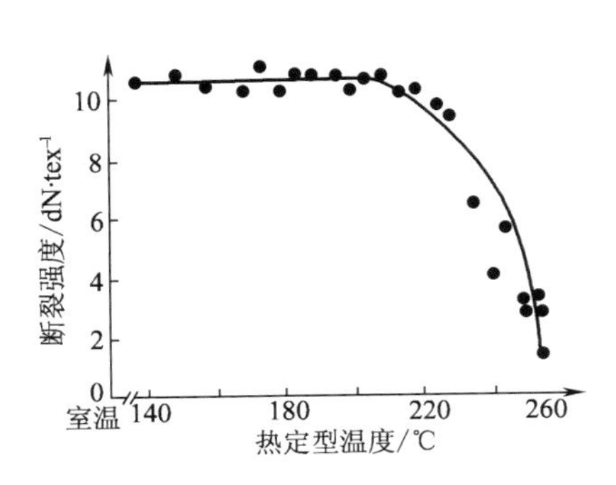

图5-123　锦纶66热收缩随温度的变化

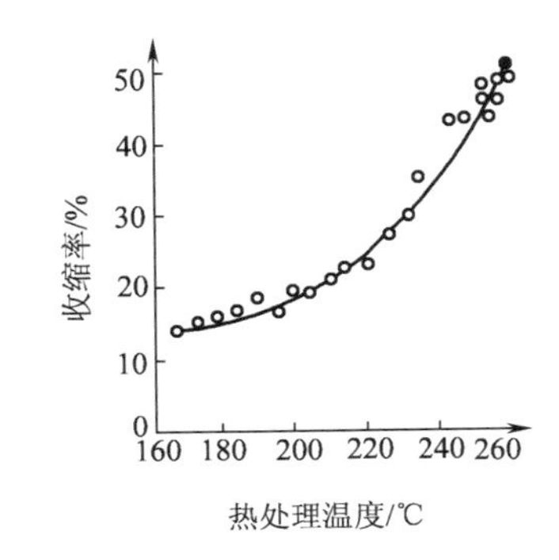

图5-124　热定型对锦纶66断裂强度的影响

曾有人对热收缩后涤纶伸长的实测值与计算值做过比较，以E_1、E_2分别代表热处理前后涤纶的断裂伸长；Δs为热处理过程中的热收缩，如果热收缩的量在随后的拉伸时能回复为伸长，则可计算E_2的值。

结果表明计算值大于实测值，而且热处理温度越高，时间越长，这种差异越大。这就表明高温热处理所产生的收缩，不能在随后拉伸中重新回复为伸长。因此，可以认为涤纶与锦纶66一样，热收缩不是一种简单的解取向过程。也就是说，高温热处理改变了由拉伸所形成的网络结构（包括结晶参与的网络），而这种改变在重新拉伸时不能复原。

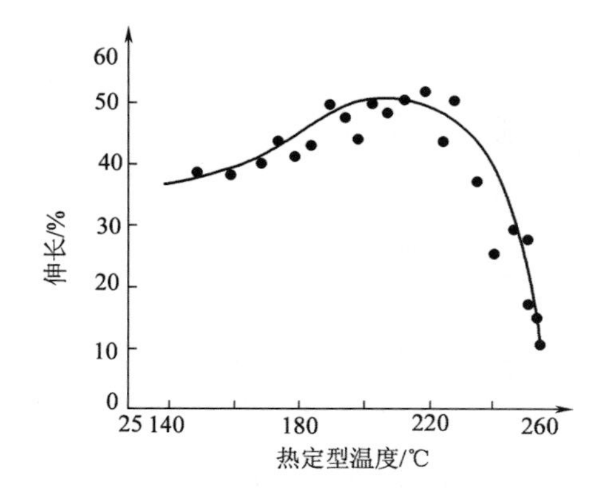

图5-125　热定型对锦纶66断裂伸长的影响

3. **热定型对纤维染色性能的影响**　热定型对纤维的吸湿和染色性能的影响较为复杂，由于水分子及染料一般只能渗入纤维的非晶区，所以吸湿和染色性能主要取决于纤维的结晶度、晶粒尺寸、非晶区的取向以及微孔结构。对于不同类型的纤维，热定型对于吸湿性能的影响也不尽相同。

聚丙烯腈纤维经热定型后吸湿性有所减小，这可能与其超分子结构和微孔结构同时变化有关。

一般来讲，紧张热定型之后，由于纤维的结构更致密而使染色性能有所下降。

涤纶热处理温度对于平衡上染率 C_{∞} 的影响如图 5-126 所示。由图可见，热处理温度在 175℃附近时，C_{∞} 有一极小值。经研究结果表明，这种现象与纤维中晶粒尺寸变化有关。

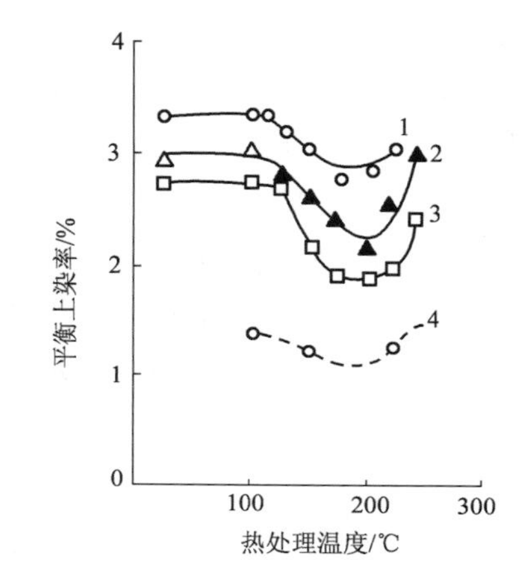

图5-126　PET纤维的平衡上染率与热处理温度的关系

1—未拉伸（染浴温度100℃）　2—拉伸3倍（染浴温度100℃）　3—拉伸4.5倍（染浴温度100℃）　4—未拉伸（染浴温度80℃）

对于锦纶 66 的研究表明，蒸汽定型可使染料的扩散大幅加快，如在多次热定型中最后一次采用蒸汽定型，则染料扩散速率就会增大。

四、热定型机理

纤维拉伸时放热，结构的有序程度增加；在热定型时，纤维吸热，无序程度增加。前文已述及，拉伸形变主要是熵的贡献，而热定型时，除了熵变之外，必定要有大分子的内能变化，而且大分子有多种运动单元，在吸热后各种转变都可能发生，目前尚无综合上述各种情况的统一理论。目前研究纤维的热定型，可从热定型过程中纤维大分子间作用力的变化，热定型与分子运动等方面来进行探讨。

（一）热定型过程中大分子间作用能的变化

从纤维的大分子链结构分析可知，对于聚酰胺纤维，大分子间的作用力主要是氢键，聚酯纤维则是极性酯键以及苯环之间的相互作用；聚丙烯腈纤维分子间有极性强的—CN 侧基的作用；而聚烯烃纤维只有—CH_2 或侧基—CH_3 基的作用。最后一类分子间相互作用力很小，在温度稍高时（例如 50℃）就会舒解。

码5-12　热定型机理

从分子间的结合能的观点出发，认为化学纤维的热定型过程包括以下三个阶段：

第一阶段（图 5-127，Ⅰ）：用加热或掺入增塑剂的方法使存在于纤维分子间中的分子间作用力减弱，并使纤维达到高于 T_g 的温度。由于扩散过程或传热的速度很快，故在此阶段中，纤维分子间作用力的减弱在几秒内完成。此阶段可称为“松懈”阶段。纤维中大分子原先的活动性越小，即分子间的结合越牢固，则“松懈”阶段的时间（t_{H1}—t_{H0}）就越长，温度就应越高。

如在 t_{H1} 时就使热定型过程终止，即在第二阶段开始前就结束，则纤维会比热定型以前更易变形，首先表现在加热或膨化时纤维收缩率的增大。

必须指出的是，“松懈”阶段分子间结合能的降低只发生在最松散的无定形区，而较牢固的超分子结构（晶粒、球晶、微纤）并不拆散。

第二阶段（图 5-127，Ⅱ）：这是热定型过程的主要阶段，即真正的定型阶段。此时，分子间结合能 E 自发地由 E_2' 增大至 E_2''。由于“松懈”和热振动的结果，个别的大分子链节和链段周期性相互靠近并重新相互排斥。振动时，大分子个别的活性基团与其他大分子的同种基团相遇，靠近到原子间相互作用的距离，就形成新的键。此时由于处在高温下，这些键很弱，但其数目则不断增加，同时分子间的作用力就增大。在结晶聚合物中会发生进一步的结晶，使非晶区或介晶区减小，结晶度有所提高。

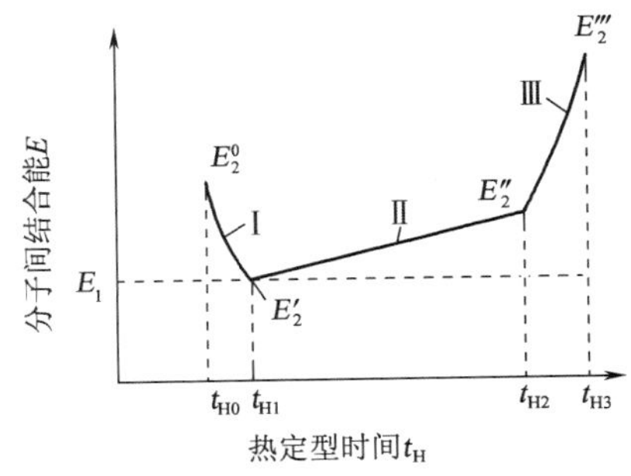

图5-127　热定型过程中分子间结合能的变化

在非结晶性聚合物所形成的纤维中，热定型时仅发生无定形结构的紧密化，并形成新的微纤和其他超分子结构单元，这也使分子间的作用力增加。

由于相邻大分子的活性基团发生结合需要时间，因此第二阶段的时间比第一阶段长好几倍。第二阶段所发生过程的速度也取决于大分子链节或链段的活动性，即取决于热定型温度。此过程在高于 T_g 的温度下自发地进行，通常在低于聚合物熔点 30 ～ 50℃的温度下速度达到最大值。在很多情况下，形成新结构单元的过程可用描述结晶过程的阿弗拉密（Avrami）方程来描述。这些过程的活化能大致在 75 ～ 105kJ/mol 区间内，即当定型温度提高 10℃时，这些过程的进行速度通常增大 1 ～ 2 倍。借助于提高温度或塑化程度而使热定型加速是有限度的，因为分子间的结合力过分减弱会使纤维熔融或溶解。此外，过分增大大分子的活动性，会使纤维的超分子结构大幅改变，从而使其力学性能恶化。

把热的作用和增塑的作用结合起来，可使定型的第二阶段大幅加快。因此，在热水或蒸汽介质中热定型的效果比在同样温度的热空气介质中定型要好一些。也就是说，在热水或蒸汽介质中定型时，能以较低的温度和较短的时间达到与在热空气中定型相同的效果。

第三阶段（图 5-127，Ⅲ）：在此阶段使纤维冷却除去增塑剂（水洗、干燥），并降低温度至 T_g 以下，此时在第二阶段所产生的新键以及大分子的位置得到固定。新生结构的固定发生得很快，可在几秒内完成，因此此过程取决于传热或增塑剂的扩散速度。

第一阶段所发生的大分子和结构单元的松弛过程，可用负荷—伸长曲线、热机械曲线、热收缩或热溶胀收缩法和其他物理－机械方法，以及用来测定大分子取向度的 X 射线衍射法、光学法和物理化学方法来定量地加以表征。

第二阶段所发生的固定超分子结构的过程，可以用测定结构紧密化的方法（碘值法、染料扩散速度法、水解速度法），以及根据结晶度和晶粒尺寸的改变来说明。

根据上述观点，关于化学纤维的一切热处理和热塑处理过程，可以总结下列几点：

（1）化学纤维的一切热处理和热塑处理包括连续发生的三步：第一步速度很快（30～60s），在此过程中除传热和传质外，内应力发生松弛，纤维的主要力学性能发生改变；第二步时间较长，形成较大的超分子结构单元和新的分子间键，即结构得到巩固；第三步（冷却、除去增塑剂）也很快，此时第一步和第二步所发生的结构变化被固定下来。

（2）在一定范围内，热处理和热塑处理的效果随增塑剂含量的增加，特别是随处理温度的提高而增大。为了使纤维有恒定的力学性能和热定型程度，必须精确控制定型温度（±0.5℃），纤维中增塑剂含量也应保持恒定。

（3）热处理温度应比在给定增塑剂含量下成纤聚合物的玻璃化温度至少高出 20～30℃，以使纤维制品在随后使用过程中有足够的稳定性，但处理温度不应过高，以免纤维发生形变或裂解。

短时间热处理或热塑处理用来改变纤维的形变性质，根据使用的要求可赋予纤维卷曲度、毛茸性、蓬松性、不收缩性、一定的波纹和高弹性，并可提高耐磨性。在需要改善纺织制品的形状稳定性、耐热性、热稳定性和耐光性的情况下，需要长时间的热处理。

（二）热定型与分子运动

聚合物分子运动的特点之一是存在着多种运动单元和多种运动方式。每一种运动方式所需的活化能与该运动单元的松弛特性有关。运动单元的松弛时间越短，则其转变温度（从运动被“冻结”状态转变为开始运动状态的温度）就越低。因此，聚合物在宽广的温度范围内显示出多种运动单元的转变温度，通常称为聚合物的多重转变。聚合物中除了相当于 50～100 个主链原子的链段开始运动的玻璃化转变温度 T_g、整个大分子链开始流动的黏流温度 T_f 以及结晶聚合物的熔融温度 T_m 以外，还存在着多种转变温度，例如，侧基的运动；主链中 4～8 个碳原子在一起的“曲柄”运动；主链中杂原子基团如聚酰胺中的酰胺基、聚酯中的酯基的运动；主链中苯环的运动；侧基中的基团如聚甲基丙烯酸甲酯中的酯基及甲基的运动；结晶聚合物中晶区的缺陷和折叠链的手风琴式运动以及晶型的转变等。每一种方式的运动一定要在高于其转变温度以上方能进行。

聚合物中各种运动单元的松弛过程和转变温度可在其动态力学—温度谱上反映出来，特别是内耗—温度谱上反映得更为明显。如在一定频率下（如 110Hz、11Hz），在宽广的温度范围内测定聚合物的内耗（以内耗角正切 $\tan\delta$ 表示，$\tan\delta=E''/E'$，E'' 为损耗模量，E' 为储能模量），就得到聚合物的内耗—温度谱。图 5-128～图 5-133 是几种常见成纤聚合物的内耗—温度谱。根据温度从高到低，谱图上的内耗峰分别为 α、β、γ、δ 等内耗峰，其对应的温度称为 α、β、γ、δ 转变温度。在大多数情况下，α 转变温度相当于 T_g。

研究纤维的多重转变，对于进一步理解热定型机理以及制定热定型工艺条件具有重要意义。人们希望纺织用纤维在使用温度下具备必要的柔性和弹性，同时又希望它不发生蠕变或蠕变尽可能小，即能保持纤维的形状和尺寸的稳定性。要符合上述条件，就要求成纤聚合物

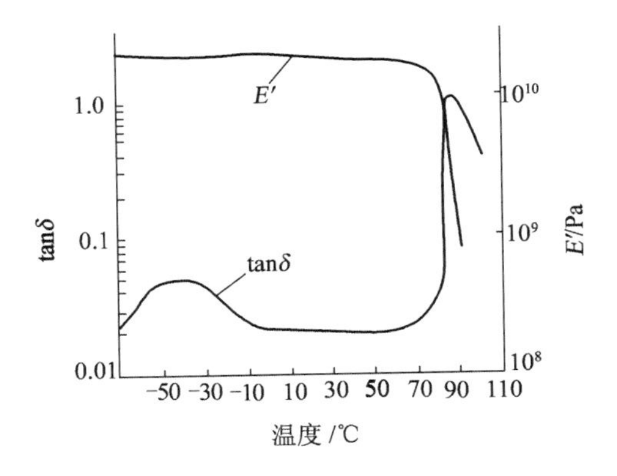

图5-128　无定形聚酯（PET）的动态力学温度谱

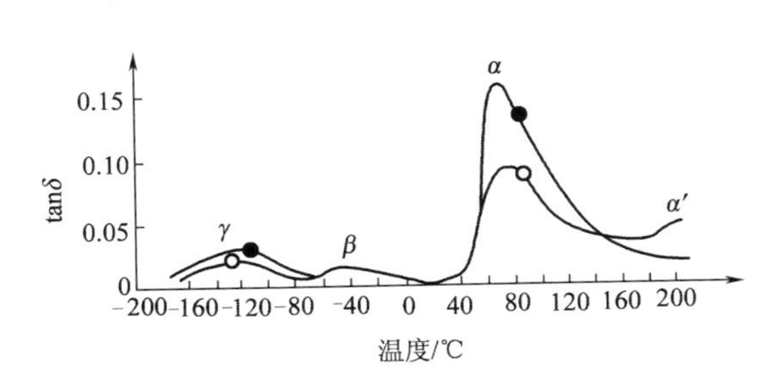

图5-129　锦纶6内耗正切—温度谱（100Hz）
●—78℃淬火　○—200℃热处理

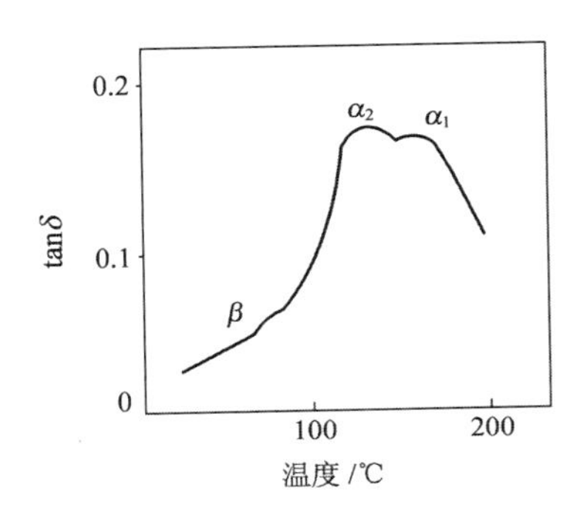

图5-130　聚丙烯腈薄膜（经过在130℃的水蒸气中热处理30s）的内耗温度关系

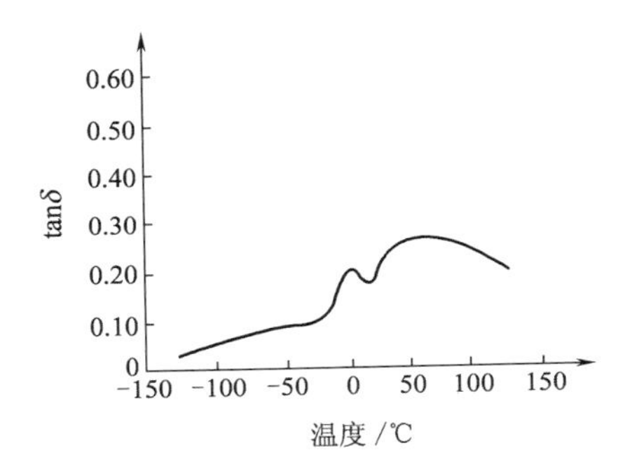

图5-131　等规聚丙烯的内耗温度关系

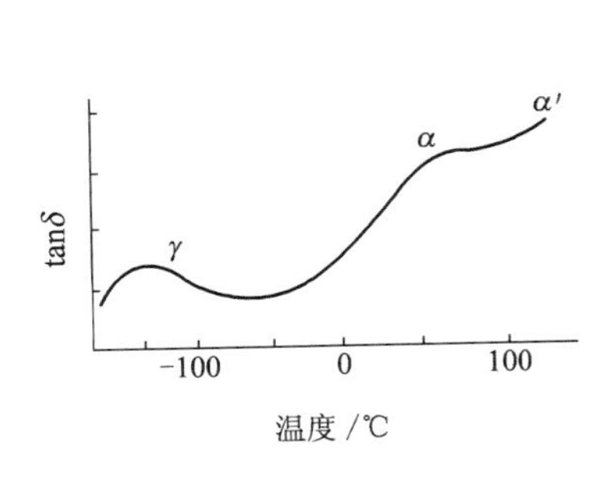

图5-132　聚乙烯的内耗—温度谱

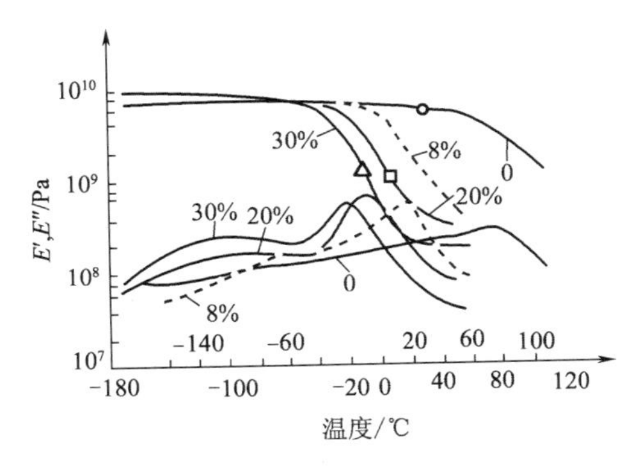

图5-133　聚乙烯醇含水量对动态力学温度谱的影响

结构中存在多种运动单元。一种理想纤维的内耗—温度谱应包括两部分内容：一部分是松弛时间短的运动单元，其内耗峰的位置低于室温，以使纤维在室温下具有必要的柔性和弹性；另一部分是松弛时间相当长，相当于室温以上具有内耗峰，即一些较大的运动单元（一般指链段）在室温下还不能发生运动，这就防止了在室温下发生蠕变或松弛。如果在较高温度下进行热定型，则较大的运动单元得以快速松弛，纤维的内应力得到消除，同时使热定型后纤维的结构得以稳定。

在内耗—温度谱上同时出现低于室温的内耗峰和高于室温的内耗峰，称为“双内耗峰”现象。在生产实践中发现，涤纶的热定型效果最好，聚酰胺纤维次之，腈纶也有热定型效果，而聚烯烃纤维和纤维素纤维热定型效果不好，其原因可从它们的内耗—温度谱中得到解释。由图 5-127 可知，涤纶的 α 转变温度高于室温，β 内耗峰在 -50℃附近，即涤纶具有上述的双内耗峰现象，因此，涤纶的热定型效果很好。由图 5-128 可知，锦纶 6 在室温下有多重内耗峰，但由于其分子间有氢键，在湿态下锦纶 6 的 α 转变温度可降低到室温。虽然可借水或其他溶剂的存在以降低热定型温度，但热定型的效果随后将受到水分子的影响以致受到损害。腈纶的转变温度强烈受共聚、拉伸和增塑等作用的影响。由图 5-129 可知，β 峰为 50 ～ 60℃，在共聚或增塑后，β 峰可移至室温；α 松弛有 α_1 和 α_2 两个峰，α_1 为 140 ～ 160℃，它是侧基（氰基）的偶极力存在下的非晶区的链段运动的反映，这种分子间的作用力较强；α_2 为 80 ～ 110℃，是分子间较弱的范德瓦耳斯力作用下非晶区的链段运动。腈纶的热定型一般在 α_1 转变温度下进行。因 α_1 转变温度较高，为了降低此转变温度，一般采用湿态蒸汽定型的方法。研究表明，热定型后使 α_1 峰强度增强，而 α_2 峰减弱，也就是说，由于热定型的作用，腈纶非晶区的微细结构发生了改变，使分子间作用力较弱的区域（相应于 α_1）有所增加。由图 5-130 和图 5-131 可知，疏水性的聚烯烃在室温下并不是处于两个内耗峰之间的低应力松弛的中间状态，这类纤维并不具备上述双内耗峰现象所产生的效应，所以其热定型效果不好，抗褶皱性差。由图 5-132 可知，亲水性的聚乙烯醇干态和湿态大不一样，干态聚乙烯醇的 α 转变约为 80℃，含湿约为 30% 的试样的 α 转变温度约下降 100℃。聚乙烯醇的 α 转变温度并不高，在生产实践中采用干、湿两种方法进行热定型。但是由于纤维的亲水性，以致在室温下湿度的作用会使热定型的效果降低。

多重转变是成纤聚合物松弛谱的特征，纤维的热定型又是在一定温度和时间下进行的，所以多重转变和热定型有密切关系。这里叙述的成纤聚合物的多重转变与热定型的关系是基于小形变下测定的松弛时间谱理论，并以结晶区和无定形区的结构模型为依据，不符合大形变的有关概念。

如果松弛时间谱宽广平滑，则随温度的上升，将使在操作时间尺度内，能控制的松弛过程或分子转移过程的数目平缓地增加。但一般的成纤聚合物在室温以上的松弛时间谱都有内耗峰，所以随着温度的上升，在操作时间尺度内，能控制的松弛过程或分子转动过程的数目会在一个很窄的温度范围内迅速增加，这一点与拉伸之后有可能进一步结晶化结合起来，成为纤维热定型的基础。在转变温度以上进行快速的应力松弛，可使纤维固定于一定的长度和形状，使其在低温时形状稳定。热定型时的进一步结晶化，使纤维结构有所改变，并使转变温度提高，可以抑制进一步形变和不可回复伸长的发生。热定型使纤维具有能承受一定的热和张力作用的稳定结构。

第七节 化学纤维新型成型加工方法

化学纤维生产绝大部分采用熔体纺丝、湿法纺丝和干法纺丝三种方法。但一些新型成型加工方法，例如干湿法纺丝、冻胶纺丝、液晶纺丝、静电纺丝、固态挤出、反应纺丝、溶液喷射纺丝、离心纺丝、相分离纺丝等的研究和开发工作也一直受到广泛的关注，有的已成功地应用于生产。

一、干湿法纺丝

干湿法纺丝是将干法与湿法结合起来的一种溶液纺丝方法，又称干喷湿纺。干湿法纺丝时，纺丝溶液从喷丝头压出后，先经过一段气体层（气隙），然后进入凝固浴，因此也有人把这种方法称为气隙纺丝（air gap spinning）。从凝固浴中导出的初生纤维的后处理过程，与普通湿法纺丝相似。图 5-134 为干湿法纺丝的示意图。

A.T.Cepkob 等对干湿法纺丝的机理进行了探讨，认为干湿法纺丝线可以划分为五个区域（图 5-134）。干湿法纺丝与喷丝孔直接浸入凝固浴中的传统湿法纺丝有显著的区别：

（1）干湿法纺丝不会发生纺丝溶液在喷丝孔中冻结的问题，因此可采用比湿法纺丝低得多的凝固浴温度。

（2）干湿法纺丝时，纺丝溶液挤出喷丝孔后先通过一段气体层，导致喷丝板至丝条固化点之间的距离增大，因此拉伸区长度可达 5 ～ 100mm，远远超过液流胀大区的长度。在这样长的距离内发生的液流轴向形变，其速度梯度不大，形成的纤维能在气体层中经受显著的喷丝头拉伸（Ⅱ区），而液流胀大区却没有很大的形变，这就可以大幅提高纺丝速度。而湿法纺丝喷丝头拉伸在很短的区域内发生，这样就导致产生很大的拉伸速度梯度，而且特别不利的是导致胀大区发生强烈的形变，使黏弹性的液体受到过大的张力，并在较小的喷丝头拉伸下就发生断裂。因而在湿法纺丝时，要借增大喷丝头拉伸而提高纺丝速度是有限制的。因此，通常干湿法纺丝的速度可比湿法纺丝高 5 ～ 10 倍。另外，干湿法纺丝可以采用直径较大的喷丝孔直径（d 为 0.15 ～ 0.3mm）和黏度较大的纺丝溶液。湿法纺丝溶液的黏度一般为 20 ～ 50 Pa·s，而干湿法纺丝溶液的黏度通常为 50 ～ 100Pa·s，甚至可以达 200Pa·s 或更高。因此，干湿法纺丝的生产效率比湿法纺丝有很大的提高。

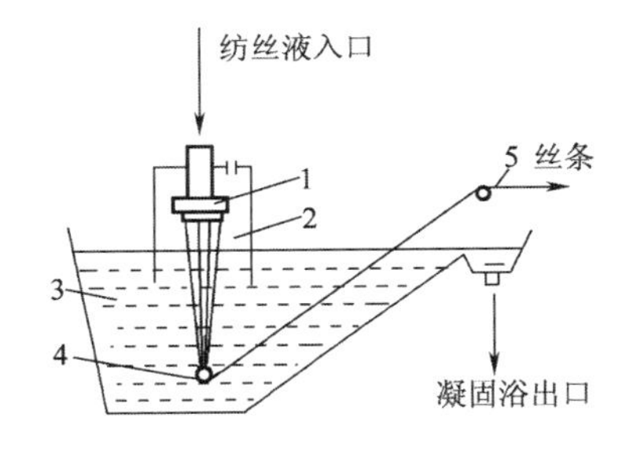

图5-134 干湿法纺丝示意图
1—喷丝头 2—气体层 3—凝固浴
4，5—导丝辊

干湿法纺丝与干法纺丝的区别在于前者除可增大喷头拉伸提高纺丝速度外，更重要的是能比较有效地调节纤维的结构形成过程。这是因为通过气隙的纤维进入凝固浴后，凝固动力学和纤维的结构可借助于调节凝固浴的组成和温度，在一个宽广的范围内加以改变。在凝固浴中，聚合物溶液分离为两相：溶剂化的聚合物成为固相，从溶液中扩散过来的溶

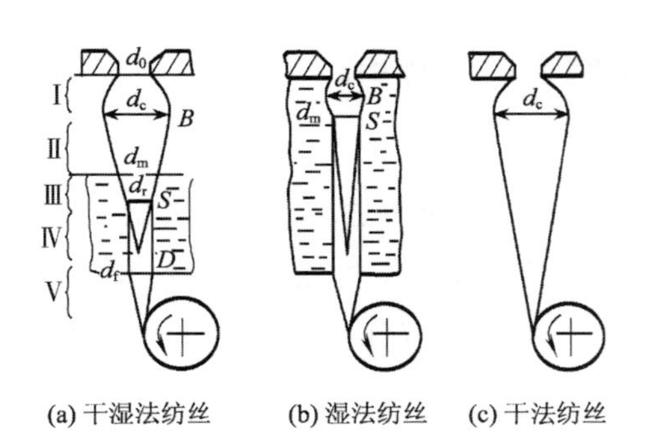

(a) 干湿法纺丝　(b) 湿法纺丝　(c) 干法纺丝

图5-135　溶液纺丝图解

剂和凝固剂成为液相，这和湿法纺丝的纤维成型过程十分相似。而干法纺丝的纤维成型过程中，离开喷丝头的溶液凝固将依赖于溶剂挥发的速度，比较慢，而且不分相，因此纤维结构的调节几乎是不可能的。

因此，干湿法纺丝与湿法纺丝和干法纺丝相比有明显的优势（图 5-135）。目前，干湿法纺丝已在聚丙烯腈长丝和 Lyocell 纤维等的生产中得到实际应用。聚丙烯腈长丝的纺丝速度达到 40 ～ 150m/min。下述提到的冻胶纺丝和液晶纺丝，也采用了干湿法纺丝工艺。

二、冻胶纺丝

冻胶纺丝也称凝胶纺丝（gel spinning），是一种通过冻胶态中间相制备高强度纤维的新型纺丝方法。冻胶纺丝的所有技术要点都是为了减少宏观和微观的缺陷，使结晶结构接近理想的纤维，即使分子链几乎完全沿纤维轴取向，并形成高度结晶的伸直链晶体。因此，冻胶纺丝的原料一般使用超高分子量聚合体，以减少链末端造成的缺陷，从而提高纤维的强度。但由于纺丝溶液的流动性、可纺性和初生纤维的最大拉伸比随相对分子质量和纺丝溶液浓度的增大而下降，因此超高分子量聚合物的冻胶纺丝，通常采用半稀溶液。

冻胶纺丝原液中，虽然纺丝原液的浓度一般不超过 10%，但由于超高分子量聚合物的大分子间易产生相互缠结，因此纺丝原液具有很高的黏度。如何使大分子链解缠，是该技术的要点之一。另外，纺丝原液必须尽可能均匀，因为任何不均匀都将成为最终纤维中的缺陷，降低纤维的力学性能。解决这个问题的各种溶解方法已有报道，目前主要通过螺杆挤压机将纺丝原液进行机械解缠和提高纺丝原液温度等措施降低大分子的缠结。

冻胶纺的另外一个关键技术是将从喷丝头出来的丝束引入一低温冷冻浴中，以保持大分子的解缠状态。挤出细流在低温的冷冻浴中发生热交换而被迅速“冻结”而发生结晶，同时双扩散受到抑制，从而得到含大量溶剂的力学性能较稳定的冻胶丝。

如前文所述，冻胶纺丝通常使喷丝孔挤出的热原液细流在低温的冷冻浴内冻结。但如果采用普通的湿法纺丝，由于冷冻浴温度很低，纺丝原液会被冻结于喷丝孔内，从而不能顺利纺丝。因此冻胶纺丝常采用干湿法纺丝工艺，使挤出细流先通过气隙，然后进入冷冻浴。因此与普通干湿法纺丝的区别，主要不在于纺丝工艺，而在于挤出细流在冷冻浴中并不发生双扩散。图 5-136 为冻胶纺丝工艺流程示意图。

由于冻胶纺丝工艺通过加强解缠和采用低浓度的纺丝溶液及冷冻浴，可以使初生纤维中传递拉伸应力的缠结点降至最少，从而可以进行超倍热拉伸。各国专利及文献中报道用于柔性链聚合物高强化的拉伸技术有超倍热拉伸法、单晶热拉伸法、增塑熔拉伸法、萃取拉伸法、区域拉伸法、多级超倍拉伸法等。其中多级超倍热拉伸法在冻胶纺丝中应用最为广泛。冻胶丝经超倍热拉伸后大分子形成高度取向，并促进应力诱导结晶，从而成为高强高模纤维。

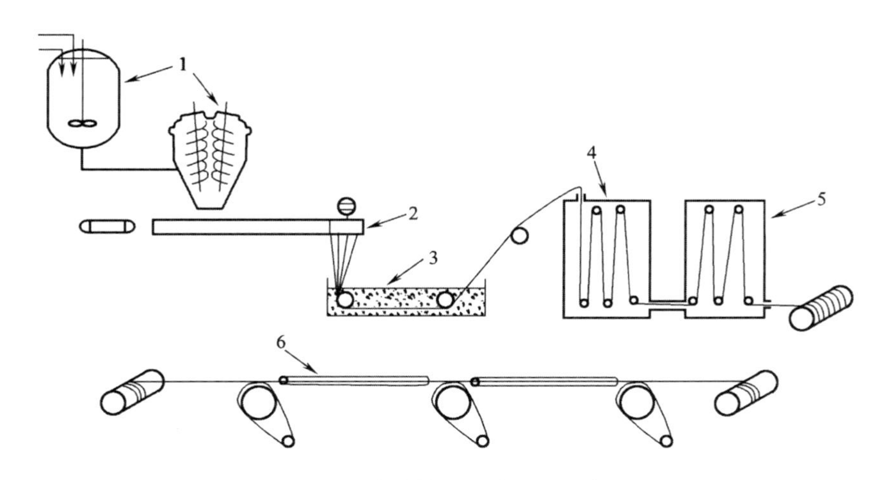

图5-136　冻胶纺丝工艺流程示意图

1—原液制备　2—具有喷丝头的螺杆挤出机　3—凝固浴　4—溶剂萃取　5—干燥　6—拉伸

冻胶纺在高强高模聚乙烯纤维已经实现了工业化生产，目前国外有商品名为大力马（Dyneema）和斯百克线（Spectra）等高强高模聚乙烯纤维在生产，江苏的九州星际科技有限公司生产超高分子量聚乙烯纤维“Xinggi™”的产量居世界前列。超高分子量聚丙烯腈和聚乙烯醇等的冻胶纺丝也已开发成功。

三、液晶纺丝

液晶纺丝是制得高强度纤维的另一种新型纺丝方法。具有高度刚性结构的聚合物在适当的溶液浓度和温度下，有可能形成各向异性溶液或熔体。在纤维制造过程中，各向异性溶液或熔体在剪切和拉伸流动下极易取向，同时各向异性聚合物在冷却过程中会发生相变形成高结晶性的固体，从而可以得到高取向度和高结晶度的高强纤维。

溶致性液晶聚合物的液晶纺丝通常采用干湿法纺丝工艺。图 5-137 为干湿法纺丝中溶致性液晶聚合物分子取向机理示意图。各向异性溶液从喷丝孔挤出时，由于喷丝孔中的剪切，液晶区在流动的方向上取向。因溶液的黏弹性，喷丝孔出口处液晶区的取向略有散乱。然而这种散乱在气隙中随纺丝张力引起的丝条变细而迅速恢复正常，变细的丝条保持的高取向分子结构被凝固，从而形成高结晶、高取向性的纤维结构。

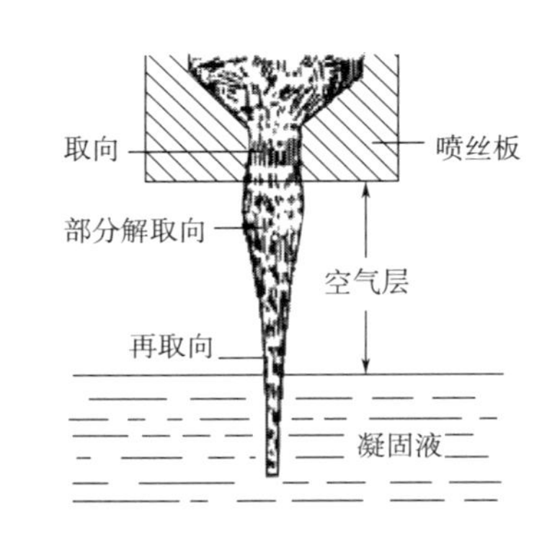

图5-137　溶致性液晶聚合物干湿法纺丝中聚合物分子取向机理示意图

由干湿法纺丝得到的溶致性聚合物纤维一般不能进行拉伸，但在高温、高张力下进行热定型可进一步提高结晶性和结晶取向性。

热致性液晶聚合物的液晶纺丝可采用熔体纺丝工艺。热致性液晶聚合物熔体从喷丝孔中挤出形成纤维。利用这种传统熔融纺丝的技术，热致性聚合物可在 100 ～ 1500m/min 速度下进行纺丝。为了避免挤出过程中聚合物的降解，必须使挤出温度维持在聚合物的分解温度以下。未经处理的热致性液晶聚合物纤维要提高物性，通常要在高温下进行长时间的热处理，提高相对分子质量和结晶度。

芳香族聚酰胺的液晶纺丝（干湿法纺丝）已经实现了工业化生产，其中美国杜邦公司的聚对苯二甲酰对苯二胺纤维在 1972 年以凯夫拉（Kevlar）的商品名问世，国内泰和新材等公司也已成功开发。热致性液晶高分子中重要的一类是芳香族共聚酯（简称聚芳酯），聚芳酯 Vectran 纤维也已在 1986 年开发成功。近年来，国内已有宁波海格拉和广东普利特等公司开始生产聚芳酯纤维。

四、静电纺丝

码5-13　演示实验：静电纺丝

静电纺丝法是一种对高分子溶液或熔体施加高电压进行纺丝的方法。通常用的电压在数千伏以上，而电流小，因而能量消耗小。静电纺丝技术在 1934 年就有了专利。20 世纪 90 年代以来由于纳米技术的盛行，静电纺丝能制得直径为 50～500nm 的纤维，因此研究人员对其给予了极大的关注。

静电纺丝的装置（图 5-138）包括定量供给溶液或熔体的装置（计量泵）、形成细流的装置（喷嘴）以及纤维接收装置。静电纺丝过程包括以下三步。

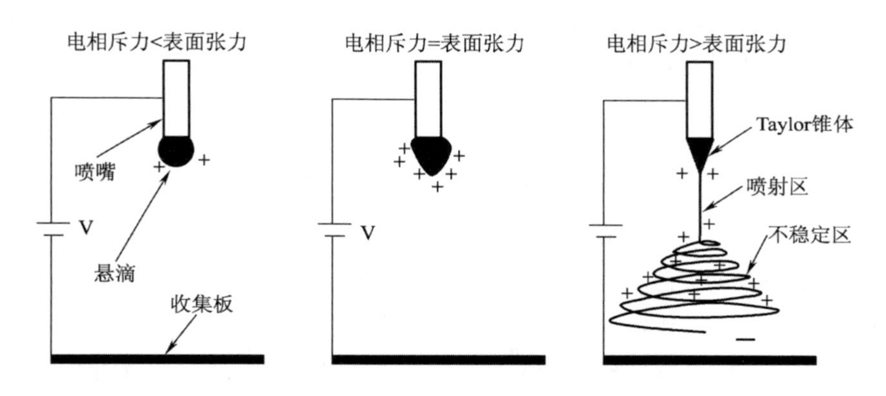

图5-138　静电纺丝装置示意图

（1）射流产生及射流沿直线延伸。在喷嘴前端的聚合物滴液表面，电荷聚集而相斥，这时由喷嘴出来的液滴逐渐呈圆锥状；当电荷相斥力逐渐增强超过表面张力时，从圆锥状液滴的前端直接喷射出液流；射流产生后在随离开喷嘴的某一距离为直线，其直径随离开喷嘴的距离而减小。

（2）射流的弯曲不稳定性的生长和进一步拉伸。在射流的直线段下端产生静电与趋重力的不稳定性，使射流在较小区域内有较大的拉伸。

（3）射流的固化。随着拉伸的进行，射流的表面积急速变大，溶剂快速蒸发（或丝条快速冷却），拉伸黏度不断增大，导致射流的拉伸最终停止而在收集板上形成纳米纤维。

迄今为止，已有用醋酸纤维素、聚丙烯腈、聚乙烯、聚丙烯、聚氧乙烯、芳香族聚酰胺、聚酯、DNA、聚苯并咪唑、聚乙烯醇、聚氯乙烯、氯化聚氯乙烯、聚酰胺、聚乳酸及其共聚物、骨胶原、甲壳素和壳聚糖、蚕丝等的静电纺丝报道。

五、溶液喷射纺丝

码5-14　演示实验：溶液喷射纺丝

溶液喷射纺丝是一种高效的纳米纤维制备技术，其纺丝装置主要由压缩气源、溶液供给装置、喷丝头和纤维接收装置四部分组成（图5-139）。溶液喷射纺丝采用一对同轴喷嘴，聚合物溶液经内喷嘴挤出，高速气流经外喷嘴喷出，聚合物溶液在高速气流的剪切作用下形成聚合物射流，在到达接收装置的过程中，射流进一步发生分裂、牵伸、细化，同时溶剂不断挥发，纤维成型固化并收集于接收装置上（图5-140）。与静电纺丝相比，溶液喷射纺丝设备简单，以高速气流作为驱动力，不需要高压静电场，具有更高的纺丝效率，并且纳米纤维可以沉积在任何基底上。因此，溶液喷射纺丝已成为制备纳米纤维的常用方法。

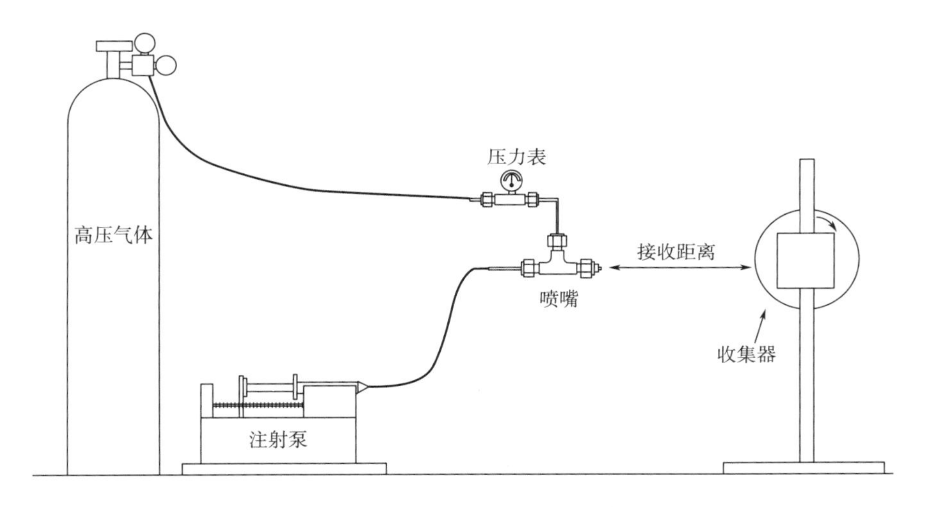

图5-139　溶液喷射纺丝装置示意图

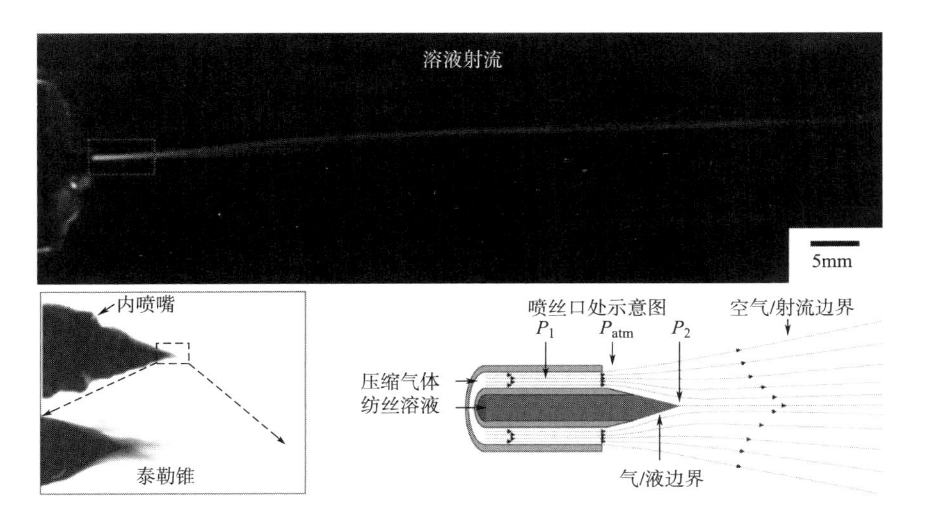

图5-140　溶液喷射纺丝原理示意图

码5-15 本章思维导图

码5-16 拓展阅读：纤维成型加工新技术

复习指导

1. 化学纤维成型加工的基础知识

（1）了解化学纤维的成型加工的基本过程。

（2）了解化学纤维的品质指标，能进行相关计算。

（3）掌握化学纤维成型的基本原理，并能结合生产实际进行分析。

2. 熔体纺丝原理

（1）能熟练分析熔体纺丝的运动学和动力学特征。

（2）掌握熔体纺丝中的传热机理及影响因素。

（3）掌握熔体纺丝中纤维结构的形成规律及影响因素，能熟练分析工艺因素对熔纺初生纤维取和结晶结构的影响，并能据此选择和正确控制成型工艺条件。

（4）了解熔体纺丝的工程解析。

3. 湿法纺丝原理

（1）能熟练分析湿法纺丝的运动学和动力学特征，并能与熔体纺丝进行比较。

（2）掌握湿法纺丝的传质和相转变机理及影响因素。

（3）掌握湿纺初生纤维结构的形成规律，能熟练分析工艺因素对湿纺初生纤维形态结构的影响，并能据此选择和正确控制成型工艺条件。

4. 干法纺丝原理

（1）能熟练分析干法纺丝的运动学和动力学特征，并能与熔体纺丝和湿干法纺丝进行比较。

（2）掌握干法纺丝线上的传热和传质特征。

（3）掌握干法纺丝中纤维结构的形成规律及特征。

5. 化学纤维拉伸原理

（1）化学纤维拉伸的作用及其解释。

（2）掌握纤维的拉伸流变学特征。

（3）熟悉拉伸过程的连续性方程以及拉伸中速度和应力的分布情况。

（4）掌握并能熟练应用拉伸曲线来判断初生纤维的拉伸性能，并掌握影响拉伸曲线的因素。

（5）掌握拉伸过程中纤维结构变化的规律，建立起工程意识，即对于结构不同的初生纤维采用不同的拉伸工艺条件，以得到尽可能理想的纤维形态结构，从而得到期望的纤维性能。

6. 化学纤维热定型原理

（1）了解化学纤维热定型的作用及方式。

（2）熟悉纤维在不同方式热定型过程中的形变情况，并能用聚合物的线性黏弹理论予以解释。

（3）理解热定型过程中纤维结构变化给纤维性能带来的影响。

（4）理解不同类型化学纤维的热定型机理。

7. 化学纤维新型成型加工方法

（1）了解干湿法纺丝工艺。

（2）了解冻胶纺丝工艺。

（3）了解液晶纺丝工艺。

（4）了解静电纺丝工艺。

（5）了解溶液喷射纺丝工艺。

习题

1. PA−66 单纤维支数为 4500 公支，在不断增加的负荷作用下，当负荷为 8gf 时，纤维被拉断，试求：（1）纤维的纤度（旦尼尔数）；（2）纤维的线密度（tex）；（3）绝对强力 P；（4）相对强度 P_D；（5）断裂长度 L_P；（6）强度极限 σ（ρ=1.14g/cm^3）。

2. 某腈纶厂生产的产品经测定，其含湿率为 2.5%。

（1）试折合为回潮率，为多少？

（2）又知公定回潮率为 2%，问该纤维每 1000kg 的标准质量是多少？

3. 已知某纤维厂生产涤纶长丝，规格为 128 公支 /36 根，试计算：

（1）该长丝的纤度（旦尼尔数），50m 的卷重。

（2）单根纤维的纤度、公制支数。

（3）单根纤维的截面直径是多少？（PET ρ=1.38g/cm^3）

4. 简述挤出细流的类型及其形成条件，并指出哪些类型对成型不利，应如何避免？

5. 熔体纺丝线上的速度、速度梯度、拉伸黏度及直径通常是如何分布的？初生纤维结构主要在何处形成？

6. 试推导纺丝流体由内聚破坏，决定的最大拉丝长度。

$$X_{\mathrm{ak}}^{*}=\frac{1}{2}\left[\ln\left(\frac{2k}{E}\right)-2\ln(V_0\tau\xi)\right]/\xi$$

式中：τ 为松弛时间；ξ 为拉伸形变梯度；k 为内聚能密度；E 为杨氏模量。

7. 试推导溶体纺丝线上，空气阻力系数。

$$C_{\mathrm{f}}=\frac{\Delta F_{\mathrm{ext}}}{\phi^{0}\upsilon_{\mathrm{x}}^{2}\pi\gamma\Delta x}$$

式中：F_{ext} 为卷绕张力；ϕ^0 为空气密度；γ 为纺丝半径；x 为纺程；υ_{x} 为丝条运动速度。

8. 试推导熔纺冷却过程中的给热系数 α^* 的解析式，并据此比较横向和平行吹风的冷却效果及控制纺丝线冷却的因素的变化。

9. 涤纶纺丝工艺中所用工艺参数为：纺丝温度 280℃，吹风温度 30℃，纺丝线上固化点温度 80℃，熔体密度 ρ=1.20g/cm^3，熔体比热容 1.88kJ/（kg·℃），卷绕丝密度 1.38g/cm^3，空气导热系数 2.6×10^{-4}J/（cm·s·℃），泵供量 365g/min，空气运动黏度 1.6×10^{-5}m^2/s，卷绕速度 1000m/min，喷丝板规格 ϕ0.25mm×400 孔，L/D=2，吹风速度为 0.4m/s，求：

（1）纺丝线固化点前的平均直径。

（2）纺丝线固化点前的平均速度。

（3）纺丝线固化点前的平均给热系数。

（4）固化时间。

10. PA6 熔体纺丝条件为：熔体密度 1.0g/cm^3，卷绕高度 4.5m，泵供量 2.4 cm^3/min，喷丝板孔径 d_0=0.076cm，空气黏度和密度分别为：19.2×10^{-6}Pa·s 和 1.2×10^{-3}g/cm^3，C_f=0.37Re−0.01，表面张力 λ 为 5.0×10^{-4}N/cm^2，在两种纺丝速度（100m/min，1000m/min）下的卷绕张力 FL 分别为 4.0×10^{-3}N 和 1.0×10^{-2}N，沿纺程丝条直径变化见题表 5-1。

题表5-1　丝条直径变化

x/cm		10	20	30	40	50	60	70
d（x）/cm	纺速100m/min	0.044	0.030	0.024	0.020	0.018	0.017	0.016
	纺速1000m/min	0.036	0.024	0.015	0.012	0.010	0.008	0.007

试求丝条在两种纺速下的重力、惯性力、流变阻力、空气摩擦阻力和表面张力。当纺速进一步提高时，这些力的变化趋势如何？

11. 试在三元相图上画出干纺、等固凝固、稀释凝固、浓缩凝固的纺丝途径。

12. 试述影响湿法成型过程中截面形状的因素。

13. 造成湿法纺丝初生纤维皮芯结构的主要原因是什么？皮、芯层的结构和性能有何不同？

14. 试述微孔和微纤形成的原因。为什么湿纺初生纤维微孔的形成是不可避免的？哪些因素可影响微孔和微纤的生成？

15. 纺制腈纶的干法与湿法相比，成型过程有何区别？你认为哪种方法成型条件更剧烈？对纤维品质有何影响？

16. 干法纺丝如何实现丝条的固化？试述整个纺丝线上传热和传质的特点。

17. 与熔纺和湿纺相比，干纺纤维在结构的形成上有何特点？

18. 常用的拉伸方法有几种？它们适用于何种类型的纤维？

19. PA6 与 PET 长丝拉伸方法有何不同？为什么？

20. 什么是细颈拉伸、冷拉伸、均匀拉伸？无定形聚合物、结晶聚合物、冻胶初生纤维在拉伸行为上有何不同？

21. 什么是拉伸点？拉伸点的移动对拉伸过程和纤维质量有何影响？工业生产中一般采用什么措施来调节拉伸点的移动？

22. 用蠕变方程解释纤维在拉伸中的形变机理。

23. 影响松弛时间的因素有哪些？它们如何影响高弹形变的发展？

24. 拉伸条件和初生纤维的结构对拉伸曲线有何影响？

25. 拉伸中纤维结构产生什么变化？对纤维性能产生什么影响？

26. 定长热定型与松弛热定型对纤维的结构以及性能的影响有何不同？

27. 什么是“经验转变温度（T_t）”，它在热定型工艺中有何意义？

28. 热定型所需时间、温度受哪些因素影响？

29. 如何控制工艺条件制备高收缩纤维？

30. 主要合成纤维品种的热定型机理有何不同？

参考文献

[1] 董纪震，罗鸿烈，王庆瑞，等. 合成纤维生产工艺学（上册）[M]. 2版. 北京：中国纺织出版社，1994.

[2] A. 谢皮斯基. 纤维成型原理 [M]. 华东纺织工学院化学纤维教研室，译. 上海：上海科学技术出版社，1983.

[3] 沈新元. 化学纤维手册 [M]. 北京：中国纺织出版社，2008.

[4] 大卫 R. 萨利姆. 聚合物纤维结构的形成 [M]. 高绪珊，吴大诚，等译. 北京：化学工业出版社，2004.

[5] 日本纤维化学会. 最新の紡絲技術 [M]. 京都：高分子刊行会，1992.

[6] A. 齐亚别林斯基. 高速纺丝——科学与工程 [M]. 施祖培，穆淑华，洪璋传，等译. 北京：中国石化出版社，1990.

[7] 侯翠灵，王华平，张玉梅. 聚对苯二甲酸丙二醇酯的非等温结晶动力学研究 [J]. 合成纤维，2006（1）：6-9.

[8] 何士群，杨崇倡，王华平. 三角异形丝的不对称传热模型的建立及分析 [J]. 东华大学学报（自然科学版），2005，31（1）：26-30.

[9] Masson J C. Aclylic fiber technology and application [M]. New York：Marcel Pekker Inc.，1995.

[10] Cohen C，Tanny G B，Prager S. Diffusion-controlled formation of porous structure in ternary polymer system [J]. J Polymer Sci. Polym. Phys.，1979，17：477-489.

[11] Smolder C A，Reuvers A J，Boom R M，et al. Microstructures in phase-inversion membranes part Ⅰ. Formation of macrovoids [J]. J Membr Sci，1992，73：259-275.

[12] 孟志芬，胡学超. 纺丝速度对 Lyocell 纤维结构的影响 [J]. 河南师范大学学报（自然科学版），2004，32（4）：74-77.

[13] Gou Z M，McHugh A J. Two-dimensional modeling of dry spinning of polymer fibers

[J]. J. Non-Newtonian Fluid Mech., 2004, 118: 121-136.

[14] Sano Y. Dying behavior of acetate filament in dry spinning [J]. Dying Technolygy, 2001, 19 (7): 1335-1359.

[15] Sperling L H. Introduction to physical polymer science [M]. 4th ed. New York: John & Sons, Inc, 2006.

[16] 高绪珊，吴大诚. 纤维应用物理学 [M]. 北京：中国纺织出版社，2001.

[17] Ball R C, Doi M, Edwards S F, et al. Elasticity of entangled networks [J]. Polymer, 1981, 22: 1010-1018.

[18] Edwards S F, Vilgis T H. The effect of entanglements in rubber elasticity [J]. Polymer 1986, 27 (4): 483-492.

[19] Brereton M G, Klein P G. Analysis of the rubber elasticity of polyethylene networks based on the slip link model [J]. Polymer, 1988, 29 (6): 970-974.

[20] Rietsch F, Duckett R A, Ward I M. Tensile drawing behaviour of poly (ethylene terephthalate) [J]. Polymer, 1979, 20 (9): 1133-1142.

[21] Long S D, Ward I M. Shrinkage force study of oriented polyethylene terephthalate [J]. J. Appl. Polym. Sci., 1991, 42: 1921-1929.

[22] 赫尔. 高性能纤维 [M]. 马渝茳，译. 北京：中国纺织出版社，2004.

[23] Medeiros E S, Glenn G M, Klamczynski A P, et al. Solution Blow Spinning: A new method to produce micro- and nanofibers from polymer solutions [J]. J. Appl. Polym. Sci., 2009, 113 (4): 2322-2330.

[24] Lou H, Han W, Wang X. Numerical study on the solution blowing annular jet and its correlation with fiber morphology [J]. Ind. Eng. Chem. Res., 2014, 53 (7): 2830-2838.

第六章　塑料成型加工原理

码6-1　本章课件

塑料加工（plastic processing）是将塑料物料通过各种工艺和工程转变为实用制品的过程。在加工条件下，塑料物料经过形变和流动被转变为具有良好性能的所需形状的产品。由于塑料种类繁多，其组成和性能各不相同，制品形态的多样化以及广泛的应用领域推动了各种塑料成型加工方法的形成和发展。通过这些方法和技术可以生产出用途各异的塑料制品。

第一节　概述

一、塑料的基本概念

塑料作为一种聚合物材料，通常具有高于室温的玻璃化温度（对于无定形聚合物）或结晶熔点（对于结晶聚合物）。在塑料工业领域，通常将未加入添加剂的聚合物称为树脂（resin），而将经过配制并加入了添加剂或助剂的聚合物材料称为塑料物料。

塑料种类繁多，根据其分子结构和热性能的不同，可分为热塑性塑料和热固性塑料。热塑性塑料的分子呈线型或带有支链结构，加热时软化并熔融成为黏稠的熔体，冷却后保持成型形状。热塑性塑料可以反复加热软化熔融，可多次成型，成型过程中通常只发生物理变化而无明显的化学变化。热固性塑料中分子起初也是线性或带支链的结构，但含有可反应的官能团，它们在加热初期具有可塑性，成型后形状固定。继续加热，分子间发生化学键结合，形成网状结构，塑料固化，不能再次溶解或熔融。

在工业上用于成型的塑料通常都添加了各种助剂（添加剂），目的是改善工艺性能，提升制品的使用性能或降低成本。根据成型过程的需要，聚合物可以与助剂配制成粉末或颗粒，也可以制成溶液或分散体。对于不同的塑料品种、制品和加工要求，不是所有类型的助剂都需要添加。

二、塑料成型过程与分类

塑料成型加工是根据塑料的特性，通过不同的成型加工手段，将其转变为具有一定形状和使用价值的制件或定型材料。根据加工工艺、方法以及塑料物料的特性，塑料的成型加工可进行不同的分类。根据成型加工过程的运作方式，可分为连续法、半连续法和间歇法加工技术；根据塑料加工时的物态特征，可分为熔体加工技术和固态加工技术；根据原料—半成品—成品间的关系，塑料制品生产方法可分为一次成型技术和二次成型技术。

塑料成型加工过程通常包括原料的准备和配制、成型、后处理以及制品的后加工等阶段。后加工包括机械加工、修饰和装配等工序。机械加工是指在成型后的塑料制件上进行车、削、铣、钻等操作，用来完成成型过程中无法实现或难以精确完成的加工任务。修饰的目的主要是美化塑料制品的表面和外观，或实现其他特定要求。装配是将已经成型的各部件连接或配合，使其成为一个完整的制品。

在塑料成型加工过程中，成型是至关重要的步骤，而机械加工、修饰和装配等工序则可根据具体需求进行选择与应用。为更深入理解每种成型方法背后的工程原理，本章综合考虑了这些加工方法的过程特点、本质和规律，并将其归类为挤出成型、模塑成型、压延成型以及二次成型等四类主要的塑料成型方法。

三、塑料的品质指标

除了与化学纤维相同的品质指标外，塑料还有以下一些特定的品质指标。

（一）拉伸强度

拉伸强度（tensile strength），又称为抗张强度，是指塑料在拉伸断裂前所能承受的最大应力值，通常以兆帕（MPa，即 10^6Pa）为单位。该指标用来衡量材料在拉伸过程中的抗拉伸能力。对于某些塑料，在拉伸过程中，在达到一定应力值之前其变形是均匀的，一旦超过该点就开始出现细颈现象，即产生屈服。屈服前的最大应力值称为屈服强度（σ_y）。在继续拉伸时，材料会继续变形，直到最终断裂，断裂时的应力称为断裂强度（σ_b）。然而，另一些塑料则没有明显的细颈现象，它们在拉伸到最大形变后直接发生断裂。因此，拉伸强度一般是指屈服强度和断裂强度中的较大值。

（二）弯曲强度

弯曲强度是表征塑料刚性的重要指标之一，它表示材料在弯曲负荷作用下断裂或达到规定弯矩时所能承受的最大应力，通常以 MPa 为单位。弯曲强度反映了材料的抗弯曲能力，用于衡量材料的弯曲性能。

（三）硬度

硬度用来描述塑料抵抗其他较硬物体压入的能力。根据测定方法的不同，表示硬度的方法主要有以下几种：

1. **洛克威尔（Rockwell）硬度（*HR*）** 又称洛氏硬度，该方法使用规定的压头，先施加初实验力作用于试样，然后施加主实验力，随后再回到初实验力，通过前后两次初实验力作用下压头压入试样的深度差来计算洛氏硬度值。

$$HR=H_2-H_1 \tag{6-1}$$

式中：HR为洛氏硬度；H_1，H_2分别为第一次和第二次压头压入试样的深度。

2. **布氏（Brinell）硬度（*HB*）** 是指将具有规定直径的钢球在实验负荷作用下垂直压入试样表面，保持一定时间后单位压痕面积上所能承受的平均压力，通常以 N/mm^2 表示。

（1）以压痕深度计算：

$$HB=\frac{P}{\pi Dh} \tag{6-2}$$

（2）以压痕直径计算：

$$HB=\frac{2P}{\pi D(D-\sqrt{D^2-d^2})} \tag{6-3}$$

式中：P为加压负荷（N）；D为钢球直径（mm）；h为压痕深度（mm）；d为压痕直径（mm）。

3. **邵氏（Shore）硬度** 使用邵氏硬度计将具有规定形状的压头在标准弹簧压力的作用下压入试样，把压头压入试样的深度转换为硬度值来表示塑料的硬度。

邵氏硬度包括两种类型：邵氏 A 和邵氏 D，分别由 A 型和 D 型硬度计来测定硬度值 H_A 和 H_D。邵氏 A 适用于较软的塑料，而邵氏 D 适用于较硬的塑料。应根据试样的硬度特点和预期的硬度范围，选择适当的邵氏硬度测试类型。

（四）冲击强度

冲击强度是用来衡量塑料在高速冲击状态下的韧性及其对断裂应力抵抗能力的指标。冲击强度测试通常采用以下两种方法：

1. **摆锤式冲击实验** 将试样放置在冲击试验机的指定位置上，然后使摆锤自由落下，试样受到冲击而弯曲断裂。冲击强度是指单位冲击面积（试样的横截面积）上所消耗的能量，其是通过测量一定质量的重锤从一定高度下落，试样刚好形成裂纹而不完全断裂所需的能量来表示的。

2. **高速拉伸冲击实验** 在高速（>500mm/min）情况下拉伸试样，使用电子拉力机得到塑料的应力—应变曲线，曲线下的面积即为冲击强度。这种方法与纤维断裂功的测定方法类似，只是所使用的拉力机型号不同。

（五）热变形温度

热变形温度（heat deflection temperature，HDT）是指在按规定速率升温的液体介质内，标准塑料试样在规定的静态弯曲应力作用下，达到规定挠度时所对应的温度。热变形温度用于表征材料在受热和受力时的关系，显示了塑料在高温和受弯曲应力作用下保持其形状的能力。一般用热变形温度来评估塑料在长期使用时的耐热性能。通常，在长期使用时，最高温度应保持在低于塑料热变形温度 10℃以下，以确保材料不会因温度过高而发生较大的变形。

（六）成型收缩率

塑料成型收缩率是指塑料制件在成型温度下与从模具中取出后冷却至室温时尺寸之差的百分比，它反映了塑料制件从模具中取出后尺寸缩减的程度。影响塑料收缩率的因素包括塑料的形态结构变化、成型条件和模具结构等。不同的高分子材料的收缩率各不相同。

（七）光学性能

一些塑料制品用于透镜、窗户、灯具、大棚等应用，因此评价其光学性能具有一定的实际意义。透光率和雾度是两个常用来表征塑料光学性能的指标。

透光率是指光线透过材料时无偏离的百分比。

雾度是指入射光由于向前散射而大于某一规定角度（例如 2.5°）偏离透射光的百分比。

码6-2　挤出成型

第二节　挤出成型

挤出成型（extrusion molding）是一种重要的塑料成型加工方法，它通过挤出机对塑料物料进行加热、混合和加压，使其在流动状态下连续通过特定形状的金属流道或节流装置，从而实现成型。挤出成型的口模设计不同，可以生产各种不同形状的制品，如管材、薄膜、板材、棒材、异型材、单丝、撕裂膜、打包带、网、电线电缆包覆物等。挤出成型具有以下特点：生产过程连续性高，产品连续；生产效率高；适用范围广。全球约 60% 以上的塑料制品是通过挤出成型法生产的，并且几乎所有的热塑性塑料都可以采用挤出成型法进行加工。近年来，随着挤出成型设备和技术的发展，挤出成型也被用于部分热固性塑料的成型加工。

根据塑料塑化方式的不同，挤出成型工艺分为干法和湿法两种。干法挤出的塑化依靠加热将固体物料变成熔体，塑化和挤出可以在同一设备中进行，挤出后塑料定型仅需要简单的冷却操作。湿法挤出的塑化需要用溶剂将固体物料充分软化，塑化和挤出必须在两套设备中分开完成，同时塑料定型需要通过脱出溶剂来实现。湿法挤出虽然具有物料塑化均匀性好和可避免物料过度受热分解的优点，但由于操作复杂、需要处理大量易燃有机溶剂等严重缺点，目前生产上已很少使用。

根据对塑料物料加压方式的不同，挤出工艺分为连续式和间歇式两种方法。连续式挤出使用螺杆式挤出机进行加工，物料通过转动的螺杆进入料筒中，借助料筒的外加热和物料本身与设备之间的剪切摩擦产生热量，使物料熔化成流动状态；同时，物料受螺杆的搅拌而均匀分散，并不断前进。最后，均匀塑化的物料通过口模被挤出机挤压到机外形成连续体，经冷却固化成为制品。间歇式挤出则使用柱塞式挤出机，其主要部件包括料筒和由液压控制的柱塞。在间歇式挤出过程中，先将一批已经塑化的物料放入料筒内，然后通过柱塞施加压力将物料挤出通过口模，之后柱塞退出以进行下一次操作。柱塞式挤出的明显缺点是操作过程不连续，所生产的型材长度受到限制，而且物料需要预先塑化，因此应用较少。但由于柱塞可以对物料施加很高的压力，这种挤出方法可用于难熔塑料，如聚四氟乙烯（PTFE）的成型。

本章重点介绍连续式干法挤出成型的方法。

一、挤出成型原理

在固体进料的挤出过程中，塑料物料会经历固态、弹性体和黏性流体的状态变化。同时，物料还受到变化的温度和压力影响，在螺槽和机筒之间既发生拖曳流动又有压力流动，因此挤出过程中物料的状态变化和流动行为十分复杂。

为了确保挤出机能够达到稳定的产量和质量，一方面，沿螺槽方向在任一截面上的质量流速必须保持恒定且等于产量；另一方面，熔体的输送速率应等于熔化速率。如果无法实现这些条件，就会导致产量和温度的波动。因此，从理论上阐明挤出机固体输送与熔化、熔体输送与操作条件、塑料性能与螺杆几何结构之间的关系，对指导螺杆设计、制订工艺条件、确定挤出机功率和产率等，进而实现挤出加工高质量、高产量和低能耗的目标具有重要意义。

根据实验研究，物料在进入挤出机后要经过几个区域：固体输送区、熔融区和熔体输送区。固体输送区通常限定在自加料斗开始算起的几个螺距之内，在该区域，物料向前输送并被压实，但仍保持固态。熔融区是物料开始熔融的区域，已熔的物料和未熔的物料以两相的形式共存，并最终完全转变为熔体。熔体输送区则是螺槽全部被熔体充满的区域，通常限定在螺杆的最后几圈螺纹之内。这些区域不一定完全对应传统的螺杆加料段、压缩段和均化段的划分。目前广为接受的挤出理论就是在以上三个功能区域中建立起来的，它们分别是固体输送理论、熔融理论和熔体输送理论。这些理论的应用可以更好地理解挤出过程中的物料行为，从而优化挤出工艺，提高生产效率和产品质量。

码6-3　拓展阅读：螺杆挤出设备的基本结构

（一）固体输送理论

在螺杆挤出过程中，物料通过自重从料斗进入螺槽。当物料与螺纹螺棱接触后，螺棱面对物料产生一个与螺棱面垂直的推力，将物料向前推移。在推移过程中，由于物料与螺杆、物料与料筒之间的摩擦以及物料粒子相互之间的碰撞与摩擦，同时还受到螺杆前端熔体压力和料筒内表面温度等共同作用，物料被压实，部分固体粒子的表面受热并部分软化。对于这类固体粒子状物料在螺杆输送过程中的研究，常用一种简单模型，即固体床理论进行分析。

在固体床理论中，将螺槽中已被压实的塑料物料固体粒子群视为一种“固体塞”（solid stuff）（图 6-1），它能在推力作用下沿着螺槽向前端移动。这一理论以固体的摩擦力静平衡为基础，为了推导计算方便，特作如下假设：

（1）物料与螺槽和料筒内壁的所有边都紧密接触，形成固体塞或固体床，并以恒定的速率移动。

（2）略去螺翅与料筒的间隙，不考虑物料重力和密度变化等的影响。

（3）螺槽深度是恒定的，压力只是螺杆长度的函数，摩擦系数与压力无关。

（4）螺槽中的固体物料像弹性固体塞一样移动。

图 6-1 中，F_b 和 F_s 分别是固体塞与机筒及螺杆之间的摩擦力，A_b 和 A_s 分别是固体塞与机筒及螺杆的接触面积，f_b 和 f_s 分别是固体塞与机筒及螺杆之间的摩擦系数，P 代表螺槽中的体系压力。可以将固体塞在螺槽中的移动视为在矩形通道中的运动，如图 6-2（a）所示。当螺杆转动时，螺杆的斜棱对固体塞产生推力 P，使固体塞沿着垂直于斜棱的方向运动，其速度为 v_x，推力在轴向上产生分力，使固体塞沿轴向以速度 v_a 移动。螺杆旋转时表面速度为 v_s，如果将螺杆视为静止不动，而将机筒视为以速度 v_b 对螺杆做相对切向运动，结果也是一样的。v_z 是（v_b-v_x）的速度差，它使固体塞沿螺槽 Z 轴方向移动，如图 6-2（b）所示。

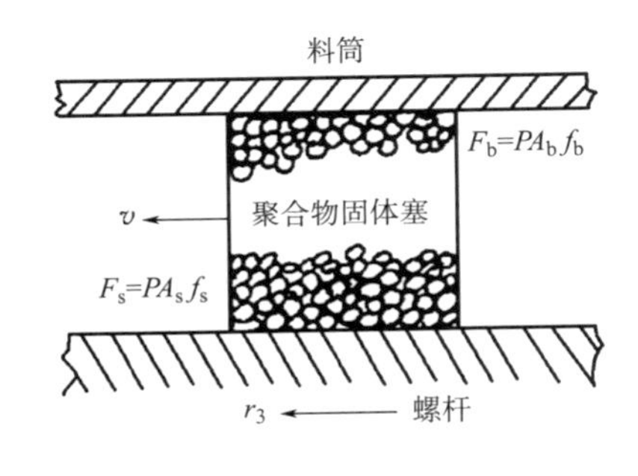

图6-1　固体塞摩擦模型

由图 6-2 可以看出，螺杆对固体塞的摩擦力为 F_b，F_b

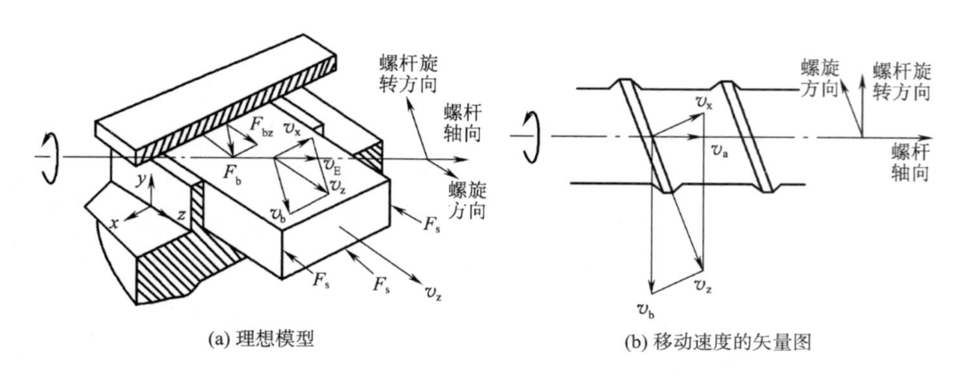

(a) 理想模型　　(b) 移动速度的矢量图

图6-2　螺槽中固体输送理想模型和固体塞移动速度的矢量图

在螺槽 Z 轴方向上的分力为 F_{bz}，而 $F_{bz}=A_s f_s P\cos\phi$。在稳定流动的情况下，推力 F_s 与阻力 F_{bz} 相等，即 $F_s=F_{bz}$，所以 $A_s f_s=A_b f_b\cos\phi$。

显然，当 $F_s=F_{bz}=0$ 时，即物料与机筒或螺杆之间的摩擦力为零时，物料在机筒中不能发生任何移动；当 $F_s > F_{bz}$ 时，物料被夹带于螺杆中，随螺杆转动也不能产生移动；只有当 $F_s < F_{bz}$ 时，物料才能在机筒与螺杆之间产生相对运动，并被迫沿螺槽向前移动。可见，固体塞的运动受其与螺杆及机筒表面之间摩擦力的控制，只有物料与机筒间的摩擦力大于物料与螺杆间的摩擦力时，即图 6-1 中当 $F_b > F_s$ 时，物料才能沿轴向前移动。否则，物料将与螺杆一起转动。只要能正确地控制塑料与螺杆及塑料与机筒之间的摩擦系数，就可以提高固体输送段的送料能力。

挤出机加料段的输送能力通常用 Q 表示，其值应为螺杆的一个螺槽容积 V 与送料速度的乘积。图 6-3 为螺杆展开图和固体塞移动距离。

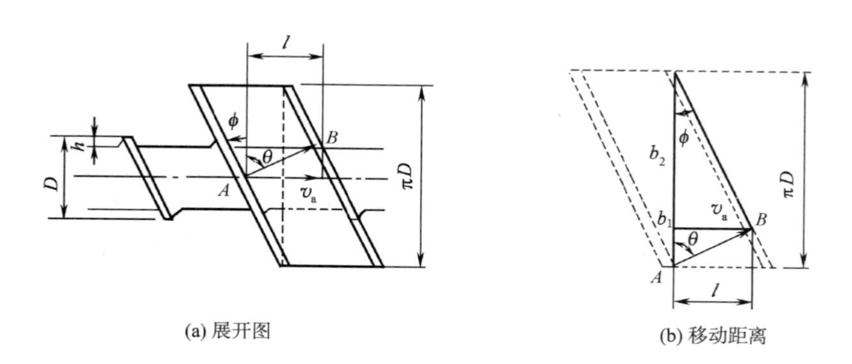

(a) 展开图　　(b) 移动距离

图6-3　螺杆展开图和固体塞移动距离

从图 6-3 可以看出，当螺杆转动一周时，如果螺槽中固体塞上的点 A 移动到点 B，此时线段 AB 与螺杆轴线的垂直面之间的夹角为 θ，称为移动角。通过推导，可以得到固体塞的输送速率 Q_s：

$$Q_s=\pi DH_1(D-H_1)\,N\left(\frac{\tan\varphi_b\tan\theta}{\tan\varphi_b+\tan\theta}\right) \tag{6-4}$$

式中：D为螺杆外径；H_1为固体输送段螺槽深度；N为螺杆转速；φ_b为螺杆外径处的螺旋角；θ为移动角。

其中，移动角 θ 可由下式表示：

$$\cos\theta = K\sin\theta + C(K\sin\varphi_b + C\cos\varphi_s) + \frac{2H_1}{t}\sin\varphi_b(K + E\cos\varphi_a) +$$

$$\frac{H_1E}{Lf_b}\sin\varphi_a(K+\cos\varphi_a)\ln\frac{P_2}{P_1} \tag{6-5}$$

式中：φ_s为螺杆根部的螺旋角；t为螺翅的导程；φ_a为平均螺旋角；L为固体输送段的轴向长度；f_b为物料与料筒的摩擦系数；P_1，P_2分别为固体输送段进、出口的压力。

系数 K、C、E 的表达式如下：

$$K = \frac{E(\tan\varphi_a + f_s)}{1 - f_s\tan\varphi_a} \tag{6-6}$$

$$C = \frac{D-2H_1}{D} \tag{6-7}$$

$$E = \frac{D-H_1}{D} \tag{6-8}$$

式中：f_s为物料与螺杆的摩擦系数。

从式（6-4）中可以看出，固体输送速率不仅与 $DH_1(D-H_1)N$ 成比例，而且也与正切函数 $\tan\theta\tan\varphi_b/(\tan\theta+\tan\varphi_b)$ 成比例。为了获得最大的固体输送速率，可以从挤出机结构和挤出工艺两个方面采取措施。从挤出机结构角度来考虑，增加螺槽的深度是有利的，但会受到螺杆扭矩的限制。因此，在设计挤出机时需要平衡螺槽深度的增加与扭矩的限制，以达到最优的输送效果。其次，降低塑料与螺杆之间的摩擦系数（f_s）也是有利的，可以通过提高螺杆的表面光洁度，降低螺杆加工的表面粗糙度来实现。光洁的螺杆表面减小了物料与螺杆之间的摩擦，有利于固体物料的输送。另外，增大塑料与料筒之间的摩擦系数也可以提高固体输送效率。一种有效的方法是在料筒内表面开设纵向沟槽或增加料筒的表面粗糙度，这样可以增加物料在料筒内的摩擦阻力，从而提高固体物料的输送能力。然而，需要注意的是，过于粗糙的料筒表面可能会导致物料停滞或分解，因此料筒内表面的加工仍需要尽量保持光洁。

移动角（θ）与螺杆和料筒的几何参数、摩擦系数（f_s、f_b）以及输送段的压力降均存在联系，如式（6-5）所示。为简化计算，略去输送段压力降的影响，并在 $f_b=f_s$ 的情况下将 $\tan\theta\tan\varphi_b/(\tan\theta+\tan\varphi_b)$ 对螺旋角 φ 作图，如图 6-4 所示。从图中可以看出，如果 f_s 保持不变，则正切函数均会在特定的螺旋角处出现极大值。此外，最佳螺旋角随着摩擦系数的降低而增大。根据实验数据，大多数塑料的摩擦系数在 0.25 ～ 0.50 范围内，因此最佳螺旋角应该在 17° ～ 20° 之间。为了便于制造，一般选择螺距与螺杆直径相等的设计，这时螺旋角 $\varphi=17°42'$。

在挤出工艺中，关键是控制加料段机筒和螺杆的温度，因为摩擦系数是随温度而变化的。图 6-5 展示了一些塑料与钢之间摩擦系数随温度的变化关系。绝大部分塑料对钢的摩擦系数随温度的下降而减小。因此，通过螺杆通水冷却的方式可以降低摩擦系数（f_s），从而对物料的输送是有利的。为了获得较大的固体输送速率，可以从挤出机的结构和工艺两方面采取措施：从结构角度考虑，应增加螺槽深度，降低物料与螺杆的摩擦系数，增大物料与料筒的摩擦系数，选择适当的螺旋角；从工艺角度考虑，应增加料筒温度使 f_b 增加，降低螺杆温度使 f_s 减小。

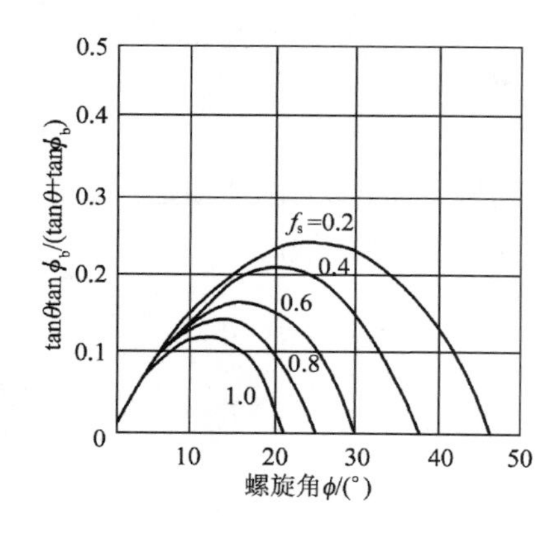

图6-4　正切函数与螺旋角的关系

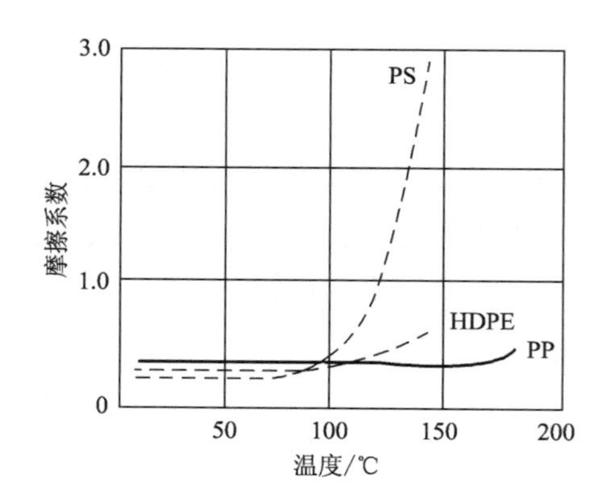

图6-5　塑料与钢之间的摩擦系数随温度的变化

PS—聚苯乙烯　HDPE—高密度聚乙烯　PP—聚丙烯

以上讨论并未考虑物料因摩擦发热而引起的摩擦系数改变以及螺杆对物料产生的拖曳流动等因素。实际上，当物料前移阻力很大时，摩擦会产生大量的热量。如果热量来不及通过机筒或螺杆移除，摩擦系数可能会增大，导致加料段的实际输送能力高于理论计算值。因此，在实际挤出加工中，需要对这些因素进行全面考虑，并采取相应的措施来优化挤出工艺和设备设计，以确保挤出过程的稳定性和高效性。

（二）熔融理论

塑料在挤出机中的塑化是一个非常复杂的过程。目前，理论研究主要集中在均化段熔体的流动，其次是固体物料在螺杆加料段的输送。对熔融区的研究相对较少的原因是该区域同时存在固体料和熔融料，物料在流动和输送过程中经历相变，导致整个过程十分复杂，难以进行深入的分析。通常情况下，塑料在挤出机中的熔化主要发生在压缩段，因此研究塑料在该段由固体转变为熔体的过程和机理，对于确定螺杆的结构、保证产品质量和提高挤出机生产效率具有重要意义。

当固体物料从加料段进入压缩段时，物料受到越来越大的挤压力，在机筒温度和摩擦热的作用下，固体物料逐渐熔化。在塑炼过程中，固体逐渐转变为液相，最后进入均化段时基本完成了熔化过程，此时黏度也发生了变化。

根据大量的实验结果（图 6-6 和图 6-7），在假设挤出过程是稳定的、固体床是均匀的连续体、物料的熔化温度范围很窄、固液相之间的分界面较为明显、固体粒子的熔化是在分界面上进行的等基础上，塔德莫尔（Z. Tadmor）提出了熔融理论，该理论为理解和优化挤出加工过程提供了重要的理论指导。

根据实验观察，塑料在螺槽内由固体转变为熔融状态的过程可以用图 6-8 来表示。图 6-8

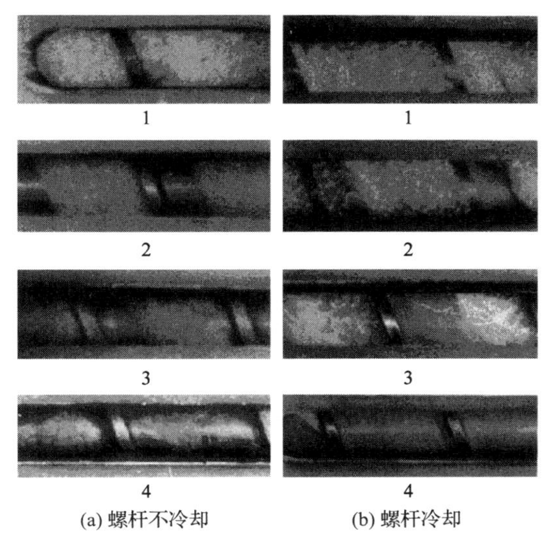

(a) 螺杆不冷却　　(b) 螺杆冷却

图6-6　LDPE挤出的全过程

图6-7　正在工作的全程视窗挤出机

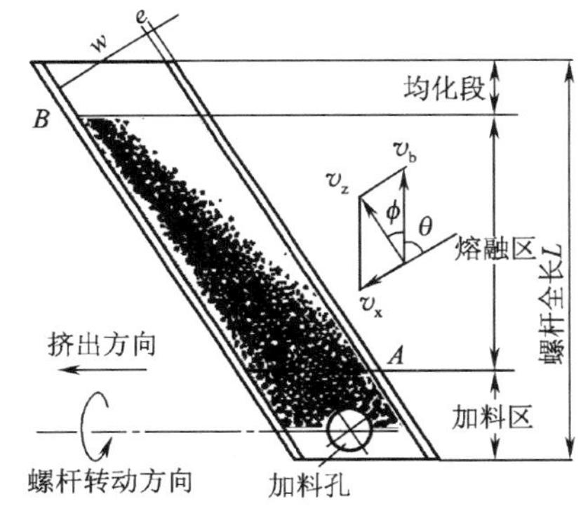

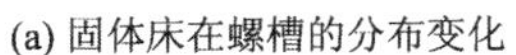
(a) 固体床在螺槽的分布变化

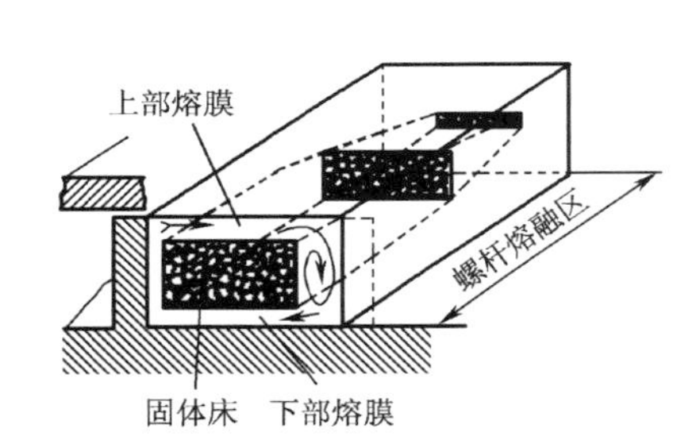

(b) 固体床在螺杆熔融区的体积变化

图6-8　螺槽全长范围内固体床熔融过程示意图

（a）显示了固体床在展开的螺槽内的分布和变化情况，而图 6-8（b）则表示了固体床在压缩段随着熔融过程的进行而逐渐消失的情况。从图中可以看出，在挤出过程中，靠近螺杆加料段附近一段区域内充满着固体粒子，而接近均化段的另一段区域则充满已熔化的塑料。在螺杆的中间区段，固体粒子和熔融物料共存，塑料的熔化过程主要发生在这一区段，因此这一区域又称为熔融段。

图 6-9 用于表示在一个螺槽中固体物料的熔融过程。从图中可以观察到，由于机筒传导热和摩擦热的作用，与机筒表面接触的固体粒子首先开始熔化，并形成一层薄膜，称为熔膜 1。这些不断熔融的物料在螺杆与机筒的相对运动作用下不断向螺纹推进面汇集，从而形成旋涡状的流动区域，称为熔池 2（又称液相）。在熔池的前方充满着热软化和半熔融后粘连在一起的固体粒子 4，以及尚未完全熔化且温度较低的固体粒子 5。4 和 5 部分的物料统称为固体

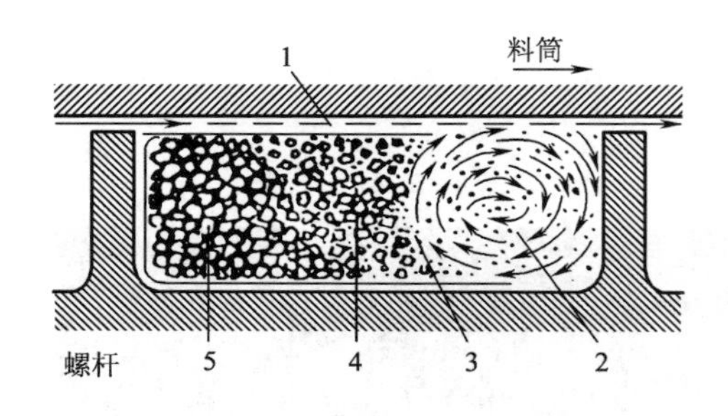

图6-9 固体物料在螺槽中的熔融过程
1—熔膜 2—熔池 3—迁移面
4—熔结的固体粒子 5—未熔结的固体粒子

床（又称固相）。熔融区内固相与液相的界面称为迁移面 3，大部分熔化过程都发生在这个界面上，它实际上是由固相转变为液相的过渡区域。

随着塑料沿挤出方向的输送，熔融过程逐渐进行，从熔融区始点（相变点）A 开始，固相的宽度将逐渐减小，液相的宽度则逐渐增加，直到熔化区终点（相变点）B，固相的宽度减小至零［图 6-8（a）］。在整个螺槽的宽度范围内，熔融物料将填满所有空间。从熔化开始到固体床的宽度减为零的整个过程的长度称为熔化长度。一般情况下，熔化速率越高，熔化长度就越短；反之亦然。固体床在螺槽中的厚度（即螺槽深度）沿挤出方向逐渐减小。

根据以上分析，物料在螺杆中的熔融机理可以总结如下：当固体物料由固体输送区送入熔化区时，其与加热的料筒表面接触，在这个过程中熔化开始。在熔化过程中，物料会在料筒壁上留下一层熔体膜。如果熔体膜的厚度超过螺翅与料筒之间的间隙，就会被旋转的螺翅刮落，并强制积聚在螺翅的前侧，形成熔体池，而在螺翅的后侧则形成固体床。在沿螺槽向前移动的过程中，固体床的宽度将逐渐减小，直至完全消失，即完成了物料的熔化。熔体膜形成后的固体熔化发生在熔体膜和固体床的界面处，所需的热量一部分来自料筒的加热器，另一部分则来自螺杆和料筒对熔体的剪切作用。

（三）熔体输送理论

到目前为止，对挤出机中均化段的熔体输送进行的研究最为深入且取得了最为显著的成果，已对该段的流动状态、结构、生产率等方面进行了较为详细的分析和研究。

现以 Q_1 代表送料段的送料速率，Q_2 代表压缩段的熔化速率，Q_3 代表均化段的挤出速率。如果 $Q_1 < Q_2 < Q_3$，这意味着挤出机处于供料不足的操作状态，将导致生产异常，产品质量不符合要求。相反，如果 $Q_1 \geqslant Q_2 \geqslant Q_3$，这时均化段成为控制区域，操作平稳，产品质量也能得到保证。然而，三个区域之间的速率差异不能过大，否则均化段的压力会过大，产生超载现象，从而影响正常的挤出加工过程。因此，在正常状态下，均化段的挤出速率就代表了挤出机的生产率。

1. ***熔体流动的形式*** 熔体在均化段的流动包括四种形式：正流、逆流、漏流和横流，如图 6-10 所示。

（1）正流。即沿着螺槽向挤出机机头方向的流动，又称拖曳流动。它是螺杆旋转时螺纹斜棱的推力在螺槽 Z 轴方向作用的结果。挤出过程中塑料的运动就是由这种流动造成的，其体积流率（单位时间内通过的体积）用 Q_D 表示。正流在螺槽深度方向的速度分布如图 6-10（a）所示。

（2）逆流。是指塑料在挤出机中沿着与正流相反的方向流动，由机头、口模、过滤网等对塑料产生的反压力引起，因此又称压力流动。逆流的体积流率用 Q_P 表示，其速度分布如图 6-10（b）所示。在逆流的作用下，塑料物料受到反向的压力，并向挤出机的料斗方向流动。将正流和逆流合成就得到净流动，其合成速度如图 6-10（c）所示。

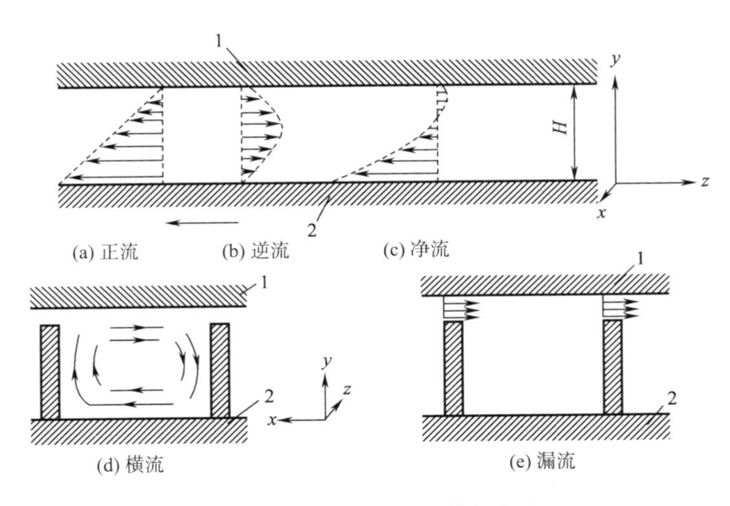

图6-10　螺槽中塑料熔体的流动

1—螺杆根径　2—料筒

（3）横流。是指塑料沿着与螺纹斜棱相垂直的 X 轴方向流动。当塑料流动到达螺纹侧壁时，受到阻碍而转向 Y 方向流动，然后又被机筒阻挡，料流折向与 X 轴相反的方向，接着又被螺纹另一侧壁挡住，被迫改变方向，从而形成环流，如图 6-10（d）所示。这种流动有利于塑料的混合、热交换和塑化，但对总的生产率影响不大，一般不予考虑。横流体积流率用 Q_T 表示。

（4）漏流。由于螺杆与机筒之间存在间隙，使一部分塑料物料无法被完全推送到挤出机的机头方向，而沿着螺杆的轴向流回到料斗方向。漏流方向与正流相反，其体积流率用 Q_L 表示。由于间隙 δ 通常很小，因此漏流的流量比正流和逆流要小得多。漏流的流动情况如图 6-10（e）所示。

在挤出机的均化段中，物料的流动是以上四种流动的组合，其沿着螺槽呈螺旋形轨迹向前移动，如图 6-11 所示。

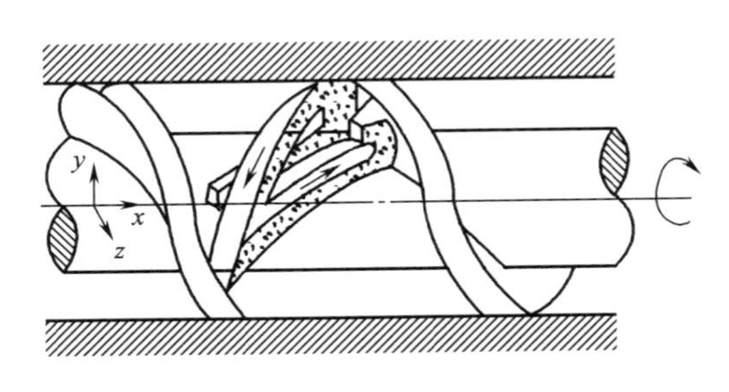

图6-11　塑料熔体在螺槽中混合流动示意图

2. **挤出机生产能力及挤出稳定性分析**　由于塑料在挤出机中的运动情况相当复杂，同时影响挤出机生产能力的因素有很多，因此要精确地计算挤出机的生产能力仍然是一项具有挑战性的任务。目前，计算挤出机生产能力主要采用以下几种方法：

（1）按经验公式计算。该方法是经过挤出机生产能力的多次实测，并分析总结而得出的。

$$Q = ND^3\beta \qquad (6\text{-}9)$$

式中：Q为挤出量（cm^3/s）；N为螺杆转速（r/s）；D为螺杆直径（cm）；β为系数，随物料、螺杆线速度的不同而异，一般β=0.003～0.007。

（2）按理论公式计算。从以上对螺杆均化段四种流动的分析可以看出，熔体在均化段输送时的净流率为：

$$Q = Q_D - (Q_P + Q_L) \tag{6-10}$$

为计算简便，假设物料的流动为层流，即为牛顿型流体，且物料熔体在均化段的温度恒定。此外，假设均化段螺槽宽度与深度之比大于10，并在略去漏流的情况下进行推导。在这些假设条件下可以得到单螺杆挤出机均化段生产率的最简流动方程：

$$Q = \frac{\pi^2 D^2 H_2 N \sin\varphi\cos\varphi}{2} - \frac{\pi D H_2 \sin^2\varphi \Delta P}{12\eta L} \tag{6-11}$$

式中：Q为挤出机均化段的体积流率，即挤出机的生产率（cm^3/s）；D为螺杆直径（cm）；H_2为均化段螺槽深度（cm）；N为螺杆转速（r/min）；φ为螺旋角(°)；ΔP为均化段料流的压力降（MPa）；η为物料的黏度（Pa·s）；L为均化段长度（cm）。

在考虑漏流时，式（6-11）引入漏流项后可得挤出机的生产率为：

$$Q = \frac{\pi^2 D^2 H_2 N \sin\varphi\cos\varphi}{2} - \frac{\pi D H_2 \sin^2\varphi \Delta P}{12\eta L} - \frac{\pi^2 D^2 E^2 \delta^3 \tan\varphi \Delta P}{12\eta e L} \tag{6-12}$$

式中：E为螺杆的偏心系数；δ为料筒内表面与螺杆螺棱顶部之间的间隙（cm）；e为螺杆螺棱的宽度（cm）。

由式（6-12）可以看出，漏流 Q_L 的大小与径向间隙 δ 的三次方成正比，因此径向间隙 δ 的增大将导致挤出机的生产能力降低。对于像聚氯乙烯（PVC）这样的热敏性聚合物，强烈的剪切作用会导致其降解。此外，过小的径向间隙将在料筒表面与转动的螺杆螺棱顶部之间对熔体形成强烈的剪切作用，引起摩擦温升。因此，过小的 φ 值对于热敏性聚合物的加工是不适当的。通常情况下，将径向间隙 δ 设定在 0.002 ～ 0.005D 范围内，可以在保持合适的挤出机生产能力的同时，避免对热敏性聚合物产生过大的剪切和摩擦温升，有利于提高生产效率并确保产品质量。

大多数高聚物料流为假塑性流体，流动方程可变为：

$$Q_m = \frac{\pi^2 D^2 H_2 N \sin\varphi\cos\varphi}{2} - \frac{\pi D H_2^{m+2} \sin^{m+1}\varphi \Delta P}{(m+2)^{2m+1}} k \left(\frac{\Delta P}{L}\right)^m \tag{6-13}$$

式中：H_2为螺槽深度；m为流动行为指数，$m=1/n$，n为非牛顿指数；k为流动常数，$\gamma=k\tau^m$，τ、γ分别代表剪切应力和剪切速率。

从以上两个流动方程可以得出以下推论：

①如果挤出物料的流动性较大（即 k 较大，η 较小），那么挤出量 Q_m 对于机头压力的敏感性就较大。在这种情况下，不宜采取挤出方法进行加工，因为挤出过程容易受到流动性的影响而导致生产不稳定。

②正流的挤出量与螺槽深度 H_2 成正比，而逆流的挤出量则与 H_2 的三次方或更高次方成正比。在低压力情况下，浅槽螺杆的挤出量比深槽螺杆的挤出量要低。然而，当压力增加到一定程度后，情况就正好相反，深槽螺杆的挤出量会比浅槽螺杆的挤出量更低。这说明深槽螺杆对于压力的敏感性比浅槽螺杆要大。

以上推论表明，浅槽螺杆在压力波动的情况下可以更好地挤出具有良好质量的制品。然而，螺槽不能太浅，否则容易引起塑料物料烧焦，因此需要在合适的螺槽深度范围内进行选择，以确保生产过程的稳定性和产品质量。

二、挤出成型的工艺过程及影响因素

挤出成型（口模成型）是一种常用于制造具有恒定截面尺寸热塑性塑料制品的成型方法，其中大多数采用单螺杆挤出机进行干法连续挤出操作。几种典型制品的挤出成型工艺过程原理如图 6-12 ~图 6-18 所示。

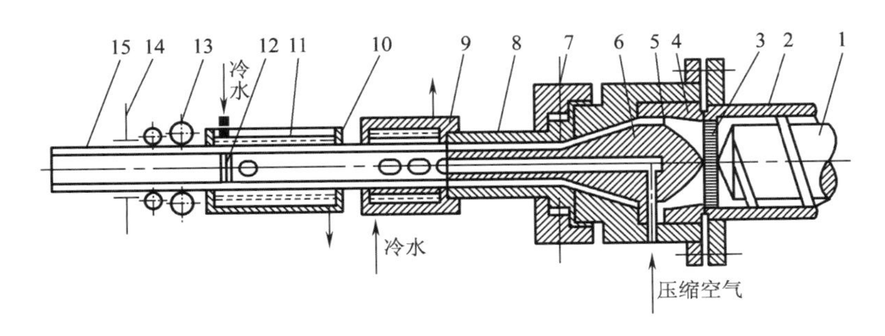

图6-12　管材挤出成型工艺流程图

1—螺杆　2—机筒　3—多孔板　4—接口套　5—机头体　6—芯棒　7—调节螺钉　8—口膜　9—定径套　10—冷却水槽　11—链子　12—塞子　13—牵引装置　14—夹紧装置　15—塑料管子

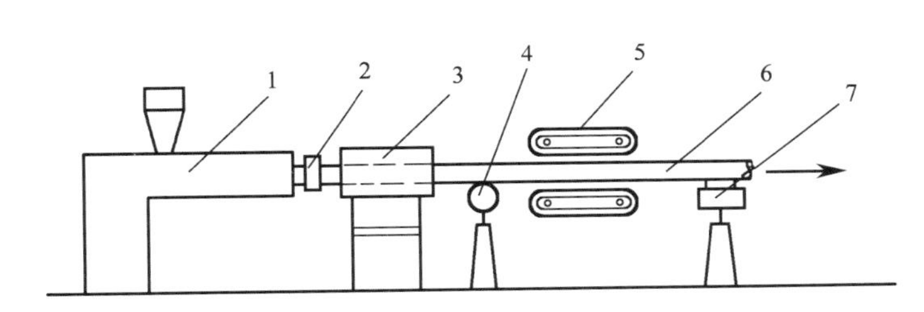

图6-13　塑料棒材挤出成型工艺流程图

1—挤出机　2—机头　3—冷却定型装置　4—导轮　5—牵引装置　6—棒材　7—托架

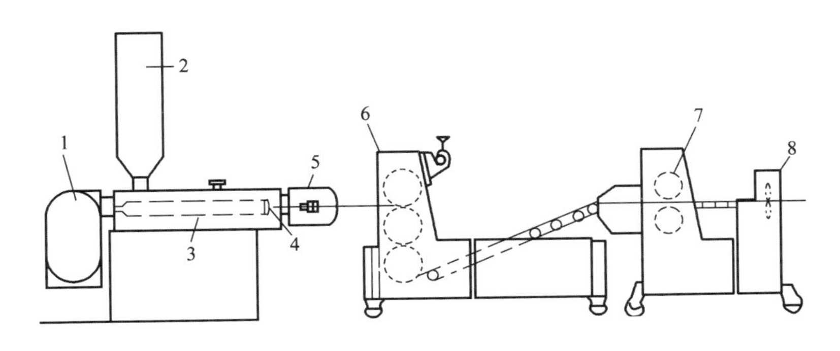

图6-14　挤出板材工艺流程图

1—电动机　2—料斗　3—螺杆　4—挤出机料筒　5—机头　6—三辊压光机　7—橡胶牵引辊　8—切割装置

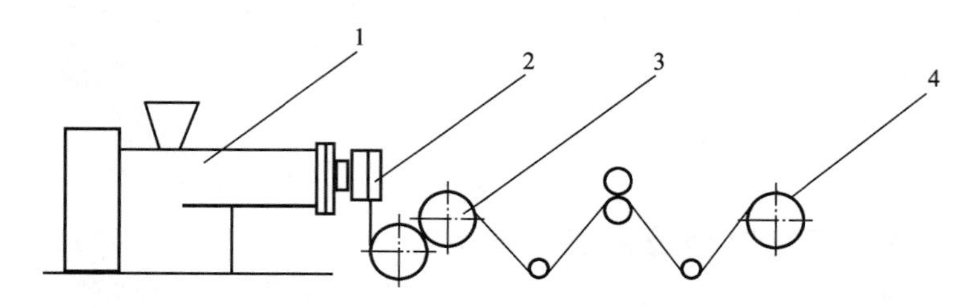

图6-15　聚丙烯流延膜生产工艺流程图（冷辊法）
1—挤出机　2—T型机头　3—冷却辊　4—卷取辊

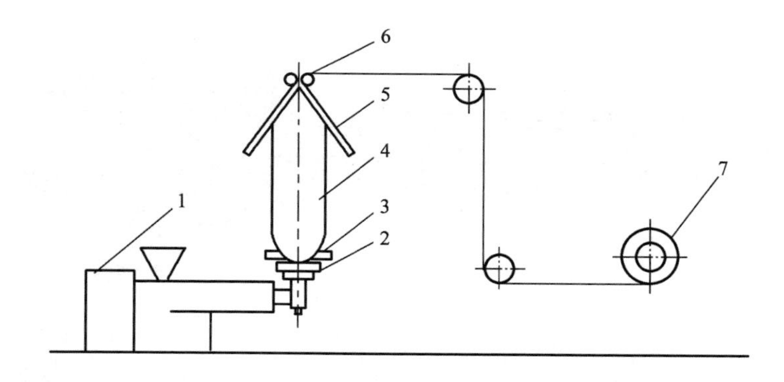

图6-16　平挤上吹法工艺流程图
1—挤出机　2—机头　3—冷却风环　4—膜泡　5—人字板　6—牵引辊　7—卷取装置

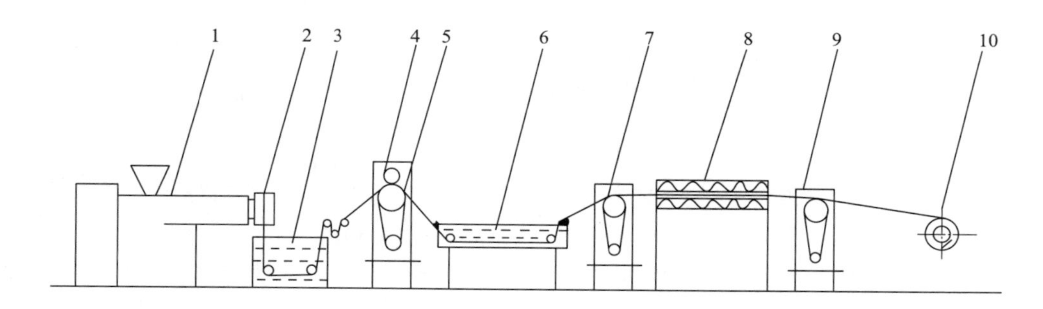

图6-17　PE单丝生产工艺流程图
1—挤出机　2—机头　3—冷却水箱　4—橡胶压辊　5—第一拉伸辊　6—热拉伸水箱
7—第二拉伸辊　8—热处理烘箱　9—热处理导丝辊　10—卷取辊筒

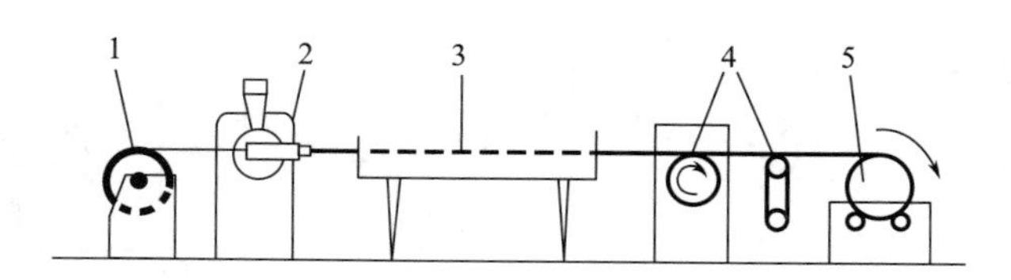

图6-18　线缆包覆工艺过程示意图
1—放线　2—挤出包覆　3—冷却　4—牵引和张紧　5—辊卷

挤出成型是一种广泛适用于各种塑料品种的成型方法，可以制造各种形状和尺寸的塑料制品。尽管挤出制品的种类繁多，但其挤出成型的工艺过程、挤出制品的不均匀性种类及影响因素则大致相同。

（一）挤出成型的工艺过程

各种挤出制品的生产工艺流程大体相同，一般包括原料的准备、预热、干燥、挤出成型、挤出物定型与冷却、制品牵引与卷取（或切割），有些制品成型后还需经过后处理。工艺流程如图 6-19 所示。

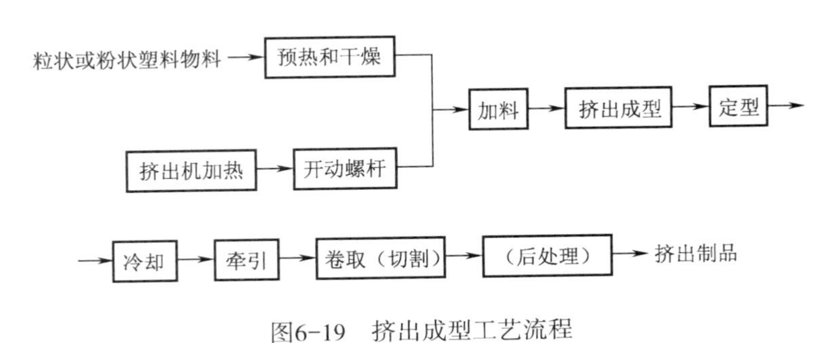

图6-19　挤出成型工艺流程

1. *原料的准备和预处理*　挤出成型所使用的热塑性塑料通常呈粒状或粉状，为了确保挤出过程的顺利进行和最终产品的质量，必须对原料进行预热和干燥处理。原料中可能含有水分和机械杂质，如果不进行预处理，可能会导致制品出现气泡、表面缺陷、机械性能下降等问题。通常，原料的含水量应控制在0.5%以下，预热和干燥操作通常在烘箱或干燥器中进行。

2. *挤出成型*　在挤出成型的工艺中，首先要将挤出机加热到预定的温度，然后启动螺杆，将预处理好的塑料物料加入料筒中。初始阶段，挤出物的质量和外观可能较差，因此需要根据塑料物料的挤出工艺性能以及挤出机机头口模的结构特点等因素来调整挤出机料筒各加热段和机头口模的温度及螺杆的转速等工艺参数，以控制料筒内物料的温度和压力分布。在挤出过程中，料筒、机头及口模中的温度和压力分布一般遵循特定规律，如图 6-20 所示。根据制品的形状和尺寸要求，需要适时调整口模尺寸以及牵引装置等，以控制挤出物离模膨胀和形状的稳定性，从而达到最终控制挤出物产量和质量的目的，直到挤出过程达到正常状态，才能进行连续生产。

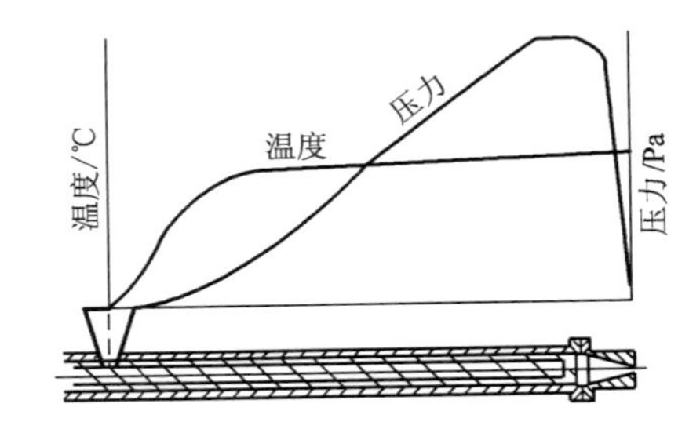

图6-20　料筒和机头的温度和压力分布

不同的塑料品种要求螺杆特性和工艺条件不同。挤出过程的工艺条件对制品质量影响很大，特别是塑化情况直接影响制品的外观和力学性能，而影响塑化效果的主要因素是温度和剪切作用。

塑料物料的温度主要来自料筒的外加热，其次是螺杆对物料的剪切作用和物料之间的摩擦。一旦进入正常挤出操作，剪切和摩擦产生的热量甚至变得更加重要。温度的升高有利于塑化，同时导致物料黏度和熔体压力降低，使挤出成型的出料速度更快。然而，若机头和口模温度过高，可能导致挤出物形状的稳定性较差，制品收缩性增大，甚至引发制品发黄、产生气泡等问题，影响成型的顺利进行。温度的降低会增加物料黏度，机头和口模压力也会增加，制品的密度增大，形状的稳定性提高，但挤出膨胀现象也会比较严重，此时可以适当增加牵引速度以减少因膨胀而引起制品壁厚增加的问题。然而，温度也不能设置得过低，否则会导致塑化效果差，熔体黏度增大，从而增加能量的消耗。

3. **定型与冷却** 热塑性塑料挤出物离开机头口模后仍处在高温熔融状态，具有很大的塑性变形能力，应立即进行定型和冷却。如果定型和冷却不及时，制品在自身重力的作用下可能会出现凹陷或扭曲等现象。不同的制品类型应采用不同的定型方法。大多数情况下，冷却和定型是同时进行的，只有在挤出管材和各种异形材时才需要独立的定型装置。对于挤出板材和片材，通常通过压光辊进行定型和冷却，而挤出薄膜、单丝等不必定型，仅通过冷却即可。

未经定型的挤出物需要使用冷却装置使其及时降温，以固定挤出物的形状和尺寸。对于已定型的挤出物，由于其在定型装置中的冷却作用并不充分，因此仍需要使用冷却装置使其进一步冷却。冷却一般采用空气或水进行，冷却速度对制品性能有较大影响。对于硬质制品来说，冷却速度不能过快，否则可能会产生内应力，影响制品的外观和性能。对于软质或结晶型塑料制品，需要及时冷却，以防止制品变形。

4. **制品的牵引与卷取（切割）** 热塑性塑料挤出离开口模后，由于热收缩和离模膨胀的双重效应，使挤出物的截面与口模的截面形状尺寸并不完全一致。此外，挤出是一个连续过程，如果不及时引出挤出物，可能会导致堵塞，生产停滞，使挤出不能顺利进行或制品产生变形。因此，在挤出热塑性塑料时，需要连续且均匀地将挤出物牵引出来。这样做的目的有两个：一个是帮助挤出物及时离开口模，保持挤出过程的连续性；另一个是通过调整牵引速度，可以对挤出制品的截面尺寸和性能进行调整。

牵引的速度要与挤出速度相匹配，通常牵引速度略大于挤出速度。这样做有两个好处，一是可以消除由于离模膨胀引起的制品尺寸变化，二是对制品有一定的拉伸作用。拉伸作用可以使制品中大分子进行适度的取向，从而在牵引方向上提高制品的强度。不同制品的牵引速度各有不同，例如挤出薄膜和单丝需要较快的牵引速度，这样可以使制品的厚度和直径减小，提高纵向断裂强度；挤出硬质制品的牵引速度则要小得多，通常根据制品离口模不远处的尺寸来确定牵伸度。

在定型和冷却后，制品需根据要求进行卷绕或切割。对于软质型材，在卷绕到一定长度或质量后进行切断；而硬质型材从牵引装置送出一定长度后再进行切断。

5. **后处理** 有些制品挤出成型后还需进行后处理，以提高制品的性能。后处理的主要方法包括热处理和调湿处理。

在挤出较大截面尺寸的制品时，由于挤出物内外的冷却速率不同，可能会导致制品内部产生较大的内应力。为了消除这些内应力，需将制品置于高于其使用温度 10 ～ 20℃或低于塑料热变形温度 10 ～ 20℃的条件下保持一定时间进行热处理。

另外，对于一些吸湿性较强的挤出制品，例如聚酰胺，其在空气中使用或存放过程中容易吸湿膨胀，并且这种吸湿膨胀过程需要相当长的时间才能达到平衡状态。为了加速这类塑料挤出制品的吸湿平衡，常需要进行调湿处理，即将制品浸入含水介质中，并进行加热处理。这样可以加速制品的吸湿过程，并在此过程中消除内应力，有利于改善这类制品的性能。

（二）挤出成型制品的不均匀性及影响因素

在塑料物料的挤出成型过程中，实现物料的均匀输送和适当程度的熔融，以及添加剂的均匀分散，都是使制品获得良好性能和质量的必要条件。同时，通过设计合理的金属口模可以实现成型物的截面形状。口模通常装在产生或输送熔体装置的出口端。理论上，机头和口模应该包括三个功能各异的几何区域，如图 6-21 所示。

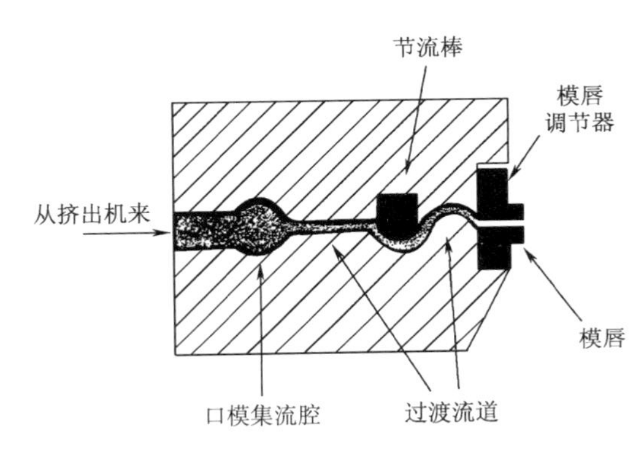

图6-21 包括集流腔、过渡流道、模唇区的片材挤出口模示意图

1. **口模集流腔** 这个区域的功能是将流入口模的聚合物熔体均匀地分布在整个截面上。该截面的形状与最终产品的形状相似，但与熔体输出装置的出口形状不同。

2. **过渡流道** 过渡流道使聚合物熔体以流线型流入最终的口模出口。它的作用是将熔体从集流腔引导到最终的定型区域，确保熔体流动的平稳和有序。

3. **模唇** 模唇赋予挤出物以适当的截面形状，并使熔体“忘记”在集流腔和过渡流道中不均匀的流动历史。

挤出成型过程中经常会由于工艺条件控制不当或拙劣的口模设计而导致口模成型制品的不均匀性，如管材的厚薄不均匀、表面粗糙、片材表面出现斑纹、片材中间厚而两边薄等，这些问题都会严重影响口模成型制品的质量。挤出成型制品的不均匀性可分为两种类型，即纵向不均匀性和横向不均匀性，如图 6-22 所示。

通常情况下，导致口模成型制品出现纵向和横向尺寸不均匀性的原因是完全不同的。前者出现的主要原因是当熔体通过口模挤出时，熔体的温度、压力和组成随时间而发生变化；后者通常是由不合理的口模设计造成的。归纳起来，造成这些不均匀性的因素如下：

（1）影响制品纵向不均匀性的因素：

①不正常的固体输送。

②不完全的熔融。

③物料配制过程混合不均匀。

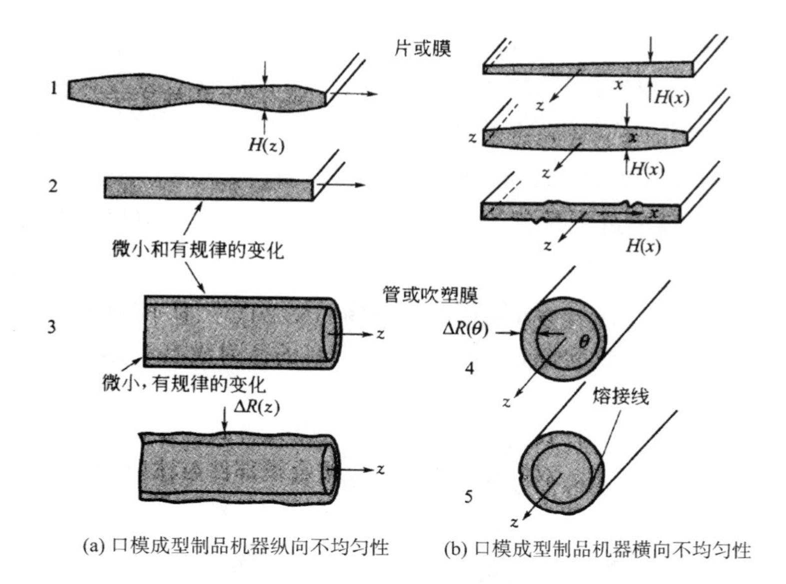

图6-22　口模成型制品的不均匀性示意图

1—片材厚度变化　2—片材表面粗糙　3—管材表面粗糙　4—管材偏心　5—管材出现熔接痕

④不合理的口模设计，导致较低的流线化程度，造成熔融物料集聚并不连续地流出滞流区。

⑤挤出速度过快，导致熔体的不稳定流动。

⑥冷却和牵引过程随时间发生变化。

（2）影响制品横向不均匀性的因素：

①口模设计不合理。

②口模壁面温度控制不当。

③压力引起口模壁面的弯曲变形。

④流道中存在作为型芯支撑作用的障碍物。

了解这些影响因素对解决挤出成型过程中的实际问题具有重要指导作用，可以帮助改善口模设计和优化工艺参数，从而获得更加均匀和优质的挤出成型制品。

第三节　模塑和铸塑

模塑和铸塑都是将塑料原料在模具内腔中加热熔化，并通过施加压力使其成型为与模腔形状相同的制品。根据所用的塑料原料和成型加工设备的不同，模塑和铸塑可以分为注塑成型、模压成型和铸塑成型等几种主要形式。下面分别介绍它们的成型加工原理。

码6-4　注塑成型

一、注塑成型

注塑成型是一种注射兼模塑的成型方法，又称注射成型。常用的注射成型设备主要有柱塞式注射机和往复螺杆式注射机，其工作原理分别如图 6-23 和图 6-24 所示。

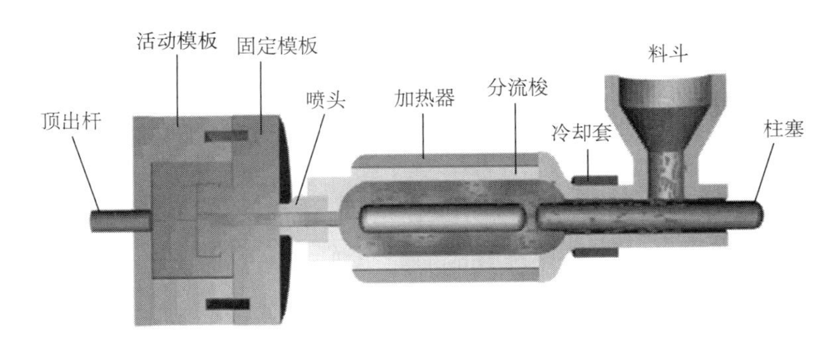

图6-23　柱塞式注射机注射成型原理示意图

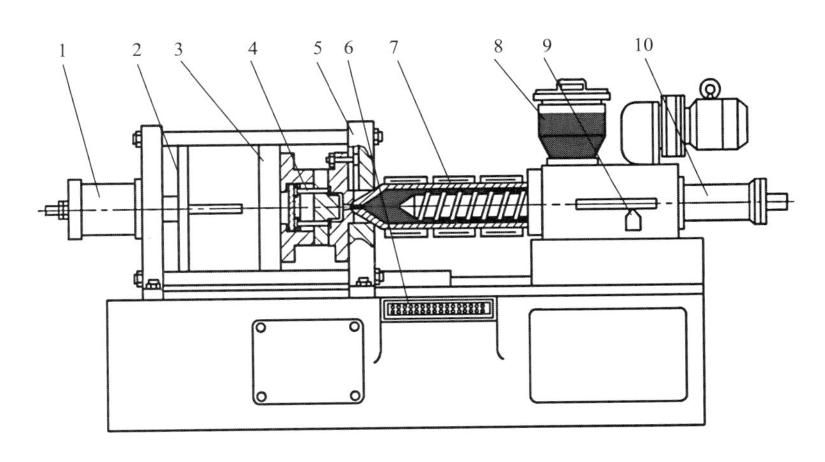

图6-24　往复螺杆式注射机注射成型原理示意图

1—锁模液压缸　2—锁模机构　3—移动模板　4—顶杆　5—固定模板　6—控制台
7—料筒及加热器　8—料斗　9—定量供料装置　10—注射液压缸

通用注塑成型是一种常见的塑料成型方法，除氟塑料外，适用于几乎所有热塑性塑料。该方法将塑料原料的粒料或粉料加入注塑机的料筒内，经过加热、压缩、剪切、混合和输送作用，使塑料物料进行熔融和均化，这个过程被称为塑化。随后，通过柱塞或螺杆向熔化好的塑料熔体施加压力，将高温熔体从料筒前端的喷嘴和模具的浇道系统射入预先闭合的低温模腔中。最后经过冷却定型，开启模具，顶出制品，即得到具有特定几何形状和精度的塑料制品。

通用注塑成型方法目前在塑料制品生产中占比 20% ～ 30%，在工程塑料中甚至高达 80%。除通用注塑成型外，近年来还发展了其他注塑方法，如热固性塑料注塑、结构发泡注塑、反应注塑成型（RIM）、流动注塑成型（LIM）、双层及双色注塑成型、旋转注塑成型等。本节重点介绍通用注塑成型。

（一）注塑机及模具

注塑机按料筒的数目可分为单阶式、双阶式和多阶式，按合模部件与注射部件的工位数可分为单工位和多工位。通用注塑机是指目前应用最广泛的，加工热塑性塑料的单阶式、单工位注塑机，以卧式螺杆注塑机为主。这类注塑机的规格以“一次所能注射出的聚苯乙烯最大质量（g）”为标准，主要由注射系统、锁模系统、模具三部分组成。典型注塑设备的结构如图 6-25 所示。要掌握注塑成型方法必须首先了解注塑机和模具的组成、作用以及成型工艺对它们的要求。

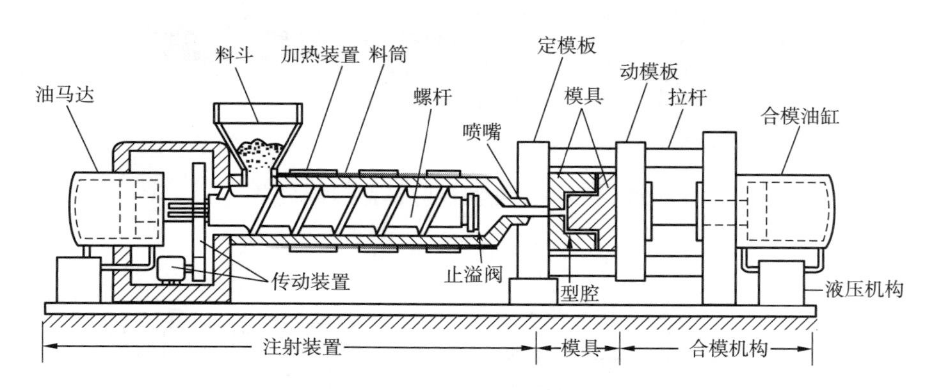

图6-25　注塑设备的组成结构示意图

1. **注射系统**　注射系统在注塑成型中起着至关重要的作用，负责塑料的塑化和注射过程。该系统主要由加料装置、料筒、螺杆（或分流梭和柱塞）和喷嘴组成。

（1）加料装置。注塑机配备有料斗，通常呈倒圆锥形或锥形。一些注塑机的加料装置还配备计量器，用于定量加料，并且有些还设有加热或干燥装置。

（2）料筒。料筒类似于挤出机的机筒，其大小决定了注塑机的最大注塑量。对于柱塞式注塑机，料筒容量通常为最大注射量的 4 ～ 8 倍；而对于螺杆式注塑机，由于螺杆在料筒内对塑料进行搅拌和推挤，传热效率更高，混合塑化效果更好，因此料筒容量一般仅为最大注射量的 2 ～ 3 倍。料筒外部配备加热元件，可进行分段加热和控制温度。

（3）分流梭和柱塞。分流梭和柱塞是柱塞式注塑机料筒内的关键部件。分流梭位于料筒的前端中心部位，通常为两端呈锥形的金属圆锥体，形状类似鱼雷，其结构如图 6-26 所示。分流梭表面常设有 4 ～ 8 条流线型的凹槽，其深度根据注射机的容量而变化，一般为 2 ～ 10mm。分流梭上还有几条凸出的筋，与料筒内壁紧密接触，起到定位和传递热能的作用。分流梭的作用是将料筒内的塑料熔融物料变成薄层状态，使其产生分流和收敛流动，从而缩短热传导路径，加快热传导速度。这有利于减少或避免塑料过热引起的热分解现象，并提高

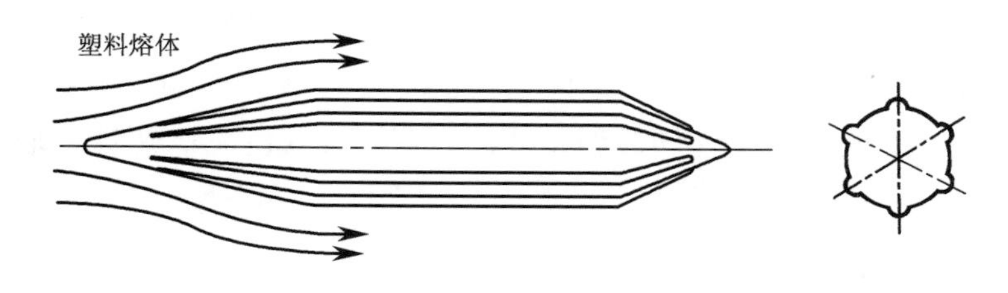

图6-26　分流梭结构示意图

塑料物料的混合塑化效果。同时，塑料熔体经过分流梭后，在料筒与分流梭之间的间隙中流速增加，剪切速度增大，产生较大的摩擦热，使料温升高，黏度下降，进一步提高了柱塞式注射机的生产效率和制品质量。柱塞则是一根坚硬的金属圆棒，通常直径为 20 ～ 100mm。柱塞只在料筒内做往复运动，其作用是传递压力到塑料熔融物料上，使其注射入模腔中。

（4）螺杆。螺杆是移动式注射机中的关键部件，类似于挤出机的螺杆，但在结构和作用上有所不同。螺杆在注塑过程中起多种作用，包括塑料的输送、压实、塑化和传递注射压力。与挤出机螺杆相比，注塑螺杆的长径比（$L/D \approx 10 \sim 15$）和压缩比（$\varepsilon \approx 2 \sim 2.5$）较小，且均化段长度较短，螺槽较深（深 15% ～ 25%），以提高生产率。为了提高塑化量，注塑螺杆加料段较长，约为螺杆长度的一半，而压缩段和计量段则各为螺杆长度的 1/4。注射螺杆与挤出螺杆的结构如图 6-27 所示。

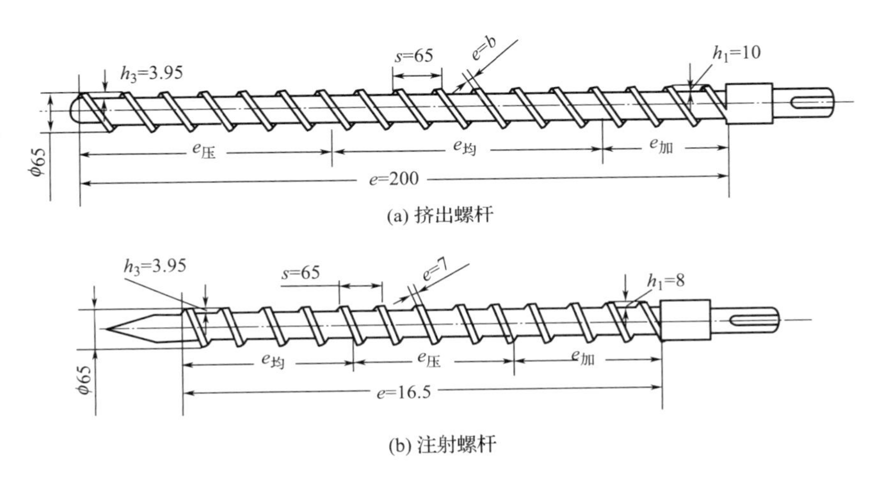

图6-27　挤出和注射螺杆结构示意图

注射螺杆通常具有尖头形的螺杆头部，这样可以与喷嘴很好地匹配，以防止塑料残留在料筒端部而引起降解。为了防止注射过程中出现物料沿螺槽回流的情况，对于低黏度物料，可以在螺杆头部安装止逆环，如图 6-28 所示。止逆环的作用是在塑化过程中，物料可以沿着止逆环和螺杆头部之间的间隙向前移动，而在注射过程中，止逆环与螺杆头部相接触（受压后退），从而切断料流，防止物料回流。

注射螺杆除了可旋转外，还可以前后移动，这样可以完成塑料的塑化、混合和注射。由于液压传动具有平移、保压和可调节压力等优点，因此大多数注塑机都采用液压传动系统。

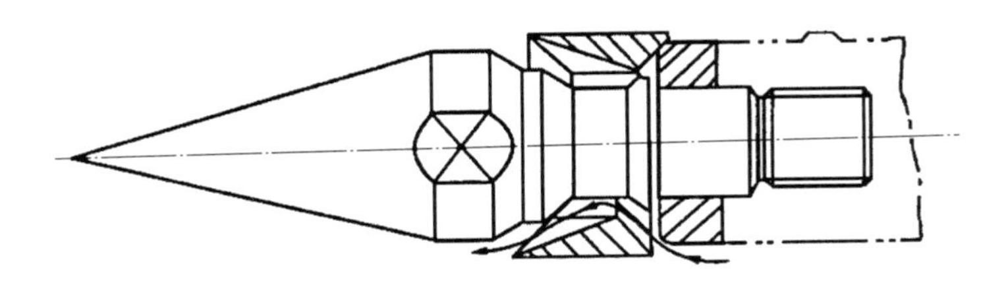

图6-28　带止逆环的螺杆头部

（5）喷嘴。料筒内熔融塑料在螺杆（或柱塞）的作用下，经过喷嘴进入模具而成型。喷嘴连接着料筒和模具，因此其内径通常会从进口逐渐向出口收敛，并且顶部呈半球形，以确保喷嘴和模具之间的紧密接触。由于喷嘴内径相对较小，在物料高速流经喷嘴时，剪切速率增加，会进一步促使物料塑化。在注塑热塑性塑料时，常见的喷嘴类型有很多种，各自具有不同的结构和特点。其中，使用最广泛的喷嘴类型主要有通用式喷嘴、延伸式喷嘴和弹簧针阀式喷嘴（图 6-29）三种。

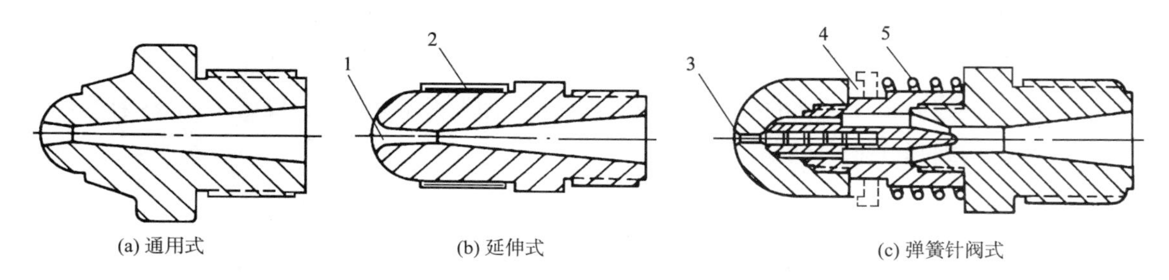

图6-29　三种形式喷嘴结构示意图
1—喇叭口　2—电热圈　3—顶钉　4—导杆　5—弹簧

通用式喷嘴结构简单，制造方便，无加热装置，注射压力损失小，适用于厚壁制品和热稳定性较差、黏度较高的塑料物料，如 PVC、PE、PS 和纤维素等；延伸式喷嘴是通用式喷嘴的改进型，有加热装置，适用于加工聚碳酸酯（PC）、聚甲醛、聚砜、聚甲基丙烯酸甲酯（PMMA）等黏度对温度较为敏感的高黏度塑料物料；弹簧针阀式喷嘴防止流涎的效果较好，适用于加工熔体黏度较低且熔融温度范围较窄的塑料物料，如聚酰胺、PET 等。这三种喷嘴中，前两种是直通式的，料筒到塑模的通道始终是敞开的，而弹簧针阀式喷嘴在通道内部设有止流阀，可以在非注射时间通过弹簧关闭喷嘴通道，杜绝低黏度物料的流涎现象。

2. **锁模系统**　锁模系统是确保成型模具能够可靠闭合和实现模具开启动作的重要机构。该系统主要由固定模板、移动模板、合模油缸、顶出装置等部件组成。在注塑成型过程中，锁模系统的作用是确保模具在注射过程中保持密封状态，以便塑料熔体注入模腔并形成所需的塑料制品。常见的锁模系统结构形式有直压式和曲肘式两种，如图 6-30 和图 6-31 所示。

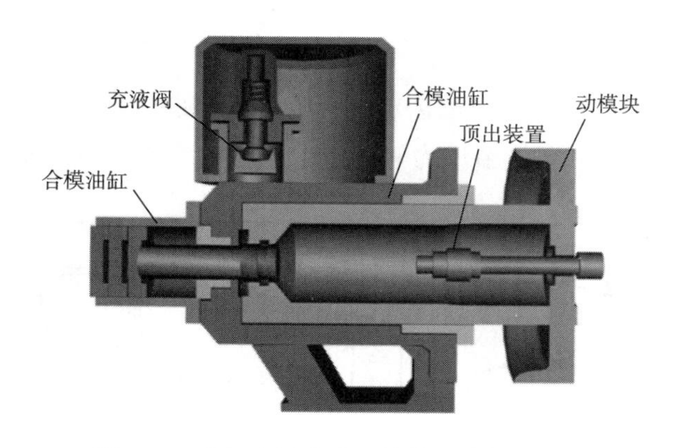

图6-30　单缸直压式液压锁装置结构示意图

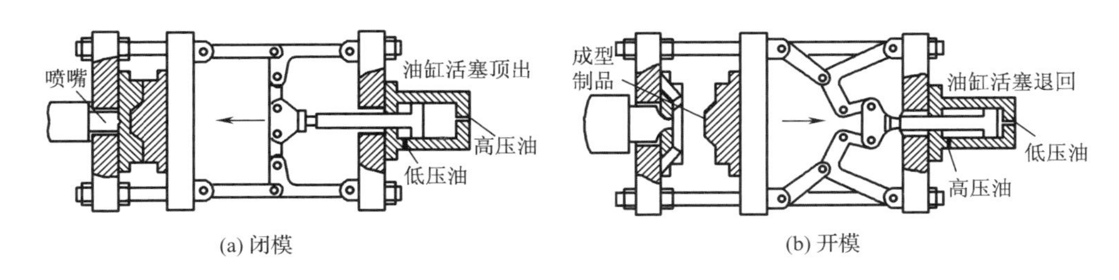

(a) 闭模　　(b) 开模

图6-31　曲肘式锁模机构的工作原理示意图

3. **模具**　注射模具均由定模和动模两部分组成，典型的注射模具结构如图 6-32 所示。定模安装在注塑机的固定板上，而动模安装在注塑机的移动模板上。注射前动模与定模闭合，构成型腔和浇注系统。开模时，动模与定模分离，然后通过脱模机构将成品从模具中推出。在开模时，模具上用于取出塑件和（或）浇注系统凝料的可分离的接触表面称为分型面。根据塑料制品材料性能、结构形状和生产工艺条件等要求，有些注射模具还设有侧向分型面、抽芯机构和排气结构等。按各部件的作用不同，注射模具可由下列几个部分组成。

（1）成型零部件。通常由凸模（或型芯）、凹模和镶件等组成，合模时构成型腔，用于填充塑料熔体并形成塑料制品。这些成型零部件的形状和尺寸决定了最终塑料制品的外形和尺寸。

（2）浇注系统。浇注系统是将熔融塑料由注塑机的喷嘴引导至型腔的流道系统，由主流道、分流道、浇口和冷料穴组成。图 6-33 为典型浇注系统示意图。

（3）导向机构。导向机构通常由导向柱（图 6-32 中的部件 8）和导套（或导向孔）组成。

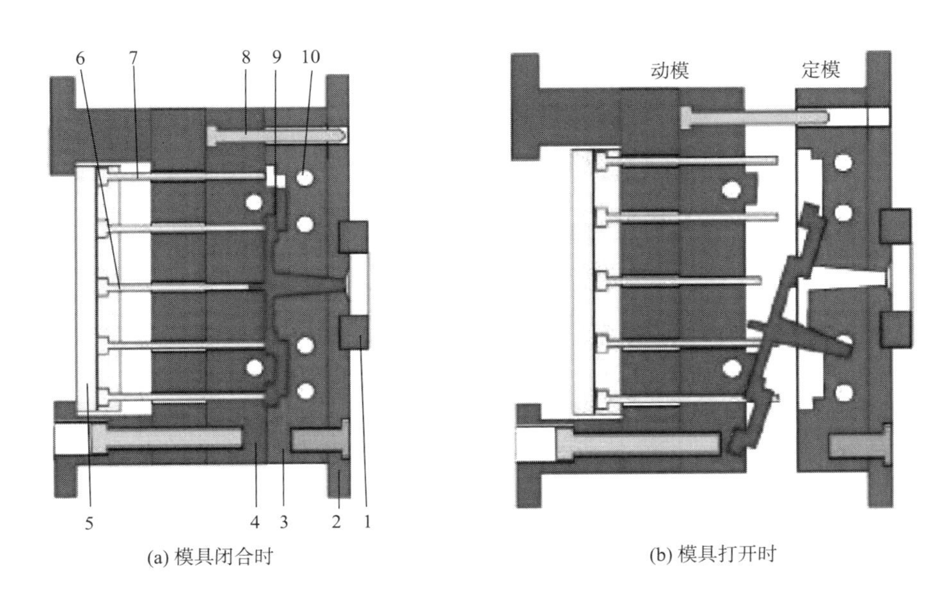

(a) 模具闭合时　　(b) 模具打开时

图6-32　典型注射模具结构示意图

1—定位环　2—定模底板　3—定模板　4—动模板　5—顶出底板　6—回程杆
7—顶出杆　8—导向柱　9—型腔　10—冷却水通道

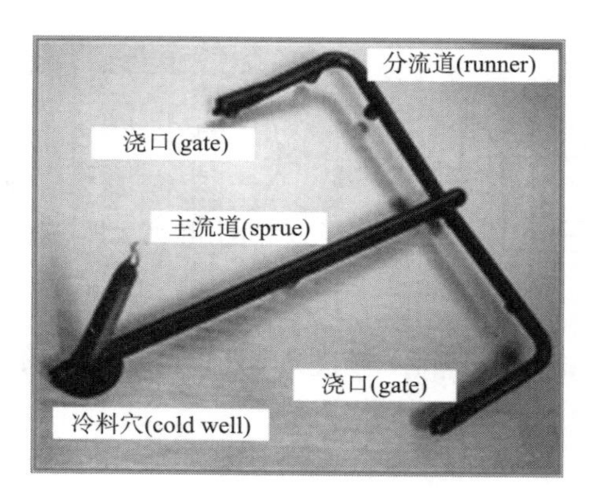

图6-33　典型浇注系统结构示意图

它们在注射模具中起到定位和导向的作用，确保模具在合模和开模过程中的准确定位和平稳运动。

（4）脱模机构。用于开模时将塑件从模具中推出的装置，它的设计取决于塑件的形状和结构。常见的脱模机构包括推杆脱模机构、推板脱模机构和推管脱模机构等。

（5）温度调节系统。为了满足注射成型工艺对模具温度的要求，注射模具设有冷却或加热系统。冷却系统一般在型腔或型芯周围设置冷却水道（图 6-32 中的部件 10），通过循环冷却水来控制模具的温度。加热装置则在模具内部或周围安装加热元件，使加热模具达到所需的温度。通过精确控制温度，可以确保塑料制品的尺寸稳定性和质量一致性。

（6）排气结构。为了在注射过程中排除型腔中的空气和成型过程中产生的气体，常在分型面上开设排气槽，或利用型芯或推杆与模板间的空隙进行排气。当排气量较小时，也可以仅利用分型面进行排气。

（二）注塑成型工艺过程

完整的注塑工艺过程按其先后次序主要包括：成型前的准备、注塑过程、制件的后处理等。

1. **成型物料的准备**　在注射成型前，需要进行一系列的准备工作，以确保注射过程顺利进行和产品质量的稳定。准备工作包括：原料检验（测定粒料的某些工艺性能等）、原料染色与造粒、原料预热与干燥、嵌件预热与安放、试模、清洗料筒及试车。由于物料的种类、形态、制品的结构、有无嵌件以及使用要求的不同，各种制品成型前的准备工作也不完全一样。

2. **注塑过程**　注塑过程是在注塑机上完成的，主要包括计量、塑化、注射充模、冷却定型、脱模等几个步骤。完成一次注塑所需的时间称为成型周期，也称模塑周期，包括合模时间、注座前进时间、注射时间（充模）、保压时间、冷却时间（注座后退、预塑）、开模时间、制件顶出时间，以及下一成型周期的准备时间（安放嵌件、涂脱模剂等）。

图 6-34 是注射成型周期的示意图，图中给出了周期内各阶段的组成情况。一般可将注射成型周期分为六个阶段：

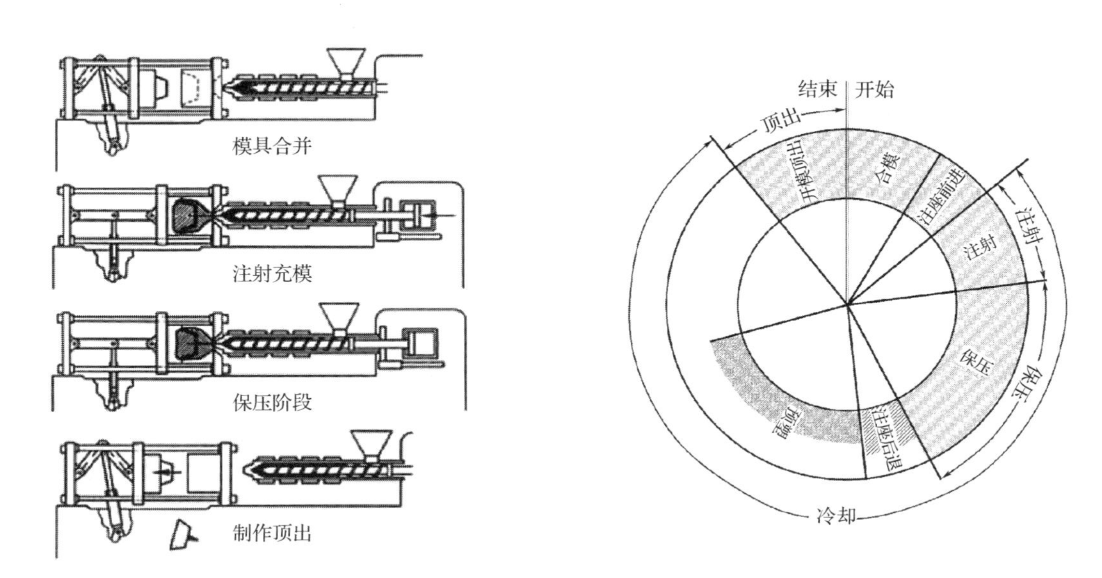

图6-34　注射成型周期示意图

（1）螺杆空载阶段。物料在料筒内达到所需的熔料量后，螺杆开始快速向前移动，熔体通过喷嘴、流道和浇口，但尚未进入模腔，此时螺杆处于空载状态。当熔体高速通过喷嘴和浇口时，受到很高的阻力，并产生大量的剪切热，导致熔体温度和作用在螺杆上的压力升高。

（2）充模阶段。是指熔体通过浇口后进入模腔，直至熔体到达模腔末端的过程。在该过程中，螺杆继续快速向前移动，直至熔体充满模腔。该过程经历时间较短，模具对熔体的冷却作用尚不明显，加之充模过程中剪切生热仍较大，因此塑料熔体温度在充模阶段仍有升高，到充模结束时达到最大值。在此过程中，模腔压力开始上升。

（3）压实阶段。压实阶段从充模结束时开始，直至螺杆前进至最大行程时结束。虽然此时模腔已被充满，但在压力作用下熔体仍能进入模腔以压实模腔内的熔体。因此，在这一阶段中，模腔内的熔体压力随着压入的熔体量增加而急剧升高。同时，随着模具的冷却作用，熔体温度开始下降，形成制品表面的冻结层。此时，由于流动仍在进行中，还会产生剪切层，这对于形成注塑制品的内部形态结构有着重要的影响。

（4）保压阶段。保压阶段从压实阶段结束时开始，直至螺杆开始后退时结束。在这一阶段中，螺杆的压力保持恒定，由于模腔内物料冷却产生收缩，因此仍有少量熔料进入模腔。

（5）倒流阶段。倒流阶段从螺杆开始后退时开始，直至浇口冻结时结束。当螺杆后退时（为下一成型周期塑化物料），模腔内的熔体压力较高，如果浇口处的塑料熔体尚未完全冻结，熔体可能会从模腔内倒流出来。通常，倒流对注塑制品生产不利，因此需要通过控制浇口冻结时间来避免倒流的产生。

（6）冷却脱模阶段。在冷却脱模阶段，浇口已经冻结，但模腔内的熔体尚未完全定型。此时，模具会继续传热以继续冷却熔体，直到制品完全定型，然后开模并取出制品。

通过对上述各个阶段的了解，可以得到成型周期内模腔内熔体压力和温度随时间的变化规律。图 6–35 是一个注射成型周期内模腔内熔体压力的变化曲线。在注射熔体前，型腔内的压力等于大气压力；当熔体开始注入模腔，模腔内的压力逐渐升高，但增加幅度并不是太大；当熔体刚好充满模腔后，物料在压力作用下继续进入模腔，压缩模腔内已有的物料，此时模具内压力急剧升高；当补料压实阶段结束后，模腔内熔体压力达到最大值，此时进入保压阶段，压力恒定，通常保压阶段的熔体压力略低于最大压力；当浇口冻结，阻止物料进入模腔后，保压阶段结束，模腔内物料逐渐冷却收缩而又无新的物料补充，此时，模腔内熔体压力开始下降；随着冷却的充分进行，熔体逐渐固化，内压力也下降到最小值。通常情况下，由于模腔内的熔体在保压阶段受压条件下冻结，因此模腔内会残留一定的内压力。

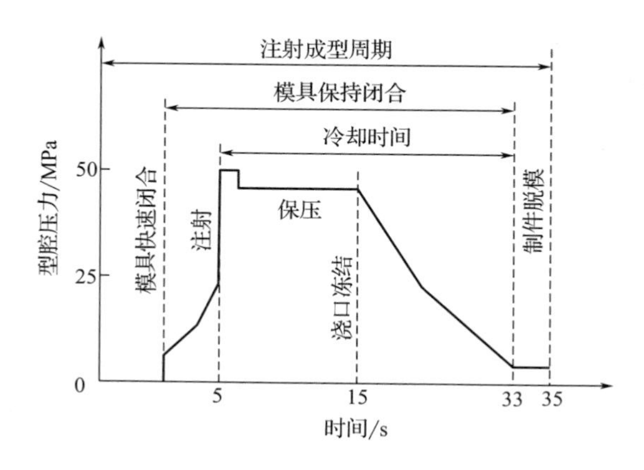

图6–35　一个注射成型周期内模腔内熔体压力变化曲线

图 6–36 是一个注射成型周期内模腔内和浇口处熔体温度变化曲线。从图中可以看出，当熔体充满模腔后，模内物料的温度达到最大值，此时模腔内熔体和浇口处熔体的温度差异很小；随后进入压实和保压阶段，由于模壁的导热作用，模腔内物料已开始冷却，模内温度和浇口处温度均开始缓慢降低；随着冷却的继续，由于浇口断面尺寸小，里面的物料较少，温度下降明显快于模内熔体；当浇口处温度下降到物料的固化温度时，浇口冻结，而此时模内芯部区域的物料仍具有流动性；随着冷却的继续进行，模内温度继续降低并达到允许开模的最高温度，即可顶出制品脱模。

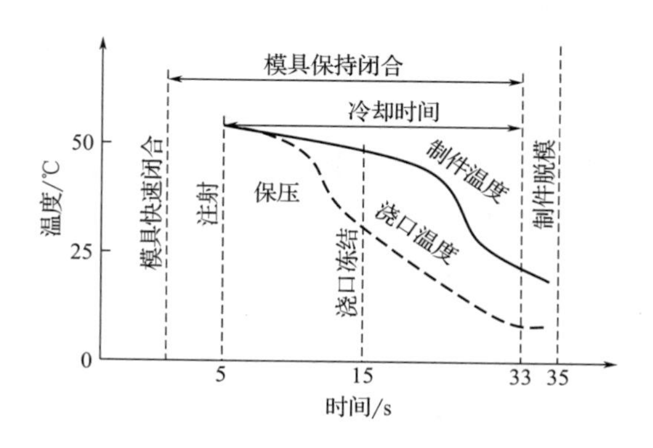

图6–36　一个注射成型周期内模腔内和浇口处熔体温度变化曲线

3. **制件的后处理**　制件的后处理主要是指热处理和调湿处理。

（1）热处理。由于塑料在机筒内塑化不均匀或在模腔内冷却速度不同，因此常发生不均匀的结晶、取向和收缩，致使制品存在内应力，这在生产厚壁或带有金属嵌件的制品时更为突出。含有内应力的制件在贮存和使用过程中常会出现多种问题，如力学性能下降、光学性能变差、表面产生银纹，甚至发生变形开裂。

热处理的主要目的是使强迫冻结的分子链得到松弛，凝固的大分子链段会转向无规位置，从而消除一部分内应力。此外，热处理还有助于提高结晶度并稳定结晶结构，从而提高结晶塑料制品的弹性模量和硬度，同时降低其断裂伸长率。

热处理的方法是使制品在一定温度的环境中静置一定时间，热处理后的制品应缓慢冷却至室温。热处理的温度应比塑料的热变形温度低 10 ～ 20℃为宜，静置时间的长短视制品厚度而定，通常为 4h 左右。

（2）调湿处理。调湿处理适用于聚酰胺类塑料制品。这些制品在高温下与空气接触时容易氧化变色，并且在空气中使用或贮存时会吸收水分而导致膨胀，需要相当长的时间才能达到稳定的尺寸。因此，将刚脱模的制品放入热水中进行处理，不仅可以隔绝空气，防止氧化，同时还可以加速达到吸湿平衡。此外，过量的水分还能对聚酰胺起到类似增塑的作用，从而改善制件的柔曲性和韧性，使其冲击强度和拉伸强度均得到提高。

（三）注射成型工艺参数

注射成型工艺的核心在于采取一切措施以得到塑化良好的塑料熔体，并将其顺利注射到模腔中，在适当的控制条件下进行冷却和成型，从而确保制品达到所需的质量标准。在整个注射成型工艺中，影响塑化和注射充模质量的关键工艺参数包括温度（机筒温度、喷嘴温度、模具温度）、压力（注射压力和模腔压力）以及注射周期（注射时间、保压时间、冷却时间）。此外，还有一些其他工艺因素（如螺杆转速、加料量和物料特性等）会对温度和压力的变化产生影响，这些因素也不可忽视。

1. **温度**　注射成型过程需要精确控制多个温度参数，包括机筒温度、喷嘴温度和模具温度。其中，机筒温度和喷嘴温度影响塑料的塑化和流动，而模具温度则影响塑料的流动和冷却。

（1）机筒与喷嘴温度。每种塑料都有其特定的流动温度 T_f（或熔点 T_m），应根据各种塑料的特性来选择适当的机筒温度。其中，对于无定型塑料，需要设定机筒末端的最高温度高于塑料的流动温度 T_f，以确保塑料充分塑化和流动；对于结晶塑料，机筒温度应高于其熔点 T_m，但必须低于分解温度 T_d，也就是控制料筒末端温度在 T_f（或 T_m）～ T_d 范围内。

对于 T_f ～ T_d 温度范围较窄的热敏性塑料以及分子量较低和分子量分布较宽的塑料，料筒温度应选择较低值，即比 T_f 稍高即可；对于 T_f ～ T_d 温度范围较宽、相对分子质量较高和相对分子质量分布较窄的塑料，可以适当选取较高的温度；对于某些塑料，如 PVC、聚甲醛、聚三氟氯乙烯等，在决定料筒温度时，还必须考虑塑料在料筒中的停留时间。

由于塑化过程的不同，柱塞式注塑机的设定温度通常比螺杆式注塑机高 10 ～ 20℃。在螺杆式注塑机料筒中，塑料的流动过程会产生剪切作用和摩擦热，且料层较薄，加热效率较高，因此可以选择相对较低的料筒温度。

在确定料筒温度时，还应考虑制品和模具的结构特点。对于成型薄壁制品，塑料的流动阻力较大，且极易冷却而失去流动能力；对于形状复杂的制件或带有金属嵌件的制件，熔体充模流程曲折，充模时间较长，为提高塑料的流动性，机筒温度应相应提高；对于厚壁制件或形状简单的制件，则应选择相对较低的机筒温度。

喷嘴温度对注塑工艺同样起着重要作用。通常，喷嘴温度应略低于机筒的最高温度，以避免熔体在直通式喷嘴发生“流涎”现象。由喷嘴低温产生的影响可以通过塑料注射时产生的摩擦热得到一定的补偿。然而，喷嘴温度也不能过低，否则会导致熔料过早凝固而堵塞喷嘴，或者由于早凝料注入模腔而影响制品性能。需要注意的是，喷嘴本身热惯性较小，但与大型模具和前模板接触时热交换速度较快。为防止熔体在喷嘴处凝固，需要提高喷嘴加热圈的温度，通常比料筒末端加热圈的温度高出 20 ～ 30℃。

机筒温度和喷嘴温度的选择还与其他注射工艺条件密切相关。例如，在选择较低的注射压力时，为保证物料的充分流动，应适当提高机筒温度和喷嘴温度；相反，若机筒温度和喷嘴温度偏低，则需要较高的注射压力，或适当提高模具温度。

（2）模具温度。模具温度是指与制品接触的模腔表面温度。由于该温度直接影响制品在模腔中的冷却速度，因此选择合适的模具温度对注塑过程至关重要，能够有效缩短成型周期，提高制品质量并减少废品率。模具温度对塑料制品的成型性能和制品性能的影响如图 6-37 所示。

确定模具温度需要综合考虑加工塑料的性能、制品的要求、形状与尺寸以及成型过程中的工艺条件，如料温、压力和注射周期等。

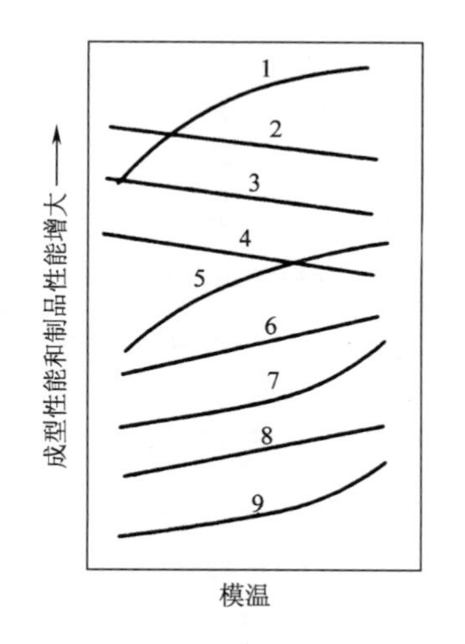

图6-37　模温对塑料制品的某些成型性能和制品性能的影响
1—塑料流动性　2—充模压力
3—注塑机生产率　4—制品内应力
5—制品光洁度　6—制品冷却时间
7—制品密度或结晶度　8—模塑收缩率
9—增强塑料制品翘曲度

①为了确保制件脱模时不发生变形，通常模温应低于塑料的玻璃化温度或不易引起制件变形的温度，而制件的脱模温度应稍高于模温，其取决于制件的壁厚和残余应力。

②为了保证充模时制品完整且密实，对于黏度较大的塑料，如 PC 和聚砜，宜采用较高的模温；而对于黏度较小的塑料，如醋酸纤维素、PE 和聚酰胺，可以选用较低的模温。降低模温会增加塑料的凝封速度和冷却速度，从而有利于缩短生产周期，但过低的模温可能导致浇口过早凝封，引起缺料和充模不全，从而降低制品质量。

③应考虑模温对塑料结晶、取向、制品内应力以及各种物理性能的影响。模温降低时，聚合物分子的取向作用增加，导致制品内应力增加；而模温升高则有利于聚合物结晶。对于厚壁制品，由于充模时间和冷却时间较长，过低的模温可能导致制品内部形成真空泡和收缩，并产生内应力，因此不宜采用过低的模温进行冷却。

2. 压力

（1）塑化压力。塑化压力，俗称背压，是指在螺杆式注射机中，螺杆顶部熔料在螺杆转动后退时所受到的压力，该压力可以通过液压系统中的溢流阀来调节。塑化压力的大小取决于螺杆的设计、制品质量要求以及所使用的塑料种类等因素。如果螺杆转速和其他条件不变，增加塑化压力将增强剪切作用，使熔体的温度升高，但塑化速率会减小，同时也会增加逆流和泄漏，并增加驱动功率。此外，增加塑化压力通常能够实现更均匀的熔体温度和更均匀的色料混合，并有助于排出熔体中的气体。

除非通过提高螺杆转速来抵消塑化速率的减小，否则增加塑化压力将延长模塑周期，可能导致塑料降解，特别是在使用浅槽型螺杆时更为明显。因此，在保证制品质量的前提下，应尽量选择较低的塑化压力，通常不超过 2.0MPa。

（2）注射压力和保压压力。注射压力是指柱塞或螺杆顶部对塑料所施加的压力，它是通过油路压力换算而得到的。在注射过程中，注射压力的作用是克服塑料从料筒流向型腔的流动阻力，给予熔料足够的充模速率，并对熔料进行压实。注射压力 P 是注射时在螺杆头部（计量室）建立的熔体压强。注射推力是注射油缸施加于螺杆的总推力。假如忽略系统阻力，则注射压力可用下式表示：

$$P=\frac{P_i}{0.785D_s^2} \tag{6-14}$$

$$P_i=A_0P_0 \tag{6-15}$$

式中：P_i为注射推力（kgf）；P_0为注射系统油压（kgf/cm^2）；D_s为注射螺杆直径（cm）；A_0为注射油缸有效面积（cm^2）。

注射压力在注塑成型中所起的作用包括：提供克服固体塑料粒子和熔体在料筒和喷嘴中流动时所引起的阻力；克服浇注系统和型腔对塑料的流动阻力，使塑料熔体获得足够的充模速度和流动长度，使熔体在冷却前能充满型腔；注射压力在保压阶段继续推进熔体，实现保压和补料，从而制得致密的制品。

在注射压力作用下，当熔体充满模腔后，制品在模内边冷却边收缩。为了弥补这种收缩，需要保持一定的注射压力作为保压压力。注射与保压压力的选择和调整对制品质量有重要影响。增加保压压力和延长保压时间可以推迟凝固时间，有利于减小制品的收缩率，但对径向收缩率和轴向收缩率的影响程度不同，其中径向收缩率较大。此外，过长的保压时间或过高的凝封压力会增加制品的内应力，导致制品收缩过小，从而增加脱模难度。因此，保压时间和凝封压力应根据制品的形状、尺寸和所用塑料的性质来决定，如厚壁制件宜采用较长的保压时间或较高的凝封压力。

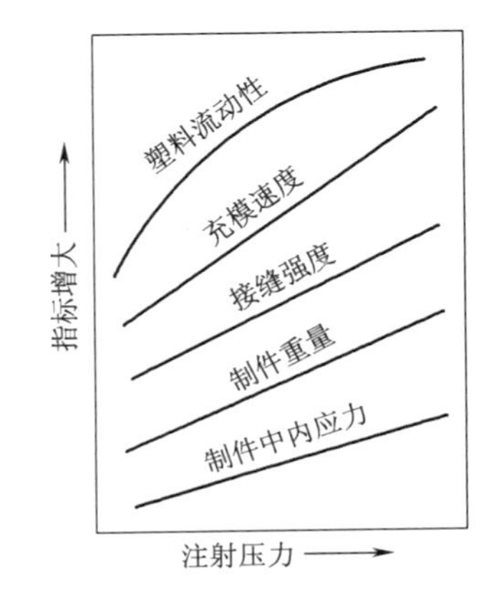

图6-38 注射压力对塑料性能的影响

如图 6-38 所示，随着注射压力的增加，塑料充模速度加快，流动长度增加，制品和熔接缝强度提高，制品的密度也增加。因此，在成型大尺寸、形状复杂和薄壁制品时，宜采用较高的注射压力；对于熔体黏度大、玻璃化温度高的塑料（如 PC、聚砜等），也宜采用较高的注射压力。但是，需要注意的是，随着注射压力的增加，制品中的内应力也会增大，因此采用较高压力注射成型的制品应进行退火处理。

3. *注射速度和成型周期*　完成一次注塑成型所需要的时间称为注射周期，由注射（充模）、保压时间、冷却和加料（包括预塑化）时间以及开模（取出制品）、辅助作业和闭模时间组成。各种时间的关系可用图 6-39 表示。在整个成型周期中，冷却时间和注射时间最重要，对制品的性能和质量有决定性影响。

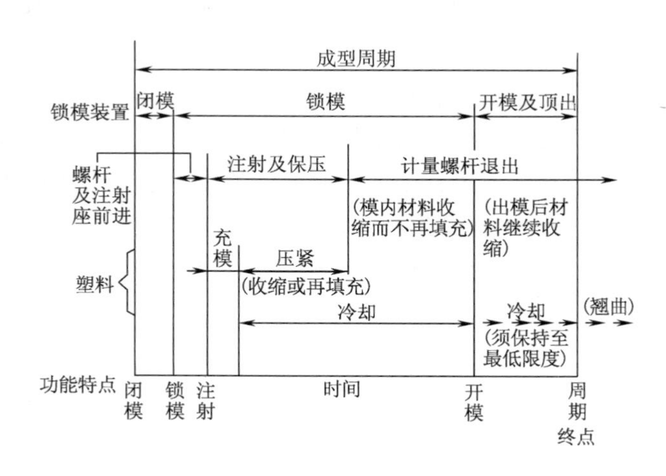

图6-39　注射成型过程的成型周期

注射速度是注塑过程的重要参数之一，它表示单位时间内注入模腔中熔体的体积。高注射速度可以保持熔体较高的温度，熔体的黏度低，流道阻力损失小，因此可以获得较高的模腔压力。此外，高注射速度还可以增加塑料熔体的流动长度，提高制品各部分的熔接缝强度，但也会导致制品的内应力增大。

注射速度过高会增加压力损失，可能导致熔体出现不稳定流动，甚至引起弹性湍流或胀模溢边现象。严重的湍流可能引起喷射而带入空气，而由于模底先被塑料充满，模内空气无法顺利排出而被压缩。另外，慢速注射时，熔体以层流形式自浇口端向模底一端流动，能顺利排出空气，制品的质量较均匀。然而，过慢的注射速度会延长充模时间，导致塑料表层迅速冷却，降低熔体的流动性，可能引起充模不全，并出现分层和熔接痕的结合不良，从而降低制品的强度和表面质量。熔体充模时的两种极端情况如图 6-40 所示。

因此，确定适当的注射速度需要考虑多个因素，包括塑料的黏度、玻璃化温度、制品的厚度和工艺流程等。一般情况下，对于黏度大、玻璃化温度高的塑料，以及薄壁和长流程的制品，宜采用较高的注射速度，并与相应的高模温和料温相匹配。注射速度的合理选择可以提高注塑成型的效率和制品的质量。

一般制品的注射充模时间为 2 ～ 10s，而对于大型厚壁的制品，充模时间可能会超过 10s；保压时间为 20 ～ 100s，对于大型和厚制品，保压时间可能会延长至 1 ～ 5min，甚至更长；冷却时间通常为 30 ～ 130s，对于大型厚壁制品，冷却时间可以适当延长。

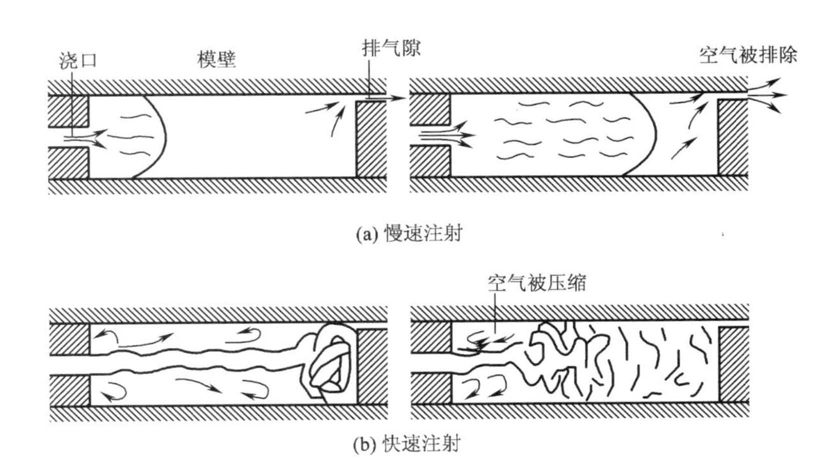

(a) 慢速注射

(b) 快速注射

图6-40　熔体充模的两种极端情况示意图

二、模压成型

模压成型也称为压缩模塑，是热固性塑料的主要成型工艺。在该工艺中，热固性塑料被加热至指定温度后，加压注入预热的模具中，熔融并充满模腔，然后在加热和加压的条件下经过一定时间，使其发生化学交联反应，从而形成具有三维结构的热固性塑料制品。在热塑性塑料模压成型时，必须将模具冷却到塑料固化温度才能定型为制品。因此，需要交替进行加热和冷却模具，导致生产周期较长，因此在实际生产中较少采用。然而，对于熔体黏度较大的热塑性塑料或需要成型较大平面制品的情况，也会考虑使用压缩模塑成型。

压缩模塑是间歇操作，工艺成熟，生产过程易于控制，所需的成型设备和模具相对简单。所制得的制品内应力较小，取向程度较低，具有较好的稳定性和不易变形的特点。然而，压缩模塑的缺点是生产周期较长，生产效率较低，劳动强度较大，难以实现生产自动化。另外，由于压力传递、传热与固化等因素的影响，该工艺不适用于形状复杂或较厚制品的成型。

（一）压缩模塑装备

压缩模塑（模压成型）的装备主要包括压机和模具。

1. **压机**　模压成型的主要设备是压机。压机通过模具对塑料施加压力，并在某些场合下可以开启模具或顶出制品。压机种类很多，主要包括机械式和液压式。目前主要采用液压机，其中大多数是油压机。液压机有多种结构形式，其中主要有上压式液压机和下压式液压机。

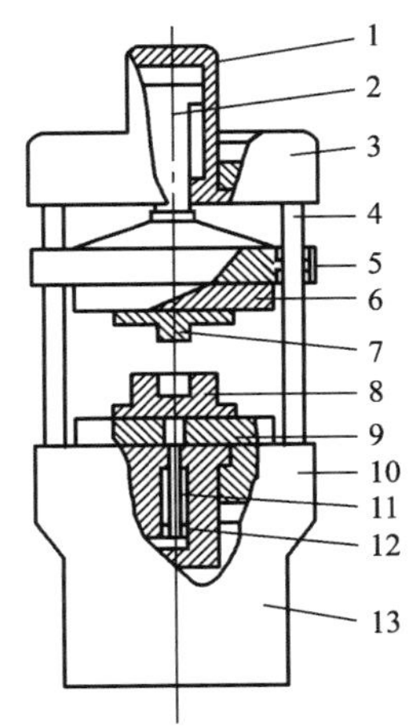

图6-41　上压式液压机

1—主油缸　2—主油缸柱塞　3—上梁　4—支柱　5—活动板　6—上模板　7—阳模　8—阴模　9—下模板　10—机台　11—顶出缸柱塞　12—顶出油缸　13—机座

典型的上压式液压机如图6-41所示。上压式液压机的工作油缸位于压机的上方，柱塞由上往下施压，下压板是固定的。模具的阳模和阴模可以分别固定在上下压板上，通过上压板的升降来完成模具的启闭和对塑料的压制。

压机的主要参数包括公称压力、柱塞直径、压板尺寸和工作行程。液压机的公称压力是表示压机压制能力的主要指标，通常用来表示压机的规格，可以按以下公式计算：

$$p = p_L \times \frac{\pi D^2}{4} \times 10^{-2} \tag{6-16}$$

式中：D为油压柱塞直径（cm）；p_L为压机能承受的最高压力（MPa）。

压板尺寸决定了压机可以模压制品的面积大小，而工作行程决定了模具的高度，从而决定了模压制品的厚度。

2. **模具** 压缩模塑使用的模具可根据其结构特点分为溢式模具、不溢式模具和半溢式模具三种类型。其中，溢式模具是最常用的一种，其结构如图 6-42 所示。

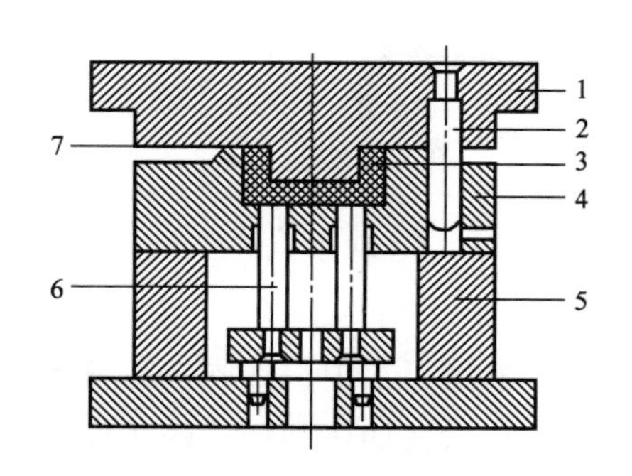

图6-42 溢式模具结构示意图
1—阳模 2—导柱 3—制品 4—阴模 5—模座 6—顶杆 7—溢料缝

（二）压缩模塑的工艺过程

压缩模塑通常在油压机上进行。在模压前，塑料原料经过计量、预热和预压等处理。模压的主要过程包括加料、闭模、排气、固化和脱模。完成模压后的制品还需要进行修边、热处理等后处理工序。

1. **计量** 计量主要有重量法和容量法。重量法按质量计量，较准确，但较麻烦，多用于模压尺寸较准确的制品；容量法按体积计量，不如重量法准确，但操作方便，一般用于粉料计量。

2. **预压** 预压是将松散的粉状或纤维状热固性塑料在室温下压制成质量一定、形状规则的型坯。预压具有以下作用和优点：

（1）加料快速、准确，无粉尘产生。

（2）降低压缩率，可减小模具装料室和模具高度。

（3）预压料紧密，空气含量少，传热快，有利于提高预热温度，缩短预热和固化时间，制品不易出现气泡。

（4）便于成型较大或带有精细嵌件的制品。

预压通常在室温下进行，若在室温下难以预压，可将预压温度提高至 50 ～ 90℃。预压物的密度一般要求达到制品密度的 80%，因此施加的预压压力通常在 40 ～ 200MPa，实际压力值根据模压塑料的性质以及预压物的形状和大小而定。

3. **预热** 模压前对塑料进行加热有预热和干燥两个作用，前者是为了提高料温，便于成型，后者是为了去除水分和其他挥发物。在模压前进行预热有以下优点：

（1）加快塑料成型时的固化速度，缩短成型时间。

（2）提高塑料的流动性，改善固化的均匀性，提高制品质量，降低废品率。

（3）降低模压压力，有利于成型流动性较差的塑料或较大尺寸的制品。

热固性树脂具有反应活性，预热温度过高或时间过长会降低流动性（图 6-43）。在既定的预热温度下，预热时间必须控制在获得最大流动性的时间 t_{max} 的极小范围内。预热方法有多种，常用的有电热板加热、烘箱加热、红外线加热和高频电热等。

4. **嵌件安放**　在模压成型过程中，如果制品中带有嵌件，这些嵌件必须在加料之前放入模具中。嵌件通常是制品中的导电部分或与其他物体结合使用的部件，如轴套、轴帽、螺钉、接线柱等。嵌件的安放要求平稳准确，以免造成废品或损伤模具。

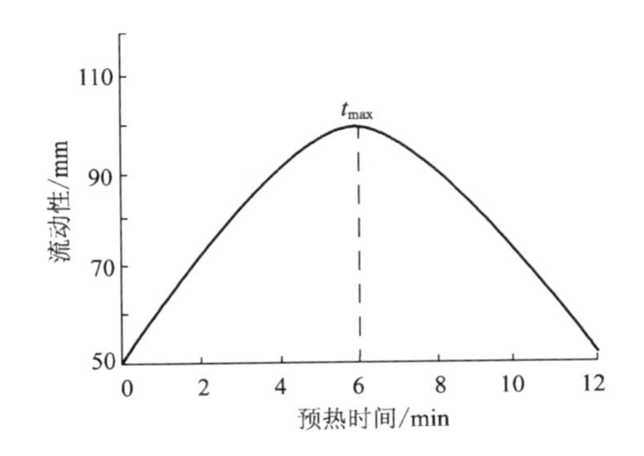

图6-43　预热时间对流动性的影响
（热塑性酚醛树脂压塑粉，180℃ ± 10℃）

5. **加料**　将已计量的塑料物料加入模具内，加料的关键是确保准确和均匀。如果加入的是预压物，则较为简单，按计数法加入即可。如果加入的是粉料或粒料，则需要根据塑料在模具型腔内的流动情况和各部位所需用量的大致情况，合理堆放塑料物料，以避免出现局部缺料，尤其对于流动性差的塑料，需要格外注意。

6. **闭模**　加料完毕后闭合模具，操作时应先快后慢，即当阳模尚未触及塑料前应高速闭模，以缩短成型周期，而在模具接触塑料时，应降低闭模速度，以免模具中嵌件移位或损坏型腔。此外，适当减缓闭模速度有利于模具中空气的顺利排除，也能够避免空气将粉料吹出造成缺料的情况。

7. **排气**　在模具闭合后，塑料受热软化、熔融，并开始发生交联缩聚反应，产生副产物如水和其他低分子物质，需要及时排除这些副产物。排气不仅能缩短硬化时间，还可以避免制品内部出现分层和气泡。排气操作是通过松开模具一定时间进行卸压来实现的，排气过早达不到排气目的，过迟则因塑料表面已固化而造成气体排不出。排气的时间和次数应根据具体情况进行控制。

8. **保压固化**　排气后以慢速升高压力，在一定的模压压力和温度下保持一段时间，使热固性树脂的缩聚反应推进到所需的程度。保压固化时间取决于塑料类型、制品厚度、预热情况、模压温度和压力等，过长或过短的固化时间都对制品性能不利。对于固化速率不高的塑料，在制品能够完整地脱模后可以结束保压，然后通过后处理（热烘）来完成全部固化过程，以提高设备的利用率。一般在模内的保压固化时间为数分钟左右。

9. **脱模冷却**　热固性塑料在交联固化后就可以脱模，以缩短成型周期。通常脱模是通过顶出杆来实现的。对于带有嵌件和成型杆的制品，应先用专门工具将成型杆等拧脱，然后再进行脱模。对于形状较复杂或薄壁的制品，应放在与模型相仿的型面上进行加压冷却，以防止翘曲。有些制品还需要在烘箱中进行缓慢冷却，以减少因冷热不均而产生的内应力。

10. **制品后处理**　为了提高热固性塑料模压制品的外观和内在质量，脱模后需要对制品进行修整和热处理。修整主要是去除模压时溢料产生的毛边。热处理是将制品置于一定温度下加热一段时间，然后缓慢冷却至室温，以使其固化更趋完全，同时减少或消除制品中的内应力，减少制品中的水分和挥发物，有利于提高制品的耐热性、电性能和强度。热处理的温度一般比成型温度高 10 ～ 50℃，而热处理时间则视塑料的品种、制品的结构和壁厚等因素而定。

（三）模压成型工艺特性及影响因素

热固性塑料模压成型时，塑料从粉末或粒料经过熔融，并同时经过交联反应而形成致密的固体制品。物料在模具内发生复杂物理化学变化的同时，模具内的压力、塑料的体积（或模腔的容积）以及温度都会随之变化。图 6-44 展示了两种模具中体积—温度—压力的相互关系。

在无支撑面的模具中，模腔的容积是随模压压力和塑料加入量的变化而变化的。图中 *A* 点表示加料时塑料物料的体积—温度关系；*B* 点表示在对模具施加压力后，物料受压缩而体积（厚度）逐渐减小，当模腔内压力达到最大时，体积（厚度）也被压缩到相应的数值。然而，物料吸收热量后会膨胀，导致模腔压力保持不变的情况下体积胀大（或厚度增加），如曲线上对应的 *C* 点所示。

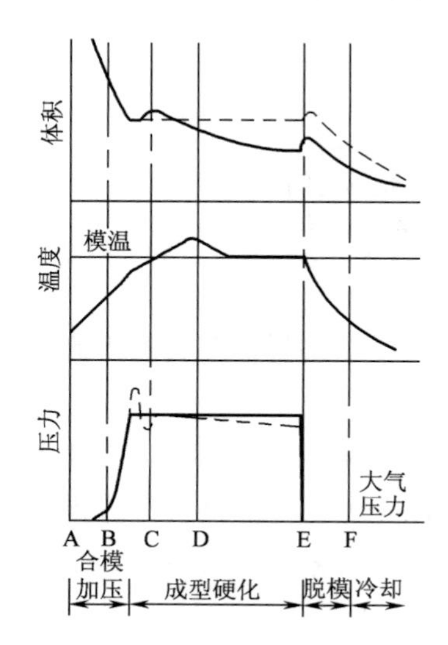

图6-44　热固性塑料模压成型时体积—温度—压力关系
—无支承面　－－有支承面

在缩合、交联反应开始后，由于反应放热，物料温度甚至高于模温。随着低分子物质被不断排出，物料体积逐渐减小（成型物厚度减小）。当模压完成后，卸去压力（*E* 点），模内压力迅速降至常压。开模后成型物体积再次胀大，并在 *F* 点脱模。脱模后，制品在常压下逐渐冷却至室温，体积也逐渐缩小到与室温相对应的数值。

与无支撑面模具不同，有支撑面模具成型模腔的容积保持不变，多余的塑料能通过阳模上的气隙和分型面溢流。因此，模压过程中塑料的体积或尺寸不变是其特点。在有支撑面的模具中，由于物料在高压下溢流，初期模腔压力（*B* 点之后）会迅速上升到最大值，然后很快下降（如虚线所示）。因为塑料吸热但无法膨胀，导致压力有所回升。在交联反应脱除低分子物质过程中，由于阳模不能下移，物料体积不能减小，因此模内压力逐渐下降。

在实际的模压成型过程中，物料的行为是上述两种情况的复合，体积、温度和压力的变化是相互影响且同时进行的。例如，*C* 点物料的吸热膨胀和 *D* 点因化学反应而收缩的情况就可能同时发生。图 6-44 所示的曲线关系定性地描述了模压过程中物料压力、温度和体积之间的一般规律。下面将分别讨论温度、压力和时间等因素对模压成型过程的影响。

1. **温度**　模压温度是指在模压成型过程中所规定的模具温度，它是影响热固性塑料流动、充模和固化成型的主要因素。模压温度直接影响聚合物交联反应的速率，从而影响最终制品的性能。温度升高过程中，塑料物料从固体逐渐熔化，黏度逐渐减小；交联反应开始后，聚合物熔体黏度经历由减小到增大（流动性由增加到减小）的变化，并在温度升高时交联反应速率增大，因此流动性—温度曲线会显示出峰值。因此，在闭模后迅速增大成型压力，使塑料在温度较低但流动性较大时充满模腔的各个部分非常重要。此外，塑料的流量—温度曲线也具有峰值，如图 6-45 所示。流量减少反映了聚合物交联反应进行的速率，峰值之后，曲线斜率最大的区域表示交联速率最大，此后流动性逐渐降低。

适当提高温度可以加快热固性塑料在模腔中的固化速度，缩短固化时间。然而，过高的温度可能导致塑料固化过快，流动性迅速降低，引起充模不满，特别是在模压形状复杂、壁薄、深度大的制品时，这种现象会更为明显。此外，高温下外层固化速度比内层快得多，导致内层挥发物难以排出，这不仅会降低制品的机械性能，还会在模具开启时导致制品开裂、变形等问题。因此，在模压较厚的制品时，应适当降低温度，延长模压时间。对经过预热的塑料进行模压时，由于内外层温度较均匀，流动性较好，所以可以选择较高的模压温度。

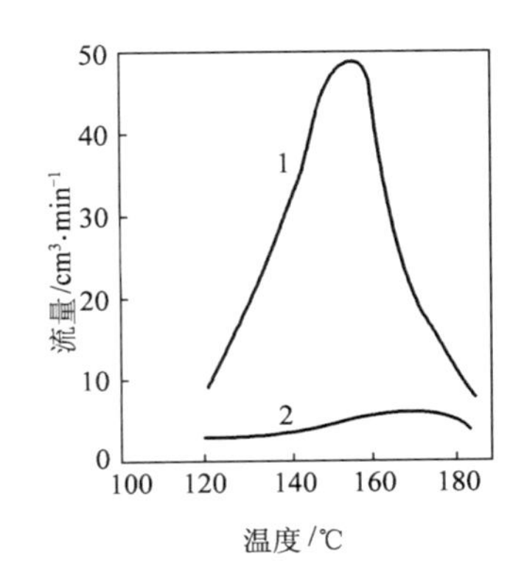

图6-45　热固性塑料流量与温度的关系

1—模压压力为29.46kPa

2—模压压力为9.81kPa

2. **模压压力**　模压压力是指成型时压机对塑料所施加的压力，可用下式计算：

$$P_m = \frac{\pi D^2}{4A_m} P_g \tag{6-17}$$

式中：P_m为模压压力（MPa）；P_g为压机实际使用的液压（MPa）；D为压机主油缸活塞的直径（cm）；A_m为塑料制件在受压方向的投影面积（cm^2）。

模压压力的主要作用是：

①促进塑料在模腔中快速流动。

②增加塑料的密实度。

③克服树脂在缩聚反应中因放出低分子物质及塑料中其他挥发物所产生的压力，避免出现肿胀、脱层等缺陷。

④使模具紧密闭合，确保制品具有固定的尺寸、形状和最小的毛边。

⑤防止制品在冷却过程中发生变形。

模压压力的大小不仅取决于塑料的种类，而且与模温、制品的形状以及物料是否预热等因素有关。对一种物料来说，流动性越小、固化速度越快以及物料的压缩率越大时，所需模压压力应越大；模温高、制品形状复杂、压制深度大、壁厚和面积大时，所需成型压力也应越大。

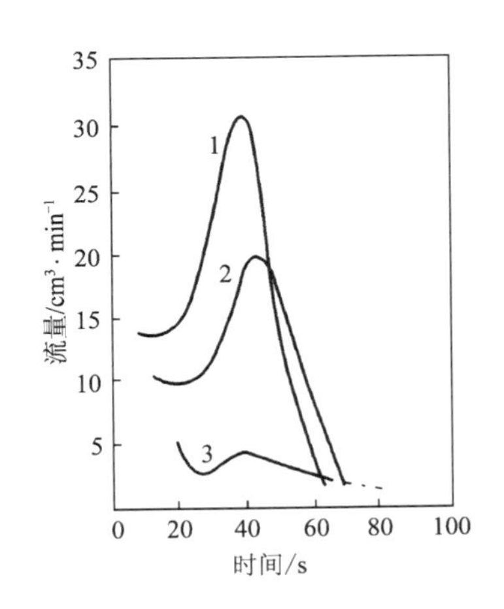

图6-46　模压压力对热固性塑料流动固化的影响

1—P_m=50MPa　2—P_m=20MPa

3—P_m=10MPa

从图6-46可以看出模压压力对流动性的影响。增加模压压力对塑料的成型性能和制品性能是有利的，但过大的模压压力会降低模具的使用寿命，也会增大制品的内应力。在一定范围内提高模温能增加塑料的流动性，降低模压压力，但模温提高也会加速塑料的交联反应，从而导致熔融物料的黏度迅速增加，反而需要更高的模压压力，因此模温不能过高。此外，对塑料进行顶热可以提高其流动性，降低模压压力，但如果预热温度过高或预热时间过长会使塑料在预热过程中部分固化，会抵消预热增大流动性的效果，在模压时就需要更高的压力来保证物料充满型腔。

3. **模压时间**　模压时间是指塑料在模具中从开始升温、

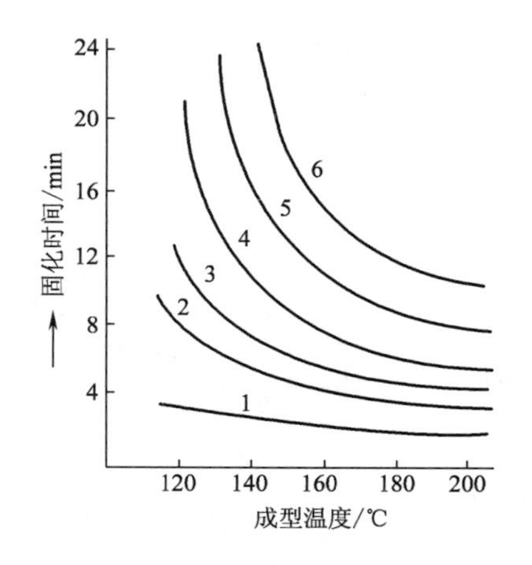

图6-47　酚醛塑料制品厚度与模压温度和固化时间的关系
1—4mm　2—6mm　3—8mm　4—12mm　5—16mm　6—20mm

加压到固化完全的这段时间。模压时间的长短与多个因素密切相关，包括塑料的类型（树脂种类、挥发物含量等）、制品形状、厚度、模具结构、模压工艺条件（压力、温度）以及操作步骤（是否排气、预压、预热）等。如前所述，升高温度能缩短塑料固化时间，从而缩短模压周期。通常情况下，随着制品厚度的增加，模压时间也会相应增加，如图 6-47 所示。如果模压时间太短，树脂固化不完全（欠熟），制品的力学性能差，外观无光泽，脱模后易出现翘曲、变形等现象。然而，过长的模压时间会使塑料交联过度，增加制品收缩率，产生内应力，导致制品表面发暗、起泡，从而降低制品的性能，严重时甚至会导致制品破裂。此外，过长的模压时间还会浪费能源，降低生产效率。

三、铸塑成型

PMMA、PS、聚酰胺、环氧树脂、聚氨酯、不饱和聚酯等广泛采用静态铸塑法生产各种型材和制品。在静态铸塑法基础上还发展了一些其他铸塑方法，如嵌铸、离心浇铸、流延铸塑、搪塑等。

（一）静态浇铸

静态浇铸是一种简便且广泛使用的浇铸成型方法，其主要使用的原材料包括聚酰胺、环氧树脂和 PMMA 等。此外，也有少量酚醛、不饱和聚酯等材料也使用该方法成型。静态浇铸的示意图如图 6-48 所示。

静态浇铸的原材料需满足以下要求。

（1）原料熔体或溶液的流动性良好，易于充满模具型腔。

（2）成型温度低于产品的熔点。

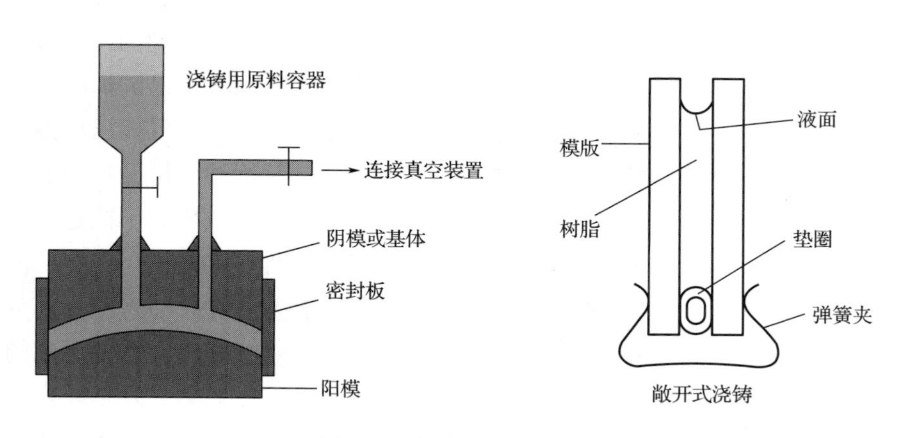

图6-48　静态浇铸示意图

（3）原料在模具中固化时不会产生低沸点物质或气体等副产物。

（4）浇铸原料的化学反应、放热、结晶和固化等过程在反应体系中能均匀分布且同时进行，体积收缩较小，不易产生缩孔或残余内应力。

静态浇铸的制品设计和模具设计要求与注射成型相似。由于该方法在较低的压力下进行成型，对模具强度的要求不高，只要模具材料对浇铸过程无不良影响，能经受浇铸过程所需要的温度，且加工性能良好即可。常用的模具材料有铸铁、钢、铝合金、型砂、硅橡胶、塑料、玻璃、水泥和石膏等。材料的选用取决于塑料品种、制品要求和生产数量。对于外形简单的制品，通常只使用阴模。由于浇铸过程中塑料因固化而发生体积收缩（如已内酰胺浇铸时，收缩率可达 15% ～ 20%），将使制品高度减小，上表面不平整，因此模具高度应预留充足的余量，以便在制品脱模后进行切削加工。

静态浇铸的工艺过程包括模具准备、原料配制和浇铸、固化、脱模等几个步骤。

（二）嵌铸

嵌铸，又称为封入成型，是一种将各种非塑料物件封装在塑料中的成型方法。该方法被广泛用于将生物或医用标本、商品样本、纪念品等封装在透明塑料中，如图 6-49 所示。在工业上，嵌铸也被用于将某些电气元件和零件与外界环境隔绝，以实现绝缘、防腐蚀、防震动破坏等功能。用于前一类的塑料主要有丙烯酸类树脂，如 PMMA，其次是不饱和聚酯和脲醛塑料等，而用于后一类的均为环氧塑料类。在嵌铸成型中，被嵌铸的样品、元件等通常被称作嵌件。

图6-49　各种嵌铸制品

嵌铸塑料的浇铸和固化与前述的静态铸塑过程基本相同。然而，由于嵌件的存在，嵌铸工艺过程与静态浇铸有所不同。为了确保塑料与嵌件之间没有不良影响（如化学反应、浸溶作用或阻聚作用等），或避免嵌件上产生气泡和黏合不紧密的问题，需要对嵌件进行干燥、表面润湿、表面涂层和表面粗糙化等预处理。同时，为确保嵌件能够准确放置在规定的位置，需要预先将嵌件固定在模具上或采用分次浇铸的方法。

（三）离心浇铸

离心浇铸是一种将液态塑料浇入旋转模具中，利用离心力使其充满回转体形的模具，并通过固化定型来制造塑料制品的方法。为了产生足够大的离心力，模具的转速通常较高，从每分钟几十转到几千转不等。当制品的轴向尺寸较大时，通常采用水平式（卧式）设备；而当制品直径较大，而轴向尺寸较小时，则宜用立式设备。单方向旋转的离心铸塑设备通常用于生产空心制品，其壁厚由浇入的塑料量来控制；如果想制造实心制品，则需在单向旋转后在紧压机上再次进行旋转，以确保制品的质量。此外，也有同时使模具作两个方向旋转的设备。

离心铸塑相对于静态铸塑的优点包括：离心铸塑适用于生产大型薄壁或厚壁的制品，如大型轴套，而用静态铸塑法则难以生产大型薄壁制品；制品无内应力或内应力很低，外表面光滑，内部不会产生缩孔；制品的精度较高，减少了机械加工量；制品的机械强度（如弯曲强度、硬度等）较静态铸塑高。离心铸塑的缺点是相对于静态铸塑而言工艺较为复杂。与其他成型工艺相比，离心铸塑的优点在于设备与模具简单，投资较小，工艺过程简单，制品尺寸与重量受限制较少（离心铸塑单件制品的重量常可达几十公斤），且制品质量较高；缺点在于生产周期较长，难以成型外形复杂的精密制品。

（四）搪塑

搪塑是一种利用 PVC 增塑糊制造空心软制品的重要方法，常见制品包括手套、玩具、雨靴等。成型基本过程是将预先配制好的糊塑料倒入已加热至一定温度的模具（一般只用阴模）中，接近模壁的糊塑料受热胶凝而附着于模具上，将模具中心未胶凝的糊塑料倒出，再对模壁上已胶凝的塑料进行烘熔热处理，最后冷却、脱模，即可得到空心制品。搪塑工艺流程如图 6-50 所示。搪塑成型中主要应考虑如下几个方面：

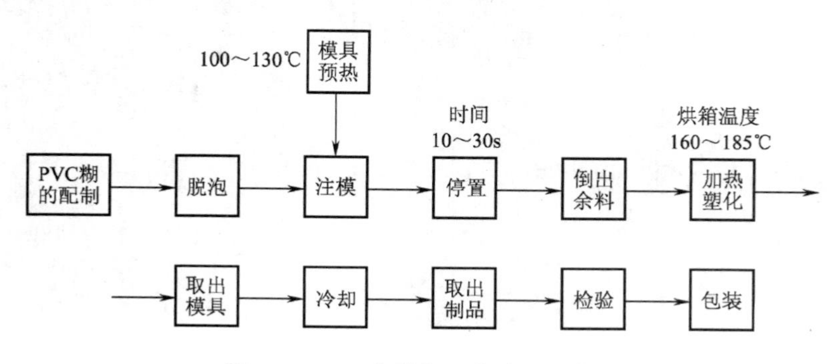

图6-50　PVC糊搪塑工艺流程示意图

1. *糊塑料在烘熔中的变化*

（1）在加热过程中，糊塑料中的树脂开始吸收分散剂，导致糊塑料的体积逐渐膨胀，同时黏度也逐渐增大，树脂颗粒之间的距离逐渐缩小。随着液体部分被吸收或挥发而消失，糊塑料逐渐失去流动性，并形成一种表面无光、干燥且易碎的物质。

（2）随着继续加热，糊塑料中的料粒继续膨胀，使相邻的树脂颗粒在界面上发生黏结并逐渐熔化。随着熔化的进行，颗粒间的界面被逐渐熔合在一起。在“熔化”结束时，原本外观上不透明的薄膜转变为均匀、透明（或半透明）的形态。

2. 影响搪塑制品质量的因素

（1）糊塑料黏度。过大的黏度会导致糊塑料注入模腔后无法充分润湿模腔表面，使细微花纹无法清晰地显示在制品上；而过低的黏度则会导致制品厚度过薄。

（2）模具预热温度。直接影响糊塑料在一定时间内能够附着在模壁上的厚度。

（3）糊塑料在模具中的停留时间。是影响制品厚度的一个重要因素，其确定与糊塑料的性质以及灌注时的模具温度有关。

（4）烘熔温度和时间。需要根据糊塑料的性质和制品厚度来确定。过高的烘熔温度或过长的烘熔时间可能导致树脂降解和增塑剂损失，造成制品表面凹凸不平；而过低的烘熔温度或过短的烘熔时间则会降低制品的机械强度。

制品的厚度受到糊塑料黏度、模具加热温度以及糊塑料在模具中停留时间的共同影响。在生产较厚制品时，可以采用重复灌注的方法来实现。

第四节　压延成型

一、概述

压延成型是塑料成型加工中生产薄膜和片材的主要方法，它是将接近黏流温度的物料通过一系列相向旋转的平行辊筒间隙，使其受到挤压和延展作用，成为具有一定厚度和宽度的薄片状制品。

压延制品中以 PVC 塑料消耗量最大，约占 PVC 制品总量的五分之一。压延成型产品除了薄膜和片材外，还有人造革和其他涂层制品。压延成型一般适用于生产厚度为 0.05 ～ 0.5mm 的薄膜和厚度为 0.3 ～ 1.0mm 的片材。当制品厚度小于或大于这个范围时，通常会选择其他方法如吹塑或挤出等。

压延软质 PVC 薄膜时，如果以布、纸或玻璃布作为增强材料，将其与 PVC 塑料一同通过压延机的最后一对辊筒，把黏流态的塑料薄膜紧覆在增强材料上，所得制品即为人造革或涂层布（纸），这种方法通常称为压延涂层法。基于同样的原理，压延法也可用于塑料与其他材料（如铝箔、涤纶或尼龙薄膜等）贴合，制造复合薄膜。

压延过程一般包括混料、熔融、辊压和定型四个部分，这个过程能将混合好的塑料物料转化为均匀的片材。典型的压延工艺如图 6-51 所示。

压延制品在国民经济各个领域应用都非常广泛。压延薄膜和人造革制品主要用于农业、工业包装、室内装饰以及各种生活用品等；压延片材制品常用作地板、传送带以及热成型或层压用片材等。

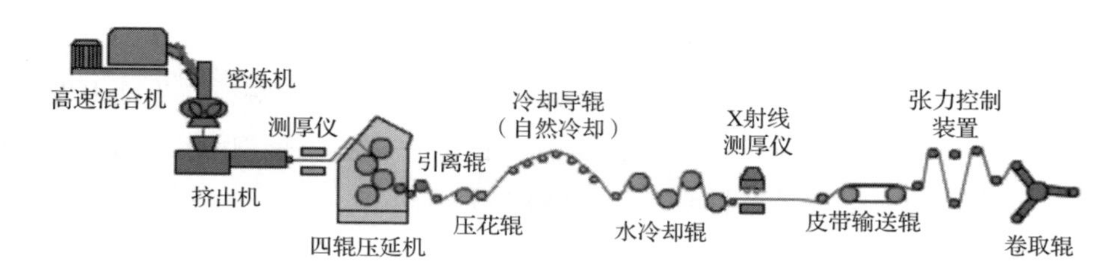

图6-51　典型压延成型生产线示意图

二、压延成型设备

由压延加工设备组成的整条压延生产流水线与其他塑料制品的生产设备相比，设备数量较多，规模较为庞大，而且在压延制品的生产工艺流程中，对每一道工序的设备选择、排列和操作都有着较为严格的要求。一条典型的PVC压延制品生产流水线由捏合机、密炼机、开炼机、喂料机、压延机、压花辊、冷却辊、检验台和卷取设备等组成，它们可大致划分为混炼机械、压延机械和辅助机械三大部分。

（一）混炼机械

由PVC树脂、增塑剂、稳定剂等组成的混合物料首先要进行混炼，以使各组分之间分散均匀，并进行塑化。塑化过程是通过炼塑机械完成的。由于炼塑是在高温、高剪切条件下进行的，容易导致PVC树脂的降解。因此，在混炼之前还需要进行初混合，以确保各组分均匀分散并发挥稳定作用。初混合过程可以通过混合设备进行。

混合机械主要分为三类：低速捏合机（开放式混合机）、高速捏合机和连续混合机。常用的炼塑机械包括密炼机、开炼机和混料机（挤出机）等。

（二）压延机械

在整条压延成型生产流水线中，压延机械是将热塑性塑料压延成型的主要设备。它通过若干个相向旋转的辊筒对混合物料进行挤压和摩擦，使产品基本定型。用压延工艺生产的制品质量优、产量大、生产连续。压延机的体积庞大，投资大，维修复杂，同时制造技术要求也很高。虽然各类压延机在辊筒数目和排列方式上有所不同，但它们的基本结构大致相同。压延机主要由压延辊筒及其加热冷却装置、制品厚度调整机构、传动设备及其他辅助装置等组成，如图6-52所示。压延机的关键部件是辊筒及其排列方式以及制品厚度调节机构。

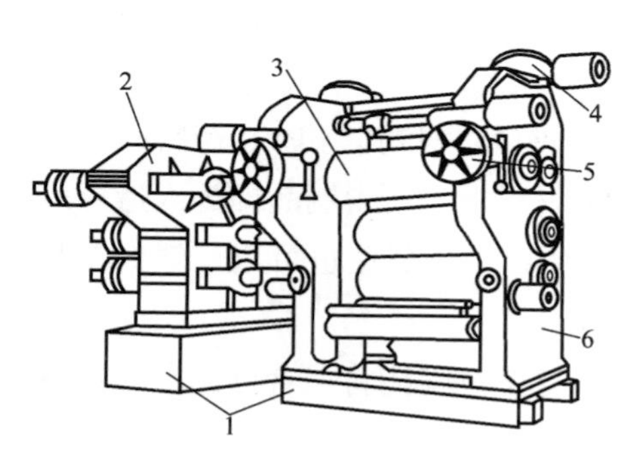

图6-52　压延机的构造
1—机座　2—传动装置　3—辊筒
4—辊距调节装置　5—轴交叉调节装置
6—机架

1. **辊筒**　压延辊筒是压延机的主要部件，它的排列方式有多种。在三辊压延机中，常见的排列形式有L形、三角形等，而在四辊压延机中，有I形、L形、倒L形、Z形和斜Z形等，如图6-53所示。辊筒排列形式的不同将直接影响压延机制品的质量及生产操作与设备维修的便捷性。从方便操作和自动供料的角度考虑，应该尽量避免各辊筒在受力时产生形变和相互

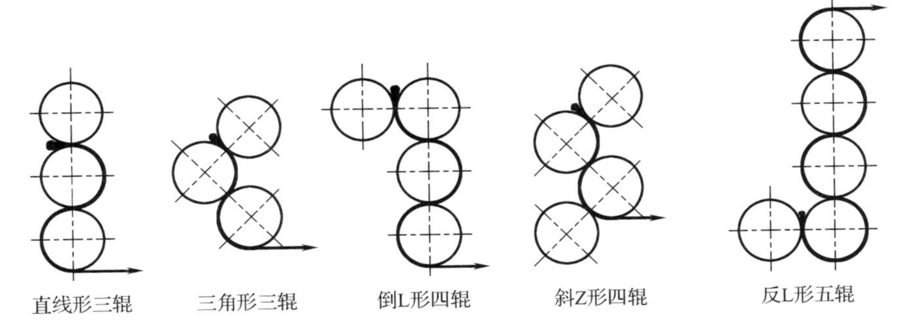

图6-53　几种压延机的辊筒排列方式

干扰。因此，倒 L 形和斜 Z 形的排列方式应用最广泛。

辊筒按斜 Z 形排列的压延机，物料与辊筒的接触时间较短，可以有效防止物料过热分解；各辊筒互相独立，受力时互不干扰，传动平稳，操作稳定，四个辊筒之间的距离调节容易，检修也方便；便于供料、控制生产和观察检验；特别适合织物贴合。然而，由于物料的包辊程度较低，造成产品的表面光洁度较低。因此，斜 Z 形排列的压延机目前被广泛应用于加工双层辊压贴合薄片制品，如 PVC 人造革等制品。

倒 L 形压延机在生产薄而透明的薄膜时表现优于斜 Z 形压延机，主要原因在于中间辊筒在生产过程中受力较小，辊筒挠度小，只需对第四辊筒的挠度进行补偿就能够压延出厚度均匀的制品。此外，倒 L 形压延机的物料包辊程度较高，使制品表面光洁度高。因此，倒 L 形压延机目前已成为生产 PVC 薄膜的主要设备。

压延机的辊筒是其主要部件，主要功能是与物料直接接触并施加压力和加热，因此辊筒对制品的质量影响较大。压延机辊筒的结构与开炼机辊筒的结构大致相同，但由于压延机辊筒是压延制品的成型面，且压延的是薄制品，因此对压延辊筒有一定的要求：

（1）辊筒必须具有足够的刚度和强度，以确保在对物料施加挤压作用时不超过许用值；

（2）辊筒表面应具有足够的硬度、耐磨性和耐腐蚀性；

（3）辊筒的工作表面应有较高的加工精度，以保证尺寸的精确和表面粗糙度，从而确保压延制品的质量；

（4）辊筒材料应具有良好的导热性。

压延辊筒一般由冷铸钢或冷硬铸铁制成，也可使用铬钼合金钢，表面最好镀硬铬，以防止物料黏附在辊筒上。辊筒表面应精磨至镜面光洁度，粗糙度 Ra=0.08μm，表面硬度为肖氏 65 ～ 70。辊筒的长径比一般为 L/D=2 ～ 3，辊筒越长，其刚度越差，弹性也越大。工业生产的压延机直径通常为 200 ～ 900mm，工作面长度为 500 ～ 2700mm。辊筒沿长度方向的直径误差必须要很小，加工精度要求较高。同一压延机的几个辊筒，其直径和长度通常都是相同的。近年来也发展了异径辊筒压延机。

压延辊筒内部可通蒸汽、热水或冷水来控制表面温度。辊筒的内部结构有空心式和钻孔式两种。空心式辊筒的筒壁较厚，加热面积较小，传热较慢，工作表面温差较大，往往中部温度比两端高，导致压延制品厚薄不均匀，因此此类辊筒目前较少采用。钻孔式辊筒表面附近沿四周分布数十个直径约 30mm 的通孔，这些孔与中心孔道相通，使载热体流道与表面较为接近，其传热面积大，热量分布均匀，因此辊筒的温度控制较为准确和稳定，表面温度均匀，可有效提高制品的加工精度。然而，这种辊筒的加工难度较大，制造费用也较高。目前大型高速压延机多采用钻孔式辊筒，这种压延机每个辊筒都通过一对滑动轴承支撑在机架上。

2. **制品厚度调整机构** 制品的厚度首先由辊距来调节。在压延机中，位于物料运行方向倒数第二辊（对于三辊压延机而言是第二辊，对于四辊压延机而言是第三辊）的轴承位置是固定不变的，而其余辊筒的轴承则可通过辊距调节装置进行调节。这些辊筒在机架上设置有导轨，可以前后移动，以便调整辊筒间距，从而控制制品的厚度。

当物料在辊筒间隙受到压延时，对辊筒会产生横向压力。这种试图将辊筒分开的作用力称为分离力，会导致支撑在轴承上的辊筒产生弹性弯曲。这可能会导致压延制品的厚度不均匀，表现为中间部分较厚，两端部分较薄的现象。为了克服这种情况，通常采用以下三种方法来补偿辊筒弹性变形对薄膜横向厚度分布均匀性的影响。

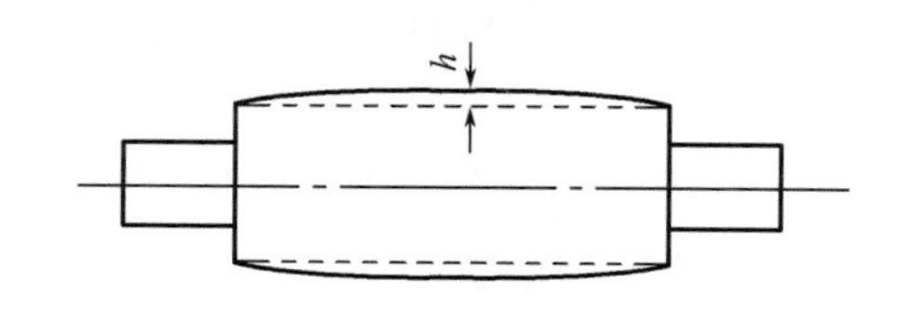

图6-54　中高度凸缘辊筒示意图

（1）中高度法（凹凸系数法）。将辊筒的工作表面加工成中部直径较大，两端直径较小的腰鼓型，沿辊筒的长度方向有一定的弧度，如图 6-54 所示。辊筒中部突出的高度称为中高度或凹凸系数，通常这个数值很小，仅为百分之几到十分之一毫米。由于具有这样弧度的辊筒机械加工要求高，难度较大，而且辊筒的弹曲受物料的性质及压延工艺条件等多方面影响，因此固定不变的中高度补偿法有很大的局限性。

（2）轴交叉法。将压延机相邻的两个平行辊筒中的一个辊筒绕其轴线的中点连线旋转一个微小角度，使两轴线成交叉状态，如图 6-55 所示，则在两个辊筒之间的中心间隙保持不变的情况下略微增大了两端的间隙，这样的调整可以弥补由于弹性弯曲造成的压延制品中间较厚、两端较薄的缺陷。此外，该方法还可以根据产品的品种、规格和工艺条件调节轴交叉角度，从而扩大压延机的工作范围。

（3）预应力法。在辊筒工作负荷作用前，在辊筒轴承两端的轴颈上预先施加额外的负荷，其作用方向正好与工作负荷相反，使辊筒产生的变形与分离力引起的变形方向正好相反，这样在压延过程中辊筒所产生的两种变形便可以互相抵消，从而达到补偿的目的，如图 6-56 所示。这种方法可以通过调节预应力的大小来使辊筒弧度有较大的变化范围，以适应变形的实际要求，比较容易控制。

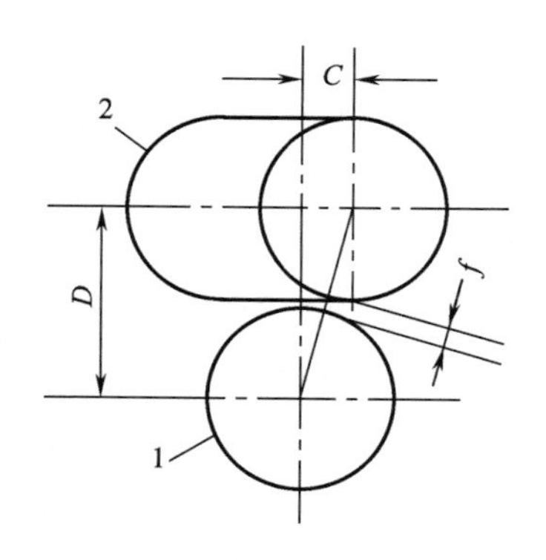

图6-55　辊筒轴交叉示意图

1—固定轴　2—轴交叉辊　C—辊筒端交叉距

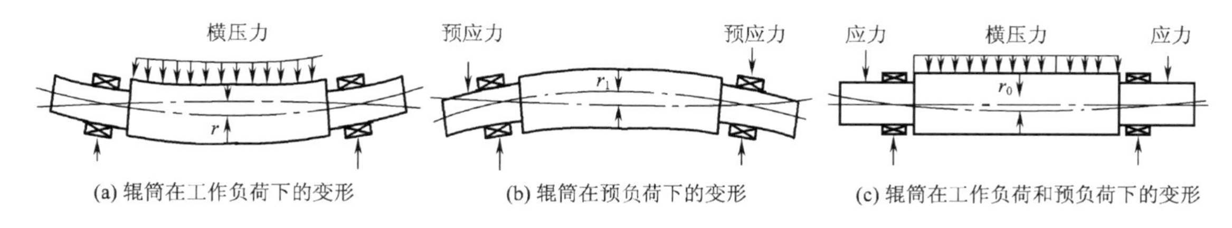

图6-56　预应力装置原理图

（三）辅助机械

压延设备的辅助机械包括引离辊、轧花装置、冷却装置、检验装置和卷取装置等。

三、压延成型工艺

完整的压延成型工艺可以分为供料和压延两个阶段。供料阶段是压延的备料阶段，主要包括物料的配制、混合、塑化和向压延机传输喂料等几个工序。压延阶段是压延成型的主要阶段，包括压延、牵引、刻花、冷却定型、输送及卷绕或切割等工序。因此，压延成型过程实际上是从原料开始经过各种聚合物加工步骤的整个过程。

在各种塑料压延制品中，最典型、最主要的是 PVC 软质薄膜、硬质片材和人造革。各种制品的配方和品种不同，生产过程和工艺条件也有所不同，但基本原理是相同的。压延成型工艺流程如图 6-57 所示。

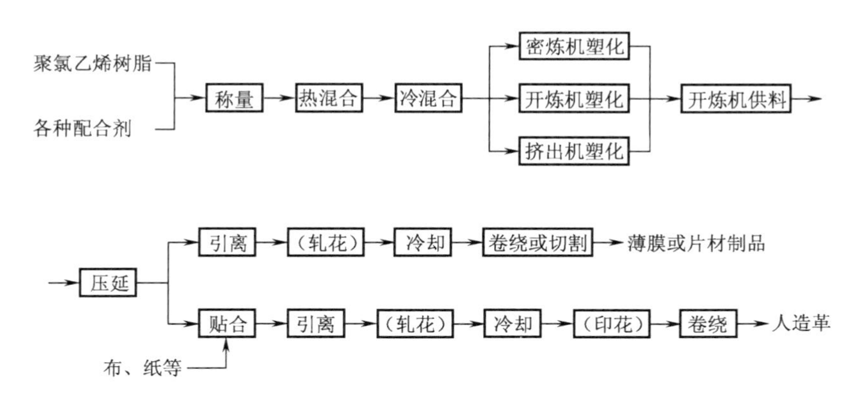

图6-57　压延成型工艺流程

（一）供料阶段

供料阶段是压延成型的准备过程，对于压延软质 PVC 膜和硬质 PVC 片材来说，混合和塑化方法略有不同。

为生产 PVC 膜而备料时，首先按配方要求称量 PVC 和各种配合剂，然后投入高速混合机中，在一定温度下高速搅拌一段时间。随后，将混合好的物料转入冷却混合机进行低速搅拌并冷却，使物料从 100℃左右冷却到 60℃以下，以防止结块。

混合好的物料可以通过四种工艺进行塑化：密炼机塑化、双辊开炼机塑化、挤出机塑化和输送混炼机塑化。前两者是间歇操作，生产效率较低，且劳动强度大；后两者混炼塑化效果好，产量大，且能连续供料。物料经过熔融塑化后均匀地向压延机进行供料。

为了提高生产效率和保持生产稳定性，连续供料方法已逐渐取代间歇喂料操作。连续加料装置通常在加料运输带的末端设置左右摆动装置，确保物料在压延辊筒的工作面长度上均匀分布。需要注意的是，加料装置与压延机之间的距离不能太长，以防止物料在传送过程中温度下降过多，影响薄膜制品的质量。

连续供料可以使用挤出机或双辊开炼机。对于双辊开炼机供料方式，通常配置两台设备，熔融物料经过两次精炼轧片，并切割成带状，经过金属探测仪检测后连续供料给压延机。图 6-58 为软质 PVC 薄膜压延工艺流程。

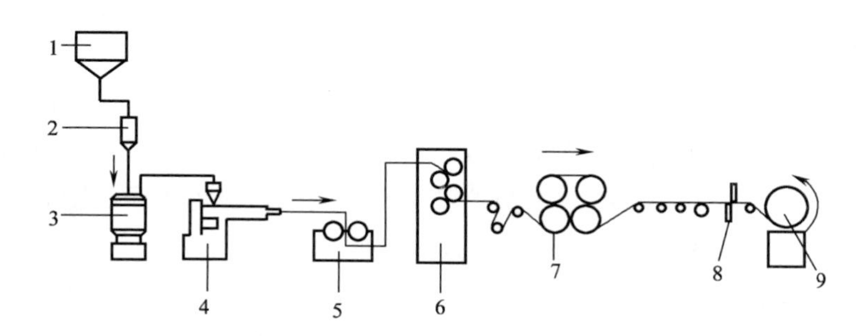

图6-58　软质聚氯乙烯薄膜压延成型工艺流程图

1—树脂料仓　2—计量斗　3—高速混合机　4—塑化挤出机　5—辊筒机

6—四辊压延机　7—冷却辊群　8—切边刀　9—卷绕装置

（二）压延阶段

供料阶段送往压延机的物料必须达到塑化完全、无杂质、柔软的状态，并处于黏弹态。首先，物料经过金属探测仪检测后进入四辊压延机的第一道辊隙，被压延成料片。然后，物料依次通过第二道和第三道辊隙，逐渐受到挤压和延展，最终形成厚度均匀的薄层材料。接着物料由引离辊承托离开压延机，并经过拉伸处理。若需要在制品表面产生花纹，还需要进行轧花处理。最后，物料通过冷却定型、测厚、切边等工序，并由卷绕装置卷取或切割装置切断得到制品。

压延成型是连续生产过程，在操作时需要对压延机及各后处理工序装置进行调整，包括辊温、辊速、辊距、供料速度、引离和牵引速度等，直至压延制品符合要求，方可连续压延成型。

在压延制品中，若需制品表面有花纹，可以使用轧花装置，其由有花纹图案的钢制轧花辊和橡胶辊组成。为保持花纹不变形，可采用温水冷却轧花辊和橡胶辊。作用在轧花辊上的压力、冷却水的流量及辊的转速是影响轧花操作和花纹质量的重要因素。

压延制品的冷却装置常由多个内部通冷却水的辊筒组成，特别是高速压延时，制品在冷却辊筒上停留的时间太短，为避免冷却不足，应增加冷却辊筒。为使薄膜制品的正反面都能得到均匀冷却，通常采用“穿引法”冷却，使薄膜在前进过程中正面和反面交替与冷却辊表面接触。

薄膜的厚度通常使用 X 射线测厚仪进行连续监测，并可用测量结果进行反馈控制。冷却定型后的薄膜先用修边刀切去不整齐的两侧毛边，再用橡胶输送带平坦而松弛地送至卷绕装置，这一过程薄膜处于“放松”或自然“收缩”的状态，因此可消除压延制品从成型、引离、轧花和冷却过程中由于层层牵伸而产生的内应力。

PVC 人造革是以布（或纸）为基材，在其上覆以 PVC 塑料膜制得的，主要方法包括涂覆法和压延法。用压延薄膜与布贴合制造人造革的方法称为压延法。压延法生产 PVC 人造革的工艺流程在贴合之前的各个工序与薄膜压延工艺流程相同。生产时先将 PVC 熔体送至压延机，按所需厚度和宽度压延成膜后与预先加热的布基通过辊筒的挤压和加热作用进行贴合，再经轧花、冷却、切边和卷取等工序即制得人造革，如图 6-59 所示。

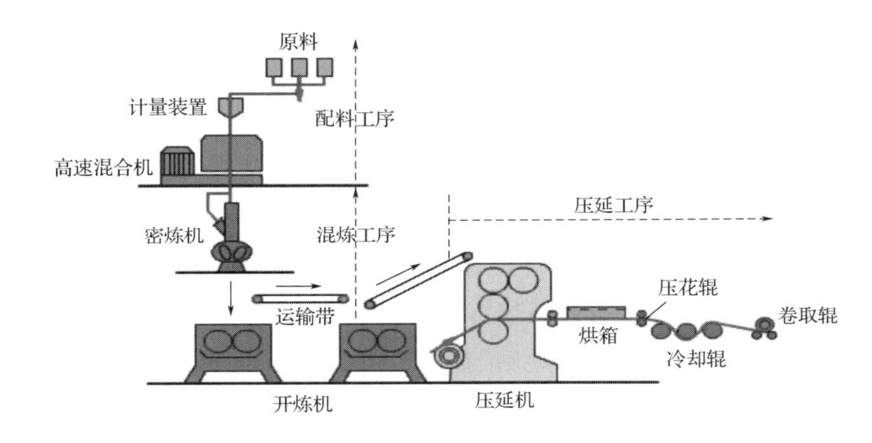

图6-59　压延法生产PVC人造革工艺流程

按贴合操作与薄膜压延在生产工艺流程中的关系，压延人造革生产有直接贴合和分步层合两种方法。直接贴合是压延膜在冷却前与布基贴合，压延薄膜的成型及其与布基的贴合是在同一生产线上连续完成的。分步层合是先在一个生产线上完成压延膜的成型，再在另一生产线上与布基贴合而制得人造革。根据布基与薄膜的贴合方式不同，贴合操作有擦胶法和贴胶法之分，贴胶法又有内贴和外贴两种不同的实施方式，如图 6-60 所示。

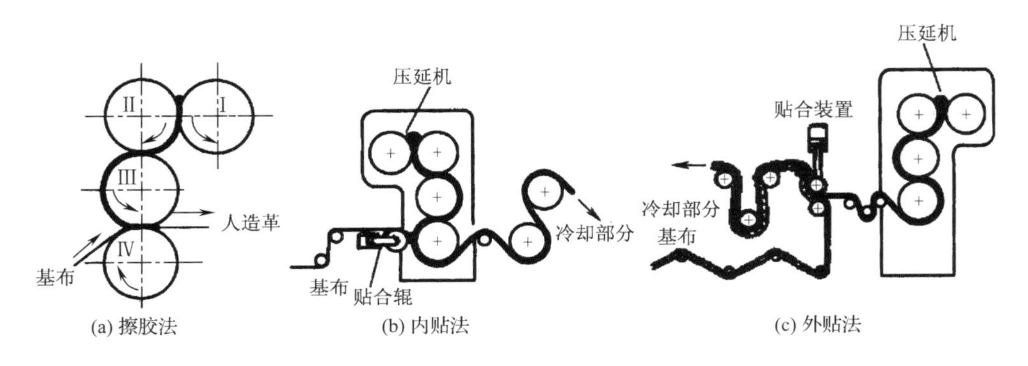

图6-60　四辊压延机生产人造革示意图

擦胶法是在辊间贴合，压延机最后一道辊筒的上辊和下辊有一定的速度差，一般上辊的转速比下辊快40%左右，这样利用基布与薄膜接触面的固有速度差而产生剪切和刮擦，能使一部分熔体被擦入布缝中，使薄膜与基布结合较牢；内贴胶法是压延薄膜与基布不在压延机两个辊筒之间贴合，而是在压延机的一个辊筒边装上一个橡胶贴合辊，基布在橡胶贴合辊与压延辊之间穿入，用适当的压力将薄膜与基布贴合；外贴胶法是压延薄膜从压延辊筒引离后，另用一组贴合辊通过压力将薄膜与基布贴合。为了提高黏合效果，贴胶法所用的基布与薄膜接触的一面往往涂一层胶浆。

（三）压延工艺的控制

压延工艺的控制主要是确定压延操作条件，包括辊温、辊速、速比、存料量、辊距等，它们是相互联系和制约的。

1. **辊温** 压延成型塑料的温度通常控制在略低于物料的黏流温度，这样可以确保塑料能够充分展延成型，同时保持一定的强度，使薄膜能够顺利地从辊筒上引离。辊筒具有适当的温度是使物料熔融塑化、延展的必要条件。物料在压延过程中所需的热量主要来源于两部分：一部分由压延辊筒的加热装置供给，另一部分来自物料通过辊隙时与辊筒之间的摩擦热及物料自身的剪切摩擦热。摩擦热的大小除与辊速和速比有关外，还与物料的黏度有关，也即与料温和物料的增塑程度有关。因此在确定压延辊筒温度时，应同时考虑物料的配方与辊速的影响。

在压延过程中，物料易黏附在高温和高转速的辊筒上。为了使物料能依次贴合辊筒，防止夹入空气而形成气泡，在操作时辊筒温度应控制为：$T_{辊Ⅲ} \geqslant T_{辊Ⅳ} \geqslant T_{辊Ⅱ} \geqslant T_{辊Ⅰ}$。辊Ⅲ的温度大于或等于辊Ⅳ的温度，使物料通过辊Ⅲ和辊Ⅳ间隙时不会包住辊Ⅳ，这样有利于薄膜的引离。一般辊间温差控制在5～10℃。

由于物料在压延过程中会因摩擦而生热，导致物料温度逐步升高，因此要严格控制各辊的温度，以防物料因局部过热而出现降解现象。各辊筒的温度及相邻两辊的温差取决于物料品种、辊筒转速、制品厚度三者之间的关系。通常辊速快，制品厚度小，则辊温要偏低些。

2. **辊速与速比** 压延机辊筒的最适宜转速主要由压延物料和制品厚度要求决定的。一般来说，软质制品的压延转速要高于硬质制品的压延转速。压延机相邻两辊筒线速度之比称为辊筒的速比。压延辊筒具有速比的目的在于使压延物料依次粘辊，产生剪切力，从而更好地塑化物料，同时还可以使压延物得到一定的延伸和定向效果。操作时辊筒的转速一般控制为：$v_{辊Ⅲ} \geqslant v_{辊Ⅳ} \geqslant v_{辊Ⅱ} \geqslant v_{辊Ⅰ}$。辊筒速比根据薄膜厚度和辊速来调节，一般在1∶1.05～1∶1.25的范围内。速比过大会出现包辊现象，而速比过小则薄膜吸辊性差，空气极易夹入而使产品出现气泡。对于硬质制品，还可能导致脱壳现象和塑化不良，影响产品质量。在压延薄膜生产中，根据薄膜厚度与辊速的不同，四辊压延机辊速控制范围见表6-1。

表6-1 四辊压延机各辊的速比范围

膜厚/mm	0.1	0.23	0.14	0.50
主辊转速/m/min	45	35	50	18～24

续表

$v_{辊II}/v_{辊I}$	1.19～1.20	1.21～1.22	1.20～1.26	1.06～1.20
$v_{辊III}/v_{辊II}$	1.18～1.19	1.16～1.18	1.14～1.16	1.20～1.24
$v_{辊III}/v_{辊IV}$	1.20～1.22	1.20～1.22	1.14～1.21	1.24～1.26

3. **辊筒间距**　在压延工艺中，调节各辊筒间距既是为了适应不同厚度制品的要求，也是为了改变辊隙之间的存料量。黏流态物料在两辊筒间所受的压力是随着辊筒间距的减小而增大的，因此为了使制品结构紧密，压延顺利进行，需要沿物料前进方向逐渐减小各组辊筒间距。对四辊压延机操作时一般控制为 $h_0^{1-2} > h_0^{2-3} > h_0^{3-4}$ =压延制品的厚度（h_0^{1-2} 为第一辊筒与第二辊筒中心线间距，其余类推）。逐渐减小辊距可以增大对物料的挤压力，消除气泡，提高制品的密度，并有利于辊筒对物料的传热和塑化，从而提高制品的质量。考虑到后续工序的牵引和轧花会使制品厚度有所减小，应控制压延机最后一道辊的辊距与制品厚度大致相同，并有适当余量。

在两辊的辊隙之间应有少量存料，这是为了在压延过程中维持恒定的压延压力，起到储备补充和继续完善塑化的作用。存料过多会导致薄膜表面毛糙，并易产生气泡，对于生产硬质制品，还会因容易冷却而出现表面冷疤现象。此外，存料过少会导致物料受压不足，造成制品表面毛糙无光，还可能产生菱状孔洞，严重时甚至导致边料断裂。

生产时要求存料量呈铅笔状，应保持旋转运动状态，否则会影响制品横向厚度均匀和外观质量，如薄膜有气泡、硬片有冷疤等。存料旋转不佳的主要原因是料温、辊温太低，或是辊距、辊速调节不当。因此，在操作时应注意观察和调节，以确保良好的存料状态。

4. **引离（拉伸）、冷却、卷取**　从四辊压延机的第三和第四辊之间引离出来的压延薄膜（片）经过引离辊、轧花辊、冷却辊和卷取辊后，最后成为制品。为了使压延制品拉紧，方便剥离，并防止因重力而下垂，保证压延顺利进行，在操作时一般控制速度为：$v_{辊（卷取）} \geqslant v_{辊IV（冷却）} \geqslant v_{辊（引离）} \geqslant v_{辊III}$，这样会引起大分子在其前进方向上有一定的延伸和定向作用，延伸的程度与各辊之间的速比有关。如果要求薄膜具有较高的单向强度，则各辊筒间的速比应增加。然而，速比也不能设置得太大，否则会导致过多的延伸，使薄膜的厚度不均匀，并可能产生过大的内应力。延伸应主要发生在引离辊和压延机之间，引离辊的线速度一般比压延机第三辊高 10%～35%，具体视压延制品的厚度和软硬程度而定。薄膜在冷却后应尽量避免继续延伸，否则经过冷拉伸后的薄膜在存放后会出现较大的收缩量，也不易展平。

四、影响压延制品质量的因素

在压延成型加工中，制品常会发生各种质量问题，其中有属于外观的，也有表现在物理力学性能上的，影响压延制品质量的因素有很多。

（一）压延效应

在压延过程中，物料在通过压延辊筒间隙时会受到很大的剪切力和一些拉伸应力作用，导致高聚物大分子沿着压延方向定向排列，从而造成制品在物理力学性能上出现各向异性，这种现象称为压延效应。

压延效应会引起制品性能发生变化，例如压延薄膜（片）的纵向（沿压延方向）拉伸强度大于横向拉伸强度，横向断裂伸长率大于纵向；当制品使用温度有较大变化时，各向尺寸会发生不同的变化，纵向可能出现收缩，甚至破裂，而横向与厚度方向则可能出现膨胀，导致制品质量不均匀。对于要求各向同性的压延制品来说，应尽可能消除或适度控制压延效应；如果压延制品需要这种定向效应，例如要求薄膜具有较高的单向强度，则在生产中应注意压延的方向，促进这种效应，尽量发挥其作用。

压延效应的大小受多种因素影响，如压延温度、辊筒转速与速比、辊隙存料量、制品厚度以及物料性质等。适当提高塑料物料的温度可以提高其塑化程度，促进大分子的热运动，破坏其定向排列，从而降低压延效应。增加辊筒的转速与速比会提高压延效应，而降低转速则会使压延时间增加，从而降低压延效应。辊隙存料增多也会导致压延效应上升。制品厚度的减小会增加物料所受的剪切作用，从而导致压延效应增加，因此过薄的压延制品难以保证质量，这也是厚度小于0.05mm的薄膜很少用压延法而多采用挤出吹塑法生产的原因。物料中采用针状或片状配合剂易产生较大的压延效应，而且物料的表观黏度越大，压延效应也越明显，要消除这些因素产生的压延效应，应尽量避免使用各向异性的配合剂，并提高物料的塑性。压延后缓慢冷却有利于取向分子松弛，也可降低压延效应。此外，引离辊、冷却辊和卷取辊等之间的速比也对压延效应有影响。

（二）影响制品表面质量的因素

影响压延制品表面质量的主要因素有原材料、压延工艺条件及冷却定型。

1. **原材料** 高分子量和窄分子量分布的树脂通常有利于提高制品的物理力学性能，包括热稳定性和表面质量，但这要求较高的压延温度，不适合生产较薄的制品。因此，在选择树脂牌号时既要考虑制品的质量，也要兼顾加工性能。树脂中灰分、水分和挥发物的含量也会影响薄膜的透明度和质量。在一定范围内，增塑剂含量越高，物料黏度越低，加工性能越好。此外，增塑剂的种类和用量也会影响制品的耐热性和光学性能，选用时要特别注意。稳定剂的选用也很重要，稳定剂选用不当可能会造成树脂与稳定剂相容性差，在压延时被挤出而包围在辊筒表面形成一层蜡状物，导致薄膜表面不光滑，发生粘辊现象。因此，要选用适当的稳定剂或加入润滑体系。在制备压延物料时，各组分的分散和塑化均匀性不好也会使薄膜出现鱼眼、斑痕等质量缺陷。

2. **压延工艺条件** 辊温的高低影响物料的塑化效果，温度过低会使薄膜表面毛糙、不透明、有气泡，甚至出现孔洞。辊速及其速比的设定与物料的压延时间和产生的剪切摩擦热有关，也影响物料的塑化。辊距的大小和辊隙存料量及其旋转状况也是影响制品表面质量的重要因素。

3. **冷却定型** 冷却不足会导致制品黏性增加、起皱、收缩率大，使制品展平困难。过分冷却则会因冷却辊表面温度过低而凝结水珠，长时间可能导致霉菌或霜的形成。冷却辊的速度太小会使薄膜定型后发皱，但速度过大会使制品受到冷拉伸，导致内应力增加，使制品存放后收缩率增大，难以展平。

（三）影响制品厚度的因素

压延制品质量最突出的问题是薄膜横向厚度不均，产生这种现象的主要原因是辊筒的弹性变形和辊筒表面在轴向上存在温差。

1. **辊筒的弹性变形** 在压延过程中，辊筒对物料施加压力，而物料对辊筒又产生反作用力，即分离力。分离力会使压延辊筒如承载梁一样产生弯曲变形，变形值从挠度最大处的辊筒轴线中点处向两端处展开并逐渐减小，从而导致压延制品的横截面呈现中间厚两边薄的现象。

分离力的大小受到辊筒半径、转速、物料黏度、存料量、薄膜厚度和宽度等因素的影响。压延辊筒的转速越高、薄膜越薄、料幅越宽，则辊筒的分离力就越大，弹性变形越大，制品厚度不均匀性也越明显。在实际生产中，总是希望能用最快的压延速度生产出最薄和最宽的薄膜，这样辊筒的分离力必然很大。为了克服这一问题，一方面可以在工艺操作上进行控制，如提高加工温度使熔体黏度降低，减少辊隙存料的体积等；另一方面采用如前所述的中高度法、轴交叉法和预应力法等措施来减小辊筒弹性变形对制品厚度分布均匀性的影响。

2. **辊筒表面温度的变动** 由于辊筒两端比中间部分更易散失热量，导致辊筒两端的温度较低，而辊筒表面的温差必然会导致整个辊筒热膨胀的不均匀，从而造成薄膜横向上两侧厚度增大的现象。为了克服辊筒表面温差所引起的薄膜横向厚度不均匀问题，工艺上可采用红外线灯或其他专门的电热器对辊筒两端温度偏低的部位进行局部补偿加热，或者在辊筒近中部区域两边采用风管冷却，以促进辊筒横向各部分温度的均一。

保证压延制品横向厚度均匀的关键在于中高度法、轴交叉法和预应力法相关装置的合理设计、制造和组合使用。

第五节 塑料的二次成型

在一定条件下将片、板、棒等塑料型材通过再次加工成型为制品的方法，称为二次成型。一次成型是利用塑料的塑性形变而成型，而二次成型是利用推迟形变而成型。由于二次成型过程中塑料通常都是处于熔点或流动温度以下的“半熔融”类橡胶状态，所以二次成型是加工类橡胶聚合物的一种技术，它仅适用于热塑性塑料的成型。二次成型主要包括：中空吹塑成型、热成型、取向薄膜的拉伸等。

一、二次成型的黏弹性原理

聚合物在不同温度下表现出不同的物理状态，包括玻璃态（或结晶态）、高弹态和黏流态。在正常相对分子质量（$M_1<M<M_2$）范围内，无定形和部分结晶线型聚合物在不同温度下的物理状态转变如图 6-61 所示。对于无定形聚合物，在玻璃化温度 T_g 以上呈现类橡胶态，表现出高弹性；在更高的温度（T_f）以上呈黏性液体状态。部分结晶的聚合物在 T_g 以上为韧性结晶态，在熔点 T_m 附近转变为具有高弹性的类橡胶态，而在高于熔点 T_m 的温度时才呈黏性液体状。聚合物在类橡胶态时的模量比 T_g 下的要低，形变值更大，但仍具有抵抗形变和恢

复形变的能力，只是在较大的外力作用下才能产生不可逆的形变。塑料的二次成型通常是材料在类橡胶态的条件下进行的。聚合物在 T_g–T_f（或 T_m）温度范围内同时表现出液体和固体的性质，在二次成型过程中既具有黏性又具有一定的弹性。

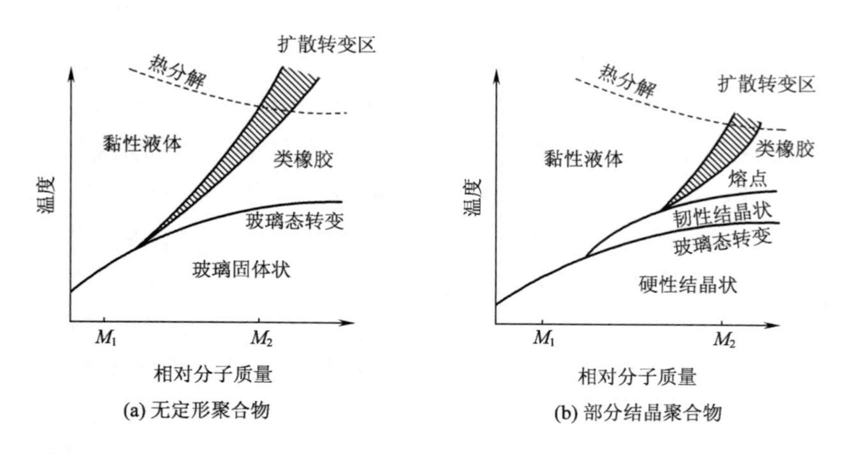

图6–61　无定形聚合物和部分结晶聚合物在不同温度下的物理状态转变

不同聚合物的 T_g 存在很大差异。适用于二次成型的一般是 T_g 比室温高得多的聚合物，因为由这些聚合物成型的制品在室温条件下具有长期的尺寸稳定性。

由于聚合物本身的长链结构及分子链的柔顺性，通常将聚合物置于一定温度下并受到外力作用时，大分子会经历一系列中间状态，并最终过渡到与外力相适应的平衡状态，这个过程被称为松弛过程。聚合物形变随时间的变化可由非线性黏弹行为的四元件模型导出的公式（6–18）表示。

$$\varepsilon(t)=\frac{\sigma_e}{E_1}+\frac{\sigma_e}{E_2}(1-\varepsilon^{-t/\tau_2})+\frac{t}{\eta_3}\cdot\sigma_e \tag{6–18}$$

式中：$\frac{\sigma_e}{E_1}$、$\frac{\sigma_e}{E_2}(1-\varepsilon^{-t/\tau_2})$、$\frac{t}{\eta_3}\cdot\sigma_e$分别为普弹形变、高弹形变和黏弹形变部分。

在聚合物的玻璃化温度以上，普弹形变在总形变中所占比例很小，可忽略。于是式（6–18）也可写成：

$$\varepsilon(t)=\varepsilon_{2\infty}(1-e^{-t/\tau_2})+\varepsilon_{\eta_3}t \tag{6–19}$$

式中：$\varepsilon_{2\infty}=\frac{\sigma_e}{E_2}$，表示力作用时间$t\to\infty$时的高弹形变；$\varepsilon_{\eta 3}=\frac{\sigma_e}{\eta_3}$，表示单位时间的黏弹形变。

若成型中的外力作用时间为 t_1，则由式（6–19）可得，外力作用时间 t_1 后的总形变 $\varepsilon(t_1)$ 按下式计算：

$$\varepsilon(t_1)=\varepsilon_{2\infty}(1-e^{-t_1/\tau_2})+\varepsilon_{\eta_3}t_1 \tag{6–20}$$

在二次成型时，聚合物的成型温度处于高弹态温度范围或黏流温度附近，这时聚合物的松弛时间 τ_2 很短，$t_1 \gg t_2$，式（6–20）中 $e^{-t/\tau_2}\to 0$，于是：

$$\varepsilon(t) \approx \varepsilon_{2\infty} + \varepsilon_{\eta_3} t_1 \tag{6-21}$$

释放外力后，高弹形变回复，根据 Maxwell 四元件模型计算回复后的形变与形变回复时间（$t-t_1$）的关系式为：

$$\varepsilon(t) = \varepsilon_{2\infty} e^{-(t-t_1)/\tau_2} + \varepsilon_{\eta_3} t_1 \tag{6-22}$$

若在高弹形变回复之前将聚合物的温度降低至 T_g（或结晶温度）以下再释放外力，则由于在 T_g（或结晶温度）以下聚合物的松弛时间 $\tau_2 \to \infty$，即 $(t-t_1)/\tau_2 \to 0$，此时式（6-22）可变为：

$$\varepsilon(t) = \varepsilon_{2\infty} + \varepsilon_{\eta_3} t_1 \tag{6-23}$$

根据上述原理，使处于高弹态的聚合物在外力作用下短时间内达到所需的形变，若在高弹形变回复之前将聚合物温度降到 T_g（或结晶温度）以下再释放外力，则聚合物总形变（高弹形变和黏弹形变）的高弹形变部分不再回复，而黏弹形变部分本身就是不可逆形变，释放外力后也不回复，如图 6-62 所示。聚合物的二次成型正是基于这一原理。

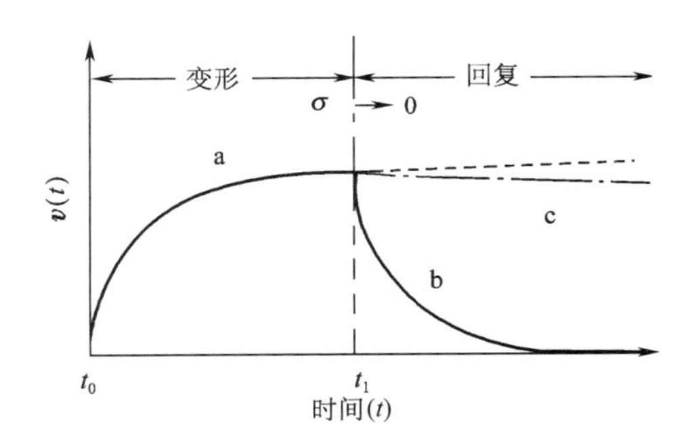

图6-62　二次成型中聚合物高弹形变—时间曲线

a—成型时变形（$T>T_g$）　b—变形的回复（$T>T_g$）　c—变形的回复（T=室温$\ll T_g$）

利用聚合物推迟高弹形变的松弛时间的温度依赖性，在聚合物玻璃化温度以上的 T_f 附近使聚合物材料半成品（板材、片材、管、中空异形材等）快速变形，然后保持形变，并在较短时间内冷却到玻璃化温度或结晶温度以下，使成型物的形变被冻结下来，这就是二次成型的黏弹性原理。

二次成型的温度应以聚合物能够产生形变且伸长率最大的温度为宜。一般无定形热塑性聚合物的最佳成型温度比 T_g 略高，如硬 PVC（T_g = 83℃）的最佳成型温度为 92 ~ 94℃，PMMA（T_g = 105℃）的最佳成型温度为 118℃。

二次成型产生的形变具有可回复性，实际获得的有效形变（即残余形变）与成型条件有关。冻结残余形变的温度（即模具温度）越低，成型制品回复的形变成分就越少，可获得的有效形变就越大，因此，模具温度不宜过高，一般在聚合物的 T_g 以下。另外，成型温度升高，材料的弹性形变成分会减小。图 6-63 所示对硬质 PVC 二次成型条件的研究表明，在 85℃以下塑料的收缩很小，塑料所获得的残余形变几乎为 100%，但塑料在 T_g 以上加热收缩时，随温度的升高，制品的形变值增大，残余形变减小。在相同的收缩温度下，制品成型温

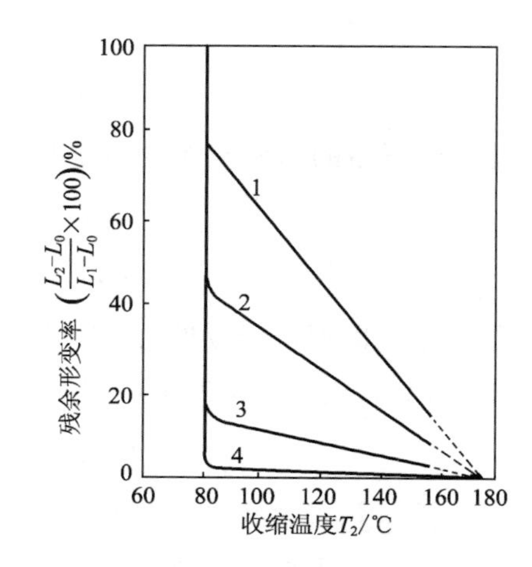

图6-63　硬质PVC二次成型温度与收缩温度对残余形变的影响

成型温度T_1分别为：

1—160℃　2—130℃

3—100℃　4—85℃

度高比成型温度低具有更高的残余形变。因此，在较高温度下成型可以获得形状稳定性较好的制品，并且具有较强的抵抗热弹性回复的能力。

综上所述，根据二次成型的黏弹性原理，可以得到以下两点推论：

（1）二次成型制品的使用温度应比聚合物的玻璃化温度或结晶温度低得多。

（2）二次成型温度越高，制品中不可逆形变所占比例越大，形状稳定性也越好。

二、拉幅薄膜的成型

拉幅薄膜（tensility film）是将挤出成型所得厚度为1～3mm的厚片坯或管坯重新加热到材料的高弹态下进行大幅度拉伸而形成的薄膜。拉幅薄膜的生产可以将挤出厚片坯或管坯与拉幅两个过程直接联系起来进行连续成型，也可以将挤出厚片坯或管坯与拉幅工序分为两个独立的过程来进行。不论采用哪种方法，在拉伸前必须将已定型的片或管坯重新加热到聚合物的 T_g–T_f 温度范围内。与未拉伸取向的薄膜相比，拉伸薄膜具有以下特点：强度和模量大幅度提高，透明度和表面光泽良好，对气体和水蒸气的渗透性降低，耐热性和耐寒性得到改善。

拉幅成型使聚合物长链在高弹态下受到外力作用沿拉伸方向伸长和取向，从而产生了各向异性现象。拉幅薄膜就是大分子具有取向结构的一种薄膜材料。当拉伸作用仅在薄膜的一个方向上进行时，称为单轴拉伸，此时材料的大分子沿单轴取向；当拉伸在薄膜平面的两个方向（通常相互垂直）进行时，称为双轴拉伸，此时材料的大分子沿双轴取向。单轴取向的薄膜沿拉伸方向强度更高，但容易沿平行于拉伸方向撕裂，单轴取向在挤出单丝和生产打包带、编织条及捆扎绳方面应用广泛。双轴拉伸时，聚合物的分子链平行于薄膜的表面，相互间不如单轴拉伸那样平行排列，但薄膜平面相互垂直的两个拉伸方向上的拉伸强度都比普通薄膜高。如果在薄膜的不同方向上具有相同的拉伸度，则薄膜中长链分子沿平面上各个方向的取向是平衡的，薄膜的性能就较为均衡。

拉幅薄膜的拉伸取向方法主要分为平膜法和管膜法，这两种方法又有不同的拉伸技术，大致划分如下：

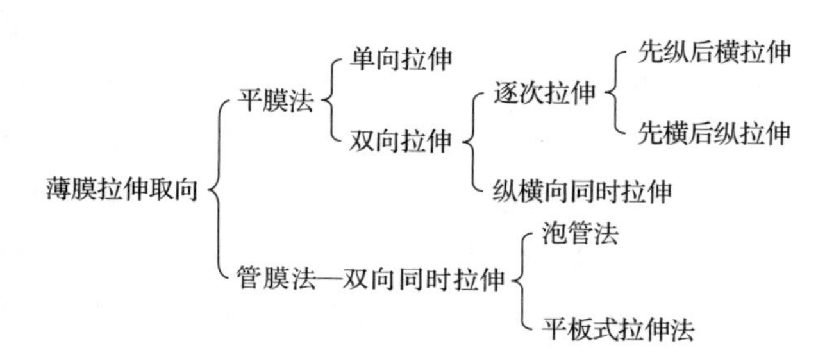

(一)拉幅薄膜成型的基本过程

1. **平膜逐次双向拉伸薄膜的成型** 平膜逐次双向拉伸有先纵向拉伸后横向拉伸和先横向拉伸后纵向拉伸两种方法。目前生产上最常用的方法是先纵向拉伸后横向拉伸，其典型工艺过程如图 6-64 所示。

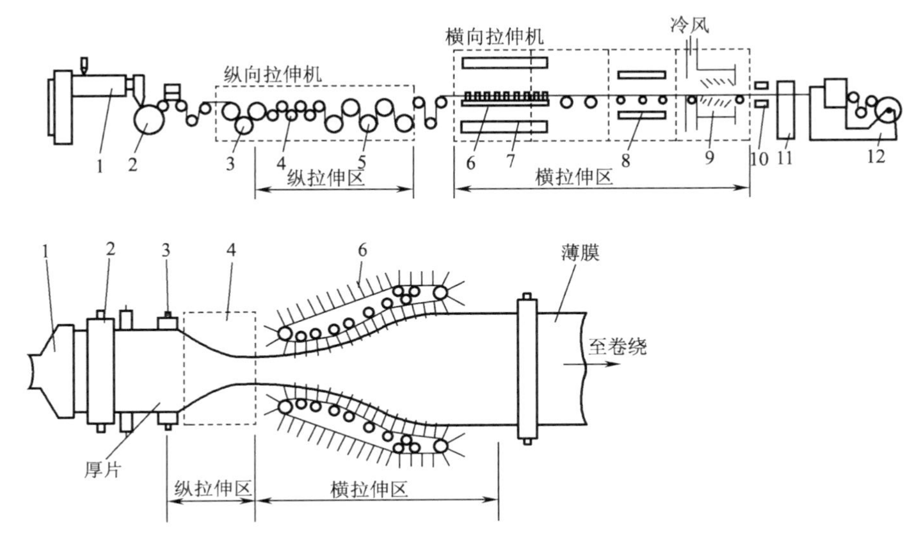

图6-64 平膜逐次双向拉伸薄膜的成型工艺过程示意图

1—挤出机 2—厚片冷却辊 3—预热辊 4—多点拉伸辊 5—冷却辊 6—横向拉幅机夹子
7，8—加热装置 9—风冷装置 10—切边装置 11—测厚装置 12—卷绕机

采用先纵拉后横拉成型双向拉伸膜时，塑料熔体经挤出机平缝机头被挤成厚片，得到的厚片立即被送至冷却辊进行急冷。冷却定型后的厚片经预热辊加热到拉伸温度后，被引入一组具有不同转速的拉伸辊进行纵向拉伸。达到预定纵向拉伸比后，膜片经过冷却即可直接送至拉幅机（横向拉伸机）。纵拉后的膜片在拉幅机内经过预热、横拉伸、热定型和冷却作用后离开拉幅机，再经切边和卷绕即得到双向拉伸膜。

（1）厚片急冷。在双向拉伸过程中，用于拉伸的厚片需要保持无定形状态。对于结晶性聚合物（如 PP、PET 等），为了实现无定形状态，通常将离开口模的熔融态厚片进行急冷。急冷装置是一个冷却转鼓，是一种表面十分光滑的可绕轴旋转的大直径钢制圆筒。圆筒内设有定温的冷却水通道，可以控制转鼓的温度。转鼓的温度要确保稳定，并且工作部分的温度分布要均匀。转鼓应尽量靠近挤出机的口模，以防止厚片在到达转鼓前降温结晶。转鼓表面线速度应大致与机头出片速度相同或略高一些。要将强结晶性聚合物制成完全非晶态的厚片是困难的，工艺上允许有少量微晶存在，但结晶度应控制在 5% 以下。厚片的厚度大致为拉伸薄膜的 12 ～ 16 倍，横向厚度应保持均匀一致。

（2）纵向拉伸。纵向拉伸包括单点拉伸和多点拉伸。单点拉伸是通过两个不同转速的辊筒对类橡胶态的厚片进行拉伸，辊筒表面线速度之比即为拉伸比，通常为 3 ～ 9；而多点拉伸则是将拉伸比分配在若干个不同转速的辊筒上来完成，这些辊筒的转速逐渐递增，最后一个拉伸辊（或冷却辊）的转速与第一个拉伸辊（或预热辊）的转速之比即为总拉伸比。多点拉伸具有许多优点，如拉伸均匀、拉伸程度大，不易产生细颈现象（薄膜两边变厚而中间变薄）等，因此在实际应用中被广泛采用。

纵向拉伸装置主要由预热辊、拉伸辊和冷却辊组成。预热辊的作用是将急冷后的厚片重新加热到拉伸所需的温度。预热温度过高会导致粘辊痕迹和制品表观质量下降，甚至出现包辊现象，使拉伸过程难以进行；温度过低则会出现冷拉现象，使制品的厚度公差增大，横向收缩的稳定性变差，严重时会在纵横向拉伸的接头处发生脱夹和破膜。纵向拉伸区冷却辊的作用包括两方面，一是使结晶聚合物的结晶过程迅速停止，并固定大分子的取向结构；二是张紧膜片，避免发生回缩。由于纵向拉伸的膜片冷却后须立即进入横拉区的预热段，所以冷却辊的温度不宜过低，一般控制在聚合物玻璃化温度或结晶最大速率温度附近。

（3）横向拉伸。纵向拉伸后的膜片在进行横向拉伸前需重新预热，预热温度应稍高于聚合物的玻璃化温度或接近其熔点。横向拉伸在拉幅机上进行，该机器配有两条张开且呈一定角度（一般为 10°）的轨道和装有许多夹子的链条。膜片被夹子夹住，并沿轨道运行，使加热的膜片在前进过程中受到强制的横向拉伸作用。横向拉伸倍数为拉伸机出口处的膜宽与纵拉伸后的膜片宽度之比。横向拉伸比一般小于纵向拉伸比，横向拉伸比超过一定限度后，所成型薄膜的性能不仅无显著提高，反而会导致膜的破损。

（4）热定型和冷却。横向拉伸后的薄膜在进入热定型段之前需要经过一个缓冲段。缓冲段薄膜的宽度与其离开横向拉伸段末端时相同，只是温度略有升高。缓冲段的作用是防止热定型段的温度对拉伸段产生影响，确保横向拉伸段的温度能得到严格控制。热定型温度应至少比聚合物的最大结晶速率温度高 10℃。

为了防止破膜，热定型段薄膜宽度应略有减小，这是由于横向拉伸后的薄膜宽度在热定型升温过程中会有一定程度的收缩，但又不能任其自由收缩，因此必须在规定的收缩限度内使横向拉伸后的薄膜在张紧的状态下进行高温处理，即对成型的双向拉伸膜进行热定型处理。

经过热定型后，双向拉伸膜的内应力得到消除，收缩率大为降低，同时机械强度和弹性也得到改善。双向拉伸膜冷却后应切去两侧边缘各约 100mm 未拉均匀的厚边，切片后的薄膜经导辊引入收卷机卷绕成一定长度或质量的膜卷。

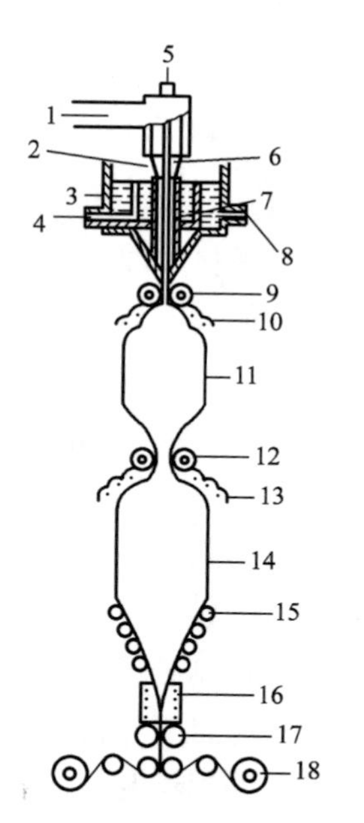

图6-65　管膜双向拉伸薄膜成型工艺示意图

1—挤出机　2—管坯　3—冷却夹套　4—冷却水进口　5—空气进口　6—探管　7—冷却套管　8—冷却水出口　9，12，17—夹辊　10，13—加热装置　11—双轴取向管膜　14—热处理管膜　15—导辊　16—加热器　18—卷取装置

2. **管膜双向拉伸薄膜的成型**　管膜双向拉伸薄膜的成型工艺过程可以分为管坯成型、双向拉伸和热定型三个阶段，如图 6-65 所示。

管坯通常由挤出机将熔融塑料经管型机头挤出形成，

从机头出来的管坯立即被冷却夹套的水冷却，以将管坯的温度控制在 T_g ～ T_f 之间。管坯经第一对夹辊折叠后进入拉伸区，在此处管坯由从机头和探管通入的压缩空气吹胀，使其在横向上拉伸并胀大成管形薄膜。由于管膜在胀大的同时受到下端夹辊的牵伸作用，因而在横向拉伸的同时也被纵向拉伸。调节压缩空气的进入量、压力和牵引速度，就可以控制纵横两个方向的拉伸比，从而实现纵、横两向接近于平衡的拉伸效果。

拉伸后的管膜经过第二对夹辊再次折叠，然后进入热处理区域，再继续保持压力，使管膜在张紧力的作用下进行热处理定型。最后，经过空气冷却、折叠、切边等后处理，成品由卷绕装置卷取。拉伸和热处理过程的加热通常采用红外线，此法设备简单、占地面积小，但薄膜厚度和强度均匀性较差，主要用于 PET、PS、聚偏氯乙烯等。

热收缩膜是一种受热后有较大收缩率的薄膜制品。平膜法和管膜法成型双向拉伸膜的工艺都可用于制造热收缩膜，但绝大多数热收缩膜是用管膜法生产的。将适当大小的热收缩膜套在包装的物品外部，然后在适当的温度下加热，薄膜会立即在其长度和宽度两个方向上发生急剧收缩，收缩率一般可达 30%～60%，从而使薄膜紧紧地包覆在物品外面，形成一个良好的保护层。用管膜法生产热收缩膜时，除了不必进行热定型外，其余工序与成型一般双向拉伸膜相同。

（二）拉幅薄膜成型过程的影响因素

在聚合物拉伸过程中，影响分子取向的主要因素包括拉伸温度、拉伸速度、纵横向拉伸倍数、拉伸方式（一次或多次拉伸）、热定型条件、冷却速度等。聚合物分子的取向是一种松弛现象，在相同的取向条件下，聚合物分子中松弛时间较短的部分会较早地发生取向，而松弛时间较长的部分则取向较晚。随着温度升高，松弛时间会缩短，因此提高温度有利于分子取向。然而，温度过高会加快解取向的过程。因此，必须选择适当的取向温度，通常控制在 T_g ～ T_f（或 T_m）之间。由于长时间的高温作用会使薄膜中的取向结构减少甚至消失，因此薄膜在取向后必须进行快速冷却。

由于松弛过程需要时间，因此拉伸时大分子形变取向的松弛过程会滞后于拉伸速度的变化。如果拉伸速度过大，在较低延伸时，薄膜可能会在拉伸过程中破裂。因此，当拉伸速率过大时，薄膜的伸长率和取向度会随着拉伸速度的增大而减小。同时，在相同的拉伸温度下，伸长率会随拉伸速度的增加而降低（图 6-66）。

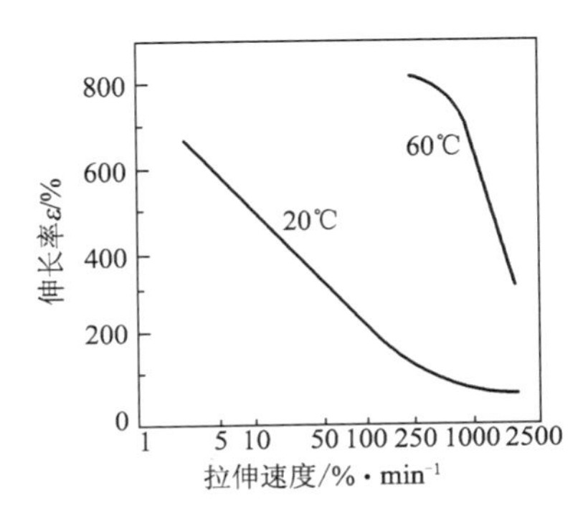

图6-66　聚丙烯在不同温度下伸长率与拉伸速度的关系

在薄膜的制造过程中，取向度会随着拉伸倍数的增加而增加。为了使薄膜在各个方向都有较均衡的性能，通常纵横向拉伸倍数大都控制在 3～4 倍范围内，但具体的拉伸倍数需要根据对薄膜性能的要求来确定。

为了使薄膜的取向结构稳定下来，并在使用过程中不发生显著的收缩和变形，通常需要对拉伸后的薄膜进行热处理（热定型）。对于无定形聚合物，热定型温度通常控制在 T_g 附近，而对于结晶聚合物，则需要控制在最大结晶速率的温度下（通常约为 $0.85T_m$）。为了防止薄膜中聚合物分子主链在热定型过程中发生解取向，同时有利于链段得到松弛，热定型必须在连续张紧的条件下进行。通常情况下，薄膜在热定型过程中会有少量纵横方向的收缩。然而，用于热收缩性用途的薄膜则可以省去热定型工艺，这种用途的薄膜拉伸温度也可以低一些。

热塑性聚合物拉伸取向的一般规律可归纳如下：

（1）在拉伸速度与拉伸倍数一定时，拉伸温度越低（应以拉伸效果为准，一般应稍高于 T_g），薄膜的取向效果越好；

（2）在拉伸温度与拉伸速度一定时，取向度随拉伸倍数的增加而提高；

（3）在任何拉伸条件下，冷却速度越快，有效取向度越高；

（4）在拉伸温度与拉伸倍数一定时，拉伸速度越大，则取向作用越大；

（5）在固定的拉伸温度和速率下，拉伸比随拉伸应力而增加时，薄膜取向度也会提高；

（6）拉伸速度随温度升高而加快，在有效的冷却条件下有效取向程度将提高。

三、中空吹塑成型

中空吹塑（blow molding）是一种用于制造空心塑料制品的成型方法，是借助气体压力将闭合在模具型腔中处于类橡胶态的型坯吹胀成为中空制品的二次成型技术。

（一）中空吹塑成型的分类及工艺过程

中空吹塑工艺根据型坯制造方法的不同可分为注坯吹塑和挤坯吹塑两种。若将所制得的型坯直接在加热状态下立即送入吹塑模内吹胀成型，称为热坯吹塑；若不使用热的型坯，而是将挤出所制得的管坯和注射所制得的型坯重新加热到类橡胶态后再放入吹塑模内吹胀成型，称为冷坯吹塑。目前工业上以热坯吹塑居多。

1. *注射吹塑* 注射吹塑（injection blowing）是用注射成型法先将塑料制成有底型坯，再将型坯移入吹塑模内进行吹塑成型。注射吹塑又可分为直接注坯吹塑和注射—拉伸—吹塑两种方法。

（1）无拉伸注坯吹塑。无拉伸注坯吹塑成型过程如图 6-67 所示。在高压下由注射机将熔融塑料注入型坯模具内，并在芯模上形成适宜尺寸、形状和质量的管状有底型坯。若生产的是瓶类制品，则瓶颈部分及其螺纹也在此步骤同时成型。所用芯模为一端封闭的管状物，压缩空气可以从开口端通入并从管壁上所开的多个小孔逸出。型坯成型后，注射模立即开启，通过旋转机构将留在芯模上的热型坯移入吹塑模内。合模后从芯模通道吹入 0.2 ～ 0.7MPa 的压缩空气，型坯立即被吹胀而脱离芯模，紧贴到吹塑模的型腔壁上，并在空气压力下冷却定型，最后开模取出吹塑制品。

注射吹塑适用于生产批量大的小型精制容器和广口容器，主要用于化妆品、日用品、医药和食品的包装。

注坯吹塑技术的优点是：制品壁厚均匀，不需要后加工；注射制得的型坯能全部进入吹塑模内吹胀，故所得中空制品无接缝，废边废料较少；对塑料品种的适应范围较宽，一些难以用挤坯吹塑成型的塑料品种可以用注坯吹塑成型。该技术的缺点是：成型需要注塑和吹塑两套模具，故设备投资较大；注塑所得型坯温度较高，吹胀物需较长的冷却时间，成型周期较长；注塑所得型坯的内应力较大，在生产形状复杂、尺寸较大的制品时易出现应力开裂现象，因此对生产容器的尺寸和形状有一定限制。

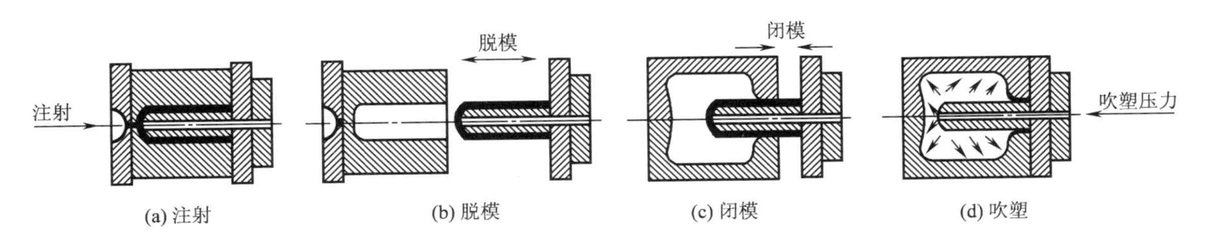

图6-67　注坯吹塑成型过程

（2）注坯—拉伸—吹塑。在成型过程中，型坯被横向吹胀前受到轴向拉伸，所得制品具有大分子双轴取向结构，用这种方法成型中空制品的原理与泡管法制取双轴取向薄膜的原理基本相同。

注坯—拉伸—吹塑制品成型过程如图 6-68 所示。在这一成型过程中，型坯的注射成型与无拉伸注坯吹塑法相同，但所得型坯并不是立即移入吹塑模，而是经适当冷却后移送到一加热槽内，在槽中加热到预定的拉伸温度后再转送至拉伸吹胀模内。在拉伸吹胀模内先用拉伸棒对型坯进行轴向拉伸，然后再引入压缩空气使之横向胀开并紧贴模壁。最后，吹胀物经过一段时间的冷却后即可脱模得到具有双轴取向结构的吹塑制品。

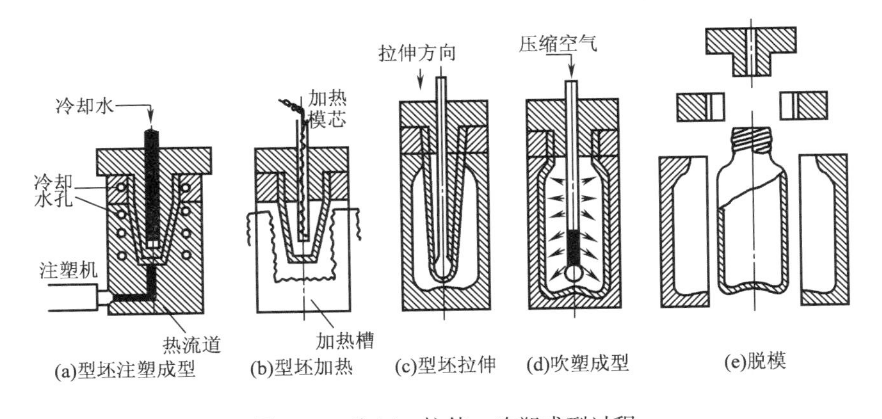

图6-68　注坯—拉伸—吹塑成型过程

在注坯—拉伸—吹塑成型时，通常将不包括瓶口部分的制品长度与相应型坯长度之比称为拉伸比，而将制品主体直径与型坯相应部位直径之比称为吹胀比。增大拉伸比和吹胀比有利于提高制品的强度，但在实际生产中为了保证制品的壁厚满足使用要求，拉伸比和吹胀比都不能过大。实验表明，当拉伸比和吹胀比取值为 2 ～ 3 时，可得到综合性能较好的制品。通过注坯—拉伸—吹塑成型的制品，其透明度、冲击强度、表面硬度和刚度等方面都有较大的提高。

2. **挤坯吹塑** 挤坯吹塑（extrusion blowing）与注坯吹塑的不同之处在于其型坯是用挤出机经管坯机头挤出制得的。挤坯吹塑工艺过程包括：管坯由挤出机挤出，并垂挂在安装于机头正下方预先分开的型腔中；当下垂的型坯达到规定长度后立即合模，并靠模具的切口将管坯切断；从模具分型面上的小孔送入压缩空气，使型坯吹胀紧贴模壁而成型；保持充气压力，使制品在型腔中冷却定型后开模脱出制品。

挤坯吹塑法具有生产效率高、型坯温度均匀、熔接缝较少、吹塑制品强度较高等优点。此外，挤出吹塑设备简单，投资少，且适用于制造各种形状、大小和壁厚的中空容器，在当前中空制品的总产量中占有绝对优势。

为满足不同类型中空制品的成型需求，挤坯吹塑在实际应用中有多种方法，包括单层直接挤坯吹塑、多层共挤坯吹塑、挤出—蓄料—压坯—吹塑和挤坯拉伸吹塑等。挤坯拉伸吹塑成型过程比注坯拉伸吹塑更复杂，因此在生产中较少采用。

（1）单层直接挤坯吹塑。单层直接挤坯吹塑的基本过程如图 6-69 所示。型坯从供料的挤出机管机头挤出，垂挂在口模下方处于开启状态的两吹塑半模中间，当型坯长度达到预定值后，两吹塑半模立即闭合，模具的上、下夹口依靠合模力将管坯切断，型坯在吹塑模内的吹胀与冷却过程与无拉伸注坯吹塑相同。由于型坯仅由一种物料经过挤出机前的管机头挤出制得，故这种吹塑成型常被称为单层直接挤坯吹塑，简称挤坯吹塑。

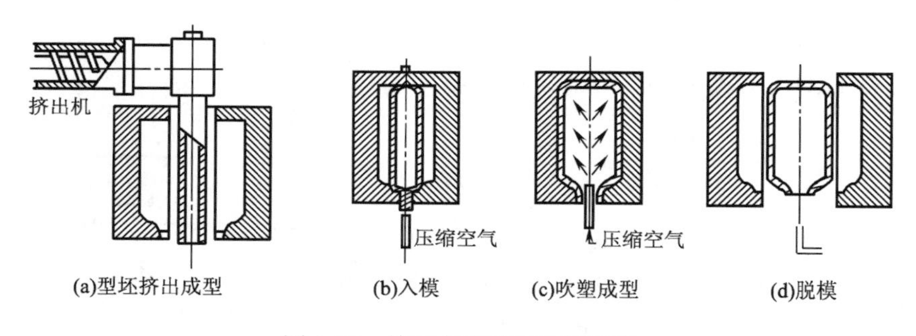

图6-69 单层直接挤坯吹塑过程

（2）多层共挤坯吹塑。多层共挤坯吹塑是在单层挤坯吹塑的基础上发展而来的一种技术，其利用两台以上的挤出机将不同塑料熔融后，在同一个机头内复合、挤出，从而制造多层中空制品。多层共挤坯吹塑成型过程与单层挤坯吹塑无本质差别，只是型坯的制造需采用能挤出多层结构管状物的机头。图 6-70 为三层管坯挤出设备示意图。

多层共挤坯吹塑的技术关键在于控制各层塑料间的相互熔合和黏结质量。如果层间的熔合与黏结不良，制品夹口区的强度会显著下降。通常，熔黏的方法有两种：一种是在各层所用物料中混入有黏结性的组分，这可以在不增加挤出层数的情况下保持制品夹口区的强度；另一种是在原来各层之间增加具有粘接功能的材料层，但需要增加制造多层管坯的挤出机数量，导致成型设备的投资增加，同时也增加了型坯的成型复杂性。

（3）挤出—蓄料—压坯—吹塑。在制造大型中空制品时，直接从挤出机挤出管状型坯的速度有限，当型坯达到规定长度时会因自重作用而出现上部壁厚明显减薄、下部壁厚明显增大的现象。此外，由于型坯的上、下部分在空气中停留时间不同，致使温度也会有明显差异。这种壁厚和温度分布不均匀的型坯用于成型吹塑制品，不仅会导致制品壁厚的均一性差，而且内应力也比较大。

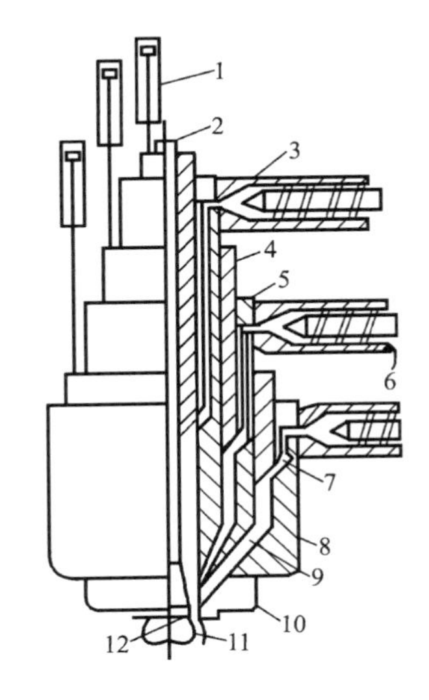

图6-70　三层管坯挤出设备示意图
1—油缸　2—支撑杆　3—挤出机　4—环形活塞　5—隔层　6—粘接材料　7—环形通路　8—外壳　9—储存器　10—喷嘴　11—型坯　12—芯轴

对于大型制品的成型，一方面要求快速提供制品所需的熔体量，减少因体积和自重大而引起的型坯下坠和缩径；另一方面，大型制品冷却时间长，挤出机不能连续进行，为此开发了带有贮料缸的机头。先将挤出机塑化的熔体蓄积在贮料缸内，当缸内的熔体量达到预定值后，通过加压柱塞以很高的速度将其经环隙口模压出，形成一定长度的管状物。这种按挤出、蓄料、压坯和吹塑方式成型中空制品的工艺过程可用如图6-71所示带蓄料缸的吹塑机实现。为了进一步提高大型吹塑制品壁厚的均匀性，目前在这种带蓄料缸的吹塑机上已采用了可变环隙口模和程序控制器，可以按照预先设定的程序自动控制型坯的轴向壁厚分布。

（二）中空吹塑成型工艺过程的影响因素

注坯吹塑和挤坯吹塑的区别在于型坯成型方法不同，两者的型坯吹胀与制品冷却定型过程是相同的，吹塑成型过程影响因素也大致相同。影响成型工艺和制品质量的因素主要有型坯温度、吹气压力和充气速度、吹胀比、模温和冷却时间等，对拉伸吹塑的影响因素还有拉伸倍数。

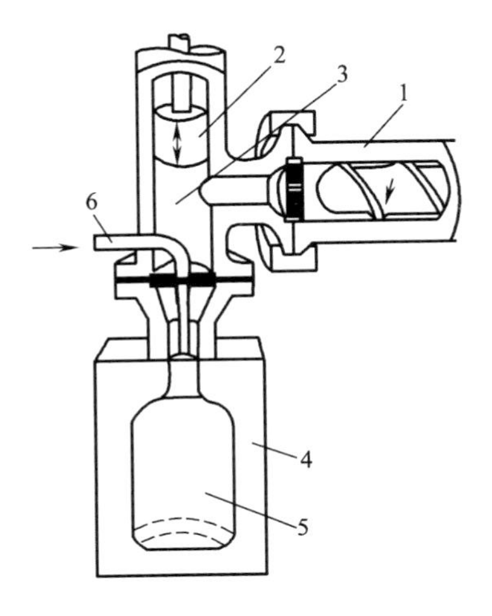

图6-71　带蓄料缸的吹塑成型装置
1—挤出机　2—柱塞　3—储料缸　4—模具　5—吹塑制品　6—吹气管

1. ***型坯温度***　在挤坯吹塑中，型坯的成型主要受离模膨胀与垂伸这两种现象的影响。膨胀会使型坯的直径与壁厚变大，而长度相应减小；垂伸的作用效果则与膨胀相反。这两种相反现象的综合效应决定了吹塑模具闭合前型坯的尺寸与形状。型坯的膨胀对吹塑制品的性能与成本均有重要影响。若型坯的直径膨胀太大，吹胀时会产生过多的飞边，制品上也可能出现褶纹。吹塑非对称制品时，型坯直径过小可能导致某些部位（如边把手）出现缺料现象。此外，过小的壁厚会使制品机械强度不足，而壁厚太大又会造成原料浪费。挤坯吹塑中型坯的自重会引起垂伸现象，增加其长度，减小其直径与壁厚，甚至在极个别情况下还可能导致型坯断裂。

聚合物熔体的离模膨胀是其弹性行为的一种表现形式。离模膨胀与型坯离开口模的时间、聚合物的流变性质、相对

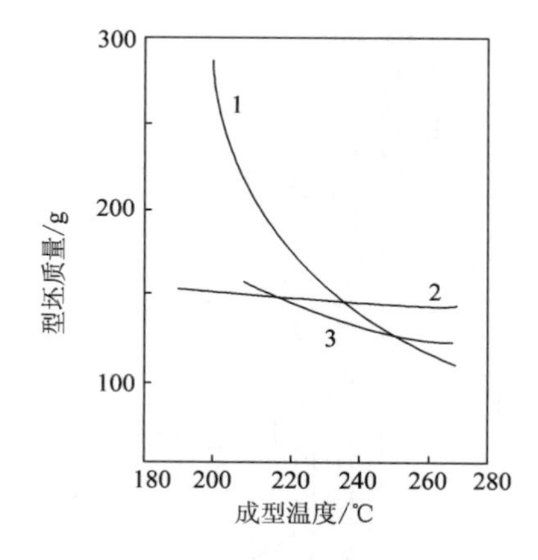

图6-72　成型温度与型坯质量的关系
1—共聚聚丙烯　2—高密度聚乙烯
3—聚丙烯

分子质量及其分布、挤出条件（挤出速度、熔体温度）等有关。型坯垂伸是聚合物弹性变形与黏性流动（即黏弹性质）的表现形式。聚合物的相对分子质量较小、熔体温度较高、型坯下降时间较长或型坯长度较大，均会增加型坯的垂伸量。

由于影响因素很多，目前尚不能用数学表达式来定量描述型坯尺寸和形状的变化关系。当聚合物品种和基本工艺条件确定后，熔体温度将是一个主要的影响因素。不同材料对温度的敏感性不同，特别是那些黏度（以及产生高弹态的温度范围）对温度特别敏感的聚合物要特别注意控制适当的温度。如图 6-72 所示，PP 比 PE 对温度更敏感，因此 PP 比 PE 加工性能更差，PE 更适宜采用吹塑成型。如果聚合物挤出模口时的温度太低，型坯的离模膨胀会非常严重，型坯挤出后会出现明显的收缩（长度变短、直径和壁厚增加），并且型坯的表面质量降低，出现明显的鲨鱼皮、流痕等。此外，型坯的不均匀度随温度降低而有所增加，致使制品的强度变差，表面粗糙无光。一般型坯的温度应控制在材料的 $T_g \sim T_f$（或 T_m）范围内，并偏向 T_f（或 T_m）一侧。

2. **吹气压力和充气速度**　型坯被模具夹持后注入压缩空气的作用包括：吹胀型坯使其贴紧型腔；对已吹胀的型坯施加压力，以得到形状正确、表面文字与图案清晰的制品；促进制品冷却。吹胀气压取决于塑料特性（分子链柔性及型坯熔体强度与弹性）、型坯温度、模具温度、型坯壁厚、吹胀比及制品的形状与大小等因素。熔体黏度较低、冷却速率较小的塑料可以采用较低的吹胀气压，而型坯温度或模具温度较低时则要求采用较高的吹胀气压。充气压力的取值还与制品的壁厚和容积大小有关，一般来说，薄壁和大容积的制品宜使用较高的充气压力，而厚壁和小容积的制品则宜使用较低的充气压力。合适的充气压力应保证所得制品的外形、表面花纹和文字等都足够清晰。图 6-73 表明，提高型坯吹胀气压可以降低制品脱模时的温度，这是因为提高气压有助于保证制品与模腔之间的紧密接触，快速带走制品的热量，从而提高冷却效率。

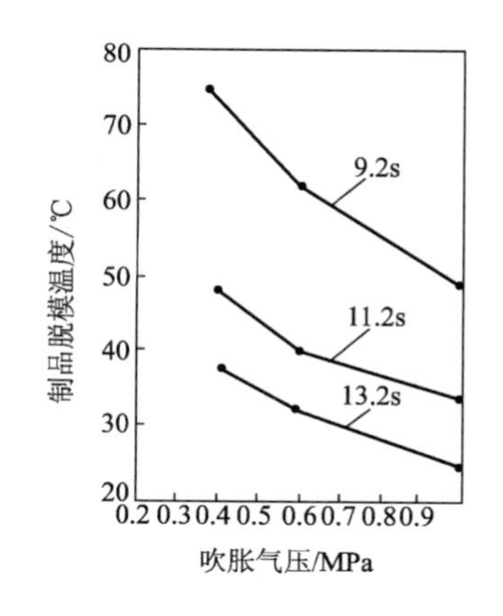

图6-73　型坯吹胀气压对制品脱模温度的影响
（曲线旁的数字为吹胀时间）

在型坯的膨胀阶段，要求以低气流速度注入大流量的空气，以保证型坯能均匀、快速地膨胀，缩短型坯与模腔接触之前的冷却时间，提高制品性能。低气流速度还可避免型坯内出现文杜里效应而形成局部真空使型坯瘪陷。型坯吹胀后气压要高些，以保证制品紧贴模腔，得到有效的冷却，并清晰地再现模腔上的文字。充气速度主要由进气管的孔径大小来调节。

3. **吹胀比**　吹胀比是指制品的尺寸和型坯尺寸之比，即型坯吹胀的倍数。型坯尺寸和质量一定时，制品尺寸越大，吹胀比就越大。尽管增大吹胀比可以节约材料，但会造成制品壁厚变薄，成型困难，制品的强度和刚度降低；吹胀比过小，则塑料消耗增加，并由于壁厚增加使冷却时间延长。一般吹胀比为 2 ～ 4，其大小取决于材料的种类和性质以及制品的形状和尺寸等因素。

4. **模温和冷却时间** 控制模温在适当范围内是非常重要的。如果模温过低，塑料会过早冷却，导致成型过程中形变困难，使制品的轮廓和花纹等变得不够清晰。另外，如果模温过高，冷却时间会延长，导致生产周期增加。模温的设定应根据塑料的种类来确定。对于 T_g 较高的塑料，允许有较高的模温；而对于 T_g 较低的塑料，则应尽可能降低模温。

吹塑制品的冷却时间通常占成型周期的 60% 或更长。因此，提高吹塑制品的冷却效率可缩短成型周期并提高生产效率。此外，冷却也是影响吹塑制品性能的主要因素。冷却不均匀或冷却程度不够会导致制品各部位的收缩率有差异，引起制品翘曲、瓶颈歪斜等现象。冷却时间应根据塑料品种和制品形状来确定。例如，与同样厚度的 PP 相比，热传导率较差的 PE 在相同情况下需要较长的冷却时间。一般来说，随着制品壁厚的增加，冷却时间也会相应延长（图 6-74）。为了缩短生产周期并加快冷却速度，除了对模具进行冷却外，还可以在成型制品中进行内部冷却，即向制品内部通入各种冷却介质（如液氮、二氧化碳等）进行直接冷却。

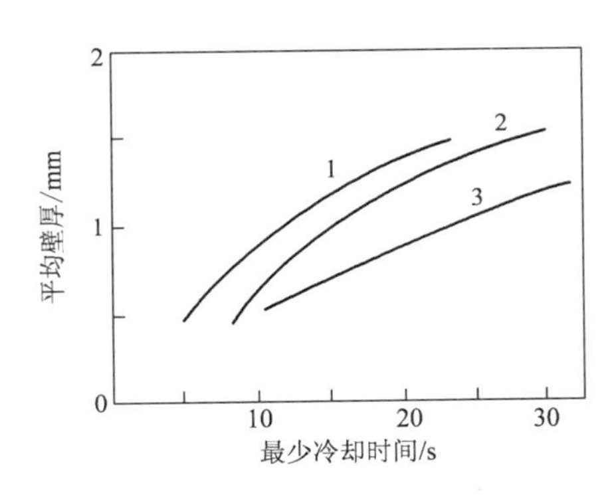

图6-74 制品壁厚与冷却时间的关系
1—聚丙烯 2—共聚聚丙烯 3—高密度聚乙烯

四、热成型

（一）概述

热成型是 20 世纪 60 年代以后发展起来的一种成型加工方法，它是以热塑性塑料片材作为原料来制造制品的二次成型技术，主要用于生产形状简单、壁厚较为均匀的制品。该技术首先将裁成一定尺寸和形状的片材夹在模具的框架上，在适宜的温度下加热软化，然后施加压力使坯件弯曲和延伸，在达到预定的型样后冷却定型，最后经过适当修整即得到成型制品。在热成型过程中，通常是靠真空或引入压缩空气在坯件两侧形成气压差来对其施加压力，有时也借助于机械压力或液压力。

热成型的主要优点在于制件应用范围广，方法适应性强，生产设备投资少，并且生产效率较高。热成型制件在包装、快餐、食品零售、运输、标牌制造、家用电器、医疗用品、园艺、文化娱乐、箱包等领域都有广泛的应用。从制件规格上看，热成型能够制造超大、超小、超厚、超薄的制品，以满足不同场合的使用要求。热成型既可用于单件塑料制品的试制或小批量生产，也适用于大批量生产。此外，热成型所需的压力相对较低，对模具及其他成型设备无太苛刻的要求，因此成本相对较低。热成型的初始投资大约只有挤出成型的 2%，而热成型模具的制造成本也只有注塑模具的 10% 或更低，且模具制造周期短，产品设计变换方便。

热成型的主要缺点在于通常只能生产结构简单的半壳型制品，制品深度受到一定限制，并且成型精度较差，相对误差一般在 1% 以上。此外，所用的原料需预成型为片材或板材，成本较高，制品后加工工序较多，材料利用率较低。

目前热成型工艺所用的片材或板材种类主要包括 PS 及其改性品种、PVC、PMMA、PP、PE、PC 以及 PET 等。这些作为原料的片材或板材可以通过挤出、压延或浇铸等方法制造。

（二）热成型方法

在热成型生产中采用的方法已有几十种，这些方法大致可分为简单热成型法和拉伸热成型法两大类。通过改变热成型动力和模具类型，又可派生出其他成型方法。

1. 简单热成型方法

（1）真空成型。该方法利用真空力使片材拉伸变形。由于真空力容易实现，便于控制，因此真空成型是出现最早且应用最广泛的热成型方法。根据模具的不同，真空成型方法可以分为真空阴模成型和真空阳模成型两种。

①真空阴模成型。真空阴模成型工艺过程如图 6-75 所示。真空阴模成型法生产的制品与模腔壁贴合的一面质量较高，结构比较精细，最大壁厚部位在模腔底部，最薄部位在模腔侧面与底面交界处。随着模腔深度的增加，制品底部转角处的壁厚会变得更薄。因此，真空阴模成型法不适用于生产深度很大的制品。

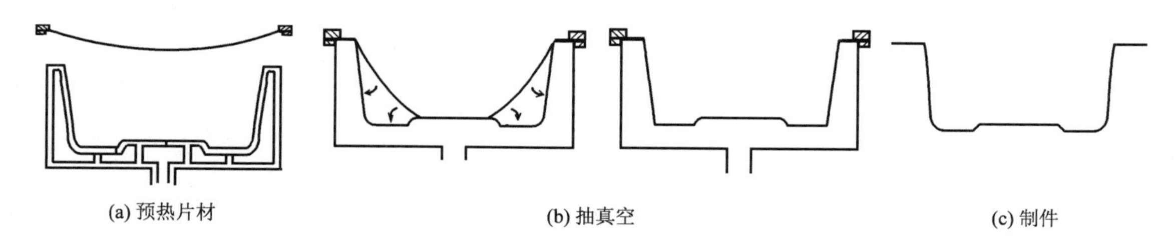

图6-75　真空阴模成型示意图

②真空阳模成型。真空阳模成型工艺过程如图 6-76 所示。该方法适用于制造壁厚和深度较大的制品。与真空阴模成型法类似，真空阳模成型制品模腔壁贴合的一面质量较高，结构也比较精细。最大壁厚部位在阳模的顶部，而最薄部位在阳模侧面与底面交界处，该部位是最后成型的部位，因此常会出现牵伸和冷却的条纹。形成条纹的原因在于片材各部分贴合模面时有先后之分，先与模面接触的部分先被模具冷却，而在后续的成型过程中，这一部分的牵伸行为较未冷却的部位弱。这些条纹通常在接近模面顶部的侧面处最为明显。

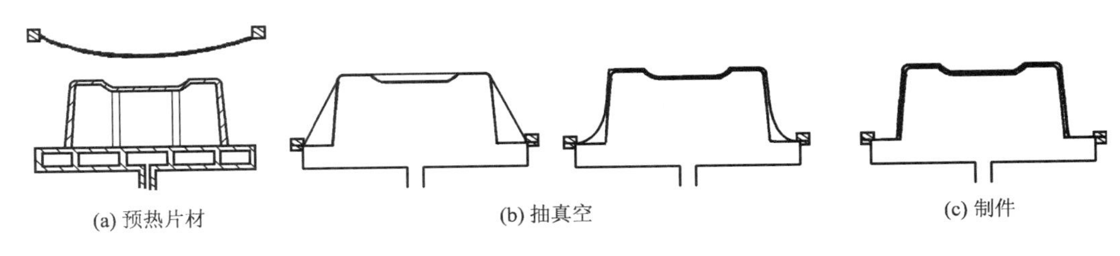

图6-76　真空阳模成型示意图

（2）气压成型。真空成型过程中依靠抽真空在片材两侧所能形成的压力一般仅为0.01 ～ 0.03MPa，对于较厚片材或形状复杂的制件来说，成型时压力可能不够，导致制件表面的图像、文字等细微结构不够清晰，甚至无法成型。为了解决真空成型中压力不足的问题，开发了以压缩空气作为成型动力的气压成型方法。

在气压成型中，通过空气压缩泵产生的压缩空气压力可以达到 0.7MPa 以上，形成的成型差压约为 0.6MPa。因此，气压成型可以实现较厚片材或复杂制件的成型。然而，该方法也对机械和模具提出了很高的耐压要求。

气压成型制件的精度高，表面质量接近于注塑制品，并且成型速度快。然而，由于该方法采用的压力较高，容易导致制件的发泡和夹层结构问题，并且冷的压缩空气可能会造成制件表面提前硬化。针对后一种情况，解决办法有两种：在气体入口处设置缓冲板，避免冷空气直接吹到热片材上，或者将压缩空气预先加热。

气压成型可以采用模具成型（阳模或阴模），也可以不用模具。在使用模具的气压成型工艺中，片材先被预热，然后从上部通入的压缩空气经过缓冲板后均匀地对片材表面施压，使其紧贴在下部模腔上，冷却定型后即得到制件，如图 6-77 所示。

（3）机械加压成型。机械加压成型又称对模成型或模压成型，成型过程所使用的成型压力不是气体压力或真空力，而是阴阳模在扣合时所产生的机械压力使预热片材弯曲和延伸。在实际应用中，虽然可以单独使用阴模或阳模，但广泛采用的方法是同时使用阴模和阳模组成一对彼此扣合的阴阳模。图 6-78 所示为采用阴模和阳模的合模成型过程：将片材夹持于两个模具之间，并用可移动的加热器对其进行加热；当片材温度达到工艺要求后，移走加热器，将阴阳模合拢并施加压力；通过模具上的气孔将片材与模具间的空气排出；最后再经冷却、脱模和修整等工序，最终得到制品。对模成型法适用于几乎所有热塑性塑料的生产。

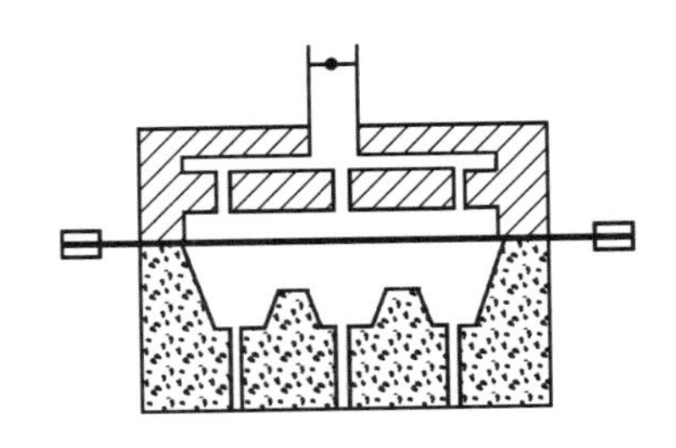

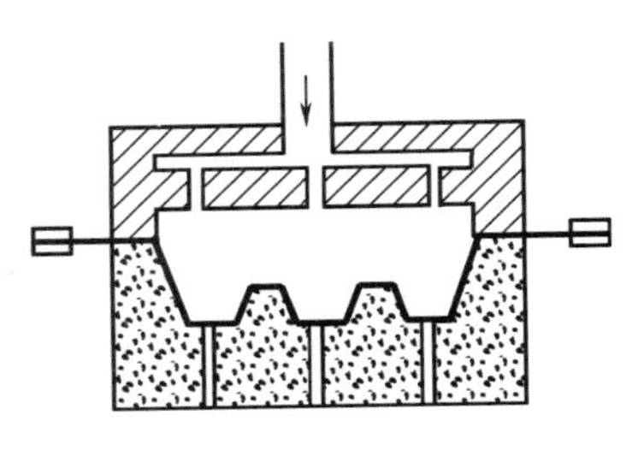

图6-77　气压成型示意图

实现良好对模成型通常应满足以下三个条件：

①必须有足够的机械力以实现片材的延伸与压缩变形，从而保证片材被压实，否则制件的厚度和成型精度很难保证。

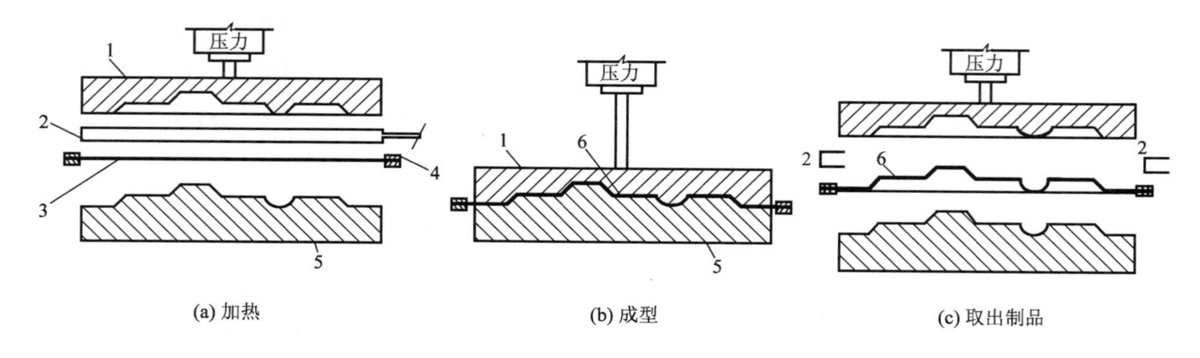

(a) 加热　(b) 成型　(c) 取出制品

图6-78　对模成型示意图

1—阴模　2—加热器　3—片材　4—夹具　5—阳模　6—制品

②避免上下模之间的压力波动，以确保制件的厚度不会随之发生变化。为此，需要在对模成型设备中设置导柱，以保证模具对准稳定。

③在模腔高度方向上应用适当的斜度，以避免片材在深度拉伸时出现撕裂。

由于对模成型中使用的压力是机械压力，其可以大于压缩气体和真空产生的压力，因此，对模成型制件可以更复杂，并且其表面还可以形成更精细的刻字和刻花等图案。此外，对模成型制件还具有复制性和尺寸准确性高等优点，其壁厚均匀性主要取决于制件本身的结构设计。

2. **拉伸热成型法**　简单热成型方法有两个突出的缺点：一是片材的拉伸强度不能太大，因而不适合深腔制品的生产；二是所得制品的壁厚均匀性差，制品中常存在强度上的薄弱区。为了克服这些缺点，可以采用先将预热片材进行预拉伸，再进行真空或气压成型的方法，从而方便地制得壁厚较均匀的深腔热成型制品。根据预拉伸的作用方式，拉伸热成型主要分为柱塞预拉伸成型和气胀预拉伸成型等。

（1）柱塞预拉伸成型。该成型方法的基本工艺过程如图 6-79 所示。成型开始时，预热的片材被紧压到阴模顶面上，并用机械力推动柱塞下移，拉伸预热片材直至柱塞底板与阴模顶面上的片材紧密接触，使片材两侧均成为密闭的气室。如果通过柱塞内的通气孔往片材上面的气室内充入压缩空气，使片材再次受到拉伸而完成成型过程，这种方法被称作“柱塞辅助气压成型”；如果依靠对片材下面的模腔抽真空而完成成型过程，则称为“柱塞辅助真空成型”。

柱塞预拉伸成型克服了真空成型和阳模成型中制件底部薄弱的缺点。在柱塞预拉伸成型过程中，由于柱塞的表面结构最终不成为制件的表面结构，因此柱塞的表面应尽可能光滑。为了防止片材与柱塞贴合时可能造成的制件壁厚不均匀，柱塞顶部通常做成凹面，而不是平头状。柱塞伸入片材的速度在不受其他因素限制时越快越好。柱塞的尺寸对预拉伸程度有明显影响，其体积通常为模腔体积的 70% ～ 90%。对于由金属制造的柱塞，在拉伸前应对柱塞进行预热，并控制其温度略低于片材温度，以避免拉伸时片材通过柱塞散失热量，而对于其他热导率较低的材料，如木材、热固性塑料等制造的柱塞则不需要温度控制。

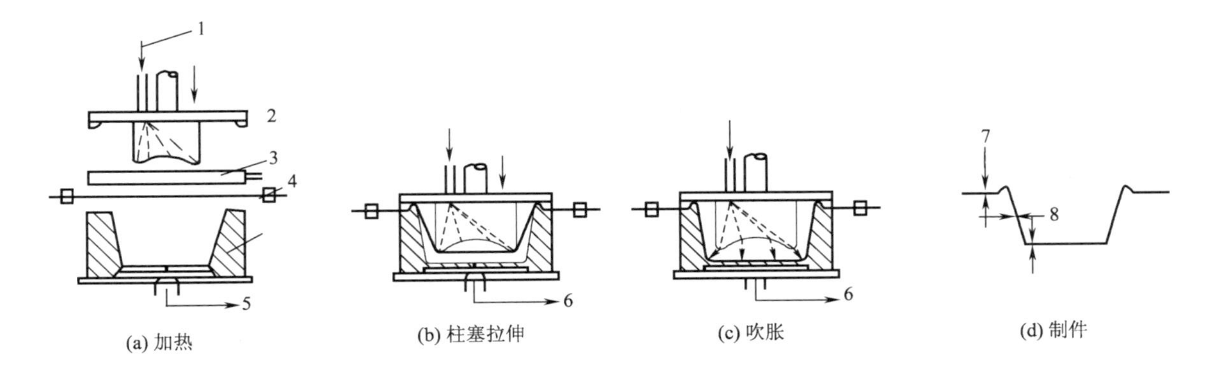

图6-79　柱塞辅助气压成型示意图

1—压缩空气进口　2—密封垫　3—加热器　4—夹具　5—阴模　6—排气口　7—厚壁区　8—均匀厚壁区

（2）气胀预拉伸成型。该成型方法利用高压空气的“吹胀”作用使预热片材受到预拉伸。根据预拉伸后片材的成型方式一般又可分为气胀预拉伸真空成型、气胀阳模成型和反向气胀拉伸辅助成型三种。

气胀预拉伸真空成型又称为气滑成型，是气胀预拉伸成型中最简单的一种，其基本过程如图 6-80 所示。从阳模顶部向预热片材吹气，片材被吹胀成泡，同时阳模上升嵌入预热片材中。当阳模完全插入片材后，关闭压缩空气，并从下部抽真空来成型。采用该方法成型时应精确控制片材温度、真空度和压缩气压。

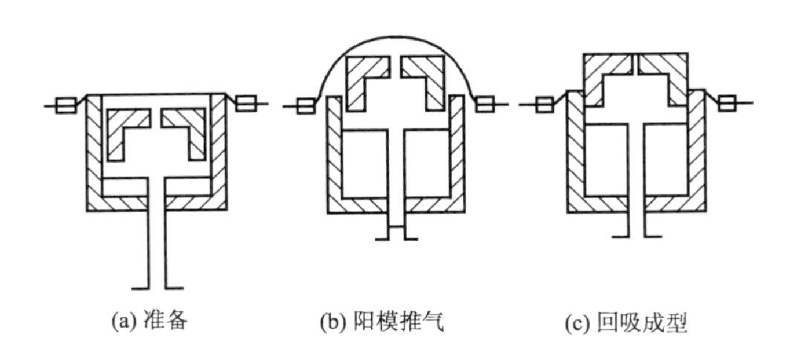

图6-80　气胀预拉伸真空成型示意图

（三）热成型工艺的影响因素

温度是影响制件质量的主要工艺条件，具体涉及成型温度和片材的加热时间。此外，制件质量也与成型压力和成型速度等因素有关。

1. *成型温度*　成型温度对于不同种类的塑料有不同的影响。几种常见塑料的成型温度对它们的伸长率和抗张强度的影响如图 6-81 所示。

可以看出，塑料的伸长率随着温度的提高而增加，并在某一温度达到最大值，超过这一温度后伸长率开始减小。因此，为了获得最佳的成型效果，需要在一定的成型压力和成型速度下选择使伸长率最大的温度。在这一成型温度下，可以成型壁厚较小且深度较大的制品（图 6-82）。

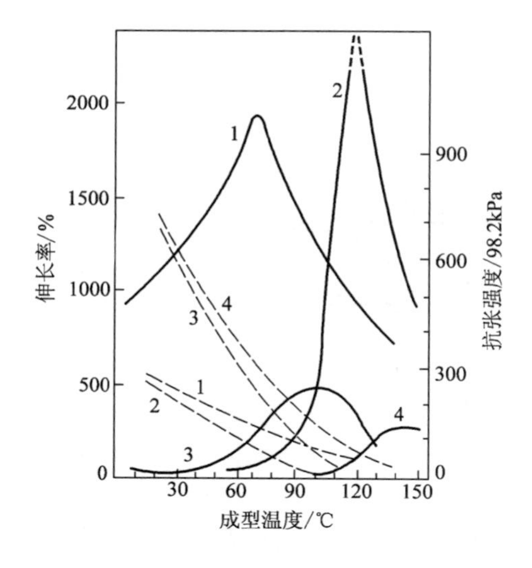

图6-81 四种热塑性塑料力学性能与成型温度的关系
（拉伸速度100mm/min）
1—聚乙烯 2—聚苯乙烯 3—聚氯乙烯
4—聚甲基丙烯酸甲酯
——伸长率 ---抗张强度

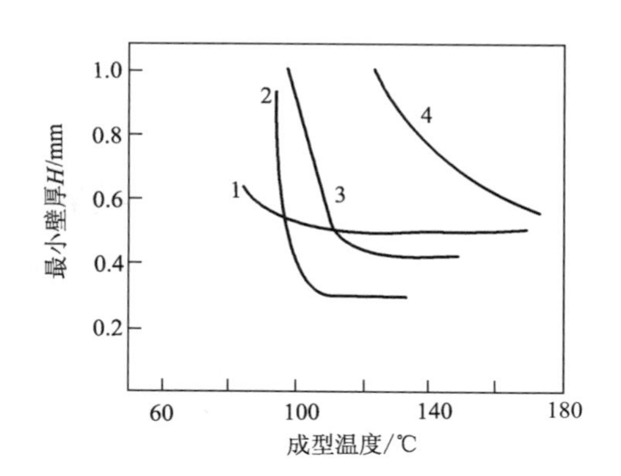

图6-82 最小壁厚与成型温度的关系
（成型深度H/D=0.5，板厚2mm）
1—ABS 2—聚乙烯 3—聚氯乙烯
4—聚甲基丙烯酸甲酯

随着成型温度的升高，各种塑料的抗张强度会下降。如果成型压力引起的应力大于材料在该温度下的抗张强度，片材会产生局部过度形变，甚至导致破坏，使成型过程无法进行。可以采取降低成型压力或降低成型温度的措施来避免上述情况发生。

在选择成型温度时，还需要考虑制品轮廓的清晰度、尺寸和形状的稳定性等因素。较低的成型温度可以缩短冷却时间并节省热能，但过低的温度也可能会影响制品的质量。

片材从加热到成型这一过程中会存在短暂的间隙时间，会因散热而使温度降低，特别是对于较薄且比热容小的片材，散热速度更快。因此，需要确保加热的温度比成型温度高一些，并且较厚的片材需要更长的加热时间。此外，成型温度也与聚合物的种类有关，因此应根据试验来确定最佳的成型温度、加热温度和时间，以得到高质量的制品。

2. **成型速度** 热成型时，在压力或柱塞等的推动下片材会发生伸长变形，直至形变达到与模具尺寸相符为止。根据聚合物处于高弹态时的应力松弛（或蠕变）原理，如果成型温度不高，则宜采用慢速成型，这时材料的伸长率较大，对于成型大尺寸制品（片材拉伸程度高，截面尺寸收缩大）特别重要。然而，如果成型速度过慢，则会因材料冷却而使成型困难，同时也会延长生产周期。因此，对于一定厚度的片材，在适当提高加热温度的同时，宜采用较快的速度成型。

3. **成型压力** 压力的作用是使片材在热成型过程中产生形变。在一定的成型温度下，只有当施加的压力引起的应力大于材料在该温度下的弹性模量时，材料才能产生形变。如果在某一温度下所施加的压力不足以使材料产生足够的伸长，那么只有通过适当提高成型压力或成型温度才能使成型过程顺利进行。

4. **材料的成型性** 不同聚合物由于其化学组成、分子量及分布、分子结构的差异，导致它们具有不同的黏弹性质，因此形变对温度的敏感性各异。一般而言，伸长率对温度敏感的材料适宜采用较大的压力和较慢的成型速度，并且需要将其在单独的加热箱中加热，再转移到模具中进行成型（目前这种方法仍占据主流）；对于伸长率对温度不敏感的材料，则适合采用较小的压力和快速成型方式，可以将材料夹持在模具上，并用可移动的加热器进行加热。总体来说，塑料热成型的条件需要综合考虑材料种类、片材厚度、制品形状和对表面精度的要求，以及制品的使用条件、成型方式和成型设备结构等因素。

热变形温度是热成型加工中需考虑的重要因素。理论上，成型过程中材料内部温度上限不能高于材料本身的无负荷热变形温度，否则成型过程中制件自身重力可能会破坏制件。对于大型制件，一般可以采用1.82MPa负荷下的材料热变形温度作为加工时的温度标准，而对于小型制件，一般可以采用0.46MPa负荷下的材料热变形温度作为热成型的上限温度。实际成型中，由于塑料片材的表面温度高于内部温度，因此工艺控制温度通常比材料的热变形温度高得多。

热成型过程中，材料的温度下降很快，因此需要材料在较宽的温度范围内都能保持适当的柔韧性、可塑性和弹性，以确保最终制品边角部分的完整性。此外，材料还需要具有较高的热态力学强度，否则在加热条件下一经牵伸就可能会导致制件厚度严重不均。因此，用于热成型的热塑性聚合物相对分子质量不宜过低。

第六节　塑料新型成型技术

随着塑料材料和制品应用范围的不断扩大，对塑料制品的性能要求也日益提高。同时，由于世界能源短缺、环境污染和原材料供应不足等问题不断加剧，促使人们对塑料加工过程提出了新的要求。为了解决目前存在的这些问题，更多新型成型加工技术应运而生，旨在促进塑料加工过程的节能、环保和高效。

一、气体辅助注射成型技术

气体辅助注射成型（gas-assisted injection molding，GAIM）技术是一种于20世纪80年代在国外发展起来的新型注射成型工艺，是自移动螺杆注射机问世以来注射成型领域最重要的进展之一，在技术上和实际应用方面都取得了巨大成功。该技术将结构发泡成型和传统注射成型的优点有机结合在一起，不但能够降低模具型腔内熔体的压力，而且避免了结构发泡所产生的表面粗糙问题。对于注射厚壁制品，该技术能够解决产品收缩不良等问题，并且可以在保证产品质量的前提下大幅度降低生产成本，为企业带来了显著的经济效益。

（一）气体辅助注射成型工艺过程

气体辅助注射成型可以看作是注射成型与中空成型的复合，其与普通注射成型相比多了一个气体注射阶段，即在传统注射成型的保压阶段，通过使用相对低压的气体代替塑料熔体的注射压力来进行保压，从而在成型后的制品中形成中空部分。图6-83是气体辅助注射成型

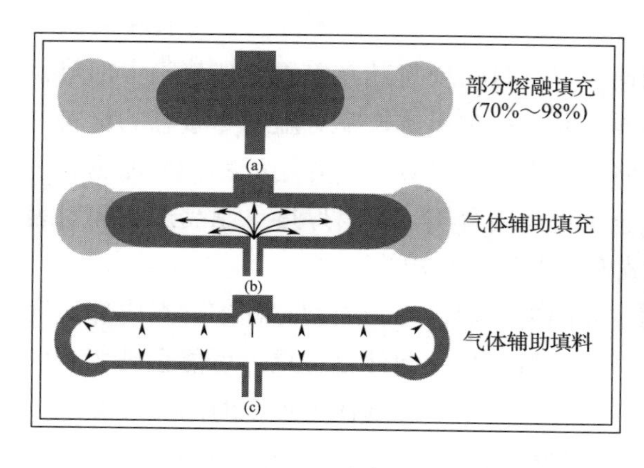

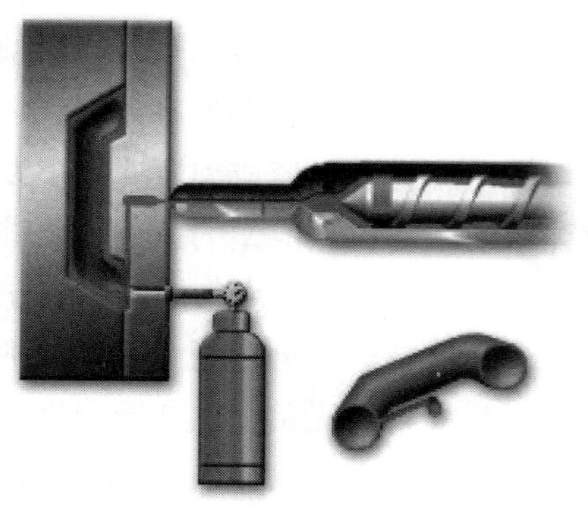

图6-83 气体辅助注射成型原理示意图

原理示意图。

气体辅助注射成型工艺过程如图 6-84 所示。先将准确计量的塑料熔体注入模具型腔中［图 6-84（a）］，再向塑料熔体中注入压缩气体。气体在型腔中塑料熔体的包围下沿阻力最小的方向扩散前进，穿透塑料熔体并将其排空，在此过程中气体作为动力推动塑料充满整个模具型腔［图 6-84（b）］。在充满型腔后，气体对塑料进行保压，待塑料冷却后开模取出制品［图 6-84（c）］。采用该成型工艺得到的制品具有中空截面并保持完整的外形。

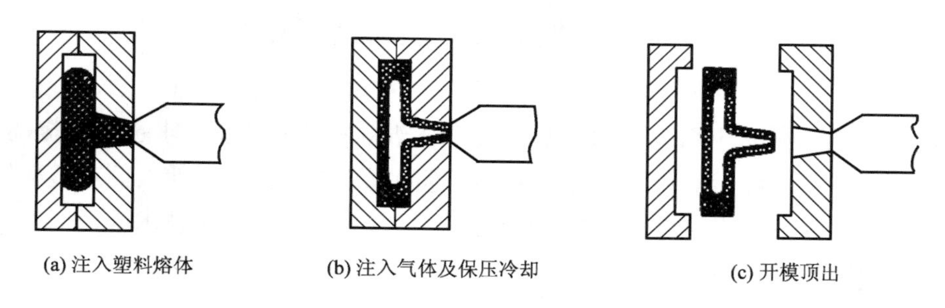

图6-84 气体辅助注射成型过程示意图

气体辅助注射成型周期可分为以下六个阶段：

（1）塑料充模阶段。与普遍注射成型类似，该阶段只是普通注射成型时塑料熔体充满整个型腔，而气体辅助注射成型时塑料熔体仅充满局部型腔，其余部分要依赖气体来填充。

（2）切换延迟阶段。该阶段是塑料熔体注射结束到气体注射开始之间极短的时间间隔。

（3）气体注射阶段。该阶段是从开始注射气体到整个型腔被充满的时间，这一阶段也比较短，但对制品质量有重要的影响，如果控制不好可能会产生空穴、吹穿、注射不足和气体渗透到较薄部分等缺陷。

（4）保压阶段。在该阶段，熔体内气体压力保持不变或略有上升，使气体继续穿透塑料，补偿塑料因冷却而引起的收缩。

（5）气体释放阶段。该阶段气体入口压力降为零。

（6）冷却开模阶段。该阶段将制品冷却到具有一定刚度和强度后，开模取出制品。

（二）气体辅助注射成型特点

普通注射成型制品要求壁厚均匀，否则容易造成制品缩孔、缩痕或变形。对于厚壁制品，即使壁厚均匀，也难以避免出现缩孔和表面缩痕。为了解决这一问题，通常采用保压和补料的方法，以克服注射充满后物料冷却过程中发生的收缩。在离浇口较远的位置，即使过量充模也难以获得足够的压力，而且过量充模会导致制品产生较大的残余内应力。尽管结构发泡成型能够均匀收缩和生成均匀的气泡，从而避免制品内部缩孔和表面缩痕，但结构发泡制品的外观质量较差，表面粗糙，因此不适用于壁厚不均匀的制品。

1. *优点*　气体辅助注射成型主要是为了克服上述成型方法的缺陷，其具有以下优点：

（1）注射压力低。塑料熔体的流动速度与压力梯度和熔体流动性成正比。当熔体的流动长度增加而又要求流动速度保持不变时，就需要增加入口压力以保持一定的压力梯度，这就是普通注射成型中入口压力不断增加的原因，如图 6-85（a）所示。在气体辅助注射成型中，由于气体是非黏性的，可以将气体入口压力有效地传递到气体与熔体的交界面而不产生明显的压力降。当气体推动熔体前进时，由于气体在熔体中的穿透，气体前沿到熔体前沿的距离缩短，即有效流动长度缩短，因此保持熔体前沿按一定压力梯度所需的入口压力减小，如图 6-85（b）所示。因此，气体辅助注射成型所需的注射压力较小，相应所需的锁模力也较小，从而能够大幅度降低对注射机吨位和模具壁厚的要求。

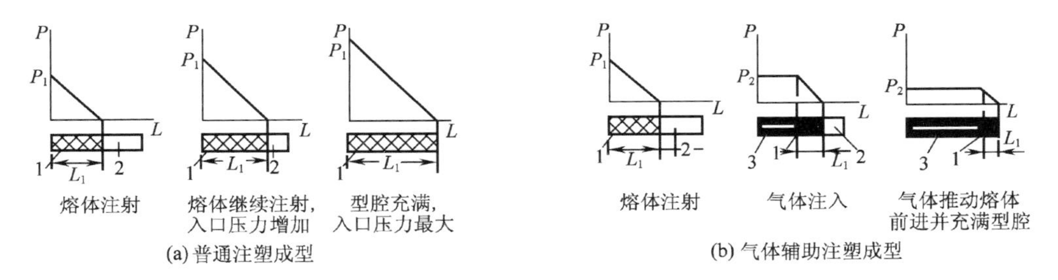

图6-85　型腔内压力分布示意图

1—塑料熔体　2—未充满的型腔部分　3—注入的气体

P—压力　L—流动长度方向的距离　P_1—熔体的入口压力　P_2—气体入口压力　L_1—有效流长

（2）制品翘曲变形小。气体压力从浇口（或气体喷嘴）至流动末端形成连续的通道，无压力损失，塑料熔体内部填充的气体在各处等压，注射压力小且分布均匀，使保压冷却过程中的残余应力减小，最终使出模后的制品翘曲倾向小，尺寸稳定性好。

（3）表面质量提高。在气体辅助注射成型的保压过程中，气体的二次穿透可以补偿塑料的收缩，制品不会出现凹陷，同时制品较厚部分可形成中空，从而减少甚至消除制品的缩痕。

（4）可成型壁厚差异较大的制品。气体辅助注射成型可以使制品较厚部分成为中空，形成气道，从而保证了制品的质量。因此，可以将采用普通注射成型时因壁厚不均匀必须分几部分单独成型的制品合并起来，实现一次成型，提高了制品设计的自由度。

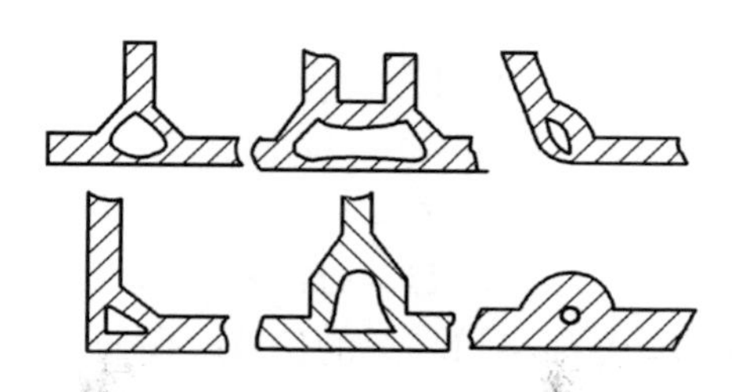
图6-86　常见气体加强筋的截面形状

（5）制品的刚度和强度提高。在不增加制品质量的情况下，可以在制品上设置气体加强筋和凸台结构，以增加制品截面的惯性矩，从而增加制品的刚度和强度。

一些常见气体加强筋的截面形状如图6-86所示。

（6）可通过气体的穿透使制品形成中空结构，减轻质量，缩短成型周期。

2. **缺点**　气体辅助注射成型也存在一些不足之处，主要包括以下几方面：

（1）需要供气装置和进气喷嘴，增加了设备投资。

（2）注入气体与不注入气体部分对应的制品表面光泽有差异。

（3）对注射机的注射量和注射压力的精度有更高要求。

（4）制品质量对模具温度和保压时间等工艺参数更加敏感。

由于气体辅助注射成型具有明显的优点，近年来该技术已经得到越来越广泛的应用。

二、塑料成型加工中的振动技术

将振动场引入塑料成型加工过程中已有多年的历史。最初，振动技术只是用于实验研究，特别是在流变仪上测量聚合物熔体的黏度。之后，有研究者开始在挤出机头上应用振动来改善挤出过程的效果。随着研究的深入，振动力场被应用于整个塑化挤出过程，并逐步在注塑加工中得到应用。

对聚合物熔体施加振动主要有三种类型：第一类是以机械振动的形式加振，这种振动的频率较低，而振幅较大；第二类是以超声波的形式加振，表现为高频小振幅振动；第三类是以电磁法加振，振动频率类似于机械加振，其特点是可用于塑料从塑化到成型的全过程。

（一）机械振动

机械加振是通过施加机械力于接触聚合物熔体的振动体，使振动体产生往复运动，从而在聚合物熔体内形成振动力场，影响聚合物分子链的构象、流动行为和聚集态形成过程。

1. **双向推拉剪切振动挤出**　英国Bevis教授利用剪切控制取向挤出成型（shear control orientation in extrusion，SCOREX）技术挤出30%玻纤增强PP管材时，通过4个活塞的推拉运动在口模中产生剪切振动，使聚合物熔体产生周向流动，导致玻纤沿芯棒周向取向，从而提高管材的周向力学性能。研究发现，管材的周向强度提高了65%，刚度提高了50%。然而，该装置直接用于本体PP挤出管材时，并没有产生自增强效果，这可能是因为分子链取向后容易解取向，而玻璃纤维则不会因分子热运动而解取向。

2. **旋转振动挤出**　M.L.Fridman等在螺旋剪切条件下对聚合物熔体流动进行了理论分析，并采用图6-87所示的振动挤出装置进行了大量实验，研究旋转振动力场对聚合物熔体挤出过程的影响。挤出机头内的螺旋芯棒能以25Hz的频率往复旋转，通过在机头上引入这种低频小振幅（$\theta \leqslant 22.5°$）的振动，挤出机的机头压力和产量均产生了显著变化。在相同的操作工艺条件下，相对于没有引入振动力场的挤出机，引入振动力场后挤出特性得到了明显改善：随着振幅的增大，机头压力可降低20%～30%，单位时间的产量可提高1.4～2.0倍，单位能耗也相应减少。由此可见，低频振动可以使挤出机的机头压力降低，挤出流率显著增大，能耗减少。此外，通过测试挤出试样的力学性能还发现，随着振幅的增大，制品的力学性能也有所提高。

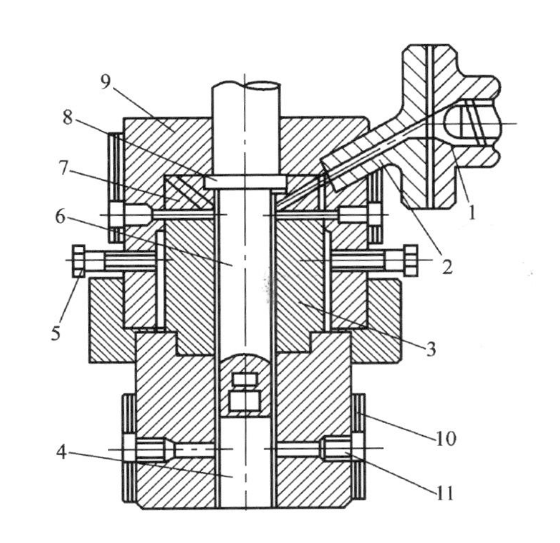

图6-87　具有旋转芯棒的圆环挤管机头

1—单螺杆挤出机　2—过渡段　3—芯棒支承
4—可更换芯棒尖端　5—调节螺栓　6—旋转芯棒
7—滑动轴承　8—支承轴承　9—铸铁套
10—加热器　11—热电偶

3. **振动注射成型**　注射成型过程中，施加机械振动主要是在保压阶段采用机械振动的方式引入振动力场，实现动态保压。周期性振动力场能够有效促进聚合物分子的取向和拉伸，并在熔体固化阶段控制晶粒的生长、取向，从而获得晶体结构完善的制品。在周期性振动力场的作用下，聚合物熔体被周期性地压缩和释放，增加了熔体的摩擦剪切，产生耗散热，延长了喷嘴、浇口等部位熔体凝固的时间，这使得厚壁部分在冷却收缩时熔体能及时地从浇口得到足够的补充，从而减少或避免缩孔、疏松、表面沉陷等缺陷的产生。同时，振动力场也使聚合物熔体的弹性减小，增大了熔体之间的接触面积，降低了成型制品中的残余应力，能够有效防止翘曲变形的发生。综上，通过引入振动力场可以提高注塑制品的质量。

英国的Bevis等发明了剪切控制取向注塑成型（shear controlled orientation injection moulding，SCORIM）工艺，采用的是如图6-88所示的剪切控制取向注射成型装置。该装置主要由注射机、双活塞动态保压头和成型模具三个基本部分构成。注射机将预塑化的熔融物料注入温度较高的动态保压头，两个动作相反的活塞A和B以一定的频率进行推拉，使塑料熔体反复通过模具型腔，不断在型腔内表面冻结，使熔体流动的芯部横截面积逐渐减小，直到最后芯部完全冷却，形成多层取向结构。通过控制保压频率、保压头温度和模具温度，可以获得在流动方向上具有较好力学性能的自增强制品。Bevis等分别采用常规注射成型和

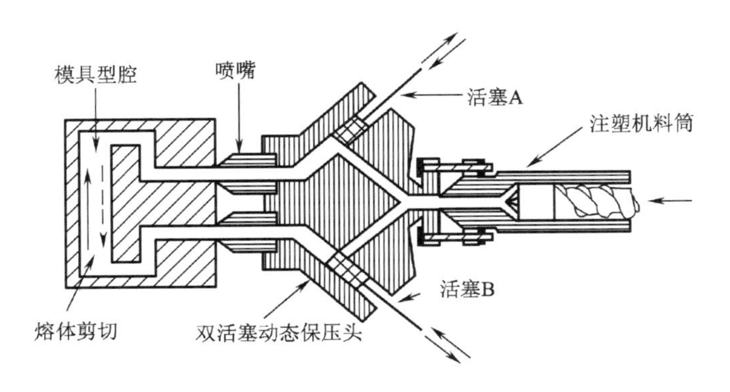

图6-88　剪切控制取向注射成型装置示意图

SCORIM 工艺制备了等规立构 PP（IPP）样条。研究表明，与常规试样相比，剪切控制取向的试样抗张强度提高了 65%，杨氏模量提高了 80%。

申开智等开发了类似的动态保压注射成型技术（oscillating packing injection molding，OPIM），其成型过程如图 6-89 所示。塑料熔体从料筒经过注射机喷嘴、热流道、加热料腔注入模具型腔；型腔充满后，保压过程开始，两活塞以相同频率反向运动，使塑料熔体反复通过型腔尚未冻结的芯层，直至芯层完全冻结时，保压结束，开模取出制件。采用动态保压注射成型技术成型的 HDPE 试样的模量和抗张强度分别由原来的 1GPa 和 23MPa 提高到 5GPa 和 110MPa；成型的 PP 模量和强度分别从 1.4GPa 和 32MPa 提高到 3.0GPa 和 57.8MPa。对自增强 HDPE 和 PP 试样进行结构表征后发现，试样力学性能的提高主要归因于串晶结构的形成，以及分子链沿流动方向取向和结晶更为完善等。

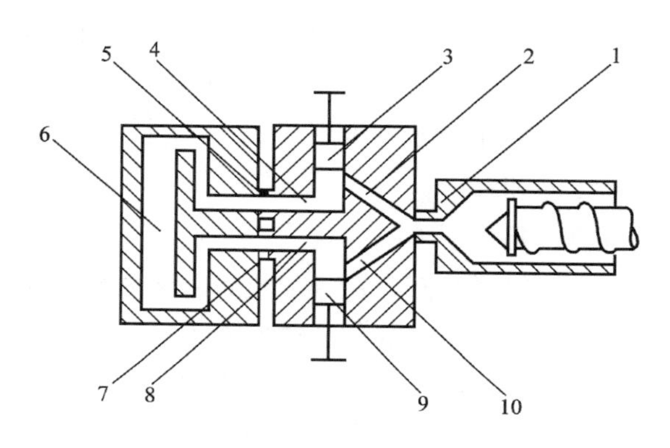

图6-89　动态保压注射成型装置示意图

1—注射机　2，10—流道　3，9—活塞　4，8—热流道　5，7—热流道喷嘴　6—试样型腔

（二）超声振动

超声波通常是指振动频率大于 20kHz 的纵波，其在媒介中传播时会与媒介相互作用，产生机械效应、空化效应、热效应、化学效应等。20 世纪 70 年代，苏联专家对超声辅助橡胶材料的挤出加工进行了有益的尝试，发现超声辐照可以增加熔体的流动性，降低挤出压力，提高挤出产量，并改善制品性能。随后，超声辅助加工被应用于不同聚合物熔体的加工过程。

超声波本身具有能量和高频振动剪切力场，会减弱聚合物分子间的作用力，增强链段的活动性，并促进分子链在剪切作用下解缠结或断裂，使熔体的表观黏度下降，流动性增加，从分子水平上改善了加工性能。

用于聚合物挤出成型的超声辅助装置结构如图 6-90 所示。单螺杆挤出机后部接有一个形模头，口模为长方体状狭长裂模，在模头后面还接有一个定型口模。两个超声探头插入模头中，对流经口模的熔体施加纵向的超声振动，两个超声振动体均可在垂直于口模的方向运动。实验表明，叠加超声振动后，口模压力降低，振幅越大，压力降低也越大；同时，熔体黏度变化不大，这说明口模压力的降低并不会对材料的定型产生影响。此外，挤出制品的力学性能，如抗张强度、断裂伸长率、杨氏模量和硬度等也得到一定程度的提高。

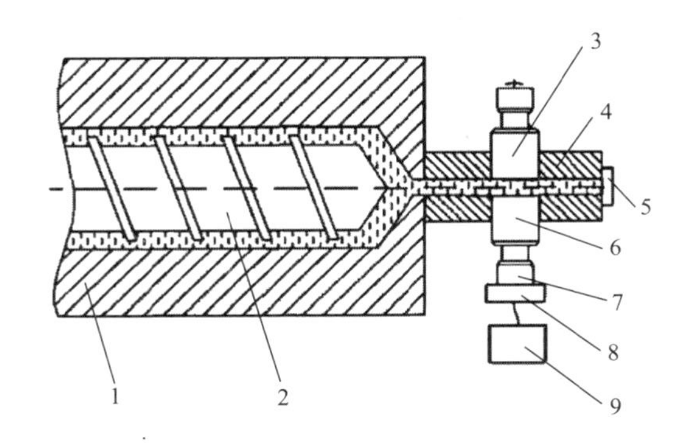

图6-90　挤出口模上叠加超声振动结构示意图

1—料筒　2—螺杆　3，6—振动体　4—口模　5—定型模　7—放大器　8—转换器　9—超声波发生器

注射成型是热塑性塑料的一种重要成型方法。为了提高生产效率，通常采用多个浇口进行注塑充模，但这不可避免地会导致融合缝的形成。为了克服这一缺陷，在注射成型过程中通过施加超声振动可以有效促进熔体分子链在融合缝处的扩散，从而提高融合缝的强度。图 6-91 是注射成型中叠加超声波振动的结构示意图。

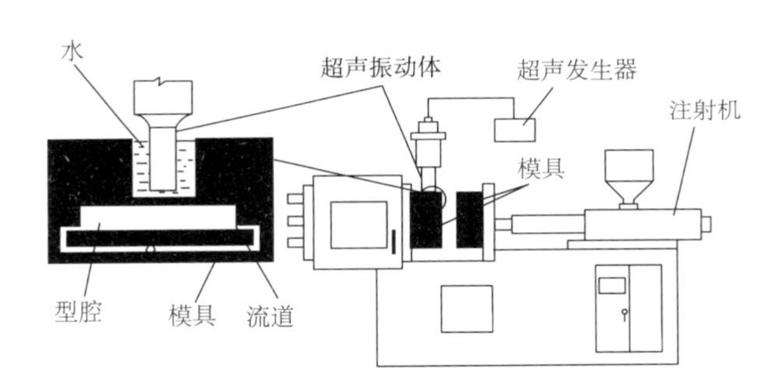

图6-91　注射成型中叠加超声波振动结构示意图

如前所述，应用超声波的主要目的是对传递波的介质产生作用。与低频机械振动相比，超声波能够在介质中引起搅动、空化作用（空穴）、化学作用和机械作用等，不会产生噪声，并且在熔融聚合物中引入高频超声波的方法相对简单。在没有移动元件的情况下，通过不同超声振动件的弹性振荡能够使聚合物熔体获得周期性的剪切和体积应变。因此，超声波在聚合物加工中得到了越来越广泛的应用，特别是在聚合物挤出发泡成型及需要较高辅助能量的成型加工过程中。

（三）电磁振动

1. 电磁振动挤出　瞿金平等研制的塑料电磁动态塑化挤出机是一种创新性的挤出设备，其结构如图 6-92 所示。该设备将物料输送、塑化、挤出功能全部集成到驱动绕组装置的内腔中。通过主绕组和副绕组产生的脉振磁场，引起转子 3 的脉动旋转和轴向振动，进而驱动螺杆 1 作脉动旋转和轴向振动。也就是说，由电磁线圈产生的脉振磁场使螺杆做脉动旋转，即周向脉动，同时由螺杆端部电磁铁产生的脉振磁场使螺杆沿轴线方向振动。采用计算机控制系统对振动的幅度和频率进行调控，从而有效地将电磁振动引入聚合物的固体输送、熔融塑化和计量挤出全过程。因此，该设备的塑化挤出全过程均在周期性振动状态下进行，且各个过程参数都随振动而呈现周期性变化，将稳态的塑化挤出过程转变为动态的塑化挤出过程。

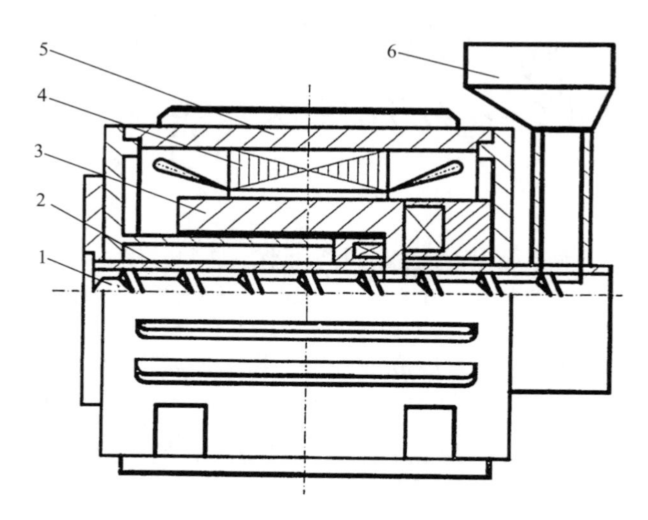

图6-92　电磁动态塑化挤出机结构示意图

1—螺杆　2—料筒　3—转子　4—定子　5—机座　6—料斗

塑料电磁动态塑化挤出机具有能耗低（比传统挤出机降耗30%～50%）、对不同物料适应性强、挤出制品性能显著提高等优点。通过对挤出条料和吹塑薄膜制样并进行力学性能测试分析，研究发现，PP和HDPE挤出试样的抗张强度分别提高了4.2%和4.7%，吹塑膜的纵横向抗张强度分别提高19.2%和37.4%。

2. **电磁振动注射**　瞿金平等发明了电磁式聚合物动态注射成型方法与装置，将塑化装置、振动装置和控制系统巧妙地融合在一起。该装置采用无拉杆、双动模板的螺杆一线式结构方式，将料筒和螺杆置于受电磁绕组驱动、脉动转动的转子内腔中。通过将振动场引入塑料的塑化、充模和保压全过程，使这些过程均在周期性电磁振动状态下进行。装置的周期性振动状态是由螺杆在圆周方向的脉动转动和轴向直线位移提供的运动力和交变力叠加而形成的。图6-93是电磁式聚合物动态注射成型装置的结构示意图。基于该成型方法研制的聚合物电磁动态注塑机具有结构简单、体积小、能耗低、成型周期短、制品性能优良等特点。

（四）振动场对塑料熔体黏弹性的影响

根据自由体积理论，高分子链运动是通过链段运动和扩散而逐步实现整体运动的，类似于蚯蚓蠕动前进。高分子链很长，在熔体中会形成一种网状缠结结构，其中的缠结点之间将形成空穴。当引入振动力场时，一方面，振动力场增加了高分子链之间的剪切摩擦，产生大量耗散热，使高分子的热运动能增加，空穴也增加和胀大，分子间的相互作用力减小，导致高分子链蠕动能力增强；另一方面，振动对塑料熔体施加周期性的挤压和释放，增加了分子的取向，分子间的空穴增多，分子链重心发生偏移，进一步降低了分子间的相互作用力，从而使塑料熔体的流动性增加。

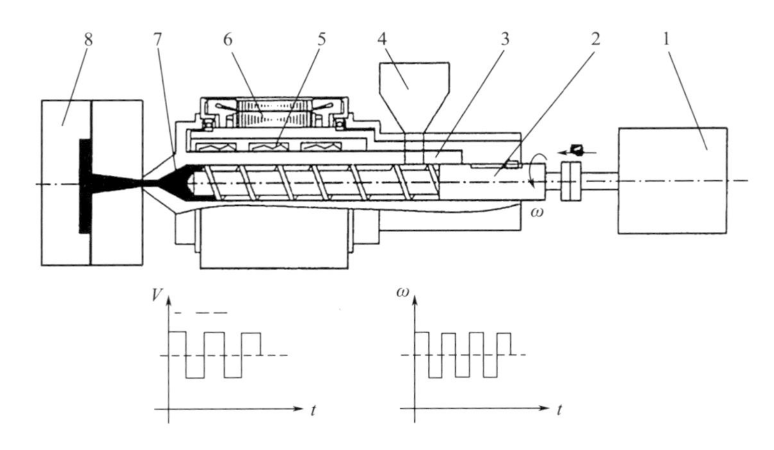

图6-93 电磁式聚合物动态注射成型装置的结构示意图
1—脉动驱动装置 2—螺杆 3—料筒 4—料斗 5—加热器 6—电磁驱动绕组 7—熔体 8—模具

由于振动力场的作用，塑料成型加工过程中形成的局部压力场和速度场都是脉动的，高分子链及其链段表现为瞬时冲量负压扩散行为，从而加快了高分子链段的扩散和运动，减少了高分子链之间的相互缠结，使高分子解缠和取向变得容易。此外，周期性的脉动剪切力还产生大量耗散热，宏观上表现为塑料熔体的黏度减小，流动性增加，流率增大，弹性减小，最终使制品的力学性能得以改善。

将振动力场引入塑料成型加工过程中，能够显著改变塑料熔体的流变行为。在振动力场的作用下，温度、压力、振动频率和振幅都能够改变塑料熔体的黏弹性能，主要表现为黏度降低和弹性减小。在塑料挤出加工中引入振动场，主要侧重于通过调整挤出加工过程中的参数（如压力、温度、功率等）来改善挤出特性，使塑料的挤出成型更加顺利。此外，振动场的作用也显著提高了挤出成型制品的质量。在塑料注射成型中引入振动场则侧重于改善制品的力学性能。当然，振动场存在也会对加工过程中的压力、温度和熔体流动性产生一定的影响。

总之，在塑料成型加工中应用振动技术，通过引入振动场使加工过程发生了深刻变化。振动场的应用显著降低了熔体的黏度，减小了挤出和注射过程中的压力，提高了熔体流动性，增大了流率，同时也降低了能耗。通过振动技术的应用，塑料成型加工过程得到了显著改善，使成型制品的性能也得到了一定程度的提高。

三、塑料加工中的计算机辅助工程技术

塑料制品通常采用模塑成型方法进行生产，因而塑料模具作为一种重要的设备组件在塑料加工中的作用显得越来越重要。塑料模具的设计与制造已成为现代计算机技术应用的一个重要领域。计算机辅助设计（CAD）和计算机辅助制造（CAM）的应用显著提高了塑料模具的设计和制造效率及质量，并有效缩短了模具的设计制造周期。

继 CAD 和 CAM 技术成功地在塑料模具设计和制造中应用之后，这些技术不断向纵深方向发展。近年来，计算机辅助工程（computer aided engineering，CAE）得到了快速发展。作

为能够对各种塑料成型过程进行模拟的先进技术，CAE 已成为塑料成型加工的研究热点，也已成为塑料制品生产的有效手段。

（一）CAE 技术

CAE 技术是包含数值计算技术、计算机图形学、工程分析与仿真、数据库等的综合性软件系统。该技术能够实现塑料制品设计、塑料成型加工、塑料成型模具设计、塑料材料性能和成型设备参量数据库等工程问题的模型化和数值分析。就塑料加工工程而言，CAE 技术的理论基础是聚合物的流变学和传热学。通过对塑料制品进行计算机造型、数据调用和人机对话，可以在模具制造之前模拟实际的成型过程，预测塑料制品设计、模具设计和成型条件对产品质量的影响，并能方便快捷地进行修改，以寻求最佳的成型工艺。CAE 技术的应用能够确保塑料成型工艺和装备设计的成功，尤其对于新的成型制品，可以在较短的周期内顺利投产。

（二）CAE 软件应用

近年来，国内外进行了许多塑料加工 CAE 软件的研发，现有的软件已经能够实现主要塑料加工成型方法的模拟。

1. *塑料注射模 CAE 软件* 注射模 CAE 软件能够对塑料注射成型过程的各个阶段进行定性和定量的描述。

（1）注射流动充模过程模拟分析。包括浇注系统分析和型腔充填分析。浇注系统分析的目的是确定合理的浇道布置和尺寸，以及浇口的数目和位置。型腔充填分析旨在得到合理的形状和尺寸，以及最佳的注射压力、注射速率等工艺参数。

（2）注射模冷却系统模拟分析。冷却系统分析可以确定合理的冷却管道布置和尺寸及冷却液的参数，从而保证较高的冷却效率和均匀的模具温度，从而在最短的冷却时间内得到高质量的塑件。

近年来，注射模 CAE 软件已将二维和三维流动、冷却分析和研究扩展到保压、短纤维取向、制品收缩和翘曲等预测领域。

2. *塑料挤出模 CAE 软件* 目前挤出模 CAE 软件主要用于口模的流动分析，能够模拟几种口模流道内熔体的流动。此外，该软件还能对挤出制品截面形状进行分析，包括离模膨胀分析，也能够对冷却定型过程进行分析，研究温度和残余应力分布等。

3. *气体辅助注射 CAE 软件* 气体辅助注射能够生产高质量的中空注塑件。只有通过 CAE 模拟才能在熔体流动分析的同时考虑带压气体的冲气过程，从而合理设计气辅制品和气辅模具，以安排浇口和气道。

4. *其他塑料成型方法的 CAE 技术* CAE 技术在其他各种成型工艺中也得到了应用，如吹塑成型、压铸成型、微电子器件塑封成型和反应注射成型等。利用 CAE 技术能够有效解决这些成型过程中的复杂技术难题。

四、超临界气体在塑料加工中的应用

超临界气体已经被广泛应用于萃取分离、环境保护、分析技术、化学工程、材料科学、生物医学工程等多个领域。根据文献报道，在聚合物加工领域，超临界气体也在制备微孔聚合物、聚合物微粒、聚合物辅助改性等方面得到了广泛应用。以下主要介绍超临界气体用于制备微孔聚合物制品的成型技术。

（一）超临界气体介绍

超临界气体是一种具有独特性质的气体，指的是处在临界温度（T_c）和临界压力（P_c）之上的气体，如图 6-94 所示。在图中，曲线 *AO* 表示气—固平衡升华曲线，曲线 *CO* 表示气—液平衡的饱和液体蒸气压曲线，*O* 点是气—液—固三相共存的三相点。当将气体沿气—液饱和线升温，到达图中的 *C* 点时，气—液界面消失，体系性质变得均一，没有气体和液体之分，*C* 点为临界点，其对应的温度和压力分别称为临界温度和临界压力。右上角即超临界气体所处的区域。在超临界状态下，气体的性质已经完全不同于其在常温常压下的性质。超临界气体具有与液体相近的密度，表面张力很小（几乎接近 0），导热系数比常压气体大，黏度低，并且其性质可以通过调节压力来控制。

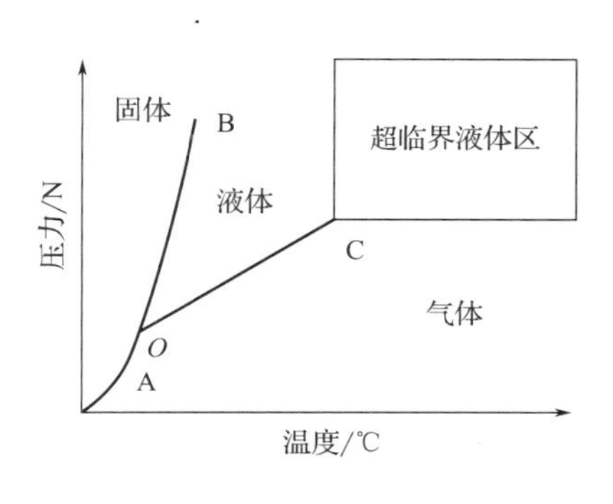

图6-94　纯物质的相图

（二）超临界气体法成型微孔塑料

微孔塑料是指具有泡孔直径在 0.1 ～ 10.0μm 范围内、泡孔密度为 10^9 ～ 10^{15} 个 /cm^3 的泡沫材料，其密度比发泡前减少 5% ～ 10%。微孔塑料的特殊结构赋予其许多其他材料所不具有的优异性能，如高冲击强度、低介电常数和导热系数等。用超临界气体制备微孔聚合物是一种物理发泡技术，早期由美国麻省理工学院成功研发。与传统的聚合物化学发泡技术相比，超临界气体发泡技术更加环保，因为它使用的发泡剂是 CO_2 或 N_2 等对环境无污染的气体。此外，微孔发泡技术还具有以下特点。

（1）微孔发泡是通过均相超临界气体 / 聚合物体系的热力学不稳定来诱导的。

（2）微孔发泡的成核数远远大于传统的化学发泡技术。

（3）由于微孔聚合物的泡孔尺寸要比传统化学发泡的聚合物泡孔尺寸小，这就要求泡孔长大阶段的时间应控制在 0.01s 之内。显然，微孔聚合物泡孔长大控制技术要比传统发泡技术的要求更高。

根据加工设备的不同，微孔聚合物的加工方法可以分为挤出成型法和注射成型法。

1. **挤出成型法**　美国麻省理工学院成功研制了微孔聚合物挤出设备，并开发了相应的挤出工艺，已申请了相关专利。挤出成型法的过程如下：首先，将聚合物从料斗加入挤出机中；然后在挤出机的熔融段中后部注入超临界气体，超临界气体一旦与聚合物熔体混合，会形成比较大的气泡；随后，这些大气泡经过强烈的剪切混合后转变为较小的气泡，从而加速其在熔体中的溶解；最后，超临界气体成核，聚合物熔体定型，从而完成微孔聚合物材料的制备过程。

2. **注射成型法**　Trexel 公司首次研制出微孔聚合物注射成型装备，实现了微孔聚合物的高效制备。在注射成型过程中，首先将聚合物由料斗加入料筒中，通过热电偶的加热塑化和螺杆的剪切摩擦将其熔融。由高压气瓶提供物理发泡剂（如 N_2 和 CO_2），通过计量阀以一定的流率进入注塑机的计量段。超临界气体经过螺杆头部混合元件的搅拌被均匀分散在熔体中，并在静态混合器的作用下形成超临界气体/聚合物熔体的均相体系。随后，在扩散室中经过超临界气体的分子扩散，使超临界气体/聚合物均相体系混合得更均匀。

机头加热器快速升温会导致均相体系中的热力学不稳定性，使熔体中超临界气体析出，从而形成大量的气泡核。为了防止模具型腔压力降低导致熔体中气泡在注塑前发生膨胀，需要在注塑前由高压气瓶提供足够的背压。注塑完成后要及时关闭与模具型腔相连的高压气瓶阀门，使气泡在型腔中膨胀，通过冷却固化得到所需形状的制品。

尽管微孔注射成型过程本身是间歇的，但均相聚合物/超临界气体体系的形成、气泡成核以及气泡的长大等过程实际上是一个连续的过程。然而，只有溶解度对温度十分敏感的气体才能通过改变温度来提高气泡的成核速率，这无疑限制了微孔注射成型的应用范围。

微孔塑料注射成型具有以下特点。

（1）能够有效消除注塑制品常见的缩痕、翘曲等缺陷。

（2）有效节约原材料。

（3）减小注射压力，因为超临界气体与熔体的作用会有效降低熔体的表观黏度，增加熔体的流动性。

五、塑料制品3D打印成型技术

3D打印技术首次出现于20世纪90年代中期，它是一种采用光固化和层叠工艺快速成型的技术。与普通打印机类似，3D打印机内装有液体或粉末等“打印材料”，通过计算机控制逐层叠加“打印材料”，最终将计算机上的蓝图变成实物。因此，这项技术被称为3D立体打印技术。通俗来说，3D打印机可以“打印”出真实的三维物体，例如机器人、玩具车、各种模型，甚至食物等。之所以通俗地称3D打印装置为“打印机”，是因为其工作原理类似于普通喷墨打印机，成型是通过分层加工的过程来实现。图6-95是塑料3D打印成型的示意图。

传统的制造技术，如注塑法能够以较低的成本大规模生产聚合物产品，而3D打印技术却能以更快、更灵活、更低的成本生产数量相对较少的产品，甚至一个桌面尺寸的3D打印机就可以满足设计者或概念开发小组制造模型的需要。

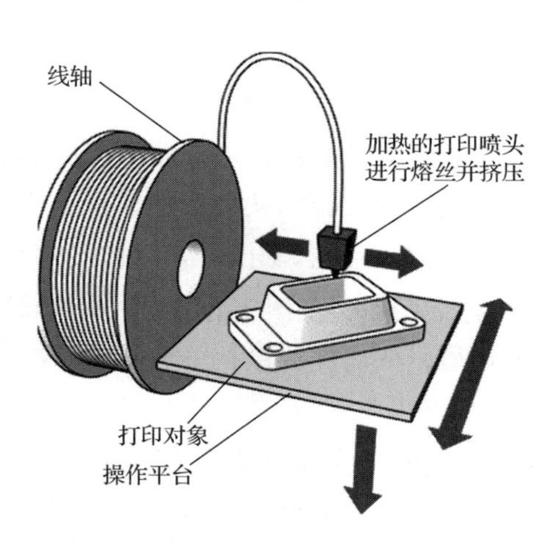

图6-95　塑料3D打印成型（FDM法）示意图

（一）塑料制品3D打印的基本过程

3D打印成型三维塑料可以分为三个基本过程，以下对其原理进行简单介绍。

1. **三维设计**　在3D打印的设计过程中，首先使用计算机建模软件进行建模，再将构建完毕的三维模型“分区”成逐层的截面，即切片，从而指导打印机逐层打印。设计软件和打印机之间协作的标准文件格式是STL文件格式。一个STL文件使用三角面来近似模拟物体的表面，三角面越小，其生成的表面分辨率越高。三角面的大小和表面分辨率之间成反比关系。

2. **切片处理**　在切片处理阶段，打印机读取 STL 文件中的横截面信息，并使用液体状、粉状或片状的材料逐层打印出这些截面。然后，打印机将各层截面以不同的方式黏合在一起，从而制造出一个完整的实体。这种技术的优点在于可以制造几乎任何形状的物品。打印出的截面厚度（即 Z 方向）和平面方向（即 $X—Y$ 方向）的分辨率通常用 dpi（像素 / 英寸）或者微米来计算。典型厚度为 100μm（0.1mm），也有一些高性能打印机，如 ObjetConnex 系列、三维 Systems'ProJet 系列可以打印出单层厚度为 16μm 的薄层，打印的分辨率在平面方向上接近激光打印机的分辨率。打印出的每一层通常由 50 ～ 100μm 直径的“墨水滴”组成。用传统方法制造一个模型通常需要数小时到数天，由模型的尺寸与复杂程度而定，而用 3D 打印技术则可以将时间缩短为数个小时，打印效率是由打印机的性能以及模型的尺寸和复杂程度决定的。

3. **完成打印**　在完成设计和切片处理后，根据输入的打印文件和材料进行打印，最终得到实体物品。3D 打印机的分辨率可以满足多种应用需求，但对于弯曲表面，其分辨率可能较低，存在表面粗糙的现象。如果想得到更高分辨率的物品，可以先使用当前的 3D 打印机打印稍大一点的物体，再稍微经过表面打磨使其变得光滑，即可得到“高分辨率”的物品。不同类型的 3D 打印技术具有不同的特点，有些技术可以在同一时间使用多种不同材料进行打印，而部分技术在打印过程中可能需要使用支撑物，为了方便后续的处理，这些支撑物可以选择可溶性材料来制作。

（二）塑料制品 3D 打印的技术类型

3D 打印技术主要适用于单件或小批量塑料制品的加工，其中较为成熟的工艺主要包括熔融沉积成型、光固化成型和选择性激光烧结。

1. **熔融沉积成型**（fused deposition modeling，FDM）　熔融沉积又称熔丝沉积，其使用热塑性塑料的料丝作为打印材料。该技术首先将丝状的热塑性材料置于打印机的喷头中进行加热熔化，然后通过带有一个微细喷嘴的喷头挤喷出来。根据 3D 模型的数据，这些塑料熔体被喷射到打印平台上，其中喷头沿着 X 轴方向移动，而工作台则沿 Y 轴方向移动。如果热塑性材料的温度始终稍高于固化温度，而成型部分的温度稍低于固化温度，就能保证热塑性材料挤喷出喷嘴后，随即与前一打印层熔结在一起。当一个层面的沉积完成后，工作台下降一个预定的层厚度，再继续进行熔喷沉积，通过逐层堆积得到完整的制品。图 6-96 是 FDM 打印技术的示意图。

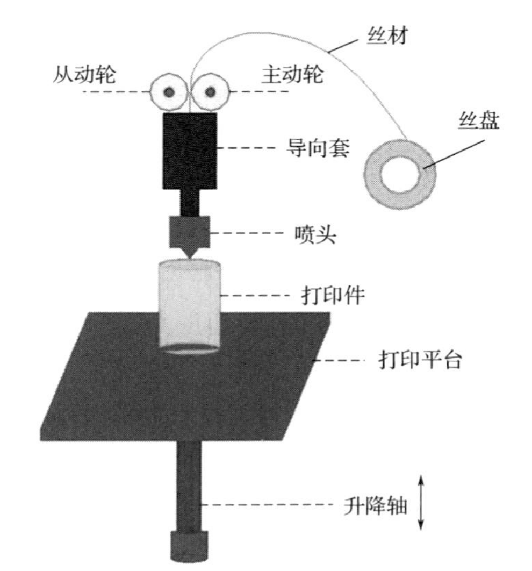

图6-96　FDM打印技术示意图

FDM 工艺是丝状材料的选择性熔融沉积过程，其打印件具有一定的堆积和黏结强度，一般可用作装饰件或功能件。能够用于 FDM 工艺的材料包括 ABS、聚酰胺（PA）、聚乳酸（PLA）、聚对苯二甲酸乙二酯-1,4-环己烷二甲酯、聚苯砜（PPSF）等。FDM 技术应用极为广泛，具有较高的成熟度，成本较低，并且还可以实现彩色打印。

2. **光固化成型**（stereo lithography appearance，SLA） 光固化成型技术是一种能够对液态原料实施固化处理，并将固化材料进行堆积形成三维实体的技术。该技术利用特定波长和强度的光照射到光固化材料的表面，使其按照由点到线、由线到面的顺序凝固，打印一层后升降台在垂直方向移动一个层片的高度，再固化另一个层面，最终层层叠加而成为一个三维实体。

SLA 技术的关键是利用紫外线激光扫描液态的光敏聚合物材料，使其在光的作用下快速固化。该技术可以生产结构复杂的部件，生产精度高，并能够提高材料的利用效率。然而，SLA 技术并不适用于常见的一般性材料，并且在实际应用中所需要投入的成本较高。图 6-97 是 SLA 打印技术示意图。

SLA 工艺利用液态光敏树脂进行光固化成型，其在 3D 打印工艺中具有最高的打印精度。SLA 技术专用光敏树脂种类较多，性能各异，虽然总体性能低于常用的工程塑料，并且机械加工时容易发生断裂，但部分光敏树脂固化后的性能类似于工程塑料。

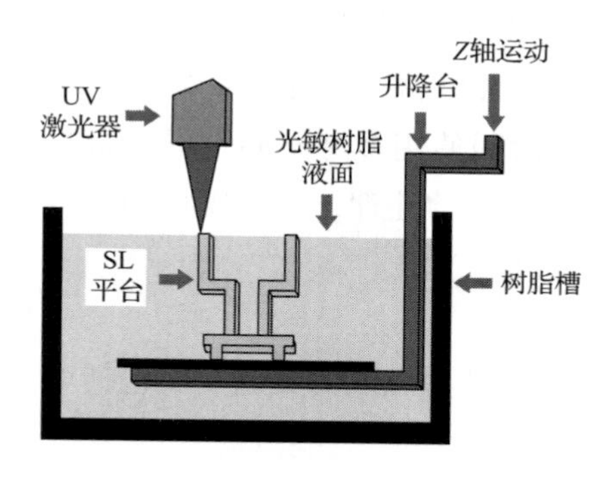

图6-97 SLA打印技术示意图

3. **选择性激光烧结**（selective laser sintering，SLS） SLS 技术是一种通过烧结粉末材料进行三维成型的技术。该技术采用粉末作为原料，通过激光照射产生的高温对其进行熔化。喷墨装置首先将一层粉末材料均匀铺在打印平台上，然后将材料预热到接近熔化温度。之后，采用激光照射扫描需要成型模型的截面，使粉末熔化黏合在一起。此过程不断循环，粉末层层堆积，直至最后成型完成。图 6-98 是 SLS 打印技术示意图。

选择性激光烧结技术的热源为激光束，该技术难以制造尺寸过大的零件，但是可以满足复杂零件的制作需求，生产出的零件质量高、表面光滑。

热固性塑料和热塑性塑料都可以作为 SLS 工艺的粉末材料。热固性塑料（如环氧树脂、酚醛树脂等）非常适合采用粉末激光烧结技术成型。目前，用于 SLS 技术的热塑性材料主要包括各种塑料及其复合材料，常用的有 PS、PA、PC 以及添加玻璃珠的 PA 等。在 SLS 工艺中，采用 PA 粉末制造的制件可以直接用作塑料功能件，而采用 PC、PS 等材料制造的制件需要经过后处理才能够作为塑料功能件使用。

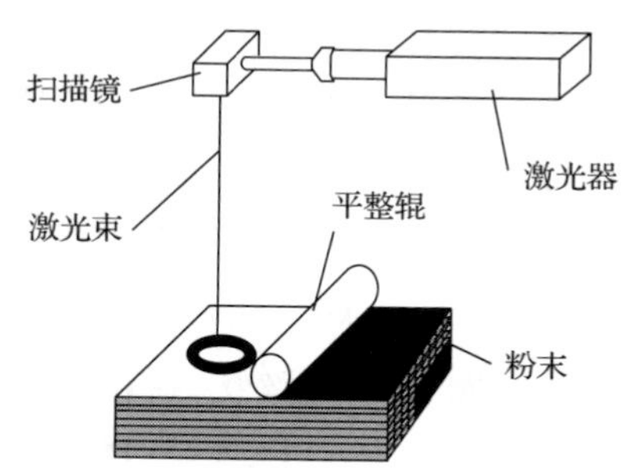

图6-98 SLS打印技术示意图

（三）3D 打印塑料原材料的类型和形态

3D 打印技术的核心在于打印材料和打印设备，其中，打印材料的质量对制品的外观品质起主导作用。与设备研发相比，材料的研发难度更大，因此，3D 打印不仅是一场制造革命，也是一场原材料革命。3D 打印所用的原材料都是专门针对 3D 打印设备和工艺而研发的，其形态一般有粉末状、丝状、液体状等。3D 打印所使用的石油化工类原材料主要包括工程塑料、生物塑料、热固性塑料、光敏树脂等。

1. 3D 打印塑料材料的类型及要求

（1）工程塑料。工程塑料具有良好的强度、耐候性和热稳定性，因此应用范围较广，特别是用于制造工业制品。工程塑料是目前应用较广泛的 3D 打印材料，常见的有 ABS、PA、PC 等。其中，由于 ABS 材料具有良好的热熔性和冲击强度，已成为熔融沉积 3D 打印的首选材料，可用于汽车、电子和电气产品等关键零件的打印。

（2）生物塑料。3D 打印生物塑料主要包括 PLA、PETG、PBS、聚己内酯（PCL）等，具有良好的生物可降解性。生物塑料还具有良好的流动性和生物相容性，并且能够快速凝固，因而在生物医疗制品的 3D 打印制造中得到了广泛应用。

（3）热固性塑料。热固性树脂如环氧树脂、不饱和聚酯、酚醛树脂、氨基树脂、聚氨酯树脂、有机硅树脂、芳杂环树脂等具有高强度和耐火的特点，非常适合用于 3D 打印的粉末激光烧结成型工艺。

（4）光敏树脂。光敏树脂即 UV 树脂，由聚合物单体与预聚体组成，在特定波长的紫外光（250 ～ 300nm）照射下会立刻引起聚合反应，并完成固化。光敏树脂一般为液态，用于制作高强度、耐高温、防水等要求的 3D 打印材料。

2. 3D 打印塑料材料的形态

（1）丝状塑料材料。为了使热塑性塑料材料在用于 3D 打印时能够快速熔融并均匀地输送，通常将塑料材料通过螺杆挤出机预先制成直径为 1.75mm 或 3.00mm 的单丝。大部分热塑性塑料都经过预制成单丝的处理，同时还可以根据制品的需求来复合其他材料，以提升塑料材料的性能。丝状塑料用于 3D 打印需要具有良好的弯曲强度、压缩强度和拉伸强度，这样在牵引和驱动力的作用下才不会发生断丝。此外，丝状物料还要求具有良好的圆度，以保证送料的均匀和稳定。

（2）粉末状塑料材料。对于一些热熔温度高、热敏感、热流动性差或具有热固特性的塑料，通常会预制成粉末状，如 PMMA 粉末、聚甲醛粉末、PS 粉末、石蜡粉末、淀粉粉末等。这些粉末通常需要通过机械粉碎和喷雾干燥来获得。为了确保良好的球度和流动性，以实现高精度的烧结，需要将聚合物材料制成平均粒径为 10 ～ 250μm 的球形粉末。这样的材料具有良好的流动性和高松装密度。例如，可以通过气相沉淀等技术手段将塑料制成聚合物微球，以用作 3D 打印材料。

（3）液态塑料材料。液态的 3D 打印塑料材料具有良好的流动性，因此可以显著提高打印的精确度。目前，液态的光敏树脂聚合材料是应用广泛的液体塑料。此外，还可以将塑料树脂用溶剂预先溶解为液体，选用凝胶高分子或可快速聚合的单体以及选择两种液态物质可聚合反应的液体，如聚氨酯等作为打印材料。预聚体通过自聚或者引发聚合等方法也可以作为液态 3D 打印塑料材料的选择。

（四）三种塑料 3D 打印技术比较

与传统的塑料制造技术相比，3D 打印技术在塑料工业制造中具有明显的优势。例如，定制塑料部件的制造可以通过3D打印来实现，其优势包括制造快速、周期短、运用方式灵活。借助CAD建模，3D打印技术在一定程度上弥补了塑料工业中存在的一些不足，并解决了传统塑料制造方法方面的一些困难。

FDM是应用频率较高的3D打印工艺，其通过使用热熔喷嘴将半流动材料挤压并沉积到特定位置，通过逐层沉积和凝固，最终形成成型塑料件。FDM工艺在材料流动性和热熔喷嘴加工等因素下，对加工精度有明确的要求，通常在0.2mm以上。该工艺过程会在产品表面产生细条纹，对外观造成直接影响。FDM工艺对汽车塑料件精度和外观质量的要求相对较小，但打印后的产品需要进一步加工。

SLS工艺通过激光的作用将铺设于工作台上的粉末逐层熔融，凝结后形成成型件。该工艺会在表面残留一些粉末，而且塑料件的强度较低，因此对于结构强度要求较高的塑料件不建议使用。

SLA工艺采用紫外线照射液态光敏树脂，对其进行逐层扫描，扫描区域的光敏树脂发生聚合反应后固化，逐渐形成固态层，最终形成成型件。

研究发现，选择合适的3D打印工艺有利于控制制造成本和时间。对于相同的零部件，可以尝试使用不同的3D打印技术来成型，具体选择应该根据实际需要来确定。表6-2是三种3D打印技术的对比情况。

表6-2　三种3D打印技术的对比

项目	熔融沉积成型	立体光固化成型	选择性激光烧结成型
原理	以热塑性塑料的料丝作为打印材料，置于打印机的喷头中，根据3D模型数据，喷头在计算机程序控制下作X—Y向联动及Z向运动，将喷头熔化的塑料熔体挤出到打印平台上，逐层堆积成完整的制品	以一定波长和强度的激光照射液态树脂，使其由点到线、由线到面顺序凝固，完成一个层面的打印。升降台在垂直方向移动并固化另一个层面，层层叠加打印制品	采用红外激光作为热源，先将粉末预热至接近其熔点，在压辊的作用下将其铺平，激光以截面信息进行选择性烧结，经过层层烧结，去掉多余粉末，得到烧结完成的零件
优点	技术基本成熟，原材料种类较多，仪器的使用和维护较便捷，成本较低，后处理过程较简单	成熟度高，加工速度快，制品的打印精度较高，质量较优良	制造工艺简单，材料柔性度高，选择范围广，成本低，利用率高，成型速度快
缺点	成型速度慢，成型效率低，成型零件的表面条纹比较明显	造价高，使用和维护成本较高；成型零件多为树脂类，强度、刚度、耐热性不高	成型表面粗糙，结构疏松、多孔，有内应力，样品受粉末颗粒尺寸及激光光斑限制，存在粉尘污染
适用原料	PLA、ABS、尼龙、石蜡、合成橡胶等	光敏树脂，如环氧丙烯酸酯、丙烯酸酯等	粉末状材料，如粉末尼龙、PC、PS等

码6-5　本章思维导图

码6-6　拓展阅读：塑料成型加工新技术

复习指导

1. 塑料成型加工的基本过程及分类

（1）了解塑料成型加工的基本过程。

（2）了解塑料成型加工的分类。

2. 挤出成型

（1）掌握单螺杆挤出机的基本结构。

（2）掌握螺杆各段的作用及几何参数。

（3）掌握机头和口模的组成与作用。

（4）深入理解和掌握挤出成型理论。

（5）了解双螺杆挤出机的主要工作特性。

（6）掌握挤出制品成型工艺的基本过程及各阶段的作用。

（7）掌握挤出制品不均匀性的判定方法及造成横向和纵向不均匀性的原因。

3. 模塑和铸塑

（1）了解塑料注射机和注射成型工艺过程。

（2）掌握注射成型加工中温度和压力的设定原则。

（3）掌握注射成型周期中各种时间的关系。

（4）掌握压缩模塑（模压成型）工艺过程及各工序的作用。

（5）了解铸塑成型的类型和基本原理。

4. 压延成型

（1）了解压延成型的基本过程及压延效应。

（2）掌握压延效应和辊筒弹性变形引起薄膜横向厚度分布不均匀的三种补偿方法。

5. 塑料的二次成型

（1）掌握二次成型的黏弹性原理。

（2）掌握拉幅薄膜成型的基本过程和方法及拉伸取向的一般规律。

（3）掌握中空吹塑成型方法的分类和基本原理。

（4）了解主要热成型方法。

6. 塑料新型成型技术

（1）了解气体辅助注射成型技术的基本原理。

（2）了解塑料成型加工中的振动技术的基本方法和原理。

（3）了解塑料加工中 CAE 技术的基本原理和功能。

（4）了解超临界气体法制备微孔塑料的基本原理和成型技术。

（5）了解 3D 打印的分类及其特点。

习题

1. 什么是挤出成型？挤出过程分为哪两个阶段？

2. 干法挤出过程与湿法挤出过程有什么区别？

3. 单螺杆挤出机的挤出系统和传动系统包括哪几个部分？

4. 简述单螺杆挤出机螺杆几个功能段的作用。

5. 什么是螺杆的压缩比？单螺杆挤出机的螺杆通过哪些形式获得压缩比？

6. 简述分离型螺杆的结构特点。

7. 简述屏障型螺杆的结构特点。

8. 机头和口模在理论上分为哪三个功能各异的区域？各区域有什么作用？

9. 挤出机料筒有哪些加热和冷却方式？

10. 简述双螺杆挤出机的主要工作特性。

11. 如何获得单螺杆挤出机最大的固体输送速率？

12. 简述塑料物料在单螺杆挤出机中的熔化过程。

13. 简述塑料熔体在挤出机均化段的流动形式。

14. 简述采用单螺杆挤出机挤出成型的挤出稳定性与螺杆均化段长度、螺槽深度及物料流动性的关系。

15. 简述挤出成型中，对挤出物进行牵引的作用。

16. 以尼龙棒材的挤出成型为例，说明挤出成型的工艺过程，并讨论在原料和设备结构的选择、工艺条件的控制中应注意的问题。

17. 以 ABS 挤出管材，管材截面厚度不均匀，出现半边厚、半边薄的现象，如题图 6-1 所示，请分析原因，并提出相应的解决办法。

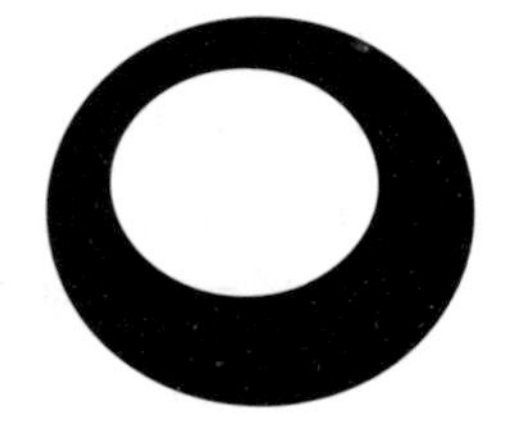

题图6-1　管材截面

18. 注射成型机主要由哪些部分组成？

19. 简述柱塞式注射机分流梭的作用。

20. 什么是背压？简述背压的设置原则。

21. 简述注射机螺杆与挤出机螺杆的差别。

22. 简述注射制品易产生内应力的原因及解决办法。

23. 简述反应注射成型的原理。

24. 简述压缩模塑的原理和方法。

25. 简述模压成型的工艺过程。

26. 铸塑成型包括哪几种方法？

27. 什么是压延成型？压延成型可以完成哪些作业？

28. 简述二次成型的黏弹性原理。

29. 简述中空成型温度对成型制品使用温度及形状稳定性的影响。

30. 简述挤出中空成型对聚合物原料的熔体指数、相对分子质量分布、拉伸黏度等方面的要求。

31. 简述影响双向拉伸薄膜成型的工艺因素。

32. 简述热成型的影响因素。

33. 绘制挤出吹塑工艺过程的示意图。

34. 造成压延产品横向厚度不匀的重要因素之一是辊筒的变形，应如何预防？

35. 为什么自由真空成型不能制备大拉伸比的制品？
36. 与注塑成型相比，热成型有哪些优势和不足？为什么？
37. 塑料 3D 打印有哪些方法？几种打印方法各有什么优缺点？

参考文献

[1] 沈新元. 高分子材料加工原理 [M]. 北京：中国纺织出版社，2000.
[2] 塔德莫尔，戈戈斯. 聚合物加工原理 [M]. 阎琦，许澍华，译. 北京：化学工业出版社，1990.
[3] 王贵恒. 高分子材料成型加工原理 [M]. 北京：化学工业出版社，1982.
[4] 黄锐，曾邦禄. 塑料成型工艺学 [M]. 北京：中国轻工业出版社，1997.
[5] 朱复华. 挤出理论及应用 [M]. 北京：中国轻工业出版社，2001.
[6] 王善勤. 塑料挤出成型工艺与设备 [M]. 北京：中国轻工业出版社，1998.
[7] 周达飞，唐颂超. 高分子材料成型加工 [M]. 北京：中国轻工业出版社，2006.
[8] 王小妹，阮文红. 高分子加工原理与技术 [M]. 北京：化学工业出版社，2006.
[9] 史玉升，李远才，杨劲松. 高分子材料成型工艺 [M]. 北京：化学工业出版社，2006.
[10] 张海，赵素合. 橡胶及塑料加工工艺 [M]. 北京：化学工业出版社，1997.
[11] 谢建玲，桂祖桐，蔡绪福. 聚氯乙烯加工与应用 [M]. 北京：化学工业出版社，2007.
[12] 黄汉雄. 塑料吹塑技术 [M]. 北京：化学工业出版社，1996.
[13] 黄锐. 塑料工业手册——塑料的热成型和二次加工 [M]. 北京：化学工业出版社，2005.
[14] 启保，瞿金平，廖林，等. 塑料成型加工中的振动技术 [J]. 机床与液压，2000 (5)：10-12.
[15] 李又兵，申开智. 形态控制技术获取自增强制件研究 [J]. 高分子材料科学与工程，2007 (1)：24-27.
[16] 申开智，姜朝东，李效玉，等. 几种采用熔体注射成型实现聚合物自增强的方法 [J]. 高分子通报，2000 (3)：1-6.
[17] KALAY G，BEVIS M J. Processing and physical property relationships in injection-molded isotactic polypropylene. 1. Mechanical properties [J]. J. Polym. Sci. Part B: Polym. Phys，1997，35 (2)：241-263.
[18] 瞿金平，胡汉杰. 聚合物成型原理及成型技术 [M]. 北京：化学工业出版社，2001.
[19] 彭响方，高文龙，兰庆贵. 超声振动对聚合物结构性能的影响 [J]. 塑料工业，2004 (7)：4-6.
[20] 瞿金平，冯彦洪，何和智，等. 高分子材料成型加工节能降耗新技术及设备 [J]. 国外塑料，2008 (7)：53-56.
[21] 吴宏，郭少云，李姜，等. 聚合物熔体超声辅助加工装置和技术 [C]. 2014 年高分子年会论文集，2014.
[22] 高雪芹，李又兵，陈长森，等. 聚合物熔体振动挤出成型技术的研究进展 [J]. 高

分子材料科学与工程，2004（6）：42–46.

[23] FRIDMAN M L，PESHKOVSKY S L，VINOGRADOV G V. The rheology of thermoplastics under conditions of spiral flow and vibrations on extrusion [J]. Polym. Eng. Sci.，1981，21：755–767.

[24] 高雪芹. 聚合物在振动场中挤出成型时的流变行为和产品结构与性能研究 [D]. 成都：四川大学，2005.

[25] 曾广胜. 聚合物振动诱导熔融塑化过程研究 [D]. 广州：华南理工大学，2007.

[26] 吴显，郭超，钱心远，等. 振动注射成型对聚合物性能影响的研究进展 [J]. 工程塑料应用，2010，38（4）：93–96.

[27] 瞿金平，卿艳梅，田野春，等. 塑料电磁动态塑化挤出机加工制品的力学性能 [J]. 塑料工业，2000（5）：23–24.

[28] 燕翀，杨基础. 超临界流体技术在聚合物加工中的应用 [J]. 中国塑料，2003，17（3）：12–16.

[29] 郑国强，刘春太，张雷. 超临界气体在聚合物加工中的应用 [J]. 现代塑料加工应用，2006，18（2）：49–53.

[30] 陈庆，曾军堂，陈韦坤. 3D 打印塑料材料技术现状和发展趋势 [J]. 新材料产业，2015（6）：27–32.

[31] 陈积胤. 3D 打印塑料材料现状和发展前景 [J]. 中国化工贸易，2016（9）：28.

[32] 张向阳，贾仕奎，赵中国，等. 3D 打印用聚合物材料的研究进展 [J]. 工程塑料应用，2020，48（5）：156–159.

[33] 朱小明，韩伟，刘楚生，等. 3D 打印技术在塑料制件修复制造中的应用研究进展 [J]. 合成树脂及塑料，2020（5）：86–90.

[34] 刘卫兵，钱素娟，刘志东. 3D 打印用高分子材料及打印成型工艺参数优化研究进展 [J]. 合成树脂及塑料，2020（2）：85–89.

[35] 马忠波. 3D 打印技术研究现状和关键技术研究 [J]. 南方农机，2021，52（14）：138–140.

[36] 陈庆来. 3D 打印技术在塑料工业中的应用 [J]. 塑料科技，2019（2）：91–94.

[37] 杨伟，陈正江，补辉，等. 基于工程塑料的 3D 打印技术应用研究进展 [J]. 工程塑料应用，2018，46（2）：143–147.

[38] 王春香，尹金林，潘栻成，等. 3D 打印技术在复杂曲面塑料产品设计与制造中的应用 [J]. 工程塑料应用，2021，49（12）：72–76，80.

[39] 丁雪晨. 3D 打印技术在塑料工业中的应用研究 [J]. 科技与创新，2021（11）：168–169.

[40] 张涛，杜国芳，张仲颖. 不同 3D 打印技术塑料力学性能研究进展 [J]. 塑料科技，2021（10）：113–116.

[41] 万海鑫，马思远，尚连勇. 新型塑料材料在 3D 打印领域的应用研究 [J]. 塑料科技，2021（8）：105–108.

第七章　橡胶成型加工原理

码7-1　本章课件

第一节　概述

一、橡胶的基本概念及成型加工方法

橡胶是高弹性的高分子材料，由于橡胶具有其他材料所没有的高弹性，因而也称作弹性体。它在较小的外力作用下就能显示出高度变形的能力，且在外力除去后，又能恢复原来的形状，这种高弹性质是橡胶所独有的，称为橡胶状弹性。这种高弹性质可以在零下几十摄氏度到上百摄氏度（甚至高至 200 ～ 300℃，如硅橡胶、氟橡胶等）宽广的温度范围内表现出来。但是橡胶在变形较大时，又表现出黏性液体的性质。橡胶的这种黏弹特性，使它在缓冲、防震、减振、动态密封方面的作用是其他材料无法替代的。

但橡胶也有一些不足之处，如橡胶除在小变形区域外（小于 50%），没有固定的杨氏模量，小变形范围内的杨氏模量很小，约为 $1.0N/mm^2$。橡胶的拉伸强度不高，特别是非结晶性橡胶，如未经过补强的丁苯橡胶、丁腈橡胶、硅橡胶等，其硫化橡胶的拉伸强度只有 1 ～ 3MPa。橡胶中加入炭黑、白炭黑、树脂、纤维等补强剂后，能显著提高橡胶的硬度、模量、拉伸强度、撕裂强度和耐磨耗等性能。为克服橡胶在较高温度下的黏性流动，适应在宽广温度范围内的应用，一般的橡胶必须加入交联剂，使其形成三维网状结构。大多数橡胶分子链存在双键，这些活泼的双键易与氧作用致使橡胶分子链断裂或结构化，性能变差。所以橡胶材料中常需要加入防老剂延长橡胶制品的使用寿命。为了改善橡胶的耐寒性、加工性等，橡胶中往往也加入数量不等的增塑剂、分散剂、增黏剂等。因此，橡胶制品实际上是多种材料的复合体。

所以，一切橡胶制品都必须经过配合及一系列的加工过程。橡胶的加工是指由生胶及其配合剂经过一系列物理与化学作用制成橡胶制品的过程，主要包括生胶的塑炼、塑炼胶与各种配合剂的混炼及成型、胶料的硫化等加工工序，最后形成三维网状结构，成为具有使用价值的橡胶产品。

二、橡胶的品质指标

橡胶和纤维、塑料一样都是高分子材料，但橡胶的独特高弹性能使之能广泛应用于工业、农业、医疗卫生、文体和生活等各个领域。各个领域对橡胶产品的使用性能指标要求不尽相同，与纤维和塑料也有很大差别；由于橡胶的高弹性及使用领域不同，使得橡胶的加工过程与纤维和塑料产品的生产过程有许多不同之处，为了生产过程的顺利进行，对橡胶原材料及半成品（如塑炼胶、混炼胶）的品质也需要进行控制。本节对其中最常用的品质指标作简要介绍。

（一）常规力学性能

常规力学性能主要是硫化橡胶的拉伸强度、扯断伸长率、撕裂强度和硬度，对于密封制品还有压缩永久变形的指标。

1. **拉伸强度** 橡胶的品种繁多，不同橡胶的差异很大，但经补强的常用橡胶的拉伸强度为 10 ～ 30MPa，特殊品种如聚氨酯橡胶和以甲基丙烯酸锌补强的氢化丁腈橡胶，拉伸强度可分别达到 40MPa 和 60MPa。

2. **撕裂强度** 撕裂强度以 kN/m 为单位，测试的试样有裤形（a 形）、直角形（b 形）、新月形（c 形），前一种的数值较小，后两种的数值相对较大。不同胶种和不同交联方式的硫化橡胶的撕裂强度有非常大的差异。

3. **硬度** 硫化橡胶的硬度通常用邵氏 A 硬度计测定，刻度为 0 ～ 100 度，最常用的硫化橡胶的硬度为 40 ～ 75 度。发泡海绵橡胶用邵氏 C 型硬度计测定；高硬度的硫化橡胶用邵氏 D 型硬度计测定。三种硬度之间不可直接换算。

（二）橡胶的动态力学性能

许多橡胶制品，如轮胎、传动带、弹性联轴器、防震制品等，都是在动态下使用的。动态变形的特点一般是变形量小（不大于 10%），而频率很高。橡胶的动态力学性能是讨论橡胶在周期性外力作用下作周期变形时，应力、应变、损耗和时间（变形频率）、温度的关系。动态力学性能讨论的是橡胶在远未破坏的应力反复作用下的使用性能，其测试方法主要有动态黏弹谱、压缩疲劳和屈挠龟裂试验等。

1. **动态黏弹谱** 在动态黏弹仪上，橡胶试样受到一定频率和振幅的拉伸或剪切作用，在连续变化的温度下测定其动态模量（E^*）、弹性模量（E'）、损耗模量（E''）和损耗角正切（$\tan\delta=E''/E'$）。在橡胶的玻璃化转变温度点会出现最大的损耗。

2. **压缩疲劳** 压缩疲劳试验在固特异压缩疲劳试验机上进行。通过一个平衡杠杆将规定的压缩负荷施加到试样上，以一定的振幅和频率对试样进行周期性压缩。测定试样在一定时间内的压缩疲劳温升，并可同时测定试样的静压缩变形率、动压缩变形率、永久变形和疲劳寿命。试样的温度升高得越多，表示橡胶的阻尼越大。高温会使橡胶的力学性能大幅度下降，影响制品的使用寿命。可以在升温状态下测试橡胶制品的压缩疲劳性能，使之模拟实际的使用状态。

3. **屈挠龟裂** 橡胶屈挠龟裂试验是橡胶试样在多次往复屈挠下产生裂口或观察裂口在一定屈挠次数下增长的等级。一般的橡胶屈挠试验在德墨西亚屈挠试验机上进行，以每分钟 300 次的频率作 180° 曲折。鞋材试样是在鞋类专用曲折试验机上进行，曲角的角度为 90°。

（三）橡胶的弹性

橡胶高弹形变的统计学研究是假定橡胶变形时没有内能的变化，其抵抗变形的收缩力（弹力）完全由熵变产生，亦即熵弹性。理想橡胶分子链的熵变与橡胶分子链的热运动，即橡胶分子主链和侧基的内旋转的难易程度（或橡胶分子链的柔顺性）有关。玻璃化转变温度

（T_g）是表示橡胶分子链热运动被“冻结”的温度，T_g越低，橡胶分子链的柔顺性越好，也就是弹性越好。

橡胶（包括硫化橡胶）具有黏性和弹性，宏观的表达方式有脆性温度、摆锤弹性、有效弹性。压缩永久变形和压缩耐寒系数可表示硫化橡胶在使用条件下的弹性。

1. **脆性温度**　脆性温度与T_g相似，都是表示橡胶保持弹性变形的最低温度，不同的是脆性温度是在脆性试验机上被冲击断裂的最高温度。测试时试样在冷冻介质中冷冻3min，提起后于半秒钟内冲击试样，如试样在该温度下被冲击断裂，应提高介质温度，否则应降低其温度。也可采用试样在冷冻介质中保持3min，取出后即进行180°弯折，试样出现断裂时的最高温度为脆性温度。

2. **摆锤弹性**　以一定重量的摆锤自一定的高度冲击一定厚度的橡胶试样，弹性值以摆锤弹起的高度与原高度的百分比表示。数值越大，表示橡胶的弹性越好。习惯上摆锤弹性又称为打击弹性或回弹率。

3. **有效弹性**　橡胶试样受力伸长后卸荷，试样收缩时恢复的功与伸长所消耗的功之比的百分数称为橡胶伸张时的有效弹性。有效弹性大，表示橡胶弹性好。

4. **压缩永久变形**　使橡胶试样于压缩状态下，在一定温度的介质（空气或液体）中经历一定时间后卸荷，在常温下恢复一定时间后测定其高度，并计算橡胶的压缩永久变形。压缩永久变形越小，橡胶的弹性越好。由于实验的温度较高，时间较长，测试结果包含了橡胶网络的应力松弛和结构变化。

5. **压缩耐寒系数**　将试样迅速压缩到原来高度（h_0）的80%（h_1），并立即放入冷冻介质中冷冻5min，除去负荷并在冷冻介质中恢复3min，测定其高度（h_2），压缩耐寒系数$K_y=\dfrac{h_2-h_1}{h_0-h_1}$，其数值越大，表示橡胶在低温下的弹性越好。

（四）耐老化性能

由于大多数橡胶分子链含有双键，使得橡胶的耐老化性能成为硫化橡胶性能的重要指标，也是配方设计中的重要课题。

1. **热空气老化**　热空气老化试样是将橡胶试样置于规定温度的热空气中一定时间，取出后测定其力学性能的变化（主要为拉伸强度、扯断伸长率和硬度）。具体的老化温度和时间，会因橡胶的品种和产品的使用条件而异。

2. **耐臭氧测试**　试样在一定臭氧浓度（0.5～2mg/kg）、湿度（通常为40%）条件下，产生龟裂的时间（或在规定的时间内不产生龟裂）。

（五）耐磨性能

耐磨性能是轮胎、传动带、鞋底等产品的重要品质，对这类产品常有一定的耐磨性能要求。常用的耐磨性能测试有NBS、DIN和阿克隆。

1. **NBS测试**　试样在砂纸轮上磨耗2.54mm（1/10英寸）时砂纸轮转动的圈数与标准试片在砂纸轮上磨耗2.54mm时转动圈数之比的百分数即为耐磨系数。数值越大，耐磨性能越好。常作为鞋材的耐磨性指标。

2. DIN 测试　橡胶试样在砂纸轮上走完规定距离所磨耗的体积（mm^3），即为磨耗值，数值越小，耐磨性能越好。

3. 阿克隆磨耗　以橡胶试样在砂轮上走完 1.61km 所磨耗的体积（cm^3）表示，数值越小，耐磨性能越好。

（六）与加工性能有关的品质指标

橡胶制品的生产一般要经历塑炼、混炼、成型（压延、压出或注射等）、硫化等工艺过程，为了生产过程顺利、有效地进行，往往需要对橡胶加工过程各阶段的胶料进行品质控制。控制的品质指标主要有可塑度、门尼黏度、门尼焦烧时间、焦烧时间和正硫化时间等。

1. 可塑度　可塑度是反映生胶、塑炼胶和混炼胶可塑性的品质，是指试样在外力作用下产生压缩变形的大小和除去外力后保持变形的能力。

橡胶可塑性测定方法主要为威廉氏可塑性计测量法。威廉氏可塑度（P）是根据试样在一定温度（70℃）和一定负荷（5kg）作用下，经 3min 压缩后其高度的变化，以及除去负荷后，在室温下恢复 3min 的高度变化来表示的。

$$P=\frac{h_0-h_2}{h_0-h_1} \tag{7-1}$$

式中：h_0为试样的原高度；h_1为压缩3min后试样的高度；h_2为经3min恢复后试样的高度。

P 的数值为 0 ～ 1。当 P=0 时，表示为绝对弹性体；当 P=1 时，则表示为绝对流体。因此 P 的数值越大，表示塑炼胶的可塑性越大。不同的产品及生产工艺对胶料的可塑要求不同，常作为生产过程质量控制指标。

2. 门尼黏度　门尼黏度的测定原理是根据试样在一定温度、时间和压力下，在转子和模腔之间变形时所受的扭力来确定胶料的可塑性，结果以门尼黏度来表示。其表示符号为ML_{1+4}^{100}或MS_{1+4}^{100}。符号中的 M 代表门尼，L 表示用大转子，S 表示用小转子，$_{1+4}^{100}$表示在 100℃下预热 1min，转子转动 4min 时的扭矩值。门尼黏度越大，胶料的流动性能越差，可塑性越小。门尼黏度的大小与橡胶的相对分子质量、填充补强剂的种类和用量有关，加入软化剂、润滑剂可以降低混炼胶的门尼黏度，提高胶料的流动性。

3. 门尼焦烧时间　门尼焦烧时间用门尼黏度计测定，采用的温度一般为 120℃，胶料在模腔内预热 1min 后开动转子，当用大转子试验时，从试验开始到胶料黏度下降至最小值后再上升 5 个门尼值所对应的时间为门尼焦烧时间，以分钟计。当用小转子试验时，从试验开始到胶料黏度下降至最小值后再上升 3 个门尼值所对应的时间为门尼焦烧时间。门尼焦烧时间可作为混炼胶硫化前的胶料停放、压延、压出、成型等各工序生产安全的控制指标。

4. 焦烧时间和正硫化时间　混炼胶的焦烧时间和正硫化时间使用硫化仪（或硫变仪）测定，使用的温度为产品的硫化温度。焦烧时一般以 T_{10} 表示（或 T_{S2}），即硫化仪扭矩上升到最大扭矩的 10% 所对应的时间，此为胶料在模型中流动充模的时间。正硫化时间以 T_{90} 表示，即硫化仪扭矩上升到最大扭矩的 90% 所对应的时间。正硫化时间的正确控制对于提高生产效率，确保产品的质量至关重要。

第二节　生胶和配合剂

一、生胶

生胶是指原料橡胶，即没有经过配合和加工的橡胶。如第一章中所述，橡胶按来源可分为天然橡胶和合成橡胶。合成橡胶按其性能和用途不同，又分为通用合成橡胶和特种合成橡胶两类。通用合成橡胶的性能和天然橡胶相近，力学性能和加工性能较好，能广泛用于轮胎和其他一般橡胶制品；特种合成橡胶具有天然橡胶所不具备的各种物理化学性能，专门用于制作耐热、耐寒、耐化学物质腐蚀、耐溶剂、耐辐射等特种橡胶制品。如硅橡胶有宽广的使用温度范围（-85 ～ 250℃），氟橡胶能耐各种溶剂和高温（300℃），聚氨酯橡胶具有较高的拉伸强度和很高的耐磨性，这些都属于特种合成橡胶。按橡胶的结构特点又可分为饱和橡胶和不饱和橡胶，极性橡胶和非极性橡胶。主链上带有双键的称为不饱和橡胶，而极性橡胶主链碳原子上带有极性侧基或极性取代基。如顺丁橡胶、丁苯橡胶为不饱和的非极性橡胶，乙丙橡胶为饱和的非极性橡胶，丁腈橡胶为不饱和的极性橡胶，而氯醚橡胶、丙烯酸酯橡胶、氟橡胶则为饱和的极性橡胶。

随着合成橡胶技术的进步和生产、使用的需要，许多新的橡胶品种不断出现。如羧化丁腈和丁苯橡胶、氢化丁腈橡胶、环氧化天然橡胶、氯磺化聚乙烯橡胶、氯化聚乙烯橡胶、卤化乙丙橡胶和丁基橡胶等，以及热塑性弹性体。

码7-2　生胶

二、硫化体系配合剂及交联原理

生胶和其他线型高分子材料一样都属于热塑性材料，当温度升高到它的流动温度时，便成为黏稠的液体，在外力（或自重）的作用下，产生不可逆的流动；在适当的溶剂中发生溶胀和溶解。生胶的这种性质，不适用于许多实际使用要求。生胶在化学或物理作用下，通过化学键的连接，成为空间网状结构的化学变化过程称为硫化（或交联）。大多数橡胶通常都必须经过硫化才具有实际用途。

人们最早使用的橡胶是天然橡胶。1839 年，固特异（Goodyear）发现天然橡胶和硫黄共热后，它对热的敏感性和在汽油中的溶解性得到显著改善。因而把这一过程称为硫化，经硫化的橡胶称为硫化胶。随着聚合物合成科学的发展，合成橡胶品种不断增加，使橡胶产生交联的化学物质也得到相应的发展，如有机过氧化物、树脂、金属氧化物、多卤素、双官能团有机化合物等。这一类化合物习惯上称为硫化剂（或交联剂）。由于硫黄最早用作橡胶的交联剂，目前仍是橡胶工业中应用最广、用量最大的硫化剂，因而硫化一词一直沿用至今，专门用于橡胶的交联过程。

为了缩短硫化时间，提高交联效率，改善硫化胶的性能，橡胶的硫化除了硫化剂外，同时还加入促进剂、活化剂、助交联剂、防焦剂和抗硫化返原剂等，组成所谓的硫化体系。

（一）硫黄硫化体系

现代橡胶工业中，二烯类橡胶的硫黄硫化通常都由促进剂、活性剂（最常用的活性剂是硬脂酸和氧化锌）和硫黄（硫黄粉和不溶性硫黄）组成完整的硫化体系，必要时还可以加入防焦剂和抗硫化返原剂。

1. **有机促进剂** 有机促进剂的使用是橡胶工业技术的重大进步。它不仅大幅缩短了硫化时间、减少硫黄用量、降低硫化温度，而且对橡胶的工艺性能和力学性能也有较大改善。随着对有机促进剂结构、有机促进剂与橡胶的反应机理以及对硫化胶结构和性能的研究，使得有可能在一定程度上视使用需要来选择适宜的有机促进剂以及适宜的促进剂和硫黄用量的比例，以期得到符合性能要求的硫化胶结构。

有机促进剂的品种繁多，过去以天然橡胶为主期间，曾根据促进剂对天然橡胶的不同工艺作用分为超速促进剂、快速促进剂和慢速促进剂等。后来又增添了后效性促进剂。也有的根据促进剂与硫化氢反应所呈现的酸、碱或中性，而将促进剂分为酸性促进剂、碱性促进剂和中性促进剂。但在大量使用各种合成橡胶后，发现有些促进剂在天然橡胶硫化中是超促进剂，而在某些合成橡胶的硫化中却是一种慢速促进剂，甚至起着迟延硫化的作用。所以目前多根据促进剂的化学结构进行分类。秋兰姆类除作为促进剂外，二硫代或四硫代秋兰姆也作为硫化剂使用，不加入硫黄即可使橡胶硫化，通常称为无元素硫硫化。同时可用作促进剂和硫化剂使用的还有二硫化吗啡啉。

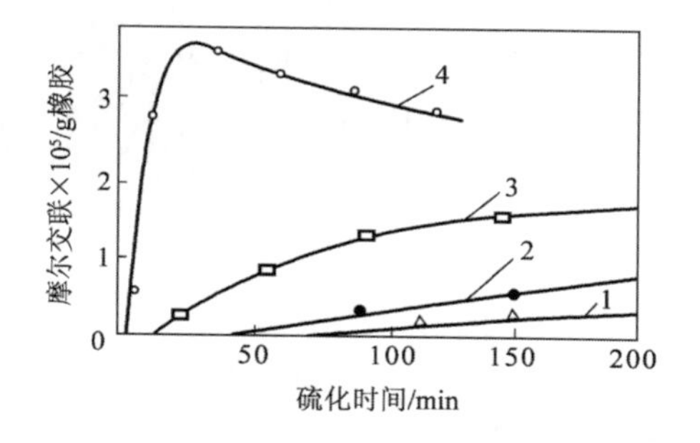

图7-1 硫化体系各组分在橡胶硫黄硫化中的作用

配方（份）：1—天然胶100，硫黄2，硬脂酸锌6

2—天然胶100，硫黄2

3—天然胶100，硫黄2，促进剂M1

4—天然胶100，硫黄2，促进剂M1，硬脂酸锌6

2. **促进剂、活性剂、硫黄硫化橡胶的主要反应阶段** 橡胶的硫黄硫化时，促进剂、活性剂和硫黄三种组分对橡胶交联网络形成的影响如图7-1所示。

图7-1的曲线1与曲线2相比，可以发现，单用硫黄时，硬脂酸锌对硫化起阻碍作用。加入促进剂M1（曲线3），无论在硫化速度还是在交联程度上都有较大的提高。再配用活性剂硬脂酸锌（曲线4），则这两方面的效果更显著。可见在橡胶硫化过程中，三种组分相互作用产生化学变化。根据实验分析，硫化过程中对硫化速度及硫化胶网络结构的形成起决定作用的主要反应，可分为四个主要反应阶段：

码7-3 拓展阅读：促进剂及硫黄用量对硫化反应和硫化胶结构的影响

（1）硫化体系各组分之间相互反应生成中间化合物，此中间活性化合物是事实上的硫化剂。

（2）中间活性化合物与橡胶作用，在橡胶分子链上生成含硫活性侧基。

（3）橡胶分子链的含硫活性侧基和其他橡胶分子相互作用，形成交联。

（4）交联结构的继续发展。

上述反应与硫黄、促进剂的用量和种类，补强、填充剂的表面化学性质，以及硫化温度有关。

3. **硫化胶的结构与性能的关系**　硫化胶的性能不仅取决于被硫化聚合物本身的结构，也取决于主要由硫化体系类型和硫化条件决定的网络结构。由于测试技术的进展和大量研究的积累，对硫化胶的结构认识已进一步深入，使有可能在一定程度上建立起硫化胶的结构与性能间的关系，现主要从如下几方面叙述。

（1）交联密度的影响。图 7-2 表示交联密度对硫化胶强度的影响。由图可见，随交联密度增加，硫化胶的拉伸强度都经历一个最大值。这种变化可以用交联密度对硫化胶结晶的影响来解释。结晶性橡胶伸长时能取向结晶，使拉伸强度大幅提高，这种作用称为自补强作用。非结晶性橡胶伸长时的大分子取向，也会使拉伸强度有所提高。当交联密度太小时，橡胶分子间的相对活动性太大，不利于伸长结晶。在适宜的交联密度时，橡胶分子链段活动较易，伸长过程中易于取向结晶，拉伸强度达到最大值。交联密度继续增加，形成了较紧密的分子网构，从而阻碍了分子链的定向排列及结晶，使拉伸强度下降。图 7-2 中高能辐射和过氧化物交联的硫化胶，拉伸强度较低，除了交联键类型等因素影响外，一般认为是硫化过程中主链断裂较多，硫化胶伸长率较低，在尚未达到足够大的伸长率以利于分子链取向结晶时，即已发生主链断裂之故。

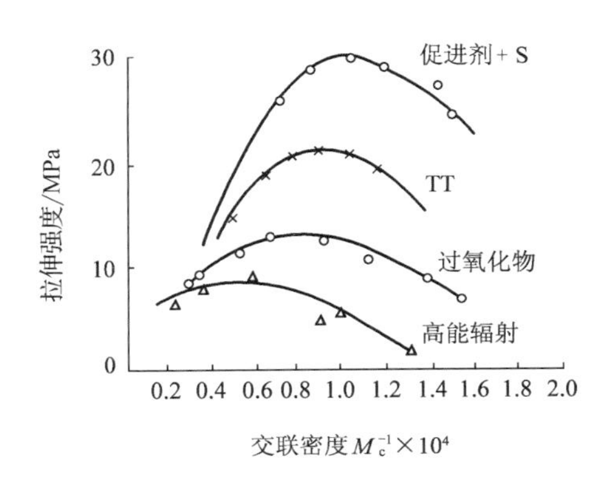

图7-2　硫化胶交联密度及硫化体系对拉伸强度的影响

（2）交联键类型的影响。硫化胶交联键的热稳性和抗热老化稳定性取决于键能的大小。几种交联键的键能见表 7-1。

表7-1　几种类型交联键的键能

键型	键能/kJ·mol^{-1}	键型	键能/kJ·mol^{-1}
—C—C—	352	—C—S—S—C	268
—C—S—C—	285	—C—S_x—C—	268

采用不同的硫化体系，所得硫化胶的交联键类型不一样，高能辐射和过氧化物交联形成碳—碳交联键，单用 TMTD（*N*，*N*- 四甲基二硫双硫羰胺）硫化主要形成一硫和二硫交联键，常用的促进剂、硫黄硫化主要形成多硫交联键。碳—碳和单硫交联键键能高，称为强键，热稳定性好；而多硫交联键键能最低，称为弱键，热稳性最差，但是这些交联键类型对硫化胶拉伸强度的影响却正好相反，也就是说交联键键能越高，硫化胶的拉伸强度也就越低。

硫化胶网络中，交联键的分布是不规则、不均匀的，交联点间的分子链段长短不一。所以交联网络在受力变形时，应力的分布是不均匀的。有些链段承受的应力较大，如果承受较大应力的交联键是强键，则链段将在较低的伸长下断裂，这样更增加应力分布的不均匀程度，最终导致交联网络的整个断裂；但如果交联键是弱键（与主链相比），将在高应力作用下很快脱开，解除所承受的负荷。将应力传递给邻近的链段，这就使得变形的交联网络作为一个整体，均匀地承受较大的应力。此外，交联弱键的较早脱开，还有利于该部分主链的取向结晶。这就表现为含有多硫键的硫化胶，却有较高的拉伸强度。如果交联网中同时有着交联弱键和强键，当弱键断开时，强键继续维持着交联网的高伸张状态。由于弱键的陆续断裂，所以拉伸强度将达到更高的水平（图 7-2）。

不同交联键类型对硫化胶的耐疲劳寿命（以断裂时的拉伸次数或出现某一等级裂口的曲挠次数表示）也有显著影响。硫化胶的交联网络中如果含有一定数量的多硫键时，原始疲劳寿命较高，只有单硫和二硫键的硫化胶原始疲劳寿命很低。这可能是含有多硫键时，在温度和反复变形的应力作用下的断裂和重排作用缓和了应力的缘故。但多硫交联键的耐热氧老化性能差，经老化后硫化胶疲劳寿命的保持率很低。

（3）有关交联键分布和微观极性理论。有人提出硫化胶的拉伸强度受交联键分布对结晶的影响比受交联键类型的影响更大。认为辐射硫化胶拉伸强度低，主要是因为它的交联键分布混乱，影响橡胶分子链的伸长结晶。而促进剂—硫黄硫化体系，硫化时最初生成的多硫键在继续短化过程中，释放出的硫原子在其附近生成新的交联键，这就使得交联键分布不致太混乱，因而有利于分子链的取向结晶，提高了拉伸强度。

也有人根据在活性剂氧化锌表面进行反应的设想，提出橡胶硫化胶的微观极性区概念。这里指的是多硫交联键相互间以及与金属氧化物极性表面缔合，而在橡胶介质中形成分散相极性区域的概念，并用这种理论来解释上述硫化胶拉伸强度之间的差异。这种理论认为，橡胶分子链的多硫侧基吸附在金属氧化物极性表面，在生成多硫键后，多硫交联键由于极性较大也吸附在金属氧化物表面；其中有的多硫交联键由于极性相似，而相互通过分子间的作用力靠近缔合，形成 5 ～ 10nm 大小的微观极性区；在受力作用时，分子间作用力形成的局部缔合即行脱开，可看作是弱键断开（不是多硫键的断裂）的作用，从而使局部应力消散，使主键容易取向或结晶，而有利于拉伸强度的提高。

（二）有机过氧化物硫化剂

1. **常用的机过氧化物** 有机过氧化物主要用于交联饱和聚合物，如硅橡胶、乙丙橡胶、聚酯橡胶、聚氨酯橡胶、氢化丁腈橡胶等，有时也用于不饱和的二烯类橡胶，如丁腈橡胶等，某些含氯的橡胶，如氯丁橡、氯化丁基橡、氯磺化聚乙烯亦可用过氧化物交联。用过氧化物交联的聚合物具有良好的耐热和热氧老化性能和小的压缩永久变形；但硫化胶的拉伸强度、撕裂强度（乙丙橡胶例外）和疲劳性能较差。

常用的有机过氧化物可以分为两种基本类型，如过氧化苯甲酰属于带有羧酸基团的过氧化物，对酸类敏感性低；过氧化二异丙苯属于无羧酸基团过氧化物，对酸类敏感。

2. **过氧化物与聚合物的交联反应** 过氧化物热分解生成自由基，过氧化物自由基夺取橡胶分子链上的活泼原子，生成橡胶大分子链自由基，两个大分子自由基结合形成交联键；大分子自由基也可以和不饱和橡胶，如聚丁二烯的双键加成，形成交联。当聚合物存在外双键时，由于空间阻碍小，自由基与外双键的加成反应比在主键上的加成更容易。聚异丁烯及丁基橡胶分子链遇到活性自由基时，异丁烯在甲基上失去氢原子后导致分子链的断裂，因此不能用过氧化物交联；二元乙丙橡胶丙烯基上自由基也容易发生断裂，尤其在自由基后面紧接着两个以上丙烯基链节时更甚。但由于乙丙橡胶含有较多的乙烯链节，仲碳原子上形成的自由基可以产生交联。因此，二元乙丙胶的过氧化物交联存在交联和断链反应，其交联效率取决于乙烯基的含量。

3. **配合剂对有机过氧化物交联的影响**　用有机过氧化物交联橡胶（特别是饱和橡胶），必须考虑其他配合剂的影响。如胺类、酚类抗氧剂是自由基终止剂，对交联反应有抑制作用，当胶料中必须加入抗氧剂时，用量要适当减少，同时应加入较多的过氧化物给予补偿。补强填充剂在一定程度上能降低过氧化物的交联效率。如用过氧化苯甲酰作炉法炭黑填充胶料的交联剂时，经常会遇到很多困难；但作为白炭黑补强胶料的交联剂时，交联效果良好。过氧化二异丙苯在酸性介质中不分解为自由基，而是生成非活性产物；用于交联含炉法炭黑和碳酸钙的胶料，可以得到满意的结果。芳烃油可能和过氧化物自由基发生加成反应，阻碍交联键的形成，应避免使用。氧化锌能赋予硫化胶良好的机械性能和耐老化性能，但其作用机理尚不完全清楚。活化剂（或称交联助剂）是高活性物质，在过氧化物交联中可大幅提高硫化胶的模量、硬度和硫化速度。典型的活化剂包括二丙烯酸锌、二甲基丙烯酸锌、*N*，*N'*－亚苯基二马来酰亚胺、氰尿酸三烯丙酯（TAC）、异氰尿酸三烯丙酯（TALC）、偏苯三烯丙酯（TATM）、三羟甲基丙烯酸酯（TMPTMA）和高乙烯基聚丁二烯。其中 *N*，*N'*－亚苯基马来酰亚胺可降低氧化物（如过氧化二异丙苯 DCP）的分解温度，硫化时有产生焦烧的危险性。

（三）其他硫化体系配合剂

氯丁橡胶不能用硫黄交联，通常是以氧化锌（5 份）作为交联剂，以氧化镁（4 份）作为酸接受体，以硫脲为促进剂进行交联。

氯醚橡胶则以氧化铅作为交联剂，氧化镁作为酸接受体，以硫脲为促进剂进行交联。硫化剂 TCY（三聚硫氰酸）和促进剂 CZ（*N*- 环己基 -2- 苯并噻唑次磺酰胺）和 D（二苯胍，也简称 DPG）的组合可以作为氧化铅硫化体系的替代品。

氯磺化聚乙烯以金属氧化物（MgO 或 PbO）、硬脂酸和促进剂（DM、TRA、DPG 和 NA-22）组成硫化体系。在有碱（如三乙胺）存在下，季戊四醇能与氯磺化聚乙烯形成交联。

丙烯酸酯橡胶兼有良好的耐热和耐油性能，它是饱和聚合物，不能用硫黄—促进剂体系硫化。其均聚物（如聚丙烯酸乙酯）和共聚物（如丙烯酸正丁酯与丙烯腈共聚物）则可用过氧化物、强碱（如 KOH 和 NNOH）和二胺作交联剂。

氟橡胶中的 26 型（偏氟乙烯与全氟丙烯的共聚物）和 25 型（偏氟乙烯与 1- 氢五氟丙烯的共聚物）可以用二元胺（如 *N*，*N*- 二亚肉桂基 -1，6- 己二胺）作交联剂、活性氧化镁作吸酸剂进行交联。或以双酚 AF［（六氟双 4- 羟基苯基）丙烷，又称六氟双酚 A］为交联剂与促进剂（苄基三苯基氯化磷，BPP）组成的硫化体系进行交联，后一种硫化体系可以获得低压缩永久变形的氟橡胶，而四丙氟橡胶（四氟乙烯与丙烯的共聚物）可用过氧化物交联。

（四）防焦剂及抗返原剂

1. **防焦剂及防焦原理**　胶料在加工过程中，由于加工温度过高、生产工艺周期长或存放时间过长等原因，常会发生胶料的早期硫化现象，称为焦烧。为了提高胶料的加工安全性，往往在设计配方、胶料加工过程中采取适当措施以减少和防止焦烧现象的发生。如注意硫黄促进剂的用量，选用适宜的促进剂类型或并用，加工时严格控制温度和冷却措施、胶料存放场所和时间、返回胶料的掺用量等。如果上述措施仍不能满足要求，则需要在配方中加入防焦剂（或称硫化延缓剂）。通用橡胶最常用的防焦剂有苯甲酸、邻苯二甲酸、水杨酸、邻苯二甲酸酐、*N*- 亚硝基二苯胺等。这些防焦剂主要是延缓硫黄与橡胶的结合速度，从而延长焦烧时间。但不同防焦剂延缓硫黄与橡胶结合速度的途径不同，延缓硫化效果也各有差异。如邻苯二甲酸酐是通过和 ZnO、MBT（促进剂 M，2- 巯基苯并噻唑）形成络合物而延长焦烧时间。如苯甲酸、有机酸在含碱性杂质的胶料中，能与之作用产生中性产物而延缓硫化速度。而 *N*- 亚硝基二苯胺在加热到 100℃以上时即行分解。

$$(C_6H_5)_2N{-}NO \rightleftharpoons (C_6H_5)_2\dot{N} + \dot{N}O \qquad (7-2)$$

分解产物联苯氮在硫化过程中能夺取橡胶分子链上的 H 而生成联苯胺，后者能轻微加快硫化速度。所以这种防焦剂的防焦烧作用主要在于 $\dot{N}O$，它可能与胶料中的硫化配合剂或橡胶分子链上的含硫基团作用，从而延缓了硫黄与橡胶的结合速度。

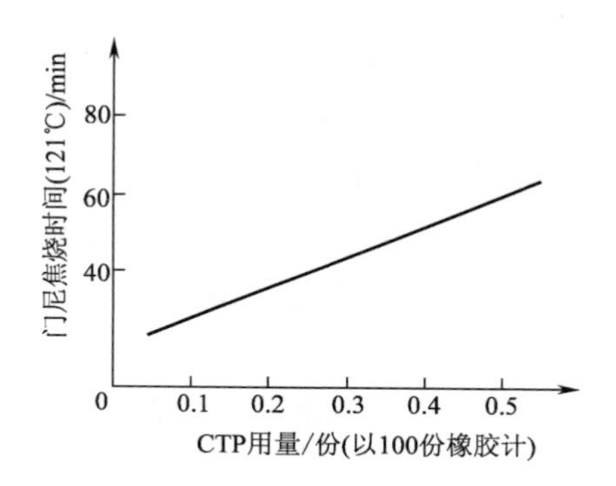

图7-3　CTP用量与门尼焦烧时间的关系

码7-4　拓展阅读：*N*-（氨基硫代）酰亚胺类防焦剂的防焦烧原理

近年来国内外开始广泛使用的 *N*-（氨基硫代）酰亚胺，是一种新型的特效防焦剂。它不仅是良好的防焦剂，而且在硫化温度下也是活化剂，能提高硫化速度和硫化胶的交联密度。由于取代基的不同，所得到的防焦剂的性能亦不同。具有代表性的这类防焦剂是 *N*- 环己基硫代邻苯二甲酰亚胺（CTP）。它对各种通用橡胶、各类型促进剂都有效果。其用量在 0.5 份以下时，它的用量与胶料的门尼焦烧时呈线性关系（图 7-3）。但用量达到某一程度时，再增加用量有延迟硫化速度的趋势，对硫化胶的老化性能和弹性能产生不利的影响。表 7-2 为充油丁苯胶使用不同防焦剂的效果。

表7-2　充油丁苯胶使用不同防焦剂的效果

种类	用量				
水杨酸	—	1.0	—	—	—
N-亚硝基二苯胺	—	—	1.0	—	—
CTP	—	—	—	0.2	0.4
门尼焦烧时间（150℃）/min	22.7	18.5	23.3	30	37

2. **抗返原剂**　如前所述，二烯类橡胶硫化时除发生交联键的生成外，还会发生交联键的断裂和橡胶分子主链的化学改性，使硫化橡胶的物理性能变差。这种现象通常称为硫化返原。

采用有效和半有效硫化体系，减少硫化时多硫键的生成是一种有效的方法，但这硫化体系对硫化胶的撕裂强度和耐疲劳性能有不利的影响；另一种途径是加入一种抗返原剂或后硫化稳定剂，通过在硫化后期形成新的交联键来补偿多硫键断裂的损失。试验表明，三羟甲基丙烷三丙烯酸酯（TMPTA）、季戊四醇三丙烯酸酯是很好的抗返原剂。Si-69r（双－［γ-（三乙氧基硅）丙基］四硫化物）可以在硫化后期放出活性硫形成新的交联键。新型的抗返原剂1，3-双（柠康亚酰胺甲基）苯（抗硫化还原剂PK900）通过狄尔斯阿德耳（Diels-Alder）反应与烯烃形成交联键。另一种新型抗返原剂是六亚甲基-1，6-双硫代硫酸盐水合物（DHTS或HTS），它是一种能生成杂合交联键的交联剂（图7-4）。硫化期间一个六亚甲基-1，6-二硫基团进入多硫键内，形成的交联键中既有硫又有碳原子。这类杂合交联键的形成提高了抗过硫、高温硫化和厌氧老化后交联结构和密度发生变化的能力，从而减少了与硫化返原有关的物理性能和动态力学性能的下降。

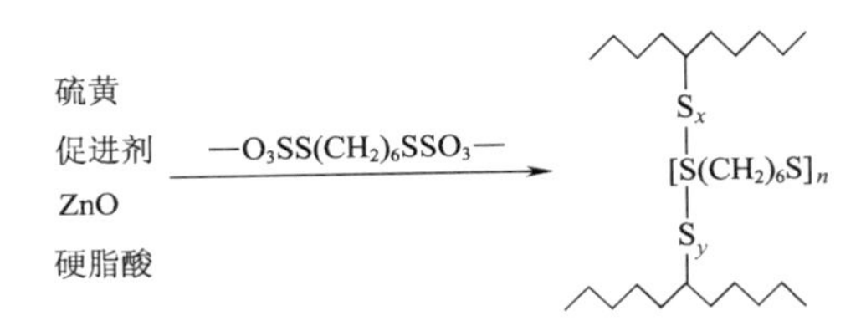

图7-4　六亚甲基-1，6-双硫代硫酸钠二水合物形成的杂合交联键

三、补强填充体系

凡是能够提高硫化橡胶的拉伸强度、定伸强度、耐撕裂强度、耐磨性等力学性能的配合剂，均称为补强剂。常用的补强剂是炭黑，其次还有白炭黑（沉淀二氧化硅）、超细活性碳酸钙和活性陶土等。惰性填充剂又称增容剂，对橡胶补强效果不大，仅为了增加胶料的容积，从而降低成本或改善工艺性能（特别是挤出、压延性能）。常用的填充剂是沉淀碳酸钙、硫酸钡、滑石粉和云母粉等。

在橡胶工业中，炭黑是用量仅次于生胶居第二位的重要原材料，其耗用量占生胶耗用量的40%～50%。它能全面提高硫化橡胶的各项力学性能，对非结晶性橡胶的补强尤为重要。

（一）炭黑的品种及分类

通常按生产方法和所用原料分成五大类，即接触法炭黑、油基炉法炭黑、瓦斯炉法炭黑、热裂法炭黑及新工艺炭黑等。

新工艺炭黑是以炉法生产为基础，在制造工艺上做了改进而生产的一种新型炭黑品种。在生产上所采取的改进措施主要是：提高原料的预热温度，增加油料在反应炉中的湍流程度，减少原料在炉中停留时间等。这类炭黑在理化性质上变现为粒子表面光滑、孔隙少、粒子小、结构性高、形态均匀，在工艺性能上表现为补强性好、工艺性能好。

按炭黑的补强性能区分，可分为三大类。第一类补强性能高的炭黑称为硬质炭黑。这类炭黑与橡胶作用的活性高，硫化胶的强度高且耐磨耗，一般粒径为 11 ～ 30nm；第二类是有中等补强性能的炭黑，称为半硬质炭黑。这类炭黑补强的硫化胶弹性良好，较柔软、发热量低、耐疲劳。一般粒径为 60 ～ 85nm；第三类为补强性很弱的炭黑称软质炭黑，其平均粒径大于 100nm。

（二）炭黑的基本性质

1. ***炭黑的基本结构*** 炭黑是由碳氢化物（油或天然气）经过高温裂解而生成。碳氢化物在脱氢时易于环化，环化的结果是碳原子组成六角形的网状平面，与石墨的结构相似，如图 7-5 所示。但由于炭黑在生成的过程中，经过的时间短暂，其粒子很小。结晶不完整或结晶程度很低，所以炭黑只是半结晶性的。

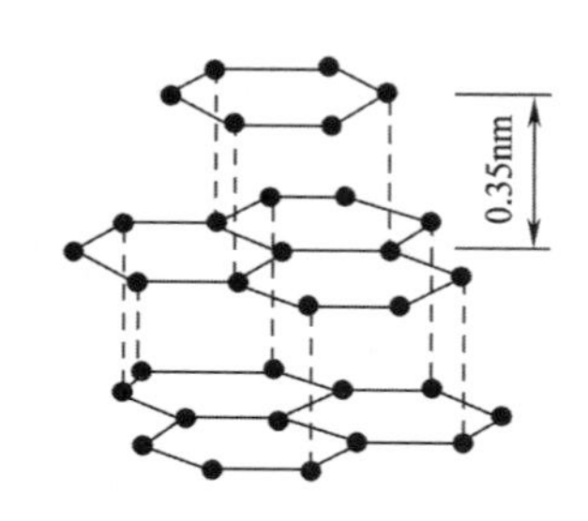

图7-5 石墨的结构模型
（图中●表示碳原子，虚线表示碳原子相对应的位置）

从 X 光分析的结果表明，在炭黑粒子中，由碳原子组成正六角形的平面，再由若干个平面组成一个层面，每个层面包含约 100 个碳原子，层面之间互相平行，层间距为 0.35nm，由 3 ～ 5 层的层面相叠成一个微晶体。微晶体的高度为 1.3 ～ 1.6nm，宽度为 2.0nm，各种炭黑的数据相差不多。由许多微晶体环绕着一个中心堆砌，形成一个炭黑的粒子；在粒子外层的微晶体沿着粒子表面平行而整齐地进行排列，微晶体的层面互相错开，层面之间存在空隙，这是炭黑的活性点。在粒子内部微晶体则呈杂乱排列。图 7-6 为炭黑粒子结构的剖面示意图。

图7-6 炭黑粒子结构剖面示意图

粒子中微晶体排列的规整性因各种炭黑而异，一般来说，热裂法炭黑的排列是最规整的，微晶体环绕着一个中心进行排列；粗粒子的炉黑（如 SRF）也有这种规整排列的倾向，但有多个中心；细粒子的炭黑，槽黑比炉黑规整，炉黑的微晶体是最不规整的。微晶体排列不规整的炭黑，其活性点多，活性大，补强效果好；反之则补强效果差。所以炭黑活性的大小和它的基本结构有直接的关系。

2. ***炭黑的化学组成*** 从分析结果表明，炭黑的组成除大部分为碳元素外，还包含少量的氧、氢、硫等元素以及其他杂质和水分等。它们的含量因各种炭黑品种而异。

槽法炭黑，因其是在有充足的氧存在下生成的，所以当炭黑粒子沉积后，容易被氧化，致使其粒子表面含有较多的氧；同时还吸收了空气中的水。在炭黑粒子表面的氢原子和氧原子结合生成各种官能团。

油炉法炭黑则由于其制法与槽黑不同，含氧和氢的量很少，但由于其制造时需经冷水冷却，水中含有的盐分会沉积到炭黑粒子表面上形成灰分。因此这种炭黑含灰分较多。

几种炭黑的化学组成见表 7-3。

表7-3　几种炭黑的化学组成

炭黑种类	氢/%	炭/%	硫/%	氧/%
中粒子热裂炭黑（MT）	4.1	95.86	0.03	0.00
细粒子热裂炭黑（FT）	5.6	94.38	0.003	0.27
半补强炉黑（SRF）	4.5	95.37	0.00	0.16
通用炭黑（GPF）	4.3	95.38	0.20	0.15
高耐磨炉黑（HAF）	3.9	95.27	0.21	0.58
中超耐磨炉黑（ISAF）	3.7	95.23	0.19	0.86
超耐磨炉黑（SAF）	3.8	95.19	0.23	0.74
易混槽黑（EPC）	7.4	90.06	0.07	2.47
可混槽黑（MPC）	6.8	91.01	0.02	2.20

3. 炭黑的基本性质

（1）炭黑粒子的化学活性和表面化学性质。炭黑粒子的化学活性是指炭黑粒子与橡胶结合的能力。实验证明，化学活性大的炭黑，其与橡胶结合能力强，补强作用大；而化学活性极低的炭黑（如石墨化炭黑或氧化炭黑）其与橡胶结合能力弱，补强作用就非常小。由此可见，炭黑粒子的化学活性是构成补强性能的最基本因素，称为炭黑补强的第一因素（强度因素）。炭黑粒子的化学活性主要来源于两个方面，即粒子中微晶结构的不饱和性和粒子表面上的含氧基团。

从基本结构上看，炭黑粒子结构上的层面类似于一个多苯核的芳香族化合物。这类化合物由于多苯环的共轭双键效应，使其边缘上存在很大的化学活性，如图 7-7 所示。炭黑粒子的层面还由于炭黑中所含的氢原子数量不足，层面边缘的碳原子常欠缺氢原子。因此，在炭黑粒子层面的边缘上就存在许多不饱和的原子价，表现出很大的化学活性。一个炭黑粒子有几千个层面，因此，炭黑粒子的化学活性是很大的，可以与橡胶分子链产生类似化学键的结合。另外，炭黑粒子的化学活性又与其微晶结构有关。事实表明，微晶排列不整齐的，其露出的层面就越多，化学活性就越大；反之，则化学活性越小。

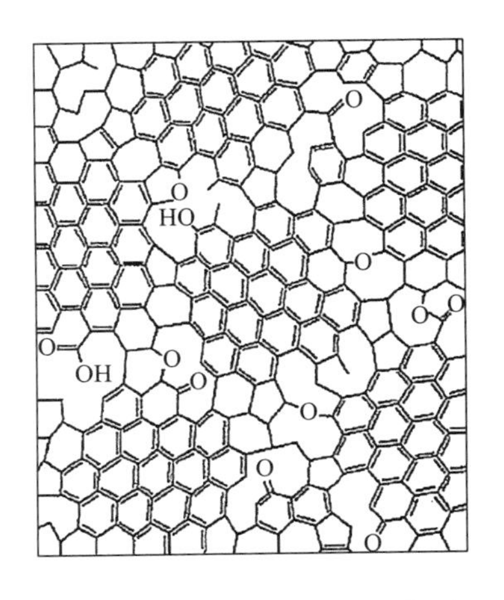

图7-7　炭黑的化学结构示意图

在炭黑生成时，炭黑的活性表面常与含氧的气体，如 CO_2、CO 和 H_2O 等进行反应。从而表面被氧化，生成含羧酸、醌基、酚基和酯基等含氧基团（图 7-7）。

在这些含氧基团中，醌基是一个强的自由基接受体，所以因它的存在而使炭黑变得更加活泼。酚基由于氢的转移而显示出自由基的作用，可以和橡胶分子链产生化学结合；其他基团也有自由基的性质，但活性较低。总体来说，由于炭黑粒子表面含有这些含氧基团，它们对橡胶分子链会产生化学吸附的作用。而使炭黑表现出较大的化学活性。因此，在一定的意义上来说含氧基团越多的炭黑，其化学活性越大，其补强性能也就越好（但这个结论只能适于槽法炭黑，而不适于炉法炭黑）。

纯净的炭黑，因其是一个电子的给予体（路易氏碱），呈现出碱性。但因炭黑在制造中，由于表面被氧化而生成含氧基团，或在冷却中沉积有无机盐类，这就使得炭黑表现出不同的表面化学性质。槽法炭黑，因其表面含有较多的含氧基团，其中的羧基和酚基都是酸性基团，因此使炭黑表面呈酸性。炉法炭黑表面呈碱性。炭黑的表面化学性质对硫化速度有一定的影响。呈酸性的炭黑有迟延硫化的作用；呈碱性的炭黑则有促进硫化的作用。

（2）炭黑粒子的大小。如前所述，炭黑的活性点存在于炭黑的表面上。炭黑粒子小，比表面积大，其活性点就越多，补强性越大，反之亦然。因此，炭黑粒子的大小就成为影响炭黑补强性能的第二个因素，即广度因素。

炭黑粒子大小依各种炭黑品种而定，其平均直径一般在十纳米至数百纳米范围。

实际上，同一品种的炭黑其粒径大小也不一致，呈一定的分布状态，各种炭黑的粒径分布曲线如图 7-8 所示。但必须注意的是，当用不同的方法来测量炭黑粒径时，所得的数值也不一样。例如，用低温氮气吸附法所测得的比表面积 S_{N2} 的数值通常都比由电镜法测得的比表面积 S_{EM} 的大。这是由于 S_{N2} 是表示包括孔隙在内的粒子表面积，而 S_{EM} 则只表示粒子的外表面积，两者存在一定的差异。

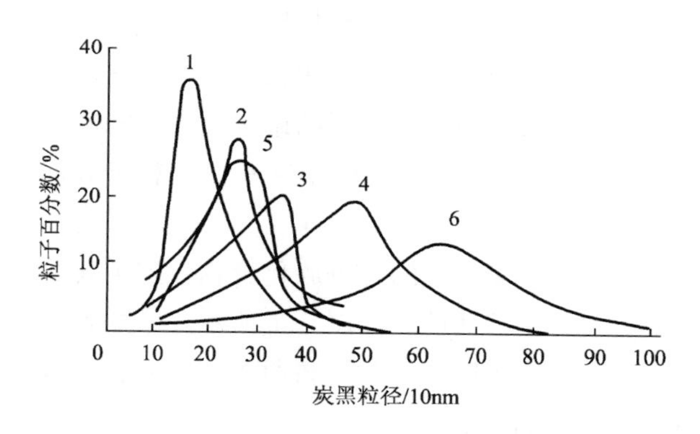

图7-8 几种炭黑的粒径分布曲线

1—中超耐磨炉黑 2—高结构高耐磨炉黑 3—高耐磨炉黑 4—混气槽法炭黑 5—瓦斯槽法炭黑 6—热裂法炭黑

前面已指出，炭黑粒子大小是影响其补强性的重要因素，这是因为在一定填料量下，粒子越小，粒子的数目越多，总表面积越大，炭黑的活性点也越多，这样就能生成更多的炭黑结合橡胶，从而提高补强的效果。但是，炭黑的粒子也不宜太小，否则导致其在胶料中难以分散形成炭黑聚集体，反而会影响补强的效果。

另需指出，当用低温氮气吸附法测得的比表面积 S_{N2} 和用电镜法测得的比表面积 S_{EM}，两者的比值（即 S_{N2}/S_{EM}）常用来表示炭黑粒子表面的粗糙度，这个比值越大，表示炭黑表面的粗糙度越大。炭黑粒子表面的粗糙度是由于在炭黑生成时粒子表面受到氧化侵蚀而形成的。所以，炭黑粒子表面的粗糙度与其制造方法有关。一般来说，槽法炭黑粒子表面粗糙度最大，炉法和热裂法炭黑粒子表面的粗糙度较小，表面比较光滑。实验表明，粗糙度大的炭黑，其表面的孔隙大小可达数百皮米至数千皮米，这些孔隙不能与橡胶产生结合作用，却能吸附一些促进剂等，使之失去作用，导致迟延硫化而影响硫化胶的性能。

（3）炭黑粒子的结构性。炭黑粒子的结构性是指炭黑粒子基本聚集体的结构形态。它对炭黑的补强性能也有明显的影响作用，所以成为影响炭黑补强性能的第三个因素，即形状因素。

实验表明，通常炭黑粒子不是以单个的形式存在，而是以链枝状（如炉黑）或葡萄状（如槽黑）的聚集体形式存在，这种聚集体是由于在燃烧、骤冷、沉积过程中，炭黑粒子互相融结在一起而形成的。这种聚集体为炭黑基本聚集体，或称“一次结构”。此外，在两个或多个聚集体之间还可以通过范德瓦耳斯力的作用连接成疏松的缔合物，这种缔合物为“炭黑次级聚集体”，或称“二次结构”，如图 7-9 所示。

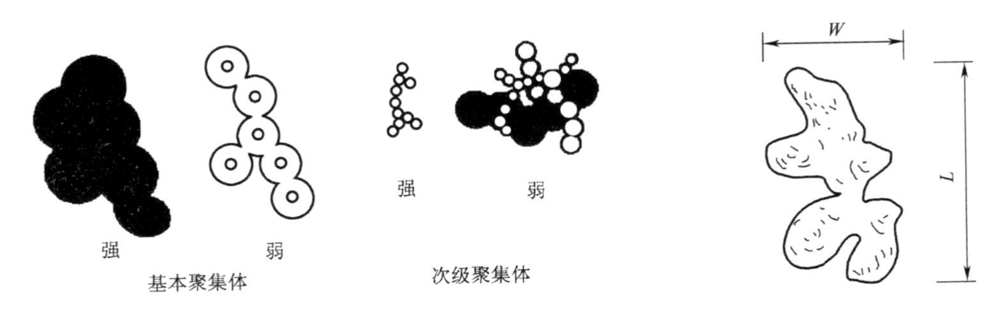

图7-9　炭黑结构类型示意图

基本聚集体（一次结构）是由化学键结合，它在炼胶过程中不会受到破坏，是炭黑在胶料中最小可分散的单位。次级聚集体（二次结构）则结合得比较弱，有些在造粒时即被破坏，大多数会在炼胶过程中被破坏掉。

对于炭黑粒子的结构性，在早期曾采用电镜观测到的平均形状因素来表示。所谓形状因素为聚集体整体的长度 L 和宽度 W 之比，即形状因素 $F=L/W$。F 值越大，表示结构性越高。

近年来则进一步用形态参数表示炭黑的结构性。所谓形态参数，即是将从电镜观察所得到的投影，用一等效椭圆来进行模拟。从中定出几个参数来评定炭黑的结构形态，其中最常用的参数之一为不对称度和松密度等。

$$\text{不对称度}=\frac{\text{等效椭圆的长半径}}{\text{等效椭圆的短半径}} \tag{7-3}$$

$$\text{松密度}=\frac{\text{等效椭圆面积}}{\text{炭黑聚集体平面投影面积}} \tag{7-4}$$

几种不同炭黑基本聚集体的形态投影及其由等效椭圆求得的形态参数如图 7-10 所示。

不对称度越大，可视为粘连的炭黑粒子越多。不对称度相近，而松密度大的，则表示聚集体有枝杈、凹弯或空隙多。不对称度大而松密度又大的炭黑，其结构性就越高。

实际应用中，炭黑粒子的结构程度是由测定吸油值的方法来确定。即向一定量的炭黑中滴入合适的油类（常用亚麻仁油或油酯类化合物），边滴边搅拌至全部炭黑呈团状为止，计量滴入油的容积，以每克炭黑中吸油的毫升数来表示吸油值。吸油值高，表示炭黑的结构性高。

炭黑结构性对其补强性有重大的影响。一般来说，结构性高的炭黑，其空隙大，吸留的橡胶多，补强作用大。炭黑的聚集体能阻碍橡胶分子链的变形，因而使胶料在加工中膨胀率

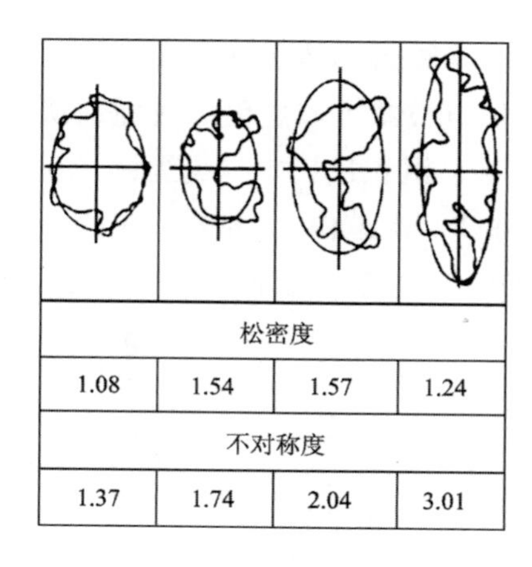

图7-10　几种炭黑基本聚集体形态投影及其等效椭圆和形态参数

或收缩率小，使硫化胶的定伸强度高。

炭黑的结构性与其生产方法和所用的原料有关。一般来说，热裂法炭黑的结构性最低，聚集体简单而且较小；槽法炭黑、半补强炉黑的结构性中等；油炉法炭黑的结构性较高，聚集体较大而且形态复杂；乙炔炭黑的的结构性最高。用气体原料的炭黑（如气基炉黑）结构性较低；用芳烃油（特别是蒽油）作原料的炭黑结构性较高。在油炉法的生产中，利用加入添加剂和控制生产条件等方法可分别制得各种结构（高、中、低结构）的炭黑。

（三）炭黑基本性质对加工工艺及硫化胶性能的影响

炭黑基本性质对胶料混炼的影响，表现为有不同的混入速度和不同的分散效果。

所谓混入是指混炼分散前的吃粉过程，炭黑在胶料中的混入速度与粒子大小、结构性有密切的关系。一般来说，炭黑粒径越小，结构性越高，混入时间越长，见表 7-4。

炭黑在胶料中的分散程度也取决于炭黑的粒径和结构性。一般来说，粒子大，结构性高的炭黑，混炼时所受到的剪切作用大；粒子小或结构性低的炭黑，混炼时所受到的剪切作用小，不容易分散到橡胶中，或不容易分散均匀（表 7-5）。

表7-4　炭黑品种与混入时间的关系（丁苯橡胶100份，炭黑55份）

炭黑品种	MPC	EPC	SAF	ISAF	HAF	FEF	SRF
粒径/nm	28	30	14	19	26	33	83
混入时间/min	1.7	1.2	1.65	1.55	1.5	1.3	1.1

表7-5　炭黑粒径与橡胶性能的关系

粒径		小	大	粒径		小	大
加工性能	填充量	较低	较高	硫化胶性能	扯断强度	较高	较低
	充油量	较多	较少		硬度	较高	较低
	混炼时间	较长	较短		耐磨	较好	较差
	分散能力	较差	较好		撕裂强度	较高	较低
	黏度	较高	较低		耐屈挠	较好	较差
	焦烧时间	较短	较长		弹性	较低	较高
	操作温度	较高	较低		导电率	较高	较低

（四）炭黑对橡胶的补强作用机理

关于炭黑的补强机理研究得较早，有很多见解和论点，但近年来比较有代表性的理论有两种。这两种理论虽然各不相同，但都说明由于补强剂粒子分担了加于橡胶分子链的张力，从而实现了微观的力学平均化，在这个平均化的过程中，进行着微观的内部结构破坏和分子链的再排列。这个过程作为整体力学的物理变化来说，即表现为使硫化胶的滞后损加。显然，这个过程是有利于橡胶的补强作用的。下面简要介绍这两种理论。

1. **Bueche的“分子链滑动”理论**　Bueche等认为，在炭黑粒子表面有些活性很大的活性点能与橡胶分子起化学作用，生成强的化学键，这种化学键能沿着炭黑粒子表面滑动。结果产生两种补强效应：一是当橡胶受外力作用而产生变形时，分子链的滑动能吸收外力的冲击，起缓冲作用；二是使应力分布均匀。这两种效应的结果使得橡胶的强度提高，抵抗破裂。这是炭黑补强作用的基本原理，这种分子链滑动的过程可由图7-11来说明。

图7-11（a）表示两个炭黑粒子之间有三条橡胶分子链被吸附在粒子表面，这三条分子链有长有短，并且它们之间还有交联键连接。图7-11（b）表示当受力拉伸时，最短的分子链AA′先受力被拉长，此时如果分子链被炭黑粒子强固住不能滑动的话，则必然这条分子链先被扯断。但由于分子链能够沿着炭黑粒子表面滑动，能伸长，缓冲了外力拉伸，使第二条分子链BB′也开始受到拉伸作用。图7-11（c）表示，当继续拉伸时，各条分子链经过滑动，使分子链都达到相同的长度，则每条分子链链段都承担了相当的应力，这样就使应力分布均匀，因而提高了硫化胶的机械强度，图7-11（d）表示，回缩后各分子变为长度相等。

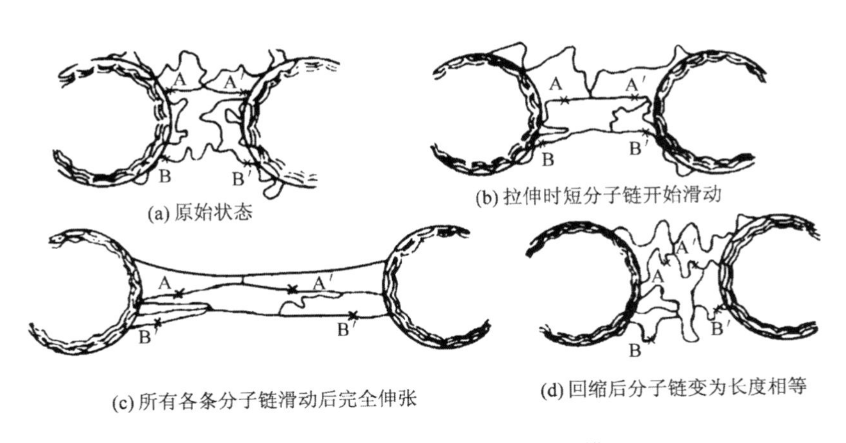

图7-11　炭黑补强机理分子链滑动模型

2. **藤本邦彦的“微观多相结构”理论**　1964年藤本邦彦根据核磁共振的研究结果，指出填充炭黑的硫化胶，其结构是由A、B、C三相所组成。其结构模型如图7-12所示。其中A相是由未被炭黑粒子吸附的橡胶分子链所组成。在这一相中，橡胶分子链能进行活跃的微布朗运动，接近于液体状态。B相是由交联的橡胶分子链所组成，在这一相中，分子链因被交联键固定，分子运动受到一定的限制，B相的直径为8～12nm，B相之间的距离为4～5nm。交联点间的分子链长度为15～100nm。C相是在炭黑粒子周围聚集橡胶分子的稠密层，在这相中，分子运动被限制，接近玻璃状态，厚度约为0.45nm。

在硫化胶中，C相起着“骨架”的作用，并通过这种“骨架”连接着具有弹性的A相及

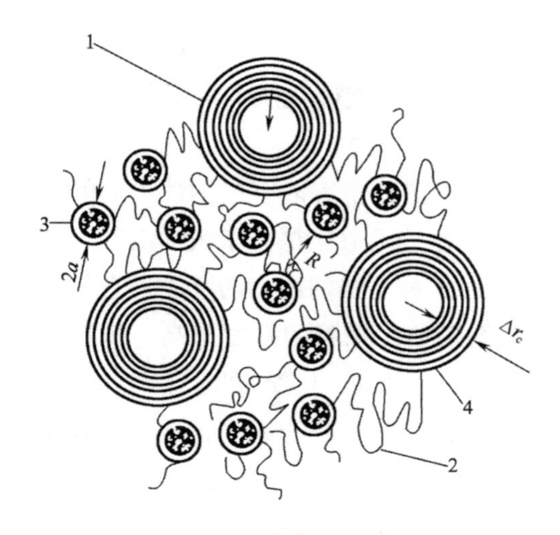

图7-12 含炭黑的硫化胶结构模型
（25℃，NR—ISAF体系）
1—炭黑粒子 2—A相（液态）
3—B相 4—C相（准玻璃态）
Δr_c=4.5nm R=4～5nm $2a$=8～12nm

B相部分，构成一个整体的网络结构。当这种网络结构受到反复交变应力作用后，A相中的部分橡胶分子会脱离本相较弱的物理结合，移向C相，成为强固的凝聚结合。当继续受反复交变应力作用时，B相的化学结合增加，出现结构不均匀化。最后，甚至把B相也卷入C相中，使C相变得更加强固，而A相则达到极度稀疏的状态，从而发展为不均一的网络结构。

（五）白炭黑

1. **白炭黑的品种和性质** 白黑炭是指硅酸和硅酸盐类物质的白色填料，这类填料包括有天然的硅酸盐类矿物质（如硅藻土、硅石粉等）和合成的含水微粒硅酸等。前者在橡胶中只起填充的作用，补强作用很小，只作为白色填料应用；后者在橡胶中则能起补强作用，并可达到某些炭黑的性能，所以常作为白色补强剂应用，并称为“白炭黑”。

由于白炭黑是一种由合成方法制造的微粒硅酸，所以随着制造方法的不同，可得到不同品种。常用的制造方法有干法和湿法两种。由干法制造的称为干法白炭黑，由湿法制造的称为湿法白炭黑。

干法白炭黑又称气相白炭黑，它是以卤化硅、氧气（或空气）和氢气在高温下气相反应而成。即：

$$SiCl_4+2H_2+O_2 \longrightarrow SiO_2+4HCl \tag{7-5}$$

这种白炭黑其粒子很小（粒径为15～25nm），补强性高，但价格较贵。

湿法白炭黑又称沉淀白炭黑，它是用水玻璃（含水硅酸钠）作原料，与酸（通常为盐酸）进行反应，生成沉淀的微粒含水硅酸。

$$Na_2SiO_3+2H^+ \longrightarrow SiO_2+2Na^++H_2O \tag{7-6}$$

由这种方法制得的白炭黑其粒子较粗（粒径为20～40nm），其补强性能比干法的稍差。

2. **白炭黑粒子结构和补强作用机理** 白炭黑的化学成分是微粒硅酸。根据X射线分析，在白炭黑粒子中的硅酸是呈无定形状态。这点与炭黑的微晶结构有很大差异。

各种制法的白炭黑虽然都是无定形结构体，但其粒子内部的构造，又依其制法不同而有所差异。

两种白炭黑其粒子内部结构可用如图7-13所示的模型表示。此图仅是一种简单的示意，实际上白炭黑的无定形结构是极其复杂的。

由红外光谱的研究证明，不管是哪种白炭黑，其表面都含有羟基（—OH）。羟基的类型和含量随品种而异。在白炭黑粒子表面上所存在的羟基，对其补强作用具有重要的意义。一

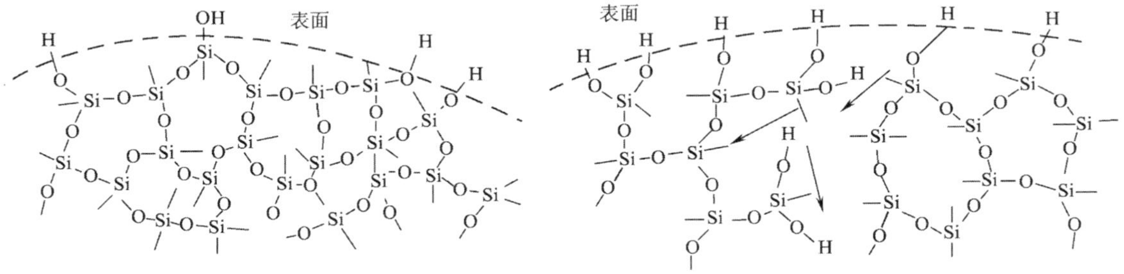

(a)干法白炭黑　　(b)湿法白炭黑

图7-13 白炭黑粒子的结构模型

般认为，存在白炭黑粒子表面上的羟基能与橡胶分子链中的双键产生化学结合，生成凝胶，从而起着补强作用。实验表明，若将白炭黑用高温（如450℃以上）加热处理，则其粒子表面上的羟基将大量消失，此时白炭黑的补强性能将显著下降，甚至丧失了补强作用。

3. **白炭黑对橡胶的补强效果** 白炭黑是橡胶工业中广泛使用的一类白色补强性填料，其补强效果仅次于炭黑。白炭黑与炭黑及陶土的补强性能见表7-6。由表中可看出气相白炭黑的补强倍率仅次于炭黑，但比陶土高；湿法白炭黑则与陶土类似。

与炭黑相同，白炭黑的补强效果随橡胶的不同而异。一般来说，白炭黑对极性橡胶（如丁腈胶、氯丁胶）的补强作用比非极性橡胶的大（炭黑则对天然胶、丁苯胶的补强作用大）。

表7-6 各种填料对丁苯胶的补强效果

填料	空白	炭黑（HAF）40份	白炭黑（气相）60份	白炭黑（湿法）60份	硬质陶土100份
拉伸强度/MPa	2.1～2.7	27.5～29.4	22.5～24.5	21.5～23.5	17.6～19.6
补强倍率	—	10～14	8～12	—	—

与炭黑相比较，填充白炭黑的胶料其定伸强度较低，伸长率较大，弹性和耐热性较好，但硬度较高。

白炭黑对橡胶的工艺性能也会产生一定的影响，其影响可概括如下：

（1）混炼时不容易分散，使胶料混炼时生热大。

（2）混炼时容易生成凝胶，使胶料门尼黏度较大。

（3）使硫化速度变慢，有迟延硫化的作用。

白炭黑是目前补强效果最好的一种白色填料，它广泛地用于各种白色、浅色和有颜色的橡胶制品中。而且它是硅橡胶最理想补强剂，广泛地被应用于各种硅橡胶的制品。

码7-5 拓展阅读：矿质填充剂

（六）矿质填充剂

矿质填充剂主要指来自天然矿物质或由人工制造的一类白色无机填料，它们对橡胶的补强作用甚低，通常主要起填充作用，以增大容积，降低成本，所以常被称为填充剂。这类填料除了起填充作用外，还能改进混炼胶性能（如调节可塑度、黏性、收缩性和提高表面性能等）和改进硫化胶性能（如调节硬度、回弹率；改进耐磨性、耐热性、耐油性、耐化学腐蚀性、电性能等）。因此，在橡胶工业中已大量使用填充剂。

目前在橡胶工业中使用的矿质填充剂其品种繁多，主要品种见表 7-7。

表7-7 橡胶用矿质填充剂的主要品种

主要品种	组分	主要品种	组分
碳酸盐类	碳酸钙（重质、轻质、活性）、碳酸镁、碳酸钡	金属粉	铜粉、铝粉、铅粉、铁粉、锌粉
硫酸盐类	硫酸钡、硫酸钙、硫酸锌、硫酸铝	碳素化合物	焦炭、煤矸石
金属氧化物	氧化铝、氧化钛、氧化锌、氧化铅、氧化镁	含硅化合物	滑石粉、石棉、陶土、硅藻土、云母粉、硅酸钙

（七）短纤维填料

在橡胶中加入某些短纤维制成的复合材料，能使硫化橡胶获得良好的动态性能，特别是对提高定伸强度有突出的效果。

目前作为橡胶补强剂的纤维材料主要有尼龙、聚酯、人造丝的短纤维。短纤维对橡胶的补强效果，除取决于纤维本身的性能、形状尺寸和分散状态外，纤维材料与橡胶的结合作用是个十分重要的因素。所以，作补强填充用的短纤维都必须作表面处理，以增强纤维与橡胶分子链的结合。短纤维的长度一般应在 5mm 左右，纤维粗细以长径比 20 ～ 30 为宜。

四、软化剂和增塑剂

（一）软化剂和增塑剂的品种

在橡胶加工中，为了改善橡胶的加工性和成型性，常需在生胶中配入一些增加橡胶塑性的物质。这些能增加橡胶塑性的物质通常称为软化剂或增塑剂。在橡胶中配入软化剂或增塑剂，不仅能改善胶料的塑性，降低胶料的黏度和混炼温度，节省混炼时的动力消耗，改善其他配合剂的分散和混合，有利于压延、挤出和成型等操作，而且能降低硫化胶的硬度，提高硫化胶的拉伸强度、伸长率、回弹率、耐寒性等性能。因此，它们在橡胶加工中具有重要意义。

按增加橡胶塑性的作用机理分，这类配合剂可分为物理增塑剂（又称为软化剂）和化学增塑剂（又称塑解剂）。物理增塑剂的作用是使橡胶溶胀，增大橡胶分子之间的距离，降低分子间的作用力，从而使胶料的塑性增加。化学增塑剂则是加速橡胶分子在塑炼时的断链作用，这类物质还起着自由基接受体的作用，使已断裂的橡胶分子稳定。

橡胶工业中使用的增塑剂品种很多，通常按其来源不同可分为五类，即石油系、动植物油系、煤焦油系、合成酯类和液体聚合物等。

石油系软化剂是橡胶工业上用量最大的一类软化剂，它是石油加工过程中所得的产物，主要包括芳烃油、石蜡油、环烷油、凡士林、沥青和石油树脂等。

动植物油系软化剂的主要品种为松香、萜烯树脂、焦油、妥尔油和油膏等。

煤焦油系软化剂是从炼焦中所得的副产品，包括煤焦油和古马隆树脂。橡胶工业中常用的是古马隆树脂。

合成酯类增塑剂主要用于极性橡胶中。橡胶工业中使用的主要有邻苯二甲酸酯、脂肪族二烷基酸酯和聚酯等。主要品种有邻苯二甲酸二辛酯（DOP）、邻苯二甲酸二丁酯（DBP）、癸二酸二辛酯（DOS）、己二酸二辛酯（DOA）和己二酸二［2-（2-丁氧基）乙酯］。后一种酯的耐寒耐热性能优良。聚酯类增塑剂是由己二酸、癸二酸、邻苯二甲酸等与乙烯乙二醇合成的聚酯化合物，其物质的相对分子质量一般为2000～8000。这类化合物具有良好的耐热性和耐油性，其迁移性和挥发也小。不同品种酯类增塑剂的极性不同，其在不同极性橡胶中的适用量也不同（图7-14）。

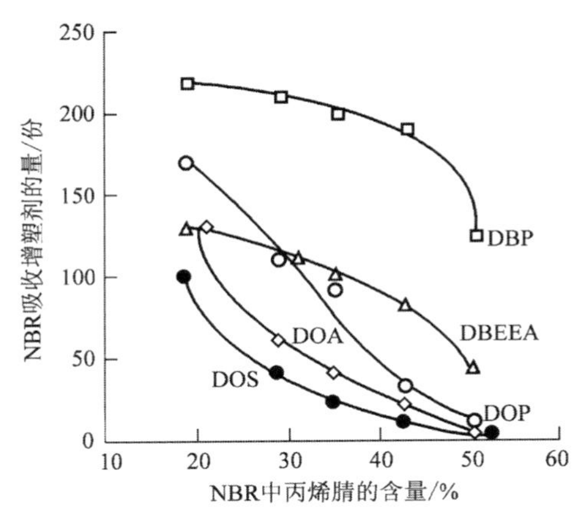

图7-14　NBR中丙烯腈含量与各种增塑剂的相溶性

液体聚合物是一种相对分子量较低的聚合物，可以作为软化剂应用。这种软化剂在加工中能起到液体软化剂的作用，它在硫化时又能与橡胶分子产生结合，从而可以防止产生迁移、挥发或被抽出。作为软化剂的液体聚合物，目前主要品种有：

（1）液体丁腈橡胶，其相对分子质量为4000～6000，主要用作丁腈橡胶的软化剂。

（2）氟蜡，它是相对分子质量较低的偏氟氯乙烯和六氟丙烯的共聚物，可用作氟橡胶的加工助剂。

（3）聚丁烯，它是相对分子质量为800～1500的丁烯聚合物，可用作丁基橡胶的软化剂。

（4）液体聚丁二烯，它是相对分子质量约为2000、含90%的1，2-聚丁二烯，可用作顺丁橡胶及二元乙丙橡胶的软化剂，也可作为过氧化物交联饱和橡胶的交联助剂。

（二）软化剂和增塑剂的作用原理及选用

1. **软化剂和增塑剂的作用原理**　软化剂和增塑剂，从其用途目的都是使橡胶增加塑性这点来看，这两者可以说是同义的。但通常用于非极性橡胶的习惯上称为软化剂，用于极性橡胶的习惯上称为增塑剂。

根据近代概念，软化剂和增塑剂对橡胶的增塑作用有两种不同的作用原理。

对于非极性橡胶来说，主要是通过软化剂分子对橡胶的渗透和溶胀作用，增大聚合物分子间的间距，降低分子链间的作用力，使橡胶分子链的活动性增加，从而导致橡胶可塑性的增加。

对于极性橡胶来说，其分子结构中存在极性基团，使大分子之间的作用力增加，当加入增塑剂时，增塑剂分子的极性部分能定向地排列于橡胶的极性部位，对大分子链的极性基团起到包围的作用，因而削弱了极性橡胶大分子之间的作用力。同时由于增塑剂中非极性部分夹在极性橡胶分子链之间，起了推开分子链的作用，进一步削弱橡胶分子链间的作用力，从而使橡胶分子链的移动变得更容易，显示出可塑性的增加。

2. **增塑剂和软化剂的选用** 在胶料中加入增塑剂和软化剂的目的，主要是为了提高橡胶的可塑性，改善工艺性能，提高填料的分散程度，改善硫化胶的物理性能等。因此，软化剂和增塑剂对橡胶的增塑作用，与它们和橡胶的相容性有关。判断橡胶与软化剂、增塑剂是否相容，第一个原则是溶度参数相近。一般来说，只要两者的溶度参数值相差不大于1.2时，它们可以互容，两者的差值越小，它们的互容性越好。对极性橡胶应选择极性的增塑剂；对于非极性的橡胶应选择非极性的软化剂。第二个原则是溶剂化效应。一般认为，两者之间能形成氢键，或者当两者之间能产生亲电或亲核作用时，即能产生溶剂化效应。不饱和橡胶的双键为亲核基团，酯类增塑剂的酯基为亲电基团，因此酯类增塑剂在不饱和的天然橡胶和丁苯橡胶中有一定的相容性。部分生胶适宜选用的软化剂与增塑剂见表7-8。

表7-8 部分生胶适宜选用的软化剂与增塑剂

生胶品种	适用的软化剂与增塑剂
天然橡胶	松焦油、古马隆树脂、油膏、沥青类、芳烃油、环烷油
丁苯橡胶	芳烃油、古马隆树脂、松焦油、沥青类、环烷油、合成酯类
氯丁橡胶	合成酯类、古马隆树脂、油膏、芳烃油、环烷油、凡士林
丁腈橡胶	合成酯类、古马隆树脂、高芳烃油、油膏
乙丙橡胶	石蜡油、环烷油
丁基橡胶	石蜡油、环烷油
顺丁橡胶	环烷油

某些增塑剂、软化剂含有不饱和键或活性原子，对于过氧化物交联会造成不同程度的干扰，如芳烃油、煤焦油及硫醚类增塑剂等。

一般来说，软化剂、增塑剂都可以改善硫化橡胶的低温性能，降低其脆性温度。如在极性橡胶中加入少量低极性或半相容的增塑剂，可以显著降低硫化胶的脆性温度，改善其低温弹性。同样，在非极性橡胶中，加入少量低极性增塑剂，也可以改善非极性橡胶的低温性能（表7-9）。

表7-9 增塑剂品种对胶料耐寒性的影响（NBR1704）

项目	DOS	TP-95	DOA	DBP	TCP
脆性温度/℃	-59	-63	-59	-59	-50
压缩耐寒因数（-50℃）	0.49	0.63	0.44	0.33	0.28

注 DOS—癸二酸二辛酯； DOA—己二酸二辛酯；TCP—磷酸三甲苯酯；DBP—邻苯二甲酸二丁酯；TP-95—己二酸二（氧基乙氧基）乙酯。

软化剂、增塑剂在橡胶制品使用期间的挥发损失（特别是在高温场合使用），会引起橡胶的硬度增加，伸长率下降。软化剂、增塑剂的挥发损失，首先与它们的相对分子质量大小有关，其次也与橡胶的硫化程度及与油品相容性有关。相容性好、硫化程度高的橡胶制品中，软化剂、增塑剂较不易挥发。

（三）加工助剂及其应用

传统上，人们一直把脂肪酸、脂肪酸盐、脂肪酸酰胺、某些树脂等归到软化剂、增塑剂一类，但现在多把它们归为加工助剂。

尽管加工助剂的定义并不明确，但加工助剂以其 2 ～ 3 份的少量配合，不仅可改善胶料的加工性能和提高生产效率，而且可以提高硫化胶料性能。具有代表性的加工助剂的种类及其特性见表 7-10。这些加工助剂对橡胶各自显示出不同行为，主要原因是由于相对分子质量、分子结构、极性基团与非极性基团的平衡，以及对橡胶或配合剂相对的亲和性或双重亲和性的程度而引起的。因此，特定的加工助剂因橡胶的种类而其功能表现也各有差异。例如低分子碳氢化合物在丁基橡胶（IIR）中是作为内部润滑剂（内润滑剂）使用的，但对丁腈橡胶（NBR）就成了外部润滑剂（外润滑剂）。

表7-10　主要助剂的特性与在胶料中的效果

种类		溶解性	助剂的特性	胶料的特性	加工上的优点	典型的助剂
润滑剂	内润滑剂	可容～部分不容	（1）与橡胶的相容性好 （2）对橡胶的润滑作用大 （3）可溶胀橡胶	（1）门尼黏度下降 （2）配合剂的分散性提高 （3）变形减小	（1）混合时间缩短 （2）流动性改善 （3）可塑性增大	（1）脂肪酸 （2）脂肪酸金属盐 （3）脂肪酸酯 （4）脂肪族醇
	外润滑剂	不容～部分可容	（1）与橡胶不相容 （2）会迁移到橡胶表面	（1）门尼黏度稍有下降 （2）胶料润滑性改善 （3）对金属表面的减磨作用大	（1）挤出和注射成型性改善 （2）成型时间缩短 （3）尺寸稳定性、表面光滑性提高	（1）脂肪酸金属盐 （2）脂肪酸酯 （3）脂肪酸酰胺 （4）低分子碳氢化合物
均化剂		双重亲和性	（1）具有疏水、亲水双重性 （2）在异种共混胶界面具有抛锚作用	（1）促进了异种橡胶间的相溶化 （2）分散性的微细化	（1）成品尺寸稳定性提高 （2）表面光滑性提高	（1）改性酚醛树脂 （2）古马隆—茚树脂 （3）石油类烃树脂
分散剂		可溶	（1）被填料吸附 （2）可降低填料界面张力 （3）填料结构破坏	（1）门尼黏度下降 （2）填料的分散性提高 （3）体积电阻增大 （4）表面光泽改善	（1）混合时间缩短 （2）可塑性增大 （3）流动性改善	（1）脂肪酸 （2）脂肪酸金属盐 （3）脂肪酸酯 （4）操作油
增黏剂		可溶～部分不溶	（1）与橡胶的相溶性好 （2）可提高橡胶的玻璃化转变温度 （3）橡胶的凝聚力增大	（1）自黏性增大 （2）与被黏合物的相溶性提高	（1）自黏及黏合性提高 （2）初期黏合性提高	（1）苯酚-萜烯类树脂 （2）古马隆-茚树脂 （3）石油类烃树脂 （4）松香衍生物

1. ***内部与外部润滑剂***　由表 7-11 可见，外部润滑剂与内部润滑剂相比，前者赋予胶料的挤出特性比后者更优，但硫化胶的拉伸特性并未发现有太大的差异。

表7-11　内部与外部润滑剂对NBR的作用

配合	无	内部润滑剂①	外部润滑剂②
门尼黏度ML_{1+4}^{100}	85	80	70
挤出速度/cm·min^{-1}	118	140	144
挤出量/g·min^{-1}	100	125	140
硬度（邵氏A）	73	70	70
拉伸强度/MPa	19.8	20.1	19.1
伸长率/%	400	500	435
300%定伸应力/MPa	16.3	13.6	13.8
回弹性/%	31	30	30
撕裂强度/kN·m^{-1}	24.4	22.9	27.2

①AKtiplast T（不饱和脂肪酸盐）；②Aflux 12（脂肪酸酯和无机载体的复合物）。

注　基本配方：通用NBR（N3307）100份；炭黑N-550 65份；Vulkanol 85 10份；硬脂酸0.5份；防老剂HS 1.5份；防老剂MB2 1.5份；活性氧化锌5份；硫黄 0.4份；TMTD 2.5份；润滑剂3份。

硫化条件：160℃，10min。

2. **分散剂**　一般来讲，锌皂具有提高炭黑分散和改善硫化胶物性的作用。例如在NR/BR=60/40的并用胶（炭黑45.6份，白炭黑18.1份）中，通过添加2份活性锌皂便可降低tanδ。这一结果意味着胶料的低生热性及轮胎的长寿化。由于锌皂的加入还改善了炭黑的分散，增加了胶料的黑度。另有报道，以3份锌皂代替3份环烷油，不仅可以提高胶料的挤出速度和硫化胶的物理性能，并且老化性能也能有很大改善。山西化工研究院生产的SL-273、SL-272和国外的AKT-73，均为脂肪酸锌的复配物，是很好的抗硫化返原剂。

3. **均化剂**　均化剂是相容剂的一种，由那些与极性和非极性聚合物兼容的化学品构成。最有效的均化剂之一是含有芳香族、环烷类、链烷烃类的低分子碳氢树脂混合物。当这些加工助剂加入由两种不同聚合物组成的共混体系中时，就变成了共同的溶剂，促进共混物的相容。

在异种聚合物间的相容化中，相容剂的作用一般认为在各聚合物之间产生了分散力、氢键和偶极矩。因此，不应把加工助剂看成传统的一般添加剂，应将它视为关键的配合剂。

为了获得最佳的效果，加工助剂必须在混炼期的正确时段加入，塑解剂通常随聚合物在混炼刚开始时加入，分散剂和填料一起加入，而润滑剂则可以在混炼的较后期加入。

五、防护体系

橡胶在加工、储存和使用过程中，由于内、外因的影响，逐渐失去原有的优异性能，以致最后丧失使用价值，这种现象称为橡胶的老化。

橡胶老化的外界因素中，物理因素主要有热、光、电、高能辐射和机械应力等作用。化学因素主要有氧、臭氧以及各种化学介质（如水、酸、碱、盐、溶剂等）的作用。而橡胶老化时常是几种因素综合起作用。但一般来说，氧的作用是橡胶老化的主要外界因素，而热

（高温）又加速了橡胶氧化破坏的进程。橡胶老化的内在因素，则是其本身的组成和结构。通用不饱和碳链橡胶，由于分子链的活泼双键和 α- 次甲基氢的存在，特别不耐老化。

为了对橡胶的老化进行防护，人们成功地应用了各种物理和化学的防护方法，有效地延缓了橡胶老化的进程，延长了橡胶制品的使用寿命。

（一）橡胶的老化机理

1. **吸氧曲线** 聚合物的物理性能的变化与吸氧量有密切的关系。通过吸氧量的测定，了解到高聚物的氧化反应一般有三个明显的阶段，如图 7-15 所示中的 B、C、D 阶段。个别情况下，如含有填充剂的某些硫化橡胶的吸氧曲线，还会出现 A 阶段。A 阶段开始时吸氧速度很高，但很快降至一个相当小的恒定值而进入 B 阶段，A 阶段的影响因素很复杂，其吸氧量与全过程的吸氧量相比很小。对聚合物性质的变化来说影响也不大，这一阶段曲线并非一种特定性质，且不易重复。

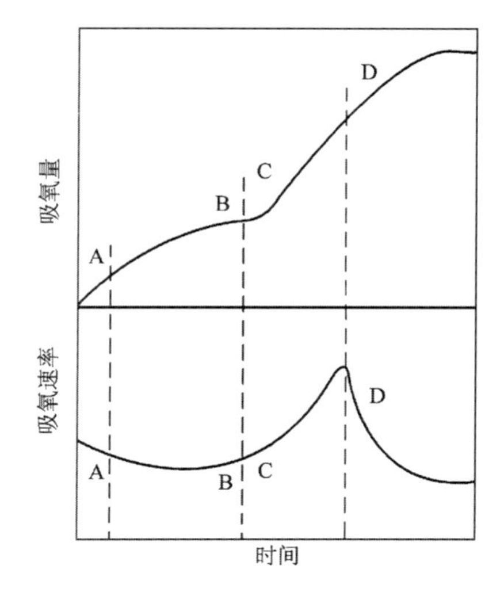

图7-15 硫化橡胶的吸氧曲线

B 阶段为恒速阶段，A—B 可合称为诱导期，在此期间聚合物的性能虽有所下降，但不显著，是聚合物的使用期，C 阶段吸氧速度急剧增加，比诱导期阶段大好几个数量级，为自动催化氧化阶段。此时，聚合物已深度氧化变质，丧失使用价值。D 阶段吸氧速度下降，并很快趋于零，说明聚合物的氧化趋于完结。

由吸氧曲线可知，吸氧量是时间的函数，且呈现出自动催化反应的 S 型曲线特征。所以说聚合物的氧化称为自动氧化，它是一个自动催化过程。

2. **自动氧化机理** 链引发：

$$RH \longrightarrow R\cdot（热、光、动态疲劳作用）$$

$$R—R \longrightarrow 2R\cdot（加工中的强机械力作用）$$

由氢过氧化物所产生的单分子或双分子分解的自由基进行引发：

$$ROOH \longrightarrow RO\cdot + \cdot OH$$

$$2ROOH \longrightarrow RO\cdot + ROO\cdot + H_2O$$

链增长：

$$R\cdot + O_2 \longrightarrow ROO\cdot$$

$$ROO\cdot + RH \longrightarrow ROOH + R\cdot$$

$$RO\cdot + RH \longrightarrow ROH + R\cdot$$

链终止：

$$R\cdot + R\cdot \longrightarrow R—R（无氧条件下）$$

$$ROO\cdot + R\cdot \longrightarrow ROOR$$

$$ROO\cdot + ROO\cdot \longrightarrow 非自由基产物$$

（二）抗氧剂及其防护机理

由自动氧化机理可知，要延缓橡胶的老化进程，必须阻止链引发的发生，并终止链增长反应。根据抗氧剂的作用机理，通常可分为自由基终止型和预防型抗氧剂两大类。

1. **自由基终止型抗氧剂** 分为胺类和酚类。

由烯烃的自动氧化机理可以看到，聚合物在各种外界因素下，经过变化生成了主要产物氢过氧化物：

$$ROO\cdot + RH \longrightarrow ROOH + R\cdot$$

在诱导期内，氢过氧化物不断积聚增多，此阶段聚合物的结构变化尚不显著，所以各种性能也未显著变坏。这个阶段越长，亦即储存和使用期越长。一旦氢过氧化物积聚到最大值，便大量分解为各种自由基，并伴随着聚合物分子链的降解和交联等结构变化。所生成的各种自由基又去引发聚合物，再生成新的氢过氧化物，再分解，如此进行恶性循环的自动催化，直到无法控制，使聚合物失去使用价值。

凡是能捕捉自由基 ROO· 并与之化合成稳定化合物的物质，就能起到终止链反应过程，延缓氧化速度，推迟自动催化阶段的目的。酚和芳香胺就是因为在它们的分子中存在活泼的 O—H 或 N—H 基团，能够脱出 H 与 R· 或 ROO· 等自由基起反应，破坏增长循环。因为 R· 的浓度比 ROO· 小得多，所以主要作用是与聚合物争夺 ROO· 自由基，脱出 H 与之生成新的化合物而终止动力学链。脱氢后的防老剂又有捕捉自由基的作用，而终止另一动力学链。因此一个分子的防老剂能够捕捉两个自由基，终止两个动力学链：

$$ROO\cdot + AH \longrightarrow ROOH + A\cdot \quad \text{（AH 为胺类或酚类抗氧剂）}$$

$$ROO\cdot + A\cdot \longrightarrow ROOA$$

胺类防老剂通常使用的是仲芳胺，如对苯二胺类的 4010 和 4010NA，酮胺缩合物类的 RD、BLE 等具有优良的抗氧效能，对曲挠龟裂也有良好的防护作用。胺类抗氧剂的抗氧性通常比酚类化合物优越，但胺类化合物不仅本身多带色泽，而且受氧和光的作用也会变色，因此会污染制品。胺类抗氧剂还带点毒性，故主要用于深色和黑色制品。酚类化合物则多数无色、无毒，适用于无色或浅色、无毒制品。

除上述能给出氢原子的胺类抗氧剂外，叔胺类化合物虽然没有 N—H 反应官能团，但它也能使动力学链终止而具有抗氧能力。这是因为叔胺为电子给予体，当它们与自由基 ROO· 相遇时，由于电子的转移而使活性自由基反应终止。

此外，苯醌和许多环烃以及某些稳定的自由基，如二芳基氧化合物的自由基等，它们虽不是氢原子给予体或电子给予体，却都能与活性自由基反应生成稳定的物质，不再引发氧化反应。据认为，炭黑结构中多芳环的周边有酚基、苯醌，再加上本身多环结构上存在的氢等，都有终止活性自由基 ROO· 的能力，所以炭黑也是比较有效的氧化抑制剂。有的将苯醌这类物质称为自由基捕获体。

综上所述，各类物质如胺、酚类、叔胺类化合物以及苯醌和多环烃等都能与 ROO· 反应，起到终止链反应过程的作用，所以现在有的将它们划为自由基抑制终止剂类型，而依其作用形式的不同再分为氢原子给予体、自由基捕获和电子给予体三类。

2. **氢过氧化物分解剂**　由聚合物的自动氧化机理可以看出，大分子的氢过氧化物是引发氧化物自由基的主要来源。所以只要能够破坏氢过氧化物，使它们不生成活性自由基，就能大幅延续自动催化的引发过程。能起这种作用的化合物称为氢过氧化物分解剂。又因为这类防老剂要等到氢过氧化物生成后才能发挥作用，所以一般不单独使用而是与酚类等抗氧剂并用，因此又被称为辅助防老剂。它们的作用可表示如下：

$$ROOH+B \longrightarrow ROH+BO$$

式中：B为氢过氧化物分解剂。

常见的氢过氧化物分解剂为长链脂肪族含硫酯和亚磷酸酯，此外还有硫醇和二烷基二硫代氨基甲酸盐等。它们的作用机理分述如下：

（1）硫酯类。如常用的 DLTP（硫代二丙酸二月桂酯，$H_{25}C_{12}OOC—CH_2—CH_2—S—CH_2CH_2—COOC_{12}H_{25}$）的作用可能为：

$$R_1—S—R_2+ROOH \longrightarrow ROH+R_1—SO—R_2$$

$$R_1—SO—R_2+ROOH \longrightarrow ROH+R_1—SO_2—R_2$$

（2）亚磷酸酯类。如 TNP（三壬基苯基亚磷酸酯）和 TPP（三苯基亚磷酸酯）等。

$$ROOH+(RO)_3P \text{ 或 } R_3P \longrightarrow ROH+(RO)_3PO \text{ 或 } R_3PO$$

（3）二硫代有机酸盐和二硫代磷酸盐。这类化合物与 ROOH 的反应产物还可以分别连续与多量的氢过氧化物再反应，1mol 的二硫代氨基甲酸盐能分解 7mol 氢过氧化物。

（4）硫醇化合物。这类化合物也可以促使 ROOH 分解：

$$2R'—SH+ROOH \longrightarrow ROH+R'—SS—R'+H_2O$$

3. **重金属离子钝化剂**　二价和二价以上的重金属离子，如铜、钴、锰、镍、铁等对聚合物的氧化具有强烈的催化作用。这些金属离子的氧化还原作用促使氢过氧化物分解成自由基。

$$Me^{n+}+ROOH \longrightarrow M^{(n+1)+}+RO\cdot+OH^-$$

$$Me^{(n+1)}+ROOH \longrightarrow ROO\cdot+H^++Me^{n+}$$

醛胺缩合物和对苯二胺类抗氧剂可与金属离子形成稳定的络合物，降低其氧化还原电位。

4. **光氧化及防护**　波长为 250 ～ 410nm 的紫外光具有很高的能量，聚合物吸收光子后被激发，生成自由基：

$$RH \xrightarrow{hv} R\cdot$$

氢过氧化物吸收光子生成氧化自由基：

$$ROOH+ \xrightarrow{hv} ROO\cdot\text{（或 } RO\cdot+\cdot OH\text{）}$$

在有氧存在的情况下，以后的氧化反应与前述的热氧自动催化机理相同。如果激发分子的激发能没有通过光物理途径消散，则生成的中间产物可引发多种反应：小分子消除反应；分裂为更小的裂片；拉链降解或解聚反应；与邻近的聚合物链交联；形成不饱和基团。

聚合物的光稳定剂有三大类：光屏蔽剂、紫外线吸收剂和猝灭剂。光屏蔽剂的功能是在有害的光辐射到达聚合物表面之前将其吸收，或者限制其穿透到聚合物体内。紫外光吸收剂和猝灭剂是通过将激发态减活、能量转移和消散起作用的。橡胶天然老化期间，光氧化和热氧化往往同时发生，因此光稳定剂和抗氧剂并用可提高防护效果。

（三）橡胶的臭氧老化

1. **臭氧老化**　臭氧比氧具有更高的活性，故在低温下、阴暗处仍有可能与各种聚合物作用。臭氧一般只作用于聚合物的表面层（在 10 ～ 20nm 的厚度处），通常生成臭氧化膜，当聚合物承受应力变形和在动态条件下，臭氧化膜会较快产生龟裂而露出新鲜表面。使得臭氧老化不断向纵深发展，直至完全破坏。因为臭氧最易与聚合物主链上的双键迅速反应，所以不饱和橡胶最不耐臭氧老化。

根据对模型烯烃与臭氧作用的研究，研究者认为臭氧对不饱和橡胶的袭击与对模型烯烃的袭击是基本相似的，并提出了烯烃臭氧老化机理（图 7-16）。

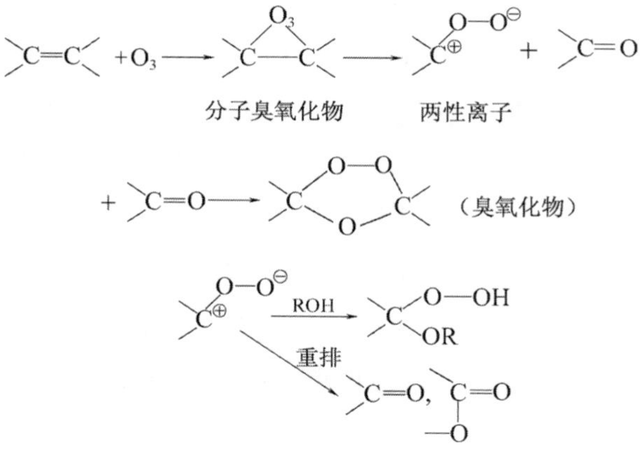

分子臭氧化物　两性离子

（臭氧化物）

ROH

重排

图7-16　臭氧老化机理

对于臭氧龟裂的产生及发展有两种基本观点，一种认为龟裂始于分子链的断裂。上述机理生成的两性离子和羰基化合物，在橡胶受力变形时，不能重新结合成臭氧化物。

另一种观点认为，当橡胶与臭氧接触时，表面的不饱和键迅速与臭氧反应，大部分形成臭氧化物，含有碳—碳不饱和双键的柔顺橡胶分子链迅速转变为含许多臭氧化物环的僵硬链。按照这一观点，应力在龟裂中的作用在于将橡胶链拉伸展开，使更多的不饱和键与臭氧接触，致使橡胶链含有更多的臭氧化物，变得更硬。造成表面脆化的另一种可能的化学过程是臭氧使相邻的橡胶链间形成类似臭氧化物的键合，而应力存在更促使其发生。这是一种交联反应，能导致表面的脆化。亦可能是上述各种类型的反应都发生。

按照上述脆化观点来看，不易形成臭氧化物的橡胶应当不易发生龟裂。例如，氯丁橡胶的初始臭氧加成物分裂后形成的羰基化合物是酰氯，酰氯不易形成臭氧化物。而且酰氯可与其他反应物，如大气中或表面的水反应，形成非臭氧化物。加上氯丁胶双键的反应活性低，使得氯丁橡胶较耐臭氧老化。

低不饱和度的丁基橡胶、乙丙橡胶以及硅橡胶、氟橡胶、氯磺化聚乙烯等饱和聚合物，不易受臭氧袭击而耐臭氧老化。

橡胶的臭氧龟裂存在着一个临界应力或临界伸长，在此临界值下，龟裂速度最大。产生龟裂的特点是与应力的方向垂直。此外，龟裂增长速率随臭氧浓度、温度和增塑剂含量的增高而增大。最近的研究表明，龟裂增长速率和温度的依赖关系与运动和温度的依赖关系相同。这说明龟裂增长的快慢取决于断裂的聚合物链段被拉开的能力，这一能力取决于橡胶内黏度的大小。

2. **有关臭氧老化的防护**

（1）物理防护法。如上所述，臭氧与氧不同，它只在橡胶表面反应，并逐渐扩散到内部。因此表面有层不与臭氧反应的保护层，就能有效地防护臭氧对橡胶的袭击。最早使用的物理防护剂是石蜡，它能在橡胶表面形成一层连续的保护层。但单独使用石蜡时，仅限于静态下使用为宜。为克服石蜡在动态下使用时剥落的缺点，可采用柔性涂层。如用 0.05mm 厚的聚氨酯保护的天然橡胶，在伸长率大于 100% 和臭氧浓度为 2.5mg/kg 的条件下暴露 4 个月；或者在伸长率约为 25% 并直接在户外阳光下暴露两年，都没有发生龟裂。

此外，在二烯类橡胶中掺入饱和聚合物也可以提高不饱和聚合物耐臭氧性能。如天然橡胶中掺混三元乙丙橡胶（EPDM），则天然橡胶中产生的臭氧龟裂，将被 EPDM 基质终止其进一步增长。丁腈橡胶中掺入 25% 的氯丁橡胶时，可使龟裂生长速度减少至 1/10 或更低（图 7-17）。

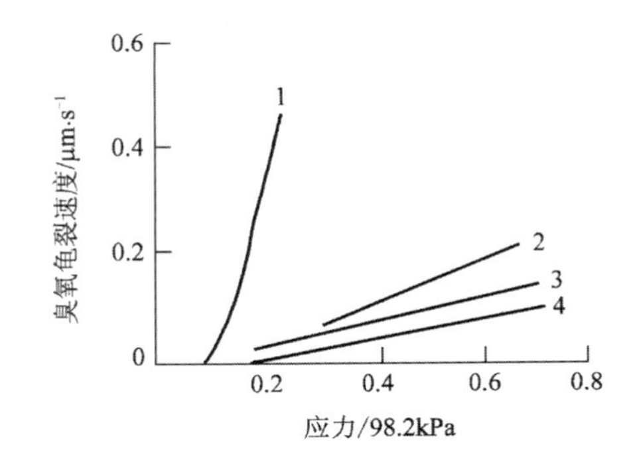

图7-17　丁腈橡胶中掺用不同比例氯丁橡胶的臭氧龟裂速度

1—丁腈橡胶　2—丁腈橡胶：氯丁橡胶=75：25
3—丁腈橡胶：氯丁橡胶=50：50
4—丁腈橡胶：氯丁橡胶=25：75

（2）化学防护法。实验证实，胺类化合物既有抗氧作用，又有抗臭氧效能，但作用机理不同。而酚类抗氧剂没有明显的抗臭氧效能。有效的抗臭氧剂是 *N*, *N*’ - 二取代对苯二胺，其中至少有一个侧基为烷基。

在文献中描述过抗臭氧剂作用机理的几种理论。“清除剂”模型认为抗臭氧剂扩散到橡胶表面，首先与臭氧反应，以致橡胶不受臭氧的侵袭，直至抗臭氧剂消耗完为止。“保护膜”理论与此类似，但认为臭氧—抗臭氧剂反应产物在橡胶表面形成防止臭氧侵袭的保护膜。“重新键合”理论认为抗臭氧剂防止臭氧使橡胶键断裂，或重新形成共轭双键。最后一种理论认为抗臭氧剂与两性离子或臭氧化物相作用，生成低分子量的惰性薄膜。安德里斯通过衰减全反射红外光谱的研究认为，上述第一、第二种机理是合适的。拉蒂默（Iattimer）等用衰减全反射红外光谱、液相色谱等研究了抗臭氧剂 *N*, *N*′- 二（1- 甲庚基）对苯二胺（DOPPD）和 *N*-（1, 3- 二甲基丁基）-*N*- 苯基对苯二胺（HPPD）的结果表明，这两种抗臭氧

码7-6　拓展阅读：抗氧剂的应用技术

的抗臭氧机理是类似的，都可以用“清除剂”和“保护膜”机理来解释。说明“清除剂—保护膜”是有效的抗臭氧保护综合。对于这一机理，抗臭氧剂需要扩散到橡胶表面并与臭氧反应，主要形成小分子产物。扩散过程的控制非常重要。因为抗臭氧剂也可以从橡胶表面挥发和在橡胶氧化中被损耗，特别是光照后的橡胶，损耗量更大。含抗臭氧剂的硫化胶长期储存后，其抗臭氧能力明显下降。抗臭氧剂与石蜡配合使用时，有长期的防护效果，并且耐雨水的冲洗。

第三节　橡胶的配方设计

根据橡胶制品的性能要求，合理地选用原材料，制订各种原材料用量配比表，这个过程称为配方设计。橡胶配合剂种类繁多，作用复杂，用量不一。因此，怎样使制品获得最佳的综合平衡性能，怎样选择配合剂种类和用量，怎样制订工艺条件才经济合理，这些都是配方设计的重要课题。

一、配方设计方法

（一）配方设计的原则

通常在进行配方设计时应掌握如下几个原则：

（1）要使产品性能满足使用的要求或给定的指标。

（2）在保证满足使用性能的情况下，尽量节约原材料和降低成本，或在不提高产品成本的情况下提高产品的质量。

（3）要使胶料适合于混炼、压延、挤出、硫化等工艺操作以及有利于提高设备的生产率。

（4）对于多层或多部件产品，要考虑产品各部件不同胶料的整体配合，使各部件胶料在硫化速度上和硫化胶性能上达到协调。

（5）在保证质量的前提下，应尽可能地简化配方。

（二）橡胶配方表示方法

橡胶配方的表示方法有下列四种，详见表7-12。

表7-12　橡胶配方的表示方法

配合剂名称	质量/份	质量分数/%	体积分数/%	生产配方/kg
天然橡胶	100	62.2	76.7	50
硫黄	3	1.8	1.00	1.5
促进剂M	1	0.6	0.50	0.5
氧化锌	5	3.1	0.60	2.5
硬脂酸	2	1.2	1.60	1
炭黑	50	31.1	19.60	25
合计	161	100.0	100.0	80.5

第一种是以质量份数来表示的配方，即以生胶的质量为100份，其他配合剂用量都相应地以质量份数来表示。这种配方称为基本配方，常在实验室中应用。

第二种是以质量分数来表示的配方，即以胶料总质量为100%，生胶及各种配合剂用量都以质量分数来表示。这种配方可以直接从基本配方中算出。这种配方形式常用于计算材料成本。

第三种是以体积分数来表示的配方，即以胶料的总体积为100%，生胶及配合剂的含量都以体积分数表示。这种配方形式便于计算体积成本。

第四种是按炼胶机的容量来制订的配方，生胶及配合剂的含量分别以千克来表示，称为生产配方，也是从基本配方而算得的。

此外，为比较不同厂家、不同生产批次生胶的质量，鉴定配合剂，其配合组分比例采用传统的使用量或规定的配方，以便比较，称为基础配方。

（三）橡胶配方设计程序和方法

配方设计的程序首先要确定产品的技术要求，然后根据这些要求制订产品的性能指标，作为配方设计的依据。确定产品的技术要求时，应了解产品使用时的负荷、工作温度、接触介质、使用寿命、胶料在产品结构中所起的作用等。第二为缩短试验时间，应详细收集技术资料，了解同类或类似产品所做过的配方试验情况、技术经验，以备进行配方设计时参考。第三，制订基本试验配方和变量试验范围。制订基本配方的步骤如下：根据主要性能指标，确定作为主体材料的生胶品种及含胶率；根据生胶的类型和品种、加工要求（如采用的硫化工艺方法和条件）及产品性能要求，确定硫化体系及其用量；根据胶料的性能要求、密度及成本，确定补强填充剂的品种和用量；根据胶种、填料种类、胶料性能和加工条件，确定增塑剂（或软化剂）的品种和用量；最后确定防老剂以及专用配合剂（如着色剂、发泡剂等）的品种和用量。第四，进行试验室的小配合试验与数据整理，从中选出综合平衡性能的最佳配方。第五，将选取的配方进行复试和扩大中试，最后确定生产配方。

作为生产配方，内容应包括配方组分及用量、胶料质量指标、工艺条件（主要指混炼条件、硫化条件）以及检验方法等整套技术资料。

在橡胶配方设计中，往往要进行许多变量试验来优选最佳的配方，目前多采用数理统计的方法进行试验，其中常用等高线图解法、正交试验设计法和回归分析试验设计法三种方法进行。当然，对经验丰富的配方设计人员来说，也可以采用单变量的试验方法，对胶料的性能作适当的调整。

二、橡胶配方设计原理

第二节已对组成橡胶复合材料的五个主要配合体系：生胶、硫化体系、补强填充体系、软化剂和增塑剂体系、防护体系作了基本的介绍。以下将进一步明确橡胶的各种物理性能、工艺性能与配合剂选用的关系。

（一）硫化橡胶的组成与物理性能的关系

1. **硫化胶的拉伸强度**　拉伸强度是表征硫化橡胶质量的重要依据之一，是橡胶制品普遍要求的指标。从配合设计来考虑，拉伸强度主要取决于生胶品种、硫化体系及补强填充剂的品种及用量。

（1）生胶。在常用的生胶品种中，以结晶性橡胶如天然橡胶、异戊橡胶、氯丁橡胶等的拉伸强度较高。而其他生胶如丁苯橡胶、丁腈橡胶和顺丁橡胶等，则需要加入补强剂才能获得较高的拉伸强度。此外，生胶的相对分子质量增加、分子链的极性增强（如丁腈橡胶），其纯胶及配合硫化胶的拉伸强度也会有所增加。

（2）交联密度与交联键类型。如前所述（硫化胶的结构与性能的关系），要获得较高拉伸强度的硫化胶，要适当选择交联剂的用量和硫化体系。

（3）补强填充体系。如前所述，补强剂的粒径越小，表面活性越强，结构性越高，补强效果越好。此外，加入某些树脂（如在丁苯橡胶中加入高苯乙烯树脂，在丁腈橡胶中加入可交联的酚醛树脂以及丙烯酸盐等）也能使硫化胶的强度增加。

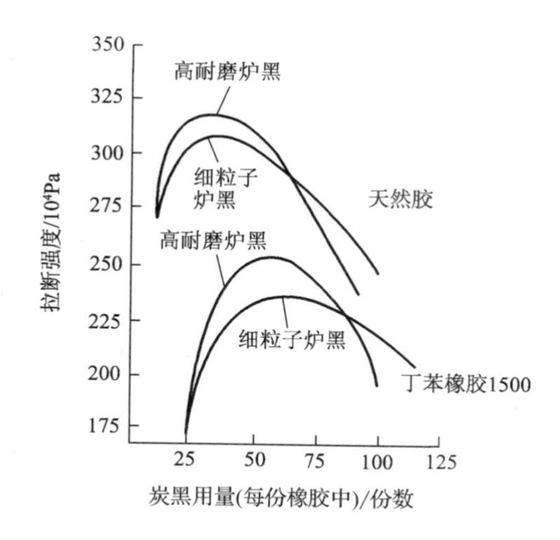

图7-18　炭黑加入量对天然胶和丁苯橡胶拉断强度的影响

用补强填充剂补强时有一适宜的用量，当超过最适宜用量时就会导致拉伸强度的下降。如图7-18所示用活性炭黑补强时，在天然橡胶中的最适宜用量为40～50份，而在丁苯橡胶中则为60份左右。而非补强性填充剂填充非结晶性橡胶，用量可更多一些。

2. **撕裂强度**　橡胶的撕裂强度与拉伸强度没有直接的关系，撕裂与橡胶应力—应变曲线的形状和黏弹行为有关。

（1）橡胶的选择。四种橡胶的撕裂强度见表7-13。

表7-13　几种橡胶的撕裂强度

单位：kN/m

橡胶种类	纯度胶料				炭黑胶料			
	20℃	50℃	70℃	100℃	25℃	30℃	70℃	100℃
天然橡胶	51	57	56	43	115	90	76	61
氯丁橡胶（通用）	44	18	8	1	77	75	48	30
丁基橡胶	22	4	4	2	70	67	67	59
丁苯橡胶	5	6	5	4	39	43	47	27

由表7-13可见，常温下天然橡胶（NR）和氯丁橡胶（CR）的撕裂强度较高，这是由于产生诱导结晶后使应变能力大幅提高。但是氯丁橡胶在高温下的撕裂强度明显降低。丁基橡胶的炭黑填充胶料，由于内耗较大也有较高的撕裂强度，特别是高温下撕裂强度较大。

（2）撕裂强度与硫化体系的关系。对于二烯类橡胶来说，多硫键具有较高的撕裂强度，故在选用硫化体系时，要尽量考虑常用硫化体系。同时注意随着交联密度的增加，撕裂强度会有所下降，如图 7-19 所示。过氧化物交联的二烯类橡胶的撕裂强度低于硫黄硫化的二烯类橡胶，但乙丙橡胶的情况刚好相反，过氧化物交联的乙丙硫化胶的撕裂强度会大幅高于硫黄硫化的乙丙硫化胶。

（3）撕裂强度与补强体系的关系。各种橡胶用炭黑补强时，撕裂强度得到明显的改善，并随炭黑粒径的减小而提高（图 7-20）。硅烷偶联剂处理的白炭黑也能大幅度提高硫化胶的撕裂强度。

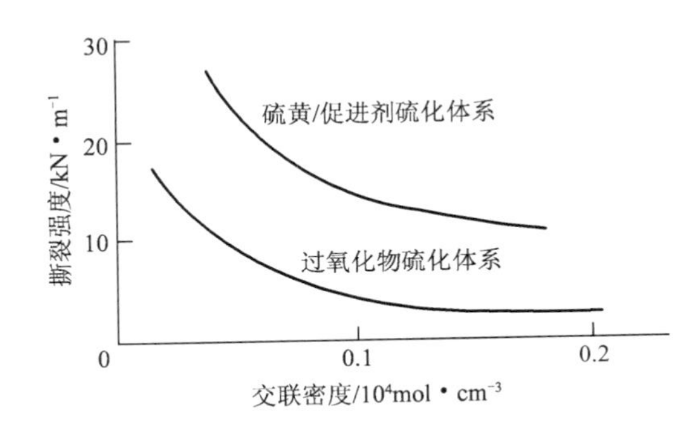

图7-19　交联密度与撕裂强度的关系

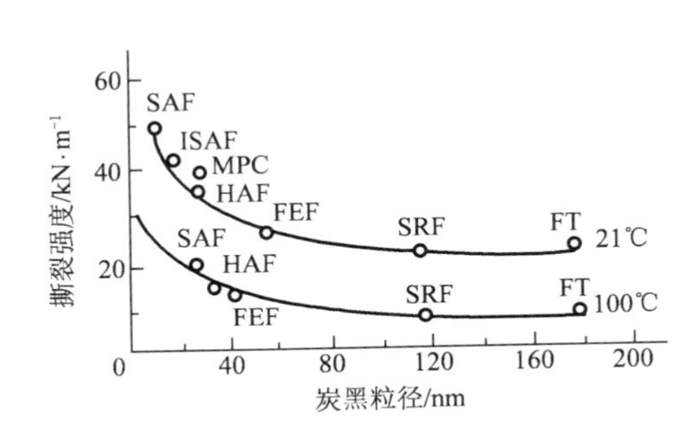

图7-20　炭黑粒径与撕裂强度的关系（45份炭黑）

使用各向同性的填料，如炭黑、白艳华、立德粉、氧化锌等抗撕裂效果较好，而各向异性的填料如陶土、碳酸镁等不会获得高撕裂强度。

3. **定伸应力和硬度**　硫化橡胶的定伸应力和硬度相关性强，各种因素对两者的影响趋势相同。

（1）硬度与生胶品种的关系。在设计硫化橡胶硬度时，要了解各种橡胶纯胶配方的基本硬度。在常用硫化体系的情况下，天然橡胶、丁苯橡胶的硬度约为 40 度，氯丁橡胶、丁腈橡胶的硬度约为 44 度（丁腈橡胶中丙烯腈的含量对其硬度有影响），丁基橡胶的硬度约为 35 度。乙丙橡胶中的乙烯含量和相对分子质量对其硬度有很大的影响，其纯胶硫化胶的硬度要视乙丙橡胶的牌号而定。此外，配方中加入软化剂和增塑剂可以降低硫化胶的硬度，一般情况下，2 份软化剂可降低硫化橡胶的硬度 1 度。长时间的混炼亦会使硫化橡胶的硬度有所降低。

（2）定伸应力与补强体系的关系。补强体系是影响硫化橡胶定伸应力和硬度的主要因素，增加补强填充剂的用量能显著提高定伸应力和硬度。炭黑性质对硫化橡胶定伸应力的影响，以结构性最为明显，其次是炭黑粒子的大小和活性。其他补强填充剂对硫化橡胶定伸应力和硬度影响主要取决于其粒径的大小。人们在实际工作中总结出补强填充剂用量与硬度的关系。白炭黑对硬度的影响与高耐磨炭黑相仿，硬质陶土的影响与半补强炭黑相当，而碳酸钙使硫化橡胶硬度升高 10 度的用量约 70 份。

（3）定伸应力与硫化体系的关系。随着交联密度的增加，定伸应力和硬度也随之增加，如图 7-21 所示。

通常提高交联密度是通过调整硫化体系中各种配合剂的用量实现的。首先在促进剂不变的情况下，提高交联剂的用量可以达到提高定伸应力和硬度的目的；在交联剂不变的情况

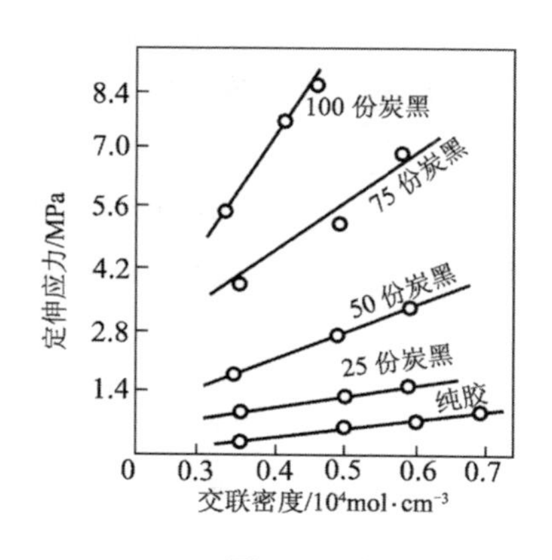

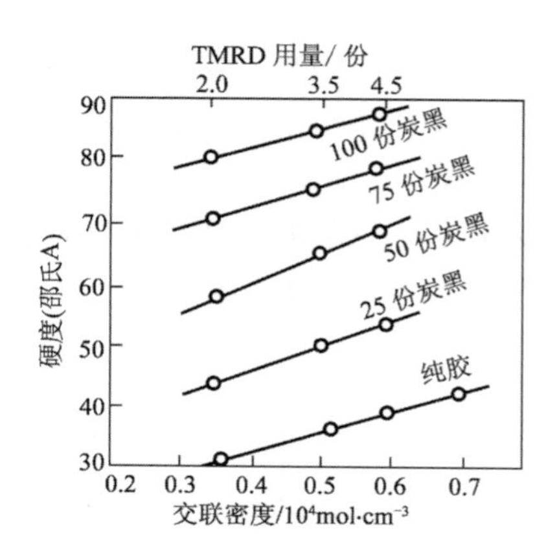

图7-21 交联密度对硫化橡胶定伸应力和硬度的影响

下，亦可以增加促进剂的用量或使用高活性的促进剂和促进剂并用的方法。

（4）高硬度硫化橡胶的制造方法。制造硬度超过 90 度的橡胶产品，单纯用增加补强剂用量等方法，往往在工艺和生产上会有很大的困难。目前有效的增硬方法是选用能参与交联反应或本身能结构化的添加剂，以提供某些能提高硬度的结构因素。例如丙烯酸类低聚酯是一种黏稠的液体，在加工过程中能“临时”起到增塑剂的作用，在硫化时在橡胶中接枝聚合形成的交联键使硫化橡胶的交联密度增大。使用这种低聚酯制得的硫化橡胶不仅硬度高，还具有突出的耐磨性、高强度和耐热性等综合性能（图 7-22）。在胶料中加入酚醛树脂和硬化剂，硫化时可生成贯穿胶料整体的三维网络结构，从而使胶料变硬。在丁腈橡胶中加入甲基丙烯酸锌，在引发剂的作用下，甲基丙烯酸锌不仅可以和橡胶接枝聚合形成交联键，在高用量时（大于 30 份）还可以通过形成三维网络结构，这种硫化橡胶具有高硬度、高强度、耐磨、高耐热的特点。此外，还可以通过共混的方法制造高硬度的橡胶，如丁苯橡胶与高苯乙烯橡胶共混，丁腈橡胶与三元尼龙共混可有效地提高硬度。

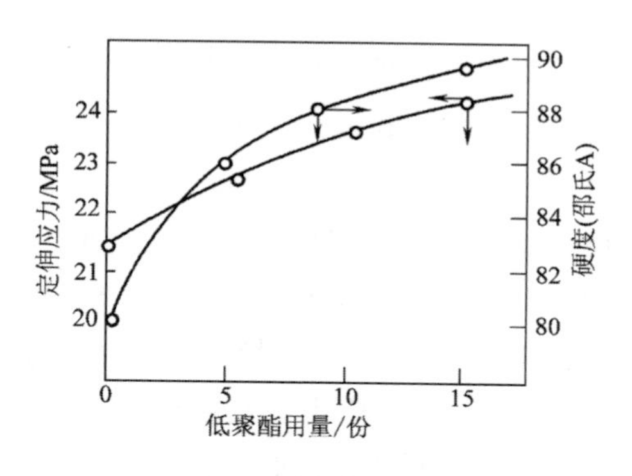

图7-22 低聚酯用量对硫化硬度和定伸应力的影响

4. **耐磨耗性** 橡胶的磨耗是非常复杂的过程。橡胶的耐磨性从本质上说取决于它的强度、黏弹特性、耐疲劳性和摩擦特性等。以往研究的结果认为，橡胶的摩擦有如下三种形式：

（1）磨损磨耗。橡胶以较高的摩擦系数与粗糙面接触时，摩擦表面上的尖锐粒子不断切割、扯断橡胶表面层的结果。其磨耗程度与橡胶的拉伸强度及回弹性呈反比。

（2）卷曲磨耗。橡胶与光滑的表面接触时，由于摩擦力的作用使橡胶被撕裂，撕裂的橡胶成卷脱落。

（3）疲劳磨耗。橡胶表面层在周期应力作用下产生的表面疲劳而带来的磨损。

拉伸强度是决定橡胶耐磨性的一个重要性能。通常，耐磨性随着拉伸强度的提高而增强，特别是橡胶在粗糙表面上摩擦时，耐磨性主要取决于拉伸强度。

就磨损磨耗和卷曲磨耗而言，提高拉伸应力和硬度对耐磨性有利，但对疲劳磨耗则有相反的影响。图 7-23 显示丁苯橡胶硬度与磨耗量的关系。提高橡胶的耐疲劳性会使耐磨性提高。

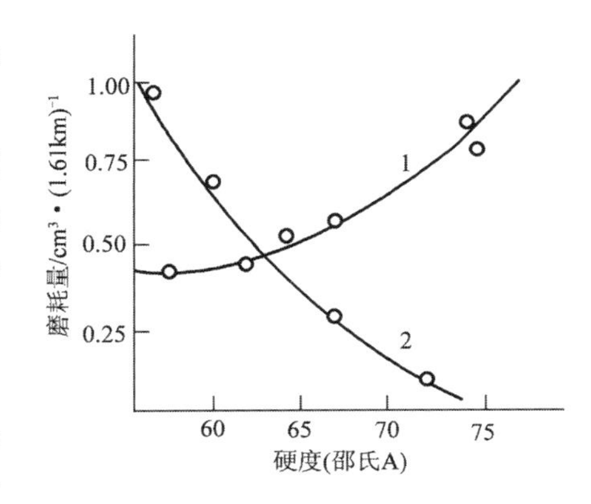

图7-23　丁苯橡胶硬度与磨耗量的关系
1—疲劳磨耗　2—磨损磨耗

在实际设计耐磨橡胶配方时，一般有如下要点。

（1）选用耐磨性能好的橡胶。在现有的生胶品种中，聚氨酯橡胶具有突出的耐磨性，但在提高温度时它的耐磨性急剧下降；其次是天然橡胶、顺丁橡胶、丁苯橡胶；此外，氯丁橡胶、丁腈橡胶也有良好的耐磨性能。

（2）粒子小的活性炭黑可提高耐磨性，其中以高结构的中超耐磨炉黑（ISAF）和 HAF 最好，其次是普通结构的 ISAF 和 HAF 以及槽法炭黑。炭黑补强橡胶的耐磨性有一最佳值，最佳用量因胶种、炭黑种类而异。在天然橡胶和丁苯橡胶中，一般选用 50 ～ 60 份炭黑，5 ～ 7 份油为宜。用量过高或过低耐磨性都会有所下降；在顺丁橡胶中把 ISAF 用量从 45 份提高到 60 ～ 70 份，把油从 5 份提高到 15 ～ 20 份，胶料的耐磨性得到提高。轮胎在不良路面上的试验表明，加入 15 份白炭黑（同时加入 Si-69）时其耐磨性得到提高。碳酸钙等白色填料的加入，会使耐磨性能降低。

（3）在耐磨胶料中软化剂只作操作助剂使用，以帮助填料的分散，用量增多会使耐磨性下降。

（4）采用常规硫化体系可使硫化橡胶有较好的疲劳性能，从而提高橡胶的疲劳磨耗性能。

（5）加入防老剂能改善硫化橡胶的耐老化性能，提高疲劳磨耗条件下的耐磨性。在一般的环境条件，当前有效的防老剂型号有 AW（6- 乙氧基 -2,2,4- 三甲基 -1,2- 二氢化喹啉）、4010NA、H、BLE 等，再与防老剂 RD（2，2，4- 三甲基 -1，2- 二氢喹啉聚合物）并用，可以提高轮胎胶料热老化性能及疲劳磨耗性能。此外，能与橡胶主链呈结合状态的反应性防老剂 NDPA，用于天然橡胶耐磨性可提高 15% ～ 20%。

5. **耐疲劳性**　橡胶疲劳现象主要有两种。一种是橡胶受反复交变应力（或应变）作用，材料的结构或性能发生变化（材料尚未破坏）的现象称为疲劳。对于这种疲劳现象的配方设计，其着重点应是确保材料的结构在经反复拉力作用后不致产生变化。例如应使硫化橡胶形成低硫键结构；采用纯胶配方或只加入少量弱补强的填料等。

另一种疲劳现象是材料在受交变应力作用的疲劳过程中产生了破坏，这种现象则称为疲劳破坏。对于大多数橡胶产品而言，配方设计的原则是要延长橡胶产品的疲劳破坏时间（或称疲劳寿命）。疲劳破坏的方式会随橡胶产品的几何形状、应力（应变）类型和环境条件而变。破坏的机理可能包括氧老化、臭氧老化以及通过裂纹扩展（表面或内部的缺陷处）等方式破坏。此外，由于橡胶是一种黏弹体，周期变形中产生的滞后损失使材料内部温度升高，

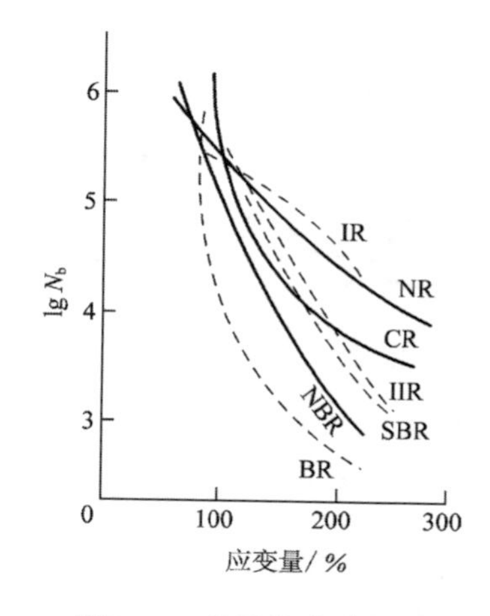

图7-24 几种橡胶耐疲劳寿命的比较

硫化橡胶的强度随温度的升高而下降，从而导致硫化橡胶的疲劳破坏。另外，高温加速了橡胶的老化，也促进了橡胶的疲劳破坏过程。

基于以上原因，耐疲劳破坏配方设计的要点如下：

（1）生胶的选择。在可能的条件下，应选择耐疲劳破坏的生胶。图 7-24 显示了七种橡胶多次拉伸变形耐疲劳寿命的比较。它们的疲劳寿命与胶料变形时的应力松弛机能及拉伸结晶阻碍微破坏扩展的能力有关。

（2）硫化体系的选择。按原始疲劳寿命长短排列：常用硫化体系＞半有效硫化体系＞有效硫化体系＞过氧化物硫化体系；老化后疲劳寿命的保持率排列则呈相反趋势，但半有效硫化体系硫化橡胶无论原始物性还是老化后的疲劳寿命都高于有效硫化体系及过氧化物硫化体系的原始值。因此，在需要较高原始疲劳寿命和耐老化硫化橡胶时，应选用半有效硫化体系。此外，对于负荷一定的疲劳条件说，增大交联剂的用量（提高交联密度），或对于变形一定的疲劳条件来说，减少交联剂的用量（降低交联密度），都会产生提高耐疲劳破坏性能的效果。

（3）补强填充剂的选择。补强性好、结构度高的炭黑耐疲劳破坏较好。对于与橡胶没有亲和性的填充剂，会助长微破坏的增长，填充量越少越好。以偶联剂改性的填充补强剂，可以提高硫化橡胶的疲劳寿命。炭黑用量对耐疲劳破坏有一个最佳用量，其影响如图 7-25 所示。

（4）软化剂的选择。当使用软化剂时，最好是使用松焦油、古马隆树脂、石油树脂等，用量不宜多。这些软化剂同时会起到分散剂和均化剂的作用，可避免由于补强剂分散不良而造成硫化橡胶的内部缺陷。

（5）防老剂的选择。加入防老剂可以抑制疲劳过程中氧和臭氧老化作用，从而提高耐疲劳破坏。其中以防老剂 4010、4010NA、H 和 AW 等效果较好。

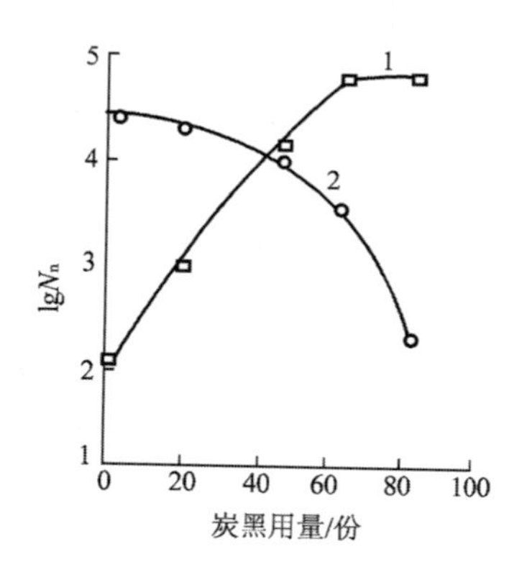

图7-25 炭黑用量对疲劳寿命的影响
1—负荷一定的条件下 2—应变一定的条件下

6. **弹性** 硫化橡胶的弹性通常以回弹率来表示，可作为橡胶黏弹性质的一个指标。

在常用的生胶品种中，凡是分子链柔顺性大的橡胶，如天然橡胶、异戊橡胶、顺丁橡胶、氯丁橡胶、硅橡胶及某些牌号的三元乙丙橡胶等，通过适当的交联，都可获得较高的回弹率。丁苯橡胶、丁腈橡胶则因其分子链柔顺性差，回弹率较低。丁基橡胶虽然其分子链柔顺性也很好，但因其分子链的黏阻作用大，故也显出较低的回弹率。

硫化橡胶的回弹率与其交联网络的活动性有关，交联网络的活动性越大，其显示的回弹率越高。硫化橡胶的交联密度过大会影响橡胶的弹性；多硫交联可赋予硫化橡胶较高的弹性。

纯胶硫化橡胶一般都有较高的弹性，当加入细粒子的补强填料时会使弹性降低（图 7-26）。当需要添加填料时，可选用软质炭黑或补强性低的白色填料，如陶土、碳酸镁等，且用量不宜多。

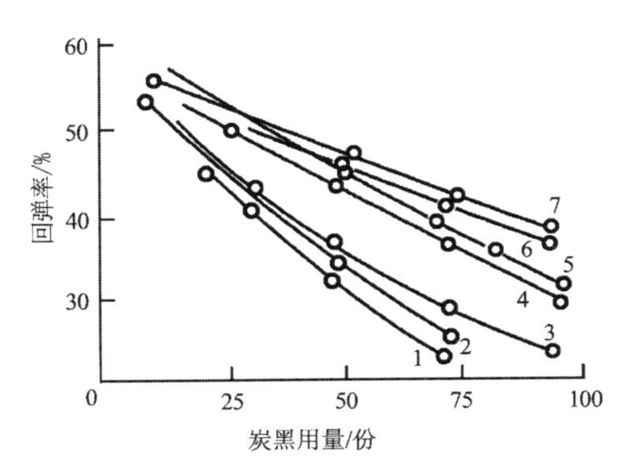

图7-26　炭黑对丁腈橡胶回弹性的影响
1—槽法炭黑　2—高耐磨炭黑
3—快压出炭黑　4—油炉半补强炭黑
5—喷雾炭黑　6—气炉半补强炭黑
7—热裂法炭黑

软化剂和增塑剂在一般用量下对弹性影响不大，但在较高用量时，会使弹性降低，其中高芳油、黏度高的操作油比黏度低的石蜡油影响更显著。酯类增塑剂则使丁腈橡胶的弹性有所增加。

7. **扯断伸长率**　拉断伸长率表征硫化橡胶变形能力。硫化橡胶的扯断伸长率与生胶品种、交联密度、补强填充剂的类型及用量、软化剂的使用等有关。

生胶中如天然橡胶、丁基橡胶、氯丁橡胶等都可制成伸长率较高的硫化橡胶。

交联密度与扯断伸长率成反比，随着交联密度的增加，扯断伸长率降低。当采用生成多硫键的硫化体系时，所得硫化橡胶的伸长率较高。

当加入填料时，都会使扯断伸长率降低，特别是高补强性的填料影响更为显著。

加入各种软化剂都能提高硫化橡胶的伸长率。

（二）橡胶的配方设计与加工性能的关系

1. **黏度（或可塑度）**　胶料的黏度适宜，是进行混炼和加工的基本条件，黏度过高或过小都不利于加工。胶料的黏度通常可以通过选择生胶的品种、塑炼程度、软化剂和补强填充剂来调节。

一般门尼黏度大于 60 的生胶要先进行塑炼。配方中加入塑解剂可提高塑炼效果，快速降低门尼黏度，缩短塑炼时间，减少能耗。过去多用五氯硫酚系列的化学塑解剂，现已开发出多种不含五氯硫酚的化学塑解剂和物理增塑剂。五氯硫酚对生胶塑炼胶门尼黏度的影响如图 7-27 所示。

加入软化剂可以降低胶料的门尼黏度；而加入补强填充剂能使胶料的门尼黏度增加，补强性能好的填料对胶料门尼黏度的影响比较显著。

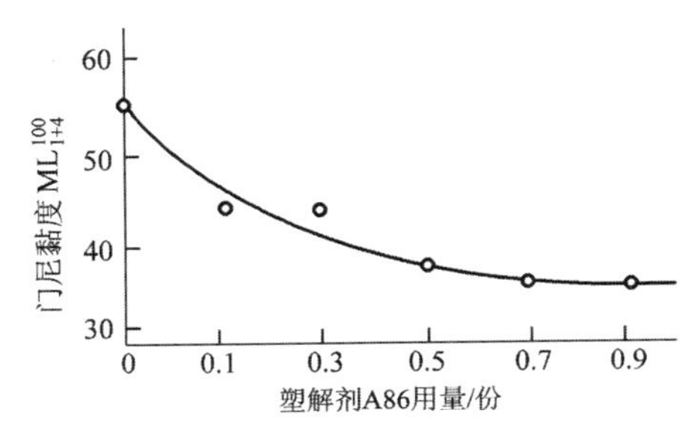

图7-27　A86对天然胶塑炼胶门尼黏度的影响

2. **混炼性**　所谓混炼性是指配合剂是否容易与橡胶混合及分散。各种配合剂的混炼特性取决于它与橡胶的互容性或湿润性。

一般来说，软化剂（增塑剂）和其他有机配合剂（如促进剂、防老剂、硫化剂等）都能与橡胶互容，因此它们一般都容易分散于橡胶中。但由于橡胶的极性各不相同，极性大的有机配合剂在非极性橡胶中用量过大时，会有喷出的危险（俗称喷霜），使用时应注意其在各种橡胶中的溶解度。

根据填料的表面特征，可将其分为两类：一类是疏水性填料，如炭黑等，这类填料的表面特征与橡胶接近，易被橡胶所浸润，因此容易与橡胶混合，具有很好的混炼性。当然加分散剂、均化剂（各种树脂）可有效地提高炭黑在胶料中的混合性和分散性；另一类是亲水性填料，如碳酸钙、陶土、白炭黑、氧化锌、氧化镁等。这些填料粒子的表面特性与橡胶不同，不易被橡胶浸润，因此混炼时较难分散。但由于这类填料粒径比较大，故混入橡胶的速度较快。为了使亲水性填料能在橡胶中良好地分散，可以对其表面进行化学改性，或在配方中加入表面活性剂。如用硬脂酸、钛酸酯偶联剂或某些树脂对碳酸钙进行表面处理，可以明显改善其混炼特性和其他工艺性能；用甘油、二甘醇、三乙醇胺以及硅烷偶联剂对陶土、炭黑表面改性，可有效地改善其混炼特性，并减轻或避免其表面的酸性基团对硫化的影响。

3. **焦烧性** 胶料在加工过程中或存放期间产生早期硫化的现象称为焦烧。导致产生焦烧现象的原因，从配方设计上来说，主要是由于硫化体系选择不当所致。为了使胶料取得足够的加工安全性，在配方设计上应尽量选用迟效或临界温度较高的促进剂。选择适当的促进剂并用亦可以获得较长的焦烧时间，添加少量防焦剂可以使焦烧性得到进一步改善。

填料对焦烧性也有影响，一般呈酸性的填料如槽法炭黑、白炭黑、陶土等，具有迟延硫化的作用，不易引起焦烧；呈碱性的炉法炭黑，具有促进硫化的作用，容易引起焦烧。

4. **喷霜** 喷霜是指硫黄及其他配合剂，如硬脂酸、石蜡、防老剂等，从胶料中喷出的现象。

导致产生喷霜的原因，从配方上来说，主要是由于这些配合剂的用量超过了其饱和溶解度的用量所致。因此，在配方设计时，必须严格控制这些配合剂的用量。或者改用分散性好的品种（如不溶性硫黄）或溶解性好的品种（如将防老剂 4010 改用 4010NA 等）。

此外，在胶料中适当加入松焦油、液体古马隆树脂、矿质橡胶等，可以增加胶料对上述配合剂的溶解性，因此能减少喷霜现象。

5. **压延** 用作压延的胶料，应要求有良好的包辊性、流动性、焦烧性和收缩性。

包辊性好的胶料，对辊筒的黏附性好，容易进行压延。但包辊性太好，胶料的弹性大，流动性差，压延后胶片的收缩性大，表面不光滑，因此，设计压延胶料配方时，应使其在包辊性和收缩性之间取得相应的平衡。

在具体配方设计时，应注意以下几点：

（1）生胶的选型。天然橡胶分子链柔软，流动性好，热塑性大，收缩性小，而且生胶强度高，包辊性好，最容易进行压延。顺丁橡胶则次之。氯丁橡胶虽然包辊性良好，但它对热敏感性大，容易产生粘辊。丁苯橡胶和丁腈橡胶的热塑性小，流动性差，比较难以压延，压延胶片的收缩性较大。无论选用哪种生胶，都必须将其塑炼加工至足够低的黏度值，才能获得良好的流动性。通常，压延胶料的门尼黏度应控制在 40 ～ 60 范围内，其中压片胶料为 50 ～ 60，贴胶胶料为 40 ～ 50，擦胶胶料为 30 ～ 40。

（2）填料的选择。纯胶或含胶率较高的胶料，因其弹性大，压延后胶片收缩性很大，表面不光滑，所以不适宜于作压延胶料。因此，在一般的压延胶料中，都要配入一定量的填料，加入填料的作用在于减少橡胶分子链的弹性变形，使流动性增加，便于压延操作。一般的填料，如炭黑（特别是高结构的炭黑）、白炭黑、碳酸钙等都很适用，陶土则有使胶料粘辊的倾向，不宜使用。此外，加入精制的再生胶，也有增加流动性、减少压延收缩的作用。

（3）软化剂的选择。如上所述，压延胶料必须有足够低的黏度（足够大的可塑性），加入软化剂可使胶料的黏度降低，使胶料的流动性增加，减少收缩性。加入常用的软化剂都可获得良好的效果，但应根据具体压延作业的要求来加以选用。例如，对于压片来说，要求压延胶片有一定的挺性，不易变形，此时应采用增塑作用不太大的软化剂，如油膏、固体古马隆树脂等。对于贴胶和擦胶来说，则要求胶料能渗透到帘线之间，此时则要采用增塑作用大的软化剂，如石油系的芳烃油、松焦油、液体古马隆树脂、沥青、松香等。

（4）硫化体系的选择。压延操作通常都是在较高温度（90 ～ 110℃）下进行的。对于硫化体系的选择，首先应考虑不易产生焦烧。通常压延胶料的门尼焦烧时间应控制在20 ～ 25min。

6. **挤出** 作为挤出胶料，其工艺性能要求与压延胶料相似。但在设计挤出胶料配方时，其着重点为：应使胶料降低弹性回复，减少挤出时口型膨胀，并有利于保持半成品的形状和尺寸等。

因此，在设计挤出胶料时，应注意下述几点。

（1）含胶率宜低。含胶率高的胶料其弹性大，挤出速度慢，收缩性大，半成品表面易不光滑。增加填料的用量，特别是配入炉法炭黑，能有效地改善挤出性能以及提高挤出半成品的挺性。其中适宜的填料有高结构高耐磨炭黑、快压出炉黑、半补强炭黑、碳酸钙、碳酸镁、陶土等。

（2）配用再生胶。配用再生胶有利于降低挤出变形，加快挤出速度，降低挤出温度并减少焦烧。

（3）配入软化剂。配入油膏、矿物油、硬脂酸、石蜡等润滑性的软化剂，有减少口型阻力，提高挤出速度，使半成品表面光滑等效果。相反，如配入增黏作用大的软化剂如松香、沥青等，则会降低挤出速度，造成胶流拥塞等现象。

7. **黏着性** 在成型操作中，通常要将各部件的胶层粘贴起来成为一个整体，这就要求胶料有良好的黏着性。但成型操作中多半是将同一类型的胶片进行粘贴，所以这里的黏着性主要是指自黏性但也包含有互黏性的问题。

据现代的黏合理论认为，当同一类型的两块橡胶互相接触时，由于界面处会发生分子的自行扩散作用，从而达到结合成一个整体。因此，胶料的黏着性与橡胶分子本身的特性有着密切的关系，其次是配合剂及贴合时的工艺条件等。在设计黏着性好的胶料配方时，应注意下述几个方面。

（1）选用自黏性好的生胶。一般来说，分子链活动性大，生胶强度高的橡胶其自黏性较好。例如，在常用的生胶品种中，以天然橡胶的自黏性最好，其次是氯丁橡胶、顺丁橡胶、丁苯橡胶、丁腈橡胶等。丁基橡胶的自黏性最差。

（2）选用增黏作用大的软化剂。配入增黏作用大的软化剂，因其能增加橡胶分子链的活动性，故可提高胶料的黏着性，适用的软化剂有液体古马隆树脂、松脂衍生物、石油类树脂、酚醛类树脂等。

（3）选用补强性大的填料。加入补强性大的活性填料，能增加混炼胶强度，从而提高了胶料的自黏力。其中以粒子小，活性大的炭黑作用最为显著。在白色填料中也以补强作用大的为好，其中较好的是白炭黑、氧化镁，其次是氧化锌、陶土等。

对填料的用量一般宜控制在60份以下，用量太多，则容易使胶料表面变得干枯，使自黏力下降。

（4）少用容易喷出的配合剂。容易喷出的配合剂，如蜡类、促进剂TMTD、硫黄等应尽量少用，以免污染胶料表面。

（三）并用橡胶的配方设计原理

为了改善单一聚合物的工艺性能、使用性能和技术经济性能，橡胶工业中生胶总耗量的70%是以共混状态使用的。除了二烯类通用橡胶的共混外，二烯类橡胶与低不饱和度橡胶的共混，特种橡胶的共混，橡塑共混都是近年来橡胶工业中应用较多的。

除了极少数的共混物以外，绝大部分共混聚合物都呈现微观多相结构。并用橡胶的性能除了取决于它的相结构、填料的合理分配外，还取决于共混聚合物各相的交联特点和硫化状态。

1. *并用橡胶的相容性及分散形态*　实验表明，两种橡胶的溶度参数越接近，共混胶相容性越好；当两者的溶度参数相差越大时，其相容性越差。由于橡胶的相对分子质量很大，分子间的作用力很大，在并用橡胶混合时，即使是两种溶度参数相等的橡胶，也不能像低分子物质那样达到热力学的相容性。由于相同的原因，经过适当加工的并用橡胶，一般都不会发生明显的相分离，它在宏观上仍表现出良好的相容性，这种宏观上的相容性称为工艺相容性。良好的工艺相容性是取得好的并用效果的基本条件。

对于非均相体系，根据并用橡胶的相容性、黏度、加工条件等，其分散状态可分为下列三种类型。

（1）宏观的非均相体系。其分散区域尺寸一般为10～100μm。当两种相容性差的橡胶并用时，易出现这种分散状态。

（2）微观的非均相体系。其分散区域尺寸一般为0.1～2μm。当两种相容性较好的橡胶在合适的加工工艺下，可得到这种分散状态。

（3）半均相体系。其分散区域体系在0.1μm以下。当两种相容性极好的橡胶并用时，或通过适当的加工工艺使两种橡胶之间产生接枝或嵌段作用时，可达到这种分散状态，但实际的例子不多。

第一种分散状态的并用橡胶使用价值不大；第三种分散状态最好，但不容易达到。大多数并用橡胶呈现第二种分散状态。

在呈微观非均相分散状态的并用胶中，各胶相的分布形态或胶相的结构，可分为如下三种：一种橡胶成为连续相（又称为海相），另一种橡胶成为分散相（又称为岛相），由连续相包围着分散相形成所谓海—岛状结构，如图7-28（a）所示；连续相和分散相互相包围起来，形成一种复杂的海岛结构，如图 7-28（b）所示；两种胶相互交错起来相互穿渗形成交错网的结构，或称为互穿网络结构，如图 7-28（c）所示。

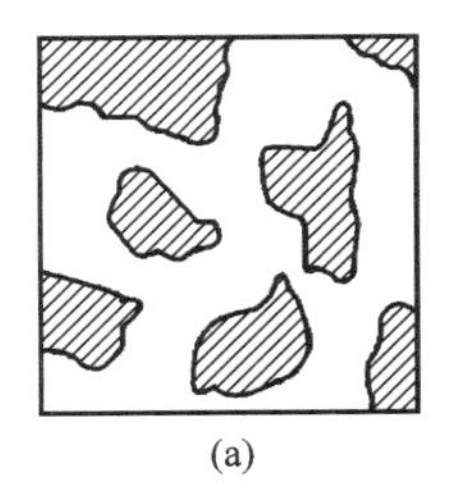

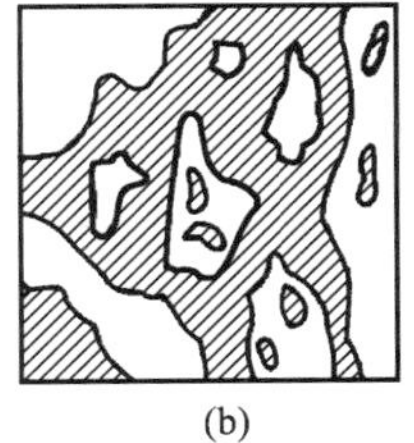

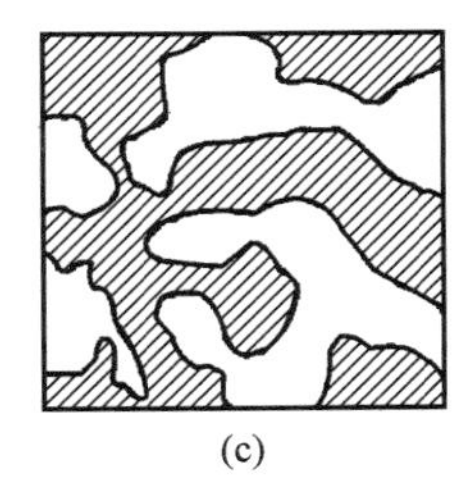

图7-28　并用胶胶相微观结构示意图
（图中阴影部分为分散相，空白部分为连续相）

并用橡胶中，大多是海—岛结构，只有极少数会出现互穿网络结构。研究表明，在并用胶中含量多的组分通常都形成连续相；但在 50/50 并用比时，情况比较复杂，一般内聚能密度大的或黏度高的组分易呈分散相。相容性差的并用胶其分散相区域尺寸较大，如丁腈橡胶/丁基橡胶并用时其分散区域尺寸可达 30μm。而相容性好的并用胶其分散相区域尺寸较小。并用橡胶的黏度对并用胶分散的区域尺寸大小的影响见表 7-14，当两者的黏度相差越大时，并用胶中分散相的尺寸越大；当两者黏度越接近时，分散相的尺寸就越小。

表7-14　不同相对分子质量的顺丁橡胶（BR）与天然橡胶（NR）以50/50并用时分散相的区域尺寸

BR的相对分子质量	1.2×10^6	1.0×10^6	0.75×10^6	0.5×10^6	0.28×10^6
分散相区域尺寸/μm	3～20	2～40	0.5～2	1～4	1～13

2. ***填料在并用胶中的分配***　实验表明，填料以一定的分配比分布于并用胶的各相中，才能使并用胶取得最佳的力学性能。炭黑在 NR/BR=50/50 的并用胶中的分布对硫化胶物性的影响如图 7-29 所示。

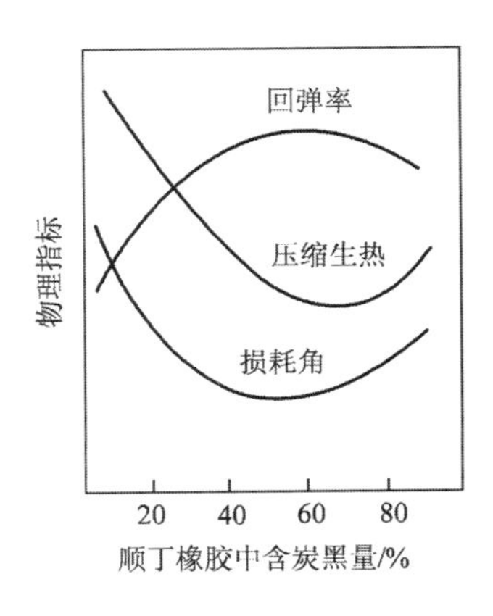

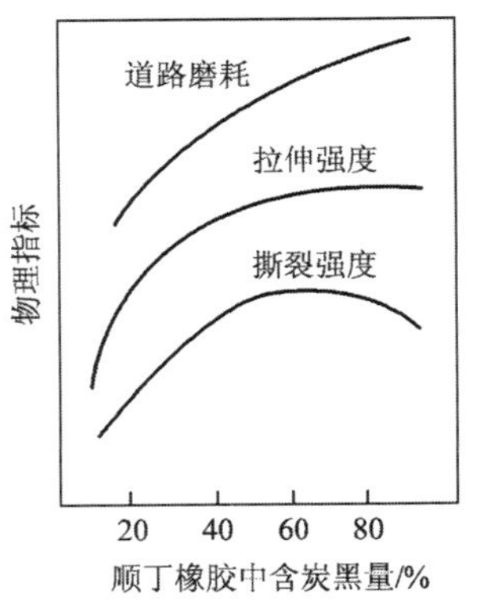

图7-29　炭黑在并用胶中分布对硫化胶物性的影响
（40份ISAF　NR/BR=50/50）

从图中可以看到，当顺丁胶中含炭黑量为60%时，并用胶的拉伸强度、撕裂强度、回弹率、压缩生热和滞后损耗等性能达到最佳值。这是由于天然橡胶具有自补强作用，而顺丁橡胶缺乏自补强作用，所以顺丁橡胶需要分配较多的补强剂，才能达到与分配较少补强剂的天然橡胶相同的力学强度，避免受力时的应力集中而破坏。因此，在并用胶的配方设计上要考虑填料的分配对并用胶性能的影响。

填料在各胶相中的分配主要由橡胶对填料的亲和力、橡胶的黏度和混炼程序等因素所决定。

（1）橡胶对填料的亲和力。由于各种橡胶的化学成分和特性不同，它们对填料的亲和力就不同。据测定，各种橡胶对炭黑的亲和力大小次序如下：顺丁橡胶＞丁苯橡胶＞氯丁橡胶＞天然橡胶＞三元乙丙橡胶＞丁基橡胶。因此，当将两种不同亲和力的橡胶并用时，炭黑就必然优先地分散到亲和力大的橡胶中。

当然，对于不同的填料，与各种橡胶的亲和力顺序也不一样。例如，对白炭黑的亲和力，则是丁腈橡胶＞天然橡胶＞顺丁橡胶。

（2）橡胶的黏度。黏度低的橡胶容易润湿填料的表面和扩散到填料结构的空隙中。因此，当两种与填料亲和力相近而黏度不同的橡胶并用时，填料就容易分散于黏度低的橡胶中。

（3）混炼程序。填料在橡胶中的分散过程，一般是先被压入和包裹在橡胶中，造成高浓度的填料——橡胶结合体。然后再进一步分散，因此当以不同的混炼程序混炼时，填料在各胶相中的分配是不一样的。例如，以不同的混炼程序在NR/BR=50/50的并用胶中混入20份炭黑时，在BR胶相中炭黑含量见表7-15。

表7-15　BR胶相中炭黑含量

混炼程序	BR胶相中炭黑含量/%
两胶预掺和后加入炭黑	75
分别掺和炭黑后混合	59
先在NR中混入全部炭黑	40
先在NR中混入全部炭黑，并加入活化剂进行热处理	18

从上述例子中可知，当采用前两种方法混炼时，大部分炭黑都集中到BR中，但当把全部炭黑先加入NR时，由于一部分炭黑与NR形成结合橡胶，转移到BR胶相中的炭黑就相对少了。

3. ***并用胶的共硫化***　并用橡胶中存在着微观的两个胶相，因此必须使两个胶相达到共硫化，才能使并用橡胶具有优良的力学性能。并用胶的共硫化包含着两重意义：一是各胶相的硫化速度同步，即硫化同步；二是在各胶相界面间产生共交联。对大多数并用胶来说，首先要求应达到硫化同步。

影响并用胶共硫化的因素很多，但从配方设计上来考虑主要应注意以下两点：

（1）硫化剂、促进剂在并用胶中的分配。常用的硫化剂、促进剂一般都能溶于橡胶中，但是其溶解度随各种橡胶而异。例如，测定几种促进剂及硫黄 153℃下在不同橡胶中的溶解度见表 7-16。

表7-16　硫黄和促进剂在橡胶中的溶解度（153℃，份/100份橡胶）

生胶品种	S	DM	DOTG	TMTD
天然橡胶（烟片）	15.3	11.8	11.8	>12
丁苯橡胶（1502）	18	17	22	>25
顺丁橡胶	19.6	10.8	10	25
三元乙丙胶	12.2	6.4	5.3	3.8
氯丁橡胶（WRT）	>25	>25	>25	>25
丁基橡胶	9.7	5.0	4.4	3.8
氯化丁基橡胶	9.8	4.0	7.0	2.5

注　DM—二硫化二苯并噻唑；DOTG—*N*，*N*’-二邻甲苯胍；TMTD—*N*，*N*-四甲基二硫双硫羰胺。

由于硫黄和促进剂在各种橡胶中的溶解度不同，造成它们在并用胶的两个相中的分配不同，引起硫化剂的不均衡分配，会影响各橡胶相的交联动力学。

（2）橡胶的反应特性。橡胶的反应特性包括如下几点：橡胶交联活性点的活性，橡胶交联活性点的数量，橡胶与硫化体系的反应特性。这些差异是造成并用胶共硫化不良的原因。

4. ***改善并用胶性能的方法***　在配方设计上，提高并用胶性能的方法主要有：

（1）在可能的情况下，尽量选择相容性好的、硫化特性相近或相同的橡胶并用。如极性橡胶与极性橡胶并用，通用二烯类橡胶并用，通用二烯类橡胶与卤化乙丙橡胶或卤化丁基橡胶并用等。在这种场合，可以预期两种橡胶既能各自交联，也能在相界面产生共交联。

（2）采用在两种橡胶中溶解度相近的硫化剂和促进剂；或采用各种促进剂并用，以平衡促进剂在两胶相中的分布，调节各橡胶相的交联速度。如在 BR/NR 并用体系中，单用 CZ(*N*-环己基 -2- 苯并噻唑次磺酰胺）或 NOBS［*N*-（氧化二亚乙基）-2- 苯并噻唑次磺酰胺］时，BR 橡胶相交联速度比 NR 快；而单用 DM（二硫化二苯并噻唑）时，NR 橡胶相的交联速度却比 BR 快。DM/CZ 用量比例的适当调整可使 BR/NR 并用体系趋于同步交联。

（3）采用在两种橡胶中都不溶解的硫化交联剂，以平衡硫化交联剂在两种胶相中的分布以及硫化过程中交联剂扩散的影响。

（4）对不同交联活性的橡胶并用采用各自的交联体系，但要注意两种交联体系不应相互抑制或过分促进。如通用二烯类橡胶与氯丁橡胶（CR）并用时，常用硫黄—促进剂和金属氧化物（MgO+ZnO）两种硫化体系，前者使二烯类橡胶交联；后者使 CR 交联。但是要注意过多的 MgO 会迟延二烯类橡胶的硫化，而秋兰姆促进剂又会迟延 CR 的硫化。以金属硫化物、硫黄和 CZ 体系，会使其很好地交联，并用胶的硫化速度会加快，硫化胶性能大幅提升。

（5）采用多官能或多功能的交联剂，使两种橡胶实行共交联。如聚氯乙烯（PVC）与丁腈橡胶（NBR）并用，用6-（二丁氨基）-1，3，5-三嗪-2，4-二硫醇（硫化剂DB）在一定条件下既能使PVC交联，也能使二烯类橡胶交联。用过氧化物和助交联剂配合，可使多种并用胶实行共交联。

三、特性橡胶配方设计原理

（一）耐热橡胶配方设计原则

橡胶制品在高温和氧的作用下，会引起交联键或主链的氧化断链，致使物理性能下降。橡胶在长时间热氧老化的作用下保持原来物理性能的能力称为耐热性。耐热橡胶配方设计应遵从如下几个原则。

1. **生胶的选择** 各种生胶的组成和结构不同，耐热性能也不一样。因此，耐热橡胶配方的设计，最重要的是生胶的选择。表7-17所示的分级是指一般配合下各种生胶的耐热范围。但如经过特殊的配合，各种橡胶的耐热温度会有所提高。

表7-17 橡胶的耐热温度范围

级序	橡胶品种	耐热温度范围
1	各种橡胶	<70℃
2	天然橡胶、丁苯橡胶、顺丁橡胶	70～100℃
3	氯丁橡胶、丁腈橡胶、丁基橡胶、聚氨酯橡胶	100～130℃
4	丙烯酸酯橡胶、氯醚橡胶、乙丙橡胶、氯磺化聚乙烯橡胶、EVM、氢化丁腈橡胶等	130～160℃
5	乙烯基硅橡胶、氟橡胶	160～200℃
6	甲基硅橡胶、氟橡胶	200～250℃
7	过氟聚苯基氟橡胶	<250℃

2. **硫化体系** 单硫键比多硫键的耐热性好，因此应尽可能采用高促低硫的配合，或采用有效硫化体系；用过氧化物或树脂硫化（配合适当的交联助剂）的硫化胶耐热性优于硫黄硫化胶。

3. **防老体系** 应选用不同抗氧活性或不同抗氧化机理的抗氧剂并用或结合型抗氧剂。

4. **软化剂、增塑剂** 应选用那些在使用温度下具有热稳定性、低挥发性的软化剂和增塑剂。如高闪点的石油系油类，相对分子质量大的聚酯类，或低相对分子质量的液体橡胶。在较高温度下使用的橡胶制品，软化剂的用量应降至最低限度。

5. **特殊的热稳定剂** 某些金属氧化物对某些橡胶有特殊的热稳定作用，例如氧化镉和氧化镁可以提高丁腈橡胶的耐热温度；氧化铁和氧化铈可以提高硅橡胶的耐热温度；某些稀土金属可以提高二烯类橡胶的耐热性能。

（二）耐寒橡胶配方设计原则

橡胶在一定的低温下会转变为玻璃态，处于玻璃态的橡胶就失去了弹性，变成脆硬的物质，失去使用价值。因此玻璃化温度是衡量橡胶耐寒性的一个指标。但是，对于结晶性橡胶来说，它们在一定的低温下（如天然橡胶在 −26℃时，氯丁橡胶在 −12℃时）有很快的结晶速度，呈结晶状态的橡胶同样也会变得坚硬失去弹性。配制耐寒橡胶的原则，就是要尽量使制品在使用的低温条件下，不出现玻璃化，也不出现结晶。因此，衡量橡胶耐寒性的另一个常用指标为脆性温度。五种橡胶的脆性温度见表 7-18。脆性温度越低，其耐寒性越好。

表7-18　橡胶的脆性温度

橡胶	脆性温度（冲击法）	橡胶	脆性温度（冲击法）
天然橡胶	−55℃	丁腈-18	−45℃
丁苯橡胶	−50℃	丁腈-40	−30℃
顺丁橡胶	−80℃	氟橡胶	−20℃
丁基橡胶	−70℃	二甲基硅橡胶	−115℃
氯丁橡胶	−40℃	硅氟橡胶	−60℃

一般的配方原则如下。

（1）对非结晶性的橡胶，主要是着重于降低其玻璃化温度。如加入适量增塑剂，以增加橡胶分子链的活动性；降低橡胶的交联程度；并用一定量玻璃化温度低的橡胶。

（2）对于结晶性的橡胶，一是可以选择结晶倾向低的品种（如氯丁橡胶、中低乙烯含量的乙丙橡胶）；二是可以加入少量的改性剂破坏橡胶分子链的规整性，如在天然橡胶中加入硫代苯甲酸（0.1 ～ 1 份）就能使分子链发生顺—反异构化，从而降低其结晶速度；三是加入增塑效果好的增塑剂，以增加分子链的活动性（但应注意，酯类的增塑剂会增加氯丁橡胶的结晶速度，而加入少量菜籽油或环烷油可能降低氯丁橡胶的结晶速度）；四是掺用部分非结晶性的橡胶，可提高结晶性橡胶的耐寒性。

（三）耐油、耐溶剂橡胶的配方设计原理

一些橡胶制品在使用过程中要和各种油类或溶剂长期接触，这时油类或溶剂能渗透到硫化胶中，使其发生溶胀或将硫化胶中的增塑剂抽出，致使硫化胶的性能发生很大的变化（如拉伸强度、扯断伸长率、硬度、撕裂强度、耐磨耗等）。

研究表明，硫化橡胶对油及溶剂的抗耐性，主要取决于它们之间的相容性。根据“同类相容”的原理可知，极性橡胶和极性油类及溶剂具有相容性，也就是说，极性橡胶不能耐极性的油和溶剂，但可耐非极性的油和溶剂。反之，非极性的橡胶可耐极性的油和溶剂。

在配制耐油耐溶剂橡胶时，除了选用耐油性好的生胶品种外，在配方上尚须注意下列几点。

（1）选用不易被抽出的软化剂和增塑剂。如可聚合的增塑剂、液体橡胶或耐油油膏等。

（2）提高硫化胶的交联密度，可以增加硫化胶抵抗油料的溶胀作用。

（3）适当增加填充剂的用量，以减少橡胶的体积分数；或使用补强效果大的补强剂。

（4）适当增加防老剂的用量，或加入具反应性的防老剂。

（四）耐溶液腐蚀橡胶配方设计原则

与橡胶接触的溶液主要是指各种酸、碱和盐的水溶液。在配制耐溶液腐蚀的橡胶时，应首先选用那些具有化学惰性的生胶，如丁基橡胶、乙丙橡胶、氯磺化聚乙烯等。二烯类橡胶

（如天然橡、丁苯橡胶、氯丁胶）具有一定的耐普通酸碱溶液的能力，如果使用条件不苛刻，也可选用这些橡胶。

除考虑生胶的品种以外，在配方上还应注意如下几点。

（1）应避免使用水溶性的配合剂。

（2）选用化学惰性的填充剂，如炭黑、陶土、硫酸钡、滑石粉、硅藻土等。在可能的情况下，尽量增加填充剂的分量，以减少橡胶的体积分数，有助于减少橡胶体积膨胀率。

（3）必须选用不会被溶液抽出或与溶液起化学作用的增塑剂。例如，酯类或植物油类会在碱液中起皂化作用，所以在热碱液的情况下不能应用这些增塑剂。

（五）绝缘和导电橡胶配方设计原理

通常将材料的电阻率大于 $10^{10}\Omega \cdot cm$ 的称为绝缘体，电阻率为 $10^7 \sim 10^{10}\Omega \cdot cm$ 的称为半导体材料，电阻率为 $10^4 \sim 10^7\Omega \cdot cm$ 的称为抗静电材料，电阻率为 $10^0 \sim 10^4\Omega \cdot cm$ 的称为导电材料，电阻率为 $10^{-3} \sim 10^0\Omega \cdot cm$ 的称为高导电材料。橡胶制品常作为绝缘材料使用，这类制品要求有良好的绝缘性能；与此相反，有些场合则要求橡胶有不同程度的导电性能。如防静电地板、胶辊、导电按键等。

橡胶的电学性质一般是指它的介电常数、介电损耗、电导率和介电强度（击穿电压）等。各种橡胶因其化学组成和结构不同，表现出不同的电学性质。一般来说，橡胶的介电常数和介电损耗越小，电阻率越高，介电强度越高，其绝缘性就越好；反之，绝缘性就越差（导电性高）。

各种配合剂对橡胶电学性质的影响如下。

（1）硫黄。在通常的硫黄用量下（软质橡胶），硫化胶的介电常数随硫黄量的增加而增大，对介电损耗和导电率影响较小。

（2）促进剂。促进剂大多含氮和硫，故对橡胶的电性能有较大的影响。一般来说，结构不对称的促进剂，容易按离子型进行分解，从而增加导电性。在各种促进剂中，以 DM（2，2’－二硫代二苯并噻唑）的绝缘效果较好，秋兰姆次之，醛胺和胍类最差。

（3）补强填充剂。表 7-19 列出了三种炭黑对橡胶体积电阻的影响。对于补强性小的炭黑，当用量不大时，对电性能的影响不大；补强性大的炭黑，导电性较强，其中炉法炭黑的导电性又比槽法炭黑大。高导电性的炉法炭黑和乙炔炭黑具有高的导电性，可用于配制导电橡胶；合成的硅酸铝、石墨和金属粉也常用于导电橡胶中；陶土、碳酸钙、白炭黑、滑石粉、云母粉等具有很好的绝缘性，常用于绝缘胶料。

表7-19　三种炭黑对橡胶体积电阻的影响

炭黑品种（用量130份）	电阻率/Ω·cm	
	NR	SBR
ISAF	1.25×10^3	2.5×10^3
HAF	4.5×10^4	4.0×10^6
EPC	3.5×10^7	4.5×10^6

注　ISAF—中超耐磨炉黑；HAF—高耐磨炉黑；（HAF）；EPC—易混槽黑。

（4）软化剂。极性的软化剂（或增塑剂）的导电性比非极性的大。如辛基酞酸盐和二辛基癸二酸盐的电阻率约为 $10^{11}\Omega\cdot cm$，磷酸盐类增塑剂的电阻率约为 $10^{3}\Omega\cdot cm$，石油类软化剂的电阻率约为 $10^{13}\Omega\cdot cm$。

第四节　橡胶的加工原理

生胶是一种高弹性的材料，需要经过加工成为具有一定塑性的材料，才能制成各种制品，并在成型过程中或成型后，通过化学键的交联，使橡胶恢复和增强弹性，克服其流动性。所以橡胶的加工过程要经历一系列的物理化学变化。

橡胶的加工过程都要涉及胶料的流变性，因此胶料的流变性是加工工艺过程中最重要的性质。影响加工性能的流变性主要有黏度、弹性记忆效应和断裂特性等几个方面。

在橡胶加工的温度条件下，可以把橡胶看作黏度很高的液体，但它有别于普通的高黏度液体，因为它又具有弹性固体的性质，这种兼具黏性和弹性的性质称为黏弹性。所以橡胶在加工过程中的流变行为并不遵循牛顿黏度定律，在受到机械剪切力作用下同时表现黏性响应和弹性响应，即黏性流动作用和弹性松弛作用同时存在。因此，胶料加工时流变性实质上是黏性响应和弹性响应同时作用的结果。

胶料的这种黏弹性质与橡胶的种类、分子结构、相对分子质量及其分布、支化程度等有关，与加工时的温度、剪切速率有很大相关性。胶料的流变性还与胶料的配合，即胶料中的填料类型和用量、软化剂（增塑剂）的种类和用量、硫化体系的特征等密切相关。

橡胶黏弹性能中的一个重要参数是最大应力松弛时间 τ_m。每种胶料的 τ_m 都不相同。加工时外力的使用时间与胶料的 τ_m 一致，则胶料表现犹如黏性流体；当外力作用时间少于 τ_m 时，则胶料表现为弹性固体的变形。因此，外力除去后，胶料就会产生回缩现象，如胶料经压延和挤出后会产生膨胀—收缩现象，这种现象称为弹性记忆效应，对加工性能有重要影响，其与半成品的质量控制指标有直接关系。

橡胶断裂过程的力学特性（简称断裂特性）是橡胶加工性能的另一方面。断裂特性主要是指扯断伸长率、弹性与塑性之比。橡胶的断裂特性关系到橡胶在加工过程中的辊上行为，而橡胶塑炼、混炼时的温度和剪切速率的变化与胶料的断裂特性有关，又与胶料的包辊状态有关。

本节在讲述胶料的加工工艺和操作条件时，将把胶料的流变性与加工性能结合讨论。

一、塑炼

（一）塑炼的目的和要求

如前所述，把具有弹性的生胶变成具有可塑性的胶料的工艺过程称为塑炼。经过塑炼获得一定可塑性的胶料称为塑炼胶。生胶塑炼的目的在于使生胶获得一定的可塑性，使之适合于混炼、压延、挤出、成型等工艺操作。

研究表明，混炼时粉状配合剂是否容易混入分散，能否达到混炼均匀，都与生胶的可塑性是否适当有关。生胶的可塑性过大或过小，都会导致产生混炼不均匀。在压延和挤出工艺中，也要求生胶有适合的可塑性才能取得良好的工艺效果，如操作顺利、半成品表面光滑、收缩小、胶料的自黏性及与帘帆布的黏合性好等。因此生胶塑炼是其他工艺过程的基础。然而，生胶的过度塑炼又会给硫化胶的性能带来不良的影响，试验表明，可塑性大的胶料，其硫化胶的机械强度、弹性、耐磨性等性能下降。因此，生胶的塑炼应控制在能满足工艺要求的前提下，尽量避免作过度的塑炼。常用塑炼胶可塑性列于表 7–20。

表7–20　常用塑炼胶的可塑性

种类	威廉氏可塑性	种类	威廉氏可塑性
胶布胶浆用塑炼胶	0.52～0.60	海绵胶料用塑炼胶	0.50～0.60
擦胶用塑炼胶	0.49～0.55	挤出胶料用塑炼胶	0.25～0.35
压延胶料用塑炼胶	0.35～0.50	胎面胶用塑炼胶	0.21～0.24

（二）塑炼原理

橡胶分子间的作用力相对较小，但橡胶的平均分子量很大（$\overline{M}_n$ 为 $1\times10^5\sim10\times10^5$），每一根分子链所受到的总分子间作用力非常大，因此橡胶分子链的相对位移很困难，表现为黏度很高。降低橡胶相对分子质量是使生胶获得可塑性最有效的方法之一。橡胶的塑炼通常是将生胶置于炼胶机中进行轧炼，橡胶分子链在机械力和氧的作用下产生分子链的断裂。在塑炼操作中又常加入一些化学塑解剂来提高塑炼的效果。因此，橡胶的塑炼过程是一系列力—化学反应作用的结果。

码7–7　橡胶的塑炼原理

在机械塑炼过程中，能够促使大分子链断裂破坏的因素主要有：机械力、氧、温度、化学塑解剂的化学作用以及静电与臭氧的作用等。机械力、氧和温度的作用一般都同时存在，只是因塑炼方法、工艺条件不同，各自的作用程度不同而已。

1. ***机械力的作用***　橡胶分子受到炼胶机辊间剪切力的作用，分子链会被拉直，致使大分子链在中间部位发生断裂。可表示为：

$$\text{R—R} \xrightarrow{\text{机械力}} \text{R}\cdot + \text{R}\cdot \tag{7–7}$$

大分子链机械破坏的概率与机械力作用之间的关系可用下列方程式描述。

$$P=K_1\frac{1}{e^{\frac{E-F_0\delta}{RT}}} \tag{7–8}$$

$$F_0=K_2\eta\dot{\gamma}\left(\frac{M}{\overline{M}}\right)^2 \tag{7–9}$$

式中：P为分子链断裂的概率；E为分子链的化学键能（kJ/mol）；F_0为作用于分子链上的力（N）；δ为分子链断裂时的伸长变形；$F_0\delta$为分子链断裂时所消耗的机械功（kJ）；R为气体常数；T为

绝对温度；M为橡胶分子的分子量；$\overline{M}$为橡胶的平均分子量；η为橡胶的黏度（Pa·s）；$\dot{\gamma}$为剪切速率（s^{-1}）；$\eta\dot{\gamma}$为作用于分子链上的剪切力（Pa）；K_1，K_2为常数。

对于一定的橡胶，E、K_1和K_2为定值，低温下RT值变化不大，分子链断裂概率主要取决于机械力F_0，其值越大，大分子断链概率P值越大，大分子断裂的概率越大。F_0值的大小取决于机械剪切力以及橡胶的黏度η和相对分子质量M的大小。塑炼温度低，胶料的黏度和机械剪切作用增大，F_0和P值增大；提高机械剪切速度$\dot{\gamma}$，F_0和P值也增大；橡胶的相对分子质量M增大，F_0和P的值会大幅增大。

机械力作用下大分子链中间部位受力和伸展变形程度最大，其两端仍保持一定的卷曲状态。机械力作用超过分子链的化学键能，分子链便首先从中间部位断裂。分子链越长，其中间部位受力越大，越易断裂。故在低温机械塑炼中，胶料中的高分子量级分含量减少，低分子量级分含量保持不变，中等分子量级分含量增加，分子量分布变窄。在塑炼过程初期机械断链作用最剧烈，平均分子量随塑炼时间呈线性下降，随后渐趋缓慢，到一定时间后不再变化，此时的分子量为最低极限值，如图7-30所示。

不同生胶的极限值不一样，天然橡胶（NR）为$7\times10^4\sim10\times10^4$，低于$7\times10^4$的分子不易受到破坏。顺丁橡胶（BR）为$40\times10^4$，丁苯橡胶（SBR）和丁腈橡胶（NBR）的极限值介于NR和BR之间。

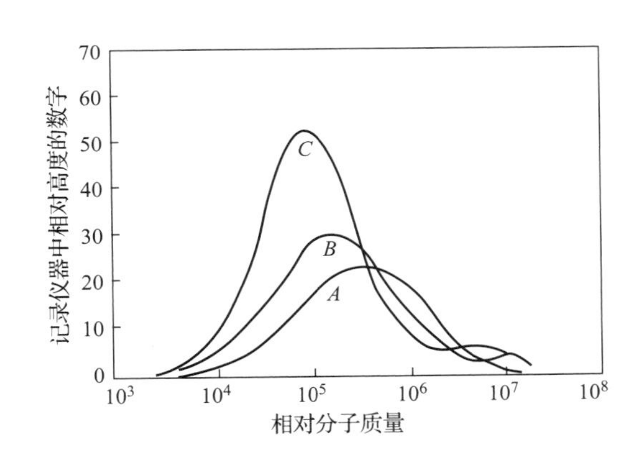

图7-30　天然橡胶的分子量分布与开炼机塑炼时间的关系

A—塑炼8min　B—塑炼21min　C—塑炼38min

2. 氧的作用　如图7-31所示，在氮气中长时间塑炼时，生胶的门尼黏度降低程度较小。实验证明，单靠机械力作用不仅达不到预期的机械塑炼效果，甚至黏度还有可能增加。但在空气或氧气中塑炼时，胶料黏度会迅速减小。说明氧是生胶机械塑炼过程中不可缺少的又一重要因素。没有氧便不可能达到预期的机械塑炼效果。研究表明，塑炼后的生胶不饱和程度降低，生胶质量和丙酮抽出物的含量大幅增加，如图7-32所示。

实验表明，大分子只要结合微量氧，就可使相对分子质量显著降低。当结合含氧量0.03%时，相对分子质量降低50%；当结合含氧量为0.5%时，相对分子质量会从100000降到5000。可见氧的断链作用是很大的。实际上，在一般的机械塑炼过程中，橡胶的周围都

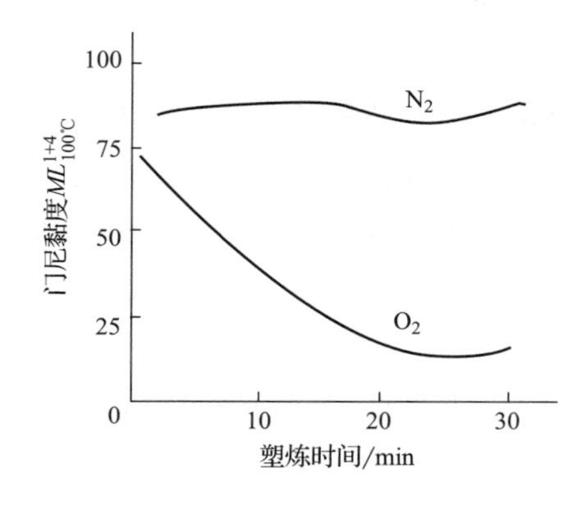

图7-31　环境介质对NR机械塑炼效果的影响

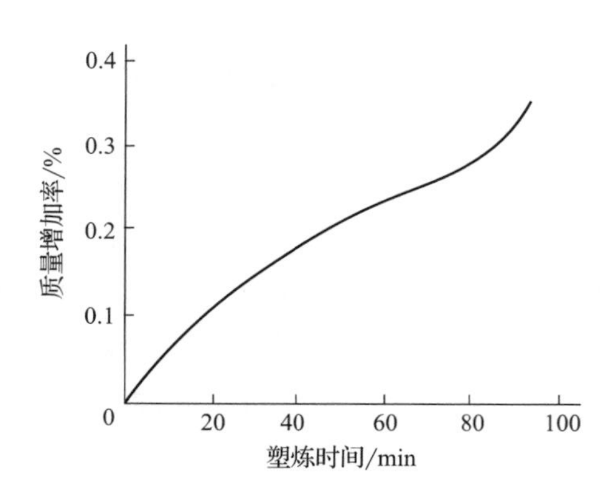

图7-32　塑炼过程中NR质量的变化

有氧存在，氧既可以使机械力破坏生成的大分子自由基稳定，也可以直接引发大分子氧化裂解。所以，氧在塑炼过程中起着极为重要的双重作用。当然，机械力作用也可使大分子链处于应力活化状态，加速其氧化裂解。只是在不同温度条件下，机械力和氧各自所起作用的程度不同而已。

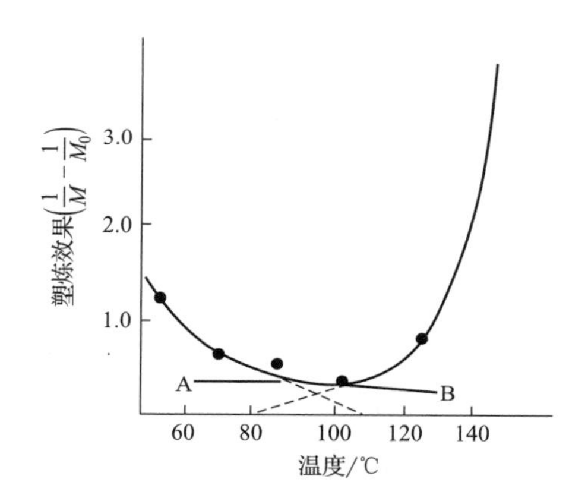

图7-33　温度对NR生胶机械塑炼效果的影响
M_0—塑炼前的分子量　M—塑炼30min后的分子量

3. ***温度的影响***　图 7-33 显示了天然橡胶在空气中塑炼时，机械塑炼效果与塑炼温度之间的关系。可以看出，整个曲线分为两部分：低温机械塑炼效果随温度升高而降低（图 7-33A）；高温机械塑炼效果随温度升高而急剧增强（图 7-33B），在110℃左右的温度范围内，机械塑炼效果最弱。这表明，总的曲线可以视为由两条不同的曲线组成，分别代表两个独立的变化过程，在最低值附近两条曲线相交。曲线的左边部分相当于低温塑炼过程，右边部分相当于高温机械塑炼过程。这说明，橡胶低温塑炼机理与高温塑炼不同。

低温下氧和大分子的化学活性均较低，对大分子的直接引发氧化作用很小，但胶料的黏度很高，大分子的机械剪切破坏是主要的，氧主要起大分子自由基活性终止剂（接受体）的作用，使大分子自由基稳定。大分子链的降解速度主要取决于大分子自由基生成的速度和浓度。温度降低，黏度增大，机械破坏作用增大，大分子自由基生成的速度和浓度增大，塑炼效果增强。因而在低温塑炼时，升高温度会降低胶料黏度和机械剪切效果。

高温下氧和大分子的化学反应活性大幅提高，主要发生分子链的直接氧化裂解反应。随着温度的升高，氧化裂解反应速度急剧加快。由于大分子的热氧化裂解反应具有自动催化作用，使机械塑炼效果急剧增大。高温下机械力主要起搅拌作用，使胶料表面不断更新，以增加大分子与氧的接触机会，故提高设备的转速会加快塑炼速度。机械力作用对分子链的应力活化作用亦可促进其氧化降解反应，但这些作用是次要的。

当天然橡胶的塑炼温度在110℃附近时，机械力的破坏作用和氧的直接氧化裂解作用都很小，故总的机械塑炼效果最弱。

4. **化学塑解剂的作用**　在生胶机械塑炼过程中，加入某些小分子量化学物质可通过化学作用增强机械塑炼效果，这些物质称为化学塑解剂。即使在惰性气体中塑炼，这些化学塑解剂也可显著提升塑炼效果。按照作用机理，化学塑解剂可分成三类，即自由基受体型、引发型和混合型塑解剂。

自由基受体型（又称链终止型）塑解剂，在低温塑炼中可与大分子自由基结合，终止其化学活性，防止发生再结合，使机械塑炼效果得以稳定。如苯醌和偶氮苯等，只适于低温塑炼时使用。引发型塑解剂高温下会首先分解成自由基，并进一步引发大分子进行氧化裂解反应，从而提高机械塑炼效果。这类塑解剂只适用于高温机械塑炼，如过氧化二苯甲酰和偶氮二异丁腈等。混合型化学塑解剂兼有上述两种作用，低温下起自由基活性终止剂作用，高温下起氧化引发剂的作用，从而加快塑炼过程。常用的品种有苯硫酚和二邻苯甲酰氨基二苯基二硫化物等。高温和低温塑炼皆适用。但硫酚类塑解剂在使用时必须同时采用活化剂才能充分发挥其增塑效果。

活化剂是一类金属络合物，如钛化腈或丙酮基乙酸与铁、钴、镍、铜等的络合物。金属原子与氧分子之间属于不稳定配位络合，能促进氧的转移，引起O—O键的不稳定，提高了氧的化学活性，因此活化剂的用量虽少效果却很大。

脂肪酸盐可作为塑解剂和活化剂的载体，起分散剂和操作助剂的作用，用量很少，有助于塑解剂在胶料中快速分散，又能抑制合成胶分子链的环化反应。故商品塑解剂是加入了活化剂和分散剂的混合物。

目前国内外化学塑解剂的品种已有几十种。使用最广泛的是硫酚及其锌盐类和有机二硫化物类，见表7-21。

表7-21　国内外化学塑解剂的主要商品种类

成分	商品名称	研制与生产者
五氯硫酚	12-Ⅱ（B型）	中国
	Renacit Ⅴ	德国（Byer）
五氯硫酚＋活化剂	Renacit Ⅸ	德国（Byer）
五氯硫酚＋活化剂+分散剂	SJ-103	中国
	Renacit Ⅶ	德国（Byer）
	解塑剂R_1、R_2、R_3、R_4	中国
硫酚改性塑解剂	劈索1号	日本
2,2′-二苯甲酰氨基二苯基二硫化物+活化剂	12-Ⅰ	中国
	Pepton 22	英国、美国

续表

成分	商品名称	研制与生产者
2,2′-二苯甲酰氨基二苯基二硫化物+活化剂	Penton 24	美国
	Noctiser-SK	日本
	Pepter3S	
2,2′-二苯甲酰氨基二苯基二硫化物	Dispergum 24	
	Aktiplast F	
2,2′-二苯甲酰氨基二苯基二硫化物+饱和脂肪酸锌盐+活化剂	Renacit HX	德国
2,2′-二苯甲酰氨基二苯基二硫化物+不饱和脂肪酸锌盐+活化剂	Renacit Ⅷ	德国

由于化学塑解剂以化学作用增塑，所以用于高温塑炼时使用最合理。低温塑炼用化学塑解剂增塑时，则应适当提高塑炼温度，才能充分发挥其增塑效果。化学塑解剂应制成母胶形式使用，以利于尽快混合均匀，并避免飞扬损失。

5. **电与臭氧的作用** 用开炼机塑炼时因辊筒表面与胶料之间的剧烈摩擦会产生静电，并在胶料表面积累，到一定程度便产生静电，生成臭氧和原子态氧，对橡胶的氧化裂解作用非常大，因而影响机械塑炼过程。

（三）塑炼方法

橡胶塑炼常用开放式炼胶机（开炼机）和密闭式炼胶机（密炼机）进行，也有用螺杆炼胶机进行的。采用开炼机塑炼时，主要控制的工艺条件有辊温、辊距、辊速和速比、装胶容量和塑炼时间等。前三项主要影响塑炼时的机械剪切力，从而影响塑炼效率，辊温低、辊距小、辊速和速比高有利于提高塑炼效率；塑炼时间的影响如图 7-34 所示，在塑炼的最初 10 ～ 15min 内，塑炼胶的可塑性增加得较快，在超过 20min 后，可塑性增加很小。这是由于在经过一段时间塑炼后，生胶的温度逐渐升高，橡胶分子链所受到的机械力作用减小，使塑炼效率降低。当需要取得较大的可塑性时，则采用分段塑炼的方法。即在每段塑炼后经停放 4 ～ 8h，使胶料充分冷却，再进行下一段的塑炼，直至达到所需要的可塑性为止。通常，一段塑炼的可塑度约为 0.30，二段塑炼可达 0.40，三段塑炼可达 0.50 左右。当采用塑解剂塑炼时，塑炼胶的可塑度随时间的延长而呈直线增加。

密炼机的塑炼是属于高温条件下的塑炼，塑炼温度一般以 140 ～ 160℃为宜，这时橡胶的塑炼以氧化作用为主，机械力的作用为次。因此，随着塑炼时间的延长，橡胶的可塑性增加，其关系如图 7-35 所示。

（四）常用橡胶的塑炼特性

橡胶的塑炼特性随其化学组成、分子结构、平均分子量、相对分子质量分布等的不同而有显著差异。一般来说，天然橡胶的塑炼比较容易，合成橡胶的塑炼比较困难。其塑炼特性的比较见表 7-22。

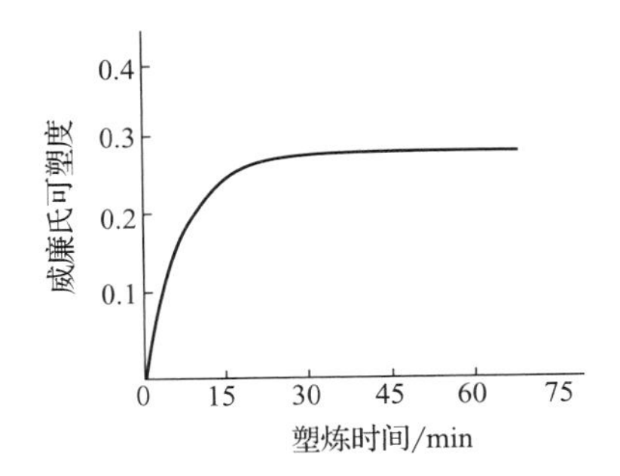

图7-34　塑炼时间与天然橡胶可塑性的关系

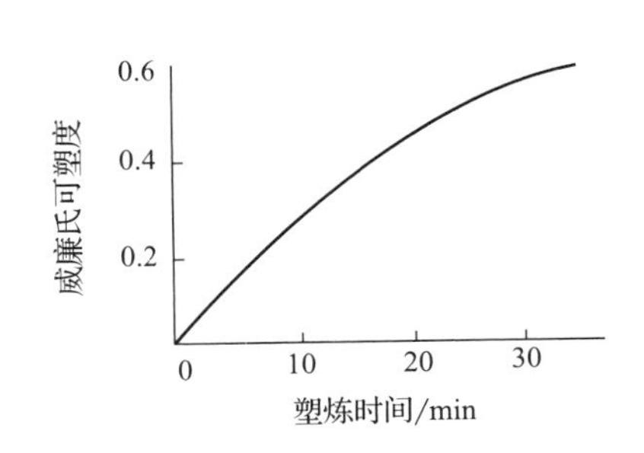

图7-35　塑炼时间与橡胶可塑性的关系

表7-22　天然橡胶与合成橡胶塑炼特性的比较

塑炼特性	天然橡胶	合成橡胶	塑炼特性	天然橡胶	合成橡胶
难易	易	难	塑炼胶复原性	小	大
生热量	小	大	塑炼胶收缩性	小	大
塑解剂的效果	有效	效果低	塑炼胶黏着性	大	小

天然橡胶采用开炼机和密炼机塑炼都能得到很好的塑炼效果。用开炼机塑炼时，通常以采用低温（40 ～ 50℃）和薄通（辊距 0.5 ～ 1mm）塑炼效果好。用密炼机塑炼时，温度宜在155℃以下。

软丁苯胶的初始门尼黏度一般为 54 ～ 64，可不塑炼或只做轻微塑炼。长时间的机械塑炼也只能稍许提高其可塑性。比较有效的方法是采用高温塑炼，但必须注意控制温度和时间。以 130 ～ 140℃的温度范围最好，当温度低于 120℃时塑炼效果不大，但当温度高于150℃时，又容易生成凝胶，塑炼时间过长也会导致生成凝胶。

常用的顺丁橡胶初始门尼黏度为 45 ～ 55，一般无须进行塑炼。

通用型和 54-1 型氯丁橡胶的初始门尼黏度都较低，一般不需要进行塑炼。但在贮存期间，氯丁胶的可塑性会逐渐下降。因此，氯丁橡胶仍需经塑炼加工，才能获得所要求的可塑性。氯丁橡胶对温度的敏感性大，随着温度的不同，它在辊筒上的状态有明显的变化。当温度在 70℃以下时，生胶呈弹性态，不粘辊；在 80 ～ 90℃时，生胶呈松散的颗粒状，严重粘辊；至 100℃以上时，生胶则呈塑性态。因此在塑炼时，应严格控制温度在 70℃以下。

丁腈橡胶的品种较多，各品种的初始门尼黏度差异很大，一般为 20 ～ 120。门尼黏度在65 以下者称为软丁腈胶；大于 65 者则称为硬丁腈胶。软丁腈胶一般无须进行塑炼；硬丁腈胶则必须进行充分的塑炼。丁腈橡胶的塑炼应采用开炼机在低温（40℃以下）、小辊距、低容量下进行。高温下塑炼丁腈胶很容易生成凝胶，故不宜用密炼机塑炼。

二、混炼

（一）混炼的目的

如前所述，混炼就是通过机械作用使生胶与各种配合剂均匀混合的过程。其目的是提高橡胶产品的使用性能，改进橡胶工艺性能和降低成本。

为保证半成品和产品的性能，必须对混炼胶的质量进行控制。通常采用的检查项目有：显微镜观察，测定混炼胶可塑性，测定比重，快速硫化后测定硫化胶的硬度和力学性能。通过对这些项目的监测可以判断胶料中配合剂的分散是否良好，有无漏加和错加以及操作是否符合工艺要求。

（二）混炼胶的结构特性

混炼胶是由粒状配合剂如炭黑等分散于生胶中组成的多相混合分散体系。在该混合体系中，粒状配合剂呈非连续的分布状态，称为分散相；而生胶呈连续的分布状态，是主要的分散介质。

从物理化学的观点出发，根据混炼胶的性质，从大多数配合剂的分散度来衡量，混炼胶属于胶体混合体系。这是因为混炼胶中的炭黑等多数粉状配合剂既不是以粗粒状分散于生胶中组成的悬浮液，也不是以分子分散组成的真溶液，而是以胶体溶液分散相尺寸分散混合组成的多组分混合分散体系，并表现出胶体溶液的特性。如分散状态具有热力学不稳定性，当热力学条件发生变化时，分散相会重新聚结而使分散度降低。

但是，混炼胶与一般低分子胶体溶液在结构性能上又有明显的不同。首先是胶料的热力学不稳定性一般表现得不明显；其次是胶料中分散介质的组成比较复杂：不仅作为主要成分的生胶往往不止一种（并用生胶），又有溶于生胶的各种液体软化剂、增塑剂和防老剂，还有部分硫黄等，从而构成了混炼胶特有的复合分散介质。另外，在分散相和连续相的两相界面上已产生了某种程度的结合作用，这种作用甚至能一直保持到硫化胶中，这不但影响胶料的加工性能，而且影响硫化胶的使用性能。从这种意义上看，混炼胶具有与硫化胶相似的结构特性，但是混炼胶仍然具有塑性流动性，这又与硫化胶有着本质的差别。所以说混炼胶是具有复杂结构特性的胶体混合体系。

（三）胶料的混炼过程

通过显微镜的观测研究表明，橡胶与炭黑的混炼过程，初期是通过橡胶的流动变形对炭黑粒子表面湿润接触，进而渗入炭黑结构空隙内部，从而达到对炭黑粒子的分割包围，实现两相表面之间的充分接触，这就是混炼过程的湿润（吃粉）阶段。在这一阶段中，生胶的流动变形能力对混炼过程起着极为重要的作用，生胶的黏度越低，其流动变形和对炭黑的湿润、渗透能力越大，混合吃粉的速度越快。另外，炭黑本身的结构高低和表面性质对吃粉过程的发展也有重要影响。结构度较高的炭黑内部的空隙度较大，其吃粉混合速度也慢；但若生胶对炭黑表面的湿润性较好，则有利于内部空气的排除，从而加快混合吃粉过程。

在吃粉过程中，进入炭黑内部空隙的生胶会逐渐增多，使炭黑内部的空隙不断减少，胶料的视密度逐渐增大，当炭黑内部空隙被完全填满时，胶料的比热容减至某一最低值不再变化。这便是湿润过程的结束，表现在混炼过程的功率消耗—时间关系曲线上出现一个最低值［图 7-36（a）中的 *c* 点］，结果生成了炭黑浓度很高的炭黑—橡胶团块，分布在不含炭黑的生胶中组成的混合体系，但其中的炭黑尚未均匀分散。

在随后的混炼过程中，这些炭黑浓度很高的炭黑—橡胶团块在机械剪切力作用下，会进

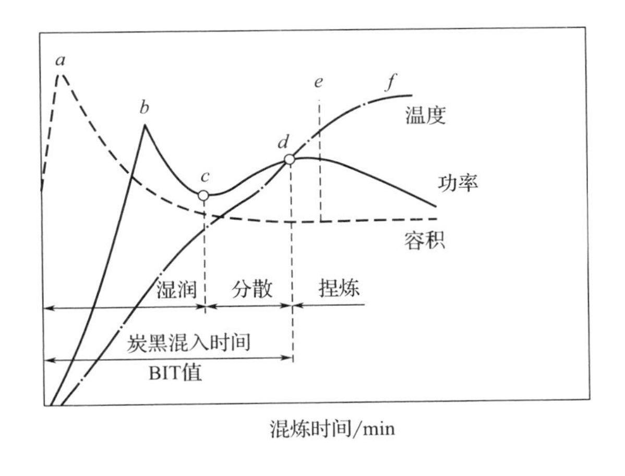

(a) 混炼时的容积、功率、温度变化曲线

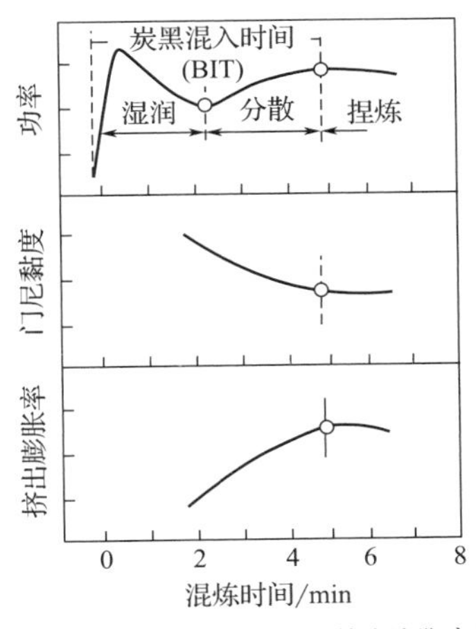

(b) 混炼时间与功率、门尼黏度、挤出膨胀率的关系

图7-36　炭黑橡胶混炼过程示意图

a—加入配合剂，落下上顶栓　*b*—上顶栓稳定　*c*—功率低值

d—功率二次峰值　*e*—排料　*f*—过炼及温度平坦

一步被破碎变小，并均匀分散开来，这就是炭黑的分散过程。在炭黑—橡胶团块发生破碎以前，炭黑附聚体内部空隙中的橡胶起着与炭黑一样的作用，使胶料的黏度增大，相当于胶料中的炭黑实际浓度加大了。随着炭黑分散过程的发展，炭黑中的包容橡胶含量逐渐减少，胶料的黏度也降低。但在这一阶段的初期因破碎炭黑—橡胶团块所需能耗较大，故功率曲线上出现了第二个峰值［图 7-36（a）中的 *d* 点］。这时，胶料混炼的功率消耗曲线和挤出膨胀率曲线皆出现峰值；门尼黏度则降低。如果混炼操作继续进行，炭黑附聚体会进一步破碎分散，橡胶的相对分子质量也会继续降低，当后者对胶料性能的影响超过炭黑分散度提高所起的作用时，胶料黏度和挤出膨胀率会进一步减小，使硫化胶力学性能受到损害，这便是过炼。这从功率消耗曲线、门尼黏度曲线出现下降即可得到证明。为此，当混炼过程由第二阶段向第三阶段过渡时，混炼操作即应停止，以保证混炼胶质量。这是因为，虽然从理想的混合状态来讲，胶料混炼的终极目的应该是分散相（如炭黑）的每一个初始聚集体粒子之间实现完全的分离，达到无序分布状态，其表面被大分子完全湿润和包围，实现充分完全的接触；但是，实际上这种理想的混合状态是根本不可能达到的。因为随着混炼时间的延长，一方面炭黑的分散度会不断提高，使胶料性能得到改善，同时大分子链也会继续降解，尤其是混炼过程的后期，大分子链的降解作用更进一步加剧，超过炭黑分散度提高的作用，使胶料的力学性能受到损害。

混炼操作要求炭黑达到保证硫化胶获得必要力学性能的最低分散度、胶料获得能正常进行后序加工操作的最低可塑度即可。通常认为，胶料中 90% 以上的炭黑分散相尺寸在 5μm 以下，其分散状态便是均匀的。片面追求更高的混合均匀程度，不仅对胶料性能不利，还会增加混炼能耗。

（四）混炼机理

按照传统观点，处于密炼机混炼条件下的胶料可以被认为是流体，这是因为胶料在密炼

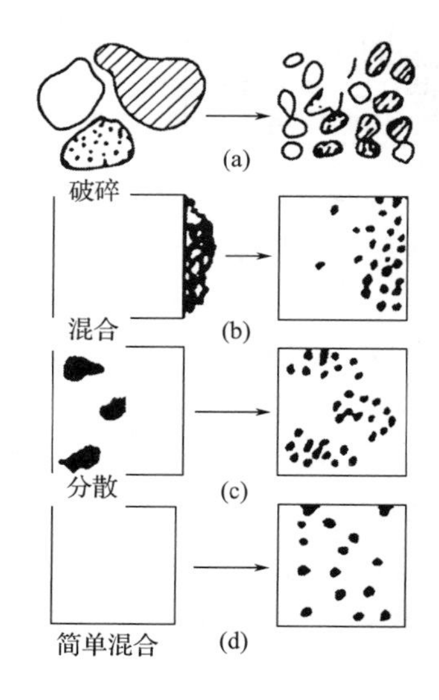

图7-37　橡胶混炼过程机理示意图

室内从一处被输送到另一处时，胶料本身的形变行为酷似流动。但实际上在混炼条件下的胶料并非处于流动状态，而是黏弹性固体状态。

由于混炼时胶料的变形很大，常会超出胶料的极限应变范围，因而断裂破碎是混炼过程中变形行为的重要组成部分。图 7-37（a）（c）便是胶料变形行为的示意图。在密炼室内，胶料被迫通过转子突棱与室壁间的狭缝，使胶料的截面积由大变小，从而发生拉伸变形。另外，由于转子突棱顶面与室壁间的速度差很大，使胶料通过时发生很大的剪切变形，剪切变形也可以转换为等效的拉伸变形。因此，只要用拉伸变形便可以描述胶料弹性体与炭黑混炼时的形变行为。在高强度混炼时，其平均形变速率有可能达到 $225s^{-1}$，具体取决于转子表面线速度 v、狭缝尺寸 h 及转子前面部分的几何形状。

胶料穿过狭缝后因流道变宽使形变得到恢复，从而会引起胶料破碎。这主要取决于所产生的应变大小。若胶料的拉伸应变超过了其极限应变，便发生破碎，如图 7-37（b）（d）所示。根据上述混炼机理可以认为，橡胶弹性体与炭黑的混合过程必然包括有固体生胶和填料的破碎、混合、分散及简单混合四种变化过程（图 7-37）。

在破碎过程中，大块的生胶和炭黑附聚体颗粒不断被破碎成更小的颗粒并被混合均匀。实际上图 7-37 中的这些变化过程并不是单独分开孤立进行的，而是同时发生交替进行的。因而生成的这些小块胶料之间也并非呈图 7-37 所示的相互分离状态，而是一个连续的变化过程。破碎不仅对炭黑的分散过程是必要的，而且对简单混合过程也是需要的。在分散过程中，橡胶的形变量很大，以产生足够大的应力来破坏炭黑附聚体，提高其分散度；而对于改善其微观均匀性，即简单混合来说，橡胶本身的变形、破碎和恢复也起着重要的作用。正是由于橡胶本身的大变形和弹性恢复，才使其得以混合均匀。

（五）结合橡胶的作用

在混炼过程中，橡胶大分子链会与活性填料，如炭黑粒子表面产生化学的和物理的牢固结合作用，使一部分橡胶结合在炭黑粒子表面不能再被有机溶剂溶解，称为炭黑凝胶，又称结合橡胶。结合橡胶的形成机理多种多样，如橡胶分子通过范德瓦耳斯力吸附在粒子的表面；炼胶时橡胶分子链断裂时生成的大分子自由基通过化学键与粒子表面的活性部位结合；炼胶时炭黑凝聚物破裂生成的活性很高的新鲜表面直接与橡胶分子反应；橡胶分子缠结在已与粒子结合的橡胶分子中，或与之发生了交联反应。

结合橡胶的生成有助于混炼过程中炭黑附聚体的破碎和均匀分散。但在混炼过程的初期，即炭黑—橡胶团块破碎分散以前，过早地生成过多的结合橡胶硬膜，包覆在炭黑颗粒表面，反而不利于炭黑颗粒的进一步破碎分散。故对于不饱和度较高的二烯烃类橡胶，尤其是天然橡胶，在混炼过程初期应严格控制混炼温度，避免过高，以使炭黑—橡胶之间只发生有限的结合。待炭黑附聚体破碎分散后，即混炼过程的后期再提高温度，以生成更多的结合橡胶，保证补强效果；但对于丁基橡胶和乙丙橡胶等低不饱和度的或饱和的橡胶，则必须在混炼开始阶段就采用较高的混炼温度才能保证足量的结合橡胶生成，以利于提高炭黑混合速度和硫化胶性能。另外，结合橡胶的生成又起着一种溶剂化隔离作用，防止已分散的炭黑颗粒的再聚结，有助于混炼胶质量的稳定。

（六）表面活性剂的作用

配合剂在橡胶中均匀分散是取得性能优良、质地均匀制品的关键。粒状配合剂均匀、稳定地分散于胶料中。为了达到这一目的，粒子表面与橡胶的接触面上就应具有必要的表面活性，才能被橡胶所湿润与结合。

但橡胶用的配合剂种类繁多，其表面性质差别很大。按其表面性质不同可将配合剂分为两类：一类为亲水性的，如碳酸钙、氧化锌、硫酸钡和陶土等，这类配合剂粒子表面不易为橡胶所湿润，混炼时难以在橡胶中分散；另一类为疏水性的，如各种炭黑等，这类配合剂粒子的表面性质与橡胶相近，容易被橡胶所湿润。

表面活性剂是具有两性分子结构的有机化合物。能增加其表面对橡胶的亲和性。使之在橡胶中易于混合与分散。表面活性剂又是一种良好的稳定剂，能稳定细粒状配合剂在胶料中的分散状态，使胶料的混炼质量稳定。否则在某些条件下混炼胶的混合状态和质量性能会因分散相粒子重新团聚而下降。当然，因橡胶的黏度很高，这种变化的速度非常缓慢。当橡胶的黏度因温度升高或其他原因而降低到一定程度时，炭黑粒子的再团聚速度会加剧。例如，除掉了硬脂酸的胶料在硫化时，其中的氧化锌会重新团聚成 50μm 左右的颗粒，从而使硫化胶性能下降。轮胎在行驶过程中，氧化锌等配合剂的团聚已证明是轮胎花纹沟发生裂口的原因之一。所以，提高混炼胶混合状态的稳定性具有重要的实际意义。

（七）混炼工艺

目前，混炼工艺按其使用设备可分为以下两种：开放式炼胶机混炼和密炼机混炼，开放式炼胶机混炼的缺点是粉剂飞扬大、劳动强度大、生产效率低，生产规模也比较小；优点是适合混炼的胶料品种多或制造特殊胶料。密炼机混炼的机械化程度高、劳动强度小、混炼时间短、生产效率高、粉剂飞扬少。

混炼时，根据胶料中橡胶和配合剂的特点，决定混炼时的容量、辊温、辊距及混炼时间等工艺条件。

要得到质量好的混炼胶，应根据胶料的性质来决定合适的容量、加料顺序以及混炼的时间、温度、上顶栓的压力等工艺条件。

三、压延

压延是利用压延机辊筒的挤压力作用使胶料发生塑性流动变形，将胶料制成具有一定截面规格尺寸和几何形状的胶片，或者将胶料附着于纤维纺织物或金属织物表面制成胶布的工艺加工过程。压延工艺能够完成的作业有胶料的压片、压型、胶片的贴合以及织物的贴胶、压力贴胶和擦胶等。

压延工艺是以压延过程为中心的联动流水作业形式，属于连续操作过程。压延速度比较快、生产效率高。对半成品质量要求是表面光滑无杂物，内部密实无气泡，截面几何形状准确，厚度尺寸精确，误差范围在 0.1 ～ 0.01mm，表面花纹清晰。

压延机由辊筒、轴承、机架、底座、调距装置、传动装置和辅助装置等组成，辊筒是其主要工作部件。压延机类型按辊筒数目和排列方式不同而异。其中使用最普遍的为三辊压延机和四辊压延机；两辊压延机和五辊压延机使用较少。辊筒的排列方式有 I 形、Γ 形、L 形、Z 形、S 形或斜 Z 形等几种类型。三辊压延机还有一种三角形排列方式。

（一）压延原理

压延过程是胶料在压延机辊筒的挤压力作用下发生塑性流动变形的过程。要掌握压延过程的规律，就必须了解压延时胶料在辊筒间的受力状态和流动变形规律，如胶料进入辊距的条件、受力和流动状态、塑性变形情况及压延后胶料的收缩变形等。

1. ***压延时胶料的塑性流动变形*** 压延机辊筒对胶料的作用原理与开炼机相同，即胶料与辊筒之间的接触角小于其摩擦角时，胶料才能进入辊距间。因而能够进入辊距的胶料最大厚度也是有一定限度的。如图 7-38（a）所示。设能进入辊距的胶料最大厚度为 h_1，压延后的厚度为 h_2，则厚度的变化 Δh 为：

$$\Delta h = h_1 - h_2 \tag{7-10}$$

Δh 为胶料的直线压缩，它与胶料的接触角 α 及辊筒半径 R（$R_1 = R_2 = R$）的关系为：

$$\frac{\Delta h}{2} = R - O_2C_2 = R(1 - \cos\alpha) \tag{7-11}$$

即

$$\Delta h = 2R(1 - \cos\alpha) \tag{7-12}$$

可见，当辊距为 e 时，能够进入辊距的胶料的最大厚度为 $R_1 = \Delta h + e$。当 e 值一定时，R 值越大，能够进入辊距的胶料最大厚度（即允许的供胶厚度）也越大。

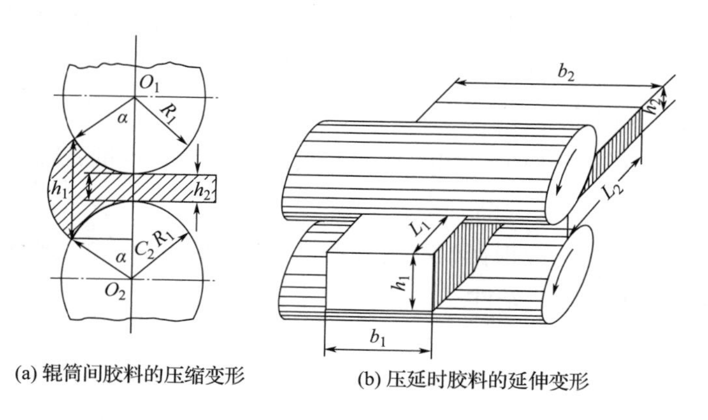

(a) 辊筒间胶料的压缩变形　　(b) 压延时胶料的延伸变形

图7-38　压延时胶料的压缩变形和延伸变形

由于胶料的体积几乎是不可压缩的，故可以认为压延前后的胶料体积保持不变。因此，压延后胶料截面厚度的减小必然伴随出现长度和截面宽度的增大。若压延前后胶料的长、宽、厚分别为 L_1、b_1、h_1 和 L_2、b_2、h_2，体积分别为 V_1 和 V_2，因 $V_1 = V_2$，故 $L_1b_1h_1 = L_2b_2h_2$，即：

$$\frac{V_2}{V_1}=\frac{L_2b_2h_2}{L_1b_1h_1}=\alpha\beta\gamma=1 \qquad (7\text{–}13)$$

式中：γ为胶料的延伸系数，其值等于L_2/L_1；β为胶料的展宽系数，其值等于b_2/b_1；α为胶料的压缩系数，其值等于 h_2/h_1。

压延时胶料沿辊筒轴向，即压延胶片宽度方向受到的摩擦阻力很大，流动变形困难；再加有挡胶板的阻挡，故压延后的宽度变化很小，即 $\beta\approx1$。于是式（7–13）变为 $\alpha\approx1/\gamma$ 或 $h_2/h_1\approx L_1/L_2$。可见，压延厚度的减小，必然伴随着长度的增大。当压延厚度要求一定时，在辊筒的接触角范围以内的胶料积胶厚度 h_1 越大，压延后的胶片长度 L_2 越大。

2. **胶料在辊筒上的受力状态和流速分布** 压延时胶料在辊筒表面旋转摩擦力作用下被带入辊距间，受到挤压和剪切作用，发生塑性流动变形。但胶料在辊上的位置不同，所受的挤压力大小和流速分布状态也不一样，如图 7–39 所示。这种压力变化与流速分布之间是一种因果关系。在 ab 处，胶料的压力起点 a 处，胶料受到的挤压力很小，故辊距截面中心处胶料的流速较小，辊距两边靠近辊筒表面处的流速较大。随着胶料的前进，辊距逐渐减小，胶料受到的压力也逐步增大，使截面中心处的流速逐渐加大，而两边的流速不变。到达 b 点时，中心部位和两边的流速趋于一致。这时胶料受到的挤压力达到最大值。胶料继续前进时，虽然受到的挤压力开始减小，但断面中心处胶料的流速却因辊距的继续减小而加快。由于两边流速不变，当到达辊筒截面中心点 c 处时；其截面中心部位的流速已经大于两边的流速，超过 c 点之后因辊距逐渐加大而使压力和流速逐渐减小。到达 d 点处压力减至零，流速又趋于一致。这时胶料已离开辊隙，其厚度也比 c 处的有一定增加。

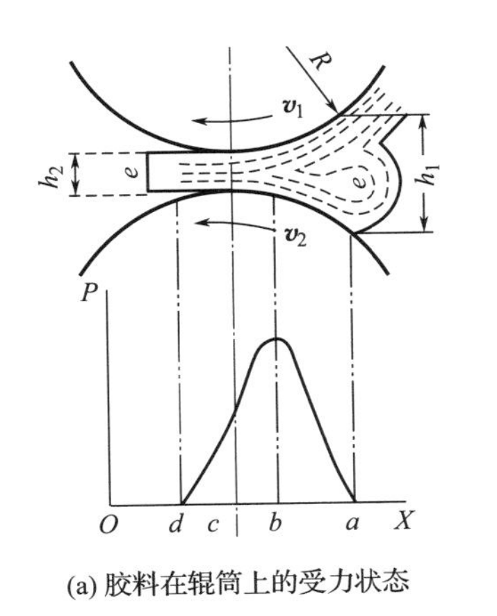

(a) 胶料在辊筒上的受力状态

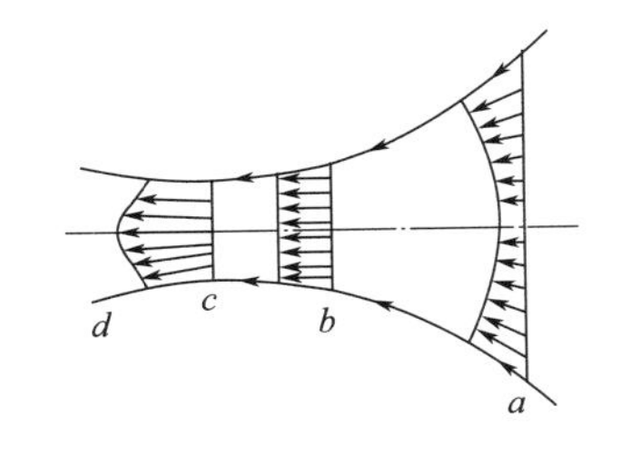

(b) 胶料在辊隙中的流速分布

图7–39 胶料在辊筒上的受力状态和流速分布（$v_1=v_2$）

压延过程中胶料对辊筒表面有一个径向反作用力，称为横压力。一般说来，随着胶料黏度增大、压延速度的加快、辊温的降低、供胶量的增大及其半成品宽度和厚度加大，胶料对辊筒的横压力也加大。

3. **压延后胶料的收缩变形和压延效应** 胶料通过压延机辊距时的流速很快，因而发生的弹性变形程度也很大。当胶料离开辊距后会立即产生弹性回复，使胶片纵向收缩，截面厚度增大，不仅影响截面厚度的精度，而且也影响胶片表面的光滑程度。压延胶料收缩率的大小取决于胶料的性质、压延方法和工艺条件。

压延后的胶片容易出现一种纵横方向力学性能的差异，即在纵向的抗张强度大、伸长率小、收缩率大，而在横向的抗张强度小、伸长率大、收缩率小。这种纵横方向性能各异的现象称为压延效应。产生压延效应的原因是由于胶料通过辊距时，线型大分子链被拉伸变形和取向、几何形状不对称（特别是针状或片状）的配合剂粒子沿压延方向取向所致。

压延效应影响要求各向同性制品的质量应尽可能设法予以减小，如适当提高压延温度和半成品存放温度，减慢压延速度；适当增加胶料的可塑度，将热炼胶料调转 90° 向压延机供料；或将压延胶片调转 90° 装模硫化等，都是常用的行之有效的方法。另外在配方设计时要尽量避免采用各向异性粒子的配合剂，如陶土、碳酸镁和某些碳酸钙等。当然，从使用的角度来看，有些制品要求纵向强力高的，则可利用压延效应。

（二）压延工艺

压延的主要设备是压延机。压延机按辊筒数目分为双辊、三辊、四辊压延机。此外，还需配备作为预热胶料的开放式炼胶机，向压延机输送胶料的运输装置，织物的浸胶、干燥装置，织物压延后的冷却装置，以及织物的放送和收卷装置等。

压延工艺按压延物的类别分为三种，即胶片压延、压型和织物的挂胶。

胶片压延（压片）是利用压延机将胶料制成具有规定截面厚度和宽度的光滑胶片，如胶管、胶带的内外层和中间层胶片、轮胎缓冲层胶片、帘布层隔离胶片、油皮胶片、内衬层胶片等。截面厚度较大的胶片可分别压延先制成较薄的几层胶片，再压延贴合成规定厚度的胶片；或者将配方不同的几层胶片贴合成符合性能要求的胶片。

压型可采用两辊压延机、三辊压延机和四辊压延机，但必须带有一个或两个花纹辊筒。带有两个花纹辊筒的压延机主要用于某些部位花纹较深、出型困难的制品。压型工艺与压片工艺基本相同，对半成品质量要求是表面光滑、花纹清晰、内部密实无气泡、截面几何形状准确、厚度尺寸精确。

织物挂胶是利用压延机将胶料渗入织物结构中并覆盖到织物表面成为胶布的加工作业。压延挂胶法制备的胶布附胶层厚度较浸渍和涂胶法大、生产效率高。织物挂胶的方法可分为贴胶、压力贴胶和插胶三种。

（三）橡胶的压延特性

天然橡胶热塑性大，收缩率较小，压延较易。天然橡胶的另一特点是易向热辊黏附，压延时应适当控制各辊筒的温差，使胶片在辊筒间顺利转移。

码7-8 拓展阅读：压延工艺

丁苯橡胶收缩率较天然橡胶大，因此用于压延的胶料必须充分塑炼。胶料中增加软化剂、填料或掺入少量的天然橡胶是减少收缩的有效方法。此外，由于收缩快而裹入的空气多，因而气泡多又难以排除也是丁苯橡胶压延的一个特点。丁苯橡胶压延温度应低于天然橡胶（一般低 5 ～ 15℃）。

氯丁橡胶对温度的敏感性大，通用型胶在 70 ～ 94℃时因粘辊而不易压延。为此，解决粘辊问题必须控制辊温。若压延质量要求一般，可采用低温法，即辊温不超过 60℃；若要求压延质量高的胶片，则需采用高温法，辊温应高于 95℃。这样，胶料收缩率最小，能准确保持应有厚度。但压延后要迅速冷却。胶料中掺入少量的石蜡、硬脂酸或掺用 10%左右的天然橡胶或顺丁橡胶，均能减少粘辊现象。

丁腈橡胶热塑性较小、收缩性比丁苯橡胶更大。胶料中加入填充剂或软化剂能减小收缩率，当填充剂的质量占生胶质量的 50%以上时，才能得到表面光滑的胶片。丁腈橡胶的黏性小，易粘于冷辊上。因此，丁腈橡胶压延时中辊温度应低些，上辊温度要高，下辊温度较中辊略低。要在较高辊温和小容量条件下热炼均匀，才能顺利进行压延操作。

四、挤出

（一）概述

橡胶的挤出在设备及加工原理方面与塑料的挤出基本相似。胶料在橡胶挤出机中，通过螺杆的旋转，使其在螺杆和机筒筒壁之间受到强大的挤压力，不断向前段输送，并借助于口型挤出各种截面的半成品，以达到初步造型的目的。在橡胶工业中，挤出的应用面很广，如轮胎胎面、内胎、胶管内外层胶、电线、电缆外套以及各种异形截面的制品，都可用橡胶挤出机挤出、造型。

挤出机还适用于上、下工序的联动化作业，例如在热炼与压延成型之间加装一台挤出机，不仅可使前后工序衔接得更好，还可提高胶料的致密性，使胶料均匀、紧密。

橡胶挤出机的优点很多，例如能起到补充混炼和热炼的作用，提高胶料的质量。它适用面广，可以通过口型的变换挤出具有各种尺寸、各种断面形状（管、板、棒、片、条）的半成品。而且挤出机的占地面积小，重量轻、结构简单、造价低，使用灵活机动。

为便于讨论，现从挤出机的喂料到半成品的挤出成型分别加以叙述。

（二）挤出机的喂料

挤出机喂料时，胶料能够顺利进入挤出机中应具备一定的条件，即胶料与螺杆间的摩擦系数要小，也就是说螺杆表面应尽可能光滑；胶料与机筒间的摩擦系数要大，即机筒内表面要比螺杆表面稍粗糙些（为此，机筒加料口附近也可沿轴向开上沟槽）。此外，挤出机喂料时胶料能顺利进入挤出机中，加料口的形状和位置也很重要。当以胶条形式连续喂料时，加料口与螺杆平行方向要有倾斜角度（33° ～ 45°），这样胶条在进入加料口后才能沿螺杆转动方向从螺杆底部进入螺杆和机筒间。为了更好地喂料，有的挤出机还加有喂料辊，以促进胶条的前进。

胶料进入加料口后，在旋转螺杆的推挤作用下，在螺纹槽和机筒内壁之间做相对运动，并形成一定大小的胶团，这些胶团自加料口处一个一个地连续并不断被推进，如图 7-40 所示。

（三）胶料在挤出机内的塑化

胶料进入挤出机形成胶团后，在沿着螺纹槽的空间一边旋转，一边不断前进的过程中，进一步软化，且被压缩，使胶团之间间隙缩小，密度增高，进而胶团互相粘在一起，如

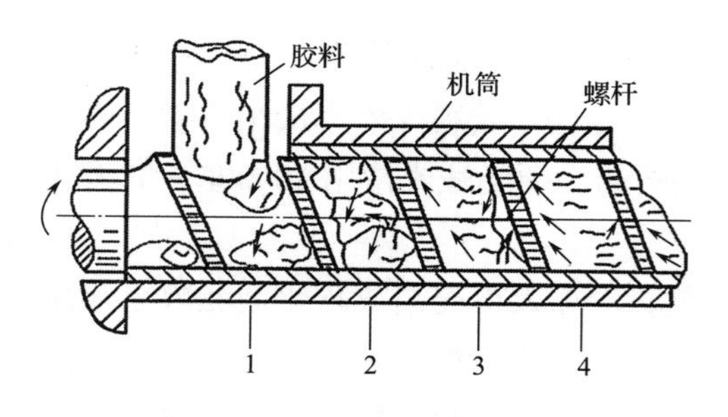

图7-40 胶料的挤出过程
1—喂料 2—压缩塑化 3—胶料渐呈流动状态，但仍有空隙 4—胶料开始完全成为连续流体

图 7-40 所示。随着胶料进一步被压缩，机筒空间充满了胶料。由于机筒和螺杆间的相对运动，胶料受到了剪切和搅拌作用，同时进一步被加热塑化，逐渐形成了连续的黏流体。

（四）胶料在挤出机中的运动状态

胶料进入挤出机形成黏流体后，由于螺杆转动所产生的轴向力进一步将胶料前移，胶料也进一步均化塑融。胶料是一种黏弹性物质，在沿螺杆前进过程中，由于受到机械和热的作用，它的黏度发生变化，逐渐由黏弹性体变成黏流性流体。因此，胶料在挤出机中的运动又像是流体在流动。即胶料在挤出机中的运动，既具有固体沿轴向运动的特征，又具有流体流动的特征。

胶料在机筒和螺杆间，由于螺杆转动的作用，其流动速度 v 可分解为螺纹平行方向的分速度 v_z 和与螺纹垂直方向的分速度 v_x。

胶料沿垂直于螺纹方向的流动称为横流，在横流中当胶料沿垂直于螺纹的方向流动到达螺纹侧壁时，流动便转向机筒方向，以后又被机筒阻挡折向相反方向，接着又被另一螺纹侧壁阻挡，从而改变了方向，这样便形成螺槽内的环流，如图 7-41 所示。横流对胶料起着搅拌混炼、热交换和塑化作用，但对胶料的挤出量影响不大。胶料沿螺纹平行方向向机头的流动称为顺流（正流）。在顺流中螺槽底部胶料的流动速度最大，靠近机筒部位的流动速度最小，其速度分布如图 7-42（a）所示。由于机头压力的作用，在螺槽中胶料还有一种与顺流相反的流动，该种流动称为逆流。逆流时靠近机筒和螺杆壁部位胶料的流动速度小，中间速度大，其速度分布如图 7-42（b）所示。顺流和逆流的综合速度分布如图 7-42（c）所示。

此外，由于在机头的阻力作用下，胶料在机筒与螺杆突棱之间的间隙中还产生一种向机头反向的逆流，该种逆流称为漏流（或称溢流），如图 7-41 所示。漏流一般流量很小，当机筒磨损，间隙增大，漏流流量就会成倍增加。

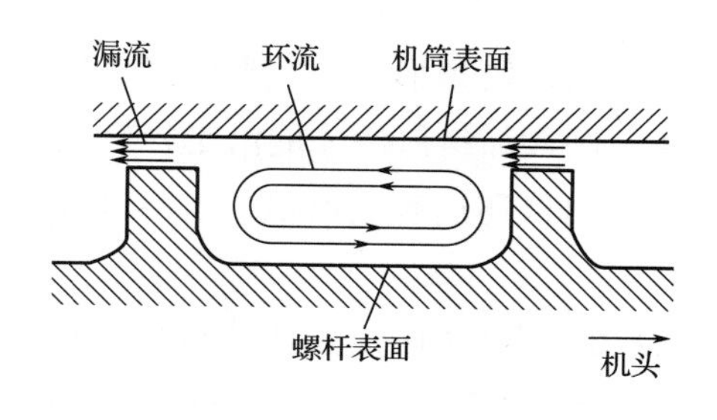

图7-41 环流与漏流图

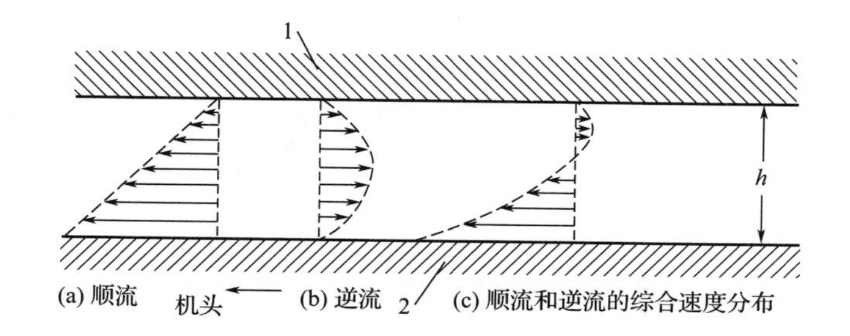

图7-42 顺流和逆流的综合速度分布
1—机筒内壁 2—螺杆 h—螺槽深度

综上所述，胶料在机筒中的流动可分解为顺流（正流）、逆流、横流和漏流四种流动形式。但实际上胶料的流动是这几种流动的综合，也就是说胶料是以螺旋形轨迹在螺纹槽中向

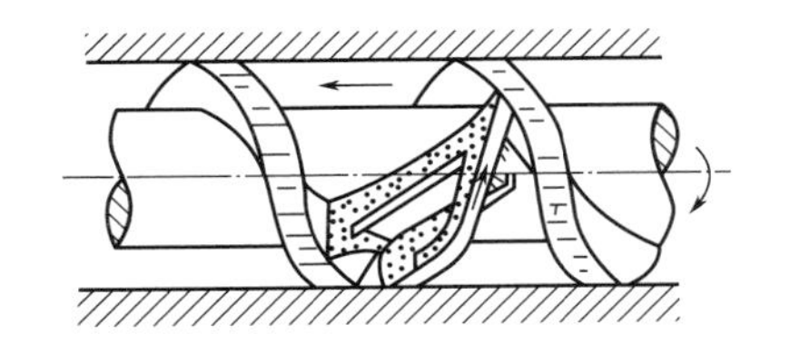

图7-43 胶料在螺纹槽内的流动示意图

前移动，其可能的流动情况如图 7-43 所示。从图 7-43 的流动情况可以看出，螺槽中胶料各点的线速度大小和方向是不同的，因而各点的变形大小也不相同，所以胶料在挤出机中能受到剪切、挤压及混炼作用，这种作用随螺纹螺槽深度的增加而增加，随螺槽宽度增大而减小。

（五）胶料在机头内的流动状态

胶料在机头内的流动是指胶料在离开螺纹槽后，到达口型板之前的一段流动。已形成黏流体的胶料，在离开螺槽进入机头时，流动形状发生了急剧变化，即由旋转运动变为直线运动，而且由于胶料具有一定的黏性，其流动速度在机头流道中心要比靠近机头内壁处快得多，速度分布曲线呈抛物线状，如图 7-44 所示。胶料在机头内流动速度的不均匀，必然导致挤出后的半成品产生不规则的收缩变形。为了尽可能减轻这种现象，必须减小机头内表面的粗糙度，以减小摩擦阻力。

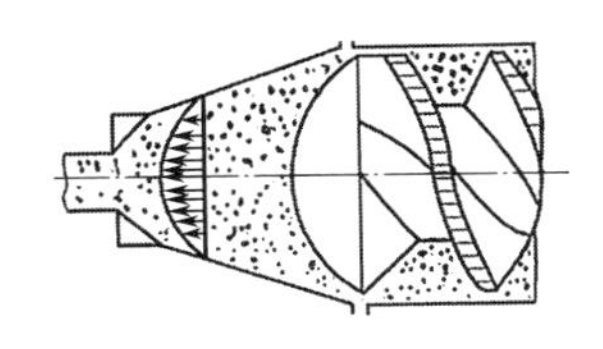

图7-44 胶料在挤出机机头内的流动

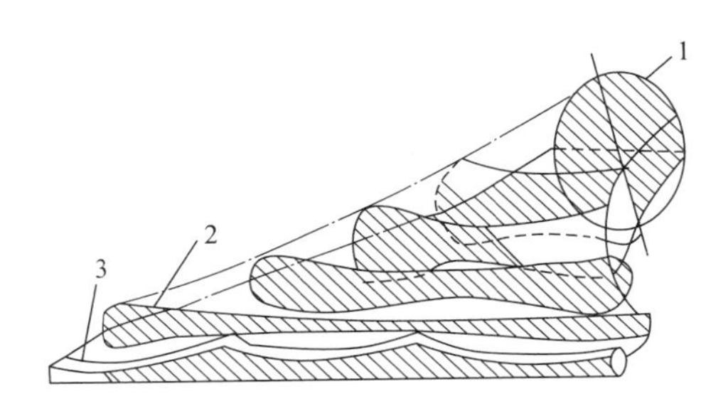

图7-45 胎面胶挤出机机头内腔曲线图
1—机头与螺杆末端接触处的内腔截面形状
2—机头出口处内腔的截面形状
3—口型板处缝隙的形状

为了使胶料挤出的断面形状固定，胶料在机头内的流动应尽可能均匀、稳定。为此，机头的结构要使胶料在由螺杆到口型的整个流动方向上受到的推力与流动速度尽可能保持一致。例如，轮胎胎面挤出机机头内腔曲线和口型的形状设计（图 7-45）就是为了能够均匀地挤出胎面半成品。此机头的内腔曲线中间缝隙小，两边缝隙大，即增大了中间胶料的阻力，减小两边缝隙的阻力。机头内腔曲线是到口型板处才逐渐改变为胎面胶所要求的形状。这样，胶料流动速度和压力才较为均匀一致。

总之，机头内的流道应呈流线型，无死角或停滞区，不存在任何湍流，整个流动方向上的阻力要尽可能一致。为了保持胶料流动的均匀性，有时还可在口型板上加开流胶孔（图 7-46 和图 7-47）或者在口型板局部阻力大的部位加热。

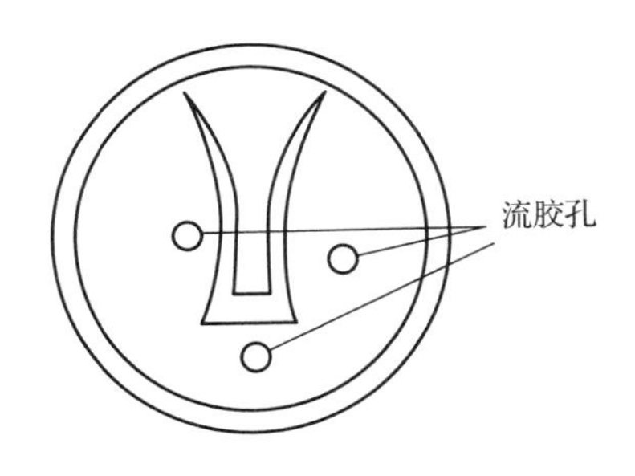

图7-46 口型加开流胶孔示意图之一

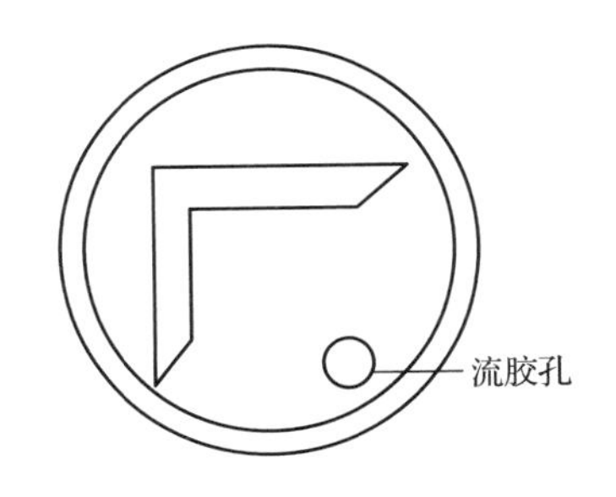

图7-47 口型加开流胶孔示意图之二

（六）胶料在口型中的流动状态和挤出变形

胶料在口型中的流动是胶料在机头中流动的继续，它直接关系到挤出物的形状和质量。由于口型横截面一般都比机头横截面小，而且口型壁的长度一般都很小，因此胶料在口型中，压力梯度很大，流速很大，胶料的流动速度呈辐射状，如图 7-48（a）所示。图中 *AB* 为口型的原始截面，1、2、3 曲线为三种不同胶料的流动速度轮廓线。这种辐射状的速度梯度到胶料离开口型以后才会消失。

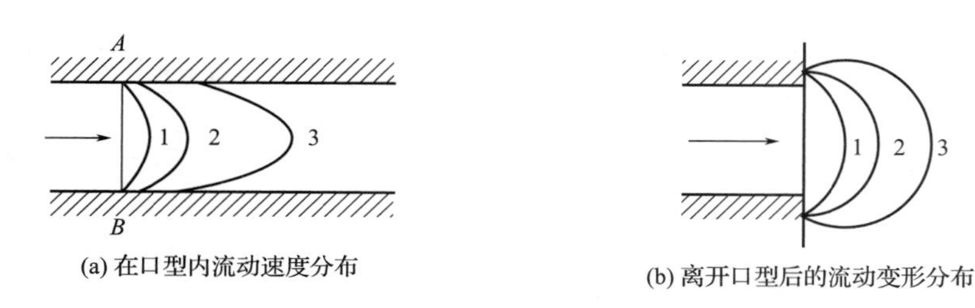

(a) 在口型内流动速度分布　　(b) 离开口型后的流动变形分布

图7-48　胶料在离开口型前后流动速度分布示意图

1，2，3—不同胶料

胶料是一种黏弹性体，当它流过口型时同时经历着黏性流动和弹性恢复两个过程。当口型流道较短时，胶料拉伸变形来不及恢复，挤出后产生膨胀现象。这种变形的原因产生于“入口效应”。当口型流道较长时，胶料的拉伸变形可在流道中恢复。但是胶料剪切流动中法向应力也会使挤出物呈现膨胀现象。入口效应和法向应力两者对挤出变形都有影响，在口型的长径比较小时，以入口效应为主；当长径比较大时，以法向应力为主。挤出膨胀量主要取决于胶料流动时可恢复形变量和松弛时间的长短。如果胶料松弛时间短，胶料从口型挤出，其弹性变形已基本松弛完毕，表现出较小的挤出膨胀量；如果胶料松弛时间长，胶料经过口型后，弹性变形量还很大，挤出膨胀量也就大。同理，如果口型壁长度大，胶料在口型中停留的时间长，胶料的弹性变形有足够时间进行松弛，挤出膨胀量就小，反之则大。

挤出膨胀或收缩率的大小，不仅与口型形状、口型（板厚度）壁长度、机头口型温度、挤出速度有关，而且与生胶和配合剂的种类、用量、胶料可塑性及挤出温度有关。一般来说，胶料可塑性小、含胶率高，挤出速度快；胶料、机头和口型温度低时，挤出物的膨胀率或收缩率就大。

码7-9　拓展阅读：影响橡胶挤出的因素

五、硫化

橡胶制品生产的最后一道工序就是硫化，在这一工艺过程中橡胶制品的宏观特征、微观结构都发生了变化，使获得制品满足相应的使用要求。例如，轮胎制品必须经过胚胎的正确硫化才能最终得到合格的轮胎。总而言之，绝大部分的橡胶制品必须经过硫化工序才能最终变为合格产品。当然，也有极少数橡胶制品不需要硫化，如橡胶腻子等。

制品的硫化过程是在一定的温度、时间、压力的条件发生和完成的，这些条件称为硫化条件或硫化三要素。

（一）橡胶的硫化历程

1. *硫化的化学反应历程*　完整的硫黄硫化体系由硫化剂、活性剂、促进剂三部分组成。橡胶的硫化是一个多元化学反应，包括橡胶分子与硫化剂及其他配合剂之间的反应，但以硫黄的反应为主。一般来说，大多数含有促进剂的硫黄硫化的橡胶，大致经历如下硫化反应历程。

第一阶段：诱导期，活性剂、促进剂、硫黄之间的相互作用，生成带有多硫促进剂侧基的橡胶大分子；第二阶段：交联反应，带有多硫促进剂侧基的橡胶大分子与橡胶大分子之间发生交联反应，生成交联键；第三阶段：网络熟化阶段，交联键发生短化、重排、裂解、主链的改性，交联键趋于稳定。

2. *宏观的硫化历程*　橡胶硫化的宏观反应历程可以从胶料的宏观性能随时间的变化反映出来。硫化历程可以用门尼焦烧和强力曲线相结合绘制的曲线表示，曲线分为四个阶段，如图 7-49 所示。

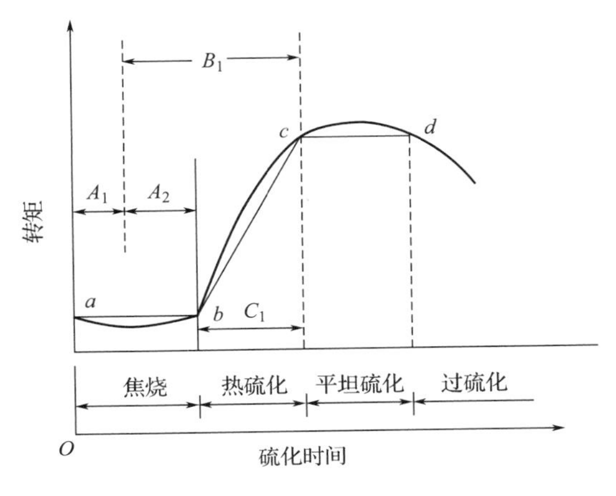

图7-49　橡胶的硫化历程图

（1）焦烧阶段（图 7-49 中 *ab* 段）。*ab* 段是热硫化开始前的延迟作用时间，相当于硫化反应的诱导期，又称为焦烧时间。胶料的焦烧时间包括操作焦烧时间 A_1 和剩余焦烧时间 A_2。操作焦烧时间是指在橡胶的加工过程中由于混炼、压延、挤出等过程的热积累效应而消耗掉的焦烧时间。剩余焦烧时间是指胶料在定型前尚能流动的时间，如模压则指胶料在模腔中加热时保持流动性的时间。操作焦烧时间和剩余焦烧时间之间并没有固定的界限，随胶料的操作和存放条件而定，一般硫化曲线是从剩余焦烧时间开始测得的。焦烧时间的长短关系到生产加工的安全性，确定配方时必须保证有必要的焦烧时间，这主要取决于促进剂的品种、用量及操作工艺条件。

（2）热硫化阶段（图 7-49 中的 *bc* 段）。*bc* 段为硫化反应的交联阶段，逐渐产生网络结构，使橡胶的弹性模量和拉伸强度急剧上升。该段斜率的大小代表硫化反应速度的快慢，斜率越大，硫化反应速度越快，生产效率越高。硫化速度的快慢主要与促进剂的品种、用量和硫化温度有关，促进剂活性越高、用量越多、温度越高，硫化速度也越快。

（3）平坦硫化阶段（图 7-49 中的 *cd* 段）。*cd* 段交联反应已基本完成，进入熟化阶段，发生交联键的短化、重排、裂解等反应，胶料的转矩曲线出现平坦区，这个阶段硫化胶的性能保持最佳。硫化平坦期的长短取决于胶料的配方，工艺上常作为选取正硫化时间的范围。

（4）过硫化阶段（图 7-49 中 *d* 以后的部分）。*d* 点之后的曲线部分相当于硫化反应中网构熟化以后进入过硫化期。过硫化可能有三种形式：第一种曲线继续上升，是由于过硫化阶段产生结构化作用所致，通常非硫黄硫化的丁苯胶、丁腈胶、氯丁胶和乙丙胶常出现这种现象；第二种曲线下降，是过硫化阶段发生网构的裂解所致，如天然橡胶的普通硫黄硫化，在该阶段，NR 硫化胶的交联密度和强度都发生下降；第三种曲线长时间保持平坦，如平衡硫化体系，通常硫黄硫化的合成橡胶平坦期都比较长。

（二）正硫化的测定方法

正硫化时间，通常是指橡胶制品的各种力学性能达到最佳值的硫化时间。而理论正硫化时间，则是达到最高交联密度所需的时间。目前测定胶料硫化程度的方法一般分三大类，即物理—化学法、力学性能法和试验仪器法。这些方法从不同角度对胶料的硫化程度进行测定。

1. **物理—化学法**

（1）游离硫测定法。通过对不同硫化时间的硫化试片中的游离硫含量的测定，做出游离硫量与对应时间的曲线，游离硫量最少时对应的时间即为理论正硫化时间。该法不适用于非硫黄硫化体系胶料。

（2）溶胀法。测定不同硫化时间胶料的平衡溶胀率，平衡溶胀率最低值对应的硫化时间为理论正硫化时间。

2. **力学性能法** 各项力学性能的变化与交联程度有密切关系，低伸长下定伸应力与交联密度成正比关系，与硬度成正向关系，与拉断强度、撕裂强度等力学性能成峰值关系，制品的使用往往取决于性能，所以早期没有硫化仪时，人们多用力学性能测定胶料的硫化程度，故该法可以认为其是早期测定方法的延续。虽然对于不同的制品可能要求不同的关键力学性能，所以可选最优相应力学性能对应的时间即为正硫化时间，现分述如下。

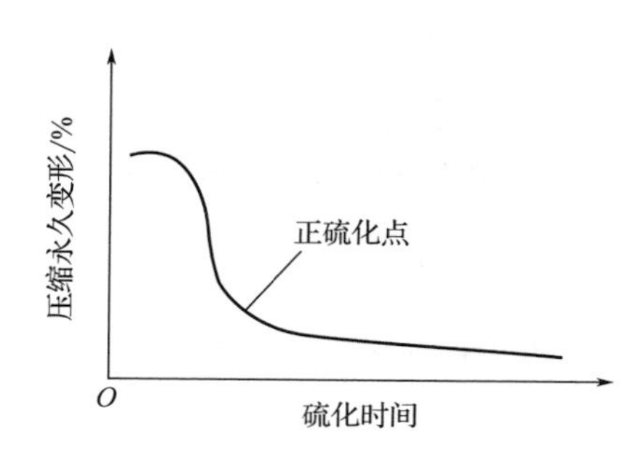

图7-50　压缩永久变形与硫化时间的关系

（1）拉伸强度法。采用拉伸强度的最大值或曲线的平坦区起始点对应的时间作为正硫化时间。

（2）压缩永久变形法。测定不同硫化时间胶料的压缩永久变形值，压缩永久变形—时间曲线的转折点或拐点所对应的时间即为正硫化点的对应时间，如图 7-50 所示。

（3）综合力学性能测试法。分别测定拉伸强度（T）、硬度（H）、压缩永久变形（S）和定伸应力最佳值（M）时所对应的硫化时间，按式（7-14）以一定的比例加权平均作为正硫化时间。

$$\text{正硫化时间} = \frac{4T+2S+M+H}{8} \quad (7\text{-}14)$$

3. **专用仪器法** 硫化仪是专门用来测定胶料硫化时间的仪器，其测定原理是在硫化过程中给胶料施加一定振幅的应变，通过传感器测定相应的剪切模量，典型的就是圆盘式流变仪。

（三）硫化过程胶料性能的变化

硫化过程胶料性能的变化如图 7-51 所示。

1. **定伸强度** 随着硫化程度的加深，硫化胶的定伸应力提高。

2. **拉伸强度** 软质橡胶的拉伸强度随着交联程度的增加而逐渐提高，直到出现最高值。当进一步硫化时，会出现一段平坦期，平坦期过后，如果是常硫配合的天然橡胶，拉伸强度会很快下降，其他合成橡胶的拉伸强度变化较小或稍有提高。

3. **扯断伸长率**　橡胶的扯断伸长率随着交联程度的增加而逐渐降低。

4. **压缩永久变形**　橡胶的压缩永久变形随交联程度的增加而降低。但对天然橡胶来说，由于硫化返原特性的存在，过了正硫化时间以后，压缩永久变形又逐渐增大。

5. **硬度**　硫化胶硬度在硫化开始后即迅速增大，在正硫化点时基本达到最大值，延长硫化时间，硬度基本保持恒定。

6. **耐磨性**　硫化开始后，硫化胶的耐磨性逐渐增大，正硫化时达到最佳水平。欠硫或过硫对耐磨性都有不利的影响，但过硫所受的影响较小。

7. **抗溶胀性**　硫化胶的交联密度增加，溶胀程度减少。

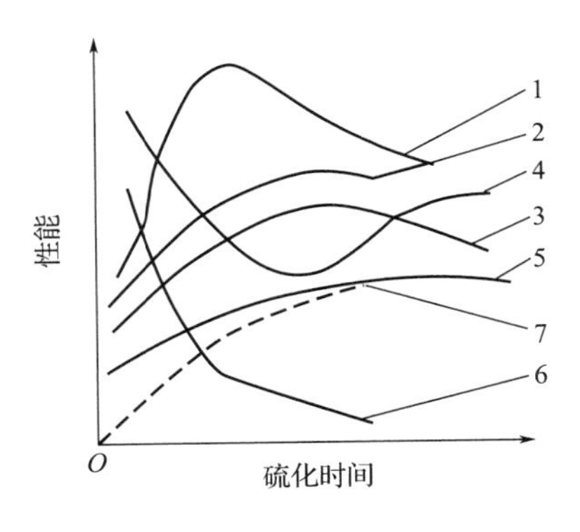

图7-51　硫化过程中胶料性能变化
1—拉伸强度　2—定伸强度　3—弹性
4—伸长率　5—硬度　6—永久变形
7—交联度

（四）硫化方法

1. **室温硫化**　这类硫化用于室温及不加压条件下的场合，如现场施工用的胶黏剂、旧橡胶制品的修理，衬里的修补等。

2. **热硫化**　热硫化是橡胶制品生产中的常用方法。在加热硫化中，要根据胶料性能、产品结构与工艺方法来选择热源、硫化介质和热媒。不同橡胶制品采用硫化工艺方法如图 7-52 所示。

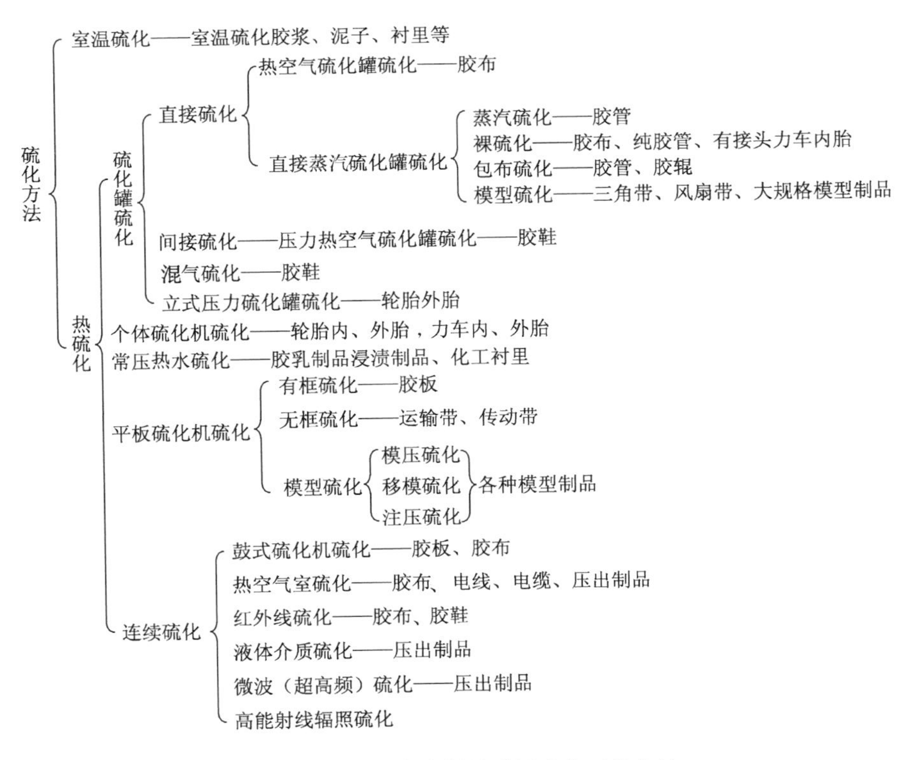

图7-52　不同橡胶制品采用硫化工艺方法

（五）硫化条件的确定与调整

1. *硫化温度* 硫化温度是橡胶硫化工艺最主要的控制条件之一。在选定硫化温度时，要依据兼顾硫化胶的性能和生产效率的原则。具体是要考虑胶种、硫化体系、硫化工艺方法及产品结构等因素。

（1）胶种。从胶种考虑，天然橡胶的硫化温度一般不宜高于 160℃，由于常硫体系的天然橡胶硫化返原现象十分突出，高于此温度硫化，很难得到高性能的产品，甚至会使胶料发黏以致不能启模；丁苯橡胶、丁腈橡胶可以采用高于 150℃，但不高于 190℃的温度硫化；氯丁橡胶和其他含卤素的聚合物，最好采用不高于 170℃的温度硫化；而硅橡胶、氟橡胶则要采用 170℃以上的温度硫化（特别是二次硫化）。

（2）硫化体系。常硫硫化体系配合的胶料，一般不宜采用高限的温度硫化；有效硫化体系配合的胶料可以采用较高的硫化温度；以过氧化物为交联剂的胶料，一般选择所加过氧化物半衰期为 1min 的温度硫化（时间为 5 ～ 7min）。

（3）硫化方法。裸硫化或无压硫化一般选择较低的硫化温度或采用逐步升温的硫化方式。采用注压硫化工艺时，由于胶料先经过螺杆的预热和塑化，可以选用较高的硫化温度，以提高生产效率。

（4）制品的结构等因素。由于橡胶是热的不良导体，对厚制品来说，采用高温硫化很难使内外层胶料的硫化状态处于平坦线范围之内，往往会造成产品表层过硫而中心层欠硫；发泡制品高温硫化会使产品在开模时因膨胀而爆裂；低硬度和低强度产品也会因高温硫化而产生缩边和烂边等现象。

2. *硫化时间* 当硫化温度确定后，硫化时间通常由硫化仪的 T_{90} 硫化时间来确定。若硫化温度改变，可以根据硫化温度系数来计算新的硫化时间。硫化温度系数的定义是：在特定温度下，橡胶达到一定硫化程度所需的时间，与在相差 10℃的温度条件下所需相应时间之比。硫化温度系数习惯上采用 2.0 或其接近值 1.9 ～ 2.1。即硫化温度每升高 10℃或降低 10℃，硫化时间相应缩短一半或延长一倍。但实际上硫化温度系数并非在任何情况下都保持恒定，它与胶料的配方、生胶类型和硫化条件都有关。对于某些特定的橡胶制品，需要测定胶料在各温度下的正硫化时间。

应当注意，测定了胶料的正硫化时间后，并不等于确定了具体产品的正硫化时间。产品的硫化时间的确定，还应考虑如下因素。

（1）制品的厚度。橡胶是热的不良导体，表层与中心层的温差随着截面增厚而加大，形成温度滞后，这时要特别注意制品中心层的硫化程度。硫化仪确定的正硫化时间只适合与试样厚度相等的制品。一般情况下，厚度在 6 ㎜以上的制品，应在正硫化时间的基础上另加滞后时间，这个滞后时间取决于胶料的导热速率。根据经验，大致厚度增加 1mm，滞后时间需增加 1min。对于重要制品（如轮胎），最好通过测定中心点的温度变化，计算中心点的硫化效应，得到等效硫化时间（包括升温过程和降温过程）。

（2）制品的结构和材料组成。当制品中含有纤维增强材料、金属骨架和其他非橡胶成分时，它们的导热能力不同，滞后时间也不相同。

（3）模型尺寸。当模压制品的模型尺寸与平板硫化机的板面尺寸差不多时，应留意模型周边制品的硫化程度。若模具高度方向尺寸较大时，应注意由于传热或冷却引起的温度滞后问题，这时都必须适当延长硫化时间。

（4）硫化方法。当用硫化罐硫化时，不同的硫化介质的热容量和导热性不同，制品的升温速度存在很大差异。如制品在蒸气中硫化比在空气中硫化要快一倍；注压和模压胶料进模的温度不同（注压通常为 80 ～ 90℃，模压为室温），其硫化时间也有不同。

3. 硫化压力

（1）在大多数场合，压力在硫化时可起到以下的作用。

① 提高胶料的致密性，消除气泡。

②促进胶料在模具内的流动，使其迅速填满模腔。

③使胶料与模具表面贴合紧密，得到清晰的花纹及光滑表面。

④ 提高橡胶与布层或金属的密着力和制品的耐屈挠性。

（2）硫化时加压的方式。

①由平板机和模具传递压力（或注压机传递压力）。

②由硫化介质直接加压，如利用蒸汽加压。

③由压缩空气加压。

硫化压力的大小可根据胶料的性能（主要是可塑性）、产品结构及工艺条件而定。胶料流动性小者硫化压力应大些，反之压力可小些。产品厚度大、层数多、结构复杂的需要较大的压力。硫化压力对硫化速度影响很小。

码7–10　本章思维导图

码7–11　拓展阅读：橡胶成型加工

复习指导

1. 橡胶的特点及加工基本过程

（1）复习橡胶的特点，了解其对橡胶性能的影响。

（2）了解橡胶成型加工的基本过程。

2. 生胶和配合剂

（1）掌握橡胶制品的组成及各组分的性质、作用。

（2）掌握影响硫化胶性能的因素。

（3）掌握炭黑对橡胶的补强作用机理。

3. 橡胶配方设计

（1）厘清橡胶配方设计中各种配合剂与制品性能的关系。

（2）掌握橡胶配方设计原理。

4. 橡胶胶料的加工

（1）掌握橡胶在加工、使用过程中经历的变化过程及其对加工、使用性能的影响。

（2）掌握橡胶主要加工工序的作用原理。

（3）掌握橡胶主要加工工序的工艺控制要点。

习题

1. 硫黄硫化系统包括哪几个组分，各组分别起什么作用？

2. 硫黄、促进剂硫化橡胶系统中，根据硫黄用量的多少可分哪几种硫化体系？各种硫化体系对硫化胶的网状结构和力学性能有什么影响？

3. 炭黑补强作用的三个基本性质是什么？简述炭黑的补强机理。

4. 配合剂对有机过氧化物交联有什么影响？

5. 抗氧剂有哪几种类型，它们的防老化作用是什么？

6. 抗氧剂有哪几种并用形式，其抗氧效果如何？

7. 橡胶配方表示形式有哪几种？

8. 举例说明一个耐热、耐油橡胶配方的设计原理。

9. 某胶料的基本配方（份）：生胶 100，氧化锌 5，硬脂酸 3，防老剂 2，促进剂 2，机油 15，炭黑 55，硫黄 3，该配方含胶率是多少？

10. 什么是塑炼？氧和温度是如何影响塑炼效果的？

11. 什么是混炼？开炼机混炼的一般加料顺序是什么？

12. 已知某种生胶和炭黑混炼胶料，由实验测定 t_c=4min，t_m=10min，而生产要求总混炼时间 t=7min，求软化剂的最佳投料时间为多少？

13. 从橡胶的黏弹性原理说明温度和压延速度对压延过程的影响。

14. 橡胶的各项物理性能在硫化过中如何变化？

15. 如何确定橡胶的硫化温度和时间？

16. 如何测定正硫化时间？

参考文献

[1] 朱敏庄. 橡胶工艺学［M］. 广州：华南理工大学出版社，1993.

[2] 朱敏. 橡胶化学与物理［M］. 北京：化学工业出版社，1982.

[3] 张殿荣，辛振祥. 现代橡胶配方设计［M］. 北京：化学工业出版社，1996.

[4] 库兹明斯 A C，等. 弹性体制造、加工和应用的物理化学基础［M］. 张隐西，等译. 北京：化学工业出版社，1983.

[5] 霍夫曼 W. 橡胶硫化与硫化配合剂［M］. 王梦蛟，曾泽新，汪岳新，译. 北京：石油工业出版社，1975.

[6] 李培军，筒辉刚，张清凯. 莱茵散 25- 莱茵化学的通用加工助剂［J］. 特种橡胶制品，2001，22（1）：31-33.

[7] 霍金斯 W L. 聚合物稳定化 [M]. 吕世光，译. 北京：轻工业出版社，1981.
[8] 肖风亮. Therban HNBR 与其他橡胶性能之对比（Ⅰ）、（Ⅱ）[J]. 世界橡胶工业，2006，33（4）：3–12；33（5）：3–12.
[9] 周彦豪. 聚合物加工流变学基础 [M]. 西安：西安交通大学出版社，1988.
[10] 杨清芝. 实用橡胶工艺学 [M]. 北京：化学工业出版社，2020.